배양세포실험 핸드북

세포배양의 기본과 분석법의 모든 것

편집/黑木登志夫 許 南浩

역자/서한국 김동구 이창권

JN425998

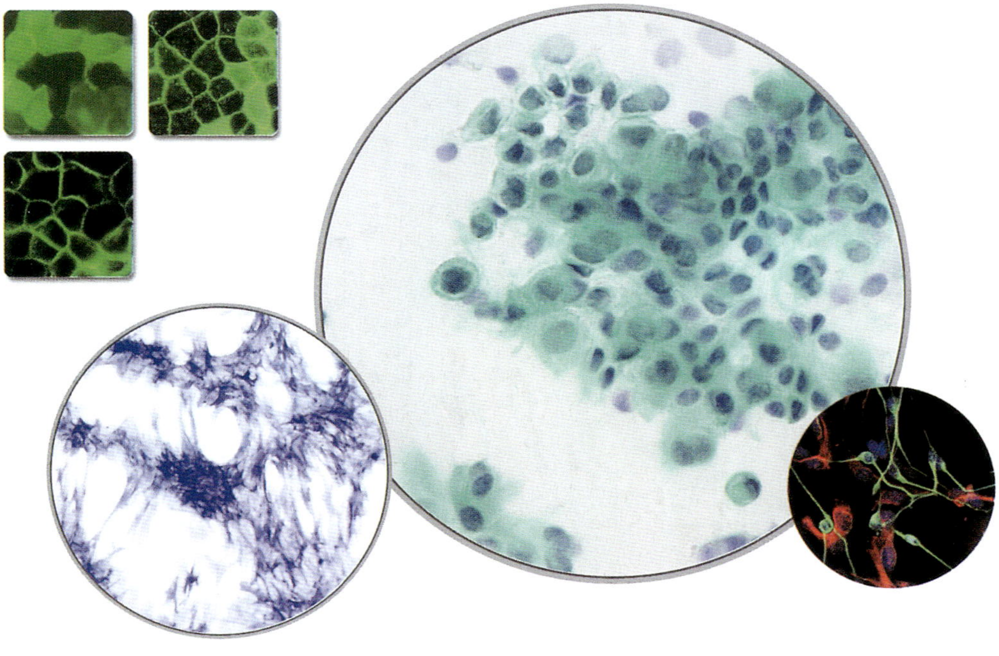

월드사이언스
www.worldscience.co.kr

ⓒ2004 (株) 羊土社刊「實驗醫學別冊 培養細胞實驗ハンドック」
黑木登志夫, 許 南浩/編)
한국어 번역판 ⓒ2007 World science

배양세포실험 핸드북

인 쇄 · 2007년 4월 15일
발 행 · 2007년 4월 25일
역 자 · 서한극 김동구 이창권
발행인 · 박 선 진
편집·디자인 · 이승철
발행처 · 도서출판 월드사이언스
서울특별시 동작구 사당5동 240-15
등록일자 · 1987년 12월 14일
등록번호 · 3-136
TEL · (02) 581-5811~3
FAX · (02) 521-6418
E-mail · worldscience@hanmail.net
URL · http://www.worldscience.co.kr

정가 20,000원
ISBN 978-89-5881-088-9

羊土社와 월드사이언스간에 한국어판 출판.판매권 독점계약에 의해 발행되었으므로 본사의 허락없이 어떠한 형태로든 일부 또는 전부를 무단복제 및 무단전사할 수 없습니다.

이 도서의 국립중앙도서관 출판시도서목록(CIP)은 e-CIP 홈페이지 (http://www.nl.go.kr/cip.php)에서 이용하실 수 있습니다.
.(CIP제어번호: CIP2007001175)

서 문

편집자는 1995년에 「biomanual series인 분자생물학연구를 위한 배양세포실험법」을 집필하였다. 다행스럽게도 이책이 세포배양의 표준적인 참고서로 평가를 받아, 1999년에 개정판을 내게 되었고, 「biomanual up-series인 분자생물학연구를 위한 새로운 배양세포실험법」으로 발행하였다. 이번에 다시 한번더 최신의 세포배양 기법의 진보를 바탕으로 새로운 세포배양 실험서를 발행하기에 이르렀다. 본 책자의 편집에 있어서는, 먼저 지난번에는 본 편집자의 연구실출신이 중심이 되었던 관례를 벗어나, 각각의 항목에 가장 적합하면서 실제로 실험을 수행하고 있는 연구자를 선별하였다. 둘째로, 최근의 배양기술의 진보에 맞추어 내용을 크게 개정하였다. 예를 들어, 줄기세포배양(11장)과 생체조직에의 접근(제12장)이라고 하는 장을 새롭게 첨가하였다. 이 때문에 이전 책과 비교하여, 장이 45항목에서 55항목으로 증가하였다. 그만큼 두꺼워졌지만, 독자가 바라는 내용으로 채워졌다고 생각한다.

세포배양은 말할 필요도 없이 살아있는 세포를 다루는 기술이다. 배양조 안에서 세포를 살아있게만 하는게 아니라 세포를 증식시키고, 분화시키고, 때로는 죽여서 새로운 것을 배우고자하는 기술이다. 살아있는 것을 취급한다는 의미에서, eppendorf tube와 pipetman을 사용하여 gel의 band를 보는 것과는 조금은 새로운 마음가짐이 필요하다.

학문에는 기술과 지식뿐만 아니라, 센스가 필요하다. 세포배양에 있어서는, 특히 세포를 취급한다는 섬세한 센스가 반드시 필요하다. 세포에 대한 애정과 정열이 없어서는 안된다. 동물을 키우는 것과 마찬가지로, 매일먹이를 주고, 환경을 깨끗하게 유지하는 것이 중요하다.

본 책자이외에도 세포배양에 관한 우수한 책들이 적지 않다. 특히, 처음으로 세포를 배양하는 초심자를 위한 참고도서로 아래에 소개한 책자에 상세하게 기술되어 있다. 본 책자와 병행하여 읽어주시면 감사하겠다.

본 책자가 배양세포를 사용하여, 생명현상을 분석할 때에 도움이 되었으면 한다.

2004년 6월
편집자 대표　黒木登志夫

참고도서

許　南浩　編：「細胞培養なるほどQ&A」, 羊土社, 2004(日本組織培養學會, JCRB細胞バンク協力)

井出利憲 著：「無敵のバイオテクニカルシリーズ細胞培養入門ノート」, 羊土社, 1999

배양세포실험 핸드북

세포배양의 기본과 분석법의 모든 것

Contents

제4장 세포증식과 사멸

제5장 형태관찰

제6장 유전자 도입 · 세포공학적 방법

제7장 유전자 발현분석

제8장 유전자 발현억제

제9장 세포 분획 · 효소활성분석법

제10장 초대배양

제11장 줄기세포 배양-재생의료에의 가능성

제12장 생체조직에의 접근 및 분화 제어

표지사진 해설

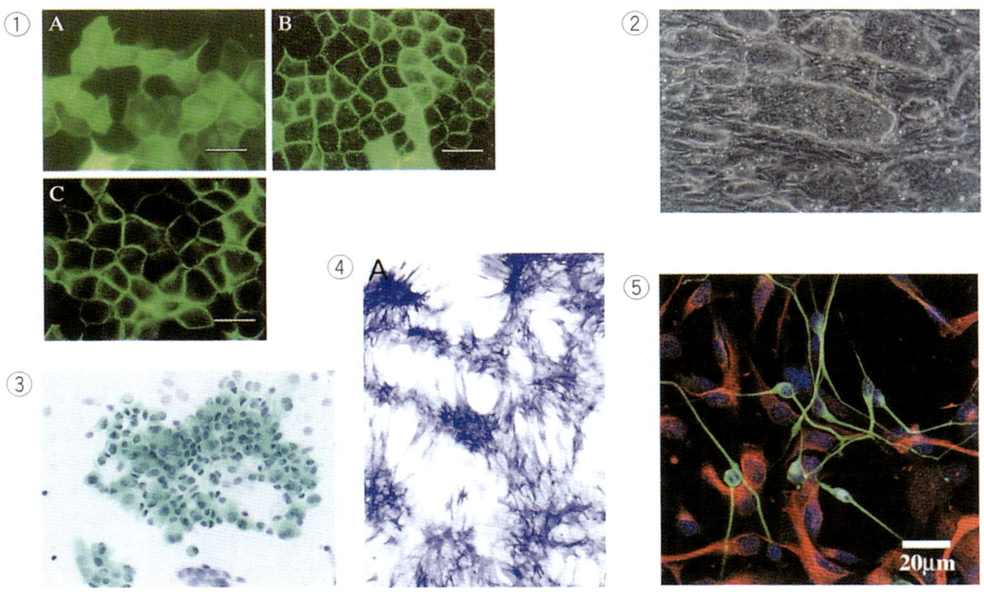

① Tag 결합단백질 발현 벡터도입에 의한 세포내 위치의 검토(본문 118페이지 참조)
② 전형적인 mouse ES 세포 colony의 형태(본문 243페이지 참조)
③ 박리세포의 papanicolaue 염색사진(본문 114페이지 참조)
④ 간엽계 줄기세포의 골아세포로의 분화(본문 248페이지 참조)
⑤ neurosphere로부터 분화한 신경세포(녹색)과 glia세포(적색) (본문 258페이지 참조)

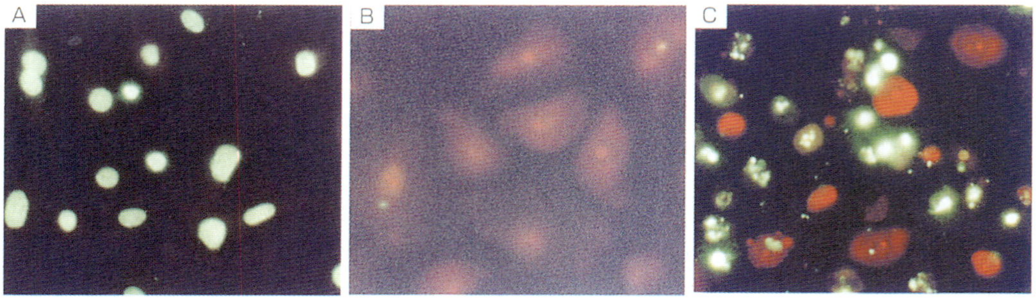

1 UV조사에 의해 유도된 mouse배양 keratinocyte의 TUNEL에 의한 세포사의 검출
A) positive control B) control(정상세포) C) UV조사(본문 99페이지 참조)

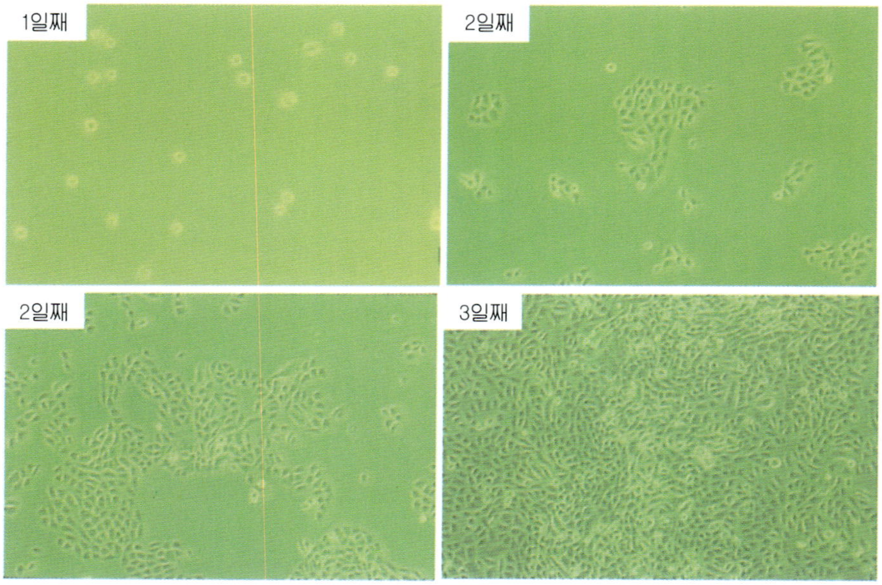

2 위상차로 관찰한 사람피부 상피세포 (NHEK)
(본문 114페이지 참조)

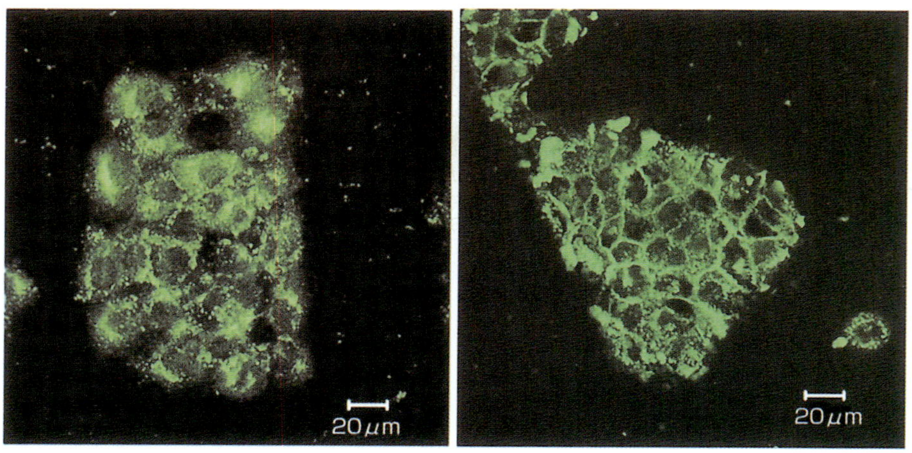

Contral IgG　　Anti-S100C antibody

3 단백질 도입시약을 이용한 항체의 세포내 도입(본문 154페이지 참조)

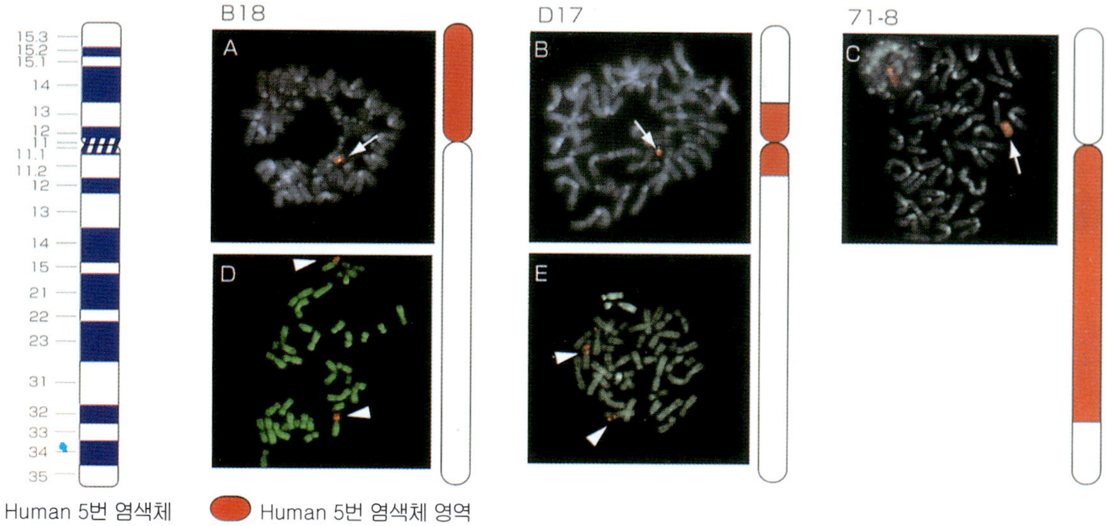

4 FISH 해석(염색체 painting 및 HNPP/Fast Red)을 이용한 Telomerase 활성제어유전자의 Mapping
(본문 133페이지 참조 : Kugoh. H. et al. : Genes, Chromosomes & Cancer, 36 : 37–47. 2003에서 인용)

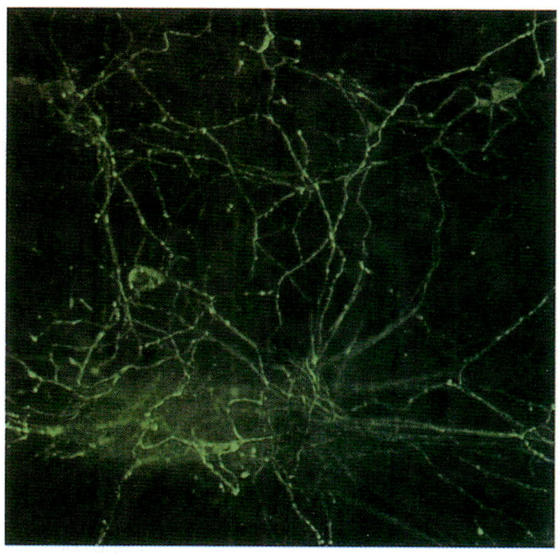

5 신경세포에 있어서의 RA175/TSLC1/SynCAM FLAG의 위치(본문 228페이지 참조)

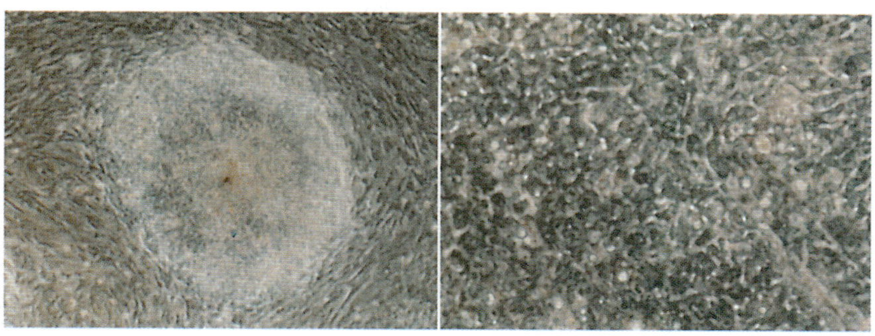

6 배양 5일째의 human ES세포
왼쪽) Feeder 세포위의 ES 세포 colony
오른쪽) 확대상
(본문 238페이지 참조)

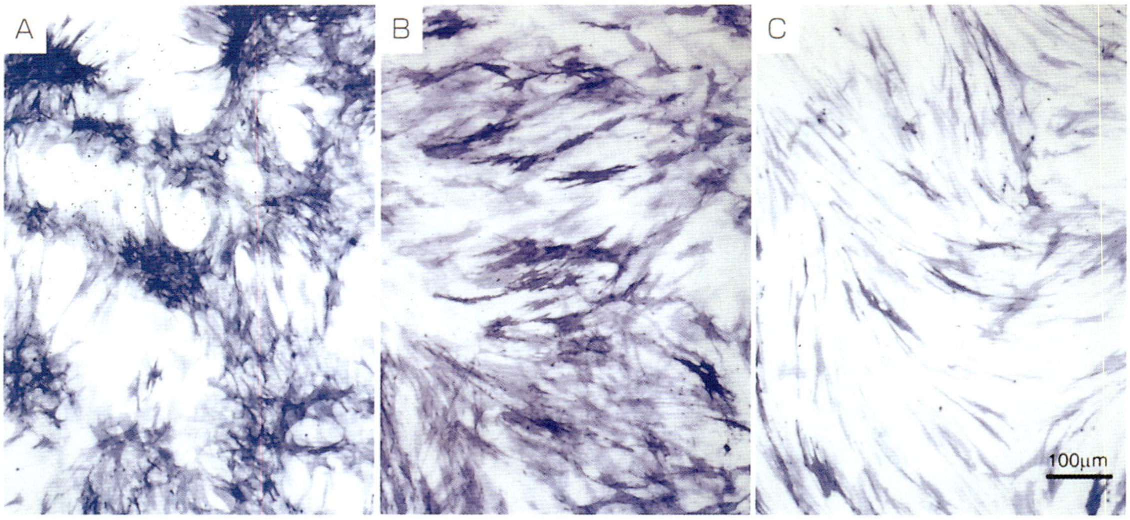

7 간엽계 줄기세포의 골아세포로의 분화(본문 248페이지 참조)

8 골수배양 4일째(본문 247페이지 참조)

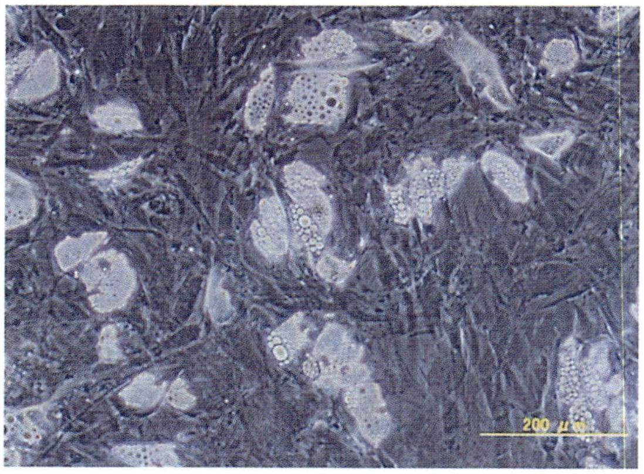

9 Human 골수 Stroma 세포를 지방세포로 분화 시킨 모습
(본문 248페이지 참조)

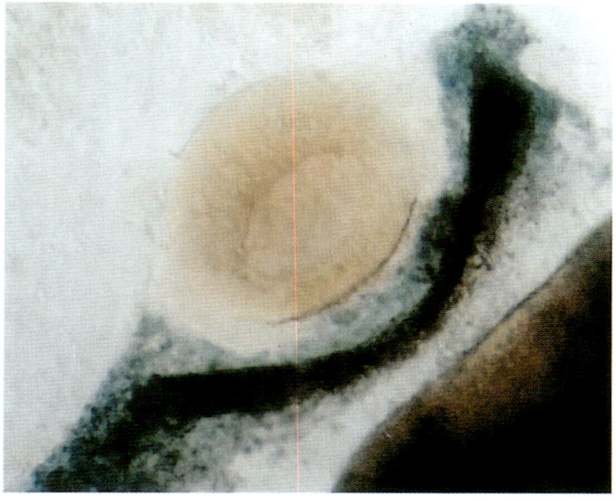

10 ES 세포로부터 유도된 안구같은 구조
(본문 263페이지 참조)

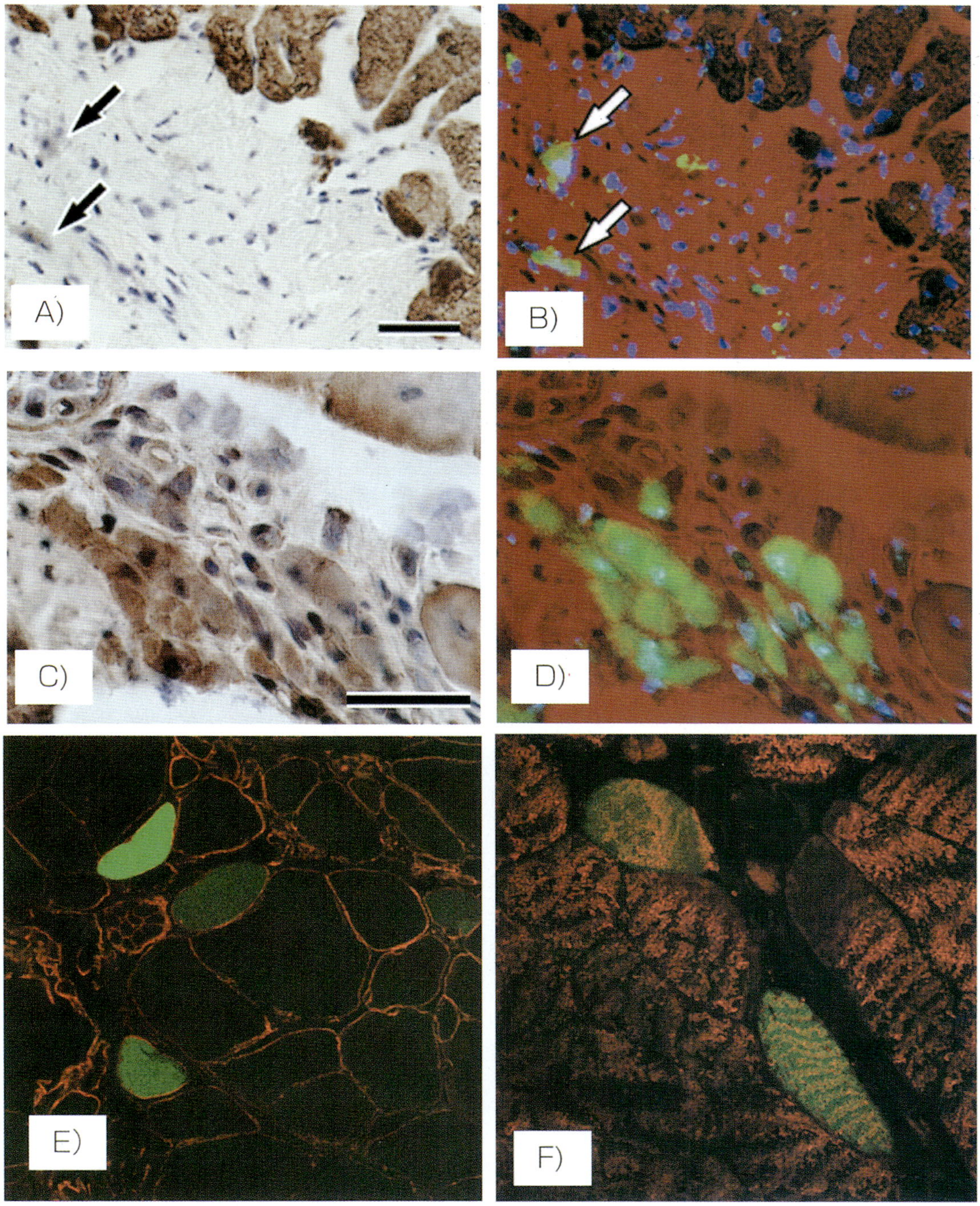

11 MAPC를 이식한 mouse근육

9주 [A)~D)]와 27주 [E), F)].
미분화 MAPC 이식 mouse에서는 GFP 양성 세포 [B), 흰 화살표]는, SK-myosin을 발현하고 있지 않다 [A), 검정 화살표]. 분화된 MAPC 이식 mouse에서는 근육재생 부위에 GFP 양성 세포가 덩어리로 존재하고 있으며 (D), SK-myosin도 발현하고 있다(C). Laminin 면역염색(E). SK-myosin 면역염색. GFP와 myosin이 동시에 발현되고 있는 것이 확인된다(F) (본문 268 페이지 참조). (Muguruma, Y. et al. : Exp. Hematol., 1323-1330, 2003에서 인용)

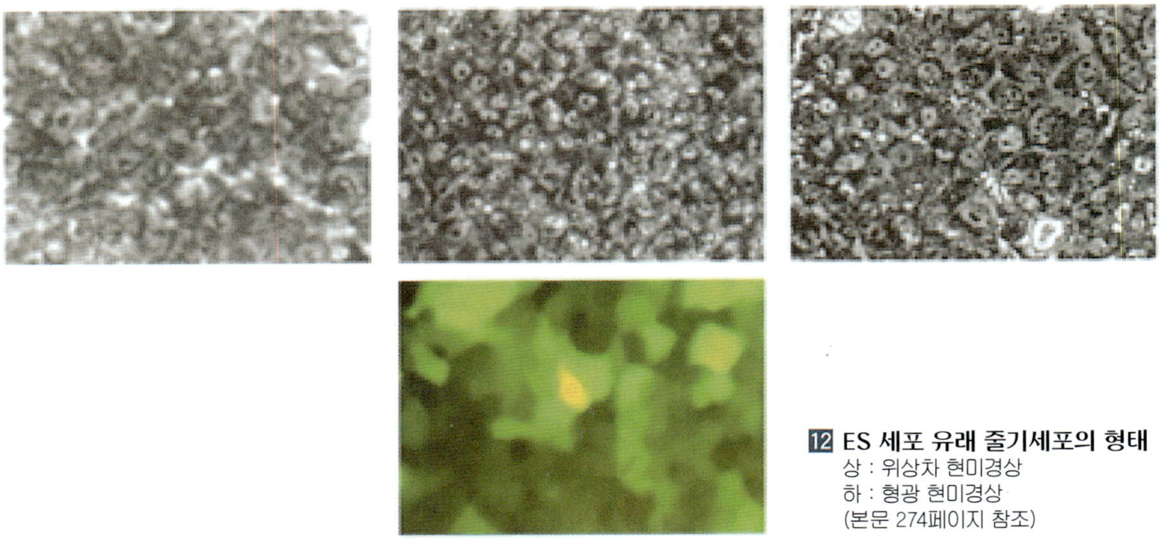

12 ES 세포 유래 줄기세포의 형태
상 : 위상차 현미경상
하 : 형광 현미경상
(본문 274페이지 참조)

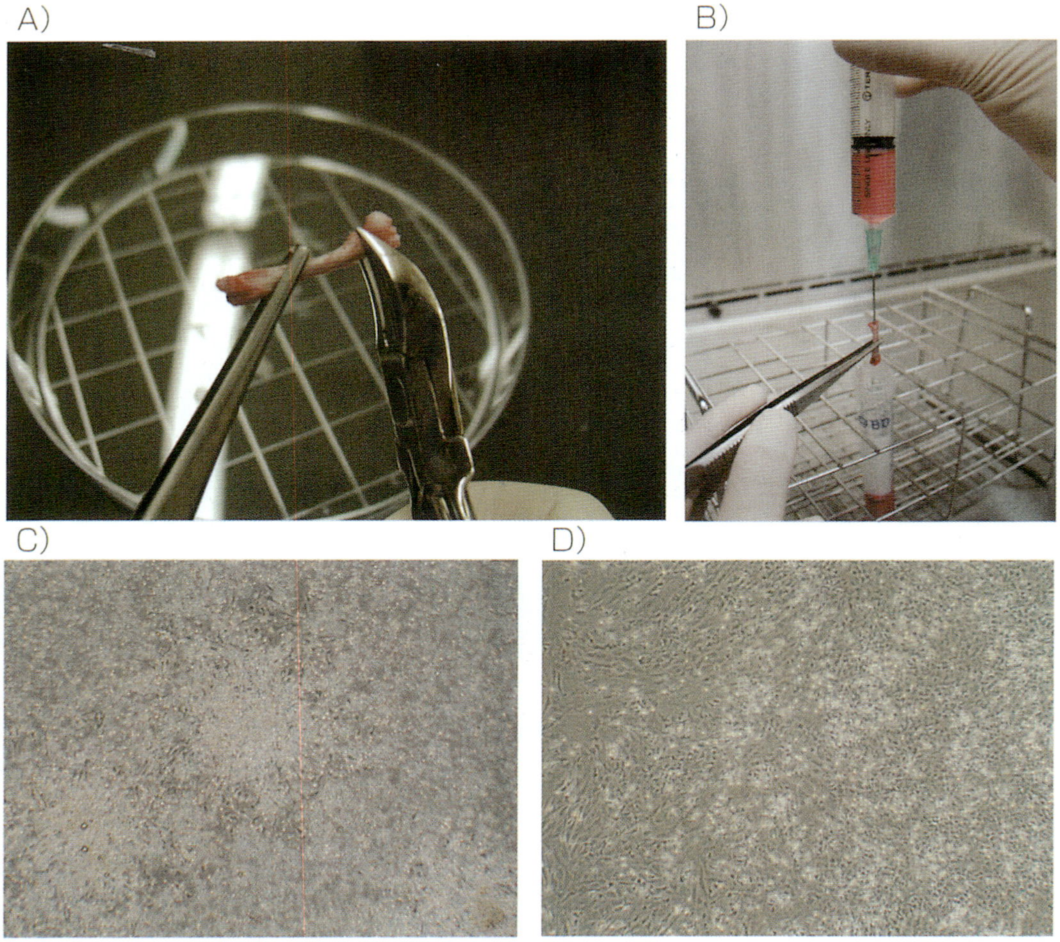

13 Rat 골수 세포의 채취
(본문 276 페이지 참조)

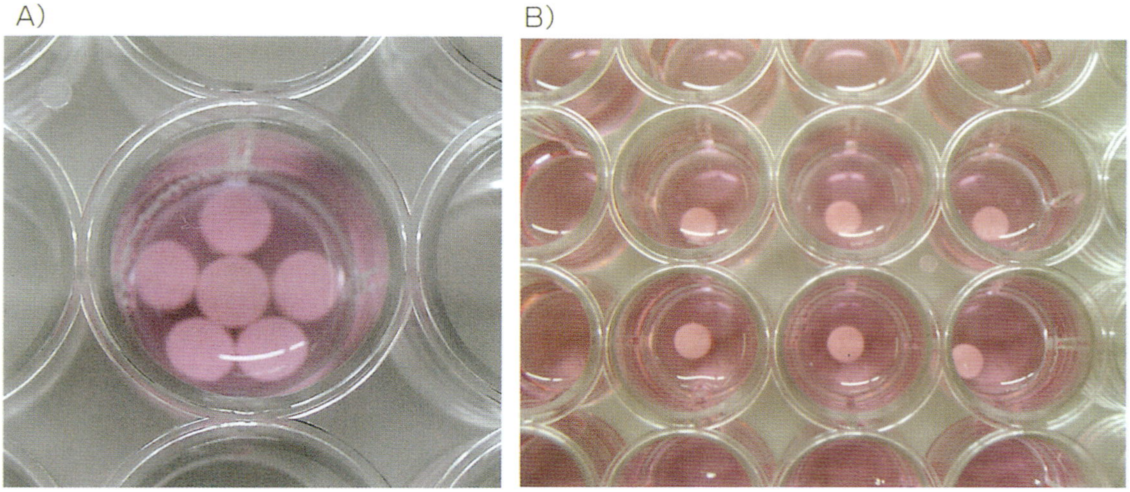

14 지지대에의 세포파종(본문 277페이지 참조)

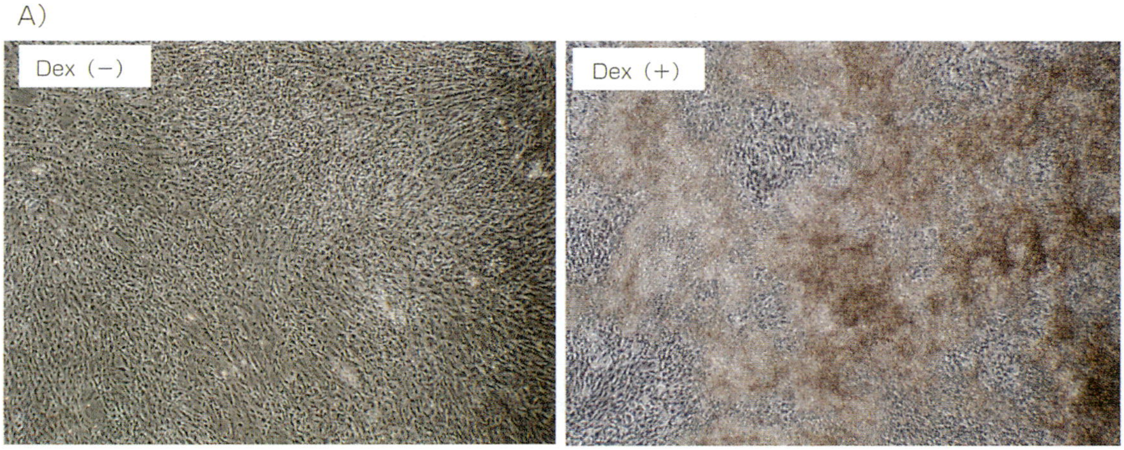

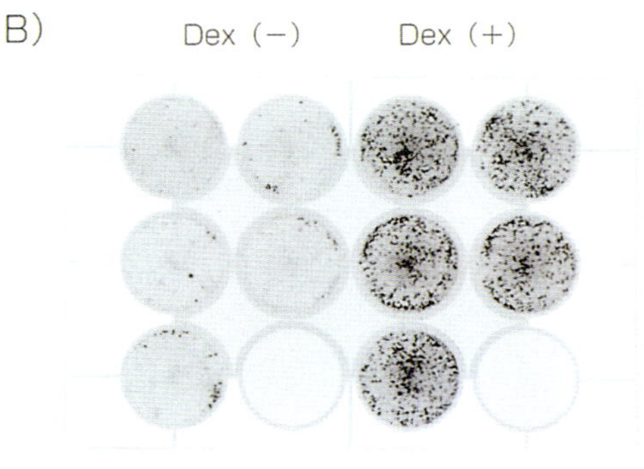

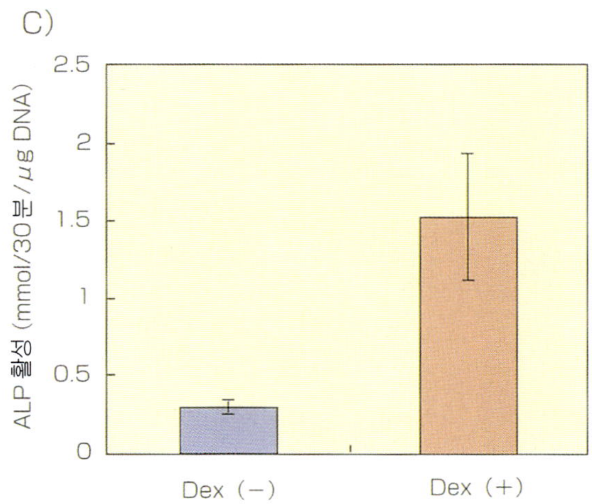

15 세포 분화능력 평가(배양 16일째)
(본문 279페이지 참조)

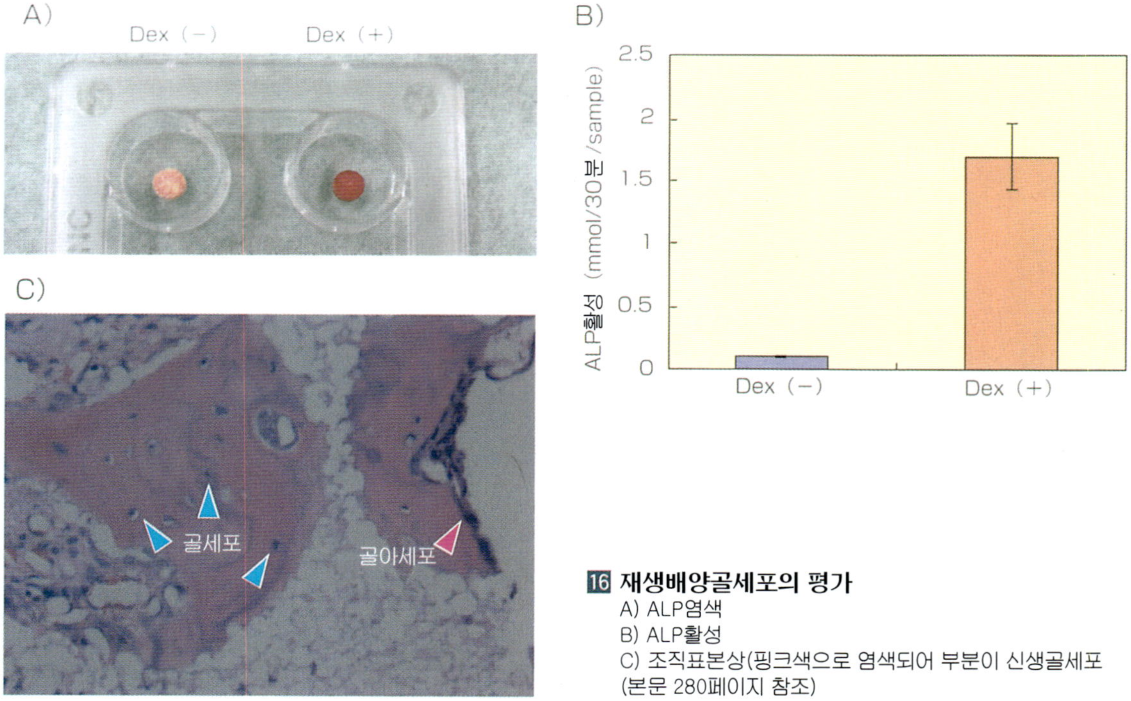

16 재생배양골세포의 평가
A) ALP염색
B) ALP활성
C) 조직표본상(핑크색으로 염색되어 부분이 신생골세포
(본문 280페이지 참조)

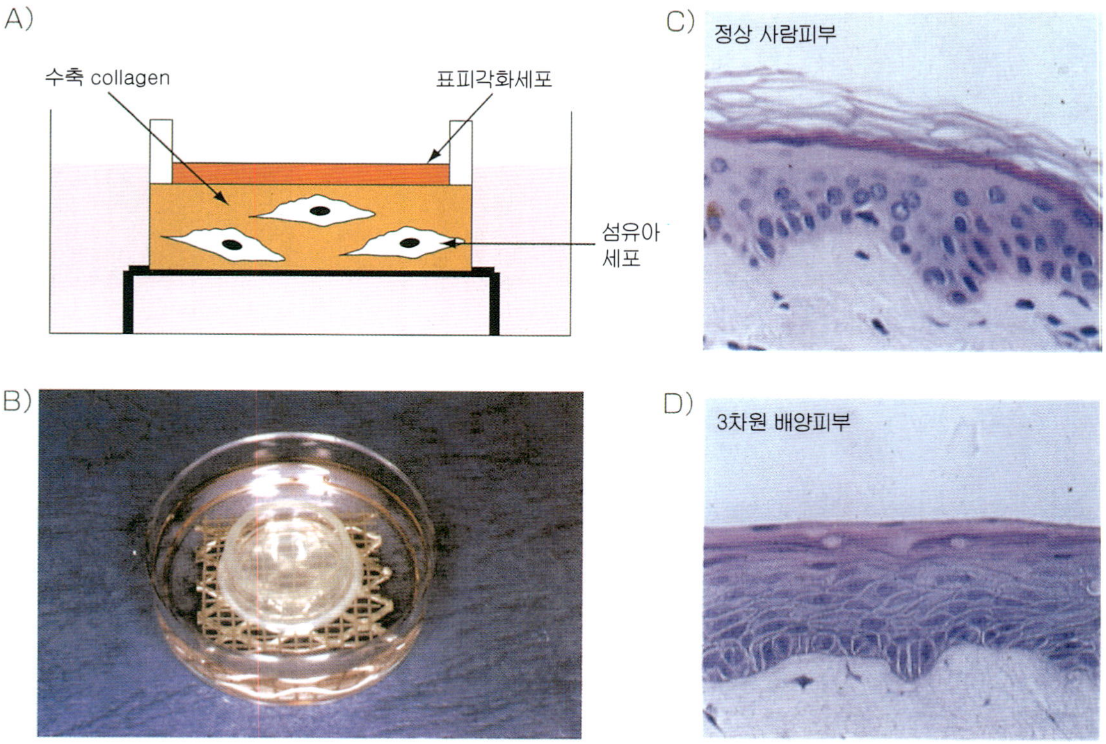

17 사람피부의 3차원 재구성배양(Air-liquid interface법)
(본문 284페이지 참조)

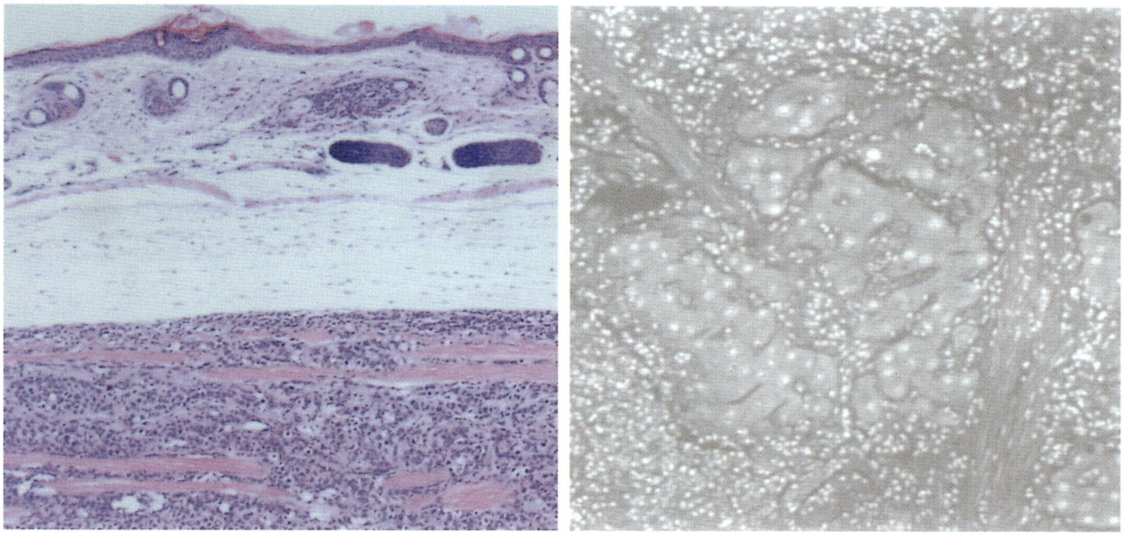

18 이식세포의 조직상

(왼쪽) 이식세포가 근층에 파고들어 커다란 덩어리를 형성하고 있다.
(오른쪽) rat 비장내에 이식된 간세포. 중앙부의 대형세포덩어리가 간세포이다.
(본문 288페이지 참조)

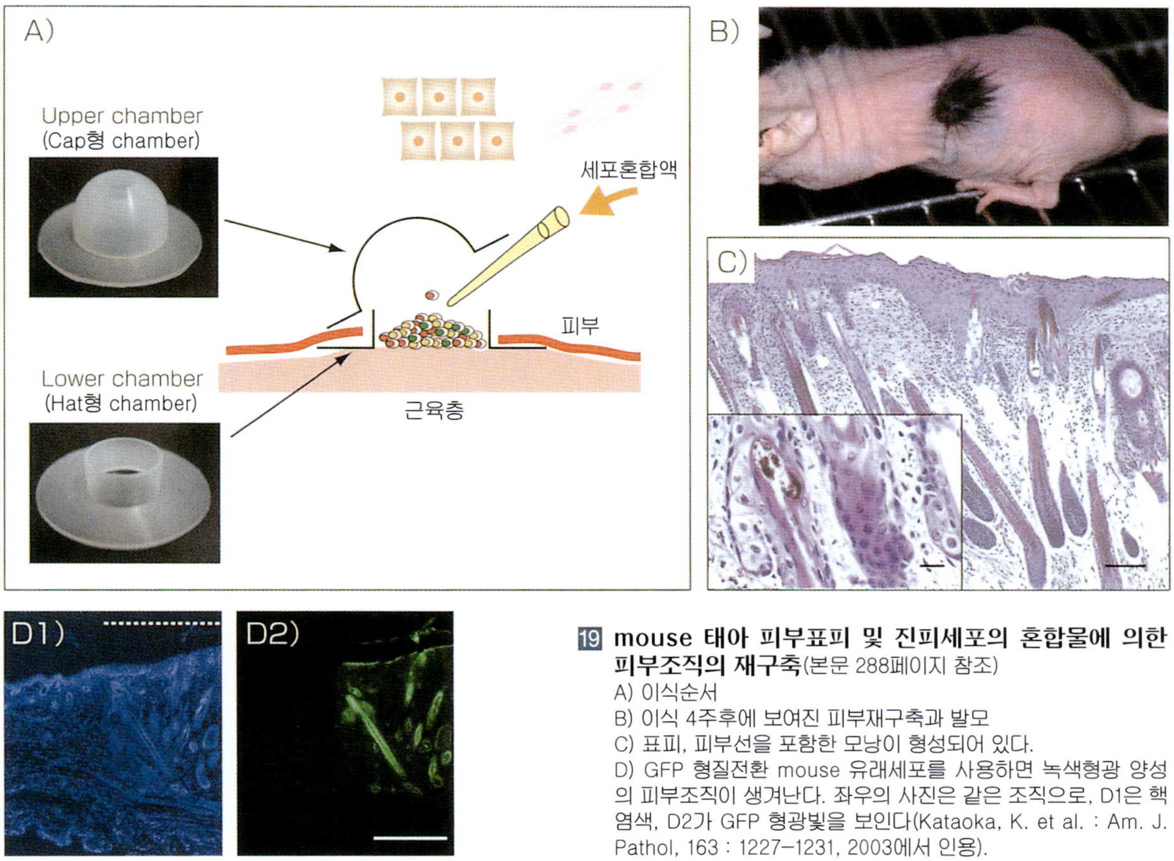

19 mouse 태아 피부표피 및 진피세포의 혼합물에 의한 피부조직의 재구축(본문 288페이지 참조)

A) 이식순서
B) 이식 4주후에 보여진 피부재구축과 발모
C) 표피, 피부선을 포함한 모낭이 형성되어 있다.
D) GFP 형질전환 mouse 유래세포를 사용하면 녹색형광 양성의 피부조직이 생겨난다. 좌우의 사진은 같은 조직으로, D1은 핵염색, D2가 GFP 형광빛을 보인다(Kataoka, K. et al. : Am. J. Pathol, 163 : 1227–1231, 2003에서 인용).

집필자일람

◆ 편 집

黒木登志夫 (Toshio Kuroki) 岐阜大学学長
許　南浩 (Namho Huh) 岡山大学大学院医歯学総合研究科細胞生物学分野

◆ 집필자(50음순)

青木仁美	岐阜大学大学院医学研究科再生分子統御学講座組織・器官形成部門
安達正晃	札幌医科大学医学部内科学第一講座
池田悦子	独立行政法人産業技術総合研究所セルエンジニアリング研究部門
井出利憲	広島大学大学院医歯薬学総合研究科創生医科学専攻・病態探究医科学講座細胞分子生物学研究室
井上敏昭	鳥取大学大学院医学系研究科ゲノム医工学
江良択実	独立行政法人理化学研究所 発生・再生科学総合研究センター 幹細胞研究グループ
大串　始	独立行政法人産業技術総合研究所セルエンジニアリング研究部門
大場　基	昭和大学腫瘍分子生物学研究所
押村光雄	鳥取大学大学院医学系研究科機能再生医科学専攻／鳥取大学大学院医学系研究科生命科学系専攻
落谷孝広	国立がんセンター研究所がん転移研究室
甲斐義輝	鳥取大学大学院医学系研究科機能再生医科学専攻
加治和彦	静岡県立大学大学院生活健康科学研究科老化制御研究室
柏木麻里子	皮膚科学研究所／マサチューセッツ総合病院／ハーバード大学
香月康宏	鳥取大学大学院医学系研究科生命科学系専攻
金村米博	独立行政法人産業技術総合研究所セルエンジニアリング研究部門
加納ふみ	東京大学大学院総合文化研究科広域科学専攻生命環境科学系
木口　薫	米国MD Andersonがんセンター
吉川　潮	神戸大学バイオシグナル研究センター
久郷裕之	鳥取大学大学院医学系研究科機能再生医科学専攻
國貞隆弘	岐阜大学大学院医学研究科再生分子統御学講座組織・器官形成部門
榑松美治	財団法人ヒューマンサイエンス振興財団
黒木登志夫	岐阜大学学長
河野葉子	昭和大学歯学部口腔病理学教室
小林　哲	独立行政法人産業技術総合研究所セルエンジニアリング研究部門
阪口政清	岡山大学大学院医歯学総合研究科細胞生物学分野
坂本明美	千葉大学大学院医学研究院分化制御学
佐邊壽孝	財団法人大阪バイオサイエンス研究所分子生物学部門
渋谷正史	東京大学医科学研究所癌細胞増殖部門腫瘍抑制研究分野
高石樹朗	岡山大学大学院医歯学総合研究科細胞生物学分野
田原栄俊	広島大学大学院医歯薬学総合研究科創生医科学専攻・病態探究医科学講座細胞分子生物学研究室
手塚建一	岐阜大学大学院医学研究科再生分子統御学講座組織・器官形成部門
寺谷　工	国立がんセンター研究所がん転移研究室
徳永智之	独立行政法人農業生物資源研究所 昆虫・動物生命科学研究部門 発生分化研究グループ 分化機構研究チーム
徳久剛史	千葉大学大学院医学研究院分化制御学
西川伸一	独立行政法人理化学研究所 発生・再生科学総合研究センター 幹細胞研究グループ
野瀬　清	昭和大学薬学部微生物薬品化学教室
則兼聡子	鳥取大学大学院医学系研究科機能再生医科学専攻
藤田恵理子	国立精神・神経センター神経研究所疾病研究第五部
古澤　軌	独立行政法人農業生物資源研究所 昆虫・動物生命科学研究部門 発生分化研究グループ 分化機構研究チーム
許　南浩	岡山大学大学院医歯学総合研究科細胞生物学分野
星　宏良	株式会社機能性ペプチド研究所
増井　徹	国立医薬品食品衛生研究所変異遺伝部細胞バンク(JCRB)
町田浩子	独立行政法人産業技術総合研究所セルエンジニアリング研究部門
松崎秀紀	神戸大学バイオシグナル研究センター
松崎有未	慶應義塾大学医学部生理学教室
水澤　博	国立医薬品食品衛生研究所変異遺伝部細胞バンク(JCRB)
三宅　淳	独立行政法人産業技術総合研究所セルエンジニアリング研究部門
宮崎正博	岡山大学大学院医歯学総合研究科細胞生物学分野
六車ゆかり	東海大学再生医学センター造血再生部門
村田昌之	東京大学大学院総合文化研究科広域科学専攻生命環境科学系
本橋　力	岐阜大学大学院医学研究科再生分子統御学講座組織・器官形成部門
桃井　隆	国立精神・神経センター神経研究所疾病研究第五部
森　英樹	独立行政法人産業技術総合研究所セルエンジニアリング研究部門
矢野　元	財団法人大阪バイオサイエンス研究所分子生物学部門
山本利義	神戸大学バイオシグナル研究センター

배양세포실험 핸드북

세포배양의 기본과 분석법의 모든 것

제 1 장 배양실험 총론

1. 세포 배양 실험법의 strategy

黑木登志夫

세포 배양을 이용하면, 연구하고 싶은 유전자를 도입하거나 억제하는 것도 가능하다. 그 때문에 세포배양은 생물의학에 있어서 필수 기술이 되었다. 그러나, 정말로 세포배양이 아니면 안 되는 것일까? 그리고, 그 실험에는 어떤 생물학적인 의미가 있는 것일까? 등의 기본적인 문제에 대해 생각하는 것도 중요하다.

서론

실험을 수행하려는 경우, 우선 실험재료와 방법이 적절해야만 한다. 실험기술의 원리를 잘 이해하고, 그것의 장점과 한계를 알아야 한다. 실험기술에 익숙해지지 않으면 안 된다. 이것을 바탕으로 연구자가 아이디어를 내어, 가설을 증명할 수 있게 된다. 세포배양은 화학 실험과 달라 살아있는 세포를 다룬다는 점에서, 특히 섬세한 감각이 필요하다. 본 항에서는 세포 배양 실험을 하는 경우의 기본적인 사고 방식과 전략에 관해서 논하고 싶다.

정말로 세포배양 실험이 필요한가?

무엇을 목적으로 해서 실험을 하려고 하는 것인가? 그 목적을 위해서는, 세포배양이 가장 어울리는 실험방법인가를 먼저 생각해야 한다. 연구재료가 상품화 된 현재, 세포배양은 그만큼 어려운 실험방법은 아니게 되었다. 유전자를 도입하거나, 유전자 발현을 조사하는 것도 간단하다. 실제, 배양세포를 사용하면, 반드시라고 해도 좋을 정도, 웬일인지 데이터를 얻을 수 있다.

배양세포는 대단히 단순화 된 실험계이다. 오랜 기간 배양된 세포주는 생체 내의 세포와는 다른, 말하자면 인공적인 세포라 해도 좋다. 표준적인 단층배양에서는 세포주와 같은 한 종류의 세포가 평면에 늘어서 있을 뿐이다. 12장에 상세하게 설명하고 있는 것처럼, 생체에 가깝도록 하기 위한 실험법이 다수 연구되어 있지만, 몇 종류의 세포가 예술적으로 입체적인 배열을 하고 있는 생체조직과는 차이가 많이 있다. 처음부터 세포배양을 생각할 것이 아니라, 왜 배양세포를 사용해야 하는지를 실험목적으로 되돌아가 생각해 볼 필요가 있다.

어느 정도 세포배양에서 분석이 되었다면, 그것을 동물체내에서 확인하기 위해 동물실험을 진행하는 것도 필요할 것이다. 예를 들면, 어느 유전자의 기능이 세포배양에서 자세하게 밝혀지면 다음은 유전자 조작 동물을 제작해서 생체 내의 경우 혹은 개체발생의 경우에서 분석하는 것은 현재 표준적인 수단이 되었다. 필자의 콜레라 독소에 관한 오랜 실험에서는 표피 keratinocyte 특이적인 증식촉진작용으로부터, 콜레라 독소를 mouse의 표피 내에 주사하는 것을 생각해 내고, 생체 내에서 표피 keratinocyte의 동조배양(synchronized culture)을 유도하는 것에 성공했다[1]. 동조분열 (synchronous division)을 생체 내에서 증명하기 위해서는 배양 분석법을 이용했다. 배양실험과 생체 내 실험의 왕복은 반드시 많지는 않지만, 생명 공학적인 의의를 구하기 위해서는 유효한 수단이다.

Toshio Kuroki : President, Gifu University (岐阜大学学長)

실험목적에 맞는 세포와 배양법의 선택

1 세포의 선택과 입수

세포배양에 의한 실험을 하려고 했을 때, 맨 처음 문제는, 어떤 세포를 어떠한 방법으로 배양할 것인가, 라는 것이다. 1장 3에서 설명하는 것처럼, 각각의 실험 목적에 따라, 많은 세포가 개발되어 있다. 먼저 문헌을 참고로 목적에 맞는 세포를 선택한다. 다음으로, 목적에 맞는 세포주를 어디에서 입수할 것인가가 문제가 된다. 실제로 실험을 하고 있는 연구실로부터 얻는 방법이 있지만, 세포은행이 설립되어 있는 오늘날에는, 세포은행으로부터 구하는 것이 일반적일 것이다. 무엇보다 품질이 보증 되어 있기 때문에, 안심하고 사용할 수 있다. 세포은행과 세포주의 정보에 대해서는 1장 4를 참고하기 바란다.

2 Cloning·Screening에 의한 세포의 선택

손에 넣은 세포를 그대로 사용하는 것이 아니라, 처음에 정말로 실험목적에 쓰일 수 있는지 어떨지를 positive control을 써서 확인할 필요가 있다. 또 오랜 시간 배양하고 있는 사이에 성질이 변해 버리는 일이 많다. 그러한 때는, 다시 cloning을 하고, 목적에 맞는 clone을 screening하는 일이 필요하다. cloning법에 관해서는 3장 7에 상세히 서술했다.

실험목적에 맞는 세포가 아직 보고되어 있지 않은 때에는 기존의 세포주를 screening해서 찾을 필요가 있다. 예를 들면 EGF수용체 고도발현 세포인 A431세포는 EGF 결합량에 대해서 screening 한 결과 얻어진 것이다[2]. 우리들의 실험에서도 C kinase의 down regulation분석 때, 처음 한 것은 세포주의 screening이었다. 그 결과 test한 41개 중에서 down regulation이 대단히 빨리 일어나는 FRSK세포를 발견하고, 그 기전을 분석할 수가 있었다.

실험목적에 맞는 세포를 스스로 만드는 것이 가장 이상적이다. 스스로 수립한 세포를 사용하면 연구를 이끌 수가 있고, 새로운 전망도 할 수 있을 것이다. 그러나 세포주를 수립하는 것은 시간이 걸리고 반드시 목적으로 하는 세포주가 얻어질 리도 없다. 세포주 수립(10장)만을 목적으로 하는 연구자는 지금 거의 없다고 생각하지만, 실험과 동시에 세포주 수립을 시도하는 것을 권하고 싶다. 세포주 수립을 하면서 세포배양으로 발생되는 다양한 문제를 배울 수가 있다.

3 초대배양

초대배양 세포는 생체내의 특성을 유지하고 있기 때문에 실험의 생물학적 의의에 대해서, 생체에서와 유사한 정보를 얻을 수 있다는 이점이 있다. 적극적으로 이용할 만 하다. 세포주의 배양과 달리, 세포의 분리, 배지, 배양법 등에 대해 다양하게 생각해서 수행해야 할 필요가 있다. 대표적인 세포의 초대배양에 관해서 10장에서 기술했다.

4 Human세포

세포배양의 커다란 이점 중의 하나는 human세포를 이용할 수가 있다는 점이다. Human cancer로부터 수립한 다양한 암 세포주를 모아서 암의 특성을 조사할 수가 있다. Human 정상 세포로서는 섬유아세포가 가장 일반적으로 쓰여지고 있다. Wister 연구소의 Hayflick에 의해서 수립된 WI38, 동경 노인의학종합연구소가 수립한 TIG주 등은 세포의 특성도 정확히 기술되어 있고, 대표적인 human 정상세포라고 할 수 있다. 그러나, 이들 세포주는 섬유아세포이기 때문에 보다 특징적인 세포를 필요로 하는 경우에는, 초대배양을 이용하게 된다. 그러나 스스로 배양하려고 하면, human 정상 조직을 입수해야만 하는데, 일반적으로는 어렵다. 입수한 경우에도, 윤리규정을 지키지 않으면 안되고, 특허가 걸려있는 경우도 있다. 윤리문제와 특허에 관해서는 1장 5에 기록했다. 현재, 다양한 human 정상세포가 상업적으로 입수 가능하다. 그것들 대부분은 미국에서 배양되어, 수입된 것이다. 가격은 비싸지만, 정말 필요할 때에는 편리하다. 그러나 상업품은 흔히, 세포의 유래, 분리방법, 배지 성분 등의 상세한 것은 공표되어 있지 않다.

5 ES세포

다 분화 능력을 가진 ES세포는 세포배양에 새로운 연구영역을 가져왔다. 여러 방향으로의 분화 능력이 어떻게 유지되고, 방향을 정하는가라는 기본적인 mechanism에 있어서도, 신경을 포함한 다양한 난치성 질환에의 치료 potential을 내포한 재생의학이라는 점에서도, 널리 관심을 모았다. 그 같은 관점에서 11장을 ES세포에 할당했다. 초기배에서 유래하는 human ES세포는 그 때문에 많은 윤리적 문제를 내포하고 있다 (11장 1). ES세포를 사용함에 있어서는 윤리문제에 신중히 대처하기 바란다.

1997년에 발표된 복제 양 Dolly도 세포생물학적으로 흥미 깊다. Dolly는 양의 유선(乳腺)세포의 초대배양을 저 혈청농도의 배지에서 단기간 배양하고, 그 핵을 탈핵한 난자에 이식한다는 간단한 방법에서 얻어졌다. 혈청농도를 낮춘 배지에서 세포주기를 G0기로 하는 것은 필요조건의 하나이다. 문제는 난자의 세포질 중에서 유선세포로까지 분화한 program을 reset하는 것과 같은 어떠한 인자가 존재하고 있는 것이다. 그 같은 인자의 해석은 세포생물학적으로 중요하다. 이후의 연구를 기대한다.

생리학적·생물학적으로 의미가 있는 실험

세포배양의 기술이 발전한 결과, 어떠한 실험으로도 가능하게 되었다. 다양한 세포를 사용하고 증식이나 분화를 조절해서 유전자를 발현시키거나, 억제하거나, 게다가 유전자를 파괴하는 것도 가능하게 되었다. 그러나, 세포배양이라는 자연계에서 동떨어진 인공적인 조건하에 행해진 실험이, 어떤 생리학적·생물학적 의미를 가지는가에 대해서는 신중히 판단해야 한다. 언뜻 보기에 세련된 것처럼 보여도 단순히 기술을 구사하는 것 만으로 생리학적 의미가 없는 실험이 학회 등에 발표되고 있다. 중요한 것은, 무엇을 알고 싶어서 실험을 하고 있는 것인가? 그리고 그 실험에는 어떤 의미가 있는가를 생각하는 일이다.

참고문헌

1) Kuroki, T. : Proc. Natl. Acad. Sci. USA, 78 : 6958–6962, 1981
2) Fabricant, R. N. et al. : Proc. Natl. Acad. Sci. USA, 74 : 565–569, 1974
3) Chida, K. et al. : Biochem. Biophys. Res. Comm., 157 : 1–8, 1988

제 1 장 배양실험 총론

2. 다양한 배양법

許 南浩

배양법에는 단순히 세포를 평면상에 배양하는 방법에서부터 고도의 조직구조를 형성·유지하는 방법까지 다양한 것이 있다. 제각각 장·단점을 가지고 있기 때문에, 연구 목적에 맞게 신중하게 선택하는 것이, 능률 좋고 질 높은 연구를 진행하는 기반이 된다.

서론

실험계로 세포배양을 사용할 때의 목적에는, 앞 항 (1장 1)에서 서술한 것처럼, 다양한 것이 있다.

①「배양 세포」=「생체」로 간주하고 생체 내 정보를 얻는다.

②세포에 생체 내에서는 일어날 수 없을 듯한 조작을 더해서 정보를 얻는다.

③배양 세포를 하나의 tool (도구, 수단)로 한다.

④생체에 이식해서 기능을 발휘 시킨다.

⑤세포를 배양하는 방법도 다양하고, 위에 기술한 목적에 맞는 가장 적절한 방법을 선택하는 것이 중요하다.

각종 세포배양법을 평가하는 것에는, 아래의 기준에 비추어 참고해 볼만하다.

①간편성

②조작성

③*in vivo*를 반영하는 정도

④계통을 내포하는 정보성

다양한 배양법

1 단층 정치배양

세포를 배양기 벽에 접착 시켜, 단층 상태로 배양하는 방법이다. 가장 널리 쓰여지는 기본적인 배양법이고, 정치해서 배양한다. 대부분의 정상조직구성세포는, 배양계에 옮기면 배양기벽에 접착해서 단층으로 되어 확장·증식한다. 거꾸로 말하면, 배양기 벽에 접착할 수 없는 경우는 증식을 못하고 대부분의 경우 사멸에 이른다. 전자를 증식의 기반 의존성 (anchorage dependency), 벽에 붙지 못하면 apoptosis에 빠지는 현상을 anoikis라고 한다 (4장 2 참조). 세포는 아래면은 배양용기에, 윗면은 배지에 접해있고, 측면은 세포와 인접하게 된다. 세포는 증식해서 배양기 면을 다 덮어버리는 상태 (confluent)가 되면 증식을 정지한다. 이것을 contact inhibition (접촉억제) 혹은 density-dependent inhibition (밀도의존성증식억제)라 부른다. 세포를 유지하기 위해서는 이러한 상태에 도달하기 전에 계대 (3장 5 참조)해서 새로운 배양기로 옮긴다.

배양기로서는, 유리나 플라스틱으로 만든 것이 사용된다 (2장 1 참조). 플라스틱은 미리 적당한 친수성을 가지도록 표면처리가 되어 있는데, 세포의 종류나 실험 목적에 따라, collagen, laminin, fibronectin, matrigel 등의 세포외 기질을 coating 하는 것도 있다 (12장 3 참조).

단층배양은, 배양된 세포의 구성에 따라서 아래와 같이 분류할 수도 있다.

Namho Huh : Department of Cell Biology, Okayama University Graduate School of Medicine and Dentistry (岡山大学大学院医歯学総合研究科細胞生物学分野)

A) 순수 배양

한 종류의 세포 배양

B) 혼합 배양

여러 종류의 세포가 혼재한 상태의 배양. 초대배양의 대부분은 세포를 완전히 순수하게 분리할 수가 없기 때문에 통상 혼합배양이라고 한다. 세포의 상호작용을 보기 위해, 의도적으로 여러 종류의 세포를 혼합배양 하는 것도 있다.

C) Feeder layer 배양

혼합배양의 한 형태라고 생각된다. Feeder가 되는 세포를 사전에 배양해서, 방사선이나 mitomycin C 처리 등에 의해 증식능력을 불활성화 시킨 뒤, 목적의 세포를 배양한다 (10장 2, 12장 1 참조).

2 회전 배양

회전하는 금속 drum에 배양기를 꽂아서 배양하는 방법으로, 다양한 type이 있다. 배양기면의 주변 전체에 세포가 부착해서, 상대적으로 적은 배양액에서 배양이 가능하고, 정치배양보다도 gas·대사물의 교환이 원활하다는 특징을 가진다.

가장 기본적인 회전 배양은 시험관형태의 배양용기에 세포를 부착시켜, 5°정도로 기울여 1시간에 10회 정도의 회전으로 배양하는 것이다. 세포의 회수율이 높은 것 외에도, 필자의 경험으로는 human 암세포의 일차배양에 커다란 힘을 발휘했다. Human 암세포의 배양에서 큰 문제가 되는 것은 섬유아세포의 overgrowth인데, 암 조직을 가늘게 잘라 시험관 면에 붙여, 장기간 (몇 주간) 계대하지 않고 배양을 계속하면, 섬유아세포의 증식능력은 약해지지만 암세포의 증식능력은 오히려 서서히 항진했다. 이 단계에서 암세포부분을 기계적으로 떼어내 통상의 단층배양으로 옮기는 것이다. 이 방법에 의해서 human 간암조직으로부터 효율적으로 세포주를 수립할 수 있었다. 이 방법은, 다른 human 암 조직에도 응용할 수 있다고 생각된다.

Bottle 형의 배양기를 사용하면 대량배양장치로서 이용할 수 있다. 이 경우는 배양기를 옆으로 해도 배지가 입구까지 오는 일이 없기 때문에 기울일 필요 없이 수평으로 두고 회전시키면 좋다. 전용 플라스틱 bottle도 시판되고 있다 (2장 1 참조).

현재는 그다지 쓰여지지 않지만 금속 drum을 고속(~ 50 rpm)으로 회전하면서 배양하면, 본래 벽에 붙어서 단층으로 증식하는 세포라도 벽에 붙지 못하고, 부유상태에서 배양할 수 있다. 간편하게 고밀도로 배양 가능하지만, 이 환경에 적응할 수 있는 세포는 한정되어 있다 (L세포는 배양 가능한 예이다).

3 Microcarrier 배양

작은 beads 상의 carrier 표면에 세포를 부착시켜, 그 beads를 포함한 배지를 흔들어서 부유상태로 배양하는 것이다. 표면적이 매우 커지기 때문에 한정된 공간에서 대량의 세포를 배양할 수 있다. 세포 본연의 모습으로서는, 단층배양의 한 변형이라고 생각된다. 세포에 따라, 모든 beads 표면에 균등하게 세포를 분포시키는 것이 의외로 어렵고, 표면적의 계산 값으로부터 기대되는 세포 수에 도달할 수 없는 경우가 많다.

이러한 beads 상의 세포 지지대를 전용 용기에 채워 넣어 배지를 순환시키면, 대량배양용의 bioreactor가 가능하다. 교반·부유하지 않기 때문에 silica 등의 무거운 지지대로도 사용할 수 있다.

4 부유 배양

세포를 배지에 부유한 상태에서 배양하는 것이다. 혈액세포, 특히 림프구 유래 세포는 통상의 배양조건에서도 배양기 벽에 부착하지 못하고, 부유상태에서 증식한다. 앞에서 서술한 것처럼 조직세포는 기본적으로는 벽에 붙어서 증식하지만, 암세포나 장기간 배양한 정상세포 중에는, 벽에 붙지 못하고 부유상태에서 증식하는 것이 있다. 또, 통상의 조건에서는 벽에 부착하는 세포라도 배지를 교반해서 강제적으로 벽에 부착하는 것을 저지시켜도 증식을 계속하는 세포가 있다.

부유배양은 통상의 dish를 사용해서 하는 것도 있지만, 대량의 세포를 배양하기에는 배지를 교반할 필요가 있고, 그 때문에 다양한 배양기가 연구되어 있다.

부유배양은 기술이 간편해서 같은 규모의 배양으로 단층 배양에 비교해서 다량의 세포를 회수할 수 있는 이점이 있다.

5 선회 배양

수평면상의 회전운동을 배양기에 주어 배양하는 방법을 말한다. 부유배양의 한 방법으로서도 사용되지만, 현재엔 주로 세포 덩어리 (spheroid)를 형성하는데 쓰여진다. 전자는 배양기를 120~180 rpm이라는 비교적 고속으로 선회하고, 선회 진탕 배양이라고도 불린다. 후자는 배양기를 수평면 상에서 적당한 빠르기로 선회하면 부유물이 중앙에 모이는 성질을 이용한다. 선회속도는 60~70 rpm이고, 전용 기기가 시판되고 있다.

6 Spheroid 배양 (그림 1)

세포는 부유해서 서로 가볍게 접촉하는 상태로 해두면, 상호접착을 통해 둥근 덩어리를 형성한다. 이것을 spheroid라고 한다. 이 배양법에 의해 형성된 세포 덩어리의 크기나 형태는 세포의 종류나 배양조건에 따라 다르다. 조직을 뿔뿔이 흩어서 얻은 세포를 spheroid 배양을 하면, 세포간 상호작용을 통해서 보다 친화성이 높은 세포끼리 접착하고, 원래의 조직 구조를 얼마간 반영한 구조를 만든다. 처음에 이러한 현상을 보고한 것은, Moscona (참고문헌 1)였다. 일반적으로 세포는 입체적인 조직구축 안에서는 단층배양보다도 고도의 분화기능을 발휘한다. 간세포의 배양에 spheroid 배양이 자주 사용되는 것은 이 이유에 기인한다. Spheroid 중의 간세포는 보다 분화한 세포구조를 보이고 접착장치도 발달해서, 간세포 특이적인 기능의 발현도 높다 (12장 5 참조).

Spheroid 배양은 앞에 기술한 *5*의 선회배양에 의해서 행하는 것이 일반적이지만, 보다 간편한 방법으로서 세포 접착성이 낮은 U자 형의 well을 가진 plate에서 세포를 배양하는 방법이 있다. SUMITOMO BAKELITE에서 시판되고 있는 (SUMILON, Celltight spheroid) 액체 방울 내의 세포간 상호 작용을 이용해서 ES세포로부터 Embryoid body (배모양)를 만드는 방법도, Spheroid배양의 한 변형법이라고 생각된다. 세포에 따라서는, 벽에 부착성이 없는 세균배양용의 dish에 접종해 두는 것만으로 spheroid를 형성하는 것이 있다.

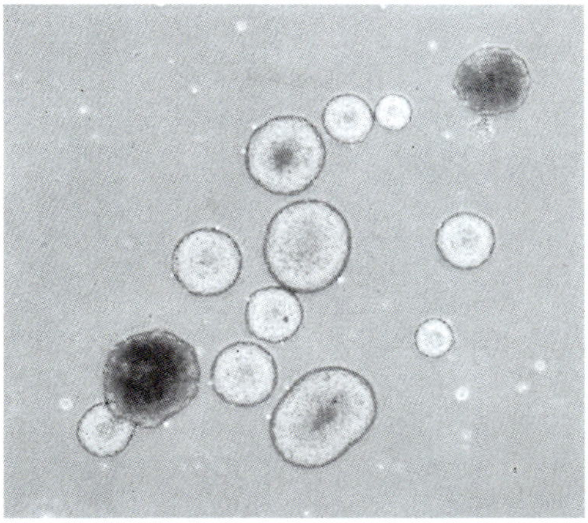

그림 1 **형성된 spheroid**

7 Gel 내 배양

Gel 상 기질의 안에 세포를 심어 배양하는 방법이다. Gel 상 기질 자체는 세포에 친화성이 있는 것과 없는 것이 있다. 다양한 기질이 사용된다.

A) Collagen gel

Gel 상으로 한 collagen 안에서 배양하는 것이다. Collagen은 직접 만들어도 괜찮고, 시판도 되고 있다 (NITTA Gelatin, KOKEN 등). 혈관내피세포는 관상구조를 형성하고, 유선세포는 방 모양의 구조를 만드는 등, 세포가 본래 가지고 있는 조직 형성 능력을 assay 하는 수단으로 사용하고 있다. 또, 섬유아세포를 심으면, 세포작용에 의해 collagen gel이 수축한다. 이 수축된 collagen gel은 피부의 삼차원배양의 진피에 해당하는 물질로서 사용된다.

B) 연한 한천

0.35~0.75% 정도의 한천 배지에 세포를 심어 배양한다. 기질접착성인 정상세포는 기반의존성이 있어서, 이러한 연한 한천 배지에서는 증식하는 것이 불가능하다. 세포가 암세포화 하면 일반적으로 기반의존성이 저하한다. 이 때문에, 연한 한천 내 colony 형성법은 세포의 종양성을 배양 내에서 검정하는 방법으로서 널리 사용된다. Methyl cellulose도 같은 목적으로 사용된다.

C) 합성 polymer

다양한 특징을 가진 합성 polymer가 gel 내 배양의 지지대로서 개발중이다. 예를 들면, mebiol gel은 온도를 감지하는 성질이어서, 37 ℃에서는 gel 상태로, 온도를 낮추면 용액 상태가 된다.

8 삼차원 지지대 배양·bioreactor

생체 내에서는, 세포는 빽빽하게 접착해서 특유의 구조를 취하고 있다. 이 빽빽한 세포집단을 영양분, 효소를 공급하고, 노폐물을 제거하기 위해 가는 혈관이 여기저기 뻗어 나가 있다. Human의 조직 1 cm^3 안에는 대략 10^8~10^9 개의 세포가 가득 차 있다고 추측된다. 세포의 종류나 배양조건에도 기인하지만, 단층배양에서는 CO_2 incubator 1대로 같은 정도이거나, 조금 상회하는 정도의 세포밖에 배양할 수 없다. 보다 중요한 것은 특유의 조직구조가 세포의 분화기능에도 커다란 의의를 가지는 것이다. 결국, 고밀도, 고기능 배양에는,

생체조직을 모방하면 좋다는 것이 된다.

고밀도이면서 입체적인 세포증식을 가능하게 하도록 지지대를 사용하는 배양법을 3차원 지지대 배양이라고 한다 (12장 5 참조). 대부분의 경우에, 고밀도인 세포의 영양·gas 교환을 가능하게 하기 위해 배지의 순환계통이 필요한데, 이들을 모두 합쳐 bioreactor라고 한다. 지지대로서는 다양한 다공성 polymer (polyvinyl alcohol을 시작으로 하는 합성 polymer, 강화 collagen, chitosan나 beads가 사용되고 있다. 이 경우에는, 배지는 지지대 사이를 순환한다. 가는 투과성 tube를 bioreactor 내에 연결해 배지를 흘려, 그 사이사이에 세포를 배양하는 방식도 있다.

삼차원 지지대 배양은, 재생의학적 치료법의 하나로서 그대로 생체에 이식하거나, 체외 설치형 인공장기로서 사용하거나, Human 조직과 유사한 기능을 가진 배양계로서 약물대사 등의 assay 계로써 사용하는 등의 목적으로 활발한 개발경쟁이 진행중에 있다 (12장 4 참조).

9 기관 배양 (그림 2)

몸에서 기관 일부를 잘라내어, 그대로 배양하는 방법이다. 일정기간 내에는, 생체 내에서의 기능이 잘 유지되고, 태아조직에서는 발달과정이 그대로 진행되는 현상도 보인다. 가능한 한 조직구축을 흩트리는 일 없이 조직을 지지해서, 조직내부에서 효율좋게 영양분·효소를 주고 받을 수 있도록 하는 것이 중요하다. 이 때문에 다양한 시도가 있었지만, 가장 간단한 방법으로서는 작은 구멍이 뚫린 막 (Nuclepore filter 등)에 조직을 얹어 배지에 띄워 배양하는 방법이 있다 (참고문헌 2).

기관 배양은 고도의 세포 기능이나 세포간 상호작용을 해석하는데 알맞은 배양법이지만, 동시에 해석이 어렵고, 조작성이 떨어진다는 문제도 있다.

10 태아 배양

태아 전체를 끄집어내 배양해서 발달과정을 해석하는 방법이다. 내부의 영양분·gas 교환의 효율성에 한계가 있기 때문에, mouse에서도 태생전반, 며칠에 한정된다. 영양분·gas 교환을 촉진하기 위해, 전용 배양기기를 사용할 필요가 있다.

배양법의 특징과 선택

세포를 배양하는 방법은 다양하고 제각각 장·단점이

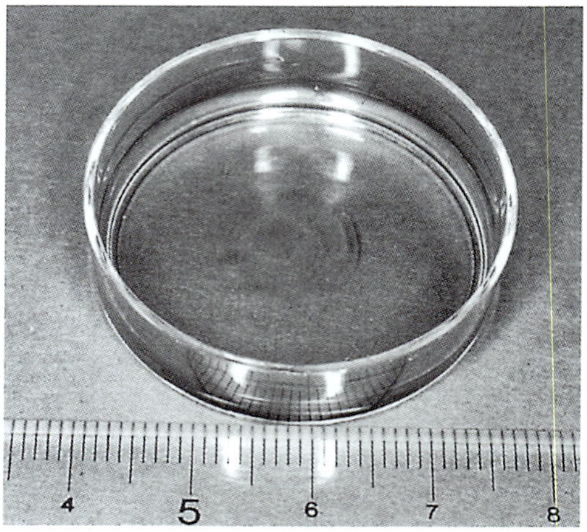

그림 1 기관 배양중인 mouse 태아피부

있다. 본인 스스로 실험을 진행하기 위해서는, 그 목적에 맞게 적절한 배양법을 선택할 필요가 있다 (그림 3).

1 간편성, 조작성

앞에 서술한 다양한 배양법은, 대체로 간편하고 조작하기 쉬운 순으로 열거되어 있다. 실험목적에 적합한 정보를 줄 수 있는 것이면, 간단한 방법이 바람직한 것은 말할 필요도 없다. 간편성과 조작성은 많은 경우 비슷하지만, 예를 들면 부유배양은 단층배양보다 간편하지만, 조작성은 오히려 단층배양 쪽이 좋은 것이 많다. 단층배양세포는 관찰이 쉽고, 유전자도입, 단백질 도입 (6장 참조)도 효율이 좋다. 삼차원 지지대 배양 같은 입체적인 조직을 만드는 배양법에서는, 일반적으로 고도의 분화 기능을 발휘하는 것이 기대되어, 조직 구축능력도 조사할 수가 있다. 그러나, 세포관찰 마저 절편을 만들어야 하고, 유전자 도입은 virus vector (6장 2 참조)를 사용해도 효율이 낮다.

2 *in vivo*를 반영하는 정도, 실험계가 내포하는 정보량

우리들은, 많은 경우 최종적으로는 생체 내에서 일어나고 있는 것을 알기 위해서 배양세포를 이용하고 있다. 따라서, 특정 배양계가 자신의 연구 목적에 비추어 어느 정도 *in vivo*를 반영하고 있는 것인가를 확인하는 것은 대단히 중요한 포인트이다.

DNA 복제 machinery 그 자체를 연구하는 것이라면, 증식하는 세포만 있으면 충분하다. 세포 종류를 물

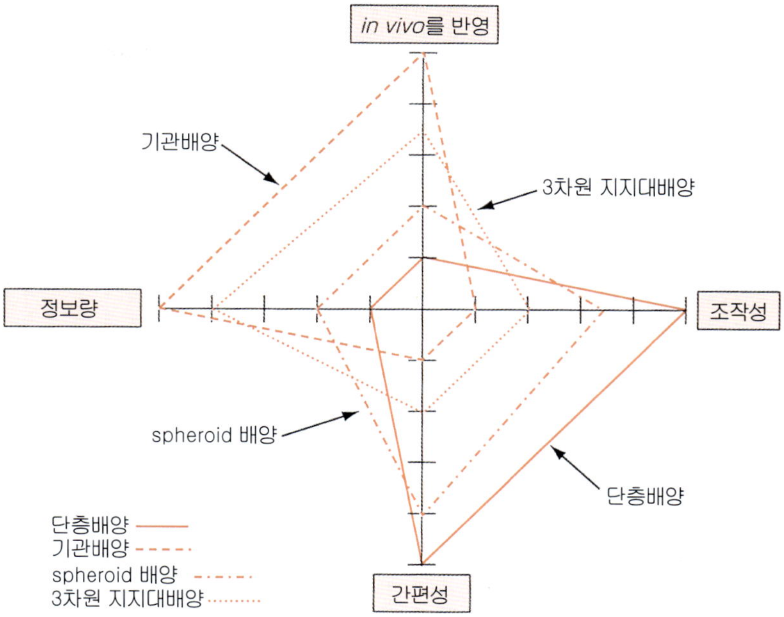

그림 3 대표적인 배양법의 특징

을 필요도 없다. 그러나, DNA 복제의 제어를 해석하고 싶은 것이라면, 그 같은 제어를 받는 세포, 조건이 아니면 안 된다. 게다가, 특정 signal의 반응이나 분화기능을 조사하고 싶은 것이라면, 세포를 선택하는 것은 물론 단층 배양에서는 불충분한 경우도 많다.

배양계가 복잡하게 되는 만큼, 일반적으로는 내포하는 정보량은 많다. 기관배양과 단층배양을 비교해 보면, 그 차이는 분명할 것이다. 다만, 내포하는 정보량은 그것을 끌어내는 방법이 있어야만 의미가 있다. 만약, 정보를 끌어내는 방법에 한계가 없다면, 세포를 배양할 필요없이, 생체 그 자체를 해석하면 된다. 따라서, 특정의 연구목적을 위해 배양계를 선택할 때는, 먼저 알고 싶은 정보가 확실히 그 실험계에 내포되어 있는지 어떤지, 그것을 수용할 수 있는 지지대의 범위내에서 이끌어낼 수단이 있는지 어떤지를 생각해야만 한다. 때로는 타협을 해야 하는 경우도 있다. 먼저 간편한 실험계에서 기본적인 정보를 모으고, 그 요점만을 보다 *in vivo*를 반영하는 실험계 혹은 *in vivo*에서 확인하는 것이 자주 택해지는 전술이다.

3 연구 목적에서

배양세포를 이용한 실험을 행하는 목적은, 「배양세포」=「생체」로 간주해서 생체정보를 얻는다는 것이 대부분이다. 이 경우, 위에서 기술한 것처럼, 목적으로 하는 현상이 내포되어 있는 범위에서 가장 간편한 배양계를 선택하면 좋다. 세포에 생체내에서는 일어날 수 없을 것 같은 조작을 가해서 식견을 얻는 것도 자주 행해진다. 예를 들면, 특정 유전자나 단백질을 도입하거나, 그것의 발현·기능을 억제하거나 하는 것이다 (**6장, 7장** 참조). 이것도, 기본적으로는 「배양세포」=「생체」로 간주하는 것이기 때문에, 신중하게 세포의 종류나 배양법을 선택 할 필요가 있다.

세포를 어떤 종류의 수단으로 보는 입장에서는, 예를 들어, 특정 생리활성물질을 생산하거나, 인공장기의 구성요소로서 이용하는 경우가 있다. 이 경우, 목적이 명확하기 때문에, 필요한 기능이 있는지 어떤지를 검정하면 된다.

세포를 배양해서 대량으로 증식시키거나, 혹은 유전자 조작 등을 실시한 뒤에, 생체 내에 이식해서 치료용으로 사용하는 것을 목적으로 하는 연구는, 재생의학으로서 가장 주목받고 있는 영역이다. 이 경우, 배양내에서 반드시 특정 기능을 발휘할 필요는 없고, 생체내에 이식되었을 때에 기능이 발휘되면 된다. 따라서 배양방법으로서는 단층배양이든, 아니면 어떠한 대량 배양법을 이용하는 것이 되어, 고도의 기능을 발휘하는 배양법은 반드시 필요치 않다. 중요한 것은 형질의 안정성으로, 생체 내에 이식된 뒤에 빠르게 기능을 상실하거나 암세포화 하는 일이 없도록 신중하게 검토할 필요가 있다.

참고문헌

1) Moscona, A. : Exp. Cell Res., 22 : 455–475, 1961
2) Kashiwagi, M. et al. : Dev. Biol., 189 : 22–32, 1997

제 1 장 배양실험 총론

3. 연구에 자주 사용되는 세포

許 南浩

본 항목에서는 연구에 자주 사용되는 세포주를 소개한 후, 어떠한 세포가 사용되고 있는 지, 혹은 어떤 세포를 사용해야만 하는가를, 세포 측면에서와 연구 목적인 측면에서 간단히 정리했다. 일차배양세포에 대해서도 할애했다.

서론

전항 (1장 2)에 서술한 배양법과 함께, 어떤 세포를 사용할지는 연구의 성패를 결정짓는 중요한 요소이다. 자신의 연구목적 (무엇이 알고 싶은가)과 세포의 특성을 신중히 고려해서 선택할 필요가 있다. 전항의 「서론」에서 서술한 실험 목적과 선택 기준은 세포를 선택할 때에도 적합하다.

세포 생물학·분자 생물학적 연구에 사용되는 세포

1 특정 세포주를 사용한 논문 수

표 1은, 특정 세포주를 사용해 어느 정도 논문이 쓰여졌는가를 조사한 결과이다. 방법은, 대표적인 세포 생물학, 분자생물학 영역의 전문지 (10편 정도)를 모두 조사해서 후보 세포주를 선택하고 그 이름이 text word에 나오는 논문 수를 PubMed로 조사했다. 철저한 조사도 아니고, 정확성도 보증할 수 없다. 예를 들면, 일단「cell(s)」로 공통부분을 취하고는 있지만, 세포주 이름과 같은 약칭이 사용되고 있으면 그것을 모두 선택하게 된다. 그 정도의 것이라고 생각해 주길 바란다. 이런 불확실한 방법이지만, 대략적인 경향은 알 수 있다. 실제 JCRB 세포은행 (http://cellbank.go.jp)의 공급 세포 건수와 비율은 일치하였다. *표는 일본에서 단리된 세포주를 나타내고 있다. 사용빈도의 변천을 보기 위해, 1991~2000년, 2001년 이후부터 현재까지의 논문 수를 조사해, 연도별 논문 수를 비율로 나타냈다.

HeLa 세포가 단연 top인 것은, 누구라도 납득할 것이다. 1952년 human 자궁 경부 암으로부터 수립된 이 세포는 전 세계에 분양되어, 증식 양상, DNA 수복능력, 대사경로 등에 관한 다수의 아종이 단리 되어 폭 넓게 연구에 사용되고 있다. 1943년에 단리 된 L세포에 이어 긴 역사를 가졌지만, 연간 논문 수에서는 2001년 이후가 1991~2000 년 보다도 오히려 증가하는 경향이 있다. 이 점은 최근 사용빈도가 감소중인 L세포와 대조적이다. 이유는, human 유래의 상피 모양 세포인 것과, 증식이 잘 되고 다루기 쉬운 점을 들 수 있을 것이다. 잘 증식해 널리 사용되기 때문에, cell to cell contamination (교차오염)의 대부분이 HeLa 세포에 의한 것은 얄궂은 결과라고 말하지 않을 수 없다 (**1장 4** 참조).

CHO (특히 그 clone인 CHO-K1)는 돌연변이의 연구에 자주 사용되어, 수많은 변이주가 단리되었다. 상위 10위 이내에 human 백혈병 유래의 세포가 4주나 들어 있다. 일본에서 수립된 세포로 유일하게 높은 순위에 들어가 있는 Vero 세포는, 獨協 의과대학 명예 교

Namho Huh : Department of Cell Biology, Okayama University Graduate School of Medicine and Dentistry（岡山大学大学院医歯学総合研究科細胞生物学分野）

표 1 특정 세포주를 사용한 논문수

순위	세포주명	세포기원	합계	논문총수		논문수/년		비율
				2001-2004	1991-2000	2001-2004	1991-2000	
	(cell (s) /culture		240,484	36,949	93,807	10,557	9,381	1.1)
1	HeLa	human 子宮頸部癌由来	41,404	8,570	17,644	2,449	1,764	1.4
2	CHO	Chinese hamster卵巣由来	22,455	5,853	13,910	1,672	1,391	1.2
3	HL-60 (HL60)	human 骨髄性白血病由来	10,929	2,438	6,238	697	624	1.1
4	L	C3H mouse皮下組織由来	10,071	396	2,549	113	255	0.4
5	Vero*	African green monkey腎由来	7,991	1,574	4,214	450	421	1.1
6	MCF-7 (MCF7)	human 乳癌由来	7,887	2,520	4,086	720	409	1.8
7	Jurkat	human T細胞白血病由来	7,789	2,939	4,375	840	438	1.9
8	PC12 (PC-12)	Rat 副腎髄質褐色細胞腫由来	7,721	2,054	4,713	587	471	1.2
9	K562	human 慢性骨髄性白血病由来	7,635	1,733	3,675	495	368	1.3
10	U937 (U-937)	human 組織球性白血病由来	6,431	1,599	3,702	457	370	1.2
11	293 (HEK293)	human 胎児腎由来	5,333	2,011	2,955	575	296	1.9
12	HepG2	human 肝癌由来	5,242	1,845	2,927	527	293	1.8
13	Cos-7 (Cos7)	CV-1細胞由来	4,959	1,498	3,232	428	323	1.3
14	HT29 (HT-29)	human 大腸癌由来	4,422	1,386	2,514	396	251	1.6
15	caco-2 (caco2)	human 大腸癌由来	4,062	1,705	2,224	487	222	2.2
16	Balb/3T3	Balb/c mouse胎仔由来	3,340	394	1,549	113	155	0.7
17	MDCK	Dog腎臓由来	3,333	695	1,845	199	185	1.1
18	V79 (V-79)	Chinese hamster肺由来	3,316	311	1,227	89	123	0.7
19	B16	mouse melanoma由来	3,270	575	1,484	164	148	1.1
20	A549 (A-549)	human 肺癌由来	2,980	1,174	1,474	335	147	2.3
21	Cos-1 (Cos1)	CV-1細胞由来	2,769	521	1,906	149	191	0.8
22	NIH3T3	NIH Swiss mouse 胎仔由来	2,530	666	1,571	190	157	1.2
23	Raji	human Lymphoima 腫由来	2,308	305	857	87	86	1.0
24	A431 (A-431)	human 皮膚epidermoid carcinoma由来	2,165	387	1,100	111	110	1.0
25	3T3-L1 (3T3L1)	Swiss 3T3 由来, 脂肪細胞分化	2,025	637	1,030	182	103	1.8
26	Sf9	蛾幼虫卵巣由来	1,943	422	1,460	121	146	0.8
27	BHK-21 (BHK21)	Sirian golden hamster腎由来	1,859	153	569	44	57	0.8
28	Swiss 3T3	雑系Swiss mouse 胎仔由来	1,820	145	872	41	87	0.5
29	MOLT-4 (MOLT4)	human 急性T細胞性白血病由来	1,565	228	791	65	79	0.8
30	CV-1 (CV1)	African green monkey腎由来	1,524	198	753	57	75	0.8
31	SH-SY5Y	human neuroblastoma由来	1,433	574	773	164	77	2.1
32	F9	mouse EC細胞OTT6050由来	1,407	114	676	33	68	0.5
33	J774 (J 774)	mouse macrophage由来	1,367	306	761	87	76	1.1
34	L5178Y	DBA/2 mouse胸腺腫瘍由来	1,324	67	342	19	34	0.6
35	NSCLC	human 肺非小細胞癌由来	1,113	456	618	130	62	2.1
36	MC3T3-E1	mouse calvaria由来	1,058	312	636	89	64	1.4
37	WI-38 (WI38)	human 胎児肺由来	1,054	108	307	31	31	1.0
38	Rat-1 (Rat1)	Rat結合組織由来	1,027	169	684	48	68	0.7
39	C2C12	mouse筋組織由来	1,012	410	574	117	57	2.0

* : 일본에서 단리된 세포주

(다음 페이지에 계속)

(표1에서 계속)　*여기에는 순위와 상관없이 자주 사용되어지는 세포주 몇개를 실었다.

C3H10T1/2	C3H mouse胎仔由来	952	70	394	20	39	0.5
SaOs-2 (SaOs2)	human骨肉腫由来	844	265	537	76	54	1.4
HaCaT	human表皮角化細胞由来	804	366	430	105	43	2.4
MRC-5 (MRC5)	human胎児肺由来	777	143	354	41	35	1.2
HuH-7 (HuH7) *	human肝細胞癌由来	712	366	309	105	31	3.4
SK-N-SH	human neroblastoma由来	632	152	376	43	38	1.2
Hep3B	human肝細胞癌由来	594	214	341	61	34	1.8
CHL*	Chinese hamster肺由来	461	130	226	37	23	1.6
PLC/PRF/5	human肝細胞癌由来	413	62	181	18	18	1.0
KATO*	human胃癌由来	408	98	224	28	22	1.3
IMR-90 (IMR90)	human胎児肺由来	403	48	186	14	19	0.7
FM3A*	mouse自然発生乳癌由来	382	26	164	7	16	0.5
MIN6 (MIN-6) *	mouse insulinoma由来	366	160	174	46	17	2.6
DT40 (DT-40)	chick B細胞白血病由来	274	159	113	45	11	4.0
TIG*	human胎児肺由来	107	21	59	6	6	1.0

수인 安村美博 선생이 수립한 것으로 interferon을 생산하지 않기 때문에 virus 감수성이 대단히 높은 것이 특징이다. Vero는 녹색 원숭이 (African green monkey)의 녹색을 나타내는 Verda와 신장을 가리키는 Reno를 합친 것으로, Esperanto 말로「진리」라는 의미이다. List 중, 가장 아름다운 이름일 것이다. Esperantist이기도 한 安村 선생의 학식과 감성을 보여주는 것이다.

2 사용된 세포주의 변천

표 1의 list 중에서, 연도 별 논문 수 비율이 0.7 이하인 것은 L, Balb/3T3, V79, Swiss 3T3, F9, L5178Y, Rat-1, C3H10T1/2, IMR-90, FM3A이다. 반대로, 1.6 이상인 것은, MCF-7, Jurkat, 293, HepG2, HT29, caco-2, A549, 3T3-L1, SH-SY5Y, NSCLC, C2C12, HaCaT, HuH-7, Hep3B, MIN6, DT40이다. 이것으로부터 몇 가지 경향이 보인다. 전자의 대다수는 돌연변이, 배양 내 형질전환의 연구에 사용된 것들이다. 연구동향의 변화와 함께 사용되는 빈도가 줄어들었다. 반대로 논문수가 늘어난 것은, 물론 최근에 와서 수립되었거나, 널리 일반 용도로 사용되었기 때문인 경우도 있지만, human 암 유래의 세포주가 눈에 띈다. 사용된 세포주를 살펴 보면, 배양세포를 사용한 연구는 동물세포로부터 human 세포로, 섬유아세포로부터 상피세포로, 변이·형질전환 연구로부터 분화제어의 연구로 라는 변천을 겪은 것처럼 생각된다.

어떠한 세포를 사용할까—세포의 측면에서

「사용한다」는 관점에서 봤을 때, 세포는 어떻게 분류되는 것일까? 세포가 가지고 있는 기능이 중요한 것은 말할 것도 없지만, 동시에 그 유래와 증식상태도 배양실험의 어려움과 쉬움·성공여부를 결정하는 중요한 척도이다.

1 불멸화된 세포

배양세포를 사용하는 실험이, 서서히 세포주로부터 초대배양세포로 옮겨 가는 것은 확실하지만, 그래도 대다수의 연구는 불멸화된 세포를 사용하고 있다. 그 이유는, 아래와 같은 것 일 것이다.

- 순서가 간단
- 재현성이 좋은 결과를 얻을 수 있다
- 다양한 특성을 가진 세포를 목적에 맞게 고를 수 있다
- 초대배양 세포에 비해서 다양한 조작이 가능하다
- 동물이나 사람 조직을 실험할 때마다 필요로 하지 않기 때문에 윤리적 문제가 적다

일반적으로 배양세포를 사용하는 실험, 그 중에서도 불멸화된 세포를 사용해서 실험할 때에 특히 주의하지 않으면 안되는 것은, 세포가 생체 내의 정상세포와는 부분적이라 해도 다르다는 것이다. 게다가, 어느 부분이 다른가를 알 수 없다. 우리들은, 생체 내의 정상 세

포의 기능을 알기 위해 배양세포를 사용하는 것이다. 따라서 세포주에서 얻은 식견은, 보다 정상에 가까운 배양계나 생체조직으로 꼭 확인한다는 자세가 중요하다.

A) 배양 중 자연 형질 전환에 의한 세포주

설치류의 세포는 배양중에 자연적으로 형질전환되어 무한 증식능력을 획득할 수가 있다. 세포배양의 초기 무렵에는 이렇게 해서 불멸화된 세포가 실험에 많이 사용되었다. 표 1의 list 중에서도 Balb/3T3, NIH3T3, Swiss 3T3, C3H10T1/2, Rat-1, CHO, V79, BHK-21, CHL 등이 그 대표적인 예이다. 자연형질전환된 세포는 염색체 이상을 비롯하여 원래 세포의 성질을 많든 적든 간에 잃어버린다. 따라서, 이러한 세포를 사용할 때에는, 필요한 기능을 계속 유지하고 있는지 어떤 지를 사전에 신중히 검토할 필요가 있다. Human 세포는 안정해서 이러한 자연형질전환 현상은 거의 일어나지 않는다.

B) 암 유래의 세포

1개의 세포가 50회 분열하면, 10^{15}개. 무게로 1톤이나 된다. 단순히 생각하면, 암은 증식 제어만 벗어나면 유한 수명이어도 암이 될 수 있겠지만, 실제로 암에서 유래한 세포 모두가 무한 수명이다. 게다가 무한수명성은 체내에서 이미 획득되어 있다고 생각되지만, 증식제어의 붕괴와 무한 수명성 사이에 어떠한 본질적·기전적인 연관성이 있을지는 아직 충분히 밝혀지지 않았다. 더구나, 무한수명성과 배양가능성은 구별되어야만 한다. 배양계는 생체내와는 환경조건이 크게 다르기 때문에, 적당한 조건만 주어진다면 무한으로 증식할 수 있는 세포도, 특정 배양조건 하에서는 생존·증식 할 수 없는 경우가 있기 때문이다. 다만, 일반적으로 말하면, 암세포는 그것이 유래하는 정상세포보다는 배양이 쉬운 것이 많다.

하나 더, 암 유래 세포의 성질에서 주목해야 할 것은 역설적이지만, 분화형질의 안정성이다. 정상세포는 체내 조직 중에서는 물론 충분한 분화기능을 발휘하고 있는 것이지만, 일단 통상의 단층 배양계 (1장 2)로 옮기면 빠르게 그 분화능력을 상실한다. 예를 들면, 간세포의 약제대사능력이나 albumin 생산능력은 시간단위로 낮아져 간다. 한편, 암세포는 체내에서 암세포화된 시점에서 발생 모태인 세포의 기능을 부분적으로 상실하지만, 남은 분화능력에 관해서는 배양계에 옮겨도 비교적 안정하게 유지된다. 간세포 암 유래 세포주의 대다수가 수일 간 배양한 정상 간세포보다도 간세포로서의 기능이 높다.

이상의 암 유래 세포의 2가지 특성이, 암, 특히 human 암 유래의 세포주가 배양세포를 사용한 연구 중에서 커다란 지위를 점하고 있는 이유이다. 표 1의 list에서 39주 중, 15주가 human 암 유래이고, 세포주 은행에 등록되어 있는 세포 중, human 암 유래 세포주가 큰 부분을 차지하고 있다.

C) 유전자 도입에 의한 세포주화

위에서 기술한 것처럼 암 유래의 세포는 대단히 유용하지만, 암 발생 자체가 저절로 발생하기 때문에 반드시 목적의 세포가 얻어지는 것은 아니다. 그래서 적극적으로 무한수명에 관련된 유전자를 도입해서 세포주를 만들려고 하는 시도가 행해져 왔다.

SV40 large T를 세포에 도입하면, 세포는 분열수명에 다다라 일단 crisis에 빠지지만, 꽤 높은 확률로 무한 수명화 된 세포를 얻을 수 있다. 표 1의 list 중에서는 CV-1 및 그것에 유래하는 Cos-1, Cos-7이 그 예이다. MIN6은 insulin 생산 능력을 가지고 있어서, insulin 분비 기전의 연구나 당뇨병의 치료 model로 소중히 여기고 있는 세포인데, 이것은 SV40 large T의 transgenic mouse에서 발생한 insulinoma를 배양한 것이다.

HEK293 세포는 human 태아 신장 세포를 5형 adenovirus DNA로 형질 전환한 것이다. 배양이 쉽고 유전자 도입 효율도 높아 다양한 분자생물학적 연구에 사용되는데, 특히 replication-defective adenovirus vector를 packaging하는데 사용된다.

최근, human 세포의 분열수명이 telomere 길이의 단축에 의한다는 것과 그 telomere 길이를 유지하는 효소로서 hTERT가 동정되었다. 그래서 hTERT를 도입해서 human 세포를 무한 수명화 하려는 시도가 이루어져, 실제 다양한 세포가 통상의 한계를 넘어서 증식하는 것이 확인되었다. hTERT 도입에 의한 무한 수명화는 SV40 large T에 비해서 crisis가 없고, 염색체도 비교적 정상으로 유지된다는 이점이 있다.

2 유한 수명 정상 세포

유한 수명이어도, 세포가 50회 분열하면 10^{15}개가 된다. 100 ㎜ dish 당 5×10^{6} 세포라고 하면 계산상 2억장이 되기 때문에, 실제적으로 실험에서 loss를 생각해도 꽤 널리 사용할 수 있다는 것을 알 수 있다. 이것이 list에 있는 WI-38, MRC-5, IMR-90, TIG-II (표

1에서는 TIG) 등이 세포주 은행에 수집되어 배포되고 있는 이유이다. 혈관 내피 세포도 어느 정도 이것에 가까운 형태로 이용가능하지만, 정상 상피 세포는 일반적으로 배양이 어렵고 기능도 빠르게 저하하기 때문에 이러한 형태에서의 이용이 불가능하다.

3 초대 배양

Human이나 동물의 조직에서 세포를 배양계로 옮겨, 다음에 계대할 때 까지를 초대배양이라고 하는데 (10장 참조), 여기서는 실험할 때 마다 조직에서 새로 세포를 채취하는 것을 중시하여, 수회 계대 중의 세포도 포함해서 생각할 수 있다. 최근의 배양세포를 사용한 연구를 보면, 초대배양세포를 사용한 것이 증가하고 있다.

어떠한 세포를 사용할까—연구목적의 측면에서

1 기본적인 세포 기능

물질대사, DNA 복제·수복, 분열기전, 세포 운동 등 기본적인 세포기능은 거의 모든 세포가 배양계에서도 유지하고 있기 때문에, 어떤 세포를 사용해도 좋다. 그렇다면, 배양하기 쉽고 (간단한 배지, 다양한 조작에 견디는 완강성, cloning이나 동조배양의 용이 등), 성질이 안정해서 손에 넣기 쉬운 세포를 사용하게 된다. 이것이 HeLa나 CHO 세포가 뛰어나서 사용빈도가 높은 주된 이유이다. 세포접착은 상피세포에서 가장 전형적으로 보이는 현상이고, 특히 세포간 접착이 강한 MDCK나 A431 세포가 즐겨 사용되는데, HeLa를 포함한 human 상피성 암유래 세포주 모두를 사용하는 것이 가능하다.

2 분화유도

초기에 배양계에서 확실한 분화유도가 가능하게 된 것은 혈액세포 (실제로는 백혈병 유래 세포주) 였다. 그것이 사용빈도가 높은 세포주의 상위에 혈액 유래 세포가 많이 포함되어 있는 한 요인일 것이다. 그 후, 지방세포로의 분화 (3T3-L1)나 근세포로의 분화 (C2C12)를 해석하는 것이 가능한 세포주도 수립되었다. PC12 (신경 세포로)나 HaCaT (각질화 세포로)도 부분적이지만 배양계 내에서 분화 유도가 가능하다. 많은 사람 유래의 암세포주는 그만큼 확실하다고는 할 수 없다고 해도, 다양한 증식인자나 세포외 기질에 의해서 그 분화기능이 변하기 때문에, 그러한 해석에 사용되고 있다. 다만 세포주를 이용하는 분화유도 실험은, 그 세포가 생체 내의 정상세포와는 다른 반응을 하고 있을지도 모른다는 점은 항상 의식해 둘 필요가 있다. 이 때문에, 최근에는 줄기세포를 포함해서 정상 미분화 세포를 초대배양하여, 그것을 분화 유도 실험, 기전 해석에 사용하는 일이 증가하고 있다.

3 암 치료법의 개발

암 치료법의 개발은, 세포를 사용하는 연구 중에서는 상당히 큰 위치를 점하고 있다. 암의 변이는 세포를 단위로 해서 나타나기 때문일 것이다. 대부분의 사람 장기에서 발생하는 다수의 암이 세포주화 되어, 세포 은행에 수집되어 있다. 조직형, 분화형질, 항암제나 방사선에 대한 감수성, 전이 능력 등, 다양한 지표에 관해서 다른 특성을 가진 암세포주가 있기 때문에, 관련된 논문이나 세포 은행에서 제공되는 정보를 보고 적절한 세포를 선택한다.

4 기타

분열수명 연구에는, 증식계에 간단하게 도입가능하여 역사적으로 human의 정상 섬유아세포가 많이 사용되었다 (WI-38, MRC-5, IMR-90, TIG-II 등). Human 간암 세포주는, 간세포로서의 기능과 간염 virus 연구에 사용되고 있다 (Huh-7, Hep3B, HepG2, PLC/PRF/5 등). Insulin을 분비하는 세포주로서는, INS-1 (list에는 포함되어 있지 않다), MIN6이 알려져 있다. Protein의 대량생산에는 Baculovirus vector가 자주 사용되는데, 그것의 숙주 세포가 Sf9이다. Unique한 것으로서는, 체세포에서 유전자 상동 재조합체를 쉽게 분리할 수 있는 chick DT 40 세포가 있다.

제 1 장 배양실험 총론

4. 배양 세포나 세포에 관한 정보의 입수 방법-세포 은행의 역할

水澤 博

수년 동안 연구자원의 중요성을 직시하여, 국가 차원에서 정비하려는 움직임이 가속화 되고 있다. 그 중에서 세포은행은 업무가 시작된 역사가 비교적 길고, 일본에서도 이미 20년의 역사를 지닌다. 개개의 연구자에 있어서 편리성에서 중요하게 다뤄지는 세포은행이지만, 과학 연구 신뢰성의 확립을 위해 연구재료에의 문호를 개방한다는 점에 커다란 의의가 있는 것을 꼭 기억하길 바란다. 정보공개라는 사상적 기반을 내포하고 있는 것이다.

서론

배양 세포는 현재 생명과학에 있어서 필수 불가결한 연구재료로써 많은 연구자에 의해서 이용되고 있다. 특히 사람 유래의 세포는 인간의 생명과학에 있어서 빠뜨릴 수 없는 연구재료로서, 지금까지 수많은 세포가 수립되고, 이용되어 왔다.

1953년 Watson·Crick의 DNA model 발견을 계기로 결실을 보게 된 분자 생물학 연구의 발전은 human genome의 전 염기 배열의 해독을 달성하고, 그 의미를 해명하는 작업으로 향하고 있다. DNA 정보는 세포라는 스크린에 비추어져야만 의미가 있고, DNA의 기능을 밝히기 위해서는 이와 같은 스크린이 필요하다. 그래서, 사람 유래의 배양 세포가 인간의 생명 현상의 해명에 필수불가결 하게 된다. 또, 배양 세포는 다루기가 쉬워서, 이 분야에 많은 연구자가 참여하는 계기를 만들었지만, 다양한 세포의 수집·보존·관리를 하고 있는 세포 은행은, 그러한 연구자에게 매우 편리한 존재라고 할 수 있을 것이다. 많은 인재가 인간의 생명과학연구에 참여할수록, 그만큼 많은 성과를 가져온다고 생각하면 충분히 평가할 수 있다. 실제, human 배양 세포의 이용자는 국내에서 세포 은행이 설립된 이래로 일관되게 증가 경향을 보이고 있다.

일본의 세포은행

일본에서는 1984년에 후생 노동성이 타 성 청에 앞서 의학연구를 시야에 둔 세포은행과 유전자 은행을 설립 했는데. 2001년에는 대학 독립행정 법인화를 시야에 둔 문부 과학성이 연구자원 위원회를 설립해서 그 정비를 시작했다. 문부 과학성에서는, 자원의 종류마다 소규모 은행을 집약시킨 완전한 연합체를 구축하고, 그 정보를 국립 유전학 연구소와 이화학 연구소에 통합한다는 형태를 만들도록 하고 있다. 경제산업성에서는 산업기술 통합연구소 안에 특허생물 기탁센터를 두고, 그곳에서 산업 육성에 관련하는 특허 관련 배양 세포의 기탁을 받고 있다 (다만, 여기서는 세포의 분양은 실시하고 있지 않다). 또, 농림수산성에서는 농수성 gene bank 가 축산관련 세포를 중심으로 수립되어 있다.

배양 세포는 일본 내에 3개의 공공세포은행이 설치되어 있다. 하나는 후생 노동성의 JCRB 세포 은행이고, 그외에 2개가 문부과학성에 속해 있다. 민간에서는 2002년에 발효연구소 세포 은행이 업무를 정지

Hiroshi Mizusawa : JCRB Cell Bank, National Institute of Health Sciences (国立医薬品食品衛生研究所変異遺伝部細胞 Bank : JCRB)

표 1 세포 Bank 일람

일본의 세포주은행		
厚生労働省	• JCRB 細胞 은행	http://cellbank.nihs.go.jp/
	• Human science 研究資源은행 (HSRRB)	http://www.jhsf.or.jp/index_b.html
文部科学省	• 理化学研究所, Bioresource center	http://www.brc.riken.go.jp/
	• 東北大学加齢医学研究所, 医用細胞資源 center	http://www.idac.tohoku.ac.jp/dep/ccr/
農林水産省	• 農業生物資源研究所, 農業生物資源 gene bank	http://www.gene.affrc.go.jp/
経済産業省	• 産業技術総合研究所, 特許生物寄託 center	http://unit.aist.go.jp/ipod/
遺伝学研究所	• SIGEN (Shared Information of Genetic Resources) Data base	http://www.grs.nig.ac.jp/indexja.htm
	• 培養微生物世界 Data center (WFCC) (培養細胞資源을 포함)	http://wdcm.nig.ac.jp/
科学技術振興事業団	• Bioresource network	http://bio.tokyo.jst.go.jp/biores/index.htm

국외 세포주은행	
[미국]	
• American Type Culture Collection (ATCC)	http://www.atcc.org/
• Coriel Institute for Medical Research (CIMR)	http://arginine.umdnj.edu/
[유럽]	
• Common Access to Biological Resources and Information (CABRI)	http://www.cabri.org/
• European Collection fo Animal Cell Culture (ECACC) 유럽에서는 가장 오래된 세포수집기관, 사람·動物培養細胞를 취급한다	http://www.ecacc.org/
• Deutsche Sammlung von Mikro organismen und Zellkulturen GmbH (DSMZ) 독일의 研究資源 bank. 微生物, 사람·動物培養細胞, 식물을 취급한다	http://www.dsmz.de/
[아시아]	
• Korian Cell Line Bank (KCLB) 서울대학교 의과대학의 암연구소에 설치된 세포주은행. 일반적으로 한국내에서만 가능	http://cellbank.snu.ac.kr/ENG/default.htm

한 이후, ATCC (후에 기술)의 창구가 SUMITOMO Pharmaceuticals International Corporation에 의해 운영되고 있을 뿐이다.

해외의 세포 은행

세포은행은 국제적으로는 미국의 ATCC (American Type Culture Collection)가 가장 오래 전부터 활동하고 있고, 표준적인 배양세포를 중심으로 보존하고 있다. 미국에서는 이것 이외에 CIMR (Coriel Institute of Medical Research)가 각종 유전성 질환에 유래하는 Primary 세포의 collection을 만들고 있기 때문에, 양자가 보완적으로 기능하고 있다. 영국에서는 ECACC (European Collection of Animal Cell Culture)가 거의 JCRB와 같은 시기에 발족해서 활동하고 있고, 세포의 수집 이외에도 세포의 동정 등 수탁업무도 상당히 실시하고 있는 듯하다. 독일에서는 DSMZ (Deutscho Sammlung von Mikro organismen and Zellkulturen GmbH)가 미생물이

> ***memo***
>
> 이들 세포은행은, 각자 독자적인 homepage를 개설하고 있는데 (표1 참조), 일본조직배양학회의 homepage가 배양 세포 관련의 포털 사이트로서 기능하고 있으므로, 우선은 거기에 액세스하기 바란다 (http://jtca.umin.jp/). 거기서 각 세포은행 사이트에 링크가 연결되어 있다.

나 식물의 collection과 동시에 배양세포의 collection도 실시하고 독일 국내를 중심으로 서비스하고 있다.

배양세포를 이용함에 있어서의 세포은행의 의미

1 연구자를 고민하게 하는 세포의 교차오염

그런데, human에 유래하는 배양 세포가 특히 주목을 받는다는 현상을 인식하면, 세포 은행이 달성해야만 하는 과제는 명확할 것이다. 배양 세포는 다수의 사람에서 채집된 조직을 배양하는 것에 의해 만들어져, 기원이 된 개개의 사람은 제각각 개성을 가지고 구별하는 것이 가능하다. 그러나 세포를 배양계로 옮긴 단계에서 그것들을 서로 구별하는 것은 대단히 어려운 것이다. 그 때문에 1개의 세포가 다른 세포에 섞여 (교차오염), 어느새 바뀌어 버리는 것과 같은 일이 일어나는 것인지, 어떤지 걱정이 될 것이다. 1개 1개의 세포가 확실히 독립된 다른 사람에게서 유래한다는 것을 어떻게 확인하는 것일까, 확인할 수 있는 것일까?

1951년에 세계에서 최초로 배양 세포, HeLa 세포가 수립되었는데, 이미 중심적인 연구 재료였던 세균과는 달리 서로 다른 세포를 구별하는 것은 어려웠다. 결국 1985년까지 그 상태가 계속 되었다. 세균의 경우는 처음부터 돌연변이체가 수없이 얻어져, 개개의 세균에 대한 유전학적인 background라는 것이 대단히 명확했다. 그 때문에, 세균을 사용하는 경우는, 실험에 앞서 cloning을 행하여, 유전자적 background를 확인하고 나서 실험을 시작하는 것이 당연했다. 그러나, 배양 세포에서는 이 당연한 일이 불가능했던 것이다. 세균과는 다른 유전자가 2개씩 쌍으로 존재한다는 고등 생물 특유의 genome구성 (2배 체)이나, cloning을 하는 것에 의해 세포에 특징적인 집단으로서의 특징이 없어져 버린다는 염려도 있었다. 어느 쪽이든 유전학적인 배경을 정확히 파악하는 수단은 배양 세포에서는 없었던 것이다.

그런데, 분자 생물학의 발전 과정에서 세포의 개성이 유전자에서 유래한다는 것이 밝혀졌고, DNA finger print법이라 불리는 방법이 보고된 이래 상황은 돌변했다[1].

이 방법은 그 뒤 개량되어, 현재는 STR-PCR법이라 불리는 방법으로 개선되어, 단시간 동안에 유전자형에 의한 세포의 개별 식별이 가능하게 되었다. 사람이라는 생물 종은 99.9% 동일 genome 구조를 가지고, 0.1%가 다르다고 일컬어지고 있다. STR-PCR법은, 이 0.1%를 확인하는 것에 의해 세포를 개별로 식별하는 것을 가능하게 했다.

2 STR-PCR법에 의한 교차오염의 검출

이 방법은, 사람의 genome의 비전사 영역에 존재하는 DNA 배열의 다양성을 검출해서, computer 처리를 통해 재현성이 높은 결과를 얻을 수 있다. 그 때문에 세포의 직접비교가 아닌, 개개 세포의 STR 패턴을 data base화 해 둔 것에 의해, 다른 시간, 다른 장소에서 행한 결과를 언제나 자유롭게 상호 비교하는 것을 가능하게 했다. 따라서 개개의 세포는 특유한 STR 패턴을 세포 고유의 data로서 공개하는 것 가능하고, 이 data base를 이용해서 신규 수립 세포가 이제까지 수립한 다른 어느 세포와도 다르다는 것을 신속히 확인하는 것이 가능하게 되었다.

과거에 HeLa 세포가 수많은 수립 세포주에 혼입된 것은 아닌가 하는 의심이 Nelson lees에 의해 제창되어, ATCC가 자기들의 보존 세포주를 조사해 확인한 결과, HeLa 세포의 혼입이 밝혀졌지만, 그 밖의 세포끼리가 서로 혼입되었는지 어떤지 하는 점에 관해서는 사실을 확인할 수 없었다.

현재, STR-PCR법에 의한 조사가 진행된 결과, 사람 유래 세포 사이에서 무시할 수 없을 만큼의 교차오염이 발생하고 있는 것이 계속 밝혀지고 있다. JCBR 세포은행에 있어서는, 1999년 이후 이 방법을 사용해 수집한 사람의 배양세포에 관한 조사를 진행해, 이제 완료하려 하고 있다. 조사한 세포의 종류는 약 500종류로, 그 중 HeLa 세포의 교차오염을 포함해서 24종류의 세포가 실은 다른 세포였다는 결과를 얻었다. 비율로 말하자면 약 5%를 웃돈다. 이 결과는 data base화 해서 Web 상에 공개하고 있기 때문에, 반드시 참고하기 바란다 (cell ID, http://cellbank. nihs.go.jp/).

STR-PCR법에 의해 발견된, 교차오염을 일으키는 세포 일람을 표 2에 나타냈다.

이 표 중에서 JHH-1, NCC16, HSC-41, OVMIU 등은 세포를 정식 등록하기전에 발견되었다. 따라서, 등록시에는 올바른 세포로 치환되어 있기 때문에 현재 분양 대상으로 되어 있는 세포에서는 문제가 없다. 그 이외에는 세포 은행에 등록되기 이전부터 많은 연구자에 의해 이용된 것이 많은데, 공개한 뒤에 발견된 세포이기 때문에, 지금부터 새로 이용하려고 생각하는 분은 반드시 주의 하기 바란다. 또, HSGc-C5는 중립자

표 1 JCRB세포은행에서 확인된 교차오염 사례

	잘못된 세포	원래의 세포였을 가능성이 높은 것	평가치(Ev)*1
1	JCRB0710: EJ-1	JCRB0711: T24	1.000
2	JCRB9066A; Chang Live	JCRB9004: HeLa	0.968
3	JCRB9027: KB	JCRB9004: HeLa	1.000
4	JCRB0073: J-111	JCRB9004: HeLa	1.000
5	NIHS0267: TMH-1	NIHS0270: IHH-4	0.966
6	NIHS0056: JHH-1	mouse cell unkown	–
7	NIHS0244: K051	JCRB0019: K-562	1.000
8	NIHS0231: HuL-1	JCRB9004: HeLa	0.933
9	NIHS0009: JTC-17	JCRB9004:HeLa	ND
10	JCRB0744: ECV304	JCRB0711: T24	0.917
11	JCRB0604: PSV811	JCRB9017: W38	0.923
12	JCRB0253:MKN28	JCRB0255: MKN74	1.000
13	JCRB0142: NCC16	JCRBO0141: PHK16-0b	1.000
14	JCRB0128: TK-1	RCB0461: U251	0.966
15	JCRB0128: TK-1	IF050288: U-251 MG	1.000
16	JCRB0127: KOSC-3	JCRB0625: Ca9-22	1.000
17	JCRB0092: P39 TSU	JCRB0085: HL60	0.933
18	NIHS0302: OVMIU	NIHS0300: OVSAYO	1.000
19	JCRB1038/HSRB0032: PH61-N	JCRB0070: MIA PaCa-2	0.963
20	JCRB1035/HSRB0029: HSC-41	JCRB1036: HSC-42	1.000
21	JCRB1070: HSGc-C5	JCRB9004: HeLa	0.903
22	JCRB1076: NS-3	JCRB0226: COLO201	1.000
23	IFO50039: NC-37	JCRB9012: RAJI	1.000
24	IFO50079: Flow7000*2	IFO50016: Chang Liver	1.000

*1 : 평가치 (Ev): STR분석에 의해 2개세포의 일치율. 대략 0.85 이상의 경우 교차오염의 가능성이 있음.
*2 : 세포은행내에서 발생한 사고사례로, 현재 공개된 Flow 7000에는 문제가 없음.

선의 선량측정의 표준세포로서 이용되는 세포이지만, 이 경우는 HeLa 세포였다고 해도, 지금까지의 data 축적으로부터, 선량측정을 위해 앞으로도 계속 이용할 필요가 있다고 생각된다.

끝으로

이상 소개한 것과 같이 2000년 이후, STR-PCR법에 의한 세포 교차오염의 조사가 세계적으로 세포 은행의 중심적인 관심사로 되어있다. 현재 이 문제를 정열적으로 조사하고 있는 세포 은행은, 미국의 ATCC, 독일의 DSMC, 일본의 JCRB의 3곳이다. 특히 옛날부터 이용되어 온 표준적인 human 배양 세포에 관한 조사가 정열적으로 진행되어, 교차오염으로 판정된 세포의 몇 개는 catalogue에서 삭제되었지만, 사정이 있어서 아직 게재되어 있는 것도 있다. 이 점에 더해서, 지금은 상식이 된 감이 있지만, mycoplasma 오염을 배제한 세포를 제공하고 있다는 것도 잊지 말고 세포은행을 꼭 이용하기 바란다.

참고문헌

1) Gill, P. et al : Nature, 318 : 577-579, 19855.

5. 세포 배양의 윤리 문제, 특허

增井 徹

배양 세포에서 윤리 문제가 생기는 것은, 그것이 존엄성이 있는 사람 (제공자)에서 유래하기 때문이다. 현미경 하에서는, human인지 mouse인지를 식별하는 것이 불가능한 세포 그러나, 제공자의 각인을 가진 human 배양 세포의 이용이 확대되어, 윤리문제가 대두되기 시작하였다. 여기에 특허 문제가 얽혀 있다. 중요한 것은, 제공자의 의지가 살려지는 것, 과학이 저해되지 않는 연구 환경이 양성되어 가는 것이다.

배양 세포와 제공자

생물의 최소 단위로서 세포를 생각할 수 있게 된 것이 그만큼 오래된 일은 아니다. 기능이라는 것보다도, 구조단위·건축 block으로서의 세포 image가 최초로 만들어졌다. 이 시기는, 현미경의 발달, macro해부에서부터 조직학으로 라는 움직임, 그것에 생화학적 연구의 시작이라는 생물학상의 중요한 시기와 겹쳐져 있다.

처음으로 동물 세포가 체외에서 배양 가능하게 되었을 때, 다수의 연구자가, 생명의 본질을 알아내기 위한 첫걸음을 내디뎠다고 생각했다. 그리고, 배양된 하나하나의 세포를 합친 것이 생체라는 생각, 하나의 세포 그 자체를 생명의 본질로 생각하는 생각 등 많은 사고방식이 생겨났다. 그리고 개체의 clone 기술의 진보는, 하나의 배양 세포의 핵에서, 개체를 발생 시킬 수 있는 가능성을 보여줌으로써, 제공자와의 관계가 멀어졌지만, 체외에서 배양되고 있는 세포의 모든 유전적 정보는 제공자의 것임을 생각해 내게 되었다.

세포를 체외로 끄집어 내 연구를 하려고 한 목적의 하나는, 복잡한 생체 기능을 단순화해서 연구하는 것이었다. 연구가 진행됨에 따라, 배양 세포와 생체의 관계는 그만큼 단순하지 않고, 배양 세포는, 제공자나 그것이 유래한 조직과는 직접 관계가 없는 생명으로서 특수한 형태를 나타내는 존재이고, 생체와 관계가 있는 존재인 것도, 연구자는 알게 되었다. 배양 세포는 「계속적으로 창상 치유를 하고 있는 system」이라고 말해지는 것처럼, 생체 조직의 일부분이었을 때와는 다른 생리 상태인 것이다.

앞에서 서술한 것처럼, 배양 세포가 가진 살아있는 생물로서의 성질은, 제공자로부터도 유래 조직으로부터도 떨어져 있지만, 그것의 genome 정보는, 제공자를 반영하고 있다. 뒤에서 설명하는 것처럼 JCBR 세포 은행에서는, 법의학에서 이용된 DNA finger print법을 사용해서 배양 세포의 차이점을 검토하고 있는데, 이 방법은 제공자의 genome 정보에 의존한 방법이고, 그 이용에는 주의를 기울이고 있다[1].

제공자와 제공해 준 조직에 유래하는 배양 세포 사이를 연결하는 정보는, 크게 2종류이다. 하나는 Genome 정보, 또다른 하나는 검체 정보, 시료 정보라 불리는 제공자·제공시료와 관련된 기재사항이다. 이들 개인정보, 건강 문제, 의료 정보 등 취급에 주의를 요하는 정보에 대해서, 채취, 처리, 보존, 이용에 관한 윤리 문제가 발생한다. 그것들은 현시점에서, 연구 윤리 지침이라 불리는 것으로 규제되어 있다. 개인정보 보호법에서는 학술 분야가 제외되어 있지만 금후, 특별법 혹은 새로운 규제가 책정되리라 생각된다.

Tohru Masui : JCRB Cell Bank, Division of Genetics and Mutagenesis, National Institute of Health Sciences（国立医薬品食品衛生研究所変異遺伝部細胞バンク : JCRB）

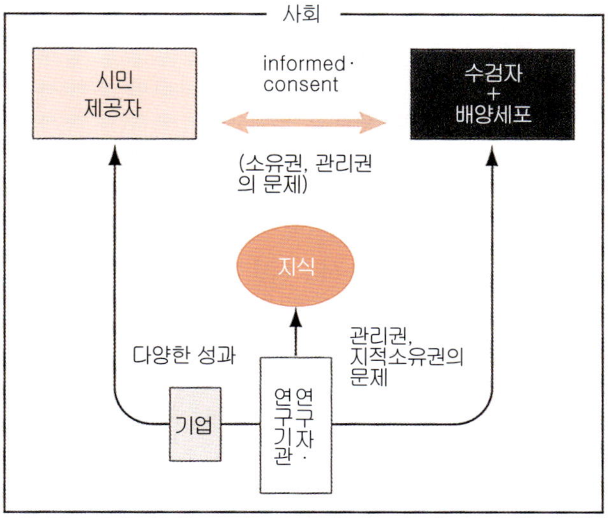

그림 1 배양한 세포가 누구의 것인가?

배양 세포는, 외견상으로는 mouse와 human 세포를 구별하는 것 조차도 어렵고, 실험에 사용할 때에는, 제공자의 제공 의사 (현재 이용되고 있는 많은 배양 세포가 그 의사조차 확인되어 있지 않은 상태로 세포주화되어, 계속 이용되고 있다)가 있는 것을 잊고 있다. 그러나 앞으로 이 제공자와의 관계를 생각해서, 절도를 가지고 배양 세포를 대하는 것이 요구되고 있다. 그 점을, 배양 세포를 이용하는 연구자도 제공자의 존재를 의식하여 연구를 하여야 할 것이다.

제공자와 연구자

세포 배양은 수술 적출 조직, 혹은 제공된 혈액 등을 원료로 해서 시작된다. 즉, 인체의 일부를 제공받는 것에서 시작된다. 그 사람이 어떤 생각으로 배양의 근원이 되는 재료를 제공했는가, 제공받는 측은 제공자의 의사에 대해, 어디까지, 무엇을 책임질 것인가가 이후 중요한 과제이다. 이러한 문제는 일반적으로 윤리 문제라고 일컬어지는데, 필자는 연구를 지지하는 사회 기반 조성이라고 생각하는 것이 적절하다고 생각한다. 제공해 주신 개인으로부터 시작되는 문제로, 제공 의지, 증여 의사를 살린 책임을, 최종적으로는 연구자 개인 뿐만이 아니라, 연구 성과를 이용하는 연구자나 기업 관계자, 또한 연구 성과의 은혜를 받는 일반 시민 그리고, 그들을 총괄해서 관리할 책임을 가진 전문가 집단 (관련자 학회, 기업가 집단)이나 정부가 질 필요가 있기 때문이다 (그림 1). 그만큼, 현재 세포 배양이라는 기술의 사회적 영향력은 genome 연구, 재생 의학, 조직 공학의 진보에서 넓고, 깊다.

지금부터 40년 전에 본격적인 기술로서 시작되었던 human 세포의 배양은 초기에는, 제공자에게 양해도 없이, 최종적으로는 의료 폐기물로서 폐기된 수술 적출 조직을 「버리니까 괜찮겠지」라는 식으로 이용하던 데서 시작되었다. 이 상태는 일본에서는 바로 몇 년 전까지 계속되었다. 그리고, 제공자의 승낙을 얻지 않고 수술 적출물을 사용하는 상태는, 적어지고 있는 듯 하지만, 현재도 완전히 없어진 것은 아닌 듯하다.

그러나 초기에는 이름을 세포주에 붙여 제공자에게 감사를 표시하는 것이 행해져 왔다 (예 : HeLa 세포). 그처럼, 개인의 조직에서 유래한 세포가 그 개체의 사후에도 계속 증식할 수 있는 것, 게다가 배양 세포는 연구자에게 있어서 다시 없는 연구 자원이라는 생각에서부터, 제공자의 협력에 대한 감사의 기분은, human 세포 배양이 시작된 초기부터 연구자 사이에 있었다. 혹은 배양 기술이 일반적인 기술로 진보하기 이전이 제공자에 대한 감사 기분이 강했던 듯이 생각된다. 현재는 제공자에 대한 경의가 제공자에 대한 informed consent라는 형태로 나타나고 있다. 그러나 절차는 갖추어졌지만, 제공자에의 감사의 마음은 줄어드는 것 같다. 또, 조직을 받아서 배양을 시작하는 연구자가 가진 초기의 감사의 마음은, 그 세포를 두번째로 받아서 이용하는 연구자에게 있어서 상상하기 어렵다. 배양 세포를 취급하는 자가 제공자의 존재를 의식하는 것이 매우 중요한 시대가 되어 있지만, 그것과 동시에, 제공자의 존재를 상상하는 것이 어려운 시대가 된 것도 사실이다.

세포는 누구의 것인가

배양 세포가 원래 제공자 개인의 신체일부인 이상, 그 개인의 성질 (예를 들면 genome 정보)을 계속 가지고 있다. 현재, 세포 은행에서는 법의학에서 사용하는 DNA finger print에 의한 개인 식별법을 사용해서, 배양 세포가 바뀐 것은 아닌지 어떤지의 품질 관리를 하고 있다 (1장 4 참조). 놀라운 것은, 염색체 구성의 이상이 강한 배양 세포에서도, 일정 DNA finger print를 유지하고 있는 것이다. 이처럼, 개인 유래라는 각인을 배양 세포는 계속 가지고 있는 것이다.

세포는 누구의 것인가 라는 문제에는 2개의 측면이 있다. 자유롭게 매매, 이용, 폐기 등의 처분이 가능하기 때문에, 제공자의 소유권을 설정 하자라는 의견과, 비록 자기 몸의 일부라도, 소유권은 인정할 수 없고, 관리권을 제공자에게 설정해 생각하는 사고방식이 있다. 그러나 어느 쪽의 사고방식을 인정해도, 거의 같은 쪽으로 접근한다고 생각된다. 예를 들어, 어느 쪽의 경우에도 사회적으로 받아들일 수 있는 제공 실태가 중요하다. 인체의 일부에 소유권이 성립한다고 하여도, 그것을 본인이 판매한다는 것은, 일본에서는 사회적으로 받아들여지지 않는다. 상세하게 논하는 것은 불가능하지만, 소유권, 관리권은 중요한 문제라고도 말할 수 있고, 현재의 상태를 생각한다면, 그것에 구애받지 말고, 제공자의 의지를 따라, 사회 통념에 반하지 않는다는 것이 중요하다.

세포 수립에 관계한 연구자가 어떠한 것에 대한 관리권·지적 소유권을 가지는가 하는 문제는, 중요성이 증가되고 있다고 말할 수 있다. 그러나, 이 문제는 한참 의논중에 있고, 또한 변화해 가리라 생각한다. 그러나, 앞서 말한 제공자의 의지를 짓밟는 듯한 것이 있다면, 사회적으로 문제가 될 뿐만 아니라, 연구에의 불신이 증대하고, 이해, 협력, 제공을 얻을 수 없다는 커다란 문제와도 연결되어 버린다. 그 점을 생각하면서, 연구자 집단 가운데서도, 의논이 활성화 되어야만 할 것이다.

공유와 특허

앞에서 서술한 것처럼, 배양 세포에는 일정 조건에서 계속 증식함으로, 많은 연구자가 같은 세포를 사용해서 연구를 행할 수 있다는 커다란 이점이 있다.

과학의 본질은, 누구도 최종 결정권을 가지지 않고, 그리고 누구도 개인적 권위를 가지지 않는다는 것이라고 생각한다. 그 반대를 생각하면 쉽게 알 수 있는데, 「내가 말하니까 옳다」라는 것이 가장 비과학적이기 때문이다. 그래서, 과학에서는 검증이라는 것이 중요하다. 배양 세포는 그 검증의 장소를 제공하는 강력한 무기이고, 같은 세포를 사용해서 같은 조건으로 실험하면, 같은 결과를 얻을 수 있을 것이다. 그것과 동시에, 같은 세포를 다른 실험계에 두고, 같은 결론을 나타내는, 다른 결과를 얻는다는 것도 중요하다.

미래의 연구에 장기간에 걸쳐 사용할 것을 내다보고, 연구자는 배양 세포의 수립에 노력을 아끼지 말아야 한다. 그렇게 해서 수립된 배양 세포가 다수의 연구자에게, 예상도 못한 새로운 사용 방법에 의해, 그 가치를 발휘할 수 있다는 측면도 있다. 그리고, 이들 배양 세포를 사용한 과학 검증을 지지하기 위해서는, 예를 들면, 세포 은행에 의한 품질 관리가 중요한 역할을 하는 것이다. 이와 동시에, 이 같은 과학의 중요성과 필요성을 제공자 및 사회로부터 이해를 구한다는 것이 중요하다.

공유라는 문제를 생각했을 때, 특허는 상반되는 듯이 생각된다. 그러나 특허의 한 측면은, 정보를 공개하고 공유함을 담보로, 그 노력에 상당하는 대가를 발명자에게 보증하는 것이라고 말할 수 있다. 공유는 영어로 sharing이지만, “Give me my fair share”라고 하면「정당한 몫을 넘겨 달라」이다. 예를 들면, 지금까지의 연구자 사회에서는, 배양 세포 수립자에의 경의를, 감사의 말로서 나타내고, 원논문을 인용하는 것으로 보증해 왔다. 이 전통이 단순히 특허라는 것으로 치환되는 것이 아닌 점을 의식하면서, 배양 세포의 은혜를 받는 사람으로서, 특허·지적 소유권에 관해서 현재 진행 중인 논의가 과학을 관철하기 어려운 방향으로 나아가지 않도록 주의하는 것이 중요하다.

참고문헌

1) 水澤 博, 増井 徹, 田辺秀之 : 科学, 71: 1601-1608, 2001

2) 特許庁ホームページ (http://www.jpo.go.jp/indexj.htm)

3) 特許生物委託センター (http://unit.aist.go.jp/ipod)

제 2 장 세포 배양의 준비

1. 배양 설비, 기기, 기구

宮岐正博

이 항에서는, 세포 배양에 사용되는 설비, 기기, 기구에 대해서, 그 사용 방법이나 주의점을 기술한다.

2 세포배양 준비

서론

배양의 목적은 실험에 이용하는 세포를 배지 중에서 증식시키는 것으로, 그 사이에 가장 주의를 요하는 것은 미생물 (세균, 곰팡이, mycoplasma 등)의 오염을 피하는 것이다. 이것은, 배양 환경을 가능한 무균 상태로 유지하고, 무균 조작을 함으로써 달성할 수 있다. 아래에, 세포 배양을 시작할 때에 필요로 하는 설비, 기기, 기구에 대해서 그 사용 방법이나 주의점에 대해서 논한다.

목적

미생물의 혼입을 막기 위해, filter로 여과한 멸균 공기가 흐르는 환경에서, 멸균한 배양 기구, 배지 등을 이용해 무균 조작으로 세포를 배양한다.

설비

무균실 (clean room)

Clean room은 배양을 하기 위해 특별히 설계된 실험실이다. Filter로 여과한 멸균 공기를 유입시켜, 주위의 일반 실험실보다도 양압으로 유지해서, 실외의 오염된 공기의 유입을 막도록 되어 있다. 실내의 천정에는 몇개의 살균등 (자외선 lamp)이 달려 있고, 작업을 하지 않을 때에는 점등해서 살균한다. 그림 1에 clean room의 예를 나타냈다. 적어도 연 1회는 공기 filter를 빼내 깨끗하게 세정하도록 유의한다.

기기

1 멸균기

배양에 사용하는 용액 (염류 용액, trypsin액, 배지 등), 배양 기구, 무균복 등은 사용하기 전에 각각의 성질이 손상되지 않는 방법으로 멸균해야 한다 (2장 2 참조). 세포 배양에 사용되는 멸균기에는 아래와 같은 것이 있다.

A) 건열 멸균기

160 ℃에서 90 분 혹은 180 ℃에서 45 분간 가열해서 멸균하는 장치이다 (2장 2 그림 4 참조). 유리제의 pipette, dish, CO_2 incubator의 선반, tray 등의 멸균에 사용한다.

B) Autoclave

고온·고압 (121 ℃, 2 기압)의 수증기를 직접 접촉시켜 멸균하는 장치이다 (2장 2 그림 3 참조). 유리 및 내열성 plastic제 기구, 또 열변성을 받지 않는 염류 용액 등의 멸균에 사용한다.

Masahiro Miyazaki : Department of Cell Biology, Okayama University Graduate School of Medicine and Dentistry（岡山大学大学院医歯学総合研究科細胞生物学分野）

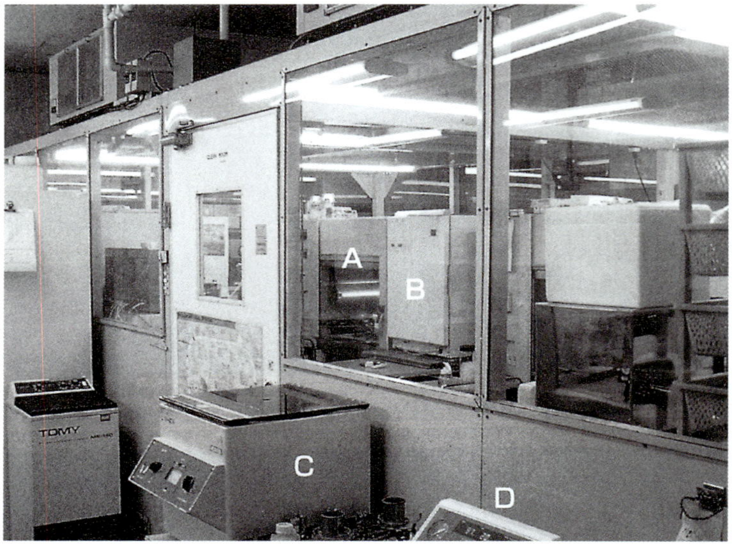

그림 1 Clean bench (A), CO_2 inculator (B), 탁상용 원심분리기 (C), Autoclave (D) 등을 설치한 clean room의 예.

C) 여과 멸균기

가압식 혹은 흡인식의 여과 멸균장치가 있어서, 열에 불안정한 성분을 포함하는 배지 등의 멸균에 사용한다.

2 Clean bench

무균 조작을 행하는 상자 형의 실험대로, 1면 혹은 서로 마주보는 2면이 개폐되는 유리문으로 되어 있고, 그 내부에서 조직이나 세포의 처리를 한다 (3장 2 그림 2 참조). Filter로 여과한 멸균 공기를 유입 시켜, bench 내를 무균적으로 유지하고 있다. 또, bench 내의 벽에는 살균등 (자외선 lamp)가 붙어 있어서, 작업을 하지 않을 때는 점등해서 멸균하도록 되어 있다 (다만, 사용 중에는 실험자의 안전을 위해, 살균등을 끄는 것을 잊지 않도록 한다).

일반적으로 clean bench는 여과 멸균한 공기가 내부에서부터 외부로 빠져 나가든가, 혹은 air curtain방식으로 설계되어 있다. 그러나 virus 등 인체에 해로운 것을 취급하는 경우에는, bio hazard 대책이 된 안전 cabinet이 필요하다.

3 Incubator

세포를 일정 온도 (예를 들면, 37 ℃)로 배양하기 위한 기기이다 (3장 2 그림 3 참조). 일반적인 세포 배양에는, 5% CO_2를 혼합한 공기를 보내는 CO_2 incubator를 사용한다. 이 incubator의 최하단의 금속 tray에는 멸균한 증류수를 넣어, 기기 내 습도를 100%로 유지해 배지의 증발을 막도록 되어 있다. 이 CO_2 incubator는, 통상의 밀폐되지 않는 개방계 배양은 말할 것도 없이, 밀폐해서 배양하는 폐쇄계에도 이용 가능하다.

4 원심기

세포의 부유액으로부터 세포를 분리하기 위해 사용한다. 냉각 장치가 붙은 원심기가 이상적이지만, 일반적인 탁상형 원심기 (~4,000 rpm : ~2,600×g)로도 충분히 기능한다. Screw cap이 붙은 원심관이 발매되어 있어서, 편리하다. 통상, 세포를 분리하는데 필요한 500~1,500 rpm 정도의 원심에는, 세정·멸균 (2장 2 참조)해서 재사용할 수 있는 aluminium cap이 붙은 유리 원심관이 경제적이다.

5 위상차 현미경

배양 세포 (살아 있는 세포)와 같이 거의 무색이고 투명한 것은, 파장 (색)과 진폭 (밝기)에 차이가 적기 때문에, 통상의 광학현미경으로는 그 내부 구조를 관

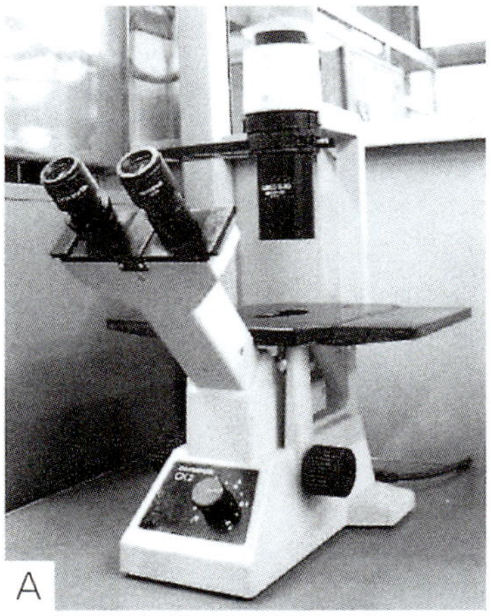

그림 2 간이형 위상차 현미경 (A) 및 온도, 사진촬영장치가 장착된 위상차 현미경 (B)

찰 할 수 없다. 위상차 현미경은, 이같이 살아있는 세포를 관찰하기 위해, 특수한 ring 조리개와 위상판이 붙여져 있다. 세포는 미묘하게 다른 굴절률을 가진 미세구조로 되어 있고, 거기를 빛이 통과하면, 빛 파장의 진행, 또는 후퇴 (위상차)가 생긴다. 위상차 현미경은 이것을 위상판에 의해 증폭시켜, 굴절률의 작은 차이를 상의 광도, 혹은, contrast 차이로서 눈에 보이도록 되어 있다. 따라서, 위상차 현미경은 살아 있는 세포 혹은 염색되지 않은 세포나 조직 같은 투명한 표본의 구조를 섬세하게 검사하는데 특히 유용한 연구 기구이다. 그림 2에 간이형 위상차 현미경 (A) 및 온도, 사진 촬영 장치를 장착한 위상차 현미경 (B)을 나타냈다.

6 냉장고 (4 ℃), −20 ℃ 및 −80 ℃ freezer, 액체 질소 보존 용기

기본적으로, 냉장고 (4℃)는 액체 배지 등 단기간에 소비하는 비교적 안정한 것의 보존에, −20 ℃ freezer는 혈청, 증식 인자, cytokine 등의 stock의 장기 보존에, −80 ℃ freezer 및 액체 질소는 세포의 동결 보존에 이용한다 (3장 1, 3장 6참조).

배양기구

1 Pipette

세포 배양에는 1, 2, 5, 10 mℓ의 mespipette, 2, 5, 10 mℓ의 끼워 넣어 사용할 수 있는 pipette, 2~1,000 μℓ의 micropipette 및 pasteur pipette 등을 사용한다. 일반적으로 mespipette은 정량용, 끼워 넣을 수 있는 pipette은 분산용이다. Micropipette은 정량 및 분산용으로 사용할 수 있고, pasteur pipette은 배지의 흡입이나 세포의 동결 시에 glass ampoule로 세포 부유액을 주입하는데 사용한다. Pipette은 배양 용기나 세포 부유액의 용량에 맞는 size의 것을 골라 사용한다. γ선 조사 멸균을 한 일회용 plastic제 mespipette (1, 2, 5 및 10 mℓ)은 대단히 편리하지만 비용이 많이 든다 (그림 3). 유리제 pipette에는 mespipette과 끼워 넣을 수 있는 pipette이 있고, 사용 후 세정, 멸균해서 재 이용 가능해서 대단히 경제적이다 (2장 2 참조). Pasteur pipette도 유리제이고, 재이용 가능하다.

그림 3 일회용 pipette

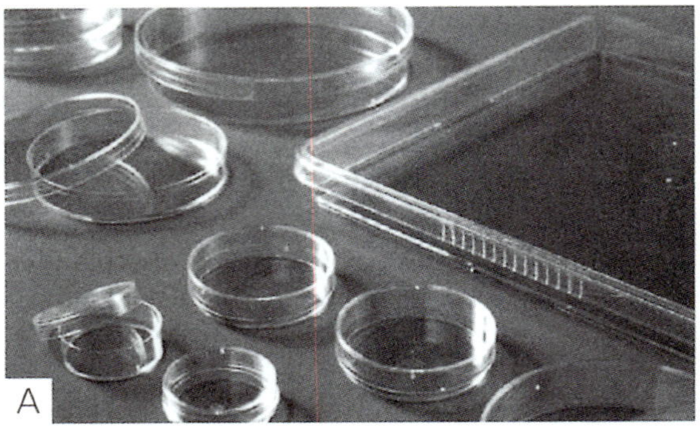

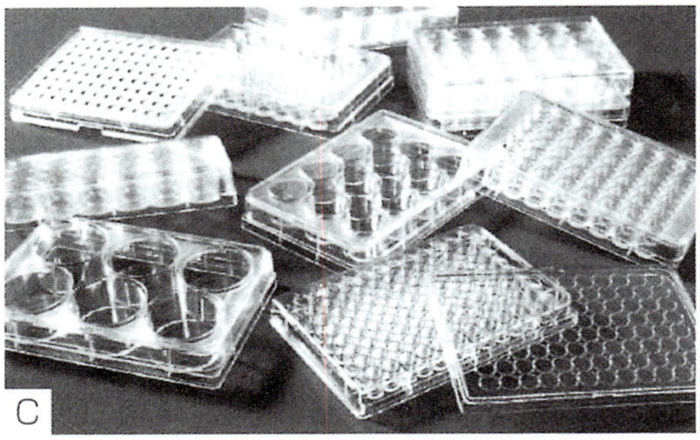

그림 4 일회용 배양용기
A : Dish (35 ㎜부터 150 ㎜까지 몇가지 크기가 있다. 각이진 Dish는 대량 배양용으로 사용한다)
B : Flask (25 ㎠, 75 ㎠, 225 ㎠ 등 용도에 따라 몇가지 크기가 있다. 우측 끝에 있는 것이 cell scraper 이다).
C : Multiwell plate (6-well부터 96-well까지 다양한 종류가 있다)

2 Dish, flask, multi-well plate

Dish는 35 ㎜, 60 ㎜, 100 ㎜, flask는 25 ㎠, 75 ㎠, 225 ㎠, multi-well plate는 96 well, 24 well, 12 well, 6 well 등이 자주 쓰인다 (그림 4).

끝으로

세포배양의 성공과 실패를 결정하는 최대요인은, 청결한 환경 유지와 무균 조작이다. 설비, 기기 및 기구의 성능을 잘 이해해서 바르게 사용하는 것이 중요하다.

참고문헌

1) 井伊一夫 :「組織培養の技術」第3版 (日本組織培養学会 編), pp11-12, 朝倉書店, 1996
2) 生田統悟 :バイオマニュアルUPシリーズ「分子生物学研究のための新培養細胞実験法 改訂第2版」(黒木登志夫, 許 南浩, 千田和広 編) pp19-20, 羊土社, 1999
3) 宮崎正博 :「細胞培養なるほどQ&A」(許 南浩 編) pp56-79, 羊土社, 2004

memo

1) Dish는 세포를 긁어 모으기가 쉽고, 세포 단백질, 핵산의 추출 등의 실험에 최적하다. 조작하기 쉽기 때문에 계대 배양에도 자주 사용되는데, 개방형이기 때문에 미생물 오염을 일으킬 위험성이 높아 주의를 요한다.

2) Flask는 screw cap을 잠그는 것으로 간단히 폐쇄계로 사용 가능하기 때문에, 휘발성 시약을 첨가하는 것 같은 폐쇄계 실험에 편리하다. 또, 조작하는 입구가 좁아 미생물 오염의 위험성이 낮아 계대 배양에도 자주 이용된다. 게다가 75 ㎠, 225 ㎠ 등의 대형 flask는 세포의 대량배양에 자주 이용된다. Flask의 또다른 이점은, 세포를 살린 채 운송 가능하다는 것이다. 세포를 배양 바닥면의 20~30%를 덮을 정도로 배양해서, 배지를 채워 밀봉하면, 실온에서 1주일 정도의 운송은 가능하다 (3장 6 참조).

3) Multi-well plate는 small scale의 실험에 적당해서, 고가시약을 사용하는 경우에 편리하고, 동시에 경제적이다. 또, multi-well plate는 세포의 cloning에 사용하기에 편리하다. 예를 들면, capillary법 및 제한희석법에 의한 단일세포 cloning에서는, 배지 100 ㎕에 1개의 세포를 포함하도록 96 well plate에 깔고, 그 뒤, confluent 할 때마다 size가 큰 plate로 계대해서 clone을 수립한다 (3장 7 참조).

제 2 장 세포배양 준비

2. 세정, 멸균

宮崎正博

본 항에서는, 배양기구의 세정과 멸균 방법에 대해서 기술한다.

서론

배양세포의 오염원으로서의 미생물은 진균, 세균 및 mycoplasma 등으로, 대기중에 존재해서, 실험자의 조작을 통해 배양기 내로 들어간다. 따라서, 무균조작에 익숙해야 함은 물론, 배양재료, 기구 등의 멸균을 확실하게 하고, 배양환경을 청결하게 유지하는 것이 중요하다.

배양세포는 미생물에 유래하는 독소 (예를 들면, endotoxin) 뿐만 아니라, 배양기구에 붙어있는 오염이나 씻고 남은 세제에 의해서도 장해를 받아, 극단적인 경우에는 죽게 된다. 따라서, 배양기구의 세정에 있어서는 단순히 더러움을 없앨 뿐 아니라, 사용한 세제도 확실히 헹궈 씻어내는 것이 중요하다. 다음에, 배양기구의 세정, 멸균법에 대해서, 제각각 구체적인 순서, 또 각각의 주의점에 대해 기술한다.

개략

배양기구에 부착한 혈청이나 다량의 단백질은 alkali 성 세제에 의해 가수분해 함과 동시에, 초음파 처리로 씻어낸다. 또 부착한 조직단편은 chrome산 혼합액에 담궈 산화분해하고, 물로 씻어 제거한다. 통상의 유기성 시약(소량의 단백질을 포함한다)의 더러움은, 중성세제와 함께 솔질을 해서 씻어낸다. 무기염류만의 경우에는, 물로 씻는 것 만으로도 충분하다. 어느쪽의 경우도, 최후에 증류수로 헹궈서 건조 시킨다. 다음에, 환경 중에서 혼입된 미생물은 고압가열 혹은 고온·고압처리에 의해 사멸시키거나, 또는 여과에 의해 제거해서 무균의 배양재료나 기구를 준비한다.

준비할 것

<기구>
- 초음파 세정기 (그림 1)
- 초음파 pipette 세정기 (그림 2)
- Autoclave (그림 3)
- 건열 멸균기 (그림 4)
- 여과 멸균기

<세제>
- Alkali 성 세제 (예를 들면, contaminon: Wako Pure Chemical 등)
- 중성세제 (부엌용의 액상제제가 편리하다)
- Chrome 산 혼합액 (중 chrome 산 potassium 포화용액과 진한 황산의 혼합용액. 중 chrome 산 potassium 12.7 g을 100 mℓ의 물에 가열 용해하고, 냉각 후 50 mℓ의 진한 황산을 교반하면서 더한다. 발열에 주의한다)

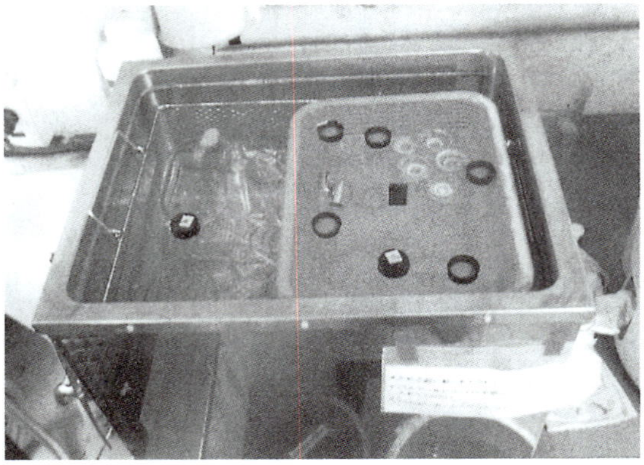

그림 1 알카리성 세제를 사용하는 초음파 세정기
유리로된 배지병 (100, 200, 500 mℓ)은 공기가 들어가지 않도록 주의하여 전용 스텐레스제 용기에 넣고, dish, 원심관과 같은 작은 물건은 다른 용기에 넣어 초음파 처리에 의해 파손되는 것을 예방한다. 나사형 뚜껑, 알루미늄제 뚜껑 등도 작은 물건을 넣는 용기에 넣어서 세정한다.

그림 2 알카리성 세제를 사용하는 초음파 pipette 세정기
pipette은 끝부분이 파손되는 것을 예방하기 위하여, 끝부분을 위로 하여 넣는다.

Protocol

1 세정

i) 유리제의 dish, 배지 병
혈청이나 다량의 단백질이 부착한 유리제의 기구는, 세정력이 강한 alkali성 세제 (contaminon 등)로 세정한다.
① Alkali성 세제를 채운 초음파 세정기에 유리기구를 하룻밤 담궈 둔 후, 초음파 처리를 한다 (그림 1).
② 기구를 세정기에서 꺼내어, 흐르는 온수로 깨끗이 헹군다. 마지막으로, 증류수로 헹궈, 건조시킨다.

ii) 유리제 pipette
① Pipette도 alkali성 세제에 하룻밤 담군 뒤, 초음파 pipette 세정기로 자동적으로 급, 배수하면서 초음파 처리를 해서 세정한다 (그림 2).
② 그 뒤, pipette을 1개씩 증류수로 헹궈, 건조시킨다.

iii) 유리제 혹은 plastic 제의 beaker, mescylinder
① 생화학 실험에 사용하고, 통상의 유기성 시약 (소량의 단백질을 포함한다)의 더러움이 남은 기구는 중성세제로 씻고, 흐르는 물로 헹군다.
② 이어서 증류수로 헹궈 건조시킨다.

iv) 백금제 유리 mesh
① 조직으로부터 조제한 세포 부유액의 여과에 사용한 백금제의 유리 mesh는, chrome산 혼합액에 하룻밤 담궈둔다. 이것에 의해, 부착한 조직편이나 세포를

memo

《세정》
1) 혈청 등이 말라 굳어지면 잘 떨어지지 않기 때문에, 배양에 사용한 기구는 바로 물을 채운 bucket 안에 넣는다.

2) 중성세제의 세정력은 그다지 세지 않지만, 유리 부식성이 없고, 또 물도 씻기도 쉬워서 편리하다. 또, 솔질을 하면, 세정효과가 올라간다.

3) Chrome 산 혼합액 및 초기 세정액은 하수로 흘려 보내서는 안 된다. 모아서 폐액 처리를 해야 한다.

4) 세제나 chrome 산 혼합액은 세포장해를 일으킬 수 있기 때문에, 세제가 남지 않도록 주의를 요한다.

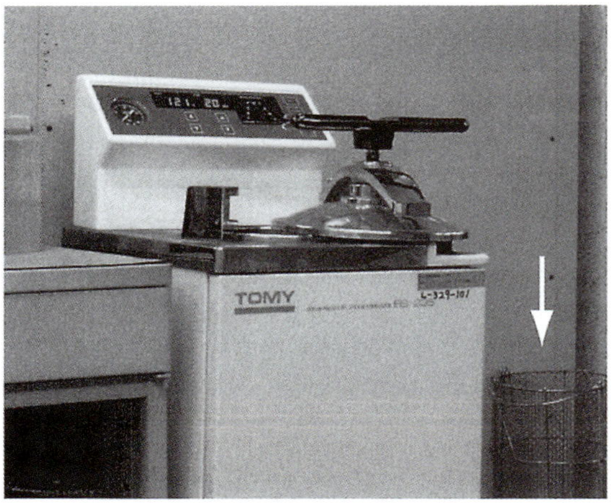

그림 1 Autoclave
우측 아래 (화살표)에 전용의 스테인레스제인 용기를 나타내고 있다.

그림 4 건열 멸균기

산화 분해한다.

② 이어서, 흐르는 물로 잘 씻고, 마지막으로 증류수로 헹궈 건조 시킨다.

2 멸균

멸균조작은 세포배양의 성공과 실패를 결정하는 최대 요인이다. 배지, 기구 등 멸균하려고 하는 것의 성질을 손상시키지 않도록, 재료에 맞는 멸균법을 선택하지 않으면 안 된다. 내열성인 것은, autoclave 혹은 건열에 의해 멸균한다. 한편, 열에 불안정한 것의 멸균처리에는 여과멸균, ethylene oxide 멸균, 자외선 멸균, 방사선 멸균이 있다.

i) Autoclave 멸균

고온·고압의 수증기를 직접 접촉시켜 멸균하는 방법으로, 통상의 사용조건은 2기압 (이때의 온도 121℃), 15~20분간이다 (그림 3). 본 방법은 유리 및 내열성 plastic 제 기구, 또 열변성을 받지않는 염류 용액 등의 멸균에 적합하다.

ii) 건열멸균

고열에 견디는 것으로, 직접 수증기에 닿아서는 안 되는 것의 멸균에 사용한다. 통상은, 160℃에서 90분 혹은 180 ℃에서 45분간 가열해서 멸균한다 (그림 4). 본 방법에 적당한 것은, 유리제 pipette, dish, CO_2 incubator 선반, tray 등이다. 유리제 pipette은 솜으로 입구를 막아 멸균한다.

iii) 여과멸균

열에 불안정한 성분을 포함한 배지 등의 멸균에 적합하다. 사전에 여과기에 membrane filter를 장착해서 autoclave 멸균을 해둔다. 멸균을 끝낸 일회용의 membrane filter 장착 여과기도 시판되고 있다. 여과기는 가압식인 것이 사용하기 쉽고, 손으로 누르는 것 혹은 air compressor, squeeze pump 등을 이용한다.

iv) 그 외

열 불안정성의 시료를 멸균하는 방법으로서는 그 밖에 ethylene oxide gas 멸균, 자외선 멸균, 방사선 멸균이 있다.

memo

《멸균》

1) 대부분의 배지는 autoclave 멸균이 불가능하지만, 멸균 가능한 배지도 시판되고 있다. 다만, glutamine, $NaHCO_3$ 등 용액상태에서 열변성 하는 것은, 별도 멸균해서 배지에 첨가한다. Glutamine은, 예를 들면 50배 고농도 용액을 조제해서 여과 멸균한다. $NaHCO_3$는 분말을 시험관에 계량해서, autoclave 멸균해서 배지에 더한다. Screw cap 식의 병을 autoclave 멸균할 때는 반드시 cap을 느슨하게 해서 멸균하고, 충분히 식히고 나서 cap을 잠근다. 뜨거운 상태에서 cap을 닫으면 용기안이 음압이 되어, 열 때 공기가 급격히 유입되어, 미생물의 혼입을 일으키기 쉽게 된다.

(다음 46 페이지로)

2) 솜으로 입구를 막는 것으로 미생물 감염을 완전히 막을 수는 없지만, 솜으로 막으면 감염빈도가 확실히 감소한다.

3) 여과 멸균용의 filter에는 다양한 pore size의 것이 있다. 0.2 ㎛의 filter로 여과하면 세균, 곰팡이, 효모균 등의 미생물을 완전히 제거할 수 있지만, virus나 mycoplasma의 일부는 제거할 수 없다.

4) Autoclave 멸균 혹은 여과 멸균한 염류 용액, 배지, trypsin/EDTA 액은 실제 배양에 사용하기 전에, 멸균이 완전한가를 확인하기 위해 무균 test를 실시한다. 위에 기술한 용액의 소량 (약 2 ㎖)을 35 ㎜ dish에 넣고, CO_2 incubator 안에 2~3 일간 정치한다. 세균, 효모 등이 잔존해 있으면, 액이 하얗게 탁해진다. 곰팡이의 경우는, 하얀 균사체가 떠 있는 것이 보인다. 오염이 확인되면, 폐기하고 새로 조제한다. 멸균이 완전한 것을 확인하고 필요에 맞게 별도로 준비한 glutamine 액 (여과 멸균), $NaHCO_3$ (분말을 정량 해서 autoclave 멸균), inactivation (56℃, 30분 처리에 의한 보체 성분의 불활성화)한 혈청, 항생물질을 첨가해서 배양에 이용한다.

끝으로

세제는 더러움의 제거에 우수한 효과를 발휘하지만, 잔존하면 소중한 세포에 손상을 준다. 따라서 더러움의 제거와 함께, 사용한 세제가 잔존하지 않도록 확실히 헹구는 일이 중요하다. 또, 멸균이 항상 완전하다는 보증은 없기 때문에, 배양에 사용하기 전에 무균 test (memo《멸균》의 4 참조)를 실시하고, 멸균이 완전한 것을 확인하는 일을 게을리 해서는 안 된다.

참고문헌

1) 大西清方 :「組織培養の技術」第3版 (日本組織培養学会 編), pp12−16, 朝倉書店, 1996
2) 生田統悟 : バイオマニュアルUPシリーズ「分子生物学研究のための新培養細胞実験法 改訂第2版」(黒木登志夫, 許 南浩, 千田和広 編) pp25−26, 羊土社, 1999
3) 宮崎正博 :「細胞培養なるほどQ&A」(許 南浩 編) pp66−75, 羊土社, 2004

제 3 장 기본적인 배양기술

1. 배지의 특징과 선택 방법

星 廣良

세포가 최적으로 증식하기 위해서는, 이미 알려진 물질로 이루어진 기본 배지에 혈청을 첨가하든지, 혈청 대신에 세포성장인자, hormone 등을 첨가한 무혈청 배지가 사용된다. 재생의학 현장에서 사용되는 정상 human 세포 배지는, 안정된 생물활성분만 아니라 엄밀한 안정성이 요구된다.

배지라는 것은

배지라는 것은, 세포나 조직이 생리적 조건을 양호하게 가지고, 정상적인 기능을 영위하기 위해 사용되는 배양액을 말한다. 가장 기본적은 구성성분을 포함하고 있는 배지를 기본 배지 (Basal medium) 또는 합성 배지 (Synthetic medium)라 부른다. 기본 배지에는, 각종 amino acid, vitamin, 지질, 당질, 핵산염기, 무기염, mineral 등 저분자량의 이미 알려진 성분이 포함된다. 기본 배지 만으로 증식하는 세포도 있지만, 그 수는 많지 않다. 통상은 최적의 증식이나 분화기능을 발휘할 수 있도록 혈청을 기본 배지에 첨가하는 경우가 많다. 기본 배지에 혈청 대신에 세포접착인자나 세포성장인자, hormone 등 이미 알려진 성분을 첨가한 배지를 성분기지(이미 알려짐) 배지 (Chemically defined medium)라 부른다. 기본 배지나, 성분기지 배지는 고순도 성분만을 포함하는 배지로, 혈청을 포함하지 않기 때문에 무혈청 배지 (Serum-free media)라고도 불린다. 또 반드시 고순도 성분은 아니지만, bovine serum albumin (BSA)이나 뇌하수체 추출물, 무혈청 배지로 배양하나 세포의 배양상청 (상등액) 등을 혈청 대신에 첨가한 배지도 넓은 의미로 무혈청 배지라고 한다.

기본 배지의 종류와 특징

세포배양의 기본이 되는 배지는, 저 분자량의 기지 성분만의 기본 배지이다. 지금까지 여러 종류의 세포증식이나 생리기능 발현에 적합한 기본 배지가 개발되어 있고, 일반적으로는 시판되고 있는 액체 배지나 분말 배지를 녹여 이용하는 경우가 많다. Eagle 배지 (Eagle's medium)로서, BME (Basal medium Eagle's), MEM (Minimum essential medium), DMEM (Dulbecco's modified Eagle's medium) 등이 잘 알려져 있다. BME 배지는, mouse L세포나 HeLa 세포 (human 자궁경부암 세포)의 생존·증식을 지표로 하여 개발된 배지로, 세포노화 연구에는 human diploid 섬유아세포의 배양에도 사용된다. MEM 배지는, human 접착성 세포주 등의 배양에 널리 이용되고 있다. DMEM은 Dulbecco 등에 의해 개량된 배지로, BME 배지의 amino acid나 vitamin의 양을 늘리고, pyruvic acid, glycine, serine, 철 등을 새로 첨가해 장기간의 배양에 적합한 배지로 되어 있고, 다수의 세포배양에 사용되고 있다. 이들 기본 배지는, 5~10% 정도의 Fetal calf serum 등을 첨가해서 배양하는 것에 의해 최적의 세포증식을 얻을 수 있다. 199 배지는 chick 배아 심근 세포의 초대배양을 위하여 개발된 배지로, 지용성 vitamin (vitamin A, vitamin E)

Hiroyoshi Hoshi : Research Institute for the Functional Peptides (株式会社機能性ペプチド研究所)

이나 cholesterol 등 많은 성분을 포함하는 배지로, 상피성 세포주의 배양 등에 적합하다. RPMI 배지 (RPMI 1630, 1640배지)는, 미국 Rosewell Park Memorial Institute (RPMI)에서 개발된 배지로, glutathione 이나 ascorbic acid 등의 환원제를 포함하여, hybridoma 세포나 human lymphocyte계 세포 등의 부유세포 배양에 적당하다. 미량으로 혈청을 첨가해서 Chinese hamster 난소세포 (CHO 세포)의 소수세포 배양 (colony 증식)을 지표로 개발된 것이, Ham 배지 (Ham's medium)로서 알려진 F10 배지, F12 배지이다. 이들 배지는 arginine 이외의 amino acid 농도가 낮고, 많은 세포의 colony 증식이나 초대배양에 이용되고 있다. 비교적 amino acid 농도가 높은 고밀도 배양에 적당한 DMEM 배지와 많은 영양성분이 포함되어 있는 Ham 배지를 혼합한 기본 배지를 조제해서 세포배양에 사용하는 경우도 있다. MCDB 배지는, Ham 배지를 개량해서 미량금속이나 완충제인 HEPES 등을 포함하여, 조직이나 기관으로부터 분리한 정상세포를 저혈청 배지나 무혈청 배양할 때에 적합한 기본 배지이다. 각각의 세포의 영양 요구성에 맞게 MCDB104, 107, 131, 151, 202 배지 등이 이용된다. MEM 배지를 기본으로 미량금속이나 vitamin류를 첨가한 RITC80-7 배지는, human diploid 섬유아세포의 무혈청 또는 저혈청 배양의 기본 배지로 우수하다.

기본 배지의 수가 많기 때문에, 최초에 세포주를 수립한 연구자의 논문을 참고하거나, 세포제공자(세포은행 등)에 문의해서 목적의 세포에 적합한 기본 배지를 선택하는 것이 중요하다.

혈청의 역할과 문제점

최적의 세포증식이나 생리기능을 발휘하기 위하여, 종종 혈청을 배지에 첨가한다. 혈청의 역할로서, 표 1에 나타낸 것처럼 영양성분, vitamin, 미량금속의 공급, hormone, 세포성장인자 등의 공급, 배지 성분의 해독 작용, 세포가 생산하는 증식 저해 물질의 중화, pH, 삼투압, 배지 중의 CO_2나 O_2 농도 등 물리 화학적 환경의 최적화, 세포분산에 사용하는 단백질 분해효소의 저해 작용 등 다양하다. 그러나 혈청을 배양에 이용하는 것은, 많은 잠재적 문제도 있다. 혈청은 생물재료이기 때문에 lot 마다 생물활성이 달라, 품질이 좋은 lot를 선택할 필요가 있다. 혈청에 혼재하는 mycoplasma, virus, BSE의 원인이 되는 이상 프리온에 의한 감염의 위험도

표 1 세포배양에 있어서의 혈청의 역할

- 영양성분, 비타민, 미량금속의 공급
- 호르몬, 세포성장인자, 세포접착인자의 공급
- 배지성분의 해독
- 물리화학적 배양환경의 최적화
- 세포가 생산하는 증식 저해물질의 중화
- 단백질 분해효소 활성의 억제

있다. 또 BSE 발생국의 bovine 혈청 사용 금지 등에 의해, 공급체계의 불안정화, 혈청가격 급등의 문제도 있다. 최근 혈청을 사용하는 배양법 대신, 무혈청 배지에 의한 세포배양법이 계속해서 개발되고 있다. 세포증식을 촉진하는 인자로서, 기본 배지에 포함된 성분 이외에 세포성장인자, 세포접착인자, hormone, 결합 단백질, 지질 등이 밝혀져 있다. 표 2에 무혈청 배지에 쓰이는 주된 세포증식촉진 물질의 일람표를 나타냈다.

정상 human 세포의 증식 배지

신약의 유효성이나 독성·안정성시험, 다양한 질병의 병인해석이나 치료법의 연구, 그리고 최근에는 재생의학에의 응용을 목적으로 해서, 정상 human 세포의 수요는 해마다 증가 일로에 있다. 정상 human 세포는 세포주세포나 암화세포와 달리, 최적증식에 필요로 하는 배지 성분의 영양요구가 엄밀하고, 각각의 세포에 적합한 배지 성분을 지정하는 것이 필요하다. 표 3에 보고된 몇가지 human 세포용 증식 배지의 특징에 대해서 간단히 설명한다. 배지의 구성성분으로서, 기본 배지, 세포성장인자, 호르몬, 지질 등의 이미 알려진 물질에 혈청 protein이나 조직 추출물 등의 미지 물질 등을 포함하는 무혈청 배지, 혈청을 포함하는 배지 등이 개발되어 있다. 기본 배지로서 사용되고 있는 MCDB 시리즈 배지는, Ham 배지를 기본으로 개량된 것으로, 특히 정상세포에 필수 불가결한 여러 종류의 미량금속 등을 포함하고 있다. 표피 각질 세포 등의 상피성세포는, 통상의 기본 배지에 포함된 1~2 mM calcium 농도에서는 분화가 유도되어 증식이 정지해 버린다는 것이 알려져 있다. MCDB 153배지는 calcium 농도가 0.1 mM 이하로 조절되어, 이 농도에서는 분화 유도가 일어나지 않아 상피세포 증식에 적합한 처방으로 되어 있다. 표피조직에는 melanin 세포의 수는 약간이고, 그 외에 많은 각질화 세포나 섬유아세포가 혼재하고 있다. 표피각질화 세포나 섬유아세포의 증식을 억

표 2 무혈청배지에 이용되는 세포증식 촉진물질

1) 세포성장인자
EGF, FGF, PDGF, NGF, IGF, TGF, VEGF, interleukin 등

2) 호르몬
인슐린, 글루카곤, 프로락틴, 성장호르몬, FSH, LH, 갑상선호르몬, estradiol, glucocorticoid 등

3) 결합단백질
알부민, transferrin, lipoprotein 등

4) 세포접착인자
콜라젠, Fibronectin, laminin 등

5) 지질
프로스타글란딘, 인지질, 불포화지방산 등

EGF (Epidermal Growth Factor: 상피성장인자), FGF (Fibroblast Growth Factor: 섬유아세포성장인자), PDGF (Platelet-Derived Growth Factor: 혈소판유래 성장인자), NGF (Nerve Growth Factor: 신경성장인자), IGF (Insulin-like Growth Factor: 인슐린성 성장인자), TGF (Transforming Growth Factor: transforming 성장인자), VEGF (Vascular Endothelial Growth Factor: 혈관내피성장인자), FSH (Follicle Stimulating Hormone: 난포자극호르몬), LH (Leutenizing Hormone: 황체형성호르몬)

표 3 정상 human 세포용 증식배지의 성분표

	세포의 종류	기본배지	기지물질	미지물질	배양표면의 처리
무혈청배지	표피각질화세포	MCDB153	EGF, aFGF, INS, DEX, EA, PEA	BPE, TRF	콜라젠
	유선상피세포	MCDB170	INS, EGF, PRO, HC, EA, PEA	BPE, TRF	–
	섬유아세포	RITC80-7	EGF, INS, T_3	BSA, TRF	Fibronectin
	Melamin세포	MCDB153	INS, bFGF, HC, EA, PEA, TPA	BPE	–
혈청첨가배지	혈관내피세포	MCDB107	aFGF, EGF, Heparin	FBS	콜라젠 혹은 Fibronectin
	혈관평활근세포	MCDB107	EGF, PDGF, INS, aFGF, Heparin, DEX	FBS	콜라젠

EGF (Epidermal Growth Factor), aFGF (Acidic Fibroblast Growth Factor), INS (인슐린), DEX (Dexamethasone), EA (Ethanolamine), DEA (phosphoethanolamine), PRO (prolactin), TRF (Transferrin: 불포화물 함유), HC (Hydrocorbin), TPA (phorbol ester), BPE (Bovine 뇌하수체추출물), T_3 (Triiodothyramine), FBS (Fetal Bovine Serum)

제하고, melanin 세포만을 선택적으로 증식시키기 위해 phorbol ester로 알려진 TPA를 배지에 첨가한 것이 특징이다. 혈관내피세포나 혈관 평활근 세포에는 섬유아세포 성장인자 (FGF)가 강력한 증식 촉진 인자이고, 동시에 최적증식을 얻기 위하여 혈청첨가가 필수이다. 많은 접착성 정상 human 세포의 양호한 증식에는 collagen이나 fibronectin과 같은 세포접착인자를 처리한 배양 용기나 flask가 적합하다. 배지 성분의 전부가 표시되어 있지는 않지만, 해마다 human 세포용 증식 배지가 제품화되어 시판되고 수가 늘고 있다. 표 4는 시판되고 있는 human 세포용 배지로, 배양 가능한 세포 종류를 나타냈다. 이들 배지의 다수는, 혈청첨가배지이거나, 동물 유래의 뇌하수체추출물, bovine 혈청 albumin, transferrin 등을 포함하고 있고 연구용 시약으로서의 category에 들어가 있는 것이어서 진단이나 치료목적의 세포배양에의 적용은 어렵다. 이후, 재

표 4 시판되고 있는 배지로 배양가능한 human 세포의 종류

표피각질화세포, 각막상피세포, 유선상피세포, 기관지상피세포, 전립선상피세포, 멜라닌세포, 섬유아세포, 혈관내피세포, 혈관평활근세포, 간엽성간세포, 연골세포, 골격근세포, 신경전구세포, 간세포, 수상세포 등

memo

시판되고 있는 human 세포용 배지에 관한 상세한 정보는, Asahi techno glass (http://www.atgc.co.jp), kurabo (http://www.bio.kurabo.co.jp), 기능성 peptide 연구소 (http://www.func-p.co.jp) 등에서 입수할 수 있어 참고가 된다.

생의료 등 임상응용에 사용하는 human 세포배양에는 성분 기지 배지나 완전 합성 배지가 필수라고 생각되어, 이들 배지의 개발이 기대된다.

안전한 배지의 조제-재생의학 응용을 향해서

현재, 재생의학에 사용하는 세포 배양용 배지에 대해서, 구체적인 품질 등의 기준은 아직 정해져 있지 않다. 그러나, 이후 많은 배양세포가 환자에게 적용되는 것을 생각하면, 배지의 품질이나 안정성에 대한 기준이 필요한 것은 분명하다. 배지를 조제할 때에 어떠한 점에 특히 주의가 필요한가 몇 가지 기술해 본다 (표 5). 배지 조제에 사용하는 물에 대해서는, 다단계 여과, ion 교환 및 증류과정에 의해 미립자, 무기염, 미량금속 및 유기화합물을 제거한 고순도의 물이 필요하다. 여기서 사용되는 증류수는 미생물이나 endotoxin 등에 오염되지 않은 주사용 초증류수에 해당하는 것이 필요하다고 생각된다. 배지에 더해지는 성분에 대해서도 고순도의 것을 사용할 필요가 있다. 미국에서는 임상에 사용하는 human 세포용 배지의 성분으로서, ACS (American Chemical Society Specification)나 FCC (Food Chemical Codex) grade의 시약을 사용하는 추세에 있다. 배지 조제시의 무균조작도 중요해서, 엄격한 품질관리가 필요하다고 생각된다. 즉, 배지를 조제하는 방은 HEPA filter가 설치된 clean room이거나 clean bench 안에서 수행한다. 액체 배지를 bottle에 분주할 때는, 일반 연구용 배지에는 bacteria, 곰팡이, 효모 등의 미생물을 제거할 수 있는 0.2 ㎛ pore size의 무균 filter로 충분하지만, 임상응용의 경우 mycoplasma나 virus도 제거할 수 있는 0.1 ㎛ 내지는 그것보다 작은 pore size의 무균 filter를 사용할 필요가 있다. 세포성장인자 등을 첨가한 무혈청 배지는, 유리병 등에 보존하면, 미량의 단백질성 생리 활성물질이 용기내벽에 흡착해서 생물활성을 잃어버릴 수가 있다. 이 경우, 유리병 대신에 흡착하기 어려운 플라스틱 용기 (polyethylene phthalate 중합체 : PETG제)나 media bag 등을 사용할 필요가 있다. 조제한 배지에 대해서는 각종 품질평가 시험을 하는 것은 물론이다. 구체적으로는 물성시험 (배지의 pH나 삼투압의 측정 등), 미생물시험 (bacteria, 균류, mycoplasma 등의 오염 check), 바이러스시험 (간염바이러스, HIV 등의 오염 check), endotoxin 농도의 측정, 배지의 생물활성시험 (세포증식이나 생리기능 등) 등이다. 장기적으로는, 재생의료에 쓰이는 human 세포 배지의 제조에 대해서, 의료용제품의 제조관리 및 품질관리의 기준을 정한 GMP (Good Manufacturing Practice)에 준한 guideline이 만들어질 것이라고 생각된다.

표 5 재생의료에 사용하는 human 세포용 배지조제시의 주의

- 주사용 초증류수에 준하는 증류수의 사용
- 고순도의 기지성분의 사용(원칙적으로 동물혈청 및 추출물의 사용금지)
- 고규격 clean room에서의 배지조제
- 바이러스제거 가능한 무균필터 사용에 의한 배지의 분주
- 배지보존에 적합한 용기의 사용

참고문헌

1) Cartwight, T. & Shah, G. P. : Cilture media, Basic Cell Culture : A Practical Approach (Davis, J. E. ed.). pp 57-91, IRL Press, Oxford, 1994
2) 星 宏良 :「細胞培養なるほどQ&A」(許 南浩 編) pp81-102, 羊土社, 2004

제 3 장 기본적인 배양기술

2. 무균작업

宮琦正博

본 항에서는, 세포배양에 관한 무균작업과 그 주의점에 대해 기술한다.

서론

수년전까지만 해도 세포배양은 소수의 무균작업 숙련자에 한해 허락된 특수한 기술이었다. 그러나 clean room이나 clean bench가 도입되어, 미생물 (진균, 세균, mycoplasma 등)에 의한 오염의 위험이 크게 줄고, 세포배양은 많은 연구자에게 있어서 친숙한 기술이 되었다. 그러나 현재도 역시, 이들 미생물을 확실히 사멸시킬 수 있는 항생물질은 거의 없고, 미생물 오염은 여전히 세포배양의 중요문제가 되어있다. 표 1에 각각의 오염경로와 그 예방법의 요점을 표시한다.

배지는 여러 종류의 영양물질을 포함하고 있기 때문에, 배지에 미생물이 혼입되면 배양세포보다도 급속하게 증식해서 영양분을 소비하고, 경우에 따라서는 유독 물질을 분비해서 세포를 사멸시키는 일이 있다. 이러한 위험으로부터 소중한 배양세포를 지키기 위해서는, 배양재료의 멸균을 확실하게 행하고, 또 숙련된 무균조작으로 배양환경을 청결하게 유지하는 일이 지극히 중요하다. 아래에 세포배양을 위한 무균작업과 그 주의점에 대해서 기술한다.

i) 배양재료, 배양기구의 준비

1 배양재료

배지, 염류용액, trypsin/EDTA 액은, 조제 후 바로 여과(배지 및 trypsin/EDTA액) 혹은 autoclave (일부 배지 및 염류용액)에 의해 멸균한다. 또 이들 용액은 멸균 후 바로 사용하는 것이 아니라, 멸균의 확실성을 알기 위해 무균 test를 실시한다. 만약 세균, 진균 등에 오염된 (전자는 하얗게 혼탁, 후자는 흰 균사체가 떠다닌다) 것이 판명되면, 용액은 폐기하고 새롭게 조제하여 다시 멸균한다 (2장 2 참조). 오염된 용액을 여과 혹은 autoclave 처리하는 것에 의해 미생물은 죽지만, 잔존하는 endotoxin 등의 독소에 의해 세포가 장해를 받을 수 있기 때문에 사용해서는 안 된다.

2 배양기구

A) Pipette

유리제 pipette (mespipette 및 pasteur pipette)은, 미생물 감염 예방 때문에 솜으로 입구를 막고, pipette 통에 넣어서 건열멸균 (160 ℃, 90분)한다 (2장 2 참조). 솜으로 입구를 막는 것으로 미생물 감염을 완전히 막는 것은 불가능 하지만, 솜으로 입구를 막는 것에 의해 감염빈도가 확실히 감소한다. 면은 탈지

Masahiro Miyazaki : Department of Cell Biology, Okayama University Graduate School of Medicine and Dentistry (岡山大学大学院医歯学総合研究科細胞生物学分野)

표 1 각종 오염경로와 예방법

오염경로	예방법
배양기구	유리제 pipette, 배지병 등의 멸균을 확실하게 행한다. 또한 배양조작중에 pipette 끝이 오염되지 않도록 주의한다.
배지, 염류용액, trypsin/EDTA액	Autoclave 혹은 여과에 의해 확실히 멸균하는 것은 말할 것도 없고, 멸균이 확실히 되었는지를 확인하기 위하여 사용전에 무균 test를 수행한다.
CO_2, incubator	습도가 높아 진균이 자라기 쉽기 때문에, 정기적으로 내부벽면과 문을 70% Ethanol로 소독하고, 선반은 고압멸균 혹은 건열멸균한다.
실험자	무균조작에 익숙해지는 것이 무엇보다 중요하다. 또한 배양작업전에 손을 씻고, 작업중에 말을 하지 않도록 주의한다.
배양실	사용하지 않을 때는 자외선등을 점등해 둔다. 사용중에는 말할 것도 없이, 사용하지 않을 때에는 가능한한 공기의 흐름을 억제하도록 한다.

면이 아니고, 물을 잘 머금지 않는 이불 솜을 사용하고, 끝이 굽은 pincet (예를 들면, KFI pincet, K-14)으로 조심스럽게 막는다 (그림 1). 솜의 양은 pipette 종류에 따라 다르고, 꽉 막는 일 없이, 또 너무 헐겁지 않도록 막는다. 꽉 막으면 용액의 흡입, 배출이 곤란하게 된다. 거꾸로 헐거우면, 흡입, 배출 시 솜이 빠져 나와, contamination을 일으킬지도 모른다. 실제로 pipette에 솜을 막아 물의 흡입, 배출을 행해 보고, 조작하기 쉬운 양을 파악하는 것이 중요하다.

B) 원심관

유리제의 원심관 (10 mℓ 및 50 mℓ)은, 제각각 aluminum cap 혹은 aluminum foil을 씌워, stainless rack에 세워 건열멸균 (160 ℃, 90분)한다 (2장 2 참조).

C) 배지 병

유리제의 배지 병 (예를 들면, 100, 200, 500 mℓ 병, Ikemoto scientific technology)은, 전용 screw cap을 느슨하게 해서 autoclave 멸균 (2기압, 121 ℃, 15~20분)한다. 이때, 병에 1~2 mℓ의 증류수를 넣어 autoclave 멸균하면, 고온·고압의 증기가 병 안에서도 발생해서 보다 확실하게 멸균할 수 있다.

ii) 무균조작

1 Clean room에의 입실

Clean room에 입실 하기 전에, 필요한 배양재료, 기구 등을 정리해 둔다. 비누로 손을 깨끗하게 씻는다. 살균등을 끄고 light를 점등하고, fan (공기 청정기)의

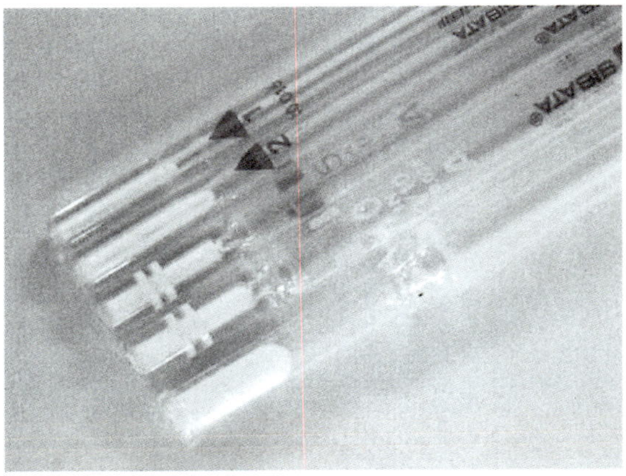

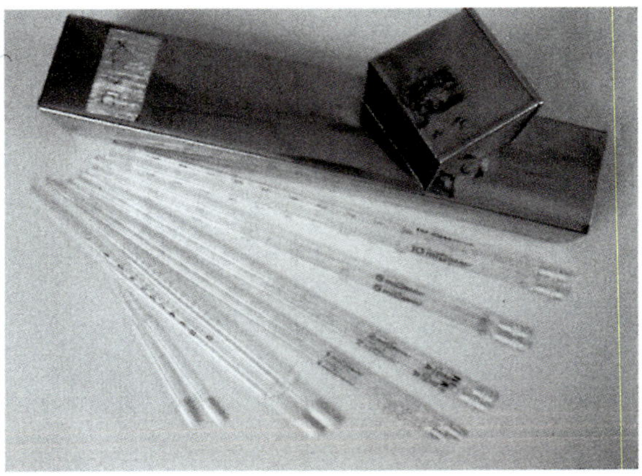

그림 1 솜으로 입구를 막고 (좌측) 건열멸균하여 재사용하는 유리제 pipette와 멸균통 (우측)

switch을 넣어 멸균공기를 유입시키고, 필요한 것을 반입한다. 이때 clean room의 입구에서 전용 실험복 (멸균한 무균복 혹은 청결한 흰 가운) 및 sandal을 착용한다. 장갑을 끼고, 반입한 것에 70% alcohol을 분무하여 소독하고, clean bench 옆의 실험대에 둔다. 이상이 일반적인 순서이지만, clean room 출입은 최소한으로 줄이는 것이 중요하다. 무균작업이 종료하면, clean room의 fan 및 light을 끄고, 살균등을 점등해 둔다. 적어도 일년에 한번은 filter 세정을 행한다.

2 Clean bench에서의 조작

우선, 살균 등을 끄고 light를 점등하고 fan의 switch를 넣어 멸균공기를 유입시킨다. Bench 내를 70% ethanol로 닦아 깨끗이 하고, gas burner를 점화 한다. 배지 병, pipette 통 등 실험에 필요한 기구를 bench 안에 넣는다. 배지 병이나 pipette 통의 뚜껑을 열 때는, 병이나 통의 입구 주위로부터 미생물이 혼입할 위험이 있기 때문에, 뚜껑 주변을 가볍게 화염멸균하고 나서 뚜껑을 연다. Pipette은 통에서 꺼내면, gas burner로 가볍게 화염멸균하고 나서 사용한다. 세균은 위에서 떨어져 배지 중에 혼입하기 때문에, 배지 병이나 배양 dish는 장시간 열어 놓지 않을 것, 또 뚜껑을 연 배지 병이나 배양 dish 위로 손이 지나가지 않도록 주의하는 것이 중요하다. 무균작업이 끝나면, 배양 dish를 CO_2 incubator 안에 정치해서 배양한다. 모든 작업이 완료하면, bench안을 정리하고 70% ethanol로 깨끗이 닦아서, fan 및 light를 끄고, 살균 등을 점등해 둔다.

3 미생물 오염을 일으킨 경우의 처치

세균 혹은 진균에 감염되어 배지가 하얗게 탁해지든지, 혹은 흰색 균사체가 떠다니는 것을 발견했다면, 즉시 그 배양 용기를 꺼내 폐기한다. 그때, 차아염소산 혹은 autoclave 처리해서 다른 것에로의 오염확대를 방지한다. 또, 오염된 배양용기에 사용한 배지는 사용을 일시 중지하고, 무균 test를 행하여 오염이 없는 것을 확인하고 나서 재 사용한다.

memo

1) Pipette 통의 뚜껑을 열기 전에, pipette 통을 기울여 pipette의 밑을 뚜껑쪽에 모이도록 해서 뚜껑을 열어 pipette 밑을 가볍게 화염 멸균한다. 이렇게 하는 것에 의해, pipette을 pipette aid 혹은 고무 cap에 장착할 때에 면섬유가 휘감겨 솜 마개가 빠져 나오는 것을 막을 수 있다.

2) Pipette은, 솜으로 입구를 막았다고 하여도 결코 입으로 조작해서는 안 된다. 배양세포를 미생물, 특히 mycoplasma에 오염 시킬 위험이 있다. Pipette은 반드시 고무 cap 혹은 pipette aid를 사용해서 조작한다.

3) 사용한 pipette을 방치하면 건조되어 배지 성분이나 시약이 떨어지기 어렵게 되기 때문에, 사용 후에는 바로 물을 채운 bucket에 넣는다.

4) Clean bench안에, 배지 병을 기울여 세울 수 있는 Rack을 준비하면, 열려있는 면적이 적어져 배지 내로의 낙하 균의 혼입을 효율좋게 막을 수 있다.

5) Clean bench 안은 항상 청결하게 유지해야 하는 것은 말할 것도 없지만, 적어도 3개월에 1번은 clean bench 실험대의 그물눈의 금속 망을 밖으로 꺼내, 그 앞뒤 표면에 70% ethanol을 분무해 오염을 씻어 내도록 한다. Clean bench 안에도 70% ethanol을 분무해서, 튄 배지 등을 씻어낸다. 특히, 금속 망 아래에는 흘린 배지 등이 부착되어 있기 때문에, 70% ethanol 을 분무해서 깨끗하게 씻어낸다. 배지 등을 흘린 채로 방치하면, 거기에 잡균이나 곰팡이가 번식하게 되고, 잘못하면 clean bench 안의 기류에 실려 확산되어 clean bench 전체를 오염시켜 버릴 위험성이 있다. 배양조작 중에, 배지 등이 조작 대에 떨어졌을 때는, 바로 70% ethanol로 씻어 내도록 한다. 금속 망 위에 paper towel을 깔아 두면 만일 배지를 흘려도 금속 망 아래로 떨어지는 일 없이 오염확대를 방지할 수가 있다 (그림 2).

6) CO_2 incubator에서는 통상, 개방형의 dish등을 사용해서 37 ℃에서 배양한다. 이 같은 가온 상태에서는, 상온에 비해 배지의 증발이 빠르고, 배지가 농축된다. 이 상태로 세포를 배양하면, 세포에서 수분이 손실되어, 세포는 응축해서 죽는다. 이것을 막기 위해서 incubator의 최하단에는 물을 넣은 금속 tray를 두고, incubator 안을 습도 100%로 유지해서, 배지의 증발을 최소한으로 막도록 되어 있다 (그림 3). 그러나 이와 같은 환경은 곰팡이의 온상이 될 위험성이 높기 때문에, tray에 넣는 물 (가능한 ion 교환수 혹은 증류수)은 반드시 사용 전에 autoclave로 멸균해야 한다. 물론, 금속 tray도 건열멸균한다. 만약 이 같은 멸균작용을 게을리 하면, 곰팡이가 생겨 incubator 안이 오염되어, 최악의 경우 배양세포에도 곰팡이가 생겨, 세포를 잃게 된다. 이 같은 이유로, 물과 tray 멸균이 필요한데, 통상 이와 같은 멸균처리에 더해서, 이중의 안전대책으로서 멸균수에 Sodium dehydroacetate 1-hydrate (항곰팡이제, 1 g/ℓ)를 첨가한다.

7) 세포배양에 쓰이는 배지는 amino acid, vitamin

3 기본적인 배양기술

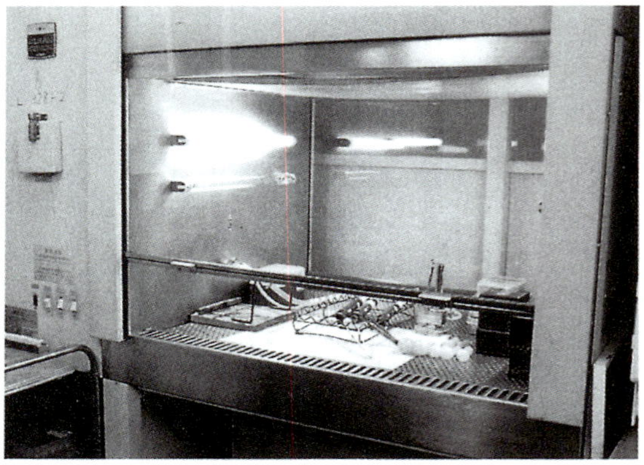

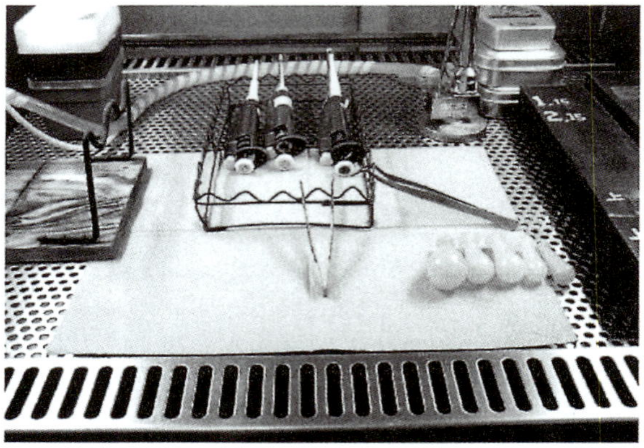

그림 2 **Clean bench**

(좌) 오염 확대방지용의 paper towel을 깐 clean bench 내의 모습
(우) clean bench 내부의 확대사진 (배양조작중에 실수로 흘린, 혹은 튀긴 배지를 흡수시켜 확산을 방지하기 위하여, 금속판 위에 paper towel을 깔고 있다)

류 등의 영양소, 미량성분 외에 염류용액을 포함한다. 염류용액은 무기 ion의 공급과 삼투압 및 pH 조절 작용을 한다. 염류용액의 pH는 $NaHCO_3$ (개방형 배양배지의 경우 2.20 g/ℓ의 고농도 $NaHCO_3$을 포함)와 5%의 높은 분압의 CO_2를 포함하는 공기의 존재 하에서 평형상태 (생리적 pH 7.2 ~ 7.4)가 된다 (3장 1 참조). 한편, 폐쇄형 배양에 사용하는 배지는 0.35 g/ℓ의 저농도 $NaHCO_3$를 포함시킨 것으로, 통상의 공기 존재 하에서 평형상태가 된다.

8) 적어도 3개월에 한번은 CO_2 incubator 내의 선반 및 tray를 밖으로 꺼내, 깨끗하게 세정한다. 건조 후, 신문지 등에 싸서 건열멸균 (160 ℃, 90 분)한다. 오염이 남아 있으면, CO_2 incubator 안은 고온다습하기 때문에 미생물 증식의 원인이 되므로 주의를 요한다.

그림 3 **Incubator 내부**

CO_2 incubator 내의 최하단부에 항곰팡이제 (0.1%)를 포함하는 멸균수를 넣은 금속 tray를 넣어, 증발에 의한 배지의 농축을 방지하도록 되어 있다.

끝으로

배양세포의 오염원으로서의 미생물은 진균, 세균 및 mycoplasma 등이다. 이들 미생물은 대기중에 존재하고, 실험자의 조작을 통해서 배양계 내로 옮겨진다. 따라서, 무균조작에 익숙해지는 것은 물론 배양환경을 청결히 유지하는 것이 지극히 중요하다.

참고문헌

1) 丹羽 章 :「組織培養の技術」第3版 (日本組織培養学会 編), pp25-26, 朝倉書店, 1996
2) 生田統悟 : バイオマニュアルUPシリーズ「分子生物学研究のための新培養細胞実験法 改訂第2版」(黒木登志夫, 許 南浩, 千田和広 編) pp20-21, 羊土社, 1999
3) 宮崎正博 :「細胞培養なるほどQ&A」(許 南浩 編) pp56-79, 羊土社, 2004

3. Contamination (미생물, mycoplasma, 세포)의 방지

博松美治

배양세포가 미생물 등으로 오염되는 것을 contamination (일반적으로 줄여 contam)이라 부른다. 배양세포는 항상 contam의 위험에 노출되어 있고, 오염된 세포를 사용해서 수행한 실험은 본래의 의미를 잃어 버린다.

서론

Contam의 원인에는 주로 다음 세가지가 있다.

①세균·진균류 : 간단히 contam이라고 하는 경우, 세균이나 곰팡이, 효모 등의 오염을 가리킨다. 현미경관찰로 쉽게 판별할 수 있다. 세균 등이 생산하는 독소나, 영양성분의 고갈 등에 의해 오염된 세포는 죽어 버린다.

②Mycoplasma나 virus : 세균등에 의한 오염과 달리 세포가 죽는 것은 아니지만, 성질 등의 변화를 일으킨다. 눈으로 발견하기는 어렵고, 형광염색법이나 PCR 검사로 판별한다.

③다른 배양세포 : cross (culture) contamination 이라고 말해지고, 오염의 판별은 어렵다.

② 및 ③의 contam은 알아차리기 어렵고, 문제는 심각하다.

Strategy

Contam은 원인에 따라 검출법이나 대책이 다르다. 세포배양에 앞서, 적절한 검출법과 대책을 구축할 필요가 있다. 어느 경우도 다음 점에 주의하는 것이 contam 방지에 도움이 된다.

- 1 세포- 1 배지 : 배지나 PBS 등은 100 mℓ씩 분주하여, 세포 한 종류에 1조 준비한다
- 세포를 취급했다면, 조작 후 clean bench 안은 매회 Osban 등의 소독제로 청소한다.
- Clean bench에 동시에 2종류의 세포를 넣지 않는다.

게다가「세포 명은 정확하게 쓴다」「비오염 세포로 배양조작을 행한다」의 규칙을 정한다.

i) 세균이나 곰팡이·효모 오염 check

오염을 조기에 발견해서 폐기하고, 새로운 세포로 교환한다. 정기적으로 incubator 등을 청소한다. 동결보존세포는 무균시험을 행한다. JCRB 세포 은행의 homepage「배양세포의 품질관리 소개 : 2 일반 미생물 오염검사」(http://cellbank.nihs.go.jp//cellbank.html)도 참조하기 바란다.

준비할 것

- Nutrient Broth with 2% yeast extract (NB 배지)
- Thioglycollate Medium (TGC 배지)
- 혈액 한천 배지 (제조법은 뒤에 기술)
- 시료 (배양 상등액, 세포현탁액 등)
- Pipette 류, 무균시험용 incubator

Miharu Kurematsu : Japan Health Sciences Foundation (財団法人ヒューマンサイエンス振興財団)

Protocol

1 무균시험용 배지의 조제법

• NB 배지 (시험관 10개)

NB 배지	1.2 g
(Becton Dickinson사 : 이후 BD, Difco No.233000)	
Yeast extract (BD, Difco No.212750)	3 g
MilliQ H_2O	150 mℓ

기구 : 시험관 (직경 2 cm 길이 12 cm), 실리콘 마개*1, beaker, 양팔저울, stirrer, autoclave 등

제조방법 : NB 배지와 yeast extract의 무게를 달고 MiliQ H_2O을 더해 완전히 용해시킨다. 시험관에 15 mℓ 씩 분주하고, 실리콘 마개를 해서 121 ℃, 15 분간 고압멸균 (autoclave)*2 한다. 멸균 후에는 실온보존*3

*1 보존 중에 수분이 증발한다. 솜 마개는 증발이 빠르기 때문에 다공성 실리콘 마개를 사용한다.

*2 Indicator tape으로 멸균을 확인한다. 멸균 후 실리콘 마개가 벗겨진 것은 사용하지 않는다.

*3 2~3 개월 보존가능. 아래의 TGC 배지는 배지 전체가 빨갛게(산화) 되면 사용할 수 없다. 다시 고압멸균・급속냉각을 행하면 사용가능하지만, 반복해서 가열하면 한천이 굳어지기 어렵게 되기 때문에 2회를 한도로 한다.

• TGC 배지 (시험관 10개)

TGC 배지 (BD, Difco : #225640)	4.5 g
MilliQ H_2O	150 mℓ

기구 : crash ice와 ice bucket, 전자레인지, 이외의 기구・기기는 NB 배지와 같음.

제조방법 : TGC배지의 무게를 달고, 용해*4 (전자레인지에서 가끔 용기를 흔들면서 서서히 가열, 완전히 한천입자가 보이지 않은 뒤 다시 한번 가열하고, 증발한 양의 MilliQ H_2O를 더한다), 멸균한다. 뜨거운 동안에 얼음물로 급냉시키고*5, 차가워지면 실온보존*3.

*4 끓어 넘치기 쉬우므로 화상에 주의한다.

*5 꺼낼 때에는 화상에 주의한다. 한천을 급속히 굳혀 산화를 막는다.

• 혈액 한천 배지

자가제조 (JCRB 세포은행의 homepage 참조) 또는 시판품을 사용한다. 건조에 주의하고, 뚜껑을 아래로 한 상태로 냉장보존*6.

*6 뚜껑을 위로 향하게 하면 이슬이 맺혀 용혈을 일으킨다. 또 곰팡이나 세균 오염의 원인이 된다.

2 무균실험 방법

① Clean bench 안에서 pipette을 써서 무균적으로 시료를 시험관에 1 ㎖ 더한다. TGC 배지는 상하 2층에 걸치도록 접종한다 (혐기성균 검출을 위해). 혈액 한천 배지는 시료 0.3 ㎖을 더해 clean bench에서 뚜껑을 조금 열어 풍건한다.

② 37 ℃에서 14일간 배양하고, 액체 배지의 성상이나 혈액 한천 배지 colony형성을 관찰해서 판정한다. 검사기간 중은 수회 관찰을 행하고, 오염이 의심되는 경우는 재시험한다. 시료에 세포현탁액을 사용해서, 세포를 많이 포함한 경우나 세포가 증식한 경우, 액체 배지가 탁하게 되는 경우가 있기 때문에 slide glass 등에 일부를 취해 현미경 관찰한다. 검사종료 후, 고압멸균 (autoclave)해서 폐기한다.

판정 예 : NB 배지에 의한 오염의 검출

• 혐기성 균이나 효모 : 다량의 침전물이 생긴다・배지 전체가 탁하다

• 곰팡이 (사상균) : 곰팡이 덩어리가 생긴다

판정 예 : TGC 배지에 의한 오염의 검출

• 호기성균 : 배지 상부가 탁하다・황색으로 변한다

• 통성혐기성균 (운동성 없음) : 접종한 부분을 따라 탁함이 발생

• 통성혐기성균 (운동성 있음) : 배지 전체가 탁하다. 황색으로 변한다

• 편성혐기성균 : 배지 중앙부터 바닥부분에 걸쳐 탁하다

• 황색으로 변한다

액체 한천 배지 무균시험의 판정 예 :
colony를 형성한다

ii) Mycoplasma 및 virus의 오염 check와 제거

Mycoplasma는 제거제를 사용해서 제거할 수가 있다 (뒤에 서술).

Mycoplasma의 검사방법은 아래와 같은 방법이 있다.

①직접배양법 : mycoplasma를 직접 생육시키는 방법, 측정에 오랜시간이 소요된다.

②간접 DNA 염색법 (protocol은 뒤에 서술) : mycoplasma가 세포에 부착하기 쉬운 성질을 이

용해서, 세포위에 증식시켜 DNA 형광염색으로서 관찰하는 방법, 간편하지만 감도가 낮고, 측정에 약 1주일 걸린다.

③DNA-RNA hybridization법 : mycoplasma rRNA에 상보적인 DNA probe를 사용해서 southern blot hybridization법에 의해 검출하는 방법

④PCR법 : 시료로부터 추출한 DNA를 PCR법에 의해 증폭한다. Real time PCR (RT-PCR)로 검출하거나, 통상의 PCR 후 전기영동으로 확인한다. 고감도로 단시간에 측정이 가능하다. 문헌 6 및 JCRB 세포은행 homepage「배양세포의 품질관리 소개 : 3 mycoplasma 검사」를 참조하기 바란다. 시판의 primer set (Mycoplasma Plus PCR primer set : Funakoshi No.302008, 외)도 이용할 수 있다.

그 외, ELISA 법을 이용한 검출 Kit (Mycoplasma Detection kit : BM 사 No.1296744), mycoplasma의 효소 활성을 측정하는 검출 kit (MycoAlet™ Mycoplasma Detection Kit : Asahi Techno Glass No.CAM-LT07-118, 외)도 시판되고 있다.

Virus오염은 통상 virus가 숙주세포를 제한하기 때문에, 그다지 문제가 되지 않는다, 그러나 최근, 배양에 쓰이는 bovine 혈청에, bovine Viral Diarrhea Virus (BVDV)에 의해서 고비율로 오염되어 있는 것이 판명되었다. 현재 RT-PCR법을 이용한 검출 Kit (Cycleave RT-PCR Pestivirus Detection Kit : Takara 사 No.CY212)가 시판되고 있다. JCRB 세포은행에서 수행한 BVDV 오염검사는, 문헌 7 및 JCRB 세포은행 homepage「배양세포의 품질관리 소개 : 4 virus 검사」를 참고하기 바란다.

7 Mycoplasma 검사법 : 지표세포를 이용한 형광 염색법 (간접 DNA 염색법)

원리상으로 시료 (100~200 ㎕)중에 한 개 이상의 mycoplasma가 존재하는 경우 검출 가능하다. 그러나 생존 mycoplasma가 100% 증식하는 것은 드물기 때문에, 검출한계는 그것보다 더 낮아진다. 또 mycoplasma 비특이적으로 세균 등의 오염도 염색된다. 시판의 시약 kit (mycoplasma 염색 kit : Danihon Seiyaku No.30-300-00)이 있다. JCRB 세포은행에서는 배양 상등액을 PCR 검사의 시료로 하고 있다.

준비할 것

- 시료 : 검사하고 싶은 세포의 배양 상등액
- 지표세포[*1] : Vero 세포 (JCRB0111)
- 증식용 배지 : 항생물질을 포함하지 않은 10% 혈청 첨가 EMEM (Eagle's minimum essential chamber medium) 배지.
- 4 Chamber slide (4-Chamber Tissue culture chamber slide/Lab-Tek사)
- DNA 염색 시약 : Hoechst Dye 33258 (최종 농도 0.5 ㎍/㎖/ PBS[*2]) 또는 DAPI 용액
- 세포고정액 : acetate와 ethanol 혼합액 (1 : 3 v/v 용시 제조)
- 봉입액 : 0.1 M citrate 22.2 ㎖ (고압멸균) + 0.2 M disodium phosphate 27.8 ㎖ (고압멸균) + glycerol 50 ㎖을 혼합하고, pH 5.5로 조정해서 냉장보존.
- 형광현미경, 세정 및 희석용 PBS(-), pipette 등.

☞ ＊1 지표세포는 mycoplasma 비오염의 Vero 또는 CKT-1, 3T6-swiss albino 세포 등을 사용한다. Mycoplasma 시험용에 동결보존 ampoule을 작성해서, 해동 후 계대 수 50회까지의 범위에서 사용한다. 검사할 때는 생존률이 80% 이상인 것을 사용한다.

＊2 빛에 불안정하기 때문에 Hoechst Dye 33258 5 ㎎을 100 ㎖의 멸균 PBS로 용해 (100배 농도)해서, 0.22 ㎛ filter 여과 멸균한다. 조금씩 분주해서 −20 ℃ 냉동보존하고, 용시 희석해서 사용한다.

Protocol

1 배양 (무균조작)

① 실험전날, chamber slide에 Vero 세포를 10^4 cells/chamber로 접종 후 배양.

② 다음 날 Vero 세포가 부착해 있는 것을 확인한다. Chamber로부터 상등액 100~200 ㎕를 제거하고, 시료를 제거한 상등액과 동량 첨가. 5~7일간 CO_2 incubator에서 배양.

3 기본적인 배양기술

* 항생물질을 포함하지 않는 배지로, 세포를 적어도 3회 이상 계대 배양 한다. 부유 배양계 세포는 약 1주일, 10^6 cells/㎖의 밀도가 될 때까지 배양한다. 부착배양계 세포는 배지 교환을 하지 않고 1주일 배양하고, 배양 상등액을 시료로 한다. 시료에 대량으로 세포가 섞여 있는 경우, 세포의 파편이 염색되어 헷갈리기 쉬우므로 원심제거한다.

2 고정 염색 (비무균 조작)

① 배양종료 후, slide chamber의 배지를 제거하고 PBS로 3회 세정.
② 고정액을 PBS로 3배 희석하고, 각 chamber에 1 ㎖ 더해서 15 분간 세포를 반고정.
③ 고정액을 제거하고 고정원액을 0.5 ㎖ 첨가하여 5분간 본고정.
④ 고정액을 제거하고 PBS로 4회 세정, 희석 조제한 Hoechst Dye 33258을 1 ㎖ 더해, 10분간 이상 어두운 곳에서 DNA 염색.
⑤ 염색액을 제거하고 증류수로 2회 세정, chamber의 테두리를 떼어내고, 어두운 곳에서 충분히 건조.
⑥ 봉입액을 떨어뜨려 기포가 들어가지 않도록 cover glass를 얹어, 형광현미경으로 배율 400 ~ 1,000, 10 시야/chamber 관찰한다.

판정 :
Vero 세포와 비교. 음성에서는 세포 핵에만 형광이 보인다. 양성에서는 세포 핵 주위에 mycoplasma의 소립자가 보인다 (그림 1 참조).

2 Mycoplasma의 제거방법

Mycoplasma의 제거는 비교적 어렵고, 일반적으로는 항생물질을 써도 제거 할 수 없다. Mycoplasma 제거제 MC-210이나 BM cycline (Pleuromutilin 유도체. Tiamuline과 같은 계통의 항생물질)을 사용한 제거는 양호한 결과를 얻는다. 항생물질이 아닌 제거제 (Mynox-Mycoplasma Elimination Kit : Funakoshi No.VM-1224-32)도 시판되고 있다. 어느 경우에도, 한번 mycoplasma가 검출되지 않아도 완전히 제거되었다고는 할 수 없고, 반복해서 검사할 필요가 있다. JCRB 세포 은행에서는 제거제 처리 후, 가능한 한 신중하게 제거된 것을 확인하고 있다. 현재 하나의 세포를 제외한 50개 이상의 세포에서 MC-210 단독에서 mycoplasma의 제거에 성공했다 (실험예 참조). MC-210 단독으로 제거가 불가능한 예는, Takeuchi들의 문헌[4]을 참고로 BM cycline 1을 병용하는 것으로 제거에 성공했다.

준비할 것

- Mycoplasma 오염세포
- Mycoplasma 제거제 : MC-210 (Dainihon Seiyaku No.KE-M210)
  또는 MC-210과 BM Cycline 1(Roche Diagnostics No.799 050)을 병용
- 세포 배양기구류 및 배양용 배지 : 목적 세포에 맞는 것

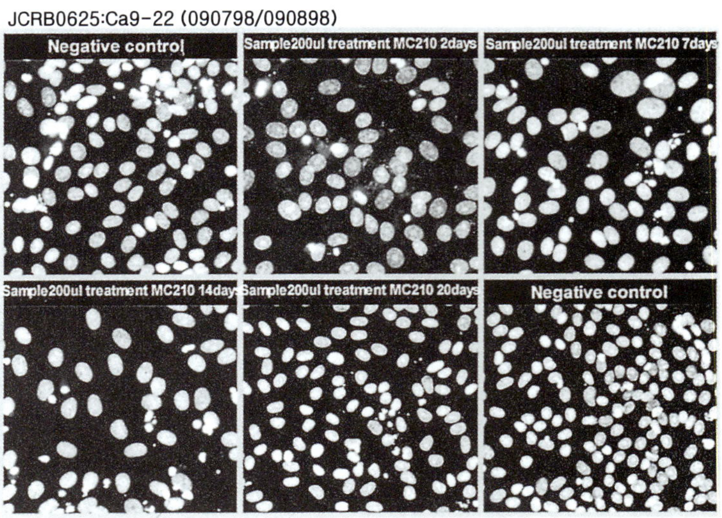

그림 1 형광염색법에 의한 mycoplasma의 검출
Mycoplasma에 오염된 세포를 mycoplasma제거제 MC-210을 사용하여 제거한 예 (JCRB0625 Ca9-22).
제거제 첨가 2일째 사진은 세포 핵 주변에 mycoplasma가 보인다. 죽은 세포의 파편 등도 염색되므로 주의를 요한다. 제거제 첨가 7일째 이후로는 mycoplasmas는 보이지 않는다. JCRB 세포 Bank homepage (http://cellbank.nihs.go.jp)로부터 게재.

Protocol

1 MC-210을 사용한 제거 방법

① Mycoplasma 오염세포를, 각각의 세포에 최적인 조건으로 배양[*1] 개시.

> ＊1 해동배양의 경우는, 해동배양 후 이틀 정도 두고 나서 MC-210 첨가 배양용 배지로 교환한다.

② 표준 계대법 (부유 배양계 세포는 원심분리해서 배지를 제거)을 수행한다. 이때 0.5 ㎍/㎖ MC-210 첨가 증식용 배지[*2]를 사용하여, 1주일에 1~2회의 빈도로 계대 배양을 행한다. 3주간 배양을 계속.

> ＊2 MC-210은 빛에서 분해되기 쉽기 때문에 차광한다. 어떤 제거제도 용시 첨가해서 사용한다.

③ 3주일 후, MC-210을 제거한 증식용 배지로 바꿔서 배양[*3]을 계속. mycoplasma 검사 (형광염색법 또는 PCR 법)을 행하고, 음성이 된 것을 확인한다.

> ＊3 mycoplasma 제거제는 제거 작업시에만 사용한다. 오염방지 목적으로 상시 첨가하는 것은, 염색체 변형을 일으키거나, 내성균이 출현할 가능성이 있어서, 아주 위험하기 때문에 반드시 피한다. MC-210과 BM cycline 1의 병용에서도 제거되지 않는 경우에는 폐기한다.

④ 3개월 또는 30 계대, 배양을 계속하고 때때로 mycoplasma 검사를 실시, 3개월 계속 배양 후도 mycoplasma가 음성인 경우, 제거가 완료했다고 간주한다.

2 MC-210과 BM-cycline 1 병용에 의한 mycoplasma의 제거

MC-210 단독에서 사용한 방법과 동일하게, 계대 배양할 때에, 0.5 ㎍/㎖ MC-210과 10㎍/㎖ BM cycline 1을 첨가한 증식용 배지를 교대로 사용해서 배양, 약 3주간, 합계 4회 이상의 계대 배양을 행한다[*4]. 그 뒤 mycoplasma 검사를 실시해서 제거된 것을 확인한다.

> ＊4 MC-210 → BM cycline 1 → MC-210 → BM cycline 1과 4회의 계대 배양을 의미한다. 두 약제를 혼합해서 사용해서는 안 된다.

실험예

Mycoplasma 제거 (MC-210)

용법 용량에 따라 JCRB0625 Ca9-22의 mycoplasma 제거를 수행하여, 형광염색법 및 PCR 법으로 mycoplasma를 검출했다. 양 검출법 모두에서 제거제 첨가 직후는 mycoplasma 오염이 확인되었는데, 지속적인 제거제 첨가로 제거 가능했다. 또 제거 후 계속 배양 3개월 간의 검사도 음성이었다 (그림 1, 2).

iii) 다른 세포에 의한 오염

한번 다른 세포와 섞여 버리면 분리는 어렵고, cloning 하는 것에 의해 세포의 순수성을 되돌릴 가능성이 있을 뿐이다. 오염을 일으키지 않는 것이 가장 중요하고, 항상 주의할 필요가 있다. 이종 동물 세포의 오염은 isozyme 검사나 핵형분석으로, 개체 식별은 DNA finger print법이 판별에 사용된다. 최근 human 세포는 STR-PCR법에 의해 개체 식별이 가능해 졌다 (1장 4참조).

1 이종 동물간의 교차오염의 검출 : isozyme 검사

Isozyme의 전기영동 pattern의 차이를 조합해

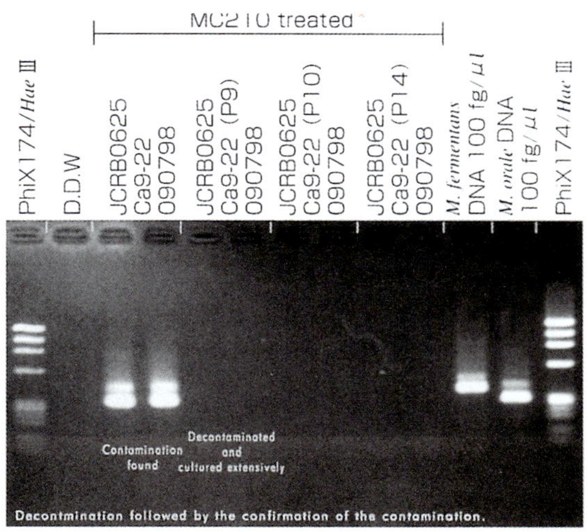

그림 2 **PCR법에 의한 mycoplasma의 검출**
제거제 첨가 10일째 이후 mycoplasma band는 검출되지 않는다.
＊ 왼쪽부터 제거개시시, 제거제 첨가후 10일 (P9), 14일 (P10), 21일 (P14) (JCRB0625 Ca 9-22)
JCRB 세포은행 homepage (http://cellbank.nihs.go.jp)에서 발췌.

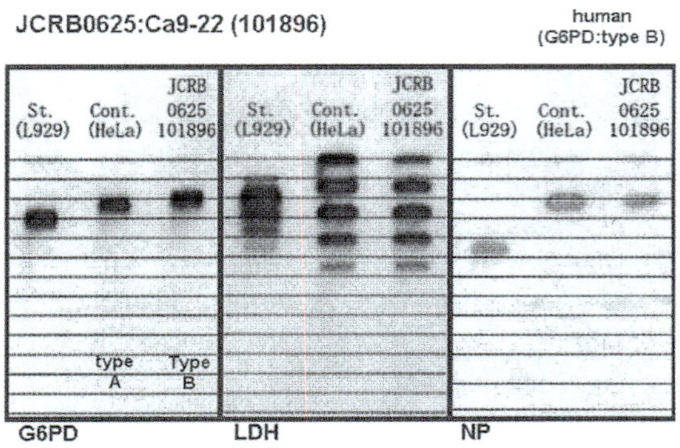

그림 3 **3종류의 효소 (G6PD, LDH, NP) isozyme의 pattern 예 (JCRB0625 Ca9-22)**
St (L929): mouse 유래세포
Cont (HeLa): human 유래세포. G6PD는 흑인 특유의 band (Type-A)를 나타낸다.
JCRB0625 Ca9-22: human 유래세포. G6PD는 HeLa와 다른 band (Type-B)를 나타낸다.
JCRB 세포은행 homepage (http://cellbank.nihs.go.jp)에서 발췌.

서 조사하는 것으로, 동물종이나 유래 조직을 식별한다. 개별식별은 불가능하다. Human에는 G6PD에 type-A와 type-B가 있고, type-A는 흑인 특유의 band이기 때문에, HeLa 세포 오염의 가능성은 판별 가능하다. Isozyme 검출법은 JCRB 세포은행 homepage「배양세포의 품질 관리 : 5 isozyme 검사」를 참조하기 바란다 (그림 3).

2 배양세포의 개별 식별 : Multi Plex PCR method using Short Tandem Repeat (STR)

비 전사영역에 있는 반복 배열 "Short Tandem Repeat (STR)"의 다양성에 주목한 개별 식별 방법이다. 한 개의 영역에 반복된 배열은 수회~수십회로, 다양성이 현저한 복수의 locus를 선택하는 것에 의해, 현재는 human만 개체 식별의 지표로서 사용할 수 있다. STR-PCR 검사법은 문헌 8 및 JCRB 세포 은행 homepage「배양세포 품질관리 소개 : 6 세포식별」을 참조하기 바란다. JCRB 세포은행에서는 1999년 1월부터, 시판되고 있는 primer DNA kit GenePrint™ PowerPlex™ 1.2System (Promega사)을 이용해서, 9 locus의 STR 영역을 PCR 반응으로 증폭하여, ABI PRISM™ 310Genetic Analyzer (ABI Appl. Biosys사)로 해석하고, Genotyper™ (Perkin-Elmer Appl. Biosys사)로 typing을 한 결과를 database화 하여, human 세포의 개별식별을 수행하여 왔다. 현재 500 이상의 세포주를 조사하여, 새롭게 20 세포주 이상의 교차오염을 검출했다 (실험 예 참조).

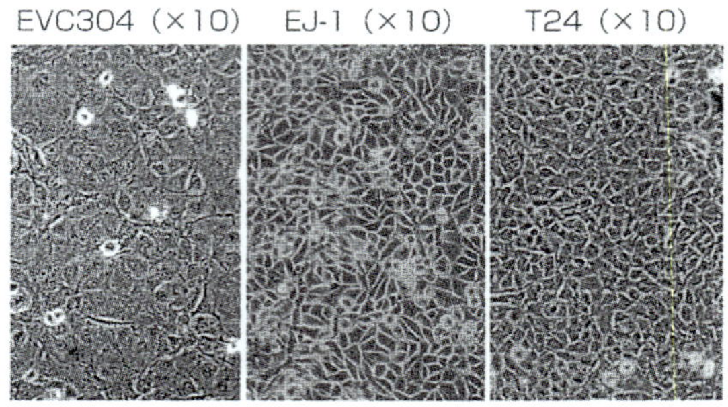

그림 4 **같은 세포인 것으로 판명된 세포**
왼쪽부터 JCRB0744 ECV304, JCRB0710 EJ-1, JCRB0711 T24
JCRB 세포은행 homepage (http://cellbank.nihs.go.jp)에서 발췌.

실험예

STR-PCR법을 이용한 교차오염의 검출 (문헌 8 참조)

STR-PCR법을 이용해서 세포의 개별식별을 수행한 결과, human 혈관 내피 세포주 ECV304 (JCRB0744)와 세포주 EJ-1 (JCRB0710) 및 T24 (JCRB0711)는 STR-PCR에 의해 9 locus의 일치가 보여져, 교차오염이 시사되었다 (그림 4).

끝으로

세포배양에서는 contam을 일으키지 않도록 system을 구축하고, 항상 contam 방지에 유의해서, 필요에 따라 검사를 수행하는 것이 중요하다.

참고문헌

1) 水澤 博, 許 南浩 :「細胞培養なるほどQ&A」(許 南浩 編) pp141-157, 羊土社, 2004
2) 生田統悟 : バイオマニュアルUPシリーズ「分子

生物学研究のための新培養細胞実験法 改訂第2版」(黒木登志夫, 許 南浩, 千田和広 編) pp20-23, 羊土社, 1999
3) 竹内昌男, 吉田東歩, 水澤 博 :「組織培養の技術 第3版 基礎編」(組織培養学会 編), pp77-81, 82-87, 朝倉書店, 1996
4) 竹内昌男 :「細胞培養ハンドブック」(鈴木利光 編著), pp99-104, 中外医薬社, 1993
5) 輿水 馨, 清水高正 編, 尾形 学 監修 :「マイコプラスマとその実験法」, 近代出版, 1998
6) 高田容子 他 : 組織培養研究, 19 : 131-138, 2000
7) 水澤 博 他 : 組織培養研究, 18 : 131-138, 1999
8) Tanabe, H. et al. : 組織培養研究, 18 : 329-338, 1999
9) JCRB 細胞 バンクのホームページ (http://cellbank.nihs.go.jp/cellbank.html)

제 3 장 기본적인 배양기술

4. 세포의 박리

宮琦正博

본 항에서는, 배양세포를 화학적 혹은 물리적으로 처리해서 배양기질로부터 박리하는 방법에 대해서 서술한다.

서론

배양세포의 박리는 통상 trypsin 등의 효소를 써서 행한다. 또, 이 효소처리는 EDTA (금속 chelate제)를 병용해서 하는 일이 많다. 이 외에, 기계적으로 떼어내는 방법, 온도 감수성 polymer를 이용하는 방법, 게다가 세포의 핵산이나 단백질을 추출하기 위해 계면 활성제로 직접 세포를 용해해서 회수하는 방법 등이 있다. 아래에, 이들 방법의 구체적인 순서, 주의점 등에 대해서 서술한다.

원리

배양세포는, 단백질을 매개로 배양기질 (예를 들면, plastic, 세포 외의 matrix 등)과 접착하고 있다. 또, 세포와 세포와의 결합에는 Ca^{2+} 등의 금속 ion이나 단백질이 관여하고 있다. EDTA에 의해 Ca^{2+} ion을 제거하고, trypsin에 의해 단백질을 소화하면, 세포는 하나하나로 유리 가능한 상태가 된다. 이것에 pipetting 조작에 의한 물리력을 더하면, 세포는 하나하나로 떨어진다. 한편, cell scraper (rubber policeman)로 떼어 내는 기계적 방법에서는, 세포와 배양기질과의 사이의 결합은 물리적으로 절단되지만. 세포간 결합은 원래 그대로이고, 단일세포로 분산되지 않는다. 임계온도 (30 ℃)근방에서 gel로부터 zol로 변화하는 온도 감수성 polymer (예를 들면, poly-N-isopropyl acrylamide : PNIPAAm)상에서 세포를 배양하면, 온도를 30 ℃ 이하로 낮추는 것에 의해 sheet 상태의 세포를 회수할 수 있다. 또, 계면활성제를 배양세포에 사용하면, 세포막이나 핵막이 파괴되어, 액상화 된 세포 성분을 회수할 수 있다.

i-A) 효소 처리에 의한 세포 박리 : trypsin/EDTA에 의한 일반적인 접착성 배양세포의 회수

준비할 것

- PBS

NaCl	8.0 g
KCl	0.2 g
$Na_2HPO_4 \cdot 12H_2O$	0.2 g
KH_2PO_4	0.2 g

증류수로 용해시켜 1 ℓ로 해서, autoclave로 멸균한다.

- 0.2% trypsin/0.02% EDTA*

Trypsin	2 g
EDTA	0.2 g

PBS에 용해시켜 1 ℓ로 해서, 여과 멸균한다.

> * Trypsin은 자가분해하기 때문에, 사용 중에는 ice에 두고, 사용 후에는 냉장고에 보존한다.

- 0.5% trypan blue 액

0.5 g trypan blue를 100 mℓ의 PBS에 용해시킨다.

Masahiro Miyazaki : Department of Cell Biology, Okayama University Graduate School of Medicine and Dentistry (岡山大学大学院医歯学総合研究科生細胞生物学分野)

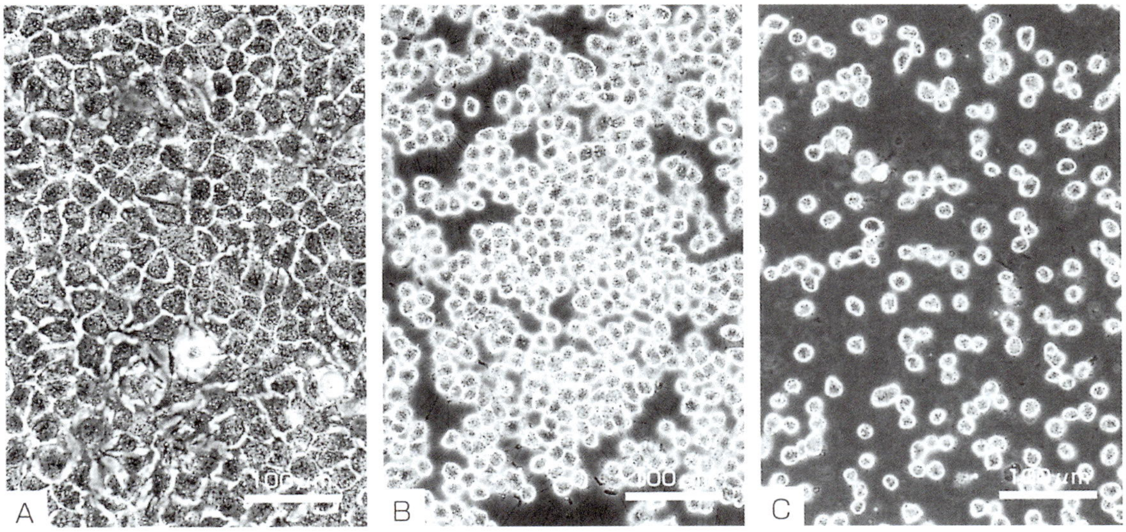

그림 1 **0.2% trypsin/0.02% EDTA에 의한 세포박리의 모습**
A) 계대후, 증식하여 confluent 상태의 human 간암세포 (JHH-5)
B) 0.2% trypsin EDTA 첨가 5분후, 세포가 둥글게 변하여 있다.
C) 새로운 배지를 첨가하여 pipetting에 의해 분산된 세포.

Protocol

1 Protocol A

① 배지를 제거하고, 배지 중의 혈청의 영향을 없애기 위해, PBS로 1회 세정한다.
② 0.2% trypsin/0.02% EDTA를 첨가해서, CO_2 incubator 안에 정치한다. 일반적으로 5~10분간의 incubation에 의해, 세포는 둥글게 된다 (그림 1 B). 적절한 incubation 시간은 세포의 종류에 따라 다르기 때문에, 현미경으로 확인한다.
③ 세포가 둥글게 되었다면 혈청이 들어간 배지, 혹은 무혈청 배양하고 있는 경우는, trypsin inhibitor를 포함한 배지를 첨가하여 trypsin 작용을 억제하고, pipetting해서 세포를 원심관에 모은다 (그림 1 C).
④ 세포 수 계산용의 sample (50~100 μl)를 취하고, 남은 세포 부유액은 ice에 둔다.
⑤ 세포 수 계산용의 세포 부유액에 1/2양의 0.5% trypan blue 액을 첨가하고, 살아있는 세포 (밝은 황백색으로 빛나 보인다)와 죽은 세포 (흡수된 trypan blue에 의해 핵은 진한 청색, 세포질은 엷은 청색을 띈다)를 도립현미경 하에서 count하여, 살아있는 세포 수 및 생존률을 결정한다 (3장 5의 67페이지 참조).

2 Protocol B

① 1의 ①과 같이, 배양용기로부터 배지를 제거하고, PBS로 1회 세정한다.
② 0.2% trypsin/0.02% EDTA를 첨가하여 배양표면 전체에 골고루 퍼지게 하고 바로 흡입, 제거 한다.
③ 바로 CO_2 incubator에 넣고, 5~10 분간 배양한다.
④ 현미경으로 관찰하여 세포가 둥글게 되면, 배지를 첨가해서 pipetting에 의해 세포를 분산시킨다.
⑤ 이하, protocol A와 같이 처리한다 (3장 5의 64페이지 참조).

ii-B) 효소 처리에 의한 세포 박리 : collagenase에 의한 collagen위에서 배양한 세포의 회수

준비할 것

- 0.05% collagenase 용액 (10장 3 표 1 참조)
- 0.2% trypsin/0.02% EDTA*

> * Trypsin은 자가분해 하기 때문에, 사용 중에는 ice에 두고, 사용 후에는 냉장고에 보존한다.

- PBS
- 0.5% trypan blue 액

Protocol

아래에 collagen coating한 dish에 배양한 초대 간세포(10장 3참조)의 회수 예를 나타낸다.

① 배지를 제거하고, PBS로 1회 세정한다.
② 0.2% EDTA를 첨가해서, CO_2 incubator 안에서 5분간 배양한다.
③ 다음에 동량의 0.05% collagenase 용액을 첨가해서, 다시 10분간 배양한다.
④ 10% 혈청첨가 배지를 첨가해서, 넓은 입구의 dropping pipette으로 부드럽게 pipetting해서 간세포를 원심관에 옮긴다.
⑤ 이들 조작에 의해, 단일 세포율 80% 이상의 간세포 부유액이 얻어진다.

> ☞ Collagen coating dish에서 초대배양 간세포를 회수할 때, collagenase, trypsin의 순으로 처리한 경우도, 간세포는 떨어지지만, 단일 세포율은 약 1/2(40%)로 저하한다.

i-C) 효소 처리에 의한 세포 박리 : dispase에 의한 matrigel로부터의 세포회수[2)]

Dispase는 Bacillus 속 유래의 중성 metalloprotease이고, trypsin이나 collagenase보다 부드럽게, 동시에 효율적으로 세포를 단리할 수 있다고 일컬어지고 있다. Dispase는 주로 Ⅳ형 collagen 및 fibronectin을 분해한다. 또한, Ⅰ형 collagen도 약간 분해할 수 있지만, Ⅴ형 collagen이나 laminin은 분해하지 않는다.

준비할 것

- Dispase 액 (50 U/㎖ 동결보존 ; BD Biociences사)
- 5~10 mM EDTA
- PBS

Protocol

① Dispase를 37 ℃의 항온수조에서 해동하고, 평형화시킨다.
② 배지를 제거하고, 1 ㎠ 당 10 unit (0.2 ㎖)의 dispase를 더한다.
③ CO_2 incubator 안에서 2시간 정치배양해서 matrigel을 분해한다.
④ Pipetting에 의해 세포를 분산시키고, 원심관에 회수한다.
⑤ PBS로 세포 부유액을 희석하거나, 혹은 5~10 mM EDTA를 첨가해서 dispase 반응을 정지한다.
⑥ 원심에 의해 세포를 회수하고, 세정조작을 2~3회 반복한다.

ii) 기계적 박리법

준비할 것

- Cell Scraper (rubber policeman)
- PBS

Protocol

① 배양액을 제거하고, PBS로 1회 세정한다.
② PBS를 첨가하고, cell scraper를 dish면에 밀착시켜 세포를 긁어낸다. 세포는 sheet 상태로 떨어진다. 이때 세포가 건조되지 않도록 주의한다 .
③ 세포부유액을 원심관에 모아 원심한다 (1,000 rpm, 5분).
④ 다음에, EDTA, SDS 및 proteinase K를 포함한 용액으로 처리해 genome DNA 제조에 사용한다. 또, 계대 배양도 가능하다.

iii) 온도 감수성 polymer로부터 sheet 상태의 세포 회수

준비할 것

- 4% poly-N-isopropyl-acrylamide (PNIPAAm, pH 3, Eastman Kodak사, 미국)
- 0.5% collagen (Ⅰ형) 용액
- Cool plate
- 자외선 살균등 (15 W, XX-15L, UVP사, 미국)

Protocol

① 4% PNIPAAm을 autoclave (121 ℃, 20분) 멸균한다.
② 고온에서 굳은 polymer를 4 ℃로 냉각시켜 액화하고, 멸균증류수를 더해서 0.5%로 희석한다. 여기에 사용하는 증류수는 미리 1 N HCl을 첨가해서 pH 3으로 조정해서, 4 ℃에 냉각시켜 둔다.
③ Ice 위에서 0.5% PNIPAAm 및 0.5% collagen 용액을 혼합한다.
④ Dish를 cool plate (10 ℃) 위에 두고, 위에서 기술한 혼합용액을 흘려 넣어, micropipette tip 끝으로 dish

표면에 균일하게 펼친다 (0.4 ㎖/35 ㎜ dish).

⑤ Dish를 청결한 건조 chamber에 넣고 10 ℃에서 5 ~ 10시간 풍건시킨다 (투명한 film 상태가 된다). Film의 평균 두께는 2 ㎛ (200 ㎍/㎠)가 된다.

⑥ 자외선 lamp (15 W)로 조사 (40 ~ 1,700 μW/㎠)해서 collagen을 가교 고정한다* (세포는 가교 고정된 곳에만 접착한다).

> ☞ * UV 조사로서 collagen/PNIPAAm를 가교 고정할 때, photomask를 사용하여 UV 조사면적 (세포의 접착 면적)을 변화시킴으로서, 다양한 size의 spheroid 형성이 가능하다. 또, 한 종류의 세포로 이루어지는 spheroid뿐만이 아니라, 2 종류 이상의 세포로 이루어지는 spheroid 형성도 가능하다.

⑦ 배지에 세포 (예를 들면, 피부섬유아세포)를 분산시켜 세포 부유액 (2×10^5 cells/㎖)을 조정한다

⑧ 37 ℃ 보온 상태에서, PNIPAAm coating dish (35 ㎜)에 세포 부유액 2 ㎖을 접종하고, 바로 37 ℃의 CO_2 incubator 내에서 정치시켜 3일간 배양한다

⑨ 배양 dish를 ice 위에 3분간 두면, PNIPAAm이 급속하게 배지에 녹아드는 것과 동시에, 세포가 sheet 상으로 떠오른다. 이것을 비접착성 dish에 옮기면, spheroid가 형성된다

iv) 계면 활성제에 의한 세포회수 (7장 참조)

준비할 것

- Lysis buffer

Tris-HCl(pH 8.0)	(10 mM)
Sodium dodecyl sulfate (SDS, 계면활성제)	(1.0%)
Protease inhibitors :	
Leupeptin	(10 ㎍/㎖)
Phenylmethylsulfonyl fluoride (PMSF)	(100 mM)
Pepstain	(10 ㎍/㎖)
Na_2EDTA	(5 mM)
Glu-gly-arg-chloromethylketone	(10 ㎍/㎖)
Trans-epoxysuccinyl-L leucylamido-(4-guanidino) butane (E-64)	(5 ㎍/㎖)
Aprotinin	(10 ㎍/㎖)
Phenanthroline	(50 mM)

- GTC solution

Guanidine thiocyanate	(4 M)
Sodium dodecyl sulfate (SDS, 계면 활성제)	(0.5 %)
Sodium citrate (pH 7.0)	(25 mM)
2-mercaptoethanol	(0.1 M)
antifoam DB-110N emulsion	(0.1 %)

- PBS
- Cell scraper

Protocol

1 세포 단백질의 회수 (7장 2 참조)

① 배양 dish를 ice 위에 두고, PBS로 2회 세정한다.

② 100 ㎜ dish당 1 ㎖의 lysis buffer를 첨가하여 세포를 용해하고, cell scraper로 회수해서 -80 ℃에서 보존한다.

2 RNA 추출용 세포용해물의 회수 (7장 1 참조)

① 배양 dish를 PBS로 2회 세정한다.

② 100 ㎜ dish당 1 ㎖의 GTC solution을 첨가해서 세포를 용해하고, cell scraper로 회수해서, RNA를 추출할 때까지 -80 ℃에 보존한다.

끝으로

배양세포의 박리에는, 다양한 단백질 분해효소나 금속 chelate 제가 사용된다. 이들 시약을 사용하여 화학적으로 박리한 세포는 기계적 (물리적)으로 박리한 세포에 비해서 생존률이 높고, 계대 배양에 적합하다. 그러나 genome DNA의 추출에는 기계적 박리가 적당하고, 또한 세포 단백질 추출에는 단백질 분해효소를 사용할 수 없기 때문에 계면활성제가 쓰인다.

참고문헌

1) Miyazaki, M. et al. : Acta. Med. Okayama, 42 : 351-354, 1998
2) BD Biosciences 社 ホームページ「細胞組織培養ファルコンバイオコード」より転載 (http://www.bdj.co.jp/falcon/articles/3tqe0k000000390h.html)
3) Takezawa, T. et al. : J. Cell Sci., 101 : 495-501, 1992
4) Yamazaki, M. et al. : Biotechnol. Bioeng., 44 : 38-44, 1994

3 기본적인 배양기술

제 3 장 기본적인 배양기술

5. 세포주의 계대

宮琦正博

본 항에서는, 세포주의 계대 배양이란 무엇인가, 또한 구체적인 순서나 주의점에 대해 서술한다.

서론

생체에서 분리한 세포를 배양 (초대 배양 : primary culture)하면, 많은 경우 세포는 서서히 증식해서 배양 용기에 가득 차게 되어 증식을 정지한다. 그러나 전 항의 요령으로 세포를 배양용기에서 박리하고 (3장 4 참조), 그 일부를 신선한 배지로 분산해서 새로운 용기로 옮기면, 세포는 다시 증식을 시작한다. 이렇게 세포를 다른 용기로 옮기는 조작을 계대 (passage, transfer)라고 하고, 이렇게 한 배양을 계대 배양 (subculture)이라고 한다. 이렇게 하여 계대 배양을 지속하면, 어떤 세포는 일정 횟수 분열한 후, 증식 능력을 읽고 죽어 간다. 이들 세포는 말하자면 유한수명을 가진 것이고, 세포계 (cell strain)라고 부른다. 한편, 어떤 세포는 배양 기간 중에 무엇인가의 변이를 일으켜서 무한으로 증식하게 되는 것이 있다. 이들 세포는 세포주 (cell line)라고 부른다. 이후에 세포주의 특징, 계대 배양의 구체적인 순서와 주의점에 대해 말한다.

i) 세포주의 특징과 취급상의 주의점

1 세포주란

앞에서 말한 것과 같이, 정상세포는 유한 증식성이지만, 이들 세포에 simian virus 40 (SV40) large T항원 유전자와 같은 virus 암 유전자를 도입하면 무한증식성의 세포가 출현해서 세포주화하는 것이 있다 (그림 1). 또한 배양과정에서 저절로 어떤 유전자 변이를 일으키고, 무한 증식성을 획득해서 세포주화하는 것도 있다. 이러한 현상은 human 세포에서는 대단히 드물지만, 설치류 세포에서는 비교적 자주 발생한다 (4장 5 참조). 생체로부터 분리해서 배양계로 옮긴 암세포는 배양조건이 맞지 않아 사멸하는 것도 있지만, 한 번 증식을 시작하면 대부분은 끝없이 증식할 수 있게 되어 세포주화 한다. 이들 세포주는 분자생물학이나 세포생물학 분야의 연구에 널리 사용되고 있다. 그 이유는 세포주가 무한 증식성을 가지고 있는 점, 그것의 성질이 잘 조사되어 있는 것 등이다. 게다가, 현재까지 수많은 세포주가 수립되어 있고, 세포은행 (1장 4 참조)으로부터 쉽게 입수가 가능하기 때문이다. 세포주는 가볍게 이용할 수 있어서 편리하지만, 초대 배양세포와는 달리 오랜 배양 기간을 거쳐 세포주화 되는 과정에서, 본래 생체 내에서 가지고 있던 성질이나 기능 일부가

Masahiro Miyazaki : Department of Cell Biology, Okayama University Graduate School of Medicine and Dentistry (岡山大学大学院医歯学総合研究科細胞生物学分野)

그림 1 Human immortalized 간세포주 OUMS-22 의 수립
충분한 informed consent 하에서 합법적으로 인공 중절한 18주령 남자 태아의 간장조직을 collagenase로 분해하여 간세포를 단리 (3장 4 참조)하였다. 10% FBS를 포함하는 RPMI-1640 배지에서 하룻밤 배양후, SV40 Tag 유전자와 neomycin 내성유전자 (약제G418에 대한 내성 제공)를 가지고 있는 plasmid PSV3neo를 DNA/calcium phosphate법에 의해 transfection 하였다 (6장 1 참조). colony cloning에 의해 2종류의 G418내성세포 (OUMS-21 및 22)를 선별하였다. 2종류의 세포는 핵에 존재하는 SV40Tag을 발현하였다. DUMS-22 세포는 crisis를 거쳐 세포주화 되었다. 한편, OUMS-21 세포는 crisis 후, 분열을 정지하였다. OUMS-22 세포도 상피성으로 cytokeratin18 양성으로, glutathione S-transferase π (GST-π) 유전자를 발현하고, aflatoxin B1, Trp-P-1, benzo [a] pyrene 등의 procarcinogen의 대사활성과 효소를 가지고 있다. 또한 OUMS-22 세포는 연한천 배지에서 증식하지만, nude mouse에 이식하면 종양은 형성되지 않는다.

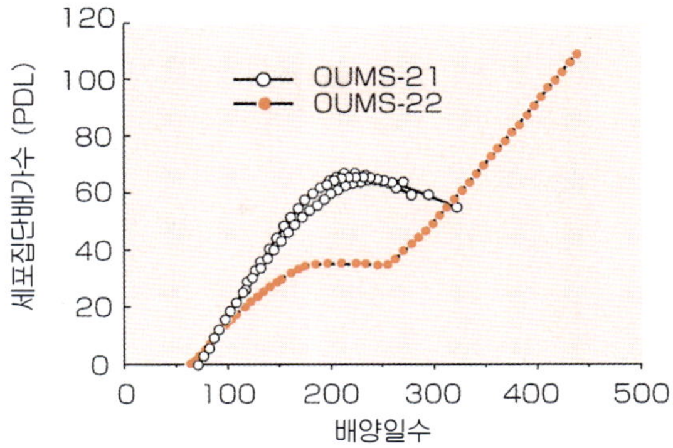

혹은 대부분을 잃어버리는 경우가 많다. 결국, 세포주는 생체내의 세포와는 동떨어진 인공적인 세포로 받아들이는 것이 타당하다. 따라서 세포주에서 얻어진 현상은 끝까지 그 세포주 고유의 현상이지, 직접 그것이 유래한 조직에 적용시키는 것은 불가능하다. 그러나 어쨌든, 세포주는 여러 생명현상을 해석하는 연구에 빠뜨릴 수 없는 실험 재료이다. 아래에 세포주 취급상의 일반적인 주의점을 나타낸다.

2 세포주 취급상의 주의점

세포주는 수많이 존재하지만, 완전히 동일한 것은 없고, 제각각 특이한 성질을 가지고 있다. 예를 들면 특이 유전자의 발현 혹은 결손, 특이산물의 생산, 특정 증식인자 감수성, virus 감수성 등이 있다. 제각각 세포주 고유의 성질은 배양조건에 따라 영향을 받아 변화하기 때문에, 세포주를 사용하여 실험을 수행할 때에는, 그 세포주의 배양조건을 정확히 파악해야 된다. 특히, 배지와 계대 방법은 중요하다. 배지에 대해서는 우선 그 종류, 혈청의 유무, 혈청의 종류와 농도, 또 첨가하는 증식인자, 접착인자 등이다. 예를 들면, 원래 무혈청 배지에서 증식하는 세포이지만, 증식속도가 느리다는 이유로 혈청을 첨가해서 배양을 계속하면 혈청 의존성의 세포집단으로 변화되어 형질이 바뀐다. 다음에 계대 방법인데, 우선 세포가 부유성 인지 혹은 접착성인지에 따라 크게 다르다. 부유성의 경우는, 다음에 서술한 것처럼 신선한 배지로 희석해서 새로운 배양용기로 바꿔 옮기기만 하면 된다. 그러나, 접착성 세포의 경우는 효소나 chelate제를 사용하여 배양용기로부터 세포를 박리하지 않으면 안된다 (3장 4 참조). 그러나 어느 경우에도, 세포 특성을 안정하게 유지하기 위해서는, 적정한 간격 (timing), 적절한 희석율로 계대하는 것이 중요하다.

세포주는 적절하게 취급하면, 그 성질은 비교적 안정하게 유지된다. 그러나 아무리 엄중한 조건에서 배양 유지되고 있는 경우에도 세포주의 성질은 장기간의 계대 배양으로 조금씩 변화한다. 따라서, 외부 (세포은행 등)에서 세포를 입수했다면, 우선 적절한 배양조건에서 세포를 증식시켜 동일 stock (동결보존, 3장 6 참조)을 충분히 확보하는 것이 중요하다. 이 세포 stock으로부터 세포를 적당한 시기에 융해시켜 실험에 사용하는 것이, 양호하고 안정된 실험결과를 얻는 비결이다. 한번 배양을 시작했다면, 매일 빠트리지 말고 현미경 관찰을 수행하여, 세포 형태에 변화가 없는지 어떤지 또 세균, 곰팡이 등의 미생물 오염의 유무를 check하는 것이 중요하다. 미생물 오염이 발견되었다면 바로 폐기해야만 한다. 또 본래의 형태와 다른 세포가 관찰된 경우, 배양과정에서 세포가 변이를 일으켰거나, 혹은 다른 종류의 세포가 혼입되었을 가능성을 생각할 수 있다. 특히, 후자는 세포배양을 하는 사람 사이에서 가장 싫어하는 세포간 contamination으로 "교차오염"으로 불려진다 (3장 3 참조). 통상의 형태관찰에서는 알아차리지 못하는 일이 많아서 그대로 틀린 실험 결과를 발표해 버리는 일이 될지도 모른다. 이것의 최대 원인은 동

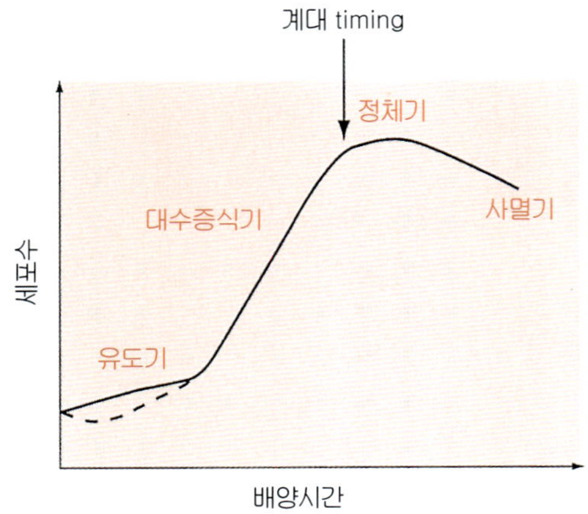

그림 2 일반적인 세포증식곡선

일 배지를 두 종류 이상의 세포에 사용하는 것이다. 예를 들면, 배지 병에 집어 넣은 같은 pipette으로 몇가지 종류의 세포에 배지를 공급하고 있으면, 생각지도 않은 곳에서 "세포가 튀어" 교차오염을 일으키는 것이다. 따라서. 두 종류 이상의 세포를 취급하는 경우에는, 세포와 같은 수의 배지 병을 준비하는 것을 엄중하게 지켜야만 한다.

ii) 세포주 계대배양의 주의점

세포주를 사용하여 실험을 하기 위해서는, 세포를 계대 배양해서 대량으로 늘려야만 한다. 먼저, 사용하는 세포의 적절한 계대 배양의 조건 (희석율, 계대 간격 등)을 알기 위해서, 그 세포의 증식곡선 (4장 1 참조)을 작성하는 것이 중요하다. 계대 후의 세포증식 pattern은 4개의 기간으로 크게 구별된다. 첫째는 유도기 (lag phase)이다. 이 시기는 세포박리에 의한 손상을 회복해서 새로운 환경에 적응하기 위한 시간대인데. 일부의 세포는 회복하지 못하고 죽음에 이르는 것도 있다. 이 시기에는, 세포는 거의 증식하지 않는다. 이것을 지나면, 세포는 활발하게 증식하게 되고, 대수증식기 (logarithmic growth phase)로 불린다. 그리고, 정체기 (stationary phase)를 맞이한다. 이 시기는, 세포밀도의 상승, 영양분의 고갈, 노폐물의 축적등에 의해 증식을 정지한 상태이다. 그 뒤 사멸기 (death phase)에 들어간다 (그림 2). 정체기 이후의 상태는 세포의 종류나 배양환경에 따라 다르고, 이 상태에서 비교적 장기간 유지되는 것, 혹은 서서히 사멸하는 것이 있다. 따라서 세포를 양호하게 유지하기 위해서는 정체기에 장기간 두지 않는 것이 중요하다.

1 계대 timing

굳이 말할 것도 없지만 유도기나 대수 증식기의 초기는 세포수가 적어 계대에 적당하지 않다. 세포를 지속적으로 증식상태에 둘 필요가 있을 때는 대수증식기의 중간정도에 계대를 하면 된다. 그러나 이 경우에는, 계대 간격이 짧고, 계대 빈도가 높기 때문에, 미생물 오염의 확률이 높아지므로 주의를 요한다. 통상, 계대는 대수증식기의 끝 무렵, 즉 subconfluent일 때에 실시한다.

2 희석율

통상의 배양에서는, 배양용기에 가득찬 (confluent) 세포를 1 : 4~1 : 16 정도로 희석해서 접종하고, 일주일에 1회의 계대를 목표로 한다. 너무 희석해서 세포수가 적은 경우는 증식의 유도기 연장이 일어나고, 사멸해 버릴 염려가 있다. 거꾸로 희석율이 낮아 세포가 너무 많으면, 빈번하게 계대를 하게 되어 미생물 오염의 기회가 늘어나기 때문에 주의를 요한다. 계대상의 접종 세포 수는 부유 배양계 혹은 접착 배양계 세포에 따라 다르지만, 일반적으로 전자는 1×10^5 cells/㎖, 후자는 1×10^4 cells/㎠를 목표로 한다.

iii) 부유성 세포주의 계대 배양 (pipetting법)

준비할 것

- 각종 mess 및 dropping pipette
- Micropipette

- 신선한 배지
- 배양용기 (예를 들면, 100 ㎜ dish 등)
- 원심관
- 세포 계대 용구 일체

Protocol

① 부유세포 배양액을 pipetting해서 세포를 분산시킨다.
② 원심관에 모아서 원심 (1000 rpm, 10분)한다.
③ 상등액을 제거하고 세포를 신선한 배양액에 분산시키고, 50 ㎕를 따서 세포 수를 계수한다.
④ 세포 부유액의 농도가 1×10^5 cells/㎖이 되도록 희석한다.
⑤ 예를 들면 100 ㎜ dish당 10 ㎖ 접종해서 배양한다.

iv) 접착성 세포주의 계대 배양 (효소 처리법)

준비할 것

- PBS
- 0.2% trypsin/0.02% EDTA (3장 4 참조)
- 신선한 배지
- 배양 용기 (예를 들면, 100 ㎜ dish 등)
- 각종 mess 및 dropping pipette
- Micropipette
- 원심관
- 세포 계측 용구 일체

Protocol

1 Protocol A*1

① 배지를 제거하고, 배양중의 혈청의 영향을 없애기 위해 PBS로 1회 세정한다.
② 0.2% trypsin/0.02% EDTA를 첨가해서, CO_2 incubator 안에 5~10분간 정치한다. 때때로 현미경으로 세포를 관찰해서, 세포가 둥글게 되면 혈청이 들어간 배지 또는 무혈청 배양을 하고 있는 경우는 trypsin inhibitor를 포함한 배지를 더해 trypsin 작용을 멈추고, pipetting해서 세포를 원심관에 모은다.
③ 원심 (1,000 rpm, 5분) 후, 상등액을 제거하고 신선한 배지에 분산시켜 50 ㎕를 취해서 세포수를 계측한다. 세포 부유액의 농도가 5×10^4~1×10^5 cells/㎖이 되도록 희석하고, 예를 들면, 100 ㎜ dish당 10 ㎖ 접종 (5×10~1×10^6 cells/dish ; 1~2×10^4 cells/㎠)해서 배양한다.

*1 효소 처리법 protocol A는 접착이 강한 세포를 박리하는 것에 적합하다. 그러나, 처리시간이 너무 길어지거나 하게 되면, 세포막은 물론 핵막이 파괴되어 DNA가 누출되고, 세포의 재응집을 일으켜서 세포부유액은 실처럼 늘어져 끈적끈적한 상태가 되고, 단일 세포율이 저하되어 실험에 사용할 수 없게 된다. 통상은 폐기하지만, 그것이 불가능한 경우는 DNase를 첨가해서 DNA를 절단하면 끈적끈적함이 없어진다.

2 Protocol B*2

① 위에 기술한 것과 같이 배지를 제거하고, PBS로 1회 세정한다.
② 0.2% trypsin/0.02% EDTA (5 ㎖)를 첨가해서 배양면 전체에 골고루 가게하고, 바로 흡인, 제거한다. 즉시 CO_2 incubator에 넣어 5~10분간 incubation한다. 현미경으로 관찰하여 세포가 둥글게 되었다면 신선한 배지를 첨가해서 pipetting에 의해 세포를 분산한다.
③ 세포수를 계측하여, 세포 부유액을 희석해서 적당한 농도로 조정한다. 즉시 세포를 접종해서 배양한다.

*2 효소 처리법 Protocol B는 원심 작용을 생략해서 간편할 뿐만 아니라, 높은 단일 세포율을 얻을 수 있기 때문에 colony 형성 실험 등에 유리하다 (3장 7 참조). 그러나 세포가 대단히 떨어지기 쉽고, trypsin 흡인 중에 손실될 것 같은 경우는 이 방법을 이용할 수 없다. 또 처리중에 세포를 건조시키지 않도록 주의하는 것이 중요하다.

memo

1) 세포주는 적절하게 취급하지 않으면 본래의 성질을 잃어버려 실험에 사용할 수 없기 때문에 엄중한 주의를 요한다. 예를 들면, mouse 태아유래의 섬유아세포 3T3는 3일마다 $3X10^5$ cells/6 ㎠ dish의 접종빈도로 계대 배양해야 한다. 이것을 게을리하면 본래 이 세포가 가지고 있는 접촉 저지 감수성을 잃는다. 따라서, 이 성질의 상실을 지표로 하는 발암물질 transformation 실험 등에 사용할 수 없게 된다.

2) Human 태아 유래의 섬유아세포나 탯줄 내피세포는 유한 증식성이고, 통상 약 50회 분열하면 증식능력을 잃어버린다 (그림 3). 이것을 세포노화 (cell aging, cell senescence)라고 부른다. 따라서 이 같은 세포를 실험에 사용할 때는 그 세포의 배양 연령 (cell age),

(다음 페이지에 계속)

즉 population doubling level (PDL : 세포집단 배가수)이 명확해야만 한다. 유한 증식성의 세포를 세포은행 혹은 신뢰할 수 있는 연구실로부터 입수했다면, 세포를 적절한 배양 조건 하에서 증식시켜 충분한 양의 세포 stock을 확보한다. 이때 세포 수를 계수해서 stock의 PDL을 정확히 기록하지 않으면 안 된다. 이것을 게을리 하면, 세포의 증식능력이 파악되기 어렵게 되어, 양호하고 안정된 실험결과를 얻을 수 없게 된다. 또한 PDL은 다음 식에 따라 구해진다.

N_0개의 세포를 접종해서 배양한 결과, 증식해서 N 개로 되었다고 가정하면 세포의 분열회수 n은 $2^n = N/N_0$로 나타낼 수 있다. 따라서 $n = (\log N/N_0)/\log 2$이고 세포 접종시의 PDL에 이 숫자를 가산한 것이 현재의 PDL로 된다.

3) 드물게 접착이 약한 세포주를 계대 배양할 때, cell scraper (rubber policeman)로 세포를 기계적으로 박리해서 계대하는 수가 있다. 그러나 일반적으로 효소가 쓰여지고 그 중에서는 trypsin액을 쓰는 방법이 표준법으로서 널리 행해지고 있다. Trypsin 이외에, collagenase나 dispase를 사용하여 세포를 박리하는 방법도 있다 (3장 4 참조).

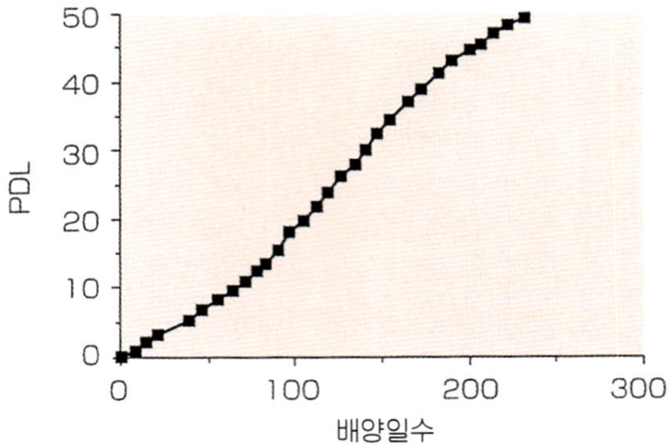

그림 3 **Human 탯줄정맥 내피세포의 누적증식곡선**
충분한 informed consent를 얻어 분리한 탯줄정맥 내피세포 (HUVEC)를 10% FBS 및 20 ㎍/㎖ bovine 뇌하수체 추출물 (BPE)을 첨가한 DMEM 배지에 분산하여, 2×10^4 cells/㎠의 밀도를 collagen coating dish에 파종하여 계대 배양하였다. HUVEC은 40PDL까지 순조롭게 증식하였지만, 그 이후로는 증식속도가 급속히 저하하여, 약 50PDL에서 거의 증식을 멈추었다.

끝으로

세포주의 계대 배양의 조건 (세포박리, 계대 간격, 세포 희석율 등)은 세포의 종류에 따라 다르다. 따라서, 미리 사용하는 세포의 증식곡선을 작성해서 최적 계대 배양 조건을 알 필요가 있다. 세포를 적절하게 취급하는 것이 양호하고, 안정된 실험결과를 얻는 비결이다.

참고문헌

1) Miyazaki, M. et al. : Exp. Cell Res., 206 : 27-35, 1993
2) 大西清方 :「組織培養の技術 改訂第3版」(日本組織培養学会 編), pp41-43, 朝倉書店, 1996
3) 大場 基 : バイオマニュアルUPシリーズ「分子生物学研究のための新培養細胞実験法 改訂第2版」(黒木登志夫, 許 南浩, 千田和広 編) pp37-43, 羊土社, 1999
4) 宮崎正博 :「細胞培養なるほどQ&A」(許 南浩 編) pp103-107, 羊土社, 2004
5) 榑松美治 :「細胞培養なるほどQ&A」(許 南浩 編) pp103-107, 羊土社, 2004

6. 세포의 동결보존·운송방법

榑松美治

안정된 성질의 세포공급이나 귀중한 세포자원의 보존관리 등을 목적으로 동결 보호제를 첨가한 배지를 사용하여 천천히 동결한다. 이것을 액체 질소식 보존용기 등에 보존한다. 동결한 세포는 운송하는 것도 가능하다.

서론

세포를 장기간 계속 배양하는 것은, 많은 시간이나 노력·경비가 필요하다. 또한, 많은 문제를 내포하게 된다.

①계대중에 세포가 성질 (특이기능 발현·염색체 구성·약물 감수성 등) 변화를 일으킨다.

②정상 세포는 분열수명이 있기 때문에 한정된 기간밖에 배양할 수 없다.

③세균등에 의한 미생물 오염으로 귀중한 세포를 사멸시켜 버리는 수가 있다.

이러한 문제들은 세포를 동결보존하는 것에 의해 해결 가능하다. 또한 세포를 사용한 실험에서 안정된 실험조건을 확보하기 위해서는 실험에 필요한 세포를 동결보존하고, 일정기간 마다 재배양해서 실험에 사용하는 것이 필요하다. 동결보존을 함으로써,

①장기간의 실험에 대해서 단일 세포집단을 안정하게 공급한다.

②동일 세포에 대해서 배양초기의 세포와 장기간 계대 후의 세포를 비교한다.

등이 가능하다. 이때, 동결 전과 재 배양 후에 세포의 성질에 큰 변화가 없는 것을 확인할 필요가 있다.

원리

세포를 동결하면 대사가 멈추고, 장기간 보존이 가능해진다. 동결에 의한 세포 손상은

- 세포 안과 밖에 생기는 얼음 결정에 의한 물리적 손상.
- 세포 밖 얼음 결정에 동반하는 세포의 탈수현상과 세포 내 전해질 농도의 증대에 의한 화학적 손상.
- 세포구조의 생리적 변화나 여러 요인에 의한 apoptosis의 유도.

등의 원인에 의해 발생된다. 이들은 동결 보호제를 더한 배지를 사용하여 동결하고, 초저온에서 보존함으로써 줄일 수 있다. 또 해동 후의 세포상태는 아래의 항목에 좌우되기 때문에 이 점들에 주의한다.

- 동결 전의 세포상태, 특히 살아있는 세포율이 중요하다. 대수증식기의 세포가 적당하다.
- 동결속도는 동결 보호제를 첨가하고, −1 °C/분 정도의 완만한 속도로 냉동시키는 것이 바람직하다.
- 가능한한 저온에서 안정된 온도를 유지하는 것이 중요하다. 동결세포를 취급할 때에는 반드시 액체 질소 등으로 냉각하면서 단시간에서 수행한다.
- 해동 배양은 세포손상을 일으키기 쉬운 −20°C 부근을 빨리 통과하기 위해, 급속해동이 좋다고 되어 있다. 해동에서 배양까지 단 시간에 수행한다.

Miharu Kurematsu : Japan Health Sciences Foundation (財団法人ヒューマンサイエンス振興財団)

i) 세포의 동결

준비할 것

- 대수증식기의 세포 (생세포율 80% 이상)
- 동결보호제로서 DMSO[*1]나 glycerol[*2] 또는 시판의 동결보존용배지[*3]

> * 1 DMSO (dimetylsulfoxide)는 세포 동결용 [Sigma사 (DMSO) HYBRI-MAX 5 mlx5 No.D2650]을 사용한다. 분석용 (MERCK사 GC용 DMSO No.1.09678.0100)을 glass ampoule에 넣고 봉해서 고압멸균 (autoclave)하든지, DMSO 여과 멸균용 filter (Nihon Genetics사 DMSO Safe Acrodisc No.GM443 등)로 멸균해서 사용하는 것도 가능하다.
>
> * 2 HL-60와 같은 어떤 종류의 세포는 DMSO가 분화 유도를 일으키는 것이 알려져 있어서, glycerol을 최종첨가 농도 5~10%로 사용하는 경우가 있다. 세포 내에 침투시키기 위해 2 시간 4 ℃에서 보존 후 동결한다. 재배양은 동결 후 세포를 차가운 배양액중에 30분간 침지시킨 뒤 원심하여 배양한다.
>
> * 3 동결 보존용 배지는 각 회사에서 여러 종류가 판매되고 있다. 제각각 설명에 따라 사용한다.

- 증식용 배지 : 10% 정도의 혈청을 포함한 배지. 혈청에도 냉해보호작용이 있으므로[*4], 혈청농도를 20~30%로 높이면 생존률이 좋아지는 경우가 있다.

> * 4 저혈청 배지의 경우는 혈청농도를 10% 정도로 올려 사용한다. 무혈청 배양세포는 무혈청용 동결 보존용 배지 (Dia-latron cell Banker2 No.ZCB-201, kyokuto Seiyaku FM-1 No.27100 등)를 사용한다.

- Polystyrene tube 등의 동결 보존용 tube[*5]와 tube rack

> * 5 그 밖에 Cryo vial 등의 명칭으로 시판되고 있다. 열전도율 · 밀봉성은 약하지만, 가격이 싸고 간편하다. 보존 중 tube내에 액체질소가 침투한 경우 급격한 온도변화에 의한 파열사고를 일으킨다. 액체질소의 기체상태내에서 보존하고, 취급할 때는 face guard나 보호장갑을 착용한다. Glass ampoule은 열전도율이 높고 액체질소 침지 보존에 적합하지만 파손되기 쉽고, 입구를 녹여 봉하는 기계나 봉하는 기술의 숙련을 필요로 한다. Glass ampoule을 쓰는 방법은 JCRB 세포은행 homepage를 참조하기 바란다.

- Crash ice와 ice bucket
- 시약류 : 0.5% trypan blue 용액 접착 배양 세포의 경우는 EDTA-PBS · trypsin 용액 등
- 기구 · 기기 : 각종 pipette · 50 ㎖ 원심관 · 혈구계산판 · 저속 원심기 등
- BICELL 등의 동결처리용기[*6]와 -80˚C 초저온 freezer 또는 Dry ice[*7]

> * 6 BICELL (Nihon Freezer) 등의 사용은 반드시 사용 설명서를 따를 것. 발포 styrofoam 상자로 대체할 수 있다.
>
> * 7 세포의 동결에 사용한다. Program freezer의 경우에는 필요 없다.

- 액체 질소식 보존용기 또는 -80˚C ~ -120˚C 초저온 freezer[*8]

> * 8 액체 질소식 동결보존 tank는 액체질소 기체상태 (-140 ˚C), 액상 (-196 ˚C) 모두 장기간 동결보존에 적당하다. 액체질소의 관리 (보충)에 항상 신경 쓴다. 초저온 freezer는 단기 ~ 중기 보존이 가능하지만, 서서히 세포 생존률이 떨어지기 때문에 1년 이상 보존은 좋지 않다. 세로형 보다 가로형, 냉동고 상부보다 바닥부분이 보존에 적합하다. 정전 등으로 세포를 잃어버릴 염려가 있으므로, 대책으로 자동냉각 보조장치나 사고 발생을 알리는 온도상승 경보 · 절전경보 system 등이 있다.

Protocol

일반적인 동결 세포 작성방법

암세포[*1] 등을 DMSO 첨가 증식배지에서 BICELL을 사용하여, polystyrene tube로 동결하는 방법을 나타낸다.

> * 1 난자나 정자 등 전용의 protocol이 있는 것은 그것에 따라 동결한다.

① polystyrene tube에 세포명 · 계대수 · 세포수 · 동결 년월일을 정확하게 읽기 쉽게 기입[*2]한다. 세포명을 생략해서는 안된다. Rack에 세워 crash ice가 있는 bucket에서 냉각한다. BICELL도 냉각시킨다.

> * 2 유성펜이나 볼펜으로 기입하면, 소독용 ethanol에 의해 지워지므로 주의한다. 연필은 그러한 염려는 없다. Label을 사용하는 경우는 보존 중에 벗겨지거나 파손을 일으키지 않는 동결 보존용 label을 사용한다.

② DMSO를 10~20% 농도로 첨가한 증식용 배지를 용시 제조해서 냉각한다. DMSO는 용해열이 있기 때문에 직접 세포 현탁액에 넣는 것은 엄금한다.

동결보존기록

동결보존장소/용기번호/Caster번호/ampoule번호/cane내 위치: N2-R-8 (용기 No.N2-rock No.R-인출 No.8)

세포명/세포주명/ JCRG10034 OUS-11 | 동결년월일 2003.2.28 | 동결자 M.Kurematsu

동결보본수 10본 | 세포수/ampolue 1.40×10^6 cells/ml | 배지량 1ml | 세포생존률 (%) 90.70%

증식용 배지 Eagle's minimal essential medium | 혈청 FCS | 농도 10% | 동결보존배지 5% DMSO 첨가증식용 배지

세포동결방법 program freezer | 냉각속도 -30℃까지 -1℃/min | 비고 액체질소기상, 동결세포 보조시험용

해동배양기록

해동년월일	ampoule수	잔량	해동배양			세포 생존률 (%)*			비고
			파종농도 cells/ml	배지량	배지명	색소배제법	접착세포(%) 24 시간후	colony 형성률 (%)	
2003.4.10	1	9	1.6×10^4 cells/cm^2	10 ml	EMEM 10%FCS	72.30%	69.40% (색소배제법)	NT	φ100 m/m Dish
2003.5.14	1	8	1.2×10^4 cells/cm^2	10 ml	EMEM 10%FCS	69.30%	62.50% (색소배제법)	NT	φ100 m/m Dish
2004.2.18	1	7	1.3×10^4 cells/cm^2	10 ml	EMEM 10%FCS	72.10%	57.20% (색소배제법)	NT	φ100 m/m Dish

그림 1 동결보존기록

*: parameter 별로 기록한다. 문헌 6을 수정하여 인용

③ 대수증식기의 세포를 일반적인 방법에 따라 원심해서 모은다. 접착 배양 세포는 효소 등을 사용해서 박리한다. 부유 배양 세포는 그대로 원심한다. 색소 배제 방법을 써서 세포수·생존률을 확인하고 살아 있는 세포수 1~5×10⁶cells/㎖이 되도록 DMSO (최종농도 5~10%) 첨가증식 배지에 현탁한다. 세포 밀도가 높은 쪽이 생존률이 높아지는 경향이 있다.

④ 세포현탁액도 ice에서 차게 하면서 pipette으로 섞어 0.5~1 ㎖씩 재빠르게 분주한다[*3]. BICELL에 ampoule을 수납해서[*4], 잘게 부순 dry ice를 넣은 상자 속에 넣어 3 시간 이상 두거나 초저온 freezer의 아래부분에 하룻밤 정치하여 동결한다.

*3 분주 전에 뚜껑을 가볍게 느슨하게 해 두어, 분주 시는 가볍게 닫고, 분주 후에 확실히 닫는다. 단시간에 작업이 가능하다.

*4 polystyrene tube를 7~8개 수납 가능하다. BICELL은 냉각시켜 사용한다. 초저온 freezer에서 냉각하여 사용해서는 안 된다.

⑤ **동결한 세포는 액체질소 등으로 냉각시키면서 바로 액체 질소식 보존용기로 옮긴다[*5]. Tube를 다루는 동안 파열사고나 저온화상으로부터 눈이나 피부를 보호하기 위해 피부의 노출을 최대한 피해 pincet을 사용한다.**

> *5 액체 질소식 보존용기의 cane (ampoule holder)에 수납하는 경우, 한쪽 끝을 staple로 막은 cryosleeve (종이제. Towa labo No.C-1000, polyvinyl chloride제 NALGEN NUNC No.5016-0001)에 cane을 삽입하면, 보존중의 탈락방지에 도움이 된다.

⑥ **세포의 보존기록을 작성한다. Note나 card, data base 등에 세포 명·계대 수·동결 년월일·사용 배지·보존위치 등의 정보를 기록한다 (동결보존기록 : 그림 1).**

ii) 세포의 수송

배양세포를 살아 있는 채로 flask 등으로 운송하는 경우와 동결세포를 보내는 경우의 2가지 방법이 있다.

준비할 것

- Plastic flask 등에 배양한 세포[*1] 또는 동결세포

> *1 세포의 증식정도는 기온이나 세포의 성질에 따라 다르지만, 일반적으로 대수증식기 중기의 세포를 사용한다. 증식이 빠른 세포는 수송시기나 온도에 맞춰서 세포수를 적게 하는 등의 주의가 필요하다. 또 해동배양 직후의 세포는 기능이 충분히 회복되어있지 않아 수송에 적당하지 않다. 수일간 배양한 것을 사용한다.

- 항생물질 : penicillin-streptomycin[*2]을 첨가한 증식용 배질 (flask 세포용)

> *2 10,000 U/mℓ penicillin G-10 mg/mℓ streptomycin 용액 (Dainihon seiyaku 등)을 100배 희석해서 사용한다. 그 밖의 항생물질은 통상 사용하지 않는다. T25 flask를 사용하면 약 70 mℓ 필요하다.

- 발포 styrofoam 상자[*3]와 충진재 (신문지 등)

> *3 세포의 flask는 안쪽에 air cushion이 붙은 봉투 등을 써서 운송하는 것도 가능하다. 동결세포는 소형 액체질소 운반용기 (dry shipper)를 이용하는 것도 가능하지만, 용기 자체가 고가이고 중량이 있어서 택배 우송에는 적당하지 않다. 주로 직접 가지고 옮기는 경우 사용한다. 미리 액체질소를 냉각할 필요가 있다. 항공 운송의 경우는 JACIS homepage의 위험물 정보 corner, 2002년 「보내는 series」 제8회 「IATA 특별규정 A800의 dry shipper (단열 용기용 질소)를 보낸다」를 참조하기 바란다.

- 두꺼운 종이 봉투[*4] (종이 cryosleeve : 동결 세포용)

> *4 짧게 잘라 한쪽 끝을 staple로 막아서 사용한다. 또는 종이로 두껍게 싼다.

- dry ice (동결 세포용, 국내에서 운송기간이 1~2일인 경우 dry ice3~5kg이 필요)

Protocol

1 살아있는 채로의 세포를 수송하는 경우 (수송기간 1일~수 일)

간편하기 때문에 자주 사용되고, 국외로의 수송에도 쓰여지는 방법이다. 가장 중요한 점은 온도관리이다. 직사광선은 피한다.

① **세포 flask[*1]에 항생물질을 첨가한 증식용 배지를 무균적으로 입구까지 가득 채운다. 뚜껑 부분은 용액이 새지 않도록 꽉 닫고, parafilm 등으로 감아, 새로운 비닐주머니에 넣어 봉한다.**

> *1 장기간 배양한 flask는 더러워져 있기 때문에 새로운 flask에 계대해서 수일동안 배양하여 사용한다. 구부러진 cap은 온도변화로 내압이 변해 미생물오염의 요인이 된다. 배지 pH 상승을 일으킨다. 배양 재개 후 구부러진 부분에 곰팡이가 발생하는 등의 문제가 발생함으로 피한다.

② **Flask 중의 기포로 세포가 건조하거나 미생물 오염을 일으키지 않도록 입구를 위로 향하게 세우거나 flask바닥을 아래로 해서 둔다. 수송 중 파손되지 않도록 주위에 충진재를 채운다. 수송중의 온도변화는 적은 쪽이 좋고, 기온이 5 ℃ 이하로 될 때는 저온 상해가 일어나기 쉽기 때문에 피한다. 여름 등 38 ℃ 이상이 예상되는 때는 발포 styrofoam 상자에 넣어 냉장으로 수송하는 경우도 있다.**

③ **세포 flask는 받은 후에 상처나 액체 누수의 유무를 조사하고, 현미경으로 미생물 오염이나 세포의 상태를 확인한다. Flask 전체를 소독용 alcohol로 깨끗이 닦아내고, clean bench내에서 무균적으로 개봉한다. Flask입구 주위나 cap안쪽 나사부분에 붙은 배지는**

표 1 동결보존한 세포의 생존률 (문헌 4에서 인용)

JCRB번호	세포명	생존률(%)			Colony 형성률(%)				실 험 수행자
		동결 직전	동결후 1주간	동결후 3개월째	동결직전	동결후 1주간째	동결후 3개월째	대수 증식기	
0001	C3H10T1/2c116	–	–	89*	–	–	33*	–	Saski 등
0003	F9-41	–	–	87*	–	–	18*	–	
0005	C3H10T1/2	–	–	80*	–	–	10*	–	
0601	FRSK	–	–	76*	–	–	28*	63	
9009	BALB3T3, A31-1-1	–	–	82*	–	–	52*	–	Morita외
0701	A431	–	–	72	–	–	17	91	
0702	FM3A	99	72	78	10	3	1	55	
0703	FM3A HPRT$^-$	90	90	71	77	36	0	–	
0704	FM3A APRT$^-$	90	71	66	36	7	0	–	
0707	FM3A TK$^-$	100	92	93	87	54	62	88	
0708	P3U1	91	77	62	–	–	–	–	
0709	L5178Y	96	57	64	61	30	71	70	
0710	EJ-1	97	81	88	21	42	34	56	
0711	T24	98	95	82	47	27	30	63	
0712	C3H10T1/2c116	99	87	88	49	9	10	35	
0713	HeLaS3(sc)	90	81	–	–	54	–	–	

*: 12개월후의 수치를 나타냄

흡인해서 완전히 제거한다[*2]. 충전된 배지는 pipette으로 별도 용기에 담아, 세포 배양이 안정될 때 까지 보존해 둔다. Flask에 소량의 배지를 남기거나, 새로운 증식용 배지를 첨가하여 incubator로 옮겨 배양을 개시한다.

* 2 flask의 입구부분에 배양액이 남아 있으면, 배양 재개 후, 자잘한 거품이 생겨서 미생물 오염을 일으키는 원인이 된다.

2 동결세포를 dry ice를 채워서 국내 수송하는 경우 (수송기간 1일)

수송기간이 2일인 경우는 dry ice를 5 kg 이상으로 한다. 국외에 보내는 경우는 통관 등으로 시간이 걸리기 때문에, 크고 두꺼운 발포 styrofoam 상자에 대량의 dry ice를 넣는다. 또 업자에게 dry ice의 보충을 부탁하는 것도 가능하다.

① 소형발포 styrofoam 상자 (16 × 26 × 18 cm)에 dry ice (이 크기의 상자에 약 3 kg)을 크게 부수어 넣는다. Dry ice가 너무 작으면 수송 도중 dry ice가 감소 (-1.2 ~ 1.5 kg/24 시간)되어 세포가 충분히 냉각되지 않게 될 염려가 있다.

② polystyrene tube는 두꺼운 종이 봉투에 넣어 파손 예방을 한다. Air packing은 단열효과로 세포가 충분히 냉각되지 못하여 생세포율 저하의 원인이 되기 때문에 피한다. polystyrene tube는 dry ice 한 가운데에 묻듯이 넣는다. Dry ice위에 둔 경우는 충분히 냉각되지 않을 염려가 있다 (JCRB세포은행 homepage [배양세포의 기탁에 대해서, 세포 송부방법의 상세] 참조).

③ 세포의 배양 방법 등을 넣어 발포 styrofoam 상자를 봉한다. 택배업자의 냉동편 등을 이용해서 수송한다. 계절에 따라 지연이 예상되는 경우가 있기 때문에 주의한다.

④ 동결세포를 받으면 ampoule의 파손이나 dry ice의 양[*1]을 조사하고, 바로 액체 질소식 보존 용기 등으로 옮긴다.

* 1 국제수송의 경우 세관에서dry ice를 추가하는 있는 일이 있으므로, 도착했을 때의 상황 등을 수송회사에 확인한다.

⑤ 해동 배양은 37℃의 water bath에서 1~2분간[*2] 흔들면서 해동[*3]하여, ice로 옮긴다. 바깥쪽을 소독용 alcohol로 닦아내고, clean bench안에서 무균적으로 개봉한다. 15 ml 원심관에 차가운 배지 10 ml을 넣고 세포를 옮긴다. 1,000 rpm 5분간 2회 원심 세정한다. 색소 배제법으로 세포의 생세포율 및 세포

표 2 **Program freezer와 BICELL의 비교** (문헌3에서 인용)

JCRB번호	세포명	세포수/mℓ	동결조건	동결전 생존률 (%=A)	해동후 생존률 (%=B)	B/A
9019	3T3 Swiss albino	1.0×10^6	Program freezer (glass ampoule)	95.8	91.6	95.6
			BICELL (glass ampoule)	95.8	87.2	91.3
9051	KG-1	1.5×10^6	Program freezer (glass ampoule)	90.8	87.2	96.0
			BICELL (glass ampoule)	90.8	92.1	101.4
		6.65×10^6	BICELL (plastic tube 0.5 mℓ)	90.8	85.4	94.1
0112.1	THP-1	4.2×10^6	Program freezer (glass ampoule)	95.7	93.8	98.0
			BICELL (glass ampoule)	95.7	94.5	98.8
		3.5×10^6	BICELL (plastic tube 0.5 mℓ)	95.7	87.6	91.5
		2.6×10^6	BICELL (plastic tube 0.2 mℓ)	88.8	83.9	94.5
9074	G-361	4.4×10^6	Program freezer (glass ampoule)	89.3	87.5	98.0
			BICELL (glass ampoule)	89.3	85.4	95.6
			BICELL (glass ampoule)	89.3	87.0	97.4
		5.7×10^6	BICELL (plastic tube 0.5 mℓ)	89.3	89.6	100.3
			BICELL (plastic tube 0.5 mℓ)	89.3	88.7	99.3
			BICELL (plastic tube 0.5 mℓ)	89.1	82.4	92.5
9028	MDBK (NBL-1)	3.9×10^6	BICELL (glass ampoule)	99	88.8	89.7
			BICELL (plastic tube 0.5 mℓ)	99	85.0	85.9

수를 확인한다.

접착 배양 세포의 경우는 생세포를 2×10^4 ~1×10^5 cells/㎠

부유배양 세포의 경우는 2×10^5~1×10^6 cells/mℓ

계대 배양의 2~10배 농도로 새로운 배양용 배지를 더해서 배양용기에 파종해서 배양을 개시한다.

＊2 glass ampoule (내용량 1 mℓ)에서 약 1분, polystyrene tube (내용량 0.5 mℓ)는 약 1분 30초 걸린다.

＊3 액체 질소식 보존용기로부터 꺼내는 사이도 배양을 하는 장소까지 dry ice 또는 액체질소를 넣은 운반용기를 이용하여 나른다. polystyrene tube의 경우는, cap의 나사 입구부분이 물에 잠기지 않도록 신경 쓴다.

실험예

JCRB 세포 은행에서 수행한 동결보존에 관한 실험

1) 동결 보존한 세포의 생존률 (표 1)

용법에 따라 동결한 세포에 대하여, 액체질소 보존 1주일간과 3 개월 후의 세포 생존률을 erythrosine 또는 nigrosine 염색법으로 측정하고, colony 형성률 측정법으로 recovery check를 수행했다. Colony 형성률은 100~1000개의 세포를 φ 60 ㎜ dish (배지 5 mℓ)에 파종하는 조건에서 측정했다.

결과 : 동결시간의 경과와 함께 세포 생존률은 약간 감소하는 경향이 있었다. Colony 형성률은 크게 저하해서, 3개월 후는 거의 colony를 형성하지 않는 경우도 있었다. JCRB0701~JCRB0713은 Yokohama 시립대학의 Morita들로부터 얻어졌다.

2) Program freezer와 BICELL의 비교 (표 2)

Program freezer와 BICELL을 사용해서 glass ampoule과 동결 보존용 tube (cryogenic vial)를 사용하여 세포를 동결하고, 액체 질소 중에서 약 2주간 보존한 후 해동했다. 각각의 세포 생존률은 erythrosine B 색소 배제법에 의한 생세포 계수값을 산출해서 비교했다.

결과 : 어느 방법에서도 동결직후에 큰 차이를 보이지 않았다.

끝으로

질환발병 원인의 규명, genome의 해석, 물질생산, 또는 줄기세포를 사용한 발생 연구, 재생의학에의 응용과, 세포를 사용한 연구 분야는 점점 확대되고 있다. 이들 연구는 적절한 실험재료와 방법을 사용해야만 하고, 세포의 동결 보존은 필수 불가결이다. 그러나 암세포나 세포주에 비해, 초대배양 세포나 줄기세포는 동결·해동에 의해 많은 세포가 죽어버린다. 최근 ES세포 등에 맞는 동결, 보존 방법이 개발되고 있는 중이다.

참고문헌

1) 増井 徹, 許 南浩 :「細胞培養なるほどQ&A」(許 南浩 編) pp160-173, 羊土社, 2004
2) 小西知江子 : バイオマニュアルUPシリーズ「分子生物学研究のための新培養細胞実験法 改訂第2版」(黒木登志夫, 許 南浩, 千田和広 編) pp56-60, 羊土社, 1999
3) 大西清方 :「組織培養の技術 第3版 基礎編 凍結保存法」(組織培養学会 編), pp73-76, 朝倉書店, 1996
4) 酒井 昭 :「凍結保存−動物·植物·微生物−」, 朝倉書店, 1987
5) 森田初恵, 新倉邦子, 梅田 誠 : JCRBニュースレター, No.3, pp6-7, 1986
6) R. Ian Frehney, : "Culture of Animal Cells : A Manul of Basic Technique Fourth Edition", pp297-308, John Wiley & Sons Inc., 2000
7) 細胞培養バンクホームページ (http://cellbank.nihs.go.jp)
8) JACIS (航空危険物安全輸送協会) ホームページ (http://homepage1.nify.com/jacis)

3 기본적인 배양기술

제 3 장 기본적인 배양기술

7. Cloning

宮崎正博

본 항에서는 세포 cloning의 의의, 다양한 방법 및 제각각의 특징, 구체적인 순서를 설명한다. 또한, 순화 배지의 유용성에 대해서도 설명한다.

서론

일반적으로 배양세포집단은 조금씩 성질이 다른 세포로 구성되는 경우가 많다. 예를 들면 초대배양 세포는 그것이 유래한 장기나 조직을 구성하는 여러 종류의 세포를 포함한다. 또 많은 경우 세포주도 균일한 세포집단이 아니고, 염색체구성이나 성질이 다른 다양한 세포집단이다. 재현성이 좋은 실험을 하기 위해서는 균일한 세포집단, 즉 단일세포의 자손만으로 이뤄진 세포집단 (clone)을 분리하지 않으면 안 된다. 이러한 분리 조작을 클로닝 (cloning)이라고 부른다. 이 방법은 변이원성물질 등의 약제 존재하에서 증식하는 변이세포나 유전자가 도입된 세포 (stable transformant)를 분리 할 때에도 응용된다.

원리와 특징

클로닝은 세포 부유액으로부터 직접 단일세포 (single cell)를 capillary로 흡입하거나, 혹은 부유액을 10 cells/㎖이 되도록 희석해서 micropipette으로 100 ㎕를 multi well plate에 넣어 배양하는 단일세포 배양법 (cell culture method, single cell cloning), 또는 극히 낮은 밀도로 세포를 파종해서 생겨난 단일세포에 유래한다고 생각되는 colony를 분리하는 방법 (colony isolation method, colonial cloning)으로 크게 구별된다.

단일 세포배양법은 clone을 한번에 확실하게 얻을 수 있는 이점이 있지만, 단일 세포의 증식은 극히 어렵고, 많은 경우 순화 배지 (conditioned medium)* 를 필요로 한다. Colony 분리법은 비교적 간단하게 수행되고, 세포의 증식도 빠르지만 단일 세포 유래의 세포집단이라는 실증은 없다. 따라서 이 조작을 적어도 2~3 회 반복해야만 하는 결점이 있다.

> ☞ * 순화 배지 (conditioned medium)라는 것은, 세포를 수 시간 ~ 수 일간 배양해서 회수한 배지를 말한다. 순화 배지는 세포로부터 분비된 세포증식 인자, 세포접착 인자 등을 포함하고 있어, 세포의 접착, 신장의 촉진, 소수세포 배양에서의 colony 형성촉진 등의 활성이 있다. 통상, 세포는 1개로부터는 증식하기 어렵기 때문에, 이것을 보조할 목적으로 순화 배지가 사용된다. 순화 배지는 대상으로 하는 세포 혹은 섬유아세포 등을 사용해서 만든다. 순화 배지는 바로 배양에 사용하는 것이 아니라, 0.2 ㎛의 멸균 filter로 여과해서 잔존하는 세포, 배양 중에 생긴 찌꺼기나 침전물을 제거하지 않으면 안 된다. 이 같이 처리한 순화 배지는 −20 ℃에서 동결보존이 가능하다.

Masahiro Miyazaki : Department of Cell Biology, Okayama University Graduate School of Medicine and Dentistry（岡山大学大学院医歯学総合研究科細胞生物学分野）

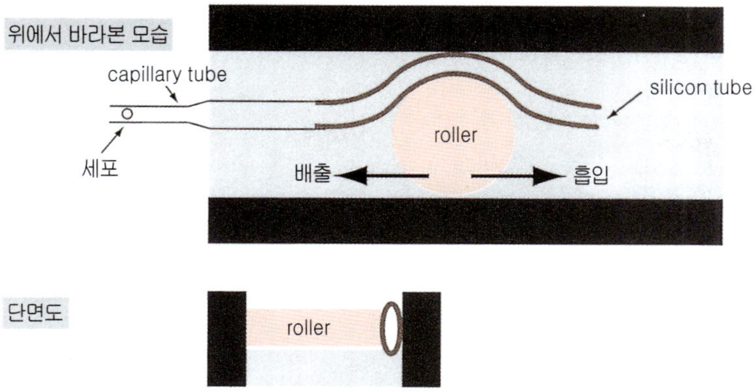

그림 1 capillary 법
위상차 현미경하에서 세포부유액으로부터 단일세포를 흡인 (roller를 우측으로 이동)하여, 100 ㎕의 순화배지를 포함하는 well (96-well plate) 내로 배출 (roller를 좌측으로 이동)하여 배양한다.

준비할 것

<기구>

- 24 ~ 96 multi-well plate
- Micropipette
- 각종 pipette
- Capillary 흡배기
- 18 G 주사침
- 여과지
- Stainless cylinder
- Vaseline

☞ Micropipette을 빼고, 일회용 배양기구 이외에는 모두 autoclave 혹은 건열 멸균하여 사용한다.

<시약>

- PBS
- 0.2% trypsin/0.02% EDTA
- Vaseline
- 배지
- 순화 배지

Protocol

1 단일세포 배양법

단일 세포는 세포 부유액에서 직접 capillary로 빨아올리거나, 혹은 세포 부유액을 한계희석해서 조정한다.

i) Capillary법

① 배지를 제거하고, PBS로 1회 세정한다.

② 0.2% trypsin/0.02% EDTA를 첨가해서 배양표면전체에 고루 가게 해서 재빨리 흡입, 제거한다.

③ 곧바로 CO_2 incubator에 넣고 5~10분간 incubation 한다.

④ 검경해서 세포가 둥글게 되었다면, 순화 배지를 첨가해서 pipetting에 의해 신중하게 세포를 분산시켜, 단일 세포율이 높은 세포부유액을 조정한다 (3장 5 참조).

⑤ 세포수를 계산해서 세포 농도를 계산한다. 세포부유액의 일부를 순화 배지로 희석해서 10^3~10^4 cells/㎖의 농도로 조정한다.

⑥ 자가 제작한 capillary pipette* (직경 0.1 ㎜)을 장착한 흡배기를 set하고, 위상차 현미경 하에서 단일세포를 capillary안으로 빨아올려, 미리 100 ㎕의 순화배지를 첨가하여 둔 well (96-well plate)안에 배출해서 배양한다 (그림 1).

☞ *단일 세포를 빨아올리는 capillary는 시판의 Pasteur pipette을 써서 glass세공에 의해 자가 제작한다. Pasteur pipette의 가늘고 긴 끝부분을 gas burner로 가열 융해해서, 적당하게 힘을 주어 한 방향으로 끌어당긴다. 끝부분의 직경이 약 0.1 ㎜가 되도록 자른다.

⑦ 세포가 증식하면 48 혹은 24 well plate로 옮겨서 계대 배양한다.

ii) 한계 희석법

① 위에 기술한 것과 같이 세포부유액을 조정하고, 세

포수를 계산하여 세포농도를 계산한다.

② 세포 부유액의 일부를 순화 배지로 희석해서 10 cells/㎖의 농도로 조정한다.

③ 세포 부유액을 pipetting해서 잘 분산시켜, micro pipette으로 부유액 100 ㎕를 따서 96-well plate로 옮긴다.

④ 위상차 현미경 하에서 세포가 1개만 들어있는 well을 marking해서 배양한다.

⑤ Marking한 세포가 증식하면 48 혹은 24 well plate로 옮겨서 계대 배양한다.

2 Colony 분리법

Colony는 여과지 혹은 stainless cylinder를 사용해서 분리하거나 혹은 위상차 현미경 하에서 주사침의 날카로운 끝으로 세게 긁어 기계적으로 분리한다.

i) 여과지법

① *1*의 요령으로 단일 세포 부유액을 조정해서 세포수를 계수해서 세포농도를 계산한다.

② 세포부유액의 일부를 배지 (가능하면 순화 배지)로 희석해서 25~50 cells/㎖의 농도로 조정하고, 예를 들면 6㎝ dish당 4 ㎖의 세포부유액 (100~200 cells/dish)을 주입해서 배양한다.

> ☞ colony 형성을 위해 6 ㎝ dish당 100~200개의 세포를 접종하는 것은 어디까지나 어림짐작이다. 미리 colony 형성 실험을 수행하여, 예를 들면 6 ㎝ dish당 10~20개의 colony를 형성하는 세포 수를 결정해 두는 것이 중요하다.

③ CO_2 incubator에서 1~2 주간 배양하면, 많은 경우 직경 1~2 ㎜의 colony가 10~20개 형성된다. 위상차 현미경 하에서, 다른 colony와 접촉하지 않고 충분히 떨어진 colony를 dish 뒷면에서 magic으로 marking한다.

④ 배지를 제거하고 PBS로 1회 세정한다.

⑤ 미리 0.2% trypsin/0.02% EDTA액을 묻혀둔 2~3 ㎜의 네모진 여과지를 marking하여둔 colony위에 놓는다.

⑥ 바로 CO_2 incubator에 넣어, 5~10분간 incubation한다.

⑦ 여과지로 세포를 닦아내듯이 pincet으로 집어올려 미리 배지 (가능하면 순화 배지, 1 ㎖)를 넣어둔 well 내 (24-well plate)로 옮긴다 (그림 2).

⑧ 배지에 여과지를 씻듯이 움직여서 세포를 흔들어 떨어트린다. 여과지를 넣은 채 배양한다. 세포가 증식하면 여과지는 빼내고 배양을 계속한다.

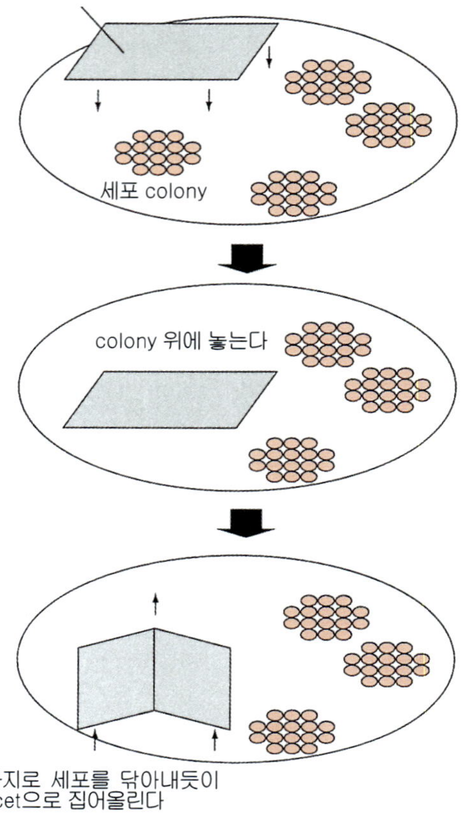

그림 2 여과지법에 의한 colony 분리
미리 0.2% trypsin/0.02% EDTA 액을 묻혀둔 여과지 (colony 보다 조금 큰 크기)를 꺼내어 여분의 수분을 제거하고, colony 위에 놓는다. 37℃에서 5~10분간 incubation한 후, 여과지로 세포를 닦아내듯이, pincet으로 집어올려, 미리 배지 (1㎖)를 넣어둔 well (24-well plate)로 옮겨 배양한다.

ii) Cylinder법

① Dish로부터 배지를 제거하고, PBS로 1회 세정한다.

② Stainless cylinder의 한쪽 면에 vaseline을 바르고, 위에서 기술한 요령으로 marking한 colony를 cylinder 내벽으로 에워싸듯이 cylinder를 둔다.

☞ Cylinder법으로 colony를 분리할 때, stainless cylinder에 바르는 vaseline양이 적으면 0.2% trypsin/0.02% EDTA액이 흘러나와 세포의 박리가 잘 되지 않는다. 거꾸로 너무 많으면, cylinder 내측의 공간을 막아버리는 일이 있다. 따라서 신중하게 균등히 적정량의 vaseline을 묻히는 것이 중요하다.

③ Cylinder 안에 50 ㎕의 0.2% trypsin/0.02% EDTA액을 넣고 CO_2 incubator 안에서 10분간 incubation한다.

④ 검경해서 세포가 둥글게 되었다면, micropipette으로 배지 (가능하면 순화 배지) 100 ㎕ 첨가하여, pipetting해서 세포를 분산시켜, 미리 배지 (가능한 한 순화 배지, 1 ㎖)를 넣어둔 well (24-well plate)로 옮겨 배양한다 (그림 3).

iii) 기계적 박리법

① 위상차 현미경 하에서 10 ㎖의 주사기에 장착한 18 G 주사침의 날카로운 끝 (cut면을 위로 한다)으로 colony을 세게 긁어 colony를 떼어낸다. 이때 colony를 완전히 떼어내는 것이 아니라, colony의 끝이 dish표면에 이어져 있는 상태로 한다.

② 이것을 micropipette으로 빨아올려 미리 배지 (가능하면 순화 배지, 1 ㎖)를 넣어둔 well (24-well plate)로 옮겨 배양한다.

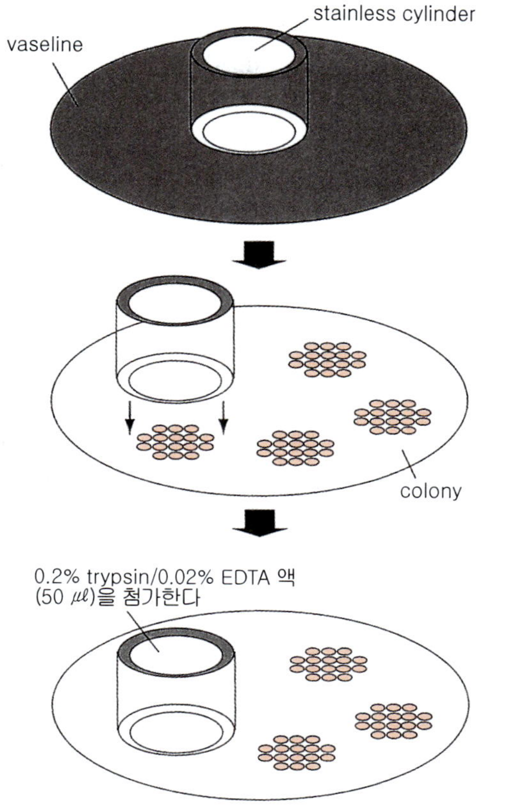

그림 3 **cylinder 법**

stainless cylinder의 바닥면을 vaseline 위에서 가볍게 움직여서 vaseline을 도포한다. 직경 1~2 ㎜의 colony을 에워싸듯이 cylinder를 놓는다. cylinder 내에 0.2% trypsin/0.02% DETA 액 (50 ㎕)을 넣어, CO2 incubator 안에서 5~10 분간 incubation한다. 검경하여 세포가 둥글게 되었다면 배지 100 ㎕을 첨가하여 pipetting에 의해 세포를 분산시켜, 미리 배지 (1 ㎖)를 넣어둔 well (24-well plate)로 옮겨 배양한다.

memo

Colony 분리법은, 변이주나 유전자를 도입한 세포의 분리에도 사용 할 수 있는 응용범위가 넓은 방법이다. 여과지법이나 기계적 박리법은 약간 익숙함을 요하지만 cylinder법은 바로 실시할 수 있는 간편한 방법이다.

끝으로

Clone은 1개의 세포에 유래하는 세포 집단이기 때문에, cloning에 의해 모세포 집단 중에 극히 적은 수 밖에 존재하지 않는 특수한 세포를 선택할 위험성이 있다. 따라서 clone을 분리하면, 그것의 모세포집단이 가진 중요한 성질을 잃어버리지 않았는지 어떤지 확인하는 것이 중요하다. 특히, 단일세포 배양법으로는 극히 증식하기 어려운 환경에서 배양하기 때문에 증식능력이 높은 세포를 선발해 내는 경향이 있으므로 주의를 요한다.

참고문헌

1) 小山秀機 :「組織培養の技術」第3版 (日本組織培養學會 編), pp63-64, 朝倉書店, 1996

2) 大場 基 : バイオマニュアルUPシリーズ「分子生物學會究のための新培養細胞實險法 改訂第2版」(黑木登志夫, 許 南浩, 千田和廣 編) pp44-46, 羊土社, 1999

3 기본적인 배양기술

제4장 세포증식과 사멸

1. 세포증식의 판정법 -증식곡선, MTT assay

許 南浩

세포증식을 조사하는 것은 배양의 기본이다. 증식을 판정하는 방법을 개괄하고, 그 중에서, 세포수의 산정에 의한 증식곡선의 작성, MTT assay, DNA 합성 계측의 3가지에 대해서 구체적인 실험 예를 들었다.

서론

세포증식이라는 것은 분열해서 세포의 수가 늘어나는 것이다. 증식은 세포의 가장 기본적인 기능 상태를 나타내는 지표의 하나이고, 따라서 다양한 장면에서 그 판정을 필요로 하게 된다.

세포증식을 판정하는 방법에는 다양한 것이 있다.

①세포수의 계측에 의한 증식곡선의 작성

②증식의 전제가 되는 현상의 해석

- DNA 합성의 정량
- DNA 복제세포의 label
- 세포주기 관련 단백질의 검출 (Ki67, PCNA, Cdk2 활성 등)

③증식 결과로서의 세포량 증대를 해석

- 세포 sheet의 면적 혹은 세포용량의 측정
- 총 DNA량, 총 단백질량의 측정
- MTT assay

증식의 정의가 세포수의 증가이므로, 세포를 계측한다는 것이 기본인 것은 말할 것 까지도 없다. 통상, 세포는 단일 세포 부유액으로 해서 혈구계산판으로 세지만, 자동계산기도 시판되고 있다.

세포가 증식하는데는 세포주기가 돌아서, DNA를 복제해야만 한다. 그것을 해석하면, 증식의 양상을 알 수가 있다. 또, 세포가 증식하면 통상은 단층으로써 점하는 면적이 증가하고, 총체적도 증가한다. 그것을 조사하면 증식의 정도를 알 수가 있다. 총 DNA양이나 단백질량으로부터, 대략의 세포 양을 추정하는 것도 가능하다. 또, 비색법에 의해 살아있는 세포의 대사능력을 측정하는 방법이 MTT assay로, 간편하기 때문에 널리 쓰여지고 있다 (이후에 서술).

위에 기술한 방법은, 제각각 특징이 있어서, 목적에 맞게 구분해 쓸 필요가 있다. ①의 세포수의 계측은, 가장 신뢰성을 둘 수 있는 것이지만, 노력이 많이 들어서, 다수의 검체 해석에는 적당하지 않다. 신뢰성 있는 결과를 얻기 위해서 필요한 세포수도 비교적 많다. 그 외의 방법은, 세포증식과의 상관이 완전하지 않아서, 많든 적든 간에 해석에 문제가 있는 것에 유의해야만 한다. ②의 DNA 합성 정량은, 단시간에 가능하고 정량성, 감도 둘 다 높지만, 세포수의 증대와 직접 상관시킬 수는 없다. 세포주기 관련 단백질의 검출은 정량성에 어려움이 있지만, 특히 Ki67의 검출은 특별히 전처리하지 않고 고정된 조직에서 해석할 수 있으므로, human 조직의 해석에 적당하다는 이점이 있다. ③의 세포 sheet의 면적이나 세포용량의 측정은 값이 싸고 간편하지만, 정확성에 어려움이 있고, 특히 전자는 세포의 주화성의 영향에 유의할 필요가 있다. DNA양의 측정은 random한 세포주기 상

Namho Huh : Department of Cell Biology, Okayama University Graduate School of Medicine and Dentistry (岡山大学大学院医歯学総合研究科細胞生物学分野)

에 있는 세포에 관해서는 신뢰성 있는 방법이지만, 추출 등의 순서가 약간 번잡하다. 총단백질은 반드시 세포 수를 반영하고 있는 것은 아니다. MTT assay는 간편하고 세포수와의 상관성도 높고 감도도 좋기 때문에, 광범위하게 사용되게 되었다. 그러나, 어디까지나 세포수를 직접 계측하고 있는 것이 아니기 때문에 유의해야만 한다.

i) 혈구 계산판에 의한 세포수의 계측과 증식곡선의 작성

세포를 단일 세포 부유액으로 해서, 혈구계산판으로 계산한다. 접착세포는 trypsin 등의 효소처리에 의해 미리 떼어낸다. 세포는 반드시 모두 단일하지 않아도 되지만, 덩어리가 커지면 계측이 곤란하게 됨과 동시에, 분포가 균일하지 않아서 정확성을 잃는다. 혈구계산판에 균일하게 세포부유액을 넣는 것도 의외로 어렵다. 동일 시료를 사용해서 연습함과 동시에, 재현성의 정도를 확인해 두는 것이 바람직하다.

준비할 것

- 배양기구, 배양세포
  - 35 ㎜ dish (multi-well plate도 가능)
  - 세포
  - 배지
  - 0.25% trypsin액
  - PBS
  - 1.5 ㎖ tube
  - 그 외, pipette 등
- 혈구계산판
- 계수기 (counter)
- 현미경

Protocol

① 세포부유액을 조제해서, 1 × 10^4 cells/㎠로 12장의 dish에 파종한다.

> 배양기는 35 ㎜ dish나 multi-well plate가 편리하다. 파종농도는 confluent 상태의 10~50분의 1 정도로 한다.

② 곧바로 3장의 dish로부터 세포를 각각의 tube에 회수하고, 원심해서 부유액을 500 ㎕로 만들어, 혈구계산판에 넣어 계산한다.

③ 배양 2일째에 3장의 dish 배지를 흡인하고, PBS로 1회 세정해서 trypsin용액을 500 ㎕ 첨가한다. 세포가 떨어지면, 각각의 tube에 회수하고, 배지 500 ㎕로 dish를 씻어 혼합한다. 잘 pipetting 해서 세포수를 계측한다.

④ 배양 4, 7일째에도 같은 방법으로 세포수를 계측한다

⑤ 배양 4일째에 한번 배지 교환을 한다

⑥ 3장의 dish의 세포수의 평균치와 표준편차를 계산한다. 가로축은 통상 눈금인 배양일수, 세로축은 반드시 편대수 눈금인 세포수로서 graph를 작성한다 (그림 1).

> 세포증식속도를 plot할 때는, 반드시 편대수의 graph를 사용한다. 세포의 증식속도는 일정시간에 몇 배로 되는가가 문제이지, 세포의 증가수가 어느 만큼 인지는 아니기 때문이다. 초심자로, 통상 scale로 graph를 그려서, 경사가 급한 시기가 증식도가 높다고 판정한다는 오류를 범한 예를 때때로 보았다.

memo

세포수의 계측

1) 배양기간, 계측빈도는 실험의 목적에 따라 조정한다. 가장 전형적인 예는, 배양기간은 7일로, 0, 2, 4, 7일째에 세포수를 계산한다.

2) 적어도 3장의 dish의 세포수를 계측해서 평균한다. 따라서, 파종 dish의 수는 3×(계측회수)가 된다.

3) 세포수의 계측은 trypsin 등의 효소처리에 의해 단일세포 부유액을 제조해서, 일정 액량에 부유된 세포수를 계산한다. 세포농도가 높거나 낮거나 하면 혈구계산판으로 정확히 계산하는 것이 곤란하게 된다. 세포의 크기에도 영향을 받지만, 50~400만/㎖ 정도로 하는 것이 좋다.

4) 혈구계산판에 세포 부유액을 넣을 때는, 너무 많아 넘치거나, 너무 적어서 cover glass 전체에 골고루 미치지 않는 일이 없도록 한다.

5) 세포수를 정확하게 계측하기 위해서는, 가능한 한 단일세포 부유액을 제조하지 않으면 안된다. 어떻게 하여도 잘되지 않을 경우에는, 0.1 M citrate, 0.1% crystal violet액으로 처리하면 세포막이 녹아서 염색된 핵의 부유액을 만들 수 있다. 그것을 계산하면 된다.

ii) MTT assay에 의한 세포증식 속도의 계측

황색의 MTT (3, [4, 5-dimethylthiazol-2-yl] -2, 5-diphenyltetrazolium bromide)가 mitochondria 효소에 의해 불용성인 보라색의 formazan으로 변화하는 반응을 이용해서 전세포수의 변화를 추정하는 방법

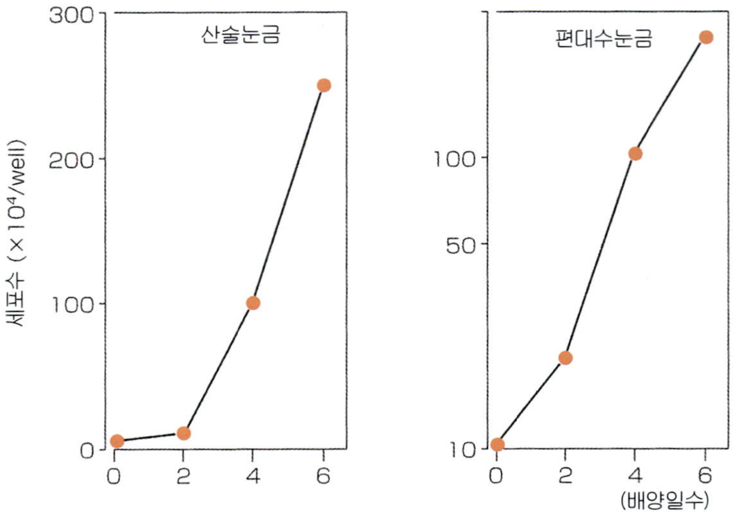

그림 1 세포증식곡선은 편대수눈금을 사용한다
같은 data을 산술눈금과 편대수눈금으로 plot한 것. 세포증식속도는 2일째부터 4일째가 가장 높다. 산술눈금에서는 증식속도가 제대로 나타나지 않는다.

이다[1]. 반응 후, formazan을 가용화해서 흡광도를 측정한다. 반응은 NADH, NADPH에 의존하고, 대사활성을 가진 살아있는 세포수가 결과로 반영된다. 세포의 종류에 따라서 반응효율이 다르기 때문에, 실제로 세포수를 추정하기에는 각 세포마다 새로운 표준곡선을 그려 둘 필요가 있다. 따라서, 다른 세포간에 MTT assay 결과를 직접 비교하는 것은 불가능하다.

MTT assay는 kit화 되어 여러 회사에서 시판되고 있기 때문에, 그것을 사용하면 편리하다. 최근, 가용성의 반응생성물질을 생성하는 개량 kit (MTS assay)도 판매되고 있다. 이 경우는 가용화 하는 순서를 생략할 수 있기 때문에, 자주 사용되고 있다.

MTT assay의 이점은 간편한 것, 세포수와 연관성이 높은 것, 적은 수의 세포로 계측할 수 있기 때문에 통상 96-well plate로 실험할 수 있다는 것이다.

준비할 것

- 배양용 96-well plate (부분적으로 assay하는 것은 불가능하기 때문에, 날을 바꿔서 세포증식을 측정하는 경우는, 멈추는 회수만큼 plate를 준비한다.
- 세포, 배지
- MTS assay kit (CellTiter96 AQ One Solution Cell Proliferation Assay : Promega사, #G3582)
- 96 well plate용 흡광도계

Protocol

① 미리 세포증식에의 영향을 보고 싶은 인자를 2배 농도로 배지에 용해해서, 50 ㎕/well로 필요한 well수 만큼 분주한다.

② 세포를 10^5 cells/㎖로 배지에 부유시키고, 50 ㎕씩 위에서 말한 well에 첨가한다. 따라서 최종적으로 well 당, 세포수 5,000, 배양액 100 ㎕가 된다.

☞ 파종할 세포수는 세포의 종류나 목적에 따라 조정한다. Lymphocyte는 formanzan 생성활성이 약하기 때문에, 10^5 cells/well 정도의 세포를 파종할 필요가 있다.

③ 일정기간 배양 후, MTS assay용액을 20 ㎕/well로 첨가해서, CO_2 incubator 안에 둔다.

④ 1 ~ 4 시간 후, 바로 490 nm에서 흡광도를 측정한다. 반응은 서서히 진행하기 때문에 흡광도 측정은 항상 일정시간 후 (예를 들면 2시간 후)에 행한다.

· incubation 후, 바로 흡광도 측정을 할 수 없는 경우는, 10% SDS 용액을 25 μℓ/well 첨가하여, 실온에서 차광한 습식 chamber를 사용하면, 18시간까지는 보존 가능하다.
· 630~700 nm의 흡광도를 참조파장으로 해서 490 nm의 흡광도를 측정하면, 세포찌꺼기 등에 의한 배지의 혼탁도, plate의 더러움 등에 의한 well간 차이를 보정할 수 있다.

memo

MTS assay는 간편하고 신뢰성이 있기 때문에 범용되지만, 배양세포의 상태를 자기자신의 눈으로 확인하는 것은 기본이다. Assay용액을 넣기 전에, 세포의 상태를 반드시 현미경으로 봐 둘 것 (5장 참조).

iii) DNA 합성의 정량

^{3}H-Thymidine을 사용한 DNA 합성의 정량에 의해 세포증식을 조사하는 방법은, isotope을 취급해야만 한다는 문제점은 있지만, 감도와 특이성이 높고, 조작도 비교적 쉽기 때문에, 폭 넓게 사용되고 있다. Isotope 취급의 training으로서도 알맞은 과제이다.

준비할 것

- 배양용 24-well plate
- 세포, 배지
- ^{3}H-Thymidine (cold thymidine을 사용하여 100 μ Ci/㎖, 1 Ci/mmol로 제조한 것을 준비한다)

^{3}H-Thymidine액의 제조는, 적당한 방사활성의 절대량 (well 당 첨가하는 방사활성의 양)과 상대량 (specific activity)으로 하기 때문이다. 절대량이 너무 적으면 오차가 커지고, 너무 많으면 측정이 불가능하다. Specific activity가 너무 낮으면 감도가 나빠지고, 너무 높으면 비특이적 흡착에 의한 back ground가 나오기 쉽다.

- test 시약 (증식에의 영향을 조사하고 싶은 것)
- 10% trichloroacetate acid (TCA)
- 0.33 M NaOH
- 1 N HCl
- 100% ethanol
- 액체 scintillator
- Scintillation·vial
- Scintillation counter

Protocol

이 방법은 방사성 물질을 취급하기 때문에, 훈련을 받아 사용허가증을 취득하고서 실험을 수행한다. 또한, 특정의 실험시설에서 수행해야만 한다.

① 세포를 10^4 cells/well로 파종하여, 24시간 전에 배양한다. 배지량은 1 ㎖/well.
② Test 시약을 단계희석해서 배지를 교환한다.
③ 11시간 후, ^{3}H-Thymidine액을 10 μl/well 첨가한다.

본 실험에서는, 증식에의 영향을 12시간에서 관찰했지만, 검토대상에 따라 자유롭게 설정하면 된다. Label 시간도 목적에 따라 적당히 결정하면 된다.

④ 1시간 후, 배지를 제거하고, cold PBS로 2회 세정한다.
⑤ Cold 10% TCA로 2회 세정한다.
⑥ Cold 100% ethanol로 2회 세정한다.
⑦ Cold 0.33 M NaOH를 200 μl 더한다.
⑧ 세포가 완전히 융해된 것을 확인하고, pipetting으로 균일한 용액으로 해서 100 μl를 scintillation vial에 취한다.
⑨ 1 N HCl을 33 μl 더한다.
⑩ 액체 scintillator를 2 ㎖ 더해서, 잘 섞음.
⑪ 잠깐 실온에 정치한 후, Scintillation counter로 계측한다.

참고문헌

1) Mosmann, T. : J. Immunol. Methods. 65 : 55-63, 1983

제 4 장 세포증식과 사멸

2. 기질의존성증식/Anoikis

安達正晃

상피세포는 기반(발판)을 잃게 되면 증식하지 않을 뿐만 아니라 apoptosis를 일으킨다. 이 같은 기반(발판) 상실에 동반하여 발생하는 apoptosis를 anoikis라고 한다. 여기에서는, 세포 외벽 matrix 단백질 (ECM)과 그것이 관여하는 기반(발판) 의존성 signal에 대해 기술함과 동시에, 세포배양을 기반(발판)상실 상태로 하는 실험방법에 관해서 개략한다.

서론

상피성세포 특징의 하나로서 기반 의존성 증식이 있다. 기반이라는 것은, 세포표면의 integrin과 ECM 단백질 (fibronectin, laminin, collagen 등)의 RGD 배열과의 결합이고, 이 상호작용으로부터 생기는 signal은 상피세포의 증식에 커다란 작용을 가진다. 기질의존성 증식을 잘 이용한 배양 system으로서 차세대형 intelligent 배양접시가 있다. RGD 고정화 poly (IPAAm−co−CIPAAm) 배양접시는, 무혈청배지로도 세포증식을 가능하게 하고, 더욱이 온도감수성이 있기 때문에 온도변화를 이용해서 세포가 스스로 떨어지는 것이 가능하게 되었다는 (3장 4 참조) 것은 주목할 만한 연구라고 할 수 있다[1].

ECM 수용체인 integrin은 α사슬 (α1, α2, α3, … 18종) 및 β사슬 (β1, β2, β3, … 8종)의 heterodimer 구조를 가지고 있고, 그것들의 조합에 따라 25 종류 이상의 subtype이 존재한다. 이들 subtype은 각각 특이적인 ECM과 결합하고, 그것에 맞는 signal을 세포 내로 보낸다고 믿고 있지만, 상세한 것은 불명확한 점이 많다. 얻어지는 결과도 세포마다 다르고, CHO 세포나 HUVEC 세포 등은 fibronectin과 integrin (α5/β1)과의 결합이 anoikis를 저지하지만, 유선상피세포에서는 laminin 및 collagenI과 integrin (α1, α2, α3, α6/β1)과의 결합에 의해서 생존 signal이 들어간다[2)~4)]. 한편, anoikis의 연구에서 가장 빈번하게 사용되는 dog 신장상피 세포주 MDCK에서는 collagen과 integrin (α2/β1)과의 결합이 생존 signal에 중요한 것으로 판명되었고, 이들의 보고로부터도 integrin과 ECM과의 결합은 세포종에 의존하고, 서로 다른 subtype을 이용하고 있는 것을 알 수 있다. 또한 integrin (αv/β3)은 유방암이나 melanoma 세포에 많이 발현하고 있고, 종양증식이나 침윤에 밀접하게 관련되어 있는 것을 알 수 있었다. 즉, integrin (αv/β3)의 활성화에 의해 matrix metalloprotease MMP2의 발현유도가 발생되고, 양자의 결합에 의해, 침윤능력이 항진 된다[5) 6)]. 따라서, 이들 상호작용을 저해하는 시약 (항체, peptide 또는 유사물질)을 세포배양액 중에 첨가하는 것에 의해 세포와 ECM과의 접착이 저해되고, 생존·증식·침윤의 signal이 저해되어, 암세포는 봉쇄된다. 이러한 anoikis는 혈액세포 등의 부유상태로 증식할 수 있는 세포에서는 일어나지 않지만, 본래 anoikis를 일으키는 상피세포나 섬유아세포 등에서도 암세포화 하면 그 기구를 완전히 잃든가 저하하고, 이것이 암의 전이능력이나 침윤능력을 획득하는 것과 밀접하게 관련되어 있다. 기반 비의존성 증식과 악성형

Masaaki Adachi : The First Department of Internal Medicine, Sapporo Medical University Shcool of Medicine (札幌医科大学医学部内科学第一講座)

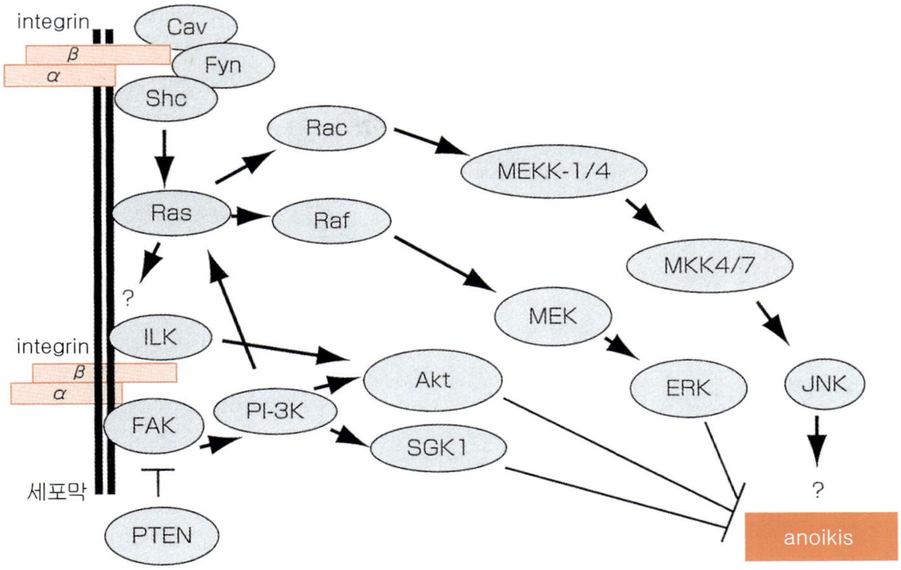

그림 1 Integrin 수용체를 경유하는 세포내 signaling
Akt : AKR thymoma kinase. ERK : Extra cellular signal-regulated kinase, FAK : Focal adhesion kinase, ILK : Integrin-linked kinase, JNK : C-Jun N-terminal kinase, MEK : MAP kinase/ERK kinase, MEKK : MEK kinase, MKK : MAPK kinase, Cav : Caveolin, Fyn : far/yes-related normal tyrosine kinase, Shc : Src homology and Collagen protein, Rac : ras-related C3 botulinum toxin substrate, Raf : replication-defective, acute transforming gene, PTEN : protein tyrosine phosphatase with extensive homology to tensin, PI-3K : phosphatidylinositoi-3 kinase, SGK1 : serum and glucocorticoid-sensitive kinase

질전환과는 깊은 관련성이 있어서, 옛날부터 연한천내 colony 형성능력에 따라 평가되어 왔지만, 이 방법은 번잡하고 허위로 음성으로 된 것도 많다. 한편, 대상으로 하는 세포에 있어서 중요한 integrin의 subtype이 밝혀지면, 이 integrin의 저해 peptide 또는 특이적 항체를 이용해서, 배양액에 첨가하는 것만으로 anoikis를 야기시킬 수 있다. 그러나, 특이적인 integrin·ECM 상호작용이 미지인 경우, 우선 비특이적으로 세포를 부유상태로 한다. 이 같은 비특이적인 기반장해에 자주 사용되는 것이, poly-HEMA라는 물질로 배양용 용기를 coating해 두는 것으로 거의 완전히 용기에의 세포 접착을 저해할 수 있다.

원리

여기서는 ECM·integrin의 결합에 의해서 생기는 세포 내 signal에 대해서 개략한다 (그림 1). Integrin에 ECM이 결합하면, 우선 integrin β사슬과 결합하고 있는 2개의 kinase FAK (Focal Adhesion-Kinase)와 ILK (Integrin-Linked Kinase)가 활성화된다. FAK는, PI-3 (Phosphoinositide-3-OH Kinase) kinase를 경유해서 Ras/ERK signal과 AKT를 활성화한다. ILK는, 직접 AKT를 인산화해서 활성화 시킴과 동시에 세포간 접착의 signal도 활성화 시키는 것이 알려져 있다. 이 두 kinase의 하류에서는 AKT가 가장 중요한 signal 분자이고, AKT로부터 다양한 생존 signal이 전달된다. 즉 apoptosis 유도 단백질 caspase 9 및 BAD를 기질로 해서 인산화함으로써 활성을 잃게 하고, 한편으론 NF-κB를 활성화해서 생존 signal을 전달한다. 한편, FAK/ILK로부터 독립된 signal도 나타나고 있고, adaptor 분자 Shc가 관여하고 있다. Shc는 Ras를 활성화하고, 반대로 integrin의 signal을 조절하는 기능도 지적되고 있다[7]. 기반 상실이라는 것은, 이들 signal을 차단시킬 수 있다는 의미를 가지고 있고, 그러한 signal의 다양성으로부터, 특정 signal 전달분자만의 저해에 의해 anoikis를 야기시킨다는 approach는, 어려울 것이라고 상상된다. 그러나,

FAK 및 ILK의 dominant-negative 단백질의 과잉발현에 의한 저해나 antisense oligo를 이용한 발현억제 등에 의해 anoikis를 야기시켰다는 보고가 있어, 이들 kinase가 integrin을 경유하는 생존 signal의 주역인 것을 시사하고 있다. 반대로 FAK나 ILK의 과잉발현에 의해서 anoikis를 일으키지 않게 하는 것도 가능하다.

준비할 것

〈기기〉

- 혈구계산판, 배양기기 (배양용 용기, pipette 등)
- 도립현미경, CO_2 incubator

〈시약〉

- Poly-HEMA (Sigma 사) (40 ㎎/㎖) ethanol로 녹이는데, 37℃에서 2~3일 걸린다 (정치 : 가끔 흔들면 잘 녹는다)
- 0.1~0.25% trypsin (PBS로 만듦)
- 세포 배양용 배지
- 2 × trypan blue 용액
  - A) 0.2% trypan blue : 0.2 g/100 ㎖
  - B) 5 × 식염수 (4.25%) : NaCl 8.5 g/200 ㎖
  - A : B를 직접 4 : 1로 혼합해서 사용
- Ethanol

Protocol

① 1~2일 전에 60 mm 용기에 Poly-HEMA 용액을 2 ㎖ 넣고, clean bench에서 자연 증발시킨다.

> ☞ 투명하고 균일하게 coating된 용기는 사용가능하지만, 표면이 꺼칠꺼칠한 것은 사용할 수 없다.

② 세포를 trypsin으로 뗀다.

> ☞ 이때, 세포 덩어리가 형성되지 않도록 충분히 떼도록 신경 쓴다. 수일 전부터 약 70%의 세포밀도가 되도록 자주 계대 해 두면 덩어리가 생기기 어려운 경향이 있다.

③ 세포부유액 (10^6/4 ㎖ 정도)을 Poly-HEMA coating한 용기와 coating하지 않은 용기 (control)에 넣는다.

④ 37 ℃ incubator에서 1~3일간 배양한다. 이 기간에 되도록 세포 덩어리가 생기지 않도록 pipetting한다.

⑤ 잘 흔든 후에 0.1 ㎖ 세포부유액을 채취하여, 같은 양의 trypan blue 용액을 더해서 재빠르게 죽은 세포를 확인한다. 감수성이 있는 세포의 대다수는 1~2일에서 현저하게 죽는 세포가 생긴다. 혈청이 존재하면 trypan blue가 염색되기 어려운 경우가 있기 때문에, 잘 염색되지 않는 경우에는 PBS로 1번 세정한 후에 trypan blue 염색을 하면 된다.

memo

Anoikis 실험에서 자주 사용되는 dog 신장상피세포 MDCK는 20~30%의 효율이지만, Lipofectamine 2000 (Invitrogen 사)을 사용하면 유전자 도입이 가능하다. Anoikis를 일으키기 쉬운 human 암세포로서는 HeLa세포가 있고, 위암세포주 MKN45나 MKN74도 감수성이 있다. 그러나, MKN45세포는, 세포 덩어리를 형성하기 쉬워서, 주의 깊게 pipetting 할 필요가 있다. 대장암세포는 일반적으로 anoikis를 일으키기 어려운 경향이 있어서 적당하지 않다. 췌장암세포주 BXPC3도 anoikis에 감수성이 높고, 구강암 (편평 상피암) 세포주 SAS, HSC2도 anoikis를 일으키기 쉽다. 유전자 도입 효율이 높은 293 세포는, 유감이지만 anoikis를 일으키지 않는다.세포 덩어리를 형성하는 경향이 있는 세포의 경우는, 세포간 접착에 의한 signal이 들어가기 때문에 anoikis가 생기기 어렵게 된다. 이 같은 세포의 경우에는, battery기능을 가진 rotor (Daiichikagaku Yakuhin, 324505)를 사용해서 CO_2 incubator 안에서 회전시키는 방법도 있다. 이것을 사용하면 세포 덩어리를 만들기 어려운 경향이 있고, Poly-HEMA coating할 필요도 없기 때문에 편리하다. 이 때 사용하는 배양용기는 50 ㎖ 원심관으로 기체만 통과하는 것이 가능한 cap이 붙은 것 (TPP사, catalog 번호 87050)을 사용하는 것이 point이다.

실험예

MDCK 세포를 Poly-HEMA coating된 용기에서 12~24시간 배양한 후에 trypan blue로 염색하여, 죽은 세포를 확인했다 (그림 2 A). Coating되지않은 용기에서 24시간 배양한 세포는, 거의 죽지 않지만, 부유상태에서는 30% 정도의 세포가 죽는다. 이러한 세포사가 apoptosis에 의한 것인지 아닌지를 조사하기 위해 annexin V염색을 한 결과, 죽은 세포와 유사한 pattern으로 양성세포가 출현하고 있는 것을 알 수 있다 (그림 2 B). 따라서, 기반 상실에 의한 apoptosis (anoikis)가 죽은 세포의 주요 원인이라는 것을 나타내고 있다[8].

Human 위암세포주 MKN45는, MDCK에 비교하여 상당히 anoikis를 일으키기 어렵다. MKN45세포를 Poly-HEMA coating된 용기에서 18~36 시간 배양해서 trypan blue 염색으로 죽은 세포를 확인하면 36

시간의 부유상태에서도 겨우 15% 정도의 죽은 세포밖에 보이지 않는다 (그림 3 A). 그러나, adenovirus vector로 caspase-8의 발현 level을 조금 높이는 것만으로도 50% 이상의 cell death를 야기시키는 것이 가능하다[9]. 이 때, 기반 상실에 의해서 procapase-8이 활성화되고, cleaved form (p18)이 western blotting으로 검출되고 있는 것을 알 수 있다 (그림 3 B).

끝으로

정상상피세포는 기반을 잃어버리면 빠르게 사멸한다. 이것은, anoikis가 정상세포의 이소성 증식의 억제, 더욱이 상피세포의 재생이나 그 형태 유지에도 관여하고 있는 것을 시사하고 있다. 즉, anoikis는, 암의 전이·진전 기전뿐만 아니라, 재생 의학 분야에 있어서도 주목할만한 과제라고 할 수 있다. 급속한 anoikis의 상세한 분자 기전의 해명과 이것을 이용한 새로운 의료 분야의 발전이 기대된다.

참고문헌

1) Ebara, M. et al. : Biomacromolecules, 4 : 344-349, 2003
2) Zhang, Z. et al. : Proc. Natl. Acad. Sci. USA, 92 : 6161-6165, 1995
3) Howlett, A. R. et al. : J. Cell Sci., 108 : 1945-1957, 1995
4) Fukai, F. et al. : Exp. Cell Res., 242 : 92-99, 1998
5) Brooks, P. C. et al. : J. Clin. Invest., 96 : 1815-1822, 1995
6) Brooks, P. C. et al. : Cell, 85 : 683-693, 1996
7) Kinbara, K. et al. : Nat. Rev. Mol. Cell Biol., 4 : 767-776, 2003
8) Idogaw, M. et al. : Int. J. Cancer, 107 : 215-223, 2003
9) Nishimura, S. et al. : Cancer Res. 61 : 7009-7014, 2001

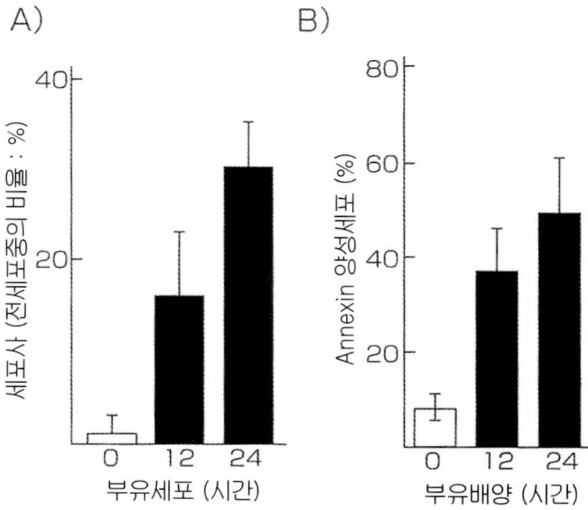

그림 2 **MDCK 세포의 anoikis**

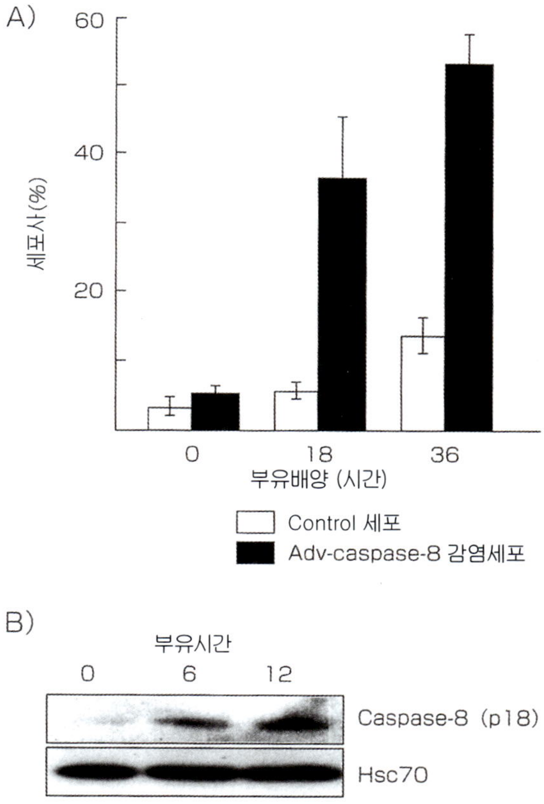

그림 3 **Caspase-8 adenovirus vector를 이용한 MKN45 세포의 anoikis 감수성의 항진**
문헌 9에서 발췌

제 4 장 세포증식과 사멸

3. 세포주기 연구법

田原榮俊　正出利憲

세포주기의 해석에 필수적인 세포의 동조법에 대해서, 그 방법을 소개한다.

서론

하나의 세포가, 세포분열을 반복하기 위해서는 DNA 복제와 염색체의 분배를 반복할 필요가 있다. 그 과정은, 크게 나누어 세포분열기인 M기 (mitotic phase)와 분열간기 (interphase)로 나누어진다. 분열간기는, 더욱이 DNA를 합성하는 시기인 S기 (synthetic phase), 세포분열을 종료하고 나서 DNA합성이 시작되는 사이의 기간인 G1기 (gap1), 및 DNA 합성을 종료하고 나서 세포분열을 개시하기까지의 사이인 G2기 (gap2)로 나누어진다. 결국, 세포증식을 하고 있는 세포는, M, G1, S, G2기를 반복해서 증식하고 있고, 이것을 세포주기 (cell cycle)이라고 한다. 정상적인 체세포의 대다수는, 증식 가능한 능력을 가지면서 증식을 정지하고 있지만, 이것은 세포주기의 도중에 정지하고 있는 것이 아니라, 세포주기로부터 벗어난 상태에서 정지하고 있다. 이 상태를 G0기라고 부른다. G1기는, 세포증식의 계속 즉 S기로 진행할지 혹은, 증식을 정지할지를 결정하는 시기로 그러한 결정의 한계점 Restriction point가 존재한다. 이 시점을 지난 세포는, 증식인자 등이 없어도 S기의 진행이 일어나 세포주기를 다시 돌 수가 있다. 이 같은 세포주기의 억제에는, Cyclin이나 CDK (cyclin dependent kinase) 및 저해 인자인 CKI (cyclin dependent kinase inhibitor) 등이 복잡하게 서로 얽혀 조절하고 있다 (그림 1)[1].

원리

세포는, 증식하기 위해서는, 증식인자 등의 영양소가 필요한데, 그것들이 부족하면 G1기의 check 기구가 작동해 G1 arrest에 의한 세포증식 정지를 일으키는 것이 알려져 있다. 세포증식에 필요한 증식인자는 세포에 따라서 다르지만, 가장 일반적으로 쓰이고 있는 것은 혈청이다. 다수의 암세포는, 증식에 관한 증식인자 의존성이 낮음에도 불구하고, 생존에 관해서는 증식인자 의존성이 높고, 혈청 starvation을 시키면 증식정지를 유지하지 못하고 세포가 사멸하는 경우가 많다. 정상세포의 경우, 많은 경우 저혈청하에서 수일 배양하는 것에 의해 비교적 간단히 G1기로 동조시킬 수가 있다. 이 외에, BHK21세포나 CHO세포 등에서는, amino acid starvation (자주 사용되는 것은 isoleucine starvation)에 의해 비교적 간단히 G1기로 동조시키는 것도 가능하다. 어느 경우에도, 제각각의 농도, starvation의 기간 등 사용하는 세포에 따라 충분한 조건 검토가 필요하고, 충분하게 증식을 정지하는 조건과 동시에 혈청으로 증식을 유도한 경우에 충분히 S기로 진행할 수 있는 조건일 필요가 있다. 이 점이,

Hidetoshi Tahara, Toshinori Ide : Department of Cellular and Molecular Biology, Division of Integrated Medical Science, Program for Biomedical Research, Graduated School of Biomedical Sciences, Hiroshima University（広島大学大学院医歯薬学総合研究科創生医科学専攻・病態探究医科学講座細胞分子生物学研究室）

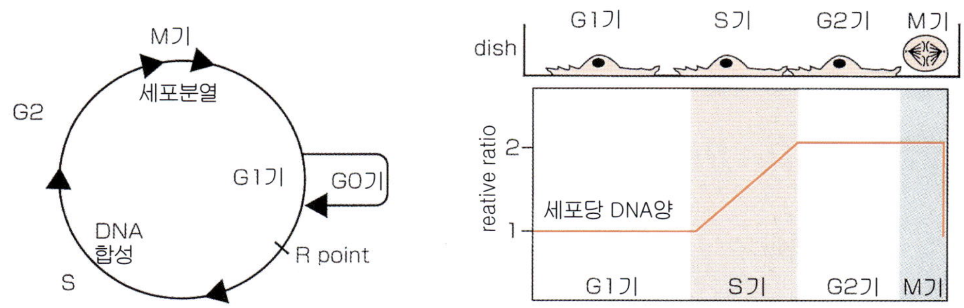

그림 1 세포주기에 따른 세포형태, DNA양의 변화

G1기로 동조시키는 경우의 가장 중요한 점이다.

S기로 동조시키는 경우에는, Aphidicolin, Hydroxyurea 등의 약제에 의한 동조가 주로 사용된다. Aphidicolin은 곰팡이의 일종인 Cephalosporium aphidicola로부터 분리된 DNA합성 저해 활성을 가진 활성 물질로, 옛날부터 가역적인 S기 동조 약제로서 사용되고 있다. *in vitro*에서는 DNA polymerase α를 저해하고, *in vivo*에서는 DNA 복제를 저해하는 것이 알려져 있다. Aphidicolin은, 비교적 세포 독성이 낮고, 게다가 약제를 제거하면 바로 세포증식이 재개된다는 것에서, 대단히 유용한 S기 동조 약제라고 할 수 있다. Hydroxyurea는, ribonucleotide reductase의 저해제로, 만성 골수성 백혈병의 치료약으로서도 사용되고 있다. 또, 과잉으로 thymidine을 첨가하면 dTTP의 축적을 초래하고, 그 결과 allosteric feedback 저해로부터 dCTP pool의 저하가 발생하여 DNA합성이 저해된다. 이 방법은, 다른 약제를 쓰는 방법에 비해 세포독성이 낮지만, 과잉 thymidine만으로는 충분히 S기에 동조되지 않는 것도 있기 때문에, 과잉 thymidine법과 hydroxyurea 등을 조합하는 방법이 주로 사용되고 있다.

M기에 동조시키는 경우는, colchicine 혹은 colcemide라는 약제가 주로 사용되고 있다. Colchicine은, 백합과의 식물인 Colchicum autumnale으로부터 추출한 alkaloid로, tubulin dimer가 미세소관에 중합하는 것을 저해하는 약제이다. 세포독성이 있는 약제이므로, 처리시간을 단축할 목적으로 S기에 동조시키고 나서 colcemide 단시간 처리함으로써 M기로 동조시키는 방법이 자주 사용된다.

준비할 것

<시약>

- Fetal Bovine Serum (FBS)
  37 ℃의 수조에서 때때로 뒤섞으면서 완전히 녹인다. 개봉한 것은, 4 ℃ 보존한다. 동결융해는 단백질의 침전이 생기기 때문에 가능한 한 피한다.
- Trypsin-EDTA 용액 : 0.025% Trypsin (세포 배양용)
  0.5 mM EDTA 4Na가 되도록 PBS(−)로 조제하고, 0.22 ㎛ filter로 여과 멸균한 후 −20 ℃ 보존한다.
- Aphidicolin
  DMSO에 녹여, Stock solution : 10 mg/㎖ 소량으로 분주해서 −20 ℃에서 보존한다.
- Hydroxyurea
  1,000 mM이 되도록 PBS(−)로 녹여, 0.22 ㎛의 filter로 여과하여 소량씩 분주해서, −20 ℃ 보존한다.
- Colcemid
  10 ㎍/㎖이 되도록 PBS(−)로 녹여, 0.22 ㎛의 filter로 여과하여 소량씩 분주해서, 차광해서 −20 ℃ 보존한다.
- Tritium thymidine (NEN사, 100 μCi/㎖, 100 Ci/mmol)
- 10 mM BrdU (5-bromodeoxyuridine)
- Toluene-DPO 액
  2, 5-diphenyloxazol 4 g/toluene 1 ℓ
- PI/RNase 용액 (100×)
  50 mg/㎖ PI
  0.5 g/㎖ RNase (DNase free RNase) in SW
  (최종농도 50 ㎍/㎖ PI, 최종농도 0.5% RNase) 4 ℃ 보존
- 세포 나핵용 현탁액
  0.1% Triton X-100 in PBS (−)

<기구>

- Dish (100 ㎜, 60 ㎜, 35 ㎜, BD Falcon사)
- Multi-well (24-well, BD Falcon사)
- Cover glass (13 ㎜ Matsunami사)

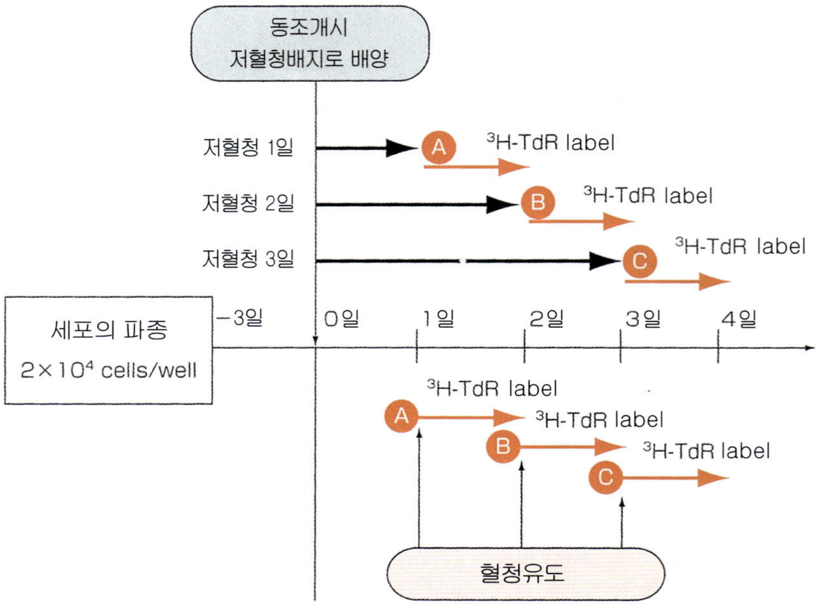

그림 2 G0기 동조 및 혈청유도의 실험계획 Model
사람태아유래 섬유아세포 TIG-3을 저혈청 (0.5% FBS)으로 배양을 수행하여 G0기로의 동조를 시도하였다. 저혈청 1일째 (A), 저혈청 2일째 (B), 저혈청 3일째 (C)의 세포 및 10% FBS 첨가에 의한 증식유도를 수행한 세포의 Tritium thymidine의 incorporation을 24h째에 조사했다. 저혈청 3일째 세포의 tritium count는 2,500 cpm으로 최저치를 나타내었고, 혈청유도한 세포는 25,000cpm 이었다. 3일간의 저혈청배지로 완벽하게 G0기로 동조시켰고, 더욱이 혈청유도도 잘 작동하는 것을 확인하였다 (그림 4 참조).

Protocol

1 Serum starvation에 의한 세포의 G0기로의 동조

24 well의 multi-well을 사용한 세포의 동조법에 대해서 설명한다 (그림 2).

① 60 ㎜ dish에 세포가 sub-confluent가 되도록 배양한다.

② PBS (-)로 1회 세정 후, Trypsin-EDTA 용액 1 ㎖을 더해서 37 ℃에서 세포가 떨어질 때까지 incubation한다.

③ 세포가 떨어지면 바로 혈청이 들어간 배지 3 ㎖로 잘 suspend한다.

☞ 세포가 균일하게 되지 않으면 세포의 count에 오차가 나거나 균일하게 세포가 파종되지 않고 동조도 그다지 좋지 않다.

④ 가능하면 적당한 크기의 사각 병 (없는 경우는, 둥근 병도 상관없다)에 2×10^4 cells/㎖이 되도록 세포를 배지로 희석한다

☞ 세포에 따라 confluent가 되기까지의 증식속도가 다르기 때문에, ⑩에서 저혈청으로 배양하여 confluent가 되지 않는 경우에는, 처음의 세포수를 2배 정도로 늘린다.

⑤ 희석한 세포가 들어간 병을 잘 흔들어, 10 ㎖의 messpipette을 사용하여, 일정 속도 (2 ㎖/초 정도)로 세포의 희석액을 정확히 10 ㎖ 취한다. 한번에 정확하게 10 ㎖가 되도록 하고, 실패한 경우는 다시 한 번 반복한다.

⑥ Multi-well에, 일정 속도 (1 ㎖/초)와 일정한 간격으로 정확히 1 ㎖ 씩 넣는다.

☞
* 처음부터 이 빠르기는 불가능하기 때문에, 가능한 범위에서 같은 빠르기로 하는 것에 신경 쓴다.
* Pipette 끝은, well 벽에 기울여 붙여 넣는다.
* 조건 검토나 DNA 합성 비율 등을 tritium으로 label할 때는, cover glass (13 ㎜ 지름)를 multi-well에 깔고, 그 위에 세포를 키운다. Cover glass를 넣을 때에는, 미리 1 방울 정도의 배지를 multi-well 흘려 넣어, 그 위에 cover glass를 넣으면 well과 cover glass사이에 공기가 들어가지 않는다.

⑦ **Multi-well의 경우 24 well이므로, 최저 3회의 세포 희석액을 취할 필요가 있지만, 그 때마다 병을 잘 흔들어, 같은 조작으로 세포를 파종한다.**

> 그 때마다 흔들지 않으면, 세포를 multi-well에 파종하는 사이에 세포는 대부분 가라앉는다. Pipette 안에 있는 세포도 시간과 함께 가라앉으므로 너무 천천히 하면, 처음과 마지막의 세포 농도 차이가 발생한다.

⑧ **24 well에 세포를 접종했다면, multi well은 흔들거나 하지 않는다. 그대로, 액면을 가능한 한 흐트러트리지 않도록 해서 천천히 CO_2 incubator에 넣는다.**

> 아무래도 한 쪽으로 기울어지는 경우는, ⑥의 조작에서 1 mℓ 넣는 것을 0.5 mℓ (세포 농도는 ④의 배로 한다)로 해서, bench 위 혹은 incubator 선반 위에서, 세로 5회, 가로 5회 정도 잘 섞는다.

⑨ **다음 날, 세포가 균일하게 파종되어 있는지 어떤지를 확인한다.**

⑩ **무혈청배지로 2회 세정한 후, 0.5% 혈청이 들어간 배지를 1 mℓ 씩 넣는다.**

> 저혈청의 농도는, 0. 0.1, 0.25, 0.5, 0.75, 1.0% FBS의 농도를 취해 G0기의 동조가 충분히 일어나고, 동시에 10% FBS에 의한 S기의 진행이 충분히 일어나는 조건을 선택한다.

⑪ **1~3일간, 배양한다. 통상, 3일 정도면 완벽하게 G0기로 동조 된다.**

> *처음에는, 조건검토로서 0~1일, 1~2일, 2~3일의 24시간의 Tritium thymidine (1 μCi/mℓ, 100 Ci/mmol을 20 μℓ 씩 더한다)의 incorporation을 보는 것으로 DNA 합성 비율을 조사한다. Tritium label 후에는, 배지를 RI 폐액으로 회수하고 PBS(−)로 최저 2회는 잘 세정한다. 21G 주사침 끝을 바깥쪽으로 조금 돌려서, cover glass를 깨지 않도록 주의하면서 꺼낸다. 별도로 준비한 multi well에 1 mℓ 씩 5% TCA를 넣은 것에, 꺼낸 cover glass를 넣고, 5분간, 실온에서 고정한다. 증류수로 2회 세정 후, 증류수를 넣어서 실온에서 5~10분 방치한다. 다시 한 번, 증류수로 세정 한 뒤, ethanol을 더해서 10분간 방치한다. Cover glass를 꺼내서, kim towel 위에서 말린다. 건조 후, vial에 넣고, toluene-DPO액을 넣어서 액체 scintillation counter로 계측한다.
>
> * BrdU를 tritium 대신에 incorporation시켜 항 BrdU 항체로 검출하는 방법도 있다. 비 isotope계로 가능하기 때문에 간편하다 (문헌 2).

⑫ **G0기로 동조 후 (통상 3일간), 혈청이 들어간 배지로 교환해서 G0기부터 S기로의 유도를 수행한다.**

> 유도가 되었는지 어떤지를 확인하기 위해 24시간 Tritium thymidine (1 μCi/mℓ을 20 μℓ 씩 더한다)의 incorporation을 조사한다. 고정 및 count 방법은 전 항과 같다.

⑬ **G0기 동조후는, 자신의 실험 목적에 맞게 사용한다.**

> DNA, RNA 등을 추출할 목적으로 대량으로 세포를 동조시키고 싶은 경우는, 100 mm dish 등을 사용하여, 출발 세포가 같은 밀도로 접종되도록 계산해서 파종한다. 다만, multi-well의 경우에도 말할 수 있겠지만, 그 때의 세포 상태 등에 따라 동조가 잘 되지않거나, 동조되어도 혈청에 의한 증식유도가 잘 되지 않는 경우도 있기 때문에, 매회, 동조 및 혈청에 의한 유도가 잘 되는지 어떤지를 확인할 필요가 있다. 이 경우에는, cover glass를 사용하는 방법은 사용할 수 없기 때문에, tritium label한 뒤, 세포를 용해시켜 산 불용성 분획을 glass filter에 trap시켜 count를 계측한다. 혹은 나중에 말할 FACS를 이용하여 세포주기의 동조를 check하는 방법은 보다 간편하다.

2 S기로의 동조 (2회의 동조 처리에 의해, S기 직전에 동조하는 방법)

① **2×10^4 cells/35 mm dish의 밀도로 세포를 파종한다.**

② **다음날, 신선한 배지 2 mℓ로 교환해서 25 mM TdR (thymidine)을 200 μℓ (최종농도 2.5 mM)로 되도록 첨가하여 부드럽게 섞어, 24시간 배양한다 (S기에의 동조, 1 회째).**

③ **배지 2 mℓ로 2회 세정해서, 10% FBS DMEM으로 10시간 배양한다.**

④ **10% FBS DMEM 배지를 2 mℓ에 대해서 1 M Hydroxyurea를 2 μℓ 더해, 잘 섞는다.**

⑤ **12~14시간 배양함으로써, S기로 동조시키는 것이 가능하다.**

⑥ **S기로의 동조 후는, 신선한 배지로 교환해서, 자신의 실험 목적에 맞게 사용한다.**

⑦ **Hydroxyurea 제거에 의해 S기의 동조가 해제될지 어떨지는, 세포마다 다르기 때문에 FACS 등으로 S기의 동조가 해제되는지 어떤지, 해제된 세포의 비율 등을 미리 검증해 둘 필요가 있다.**

3 M기로의 동조

① **2×10^4 cells/35 mm dish의 밀도로 세포를 파종한다.**

② **다음날, 신선한 배지 2 mℓ로 교환해서 25 mM TdR**

(thymidine)을 200 ㎕ (최종농도 2.5 mM)가 되도록 첨가해서 부드럽게 섞어, 24시간 배양을 한다 (S기에의 동조).

③ 배지 2 ㎖로 2회 세정해서, 6 ~ 8시간 배양한다.

> 이 동안에, 세포는 S기로부터 G2기로 향해 진행하기 때문에, 배양시간은, 세포에 따라서 적절한 조건을 결정해 둘 필요가 있다. 너무 길면 M기를 넘어선 세포가 나온다.

④ Ca^{2+}를 포함하지 않는 10% DMEM 배지를 2 ㎖ 첨가한다

⑤ 10 ㎍/㎖의 colcemide 용액을 20 ㎕ (최종농도 0.01 ㎍/㎖)를 더해, 재빨리 섞어, 2시간 배양한다.

⑥ M기로 동조시킨 세포는 둥글고 떨어지기 쉬우므로, pipetting에 의해 둥근 세포만을 dish 벽면에서 떼어내서 15 ㎖ tube에 회수한다.

⑦ 배지를 2 ㎖ 더해, 같은 방법으로 pipetting에 의해 세포를 회수한다.

⑧ 회수한 세포를 6,000 rpm 5분, 실온에서 원심을 수행하여, M기의 세포를 회수한다.

4 FACS를 이용한 세포주기의 해석

i) Propidium iodide (PI) 염색에 의한 세포주기의 검출 (세포주기 만을 해석하는 경우).

① 접착세포의 경우는, Trypsin-EDTA 용액 등으로 세포가 single이 되도록 떼어서, 10% FBS DMEM 배지 등으로 중화해서 잘 suspend한다.

② 세포를 원심 (1,000 rpm, 5분간, 실온)하고 PBS (-)로 2회 세정한다.

부유세포의 경우도 같은 방법으로 PBS (-)에 의한 세정을 수행한다.

> 세포는, pellet으로 만들면 되기 때문에 무턱대고 높은 회전수로 하지 않는다. Pellet이 단단해져, 다음 step의 suspend로 single cell이 되기 어렵게 되고, nylon mesh에 의한 여과로부터 세포가 손실되어, 세포수가 부족해지는 가능성도 있다.

③ 세포 나핵용 현탁액 0.1% Triton X-100 in PBS (-) 5 ㎖을 pellet에 더해 세포 덩어리가 없도록 현탁한다.

④ Sample을 0.22 ㎛ nylon mesh filter에 통과시켜, 4 ㎖ poly tube (Falcon2008)에 회수한다.

⑤ PI/RNase 용액을 첨가하여 vortex로 섞은 후, tube를 차광해 flow cytometery BD FACS Calibur (일본 Becton Dickinson : 이후 BD사)로 측정한다.

ii) Propidium iodide (PI) 염색에 의한 세포주기의 검출 (다중염색을 하는 경우).

① 접착세포의 경우는, Trypsin-EDTA 용액 등으로 세포가 single이 되도록 떼어서, 10% FBS DMEM 배지 등으로 중화해서 잘 suspend한다.

② 세포를 원심 (1,000 rpm, 5분간, 실온)해서 PBS (-)로 2회 세정한다.

부유세포의 경우도 같은 방법으로 PBS (-)에 의한 세정을 수행한다.

③ PBS (-) 3 ㎖을 pellet에 더해서 세포 덩어리가 없도록 현탁한다.

> 여기서, 세포가 single이 되는 지가 열쇠이다. 만약, 세포가 2개 붙어 있다면 signal도 2배로 되어 정확한 분석은 어렵다. 또한, flow cytometer가 막혀 고장의 원인이 되기도 한다.

④ -20 ℃에서 냉각한 ethanol 7 ㎖을 vortex로 흔들면서 서서히 첨가간다. Ethanol의 최종농도는 70%가 된다.

⑤ -20 ℃에서 보존한다.

> 이 상태로, 모든 sample이 준비될 때까지 장기보존 가능.

⑥ 세포를 원심 (1,000 rpm 5분간, 실온)하여 PBS (-)로 2회 세정한다.

⑦ Sample을 0.22 ㎛ nylon mesh filter에 통과시켜, 4 ㎖ poly tube (Falcon2008)에 회수한다.

⑧ PI/RNase 용액을 첨가해서 vortex로 섞은 후, 30분간 실온에서 incubation해서 tube를 차광해 flow cytometery BD FACS Calibur로 측정한다.

iii) Flow cytometery BD FACS Calibur를 사용한 세포주기 분석 BD사의 FACS Calibur를 사용한 경우, CellQuest, ModFit 등을 이용하면, 간단히 G1, S, G2/M의 세포주기의 비율이나 data 신뢰성을 나타내는 CV값을 해석할 수 있다 (그림 3).

memo

장기간의 serum starvation 상태는, 동조를 시켜도 S기로의 유도가 나빠지는 경우가 발생하기 때문에 주의한다.

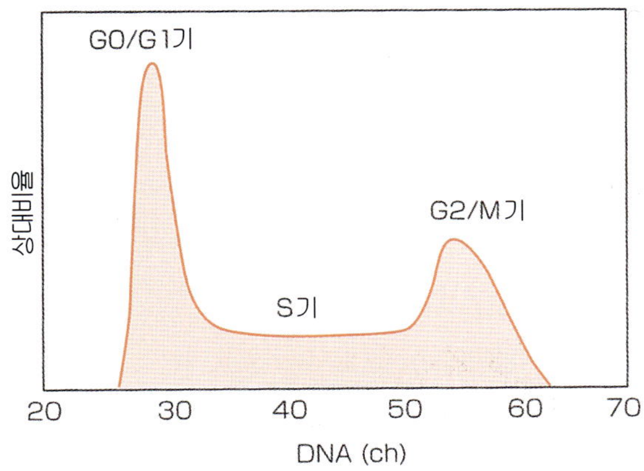

그림 3 **FACS를 이용한 세포주기 해석의 histogram**

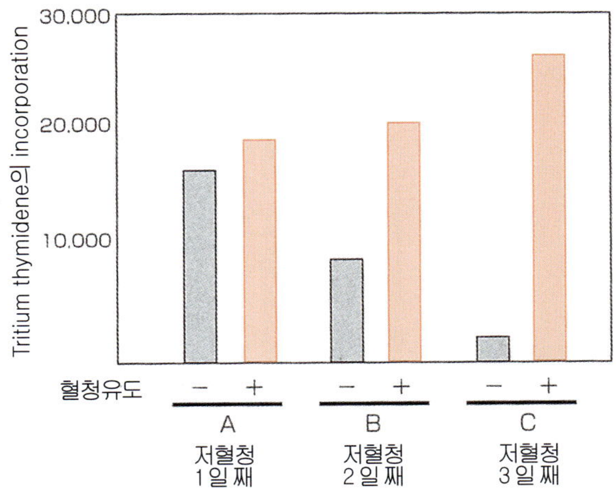

그림 4 **G0기로의 동조 및 혈청유도시의 tritium thymidine의 incorporation**

사람태아유래 섬유아세포 TIG-3 세포를 그림 2의 실험계획모델에 따라 동조 1일째 (A), 동조 2일째 (B), 동조 3일째 (C)의 24시간 동안의 tritium incorporation을 조사하였다. 동조 1일째는, 혈청유도에 의해 충분한 incorporation이 보였지만, 혈청으로 유도하지 않은 세포 (A)에서도 거의 동등한 tritium incorporation이 보여지는 것으로 보아 G0기로의 동조가 거의 되지 않았음을 알 수 있다. 동조 2일째 : (B)는 1일째에 비교하여 tritium incorporation이 반으로 떨어져 있지만, 아직 충분하지는 않다. 동조 3일째 : (C)는 tritium incorporation이 1,500cpm으로 낮고 충분하게 G0기로 동조되어 있다. 더욱이, 혈청유도에 의해 충분한 S기로의 유도가 보여지는 것으로부터 C의 조건이 동조조건으로 적절하다고 할 수 있다.

실험예

serum starvation에 의한 세포의 G0기에의 동조를 그림 4에 나타낸다.

끝으로

세포를 사용한 연구에서는, 세포주기를 고려하지 않으면 안되는 연구가 많이 있다. 특히, 세포주기의 분석에 있어서는 세포주기를 동조시키는 것은 필수이지만, 세포에 따라 최적의 조건을 설정할 필요가 있고, 본 실험법을 참고하기 바란다.

참고문헌

1) 井出利憲 :「分子生物學講義中繼 part2, 細胞の増殖とシグナル傳達の細胞生物學を學ぼう」, 羊土社, 2004
2) 井出利憲 編 : 生物藥科學實驗講座「細胞の増殖と成長因子」I 細胞周期の解析, 廣川書店

4 세포증식과 사멸

4. 배양세포에 있어서의 apoptosis 분석법

木口 薫

배양세포를 이용한 연구에 있어서, cell death, 특히, apoptosis assay는, 최근 점점 중요한 위치를 점하게 되었고, 더욱이 그 방법은 10년 전과 비교해 kit화가 진행되어 보다 간편하고 재현성도 뛰어나게 되었다. 본 항에서는 대표적인 분석법에 대해서 이야기해 본다. Apoptosis 관련분자의 해석에 대해서는, 다른 기회로 양보한다.

서론

Cell death를 일반적으로 분류해 보면 2개의 주된 경로를 따른다. 하나는 programmed cell death (PCD)라 부르는 것으로, 세포는 적극적으로 죽음을 향해서 program화 된 경로를 나아간다. PCD는 개체의 성장이나 조직의 항상성을 유지하는데 필수불가결하지만, apoptosis는 PCD를 둘러싼 가장 중요한 mechanism이다. 이 자기 파괴 program은, 차례로 전달되는 cascade에 의해 성취하는데, 이 사이 다양한 apoptosis에 특징적인 현상이 나타난다. 예를 들면, mitochondria 막전위의 저하, Bcl-2 등의 항 apoptosis 인자의 저해, caspase의 활성화, DNA 회복효소인 PARP [poly (ADP-ribose) polymerase]의 분해, phosphoserine의 세포외막에의 노출, endonuclease의 활성화, chromatin 응집화, 세포용적의 감소와 세포표면의 광산란성의 증대, 등등이다. 다른 하나의 경로는, 수동적인 necrosis에 보여지는 cell death이다. apoptosis와는 대조적으로, necrosis는 세포의 damage가 세포 독 등에 의해 발생되어, 세포막 유지기능의 소실이나 염증성 소견을 동반하고, DNA 단편화 등은 apoptosis에 비교해서, 적은 것이 특징이다.

Apoptosis와 necrosis는 형태적인 차이로부터 구별되어 왔지만, 그 어느쪽에도 속하지 않는 cell death도 최근 제창되고 있다. Autophagic death나 cytoplasmic death라고 일컬어지는 것 등이 있다. 특히 신경세포에 있어서 cell death (예를 들면 Huntington Disease, 근위축성측색경화증 등)에서는, apoptosis나 necrosis에서 보이는 형태학적 경과를 취하지 않고 PCD를 일으키는 것이 알려져 왔다. 이러한 새로운 cell death의 식견에 대해서는 다른 책을 참조하기 바란다.

Apoptosis에는 크게 나누어 2개의 경로가 있다. 하나는 mitochondria로부터 cytochrome C의 방출과 그것에 동반되는 pro-apoptotic factor나 caspase 9의 활성화를 경유하는 것, 다른 하나는 세포표면의 death receptor (Fas 등)을 경유해서 caspase 8/10의 활성을 촉진하는 것으로 나눌 수 있다. 최근, caspase의 활성화 없이 apoptosis를 일으키는 mechanism도 제창되고 있다 (그림 1).

본 항에서는 지면 관계상, 배양세포에 있어서 apoptosis 검출의 몇 가지 방법에 대해서 설명하고 싶다. 하나의 검출법이 모든 배양세포에 적용 가능하다고 생각하지 않고, 그 대상세포에 최적인 방법, 또는 그 조합을 선택하는 것이 중요하다. Apoptosis에 특징적인 세포의 형태변화, 예를 들면, chromatin 응축, crescent bodies, membrane blebbing을 광학, 또는 전자 현미경으로 확인하는 방법이 있지만, 여기에서는

Kaoru Kiguchi : University of Texas MD Anderson Cancer Center, Science Park-Research Division（米国MD Andersonがんセンター）

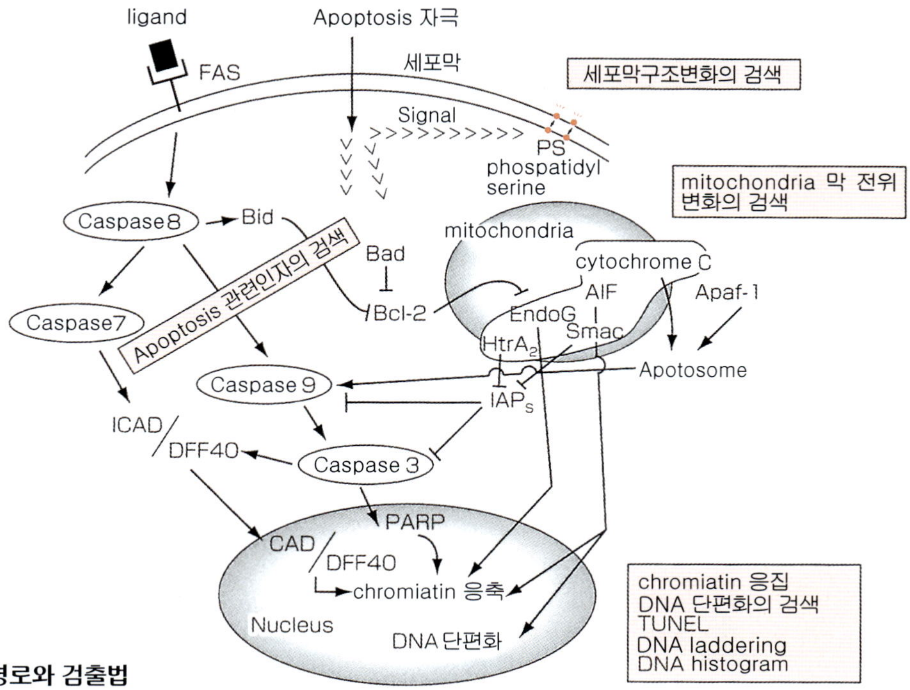

그림 1 **Apoptosis 경로와 검출법**

아래 방법에 대해서 소개한다.

i) 전기영동에 의한 DNA Laddering의 검출
ii) FCM을 사용한 DNA histogram
iii) TUNEL법에 의한 DNA 단편의 검출
iv) Annexin V에 의한 세포막 구조 변화의 검출
v) mitochondria의 막전위 변화의 검출 (그림 1, 2)

i) 저분자 DNA의 전기영동에 의한 DNA laddering의 검출

원리

Apoptosis가 진행되면 DNA의 단편화가 발생하는데, 세포의 저분자 DNA를 모아서 agarose gel에서 전기영동을 수행하고, 계단상의 DNA pattern (단편화 된 최소단위의 180 bp의 배수)를 검출한다.

준비할 것

- DNA추출 kit [Roche·Diagnostics (이하 Roche)사 등, lysis buffer, proteinase K, DNase-free RNase, protein precipitation용액을 포함한다]
- Gel loading buffer 6 ×

bromphenol blue	0.25 g
xylene cyanol	0.25 g
dH_2O	70 mℓ
glycerol	30 mℓ

- 0.8% agarose gel
- Ethidium bromide 염색액
- Isopropanol

Protocol

DNA 추출에 관해서는 각 회사로부터 kit가 판매되고 있다. 여기서는 Roche사의 kit (1814770)를 이용한 예를 소개하는데, 자세한 것은 각 회사의 protocol을 참조하기 바란다. 각 회사에 따라 추출 방법은 다르기 때문에, 여기서는 원리만 서술한다.

① 배양 plate를 PBS로 씻는다 (부유세포는 pellet을 500 × g, 5분간 원심해서 PBS로 씻는다).

② Kit의 lysis buffer를 plate에 첨가하여, 회수한다 (그 다음에 1000 × g, 5 분원심해서, 상층의 저분자를 모아도 된다).

③ Protocol에 따라 proteinase K를 더해 단백질을 분해하고, 이어서 RNase를 첨가하고, 거기다 protein

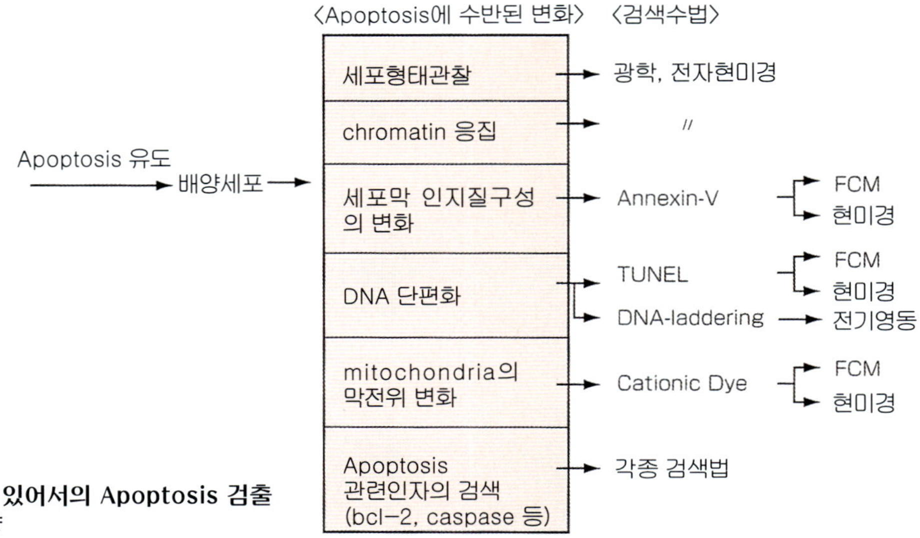

그림 2 **배양세포에 있어서의 Apoptosis 검출의 진행방향**

precipitaion용액을 더해 원심한다. 상층의 DNA를 isopropanol로 침전 회수한다. DNA를 70% ethanol로 씻어, TE buffer에 녹인다.

④ DNA용액과 1/5양의 Gel loading buffer 6 × 를 섞어, 0.8% agarose gel에서 영동한다 (2 V/㎝로 16 ~ 20 시간).

⑤ Ethidium bromide액으로 laddering의 유무를 관찰한다.

실험예

Mouse 배양 keratinocyte에 30 mJ/㎠의 UV를 조사하고, 48시간 후에 NP-40법을 써서, DNA단편을 확인했다 (그림 3).

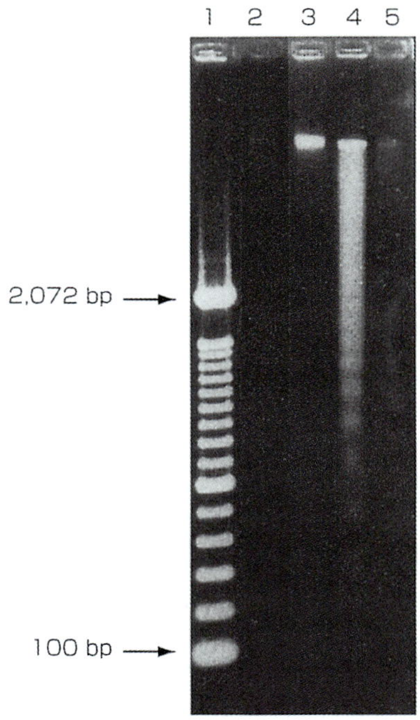

그림 3 **UV조사후 유도된 mouse 배양 keratinocyte에 있어서 전기영동법에 의한 apoptosis의 검출**

mouse 배양 keratinocyte에 30 mJ/cm^2의 UV를 조사하여, 48시간 후에 NP-40법을 사용하여 DNA 단편을 확인했다.
lane 1 : marker
lane 2 : control 세포 상층
lane 3 : control 세포 pellet
lane 4 : UV 조사세포 상층
lane 5 : UV 조사세포 pellet

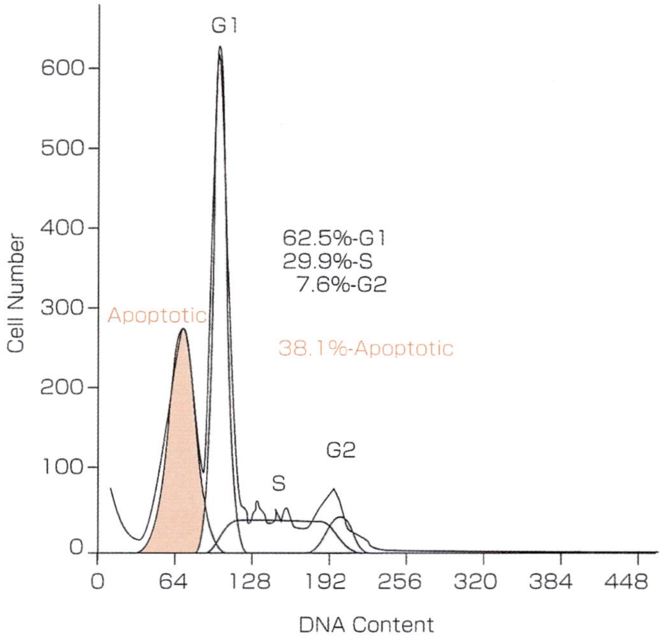

그림 4 **Fas로 apoptosis를 유도한 유선세포**

ii) FCM (flow cytometery)를 사용한 histogram

원리

배양세포를 propidium iodide (PI)로 염색해서 세포의 DNA 함유량을 FCM로 측정하여 (DNA histogram) 단편화 된 DNA가 나타내는, 세포주기의 G1 peak보다 좌측의 peak (sub−G1 peak)의 존재를 검출함으로써 apoptosis를 확인한다. 이 검출법의 상세한 것에 관해서는 전항의 세포주기 연구법에서 기술되었기 때문에 (4장 3참조), protocol 등은 생략한다.

실험예

정상배양 human 유선세포를 Fas로 활성화시켜 apoptosis를 유도했다. Propidium iodide (PI)로 염색하고 FCM으로 측정했다 (그림 4).

> ***memo***
>
> 이 검출법은 FCM을 이용할 수 있는 환경이면, 비교적 간단히 apoptosis를 확인할 수 있는 이점이 있지만, sub-G1 peak가 반드시 apoptosis에 의해 만들어진 것이라고는 말할 수 없다. Necrosis를 일으킨 세포도 sub-G1 peak를 만드는 것도 있다. 또 apoptosis를 일으킨 세포가 모두 sub-G1을 나타내는 것은 아니므로 주의가 필요하다.

iii) TUNEL 법에 의한 DNA 단편의 검출

원리

TUNEL (Terminal deoxynucleotidyl transferase−mediated dUTP nick labeling)은 많은 세포 model에 이용 가능하다. Apoptosis를 일으킨 세포의 chromatin DNA는 활성화 된 endonuclease에 의해, linker DNA부분에서 잘린다. 그 결과 몇 개의 크기로 세분된 nucleosome이 핵 내에 출현한다. 이 nucleosome DNA단편에 terminal deoxynucleotidyl transferase (TdT)의 작용으로

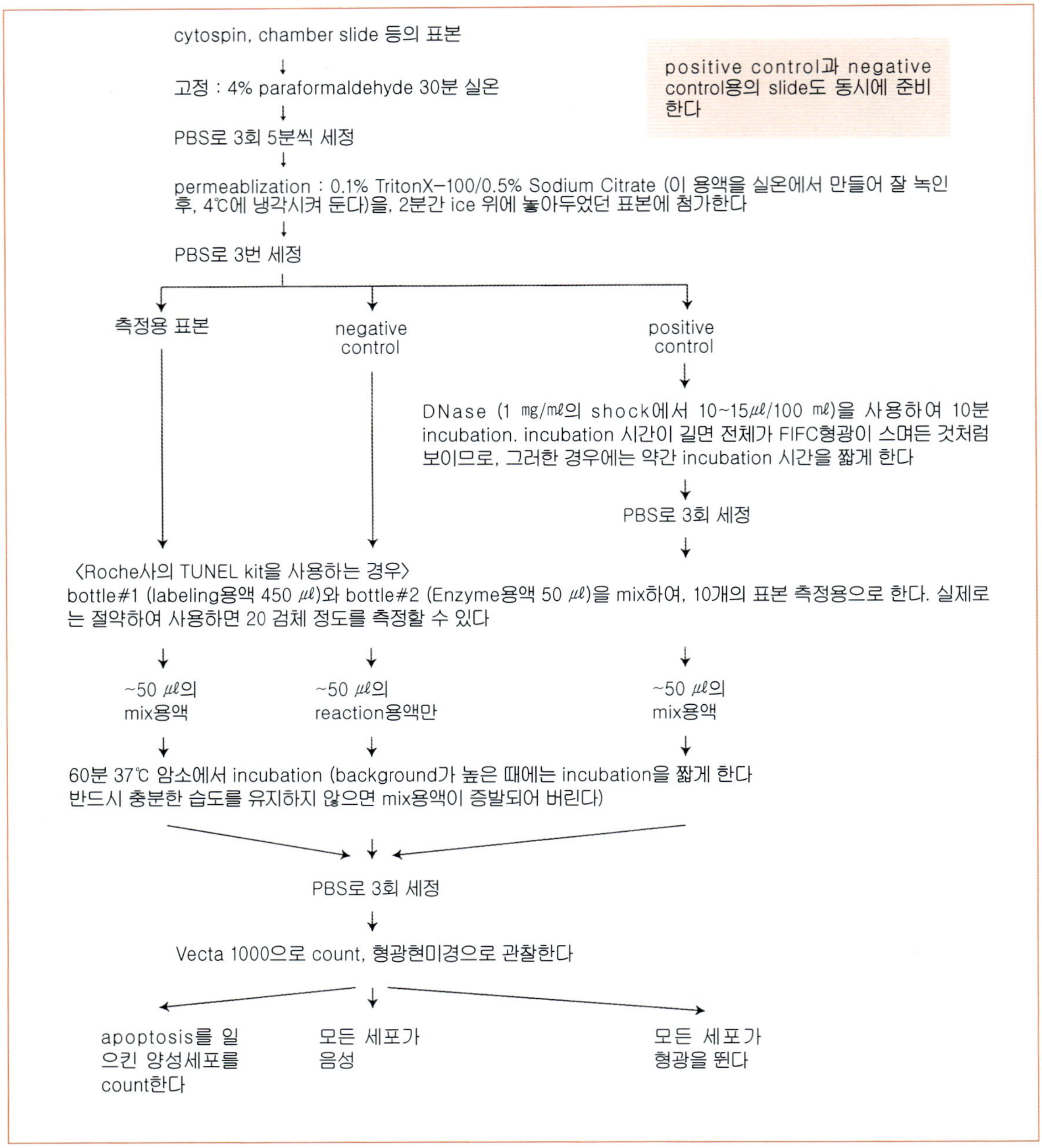

그림 5 TUNEL법에 의한 DNA 단편 검출의 protocol (형광현미경을 사용하는 경우)

형광색소 (FITC, APC 등)가 붙은 dUTP나 BrdU를 결합시킨다. 형광 현미경이나 FCM 하에서 DNA단편을 가진 세포는 형광을 발하고, apoptosis를 일으킨 세포로서 확인 가능하다. 이 TUNEL법은 kit로서 각 회사에서 판매되고 있다. Biotin/streptoavidin (SA)의 결합을 이용한 것이나 형광색소가 아니고 광학 현미경으로 관찰이 가능한 색소발색을 일으킨 것 등 다양한 kit의 type이 있다.

준비할 것

<형광현미경을 사용하는 경우>

- TUNEL kit (TdT 용액, FITC labeling액을 포함, 여기서는 Roche 사의 것을 사용)
- DNase
- 4% paraformaldehyde/PBS (PFA)
- Permeablization액

0.1% TritonX-100/0.5% Sodium Citrare

<FCM을 사용하는 경우>

- HBSS

Hanks 완충액

KCl	0.40 g
$Na_2HPO_4 \cdot 7H_2O$	0.09 g
KH_2PO_4	0.06 g
$NaHCO_3$	0.35 g
$CaCl_2$	0.14 g
$MgCl_2 \cdot 6H_2O$	0.10 g
$MgSO_4 \cdot 7H_2O$	0.10 g
NaCl	8.0 g
D-glucose	1.0 g
H_2O (pH 7.2)	1 ℓ

- 2% paraformaldehyde (PFA)
- Streptoavidin-APC (SA-APC)
- Ethanol
- TUNEL kit (Roche사, TdT, 5×Reaction Buffer, $CoCl_2$, Biotin-16-dUTP를 포함)
- Reaction혼합액

H_2O	33 μℓ
5×Reaction Buffer	10 μℓ
$CoCl_2$	5 μℓ
Biotin-16-dUTP	1 μℓ

Protocol

1 형광현미경을 사용하는 경우

protocol : 그림 5를 참조

2 FCM을 사용하는 경우

① 세포를 trypsin 처리나 긁어 모아 (3장 4 참조) 1% PFA (250 μℓ PFA + 250 μℓ HBSS)로 15분간 ice위에서 고정한다. 2 mℓ HBSS로 2회 세정.

② 고정한 세포를 0.5 mℓ 70% ethanol/HBSS로 20분 ice위에서 incubation. 2 mℓ HBSS로 2회 세정.

③ 원심한 세포 pellet에 49 μℓ Reaction 혼합액과 1 μℓ TdT를 첨가하여 섞음. 37 ℃에서 30분 incubation. 1% BSA/HBSS로 2회 세정. Control은 TdT를 첨가하지 않는다.

④ 세포 pellet에 49 μℓ 1% BSA/HBSS와 1 μℓ SA-APC를 더해 ice위에서 30분 incubation. 1% BSA/HBSS로 2회, HBSS로 1회 세정.

⑤ 세포 pellet에 250 μℓ HBSS + 250 μℓ PFA를 첨가하여 FCM으로 분석.

실험예

1 형광현미경을 사용하는 경우

Mouse 배양 keratinocyte에 30 mJ/㎠의 UV를 조사해서, 24시간 후에 TUNEL을 수행했다 (그림 6).

2 FCM을 사용하는 경우

Mouse 흉선배양 세포를 CD4/CD8 double positive cells (DP)과 CD4/CD8 double negative cells (DN)군으로 나눈 뒤, 그 세포군 중에서 apoptosis를 일으키는 세포의 비율을 FCM으로 검출했다 (그림 7).

memo

섬유아세포나 상피세포의 일부는 apoptosis를 일으켜도, DNA단편화가 중도에 그쳐, 작은 단편을 얻을 수 없어서 생각한 결과를 얻을 수 없는 것도 있다.

iv) Annexin V에 의한 세포막 구조 변화의 검출

원리

Apoptosis의 초기단계에 세포막은 인지질의 구축에 혼란이 발생되어 phosphatidylserine (PS)이 세포막의 외측에 노출된다. Annexin V는, Ca^{2+} 의존성의 인지질 결합 단백질로, 특히 PS에 특이적으로 결합한다. 이 성질을 이용해서, 노출된 PS를 검출한다. Necrosis나apoptosis가 진행된 후기 단계에서도 PS의 노출은 일어난다. 그러나 이 경우에는 동시에 세포막의 파괴, 투과성의 항진이 일어나고 있고, PI의 염색에서 세포는 양성이 된다. 따라서 Annexin V와 PI의 염색을 조합시키는 것에 의해 apoptosis의 초기단계를 검출하는

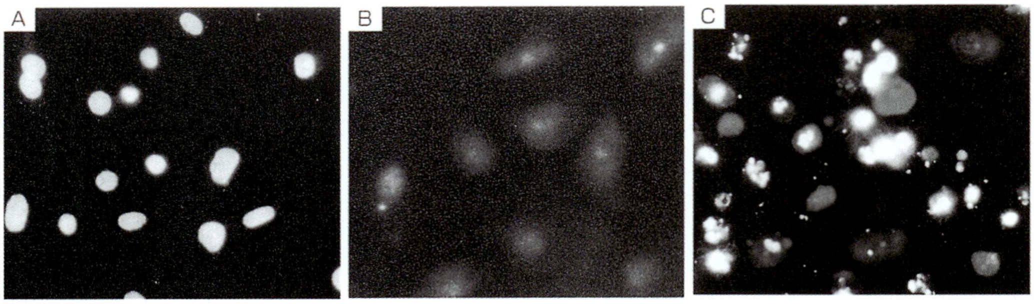

그림 6 UV 조사 후에 유도된 mouse 배양 keratinocyte에 있어서 TUNEL에 의한 apoptosis의 검출
mouse 배양 keratinocyte에 30mJ/cm^{2}의 UV을 조사하여, 24 시간 후에 TUNEL을 수행했다 (권두 color 사진 1 참조).
A) positive control (세포를 DNase로 처리한 것)
B) control (정상세포)
C) UV 조사

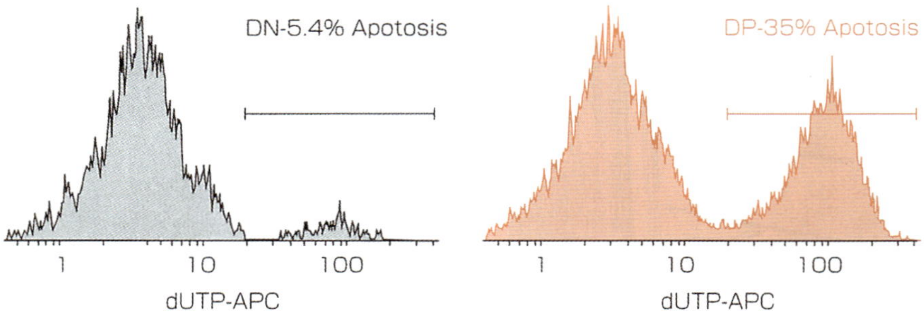

그림 7 T cell subset에 있어서 apoptosis를 일으킨 세포의 비율
우선 흉선세포를 CD4와 CD8에 대한 항체로 염색하고, 다음에 protocol에서 서술한 것처럼 TUNEL 염색을 수행한다. FCM으로 CD4/CD8 양쪽양성 세포군 (좌측)과 양쪽음성 세포군 (우측)으로 나누어 이것들을 모은다. 각 세포군중에서 dUTP-APC에 강하게 염색된 세포를 다시 FCM을 이용하여 apoptosis을 일으킨 세포비율을 조사한다. 양쪽양성 세포군에서는 5.4%만이 apoptosis을 일으키고 있지만 양쪽음성 세포군에서는 35%의 세포가 apoptosis을 일으키고 있다.

것이 가능하게 된다.

준비할 것

- MEBCYTO Apoptosis Kit (AnnexinV-FITC : MBL사) [AnnexinV, 1 × Binding Buffer, Propidium Iodide (PI)를 포함한다]
- PBS

Protocol

① 배양세포 (2 ~ 5 × 10^5 cells/㎖)*를 PBS로 1회 세정.

☞ * 접착세포의 경우는 trypsin으로 떼어내고, 혈청 함유 배지로 1회, PBS로 1회 세정.

② 세포 pellet에 85 ㎕의 Binding Buffer를 첨가하여 섞음.

③ 10 ㎖ Annexin V-FITC, 5 ㎕ PI를 더하고, 실온 차광해서 15분 incubation.

④ 400 ㎕ Binding Buffer를 첨가하여 섞고, FCM이나 형광현미경으로 분석.

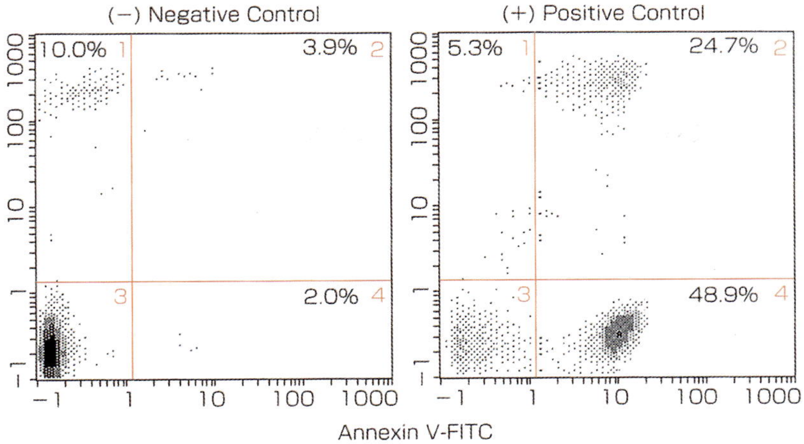

그림 8 Annexin V-FITC와 PI염색에 의한 apoptosis의 검출
왼쪽 그림 : Jurkat 세포 무처리
오른쪽 그림 : Jurkat 세포를 topoisomerase 저해제인 etoposide (10 mM, 18 시간) 처리
3 group은 PI (−), Annexin V (−)로 live cells
4 group은 PI (−), Annexin V (+)로 apoptosis을 일으킨 세포
2 group은 PI (+), Annexin V (+)로 necrosis나 apoptosis 후기의 세포
1 group은 PI (+), Annexin V (−)로 세포단편이거나 necrosis 후기의 세포

실험예

Jurkat 세포를 topoisomerase 저해제인 etoposide (10 mM, 18시간)로 처리해서 FCM으로 분석했다 (그림 8). 왼쪽 그림은 etoposide 처리하지 않은 세포. 오른쪽 그림은 처리한 세포. 4개의 분획 중 1은 PI+/FITC− 군으로, necrosis 후기나 세포의 단편을 나타내고, 2는 PI+/FITC+ 세포군으로, 후기의 apoptosis나 necrosis를 나타내고, 3은 PI−/FITC− 세포군으로 apoptosis도 necrosis도 일으키고 있지 않은 세포군을 나타내고, 4는 PI−/FITC+ 세포군으로 초기 apoptosis를 일으키고 있는 세포 군을 나타낸다.

v) Mitochondria 막전위 변화의 검출

원리

Apoptosis가 일어나면 mitochodria 외막의 투과성이 항진하고, 막내에 존재하는 단백질이 세포질로 흘러 나와 mitochondria 막전위가 저하한다. J1-C (Molecular Probe사)나 MitoCapture (Biovision, Calbiochem, Alexis, MBL 등의 각 회사) 등의 형광을 가진 Cationic Dye를 이용해서 이 변화를 촉진하는 것이 가능하다. Apoptosis를 일으킨 세포는 막전위의 변화에 의해 Cationic Dye가 mitochondria안에서 응집할 수 없어, monomer로서 세포질내에 남고, 이것은 녹색의 형광을 방출한다. 한편 apoptosis를 일으키지 않은 세포에서는, Cationic Dye가 mitochondria에 응집하여, 강한 형광인 적색을 방출한다. 이 발색광의 차이를 이용해서 형광 현미경이나 FCM으로 apoptosis를 일으킨 세포를 검출한다.

준비할 것

- J1-C (Molecular Probe사 등)
- J1-C를 사용하지 않는 경우는, MitoCauture Apoptosis Detection Kit가 위에 기술한 각 회사에서 판매되고 있다. 이것에는 MitoCaputure외에, incubation액이 포함되어 있다.

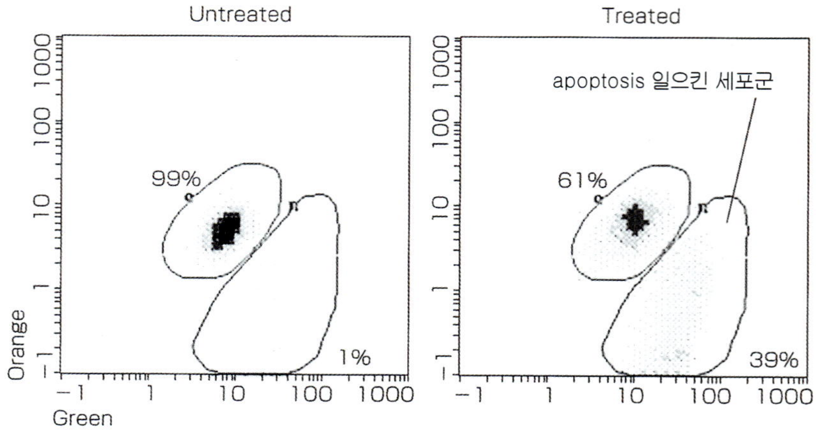

그림 9 FCM에 의한 mitochondria 막전위 변화의 검출
왼쪽 : Jurkat 세포 무처리
오른쪽 : Jurkat 세포를 2 μM camptothecin으로 8시간 처리하였다. 39%의 세포에 녹색이 강한 (Cationic Dye가 monomer로 세포질내에 남아있다) apoptosis을 일으키고 있는 pattern이 보인다.

Protocol

(J1-C를 사용한 예)

① 배양세포 (5~10 × 10^5 cells/㎖)*를 배지로 1회 세정.

> *접착세포의 경우는 trypsin으로 떼서, 배지로 1회, PBS로 1회 세정.

② J1-C의 stock 용액 (1 ㎎/㎖ in DMSO)을 만든다.

③ 세포 pellet에 1 ㎖의 배양액과 최종농도가 1 ㎍/㎖이 되도록 J1-C를 더하고, 흔들어 섞고, 5% CO_2 incubator 안에서 37 ℃, 20분 incubation한다.

④ PBS로 3회, 5분 세포를 세정한다.

⑤ 1 ㎖의 배양액을 더해, 흔들어 섞은 다음 FCM 또는 형광 현미경의 FITC용의 filter 및 TR/Cy3/Rhodamine용의 filter로 관찰한다.

실험예

Jurkat 세포의 control (왼쪽 그림)과 2 μM camptothecin으로 8 시간 처리해서, apoptosis을 유도한 세포 (오른쪽 그림)를 FCM으로 해석한 것(그림 9). 가로축은 녹색의 FITC 강도(Ex/Em = 510/525 ㎚에서 측정), 세로축은 적색 강도 (Ex/Em = 600/610 ㎚)를 나타낸다. 우측 아래에 둘러 싸여져 있는 세포 군이 apoptosis를 일으키고 있는 것으로 약제 처리 세포에서는 약 39%의 세포에서 apoptosis가 확인되었다.

참고문헌

각 실험방법에 관한 문헌은 미국 M. D. Anderson Cancer Center의 Web Site (http://sciencepark.mdanderson.org)의 Cell and Tissue Analysis Core의 Apoptosis 항에 실려 있으므로 참조하기 바란다.

제4장 세포증식과 사멸

5. 세포의 immortalization

田原榮俊 井出利憲

초대 배양세포는 비교적 정상적인 형질을 유지하고 있다는 장점이 있지만 초대 배양조작의 번거로움과 계대를 계속함에 따라 형질과 기능이 크게 변화한다는 점 그리고 분열수명의 한계성이 있다는 점 때문에 일정한 형질을 유지할 수 있는 불멸화세포는 다양한 유전자의 해석이나 세포의 기능을 조사하는데 있어 상당히 중요한 실험재료로 사용된다. 세포를 불멸화하기 위한 몇몇 개의 방법이 개발되어져 있으며 각각의 방법에 의해 얻어진 세포들은 형질이나 염색체의 상태가 다르기 때문에 세포의 불멸화를 위한 방법의 선택은 목적에 따라 신중하게 결정할 필요가 있다. 본 항에서는 세포의 불멸화를 위한 방법과 특징에 관해 최신기술들을 중심으로 논하고자 한다.

서론

일반적으로 정상세포는 수명이 한정되어 있는 것으로 알려져 있다. 개개의 세포는 일정횟수 분열하고 나면 증식의 정지, 즉 세포의 노화가 일어나게 되는데 이러한 세포의 노화를 막으면 세포의 불멸화를 유도할 수 있다. 불멸화란 세포가 무한 증식능을 획득하는 것을 말한다. 노화의 원인으로서 중요시 되는 것이 염색체 말단에 존재하는 특수한 반복서열인 telomere이다. Telomere은 인간의 경우 5~10 kb 크기의 5′-TTAGGG-3′의 반복서열이 있지만 염색체 말단의 복제 문제 때문에 세포분열 시에 조금씩 짧아진다[1]. 따라서 telomere가 일정 수준의 크기만큼 작아지면 세포증식을 중지시켜 세포유지에 필요한 유전자들을 손상으로부터 보호하는 것으로 사료된다. 단, telomere의 크기가 충분해도 배양조건이 맞지 않으면 culture shock로 조기노화가 유도되는 경우가 많다.

인간의 경우 정상인의 체세포가 자연발생적으로 불멸화하는 경우는 없지만 암 virus, 발암물질 혹은 UV 등의 처리에 의한 DNA의 변이를 일으키면 불멸화된 세포를 얻을 수 있다. 단 그 빈도는 아주 낮은 편이다. 이는 인간 체세포의 경우 telomere를 신장시키는 telomerase의 발현이 우성적으로 억제되거나 변이에 따라 telomerase의 발현빈도가 낮은 경우가 많기 때문이다. 더욱이 세포에 따라 특정 유전자의 변이가 일어나지 않으면 불멸화가 일어나지 않는 경우가 많다. 대개 인간의 생체로부터 직접 채취한 세포가 불멸화되는 것은 암세포뿐이다. 암세포는 telomerase가 양성이다.

한편 마우스 등의 세포는 비교적 자연발생적인 불멸화세포를 얻기가 쉽다. 마우스 등은 초대 배양세포를 계속하여 계대하면 초대배양세포에서는 발견되지 않는 형질전환된 형태의 세포가 증식하는 경우가 있다. 이러한 세포들은 불멸화할 가능성이 높다. 마우스의 경우 인간보다 telomere가 5배 이상 길어 telomere의 단축에 의한 증식 정지가 인간보다 일어나기 어려울뿐더러 telomerase가 초기부터 발현되어 있거나 일어나기 쉬운 경우가 많다. 즉 세포종류에 따라 불멸화가 일어날 수 있는 확률이 크게 다름으로 개개의 세포의 맞는 불멸화 방법을 선택할 필요성이 있다.

정상세포를 재료로 한 연구에서는 cell line화 (불멸

Hidetoshi Tahara, Toshinori Ide : Department of Cellular and Molecular Biology, Division of Integrated Medical Science, Program for Biomedical Research, Graduated School of Biomedical Sciences, Hiroshima University（広島大学大学院医歯薬学総合研究科創生医科学専攻・病態探究医科学講座細胞分子生物学研究室）

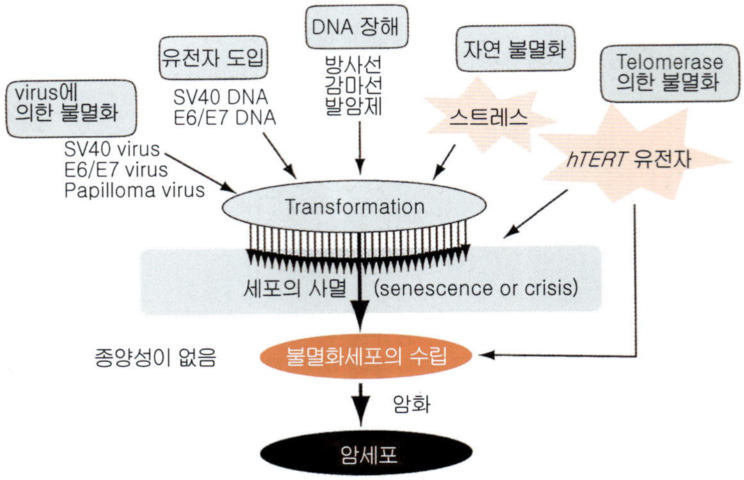

그림 1 **세포의 불멸화와 암화**

화된 세포로 그 형질이 어느 정도 유지된 세포를 말함) 된 암세포의 경우와 마찬가지로 연구재료인 세포를 충분히 확보할 필요가 있다.

원리 (그림 1)

1 SV40에 의한 세포의 불멸화

SV40 (Simian Virus 40)에 의한 세포의 transformation은 암억제 유전자인 p53이나 pRB 등의 단백질을 불활성화할 수 있다. SV40으로 transformation한 세포는 변이 빈도가 높아 증식 중에 telomerase의 인위적인 발현을 통해 불멸화 세포를 쉽게 얻을 수 있다.

2 Telomerase에 의한 세포의 불멸화

정상세포에서 telomerase활성이 약한 것은 telomerase의 촉진유전자 *hTERT*의 발현이 아주 낮기 때문이다. *hTERT*을 정상세포에서 강제적으로 발현시키면 많은 정상세포의 형질을 유지한 상태로 세포의 불멸화를 만들 수 있다[1]. 일반적으로 *hTERT*로 불멸화한 세포는 종양성이 없다.

3 배양조건 개선에 의한 세포의 불멸화

마우스 세포는 일반 배양조건에서 자연 발생적으로 형질전환된 세포가 만들어진다. 이것은 대부분 p53이 자연발생적으로 변이되기 때문이다. 따라서 마우스의 정상세포의 형질을 그대로 유지하면서 불멸화하는 것은 곤란하지만 최근 저산소 조건에서 배양하면 자연발생적으로 일어나는 p53의 변이를 막을 수 있을 뿐만 아니라 야생형의 p53을 그대로 유지시키면서 세포의 불멸화를 유도할 수 있다는 사실이 밝혀졌다. 즉 마우스 세포는 산화적인 스트레스에 약해 대부분의 세포는 죽고 p53에 변이가 일어난 세포만이 불멸화된다는 것이다. 따라서 저산소의 배양조건을 이용하면 정상세포의 사멸과 p53의 변이를 막으면서 세포의 불멸화를 유도할 수 있다.

준비물

<DNA>

- SV40 DNA의 발현 vector :
  pMT1ODtsA
  pSVneoODtsA
- Papilloma virus (E6,E7) 유전자발현 vector
- Telomerase 유전자발현 vector :
  pIRISneo-hTERT
  pIRISpuro-hTERT
- Telomerase 유전자발현 retrovirus vector :
  pLXIN-hTERT (pLXIN은 BD Clontech사로부터 구입가능)
  pMSCVpuro-hTERT (pMSCVpuro은 BD Clontech사로부터 구입가능)
  pMSCVneo-hTERT (pMSCVneo은 BD Clontech사로부터 구입가능)
  pMSCVhyg-hTERT (pMSCVhyg은 BD Clontech사

표 1 선택약제의 사용 용도와 형질

약제	내성유전자	선택농도	사용농도	약제선택기간(사멸개시일수)
G418	Neomycin	100~1,200 ㎍/㎖	500 ㎍/㎖	7~14일 (2일)
Puromycin	Puromycin	0.1~2.0 ㎍/㎖	0.5 ㎍/㎖	5~10일 (4일)
Hygromycin	Hygromycin	25~1,000 ㎍/㎖	0.5 ㎍/㎖	5~10일 (3일)

주의 : 세포에 따라 감수성의 차이가 있으므로 세포를 상기의 농도로 검토할 필요성이 있음. 사멸 개시 일수도 세포에 따라 차이가 있음.

로부터 구입가능)
pFBneo-hTERT (pFBneo은 Stratagene사로부터 구입가능)

<세포>

- Amphotoropic packaging 세포 :
PT67, BD Ampho Pack-293 (BD Clontech사로부터 구입가능)
- Ecotropic packaging 세포 : GPE86
- 실험자가 연구하고자 하는 세포

<시약>

- Polybrene (Sigma사, 0.22 ㎛ filter로 멸균)
- Retonectin (TaKaRa사)
- DEME배지 (Sigma사)
- FuGene6, Transfection시약 (Roche사) (-20℃ 보존. 실온에서 사용)
- Effectene, Transfection시약 (Qiagen사) (4℃ 보존. 실온에서 사용)
- FBS (Hyclone사)
- 실험자가 연구하고자 하는 세포의 배지
- 멸균수 (MilliQ수를 autoclave멸균한 것, 사용할 때는 실온의 것을 사용)

<기구·기기>

- Millex-HV 0.45 ㎛ protein low binding filter (Milipore사, SLHV R25 LS)
- Disposable 30 ㎖ 실린지 (Nipro사)
- 멸균 disposable 피펫 2 ㎖, 5 ㎖, 10 ㎖, 25 ㎖ (Corning사)
- 단백질 흡착성이 낮은 1.5 ㎖ tube (autoclave멸균)
- 단백질 흡착성이 낮은 2.0 ㎖ tube (autoclave멸균)
- 단백질 흡착성이 낮은 1.5 ㎖ tube (200 ㎕, 1000 ㎕) (autoclave멸균)
- 저산소배양이 가능한 $CO_2/O_2/N_2$ incubator (Tabai사)
- N_2발생기 (십자관)

Protocol

1 선택약제 농도의 결정

유전자 도입을 수행하는 실험에서는 transfection이든 virus를 이용한 infection이든 간에 유전자가 도입된 세포만이 생존할 수 있도록 사용하는 vector에 맞춰 G418, puromycin, hygromycin 등의 선택약제의 최적농도를 미리 결정해 놓아야 한다. 계대 가능회수가 얼마 안 되는 초대 배양세포에서는 신중히 검토하여 수행할 필요성이 있다 (표 1).

① 세포를 계대배양 할 때와 동일한 방법으로 회수하여 15 ㎖ tube에 모은다. Trypsin으로 회수한 경우에는 반드시 혈청이 함유된 배지로 현탁해야 한다.

☞ 혈청이 함유된 배지로 현탁하지 않으면 trypsin이 중화되지 않아 cell counting를 하는 중에도 효소가 작용하여 세포에 damage를 준다. 무혈청의 배지를 사용하는 세포는 trypsin inhibitor로 중화하여 원심분리 후 배지로 현탁시킨다.

② 혈구 계산판 등으로 세포 수를 counting하여 세포농도를 계산한다. Cell counting은 반드시 반복 후 그 평균값을 이용한다. 5×10^4 cell/dish가 되도록 배지로 희석한다. 혹은 필요한 세포수를 다른 tube에 옮겨 배지로 희석한다.

③ 15 ㎖ tube에 모은 세포를 잘 현탁한 후 34 ㎜ dish에 5×10^4 cell/dish가 되도록 1 ㎖ 씩 세포를 파종한다.

④ 세포를 파종한 후에는 우로 4회, 좌로 4회 회전시켜 섞은 후 좌우 4번, 상하로 4번 흔들어 잘 섞은 후 (밑에 그림) 조심스럽게 CO_2 incubator로 옮겨 배양한다.

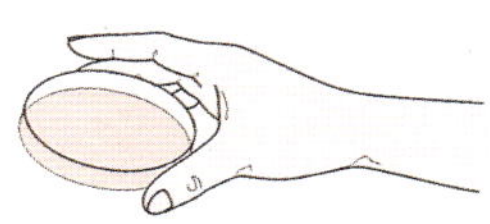

세포를 섞는 방법
Plate를 다음과 같이 흔든다
(①~④모두 뚜껑에 배지가 묻지 않도록 잘 섞는다)

4 세포증식과 사멸

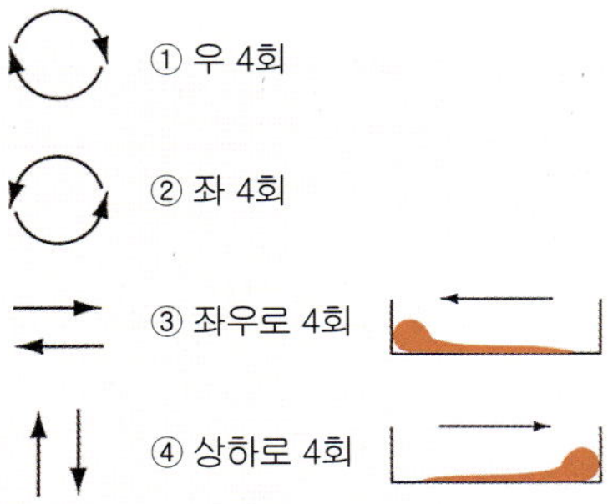

☞ Incubator 선반에 올려놓을 때 기울어지면 세포가 한쪽으로 쏠림으로 조심해야 한다.

⑤ 다음날 세포가 균일하게 부착되어 있는 것을 확인한다. 죽은 세포가 많은 경우는 새로운 2 ㎖의 배지로 교환한다.

⑥ G418의 경우 0, 100, 200, 400, 600, 800, 1,000, 1,200 ㎍/㎖의 농도가 되도록 15 ㎖ tube에 미리 희석한 것을 만들어 놓는다.

☞ 세포가 자라고 있는 배지에 먼저 넣고 나중에 약제를 필요한 양만큼 넣는 방법도 좋지만 stock solution의 약제는 고농도이므로 약제첨가 후, 바로 섞지 않거나 첨가방법이 나쁘면 부분적으로 세포가 사멸하는 경우가 있으므로 미리 희석한 배지를 15 ㎖ tube 등에 만들어 놓는 것이 좋다.

⑦ Puromycin의 경우 0, 0.1, 0.2, 0.3, 0.4, 0.5, 0.6, 0.8, 1.0 ㎍/㎖의 농도가 되도록 15 ㎖ tube에 미리 희석한 것을 만들어 놓는다.

⑧ 배지를 aspirator로 제거하고 배지로 희석한 선택약제를 1 ㎖씩 첨가하여 37℃의 CO_2 incubator에서 배양한다.

⑨ 세포는 매일 관찰하여 모양 및 상태를 실험노트 등에 기록한다. G418은 약효가 늦어 5일 후 정도부터 사멸하는 세포가 나타난다. 한편 Puromycin은 G418에 비해 세포가 사멸하는 것이 빠름으로 약제첨가 후 2~3일 정도에 세포가 사멸하기 시작한다. 빠른 세포는 5일 정도에 충분히 사멸하는 경우도 있다.

⑩ 사멸한 세포가 많아지면 선택 약제를 함유한 배지로 교환한다.

☞ 사멸한 세포가 많은 상태로 선택을 계속하면 죽은 세포가 배출하는 인자로 인해 세포가 사멸하는 경우가 있으므로 주의해야 한다. G418의 경우 약 5일 정도 후에 배지교환을 수행한다. Puromycin의 경우는 약 3일 정도 후에 배지를 교환한다.

⑪ G418의 경우는 2주간, Puromycin의 경우는 1주간 약제선택을 수행하여 세포가 완전히 사멸한 세포농도를 사용한다.

⑫ 필요한 경우에는 giemsa염색을 하여 부착세포의 유무를 확인함과 동시에 사진을 찍어 데이터로 보존한다.

2 SV40 유전자 도입에 의한 세포의 transfection

① 100 ㎜ dish의 경우 8 × 10^5 cell/dish (60 ㎜ dish의 경우 5 × 10^5 cell/dish)가 되도록 세포를 파종한다.

☞ 세포의 증식이 양호한 것을 사용하고 세포의 파종시 한쪽으로 쏠리지 않도록 앞에 항의 약제선택의 경우와 동일한 요령으로 세포를 균일하게 파종하는 것이 중요하다.

② 다음날 transfection을 수행하기 직전에 배지교환을 수행한다.

③ 밑 부분이 둥근 2 ㎖의 low binding tube에 2 ㎍ (60 ㎜ dish의 경우 1 ㎍)의 DNA를 DNA농축용 buffer인 EC로 최종용량 300 ㎕ (60 ㎜ dish의 경우 150 ㎕)가 되도록 희석한다.

④ Enhancer를 16 ㎕ (60 ㎜ dish의 경우 8 ㎕) 첨가하여 천천히 각반하고 가볍게 spin down한 후 실온에서 5분간 incubation한다.

⑤ Enhancer transfection reagent를 50 ㎕ (60 ㎜ dish의 경우 25 ㎕) 첨가하여 low binding 200 ㎕ tube에서 천천히 5회 각반한다. Vortex로 혼합해도 좋지만 뚜껑에 묻지 않도록 주의한다.

⑥ 실온 (20~25 ℃)에서 5~10분간 incubation하여 DNA-effecten의 복합체를 형성시킨다.

⑦ DNA-effecten의 복합체 용액에 1 ㎖의 배지 (항생물질, 혈청함유)를 첨가하여 천천히 혼합한다. 이 용액을 세포배양액에 한 방울씩 천천히 떨어뜨려 균일하게 첨가한다.

⑧ 8시간 후 혹은 다음날 세포를 관찰하여 세포의 상태를 확인한다. 세포독성이 나타나는 경우는 배지를 교환하여 세포가 완전히 채워지기 (confluent) 바로 직전까지 배양한다.

⑨ 세포독성이 없는 경우에는 배지교환 없이 세포가 confluent가 될 때까지 배양한다. 세포의 증식이 늦은 세포는 3일에 한번씩 배지를 교환한다. 일반적으

로 transfection후 3일 정도에 confluent가 되는 경우가 많다.

☞ 이 방법의 경우 daughter clone를 얻을 가능성이 있으므로 그 가능성을 낮게 하고 싶은 경우에는 transfection 다음날 ⑪ 이후의 step를 수행한다.

⑩ Sub-confluent의 상태에서 배지교환을 수행한 후, 다음날 trypsin으로 세포를 회수하여 cell counting 한다.

⑪ 100 ㎜ dish에 500 cell/dish, 2,000 cell/dish, 5,000 cell/dish, 10,000 cell/dish, 50,000 cell/dish, 100,000 cell/dish가 되도록 세포를 희석하여 선택 약제가 들어 있는 배지로 배양한다. 각각 세포의 희석농도가 다른 세포를 5장씩 파종한다. 남은 여분에 세포도 약제선택을 수행한다.

⑫ G418 또는 Puromycin에 상관없이 2~3주간 선택 배지로 배양한다. 사멸세포가 많아질 때에는 수시로 선택 약제가 함유된 배지로 배지교환을 수행한다. 일반적으로는 3~4일에 한번씩 배지를 교환하는 것이 좋다. 너무 자주 배지를 교환하면 형성 중인 clone으로부터 세포가 일부 유리되어 흐물흐물한 clone이 만들어짐으로 주의해야 한다. 반대로 너무 배지교환을 하지 않으면 clone이 죽어버림으로 주의해야 한다.

⑬ Colony의 크기가 3 ㎜ 정도 되면 colony를 cloning 한다. 3장의 7 그림 3에 표시한 것처럼 cloning 실린지를 이용하여 수행한다.

⑭ Cloning할 dish를 PBS(-)로 한번 세정한 후, 실리콘 처리된 cloning 실린지를 colony위에 잘 올려놓는다.

⑮ Trypsin-EDTA액을 한 방울 cloning 실린지를 통해 주입한다.

⑯ 현미경으로 세포가 떨어진 것을 확인한 후 멸균된 파스테르 혹은 끝이 잘린 200 ㎕ tip으로 세포를 3회 정도 현탁시킨다.

⑰ 미리 24 well plate에 1 ㎖씩 배지를 넣어 놓고 거기에 cloning한 세포를 첨가한 후 균일하게 잘 섞는다.

⑱ 세포가 confluent 정도까지 자라면 세포를 떼어내어 35 ㎜ dish 또는 60 ㎜ dish로 scale up한다. 이때 세포의 희석배율은 4~8배로 한다.

⑲ 100 ㎜ dish까지 scale up되면 그중 3/4을 동결보존한다. 이 시점의 PDL은 transfection한 세포의 PDL에 20을 가산한 것을 PDL로 한다.

☞ PDL (population doubling level,세포분열회수)

세포가 1회분열하면 1PDL로 count한다. 즉 4배 희석해서 도포한 세포가 confluent가 되면 2PDLs로 진행한 것이 된다.

㉑ 1/4은 계속해서 4배 혹은 8배로 희석하여 계대하고 4배의 경우는 계대마다 2 PDLs, 8배는 3 PDLs로 계산하여 세포 증식곡선을 그린다. 반드시 control (*hTERT* 비 도입 정상세포)도 같은 방법으로 증식곡선을 그린다. 세포는 처음엔 20 PDLs마다 보존하고, 이후는 약 10 PDLs마다 보존한다. 또한 세포의 형태도 적절히 사진을 찍어 보관한다.

3 Telomerase유전자 *hTERT*와 retrovirus를 이용한 세포의 불멸화 방법

① Packaging 세포 (PT67 혹은 GPE86)를 10% FBS+DMEM high glucose 배지로 배양하여 transfection 전날 T-25 flask에 5 × 10^5 cells/flask가 되도록 파종한다.

② 다음날 effecten transfection법 (상기 참조)을 이용하여 *hTERT* 유전자를 도입한 retroviral vector (준비물 부분을 참조)를 transfection한다.

③ 24시간 후, 2 ㎖의 새로운 배지로 교환하여 24시간 배양한다.

④ 배양 상등액을 15 ㎖ tube에 회수하여 하기의 ⑨의 방법으로 virus를 보존한다.

⑤ Packaging 세포는 2 ㎖의 PBS(-)로 세정한 후 trypsin-EDTA액 1 ㎖을 넣고 세포를 회수하여 3 ㎖의 혈청함유 배지를 넣고 잘 혼합한다.

⑥ T75 flask에 15 ㎖의 선택약제 함유 배지를 넣고 0.5 ㎖ 씩 파종하여 37℃, CO_2 incubator에서 배양한다.

⑦ 약제선택은 G418의 경우 최저 1주, puromycin의 경우 5일이 필요함으로 약제선택에 의해 사멸세포가 출현하면 선택약제를 함유한 새로운 배지로 교환한다. 반대로 사멸세포가 거의 나타나지 않고 confluent까지 도달하는 경우에는 10배 희석된 선택약제 함유 배지로 계대를 한다.

⑧ 약제선택 종료 후, 세포가 sub-confluent의 상태가 되면 T25 flask의 경우 2 ㎖, T75 flask의 경우는 8 ㎖의 배지 (선택약제 함유하지 않은)로 교환하여 24시간 후에 virus가 함유된 배양 상등액을 15 ㎖ tube에 회수한다.

4 세포증식과 사멸

⑨ ④, ⑧에서 회수한 배양 상등액을 0.45 ㎛ filter로 여과하고 1 ㎖씩 sample tube에 분주하여 -80℃에서 보존한다. 동결·융해의 사용은 피하는 것이 좋다. 동결되지 않은 것을 사용하는 것이 transfection의 효율이 높다.

⑩ 회수한 virus 상등액을 바로 이용하는 경우는 사용하기 전날 4배로 희석한 (다음날 30~40% 정도의 세포밀도가 되도록) 세포를 미리 파종해 놓는다.

⑪ Virus 상등액에 polybrene을 최종농도 8 ㎍/㎖이 되도록 첨가한다.

☞ Polybrene의 사용농도가 결정되어 있는 경우에는 filter 여과 전에 polybrene을 첨가해도 좋다.

⑫ T25 flask에 파종한 목적 세포의 배양 상등액을 제거하고 PBS (-) 2 ㎖을 첨가하여 세정한 후, aspirator로 PBS (-)를 완전히 제거한다.

⑬ *hTERT*-virus (polybrene +)를 1 ㎖ 첨가한 후, 2분 정도 살포시 세포 표면을 진탕한다.

☞ 잔존 배양액에 의한 virus의 희석을 막고 목적 및 감염효율을 향상시키기 위한 목적으로 수행한다.

⑭ 1회용 1.0 ㎖ 피펫을 이용하여 virus를 제거한 후 *hTERT*-virus (polybrene +)를 1 ㎖ 첨가하여 세포 표면이 충분히 덮일 정도로 혼합한다.

⑮ 34℃ 또는 37℃ CO_2 incubator에서 1~4시간 배양한다.

⑯ 다시 신선한 배지를 2 ㎖ 첨가하여 천천히 혼합한 후 배양한다.

☞ Polybrene에 세포독성을 나타내는 세포는 단시간 (1~4시간) 처리하여 virus 상등액을 제거한 후 일반 배지로 1회 세정한 후 3 ㎖의 배지를 첨가하여 배양한다.

⑰ 세포가 sub-confluent가 될 때까지 (통상 3일 정도) 배양한 후, 계대배양 할 때와 동일한 방법으로 세포를 회수하여 선택약제가 들어간 12 ㎖의 배지를 T75 flask 2장에 첨가하여 일정 시간동안 선택약제를 수행한다.

⑱ 실험이 순조롭게 진행되면 「혹시 약제를 넣지 않았나」 할 정도로 세포가 전혀 죽지 않는다. 일반적으로 80~90%의 확률로 세포에 도입되며 적어도 50% 정도의 세포에는 도입된다. 그 이하일 경우에는 사용목적을 고려하여 virus를 다시 만드는 것이 좋은 경우도 있다. 사용할 packaging세포 및 vector의 선택도 세포에 따라 크게 영향을 준다.

⑲ 유전자도입 후 형태의 변화는 없지만 일반적으로 증식은 조금 좋아진다.

⑳ *hTERT* 도입세포 및 비 도입세포의 증식곡선을 작성한다. 세포는 최초의 20 PDLs까지는 계대마다 세포를 동결 보존한다. 그 후는 약 10 PDLs마다 보존한다. 또한 세포의 형태도 적절히 사진을 찍어 보존한다. 세포에 따라 다르지만 분열수명의 2배 정도 증가 유무를 불멸화의 척도로 이용한다. 단 분열수명이 수대에서부터 10대 정도인 세포는 50 PDLs이상 배양하여 확인한다.

☞ *우리는 세포증식이 아주 늦은 세포 외에는 적어도 100 PDLs까지 계대한다.

*500 PDLs에서 노화되었다고 하는 보고도 있지만 그 정도까지 계대되면 다른 인자도 관여하게 됨으로 커다란 의미가 없다.

4 저산소 배양에 의한 세포의 불멸화 방법

세포는 산소 stress에 대해 세포 증식정지로 응답하는 경우가 많아 산소 stress에 약한 세포는 그 외의 다른 조건들이 좋아도 증식하지 않는 경우가 많다. 이 경우 3% 정도의 저산소 상태로 배양하면 세포증식능이 현저히 개선되는 경우가 있다.

특히 마우스 세포는 산소 stress에 약해 p53의 변이가 일어난다는 보고가 있으며 저산소 배양으로 야생형의 p53을 유지하면서 불멸화할 수 있는 최신방법들이 새롭게 보고되어져 있다[2]. 방법은 저산소 조건을 만든 CO_2 incubator에서 배양하는 것 이외에는 통상의 배양 조건과 동일하다.

표 2 Telomerase에 의한 세포의 불멸화

세포의 종류	유전자도입 전의 세포명	유래	도입유전자	세포명	세포분열 수명
Human fibroblasts	TIG-3	Human fetal lung	hTERT	TIG-3-hTERT	수명의 연장
	TIG-3	Human fetal lung	hTERT	TIG-3-hTERT	저산소 배양에 의한 불멸화
	TIG-3	TIG-3 + *ts*SV40	*ts*SV40	SVts9-3	수명의 연장
	TIG-3	TIG-3 + *ts*SV40	*ts*SV40	SVts9-4	수명의 연장
	SVts9-3	SVts9-3 (young)	*ts*SV40+hTERT	T93Y	불멸화
	SVts9-3	SVts9-3 (old)	*ts*SV40+hTERT	T93E	불멸화
	SVts9-4	SVts9-4 (young)	*ts*SV40+hTERT	T94Y	불멸화
	SVts9-4	SVts9-4 (old)	*ts*SV40+hTERT	T94E	불멸화
	BJ	Human foreskin	hTERT	BJ-hTERT	불멸화
	MRC-5	Human foreskin	hTERT	MRC-5-hTERT	불멸화
	NHF	Human foreskin	hTERT	NHF-hTERT	불멸화
	TIG-112	Human adult foreskin	hTERT	T-112	불멸화
	TIG-114	Human adult foreskin	hTERT	T-114	불멸화
	TIG-114	Human adult foreskin	*ts*SV40+hTERT+ras	TSR-114	불멸화(종양성)
Human epitherial cells	184	Human breast mammary	hTERT	184-hTERT	불멸화
	90p	Human breast mammary	hTERT	90p-hTERT	불멸화
	NHBE	Human lung airway bronchial	hTERT	NHBE-hTERT	연명
	PrEC	Human prostate	hTERT	PrEC-hTERT	노화
Human smooth muscle	UtSMC	Human uterin smooth musc.	hTERT	UtSMC-hTERT	불멸화
	LMSMC	Human leiomyoma smooth muscle	hTERT	LMSMC-hTERT	불멸화
Human hepatocytes	Hep	Human adult hepatocytes	hTERT	Hep-hTERT	불멸화
Human astrocytes	NHA	Human astrocytes	hTERT	NHA-hTERT	연명
Human endothelial	Hep	Human endothelial	hTERT	HUE-hTERT	불멸화

memo

Polybrene의 세포독성에 주의

Polybrene은 positive charge polymer로서 retrovirus의 charge를 positive로 만들어 세포에의 접촉효율을 증가시킨다. 사용농도는 2~8 ㎍/㎖로 사용하지만 세포에 따라 독성이 강해 유전자 도입이 됐다 하더라도 증식이 극단적으로 나쁘거나 최악의 경우 약제선택 전에 사멸하는 경우도 있으므로 미리 IC50을 측정하거나 또는 사용농도에서 세포독성이 나타나지 않는 것을 확인하는 것이 중요하다. 경우에 따라서는 짧은 시간의 처리로도 충분한 감염효과가 있음으로 단시간 처리에 의한 세포독성도 확인해 놓는 것이 좋다.

Retronectin

감염효율이 나쁜 경우에는 고가지만 retronectin (TaKaRa사)을 시험해 보는 것도 좋다. 기본적으로는 사용하고 있는 dish에 retronectin를 직접 코팅하여 사용하지만 불편한 경우에는 35 ㎜ dish에 retronectin이 코팅되어 있는 것을 사서 사용해도 된다.

SV40 유전자에 의한 불멸화 방법의 주의사항

SV40유전자는 오래 전부터 세포의 transformation에 사용되고 있지만 대부분의 경우 미 처리 세포의 염색체의 상태를 유지하지 않기 때문에 미 처리 세포의 염색체 상태로 유지하고 싶은 경우에는 이 방법을 피하는 것이 좋다.

실험예

Telomerase유전자를 이용한 세포의 불멸화 방법

표 2에 표기한 것처럼 섬유아세포, 상피세포, 평활근세포 등 많은 세포들은 *hTERT*도입에 의해 불멸화되는 경우가 많다. 또한 SV40만으로는 불멸화되지 않는 세포 (SVts9-3,SVts9-4, TIG-112, TIG-114)에서도 *hTERT*을 도입하면 불멸화된다. *hTERT*만으로 불멸화가 되지 않는 세포 (TIG-3)에서는 저 산소농도에서의 배양을 수행하면 불멸화를 유도할 수 있다.

끝으로

세포를 불멸화시키는 목적은 불멸화된 세포를 사용하여 연구를 하기 위해서다. 따라서 자신의 목적에 맞는 세포의 불멸화 방법을 선택하지 않으면 아이디어가 좋은 연구 프로젝트라도 출발 세포가 문제가 되어 실패할 수도 있다. 따라서 목적에 맞는 불멸화 방법을 잘 선택하는 것이 중요하다. 특히 염색체 해석 등을 수행하는 경우에는 정상세포의 염색체가 변성되는 방법을 사용하면 해석이 곤란하게 될지도 모른다. 따라서 *hTERT*을 이용한 세포의 불멸화는 앞으로 광범위하게 이용될 것이다. 우리들이 지금까지 *hTERT*을 도입한 세포의 수는 이미 50개를 넘어 100개에 육박하며 또한 많은 연구자에게도 유용하게 이용되고 있다. *hTERT*의 도입 의뢰는 우리 홈페이지에서 접수받고 있다 (http://cell.pharm.hiroshimau.ac.jp).

참고문헌

1) Greider, C. W. : Curr. Biol., 8 : R178–181, 1998
2) Busuttil, R. A. et al. : aging Cell, 2 : 287–294, 2003

제5장 형태관찰

1. 일반적인 관찰법

河野葉子

세포의 관찰을 수행할 때 사용되는 현미경의 종류와 각각의 간단한 원리 및 용도에 따른 사용법에 관해 설명하고자 한다. 아울러 배양세포의 염색 시에 필요한 고정법과 염색의 종류나 방법에 관해서도 설명하고자 한다.

서론

일반적으로 배양세포나 세포조직의 구조 및 형태의 관찰을 수행할 때에는 현미경이 사용된다.

현미경의 종류로는 광학현미경 (일반 광학현미경, 위상차현미경, 미분간섭현미경, 형광현미경 등), 전자현미경 등이 알려져 있다 (표 1). 광학현미경으로는 세포의 형태 및 동태를 관찰할 수 있으며 전자현미경은 세포 내 소기관의 관찰이 가능하다. 전자현미경은가시광선보다는 파장이 짧은 전자선을 이용하여 렌즈 대신에 coil로 발생시킨 자석을 이용하여 전자선의 방향의 굴절을 커다란 형상으로 만들어 내어 세포골격의 filament나 소포체 등의 세포내 소기관 및 미세구조를 관찰한다. 일반 광학현미경이나 전자현미경으로 관찰하기 위해서는 세포를 고정, 염색할 필요가 있다.

위상차현미경에서는 생물조직은 다른 굴절율을 갖는 미세구조로 만들어져 있음으로 물체가 빛의 파장에 닿는 위상의 차이를 명암차로 관찰할 수 있기 때문에 물체를 입체적으로 관찰할 수 있다. 특히 도립배양현미경은 광원이 윗부분에, 대물렌즈가 표본의 밑에 위치함으로 집점 거리의 긴 condenser를 사용하여 배양중인 plate 및 bottle과 같은 두꺼운 용기, 배양세포, 미생물 등의 시료를 살아 있는 상태로 관찰할 수 있다. 형광현미경은 목적에 따라 세포조직을 고정하거나 또는 미고정한 상태에서 관찰 [예를 들면 Green Fluorence Protein (GFP)을 transfection한 경우]할 수 있다.

세포나 조직을 고정하는 목적은 세포 내의 물질을 수용성 및 부동성으로 만들어 세포구조를 유지시키기 위함이다. 고정이 부적당하면 세포가 변성되어 염색성의 저하나 이상 염색으로 핵 내 구조가 불분명하게 되어 판정이 곤란하게 된다.

다음은 세포의 배양상태를 관찰할 때 사용되는 위상차현미경의 조작방법과 일반적으로 사용되고 있는 고정법 및 염색의 종류와 방법을 간단히 소개한다.

i) 위상차현미경의 조작방법

①기본조작으로서 접안 및 대물렌즈의 조정을 확인한다.

②Condenser는 대물렌즈에 따라 [Ph1]~[Ph3]을 선택한다.

Ph1 : 저 배율용

Ph2 : 중간 배율용

Ph3 : oil용 렌즈

위상차가 잘 보이지 않을 때는 위상 ring 조정법을 이용한다.

①접안렌즈를 분리한다.

②망원경을 접안렌즈 대신 부착한다.

③망원경의 핀트를 맞추고 위상렌즈와 대물렌즈내

Yohko Kohno : Department of Oral Pathology, School of Dentistry, Showa University (昭和大学歯学部口腔病理学教室)

표 2 현미경의 종류 (목적에 따른)

	특징	사용목적
일반 광학현미경	일반적인 현미경의 관찰에 이용한다. 표본에 조명광을 맞춰 관찰한다.	일반적인 현미경관찰 (조직표본의 관찰)
위상차현미경	빛이 파장의 성질을 갖기 위해 일어나는 현상을 이용하여 빛이 물체를 통과할 때 일어나는 위상의 변화를 명암의 차이로 관찰함	배양세포의 관찰
미분간섭현미경	관찰에 특수한 pre-zoom과 편광판이 필요 편광을 이용한 방법으로 표본을 통과한 빛과 표본이 없는 곳을 통과한 빛 간의 거리 차에 의해 일어나는 입체감을 이용하여 명암의 차이를 얻는 방법. 플라스틱용기는 사용불가.	배양세포의 관찰 선충이나 알 등의 투명한 표본의 관찰
형광현미경	어느 특정 파장의 발기광을 표본에 조사하여 발색된 형광을 관찰한다.	형광표식한 시료나 표본의 관찰 GFP 등의 발광 단백질을 발생시켜 생물을 관찰
전자현미경	가시광선보다 파장이 짧은 전자선을 사용한다. 전자선의 방향을 굴절시킴으로 커다란 상을 만든다. 시료에 전자선이 투과하면 시료에서 전자선이 반사하는 주사형이 있다.	물체의 미세구조 관찰

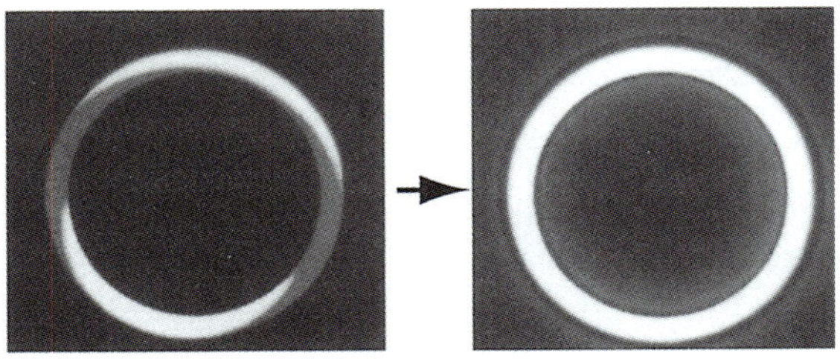

그림 1 위상차 ring과 대물렌즈 내의 ring의 조정법
(참고문헌1, p50부터 기재)

의 ring이 맞는지를 확인한다 (그림 1).
④맞지 않는 경우에는 condenser내의 위상차 ring을 centering나사로 조정.
⑤망원경을 분리하고 접안렌즈를 부착한다.

ii) 배양세포의 고정 및 미 부착 세포의 고정과 염색법

일반적으로 고정액은 인산완충 포르말린요액, 인산완충 4% 파라포름알데히드용액, 메탄올 : 아세톤 = 1 : 1 혹은 95% 에탄올 : 에테르 = 1 : 1을 이용한다. 고정 후 염색단계에서 유기용매를 이용함으로 배양세포를 염색을 하는 경우에는, 세포를 멸균 cover glass 위에 혹은 Lab-T나 chamber slide (Nunc사) 위에 배양한다. 회수한 세포의 경우는 회수한 세포를 직접 slide glass 위에 얹어 놓는다. 배양세포를 trypsin처리하여 떼어낸 후, 원심분리에 의해 세포를 회수하여 고정하는 방법도 있지만 배양된 상태의 형태를 그대로 유지할 수는 없다.

memo

일반적으로 세포의 상태만을 진단하는 경우에는 trypsin으로 떼어낸 세포를 이용한다.

1 고정액

포르말린은 40%의 포름알데히드용액을 말하지만 엄밀히 따지자면 35~37.5%용액이다 (10% formalin=4% formaldehyde). 시판의 포르말린은 중합 저해액으로 메탄올이 (8~10%) 첨가되어 있다. 포름알데히드는 주로 단백질의 $-NH_2$기에 결합하여 메틴가교를 형성하여 단백질을 고정화한다. 에탄올, 메탄올, 아세톤은 단백질을 응고시켜 고정을 한다. 일반적인 조직의 고정액으로는 인산완충 포르말린 용액이 사용된다. 인산완충 파라포름알데히드용액은 효소 조직화학 및 면역 조직화학용, 또는 전자현미경용 고정액으로 사용되는 경우가 많다. 에탄올, 메탄올, 아세톤 등을 조합시킨 고정액은 배양세포나 떼어낸 세포의 고정에 사용되는 경우가 많다. 형광염색으로 세포골격을 관찰하는 경우 에탄올이나 메탄올 고정은 keratin, vimentin 등과 같은 filament의 관찰에 적합하며 메탄올만을 사용한 고정은 actin filament를 저해할 수 있지만 phalloidin을 첨가하면 문제를 해결할 수 있다.

2 염색액

일반 광학현미경을 이용한 관찰은 고정 후 염색하여 관찰한다. 일반적으로 사용되는 염색은 hematoxylin-eosin염색이지만 배양세포에서는 그 외에 papanicolaou 염색이나 giemsa염색을 이용하기도 한다. 또한 식별용 혈액 염색액인 deep quick (국제시약)을 사용하면 간단히 염색할 수 있다.

색소를 수용액 상태로 이용하는 경우에는 − 혹은 + 전하로 하전된다. 하전상태에 따라 산 혹은 염기성 색소로 분류된다. −가 산성, +가 염기성이다.

- **산성색소**
  세포질 염색에 적합.
  OH, COOH, NO_2, SO_2OH 등의 기를 갖는다.
  Eosin, wright green, 산성 fuchsine
- **염기성색소**
  핵, 점막, 신경요소, 특수 분비과립의 염색에 이용
  NH_2, $NHCH_3$, $N(CH_3)_2$, NH 등의 기를 갖는다.
  Hematoxylin, methylene blue, toluidine blue, aniline blue, 염기성 fuchsine, methyl green.

Hematoxylin-eosin염색 (H·E염색)에서의 hematoxylin용액은 meyer's, carazzi, harris 등의 조성에 따라 몇 종류로 분류된다. Hematoxylin용액에는 다량의 알루미늄 염 혹은 산을 함유한 산성 hematoxylin용액 (meyer's)과 산을 첨가하지 않은 중성부근의 hematoxylin용액 (carazzi, harris)이 있다. Meyer's hematoxylin용액은 염색 직후에는 적자색이지만 수세를 하면 청자색으로 변한다. 또한 절편의 두께가 4~5 ㎛인 경우는 약 10분, 2 ㎛ 이하인 배양세포에서는 30분의 염색시간이 필요하다. 장시간 염색을 수행해도 문제는 없지만 일정시간 이상의 염색은 염색효과를 떨어뜨린다. Carazzi나 harris의 hematoxylin용액은 전체적으로 강하게 염색됨으로 염색 후, 1%의 염산이나 알콜 등을 이용한 세정으로 핵 부분만을 선택적으로 염색해야 한다. 따라서 단시간에 고농도로 염색할 필요가 있다. 염색성이 섬세함으로 얇은 절편이나 배양세포에 적합하다. 단, harris hematoxylin용액은 수은을 함유하고 있음으로 폐기시에는 충분한 주의가 필요하다. 어떤 hematoxylin을 선택할지는 연구자에 따라 다르다.

Eosin용액은 0.23~1% 정도의 것을 염색에 사용한다. 장기간 보관해도 염색성은 떨어지지 않는다.

준비물

- **현미경** (용도에 따라 준비)
- **고정액**
- **염색액**
- **봉입제** (balsam, bioleit, eukitt)
- PBS (-)
- **탈수용 알콜**
- **투철용 키시롤**

<고정용 시약 (고정액)>

- **인산완충 포르말린용액** (30.03% 포름알데히드)

		(최종농도)
포르말린용액	100 ㎖	(3.0%)
증류수	900 ㎖	
제 1 인산나트륨 $NaH_2PO_4 \cdot H_2O$	4 g	(25.6 mM)
무수 제 2 인산나트륨 Na_2HPO_4	6.5 g	(45.7 mM)
Total	1,000 ㎖	

(고정시간 : 30분 이상, 고정조건 실온)

- **인산완충 파라포름알데히드용액** (4% PFA in PB)

8% 파라포름알데히드	8 g
증류수	100 ㎖

약 60℃에서 각반

↓

액이 투명하게 될 때까지 1당량의 수산화나트륨을 적하한다. pH 7.4~7.6으로 조정.
실온까지 수돗물로 냉각시킨다.
여과 후 냉장고에 보관한다. 사용 시에는 동량의 0.2 M 인산완충액을 첨가하여 4%의 인산 완충 파라포름알데히드 용액으로 사용한다.
(고정시간 : 30분 이상, 고정조건 : 실온*)

*4℃에서도 가능, 4℃의 경우는 고정시간을 길게 한다.

5 형태관찰

- 메탄올 : 아세톤 = 1 : 1
  냉장보관
  (고정시간 : 10분, 고정조건 : 냉장고 내)
- 에탄올 : 에테르 = 1 : 1
  냉동보관
  (고정시간 : 10분, 고정조건 : 냉동고 내)

<염색용 시약> (Protocol 1참조)

i) Hematoxylin용액 : 분말시약을 이용하여 조제가 가능하지만 시판용도 있다.

- Carazzi hematoxylin용액

Hematoxylin결정	1.0 g
증류수	800 mℓ
Potassium alum	50.0 g
요소산 나트륨	0.2 g
Glycerol	200 mℓ
Total	1,000 mℓ

- Meyer's hematoxylin용액

Hematoxylin결정	1.0 g
증류수	1,000 mℓ
Potassium alum (또는 Ammonium alum)	50.0 g
요소산 나트륨	0.2 g
구연산 (결정)	1.0 g
Chloral hydrate	50.0 g
Total	1,000 mℓ

ii) Eosin염색액 (Stock용액)

- 1% eosin수용액[*1]

Eosin Y	1.0 g
증류수	100 mℓ
빙초산	0.2 mℓ
Total	100 mℓ

- 1% eosin·알콜용액[*2]

Eosin Y	1.0 g
증류수	20 mℓ
95% 알콜	80 mℓ
Total	100 mℓ

> ☞ * Eosin용액의 조제법은 다양하며 *1과 *2의 염색결과는 거의 차이가 없다. 양쪽 모두 stock solution을 만들어 염색에 사용해도 염색성에는 전혀 문제가 없다.

<박리세포에 일반적으로 사용되는 염색액>

i) Papanicolaou염색

- Hematoxylin용액
- Orange G6 염색액

Orange G	1.0 g
95% 에탄올	20 mℓ
Phosphotungstic acid	80 mℓ

- Eosin·azure 50 염색액 (EA50)

ii) Giemsa염색 : 시판용 giemsa액을 이용

pH 6.4 인산완충액	100 mℓ
Giemsa원액	1~2 mℓ
(Giemsa액의 조성)	
Azure II·eosin	0.6 g
Zure II	0.16 g
Glycerol	40 mℓ
고순도 메탄올	50 mℓ

Protocol

1 시약의 조제

i) Carazzi hematoxylin 용액의 제조법

① Hematoxylin 1.0 g을 약 100 ml의 증류수에 녹인다. 물에 녹기 어려운 hematoxylin은 소량의 메탄올로 녹여 놓는다.

② 약 650 ml 정도의 증류수에 potassium alum을 넣고 진탕하여 완전히 녹인다.

③ ②액에 ①의 액을 첨가하고 다시 물을 첨가하여 800 ml로 맞춘 후 잘 혼합한다.

④ 요소산 나트륨을 첨가하여 혼합하고 마지막으로 glycerol을 첨가하여 섞는다.

ii) Meyer's hematoxylin 용액의 제조법

① Hematoxylin 1.0 g을 약 100 ml의 증류수에 녹인다.

② 약 800 ml 정도의 증류수에 potassium alum을 넣고 잘 흔들어서 완전히 녹인다.

③ ②액에 ①의 액을 넣고 증류수를 첨가하여 1000 ml이 되도록 한다. 진탕하여 완전히 혼합시킨다.

④ 요소산나트륨을 첨가하여 잘 섞고 chloral hydrate와 구연산을 첨가한다.

⑤ 실온 정도까지 식혀 여과 후 사용한다.

iii) Eosin 용액의 제조법

Stock solution[*1] 혹은 [*2]의 1% eosin 용액과 80% 알코올을 조제하여 사용한다.

① 1% eosin stock solution용액 : 80% 알코올 = 1 : 3으로 함.

② 100 ml당 초산 0.5 ml을 첨가하여 염색액으로 사용한다.

2 배양세포의 고정방법

i) 인산 완충 포르말린 용액 및 4% 인산 완충 파라포름 용액을 이용하는 경우

① 배양액을 제거한다.

② PBS(-)로 세정하여 배양액이 남지 않도록 제거한다.

③ 세포표면을 충분히 덮을 양의 고정액을 plate나 chamber 내에 넣고 세포를 고정한다.[*1]

*1 장시간의 고정은 염색 효율의 저하나 포르말린의 색소 침착을 유발할 수 있지만 사정상 곧바로 염색을 할 수 없는 경우는 고정액 안에 보존해 놓는다.

ii) 메탄올, 아세톤, 에탄올을 사용하는 경우

-20℃에서 냉각시킨 메탄올, 아세톤, 에탄올을 사용한다.

① 배양액 제거

② PBS (-)로 세정하여 배양액이 남지 않도록 제거한다.

③ 세포 표면을 충분히 덮을 양의 고정액을 plate나 chamber 내에 넣고 세포를 고정한다[*2].

*2 메탄올이나 아세톤은 0℃이하에서도 얼지 않는 것을 사용하여 조직 화학염색의 고정을 냉동고 내에서 수행한다. 장시간의 고정은 세포의 수축을 유발시킴으로 피하는 것이 좋다.

2 배양 세포의 염색 방법

여기서는 carazzi와 meyer's의 hematoxylin 용액을 사용한 hematoxylin eosin (H·E) 염색방법을 설명한다.

i) Carazzi hematoxylin 용액을 사용한 H·E 염색법

① 고정 후* 수세

* 어떤 고정액을 사용하더라도 H·E 염색법은 동일하다.

② Carazzi hematoxylin 용액에 담근다 (10분)

③ 가볍게 수세

④ 1% 염산을 함유한 70% 알코올에서 식별

⑤ 탈색하고 수세 (5분).

⑥ 가볍게 80% 에탄올 처리 후 eosin 액 (1~2분)으로 염색

⑦ 과다한 eosin 용액이 제거 될 때까지 95% 순수 알코올(에탄올)로 탈수

⑧ 탈수 (순수 알코올에 3분간 담근다. 2회)

⑨ 투철 (Xylene 에 담근다. 2회) 및 봉입

ii) Meyer's hematoxylin 용액을 사용한 H·E 염색법

① 고정 후* 수세

* 어떤 고정액을 사용하더라도 염색법은 동일함.

② Meyer's hematoxylin 용액에 20~30분간 담근다

③ 수세 (15~20분)

④ Eosin 액에 2~5분간 담근다.

⑤ 수세

⑥ 에탄올로 탈수

⑦ 투철 및 봉입

iii) Papanicolue 염색

① 고정 (95% 에탄올 혹은 95% 에탄올 : 에테르 = 1 : 1 에서 30분) *

* 에테르는 휘발성으로 위험함으로 95%의 에탄올을 이용하여 고정하는 것이 좋다. 고정은 15분 이상 하면 충분하다.

② 침수 : 95%, 80%, 70%, 50% 에탄올에 각 10회 담근다.

③ 수세 3분

④ Hematoxylin 염색액에 핵 염색

⑤ 수세

⑥ 분별 : 0.5% 염산 수용액

⑦ 수세

⑧ 탈수 : 50%, 70%, 80%, 95% 에탄올에 각 10회 담근다.

⑨ 세포질 염색 : OG6 염색액 1분

⑩ 분별 : 95% 에탄올

⑪ 세포질 염색 : EA 50 염색액

⑫ 분별·탈수 95, 95, 100, 100, 100% 에탄올에 각 10회 담근다.

⑬ 투철 : xylene이 들어 있는 용기에 10회 담근다. 3회 정도 각반한다.

⑭ 봉입

memo

- 박리세포의 고정법은 참고문헌 4를 참조.
- Giemsa 염색이나 그 외의 염색법은 참고문헌 2, 3을 참조.
- 현재, 많은 염색액이 시판되고 있다 (사쿠라, 무토우 화학).

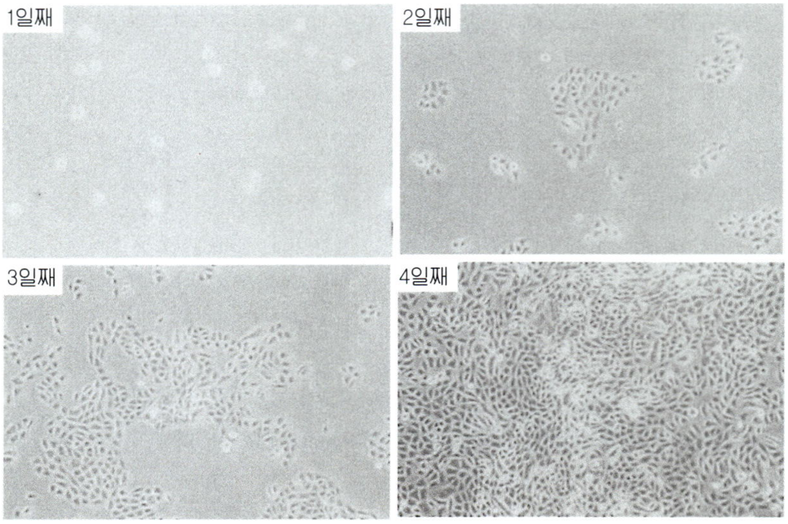

그림 2 위상차로 관찰한 인간 피부 상피세포 (NHEK)
(본 책 서두의 칼라사진 2 참조)
1일째 : 사진은 세포를 파종한 직후의 사진이다. 세포가 dish의 바닥에 완전히 부착되지 않은 둥근 상태이다.
2일째 : 세포가 분열하여 섬모양의 colony를 형성
4일째 : 작은 섬모양의 colony가 융합하여 커다란 섬모양이 된다. 60% 정도의 상태
5일째 : 세포가 납작한 돌을 펼쳐놓은 것처럼 confluent(100%)의 상태가 된다.

실험예

1 도립 위상차현미경으로 촬영한 배양세포 사진

인간 정상피부 keratinocyte의 배양사진을 그림 2 에서 나타내고 있다.

1일째 : 사진은 세포를 파종한 직후의 사진이다. 세포가 dish의 바닥에 완전히 부착되지 않은 둥근 상태이다.

2일째 : 세포가 분열하여 섬모양의 colony를 형성

4일째 : 작은 섬모양의 colony가 융합하여 커다란 섬모양이 된다. 60% 정도의 상태

5일째 : 세포가 납작한 돌을 펼쳐놓은 것처럼 confluent (100%)의 상태가 된다.

2 박리세포의 papanicolaou 염색의 사진 (그림 3)

세포진단 예 : 고정 후 papanicolaou로 염색을 수행한다. 핵과 세포질의 형태가 명료하게 관찰되며 핵의 크고 작은 형태나 이상한 형태를 관찰할 수 있다.

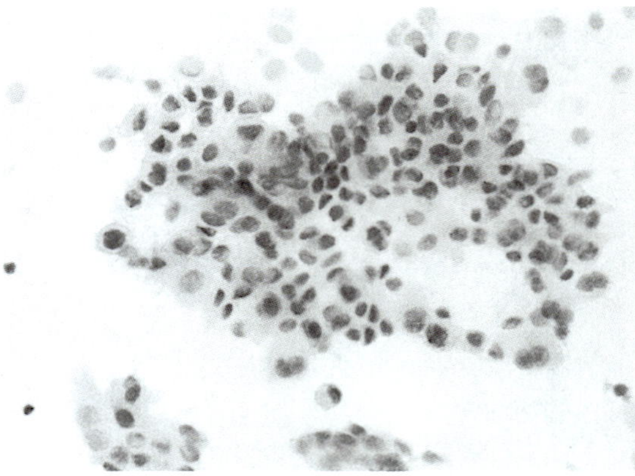

그림 3 박리세포의 papanicolaou 염색사진
세포질과 핵의 형태를 알 수 있다
(표지 사진의 해설 참조)

결론

염색 목적에 따라 고정법이 다르며 고정의 상태에 따라 염색의 결과가 크게 다르다. H 염색에서는 커다란 차이가 없지만 면역염색 시에는 결과에 영향을 줄 수 있음으로 고정액의 선택이나, 고정조작은 세포조직 관찰에 있어 중요한 point가 된다.

최근 관찰법에는 CCD 카메라를 이용한 화상처리법이나 원자간력현미경 등이 있으며, 지속적으로 새로운

현미경이 개발되고 있다. 그러나 간단히 세포의 상태를 관찰하는 것도 좋은 방법중의 하나이다.

고성능 현미경의 사용법을 알고 싶은 사람은 참고문헌 1을 참고하길 바란다.

참고문헌

1) 野島　博 編：無敵のバイオテクニカルシリーズ「改訂 顯微鏡の使い方ノートはじめての觀察から高度な顯微鏡の使い方まで」, 羊土社, 2003

2) 日本病理學會 編：「病理組織標本作製技術, 下卷」pp35−43, 醫齒藥出版, 1981

3) 病理技術硏究會 編：「病理標本の作り方」, pp40−42, 東京文光堂, 1992

4) 矢谷隆一 `坂本 編：「細胞診を學ぶ人のために 第2版」, pp56−57, 醫學書院, 1993

5
형태관찰

제5장 형태관찰

2. 면역염색

高石樹朗

세포 생물학의 기본 기술의 하나인 면역염색법을 고정방법과 함께 논하기로 하자. 아울러 면역염색의 특이성을 확인하는 방법과 한계에 관해서도 언급한다.

서론

특정 분자의 특이적인 항체가 입수 가능한 경우, 그 항체를 이용한 면역염색을 수행하여 세포내의 특정 분자의 발현 유무나 세포 내 분포를 조사하는 것은 세포 생물학에 있어서 가장 기본이 되는 실험방법 중에 하나이다.

면역염색을 함에 있어 가장 중요한 점은 좋은 항체를 입수하는 것이다. 좋은 항체란 특이성과 감도가 좋은 것으로서, 나쁜 항체를 사용하면 경제적, 시간적, 노력을 허비하게 된다. 면역염색에서 조사하고 싶은 분자에 대한 항체를 찾을 때는 먼저 관련 논문을 검색할 것을 권장한다. 특정의 항원을 인식하는 항체는 여러 회사로부터 판매되고 있으며 많은 연구자에 의해 사용되어 좋은 결과가 나오는 항체는 안심하고 쓸 수 있다. 논문에 있는 항체가 판매되지 않는 경우는 항체 제작자에게 분양을 의뢰한다. 이렇게 해서 입수된 항체는 첨부되어 있는 사용설명서에 따라 고정 및 blocking을 수행하고 적절한 희석 배율로 염색한다. 구입한 항체라 하여도 여러 조건을 검토할 필요가 있다는 것을 알아야 한다.

연구자 자신이 제작한 항체에 대해서는 더욱 더 신중한 검토가 필요하다. Western 분석에서 사용된 항체가 이미 검토되어, 그 특이성이 확인된 것이라 할지라도 반드시 면역염색에서의 특이성을 보증하는 것은 아닙니다. Western 해석에서 두개의 다른 항체가 동일한 밴드를 검출할 수 있는 항체라 할지라도 면역염색을 하면 결과가 일치하지 않는 경우도 있다.

면역염색으로는 어떤 하나의 항체가 목적 단백질 이외의 것에 반응하는 것을 증명하기가 어렵다. Polyclonal antibody 및 monoclonal antibody의 복수의 항체에서 동일한 염색 결과가 얻어지는 것을 확인해야 한다. Polyclonal antibody를 제작할 때에는 동일 항원에 대해 두 마리 이상의 토끼에 면역을 부가하여 복수의 항원을 조제하는 것이 좋다. Western 해석과 마찬가지로 면역부가 전의 혈청이나 항원에서의 반응성도 반드시 확인해야 한다.

세포 내 localization을 조사하고 싶은 단백질의 항체가 아직 개발되지 않은 경우는 Tag 결합 단백질을 세포 내에서 발현시킴으로써 그 localization을 추측할 수 있다 (7장 3 참조). 유전자의 서열이 밝혀져 있다면 RT-PCR에 의해 유전자 단편을 만들어 적당한 plasmid vector에 도입한다. 이 plasmid를 세포 내 transfection하고 (6장 1참조), 며칠 후 Tag에 대한 특이적인 항체를 사용하여 면역염색을 수행한다. Tag으로 GFP 등의 형광단백질을 이용하면 세포를 면역염색할 필요 없이 살아 있는 상태에서 분자의 localization을 관찰할 수 있다.

Mikiro Takaishi : Department of Cell Biology, Okayama University Graduate School of Medicine and Dentistry (岡山大学大学院医歯学総合研究科細胞生物学分野)

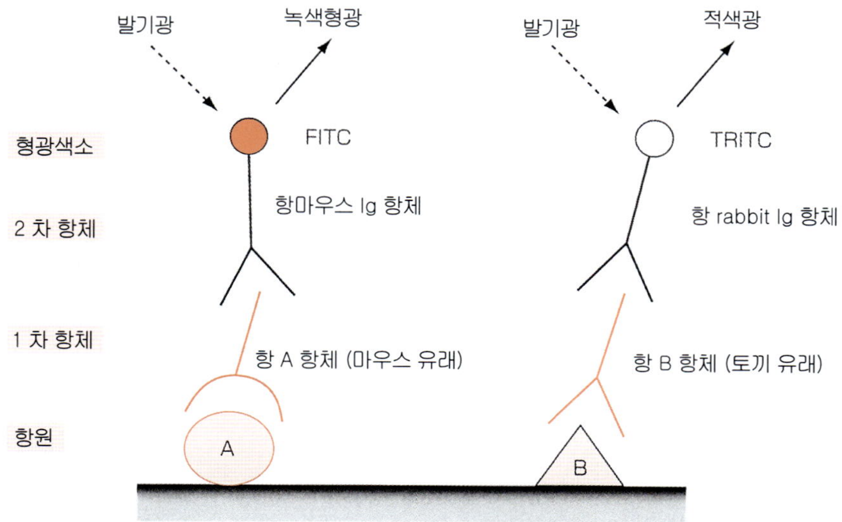

그림 1 면역 형광 다중 염색법의 원리
복수의 항체를 이용해 2종류 이상의 항원을 동시에 검출한다. 여기서는 다른 두 종류의 동물 유래의 1차 항체와 형광색소로 표시된 2차 항체를 사용한 염색법을 나타내고 있다. 다른 파장의 발기광에 의해 각각의 특이적인 signal을 검출한다. 얻어진 형광상을 화상처리 소프트웨어 (Adobe사의 Photoshop)를 사용하여 합체시킨다.

원리 (그림1)

배양 및 염색 후 관찰이 용이한 용기 위에 세포를 배양한다. 적절한 고정처리 후 혹은 고정하지 않은 상태로 연구대상이 되는 분자의 항체(1차항체)를 반응시킨다. Aldehyde계의 고정액인 경우는 고정 후에 세포막의 투과처리 (permeabilization)을 수행하여 항체 분자가 세포 내에 들어가게 한다. 1차 항체와 반응한 후 buffer로 세정하여 형광 또는 효소 반응에 의한 착색을 현미경으로 관찰한다. 여기서 말하는 효소란 조직의 면역염색에 많이 사용되는 horseradish peroxidase (HRP)나 alkaline phosphate (AP)를 말한다. Signal의 감도가 표본의 장기보존이 가능하다는 장점을 가진 반면 해상도가 나쁜 결점이 있다. 형광 혹은 효소표식으로 면역을 부여한 동물을 다른 두 종류 이상의 1차 항체에 대해 서로 다른 표식의 2차 항체를 사용함으로서 1개의 염색체 표본 내에서 복수의 항원을 검색할 수 있다. 형광표식된 2차 항체를 사용하는 것이 일반적이다. 다중 염색을 수행할 때는 각 항체의 면역동물을 조사하여 염색 가능 유무를 확인한다.

염색 후 필요에 따라 핵 염색을 수행한다. 형광 염색에는 4',6-diamidino-2-phenylindole (DAPI), Hoechest 33342, Propidium iodide (PI) 등을, 효소염색에는 Hematoxylin, Nuclear fast Red, Methyl Green 등을 사용한다. 형광염색에는 퇴색방지제를 함유한 수용성 봉입제를 사용한다. 효소염색에서는 발색기질에 따라 수용성, 비수용성 봉입제를 구별하여 사용한다.

준비물

- 1차 항체
- 2차 항체 (FITC, TRITC, 등의 표식항체)
- Blocking 용액
  3% 염소 혈청/ TBST
  10% Skin milk –10% FBS/TBST
- 세정용 buffer (PBS/TBST)
- 고정액
  10% 포르말린/PBS
  4% 파라포름알데히드/PBS
  냉각 메탄올 (–20℃)
  냉각 아세톤 (–20℃) 등
- 봉입제 : VECTASHILED, DAPI 함유 (Vector사)
- Triton X-100 (0.1~0.5%)
- 4 well plate (Nunc사)
- 직경 14 ㎜의 둥근 cover glass (松浪 glass, 특수 제작)
- 메뉴큐

• 형광 현미경, 공집점 레이저 현미경

☞ 사전에 검토해야 할 사항 :
Dish의 코팅이 필요없는 세포에서는 cover glass 표면에 세포의 부착이 배양 dish와 동일한가를 확인한다. 만일 부착이 나쁘면 적당한 코팅제 (Type I collagen, matrigel, poly-L-lysine 등을 시험해 본다. IWAKI사 등으로부터 코팅된 cover glass를 구입하는 것도 가능)를 이용하여 cover glass를 코팅할 필요가 있다. 일반적으로 코팅되지 않은 dish에서 배양하고 있는 세포를 코팅된 용기 위에서 배양하면 세포의 거동이 변할 가능성이 있으므로 이 점도 유의해야 한다.

Protocol

봉입하기 전의 고정, 염색, 세정은 4 well plate 내에서 수행한다[*1]. 액을 첨가할 때는 세포에 직접 닿지 않도록 well 벽에 주입한다. 액을 제거할 때는 aspirator를 사용한다. 세포에 따라서는 코팅되어진 용기라 할지라도 부착능이 나쁜 경우가 있음으로 주의해야 한다. 일부의 과정을 제외하고는 대부분 실온에서 수행한다.

☞ *1 필자는 4 well plate (그림2 : NUNC 사)에 세포를 파종하여 사용하고 있다. 4 well plate의 well 직경은 24 well과 동일하지만 plate 높이와 폭이 작아 염색 후의 cover glass를 꺼내기가 용이하다. Cover glass는 특별히 주문제작한 직경 14 ㎜의 둥근형의 것을 사용하고 있지만 판매되고 있는 13 ㎜을 사용해도 좋다.

1 염색 전날

① Cover glass를 핀셋으로 잡고 70% 알콜에 담근다.
② 곧 바로 꺼내 알콜램프로 불을 붙여 알콜을 날려 버린다[*2].

☞ *2 살균 처리는 이것으로 충분함. 콜라겐 등의 코팅이 필요한 경우에는 이 과정 후에 수행한다.

③ 불이 꺼지면 4 well plate 안에 cover glass를 올려 놓는다.
④ 적당한 세포밀도가 되도록 세포를 파종한다.

☞ ①~④는 반드시 클린벤치 내에서 작업한다.

2 염색 당일

① PBS로 세척, 약 500 ㎕ × 2회
② 고정 및 permeabilization을 A), B), C)중의 한가지 방법을 선택하여 수행한다[*3].

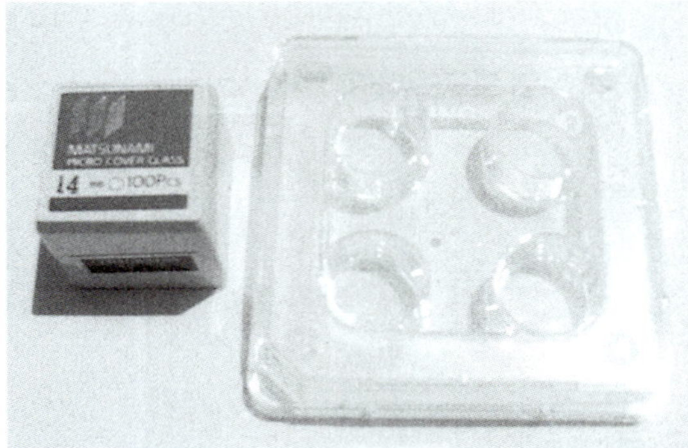

그림 2 Cover glass (왼쪽)와 4 well plate (오른쪽)

☞ *3 고정법이나 염색의 조건은 항체에 첨부된 사용설명서 혹은 적당한 문헌을 참고하여 수행한다.

A) 10% 포르말린 (= 3.7% 포름알데히드)/PBS, 500 ㎕, 20분
B) 10% 포르말린 (= 3.7% 포름알데히드)/PBS, 500 ㎕, 20분
→ 냉각 100% 메탄올 (- 20℃), 500 ㎕, - 20℃, 20분
C) 냉각 100% 메탄올 (- 20℃), 500 ㎕, - 20℃, 20분

③ TBST, 500 ㎕, 1분
④ 3% goat 혈청/TBST, 30분[*4]

☞ *4 2차 항체의 대부분은 goat에서 만들어짐으로 이것을 사용하고 있다. Goat 이외의 것도 아무런 문제없이 사용할 수 있다. 단, 1차 항체가 goat에서 만들어진 항체를 사용하는 경우는 blocking이나 희석에 goat 혈청을 사용할 수 없다. 이 경우는 FBS를 대신 사용한다.

⑤ 1차 항체/ 1% goat 혈청/TBST, 60분
⑥ TBST, 5분, 3번
⑦ 2차 항체/ 1% goat 혈청/TBST, 40분
⑧ TBST, 5분, 3번
⑨ 증류수, 5분, 1번
⑩ Slide glass에 봉입제를 소량 적하한다.
⑪ 치과용 핀셋을 이용하여 조심스럽게 well로부터 cover glass를 꺼낸다.
⑫ 세포가 붙어 있는 면을 봉입제가 적하된 slide glass 위에 올려 놓는다. 공기가 들어가지 않도록 주의한다.

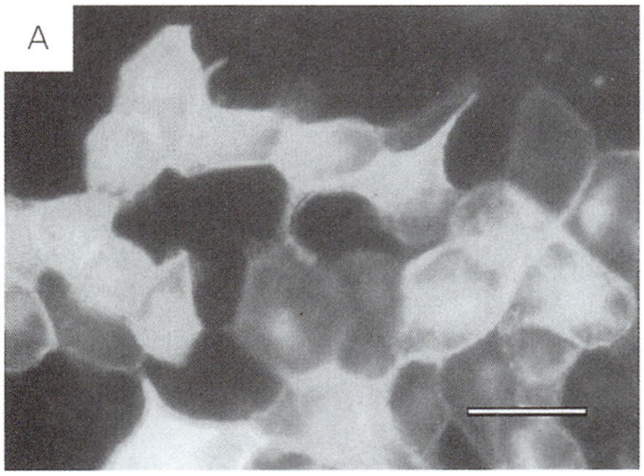

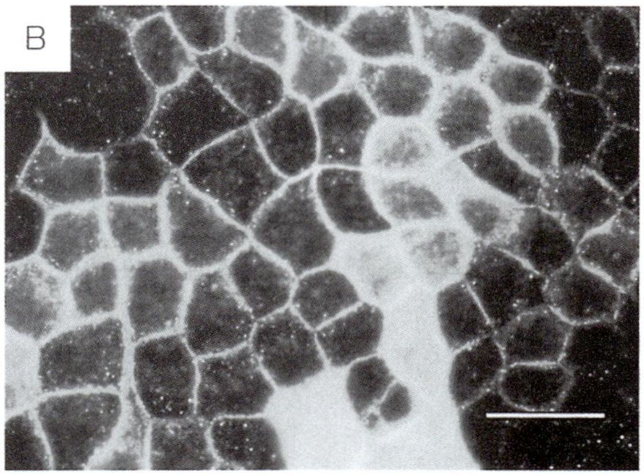

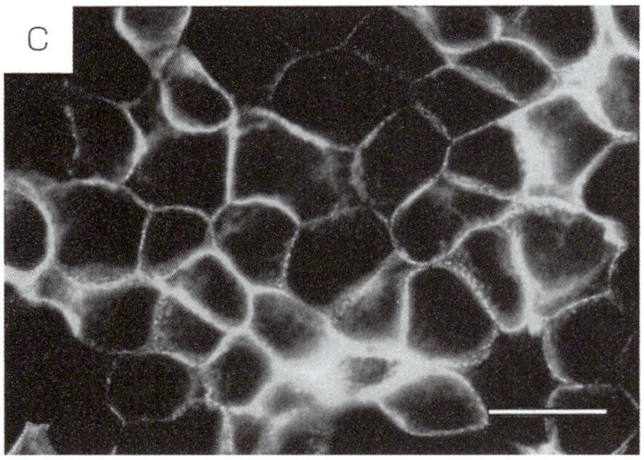

그림 3 Tag 결합 단백질 발현 vector를 이용한 세포 내 localization의 검토 (표지 사진 해설 참조)
A) EGFP 결합단백질 : 살아 있는 세포
B) EGFG 결합 단백질 : 고정 후 항 GFP 항체를 이용하여 면역염색
C) HA 결합 단백질 : 고정 후 항 HA 항체를 이용하여 면역염색
bar의 길이 : 20 ㎛

⑬ 마른 종이로 slide glass를 가볍게 눌러 여분의 봉입제를 제거한다.

⑭ Cover glass 끝 (4 부분의 모서리)에 메뉴큐를 칠한다[*5].

*5 건조를 막기 위해 사용한다. 어떤 색이든 상관없지만 필자들은 투명한 것을 사용한다.

⑮ 염색 종료 후 곧 바로 형광 현미경 혹은 공집점 레이저 현미경에서 관찰하고 사진을 찍는다. 곧 바로 수행할 수 없는 경우에는 관찰하기 전까지 차광하여 4℃에서 보관한다[*6].

*6 좋은 사진을 만들기 위해서는 세심한 주의가 필요하다. 또한 현미경은 정밀기계라는 것을 염두 해두고 조작해야 하며, 초심자는 반드시 숙련자의 교육을 받을 것.

실험예 (그림 3)

MDCK 세포에 목적의 유전자를 발현시키기 위해 발현 vector를 도입하여 세포 내 localization을 검토했다. 두 종류의 발현 vector를 이용했다. 이들은 EGFP와 HA가 각각 N 말단에 첨가된 단백질만 발현되도록 구축되었다 (6장 1, 7장 3 참조).

1일째 : 콜라겐 코팅한 cover glass 위에 MDCK 세포를 1×10^5 cells/well이 되도록 파종한다.

2일째 : Lipofectamin 2000 (Invitrogen 사)을 이용하여 lipofection을 수행한다.

4일째 : GFP의 형광을 형광 현미경에서 관찰.
관찰 종료 후, PBS 500 ㎕로 2회 세정.
0.5% Triton X-100을 함유한 buffer를 넣고, 4℃에서 15분간 처리.
냉각 100% 메탄올 500 ㎕를 넣고, −20℃에서 처리.
3% goat 혈청/TBST로 30분 blocking 한 후, 1

차 항체로 항 GFP 항체 및 항 HA 항체를 이용하여 반응한다. TBST로 세정한 후, FITC로 표식된 2차 항체와 반응시킨다. TBST 및 증류수로 세정한 후에 VECTASHIELD로 봉입하여 형광현미경으로 관찰하였다.

결과 : EGFP 결합단백질을 살아 있는 세포에서 관찰하면 세포 전체에서 형광이 관찰되었다 (그림 3A). 이것을 항 GFP 항체를 이용하여 면역염색하면 세포간의 접착부위에서 형광이 관찰된다 (그림 3B). 항 HA 항체를 이용하여 면역염색한 결과 HA 결합 단백질도 EGFP 결합 단백질과 동일한 localization을 나타내었다 (그림 3C).

결론

면역염색에 의해 얻어진 정보들은 아주 유용한 것들이다. 감도 및 특이성이 높은 항체를 사용하고 적절한 항체의 희석배율이나 고정방법 등을 검토하면서 목적 단백질의 localization에 이용하기 바란다.

참고문헌

1) Osborn, M, et al. : CELL BIOLOGY, A LABORATORY HANDBOOK, Celis, J. E. 347–360, Academic Press, 1994
2) 高津聖志, 他 編 : 注目のバイオ實驗シリーズ「タンパク質硏究のための抗體實驗マニュアル」, 羊土社, 2004

3. GFP 가시화 기술을 이용한 organelle의 동태 관찰

加納ふみ 村田昌之

GFP 가시화 기술을 이용하여 살아있는 세포 안의 단백질이나 organelle의 동태를 형광현미경 혹은 공집점 레이저 현미경으로 관찰하는 기술에 대해 논한다.

서론

녹색 형광 단백질 (Green Fluorescence Protein : GFP)의 결합 단백질을 세포에 발현시켜 단백질 organelle의 동태를 가시화 하는 방법은 오늘날에 있어 아주 보편적인 방법이다. GFP 가시화의 이점은 표식한 단백질이나 organelle의 동태를 살아있는 세포 안에서 추적할 수 있다는 것이다. 현재는 다양한 발기 형광파장을 갖는 GFP (변이체)가 있어 동시에 복수의 단백질의 거동을 관찰·추적할 수 있게 되었다. 이렇게 급속히 발전해 온 GFP 가시화기술에도 문제점은 있다. 먼저 Tag이 너무 커서 (27 kD), 본래의 단백질의 기능 및 상호작용과 localization을 저해할 가능성이 있다. 또한 세포 내에 강제로 발현시킴으로 dominant active·negative 단백질 (dominant negative→8장 3 참조)로 작용하여 내재성 단백질의 기능을 변화시키거나 상실시킬 수도 있다. 발현된 GFP 결합 단백질에 무형광의 것이 예상 외로 많이 포함된다는 점도 기능을 해석하는데 있어서는 문제점 중에 하나이다.

이들 문제점을 해결하고, GFP 가시화 기술을 최적의 상태로 이용하면 세포 내 개체의 많은 생명 현상이나 단백질의 동태를 관찰할 수 있는 가시화 분석은 아주 좋은 방법이 된다.

원리

GFP는 1962년에 형광해파리의 발광 단백질인 aeguorin에 에너지가 전이되면 녹색의 빛을 방사하는 단백질로서 발견되었다. cDNA의 cloning이 1992년에 성공되었으며 아미노산의 변이를 통해 다양한 생물종에서 유전자 발현이나 세포의 localization 조사 연구의 reporter로서 개발되었다. 현재 범용화 되고 있는 GFP는 야생형 GFP에 비해 최대 발기 파장이 긴 쪽으로 shift 하고 [발기/형광 파장이 395 (470)/509(㎚)부터 488/509(㎚)], 더욱이 형광 강도가 35배에 달하는 것으로 알려져 있다. 발기 파장이 488㎚로 이동함으로서 형광 현미경에서는 FITC에 사용되고 있는 filter 셋트가, 공집점 레이저 현미경에서는 알곤 레이저(488㎚)가 GFP의 가시화에 사용 가능케 되었다.

분자 생물학적 방법으로 GFP의 cDNA을 목적 단백질의 N 말단 또는 C 말단에 연결한 후 세포에의 발현을 통해 (6장, 7장 참조) 단백질의 가시화를 수행한다. GFP 결합 단백질이 발현된 세포를 형광현미경이나 공

Fumi Kano, Masayuki Murata : Department of Life Sciences, Graduate School of Arts and Sciences, The University of Tokyo (東京大学大学院総合文化研究科広域科学専攻生命環境科学系)

집점 레이저 현미경에서 관찰하고 그 동태를 비디오 등으로 촬영한다. GFP로 표식된 세포내 organelle의 동태를 관찰하는 경우, 우리는 공집점 레이저 현미경을 사용하고 있다. 세포내의 organelle나 막 소포 골격의 움직임은 3~5초에 1장씩 화상을 촬영하고 그들을 저장하여 영상화함으로서 그 동태를 해석할 수 있다. 단백질의 움직임이나 calcium imaging이라고 하는 빠른 움직임을 검출할 필요성이 있을 때에는 비디오 rate (30 frame/초) 혹은 그 이상의 고속으로 화상을 취득하여 컴퓨터에 저장할 시스템이 필요하다.

준비물

<시약>

- pEGFP-N 혹은 C vector (Clontech사)
- LipofectAMINE plus (Invitrogen사, 무혈청 배지 Opti-MEM도 필요) 자세한 것은 transfection (6장 1) 및 Tag 결합 단백질 (7장 3)의 항목을 참조.

<세포>

세포 관찰 시에는 밑바닥에 glass가 있는 직경 3㎝의 glass bottom dish을 사용하면 좋다 (현미경은 도립형의 것이 필요). 우리는 IWAKI사의 glass base dish (code 3911-035)을 사용하고 있다.

<기구 기계>

- Zwiss LSM HO 공집점 레이저 현미경 (도립형) (Carl Zeiss사)

63×PlanApochronal 혹은 100×NeoFluor를 유침 대물렌즈로서 탑재

장시간 관찰시에는 우리는 분리 가능한 현미경용 CO_2 incubator를 사용하고 있다.

Protocol

1 GFP 결합 단백질의 세포내 발현

① PCR로 목적 단백질의 유전자를 증폭하여 pEGFP-N 또는 C vector에 번역틀을 맞춰 목적 유전자를 도입한다.

② LipofectAMINE plus를 이용하여 glass base dish에서 배양한 세포에 ①에서 구축한 plasmid를 도입한다[*1]. 우리는 관찰결과의 보다 높은 재현성을 위해 일반적으로 stable transfectant를 선택한다.

> *1 GFP 결합 단백질의 세포내 localization이 GFP 표식으로 인해 변화되지 않는다는 것을 형광항체법으로 확인할 필요가 있다. 기능 해석이 가능한 경우는 기능에 변화가 없는 것을 확인하면 좋다.

2 공집점 레이저 현미경에서의 관찰

우리는 Zeiss LSM 510을 사용하고 있다.

① 공집점 레이저 현미경에서 GFP 결합 단백질을 발현시킨 세포를 관찰한다. GFP 관찰용에는 Argon 레이저를 사용한다. Filter set는 GFP용을 이용하지만 FITC용도 사용 가능하다. Pin hole의 크기, 레이저 강도, gain을 설정한다. 레이저 강도는 세포에 damage를 최소화하기 위해 되도록이면 낮게 한다.

② 목적 세포의 화상을 촬영한다. 밝기를 gain이나 레이저 강도로 조절한다.

③ Time series의 화면에서 화상 수와 scanning의 간격을 설정하여 time laps image를 취득한다[*2].

> *2 살아 있는 세포를 이용한 time laps 관찰에는 현미경 스테이지에서 사용 가능한 37℃/5% CO_2를 유지할 수 있는 incubator가 있으면 가장 좋지만 배지에 완충액 (최종농도 10mM HEPES-NaOH pH7.4)을 첨가하여 pH 상승을 억제시키면서 관찰할 수도 있다.

④ 화상을 저장하여 영상을 만든다. Zeiss LSM 510에서는 time laps image를 직접 영상 (Quick time 혹은 AVI)으로 보존할 수 있다.

⑤ 취득한 화상을 TIFF로 보존한 후 수정하여 영상을 만들 수도 있다[*3].

> *3 TIFF 화상을 저장하여 영상을 작성하는 소프트웨어로서 Image J (free soft, download 가능) 외에도 NHI image (free soft, download 가능),iMovie (Mackintosh 컴퓨터에 인스톨 되어 있다) 등이 있다.

실험예

CHO 세포 (Chinese hamster 난소 세포)의 골지체, ER (소포체), 미토콘드리아를 GFP로 가시화하여 세포분열의 동태를 관찰했다.

Galactosyl transferase의 1~60 아미노산잔기/EGFP (골지체), HSP47의 signal 서열/EGFP/HSP47 [소포체 (endoplasmic reticulum : ER)], Tom20/EGFO (미토콘드리아)의 유전자를 CHO 세포에 도입하고 도입된 유전자가 지속적으로 발현되는 세포인 GFP 표식 세포를 선택한다. 각 세포를 공집점 레이저 현미경 LSM 510으로 관찰하여 M기에서의 organelle의 동태를 추적하였다. M기는 세포의 형상이 둥근 형

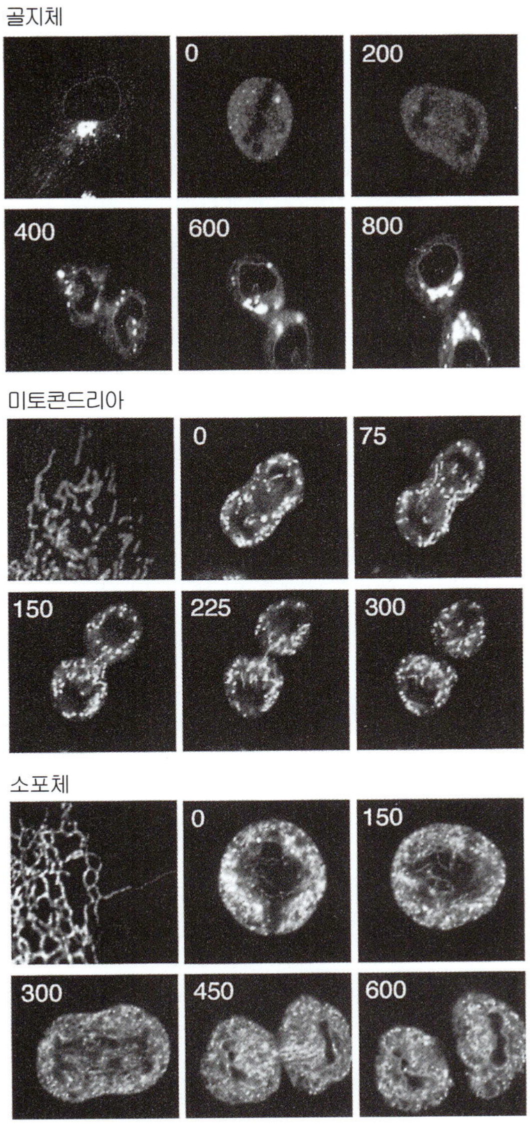

그림1 CHO 세포의 organelle 세포 분열 시의 동태
간기 세포의 각 organelle을 왼쪽 위에 나타냈으며 세포 분열 시에 있어서 각 organelle의 동태를 time laps image[시간은 왼쪽 위에 표기 (초)]로 나타내었다.

태였으며 또한 집점면이 간기 세포와 다르기 때문에 현미경에서 간단히 식별할 수 있다. 염색체의 상태를 위상차 혹은 미분간섭으로 관찰하면 M기의 어느 stage (prophase, metaphase, anaphase, telophase)에 있는지 명확하게 구별할 수 있다. M기 세포의 time laps imaging을 수행할 때는 레이저 강도를 되도록이면 낮출 필요가 있다. 레이저의 조사가 강하면 세포 분열이 정지되어 버리는 경우가 많다.

그림 1은 M기 organelle 동태의 time laps의 그림이다. 5초에 1장씩 100~200장의 화상을 취득하여 영상을 작성한다. 이들 결과로부터 각 organelle의 분배 양식이 확실히 밝혀진다. 간기에서는 핵의 한쪽 끝에 층판 구조를 형성하고 있던 골지체가 M기가 되면 점상 구조체로 변하여 세포질 안으로 완전히 분산된다. 세포분열이 종료할 때쯤이 되면 흩어져 있던 골지체들이 융합하여 점상 구조체를 형성하고 그것들이 다시 한번 핵의 말단에 모여 원래의 층판 구조를 형성한다. 한편, 원래 세포 내에 다수 존재하는 미토콘드리아는 세포분열 시에도 그 형태 및 동태를 크게 변화시키지 않고 확률적으로 2개의 딸세포로 분배된다. 또한 간기에서는 망사상의 네트웍을 형성하고 있는 ER도 세포 분열시 그 형태를 그대로 유지한다. 그러나 그 동태는 간기에 비해 격렬하여 (미발표 data, 加納들), ER의 상태가 간기와 M기에서 다르게 나타난다. 특히 ER의 망사상 네트웍은 통상의 면역염색에서 사용된 고정법 (파라포름알데히드나 메탄올, 아세톤 고정법)으로는 지속되기 어렵다. 이는 ER의 동태를 GFP 가시화에 의해 처음으로 상세히 관찰할 수 있게 된 좋은 예이다. 또한 GFP는 강한 빛으로 조사하면 퇴색하여 두 번 다시 빛을 내지 않는 성질을 이용한 fluorescence loss in photobleaching (FLIP)법 (ER의 일부를 강한 출력의 레이저로 반복하여 조사하여 ER 전체의 형광 강도의 감소를 측정한다)에 의해 간기에서도 M기에서도 ER은 연속적인 것을 알 수 있었다.

끝으로

앞으로의 GFP 가시화 기술의 이용은 두개의 방향성이 있다고 생각된다. 하나는 GFP와 생물 물리학적 방법을 조합하여 단백질의 세포내 localization 등의 정보를 얻으려는 것이다. 현재까지는 fluorescence recovery after photobleaching (FRAP)나 FLIP 법에 의해 단백질의 확산점수, 단백질이 위치하는 막 구조체의 연속성을 조사하는 것이 수행되어 왔지만 evanescent 현미경에 의한 살아있는 세포에서의 단백질 1분자의 관찰이나 형광상호상관 분석법 (fluorescence cross correlation spectroscopy)을 이용한 세포내의 단백질의 결합 및 해리를 측정하고자 하는 것이다. 다른 하나는 GFP의 개발에 의해 세포내

localization뿐만 아니라 그 장소의 환경 혹은 그 장소에 있어서의 단백질 상태를 가시화 하려는 것이다. pH에 따라 색이 변하는 GFP는 그 대표적인 예이다. 이들 두 가지가 잘 조합되면 세포내나 생체내의 다양한 생명현상이나 단백질 동태가 가시화적으로 해석될 수 있을 것으로 기대된다.

< 감사의 글>

본 항의 집필에 있어 조언을 해준 Carl Zeiss사의 石館 文善씨에 감사한다.

참고문헌

1) 宮脇敦史 : ポストゲノム時代の實驗講座「GFPとバイオイメージング」(宮脇敦史 編), pp41, 羊土社, 2000
2) CLONTECH사 「Living Colors ユーザーマニュアル」
3) 日本光生物學協會 編 : シリズ光が拓く生命科學「生命科學を拓く新しい光技術」共立出版, 1999
4) 田中亞路他, 生物物理, 241 : 16-121, 2002
5) Presley, J. F. et al. : Nature, 389 : 81-85, 1997
6) 野島 博 編 : 無敵のバイオテクニカルシリーズ「改訂 顯微鏡の使い方ノートはじめての觀察から高度な顯微鏡の使い方まで」, 羊土社, 2003

제5장 형태관찰

4. 세포운동 관찰법

矢野 元　佐邊壽孝

세포운동 연구의 의의 및 중요성, 그리고 세포운동 정량화의 몇 가지 방법 및 그 특징에 관해 설명한 후, 우리가 사용하고 있는 time laps video 화상해석에 의한 정량화 방법 및 그 실제 예를 소개한다.

서론

세포의 운동은 단세포 생물의 생태를 시작으로 다세포 생물의 조직기관 형성이라고 하는 개체 발생의 과정 및 성체에 있어서 면역담당 세포 등에 의한 방어 반응에 이르기까지 생명활동의 꼭 필요한 세포의 기능중에 하나이다. 뿐만 아니라 다양한 질환에 있어서도 그 병태와 밀접한 관련을 갖는 경우가 많다. 특히 암 진행의 침윤 및 전이는 치료방법의 발전으로 근본적인 치료의 가능성이 증대되고 있으므로 곧 이 질환을 극복할 수 있으리라 생각한다[1]. 따라서 다양한 세포운동의 방법을 아는 것은 생명현상을 이해하는데 있어 중요하며 오늘날 우리가 직면한 질환의 위협에 대처해 가는데 있어서도 중요하다.

세포의 운동에는 몇 가지 양식이 존재한다. 단일 세포에 의한 것, 세포집단에 의한 것, 기질 쪽으로 이동하는 것, 기질이나 조직에의 침윤을 동반하는 것 등 세포의 종류 및 주목하는 현상에 따라 다양한 세포 운동양식이 존재하기 때문에 목적으로 하는 해석에 따라 다양한 방법들이 존재한다. 한정된 지면에서 모든 것을 망라하는 것은 불가능함으로 본 항에 있어서는 우리가 일반적으로 사용하고 있는 방법 중에 몇 가지를 소개하고 그 중의 하나인 time laps video 화상해석에 관해 실례를 들어 해설하기로 하자.

Strategy의 개략

1 Haptotaxis assay

Chemotaxis가 가용성의 유인물질에 대한 운동성을 측정하는 것인 반면에, "Haptotaxis"는 보다 안정한 기질에 따라 원하는 세포가 이동하는 활성을 나타내는 것으로서 이 방법은 보다 integrine 접착에 의존한 운동활성 측정법이다. 이 방법을 이용하여 integrine 안쪽에 위치한 단백질인 p130Cas와 signal adaptor 단백질인 Crk가 tyrosine의 인산화에 의해 결합되어 세포운동 개시의 분자 스위치가 on된다는 것[2], 그리고 동일한 integrine 내부 단백질의 하나인 파키시린의 tyrosine잔기의 인산화는 p130Cas의 작용과는 정반대적인 역할을 하는 것으로 보고되어 있다[3]. Chemotaxis assay는 오래 전부터 이용되어온 방법 (다른 문헌들을 참고 바람. 참고문헌 4 등등)이므로 상세히 설명하지 않지만 chemotaxis chamber (Coster사 #3422 등)를 개조하여 사용함으로 haptotaxis assay가 가능하다. 이 방법은 상부 chamber 밑 부분에

Hajime Yano, Hisataka Sabe : Department of Molecular Biology, Osaka Bioscience Institute (財団法人大阪バイオサイエンス研究所分子生物学部門)

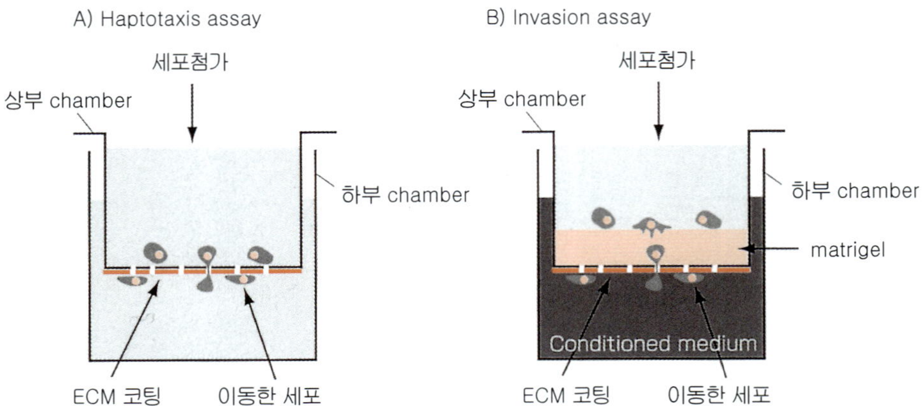

그림 1 개변형 Boyden chamber를 이용한 Migration assay

ECM (세포외 기질)을 깔고 (그림 1) 상부 chamber 내에 위치한 세포를 chamber 밑부분으로 이동하게 하여 이동한 거리를 haptotatic activity로 나타내는 것이다.

2 Invasion assay

암세포의 침윤성을 평가하기 위해 이용되는 방법이다[5]. Chemotaxis 상부 chamber 내에 설치된 matrigel을 지나 chamber 밑 부분에 도달하게 하는 assay방법이며 haptotaxis assay와 마찬가지로 상부 chamber안에서 부터 밑 부분까지의 이동거리를 Invasive activity로 측정한다. 본 연구실에서는 Beckton Dickenson사 BiocoatTM Invasion chamber # 354480을 이용하여 상부 chamber 밑 부분에 collagen type I을 깔고 밑 하부 buffer에 NIH 3T3 conditioned medium의 첨가에 의해 유방암 세포의 invasion activity의 측정을 수행하고 있다.

3 Time laps video

본 실험에서는 실제의 운동의 모양을 video 상으로서 기록하여 그 화상을 해석함으로서 운동 속도의 산출이나 운동 방향 및 그 지속성 (persistency)을 평가한다.

여기서는 현미경의 사용에 대한 지식을 위주로 기술함으로 세부사항은 참고서적 (참고문헌 6 등)을 참조 바란다.

준비물

<기구>

- Time laps video 촬영 장치 및 암실 또는 차광 후드[*1] :

Olimpus사 , Carl Zeiss사 등, 현미경 제조사로부터 다양한 촬영장치가 판매되고 있으며 목적, 예산, 설치장소 등의 조건에 맞춰 적절한 시스템을 설치하는 것이 좋지만, 최소한 위상차상 또는 미분간섭상을 기록할 수 있는 장치가 꼭 필요하다. 기록 장치가 디지털 (컴퓨터의 핸드 디스크의 연속적인 정지화상 또는 digital video tape 등) 인 경우는 촬영 후에 해석이 용이하다는 장점이 있다. 촬영 조작은 선택한 시스템에 따라 다름으로 상세히 설명할 수 없으며, 사용하고 있는 시스템에 대해 지속적인 숙련이 필요하다. 여기서는 예로서 우리의 시스템을 설명한다.

Carl Zeiss사 Axioxvert 200 (도립형 현미경), AxioxCam CCD 카메라 시스템 (제어 소프트 웨어 -AxioVision + Time laps Shutter system 추가설치), CZI-3-CO_2 incubator (그림 2)

> *1 Time laps video는 광원을 차단하고 있던 shutter를 image 취득 시에만 열어서 조명을 부여하는 방법으로서 빛으로 인한 세포상태의 변화를 막기 위해서는 화상촬영을 하지 않을 때는 최대한 차광상태의 촬영 환경을 유지하는 것이 좋다.

- 컴퓨터 및 화상해석 프로그램 :

다양한 기종이 판매되고 있다. 동영상의 관리 및 편집이나 재생을 할 수 있는 기종 (AxioCam 부속 AxioxVision), 이동점을 자동 추적할 수 있는 기종 (L.A.B 사 PV Srudio 2D 등), 다양한 화상해석을 할 수 있는 기종 (Universal Imaging Corporation 사 MetaMorph 등)이 있으며 고성능의 기종을 확보하면 효율적인 측정 해석이 가능하지만 그렇지 않은 경우에는 다양한 실험 방법의 고안으로 이를 극복할 수 있다. 현재 우리는 AxioXVision Viewer (http://www.zeiss.de/C12567BE0045ACF1/Inhalt-Frame/580B628814017D3E41256A72004CED34)를 사용하고 있다.

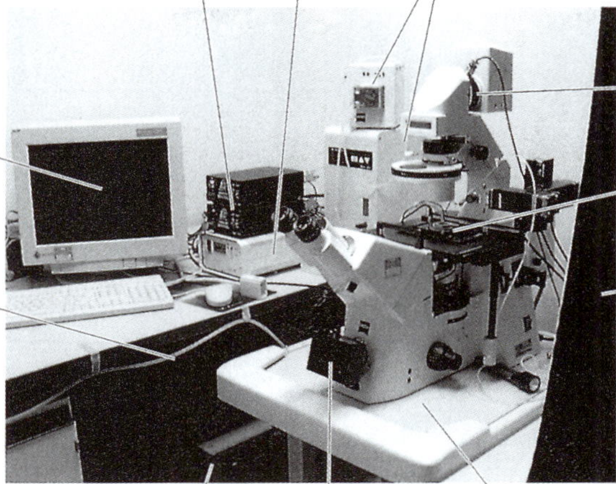

그림 2 Time laps video 촬영장치 (필자들의 예)

<시약류>

- 목적 세포의 배양 및 운동에 적합한 배지류
- 필요에 따라 최종 농도 25 mM HEPES (pH 7.4)를 배지에 첨가

비디오 촬영은 필요에 따라 수 시간에서 수십 시간에 달한다. 이때에 세포의 상태를 잘 유지시키기 위해 촬영 chamber내에 온도와 CO_2를 공급할 수 있는 것이 좋지만 곤란한 경우에는 상기의 HEPES를 배지에 첨가하고 배양용기를 밀폐함으로서 이를 극복할 수 있다.

<기구류>

배양 dish 또는 flask류 - Time laps video 촬영 장치에 맞는 적절한 것을 준비한다. 우리의 경우는 보온 chamber의 직경 때문에 corning #40165 또는 MatTek사 glass bottom dish # P35G-0-10-C를 사용한다.

<세포>

운동을 할 수 있을 정도의 세포밀도*2가 되도록 상기 용기에 세포를 파종한다. 예로서 NMuMg 세포의 자유운동을 촬영하는 경우 1~2 × 10^5/φ 35 ㎜을 파종한다.

*2 이 조건은 목적이나 세포에 따라 다양하게 조건을 바꿀 필요가 있다. 예를 들면 세포 집단의 운동성을 관찰하는 경우 일단 포화밀도가 되게 배양한 후 배양면을 tip이나 바늘로 선을 긋고 그 부분이 회복되는 모양을 관찰하는 wound healing법이 자주 사용되며 이 과정의 video 촬영도 가능하다.

Protocol

① 촬영준비 : 장치의 사용 준비, 세포의 파종 등 필요한 준비를 한다. 특히 보온장치를 미리 가동시켜 현미경 경체 또는 초점과 관련된 부분은 목적 온도까지 미리 올려놓는 것이 좋다. 세포를 파종하여 수분에서 수십분간* 환경에 적응시킨다.

*촬영 방법도 다양하게 개선할 필요가 있다. 예를 들면 기질에의 접착 초기의 세포신장을 기록하는 경우에는 다른 방법을 쓰는 것이 좋다. 어떤 경우든 안정되고 선명한 video 상이 취득될 수 있도록 유의한다.

② 촬영 : 초점은 다양한 요인에 의해 미묘하게 바뀐다. 아주 조금씩 조정하여 선명한 image를 얻는 것이 효율적인 해석을 하는데 유효하다. Image의 촬영은 목적 또는 세포에 따라 다르다. 1~3분 정도가 유효한 경우가 많다.

③ Video image의 해석 : Video image를 재생하여 측정한 세포의 핵 등의 정확한 포인트의 이동을 해석한다. 우리가 이용하고 있는 Image Browser Software에서는 video image에 이동한 내용을 첨부할 수 있으며, 또한 이동거리를 측정할 수 있는 기능이 있으므로 이

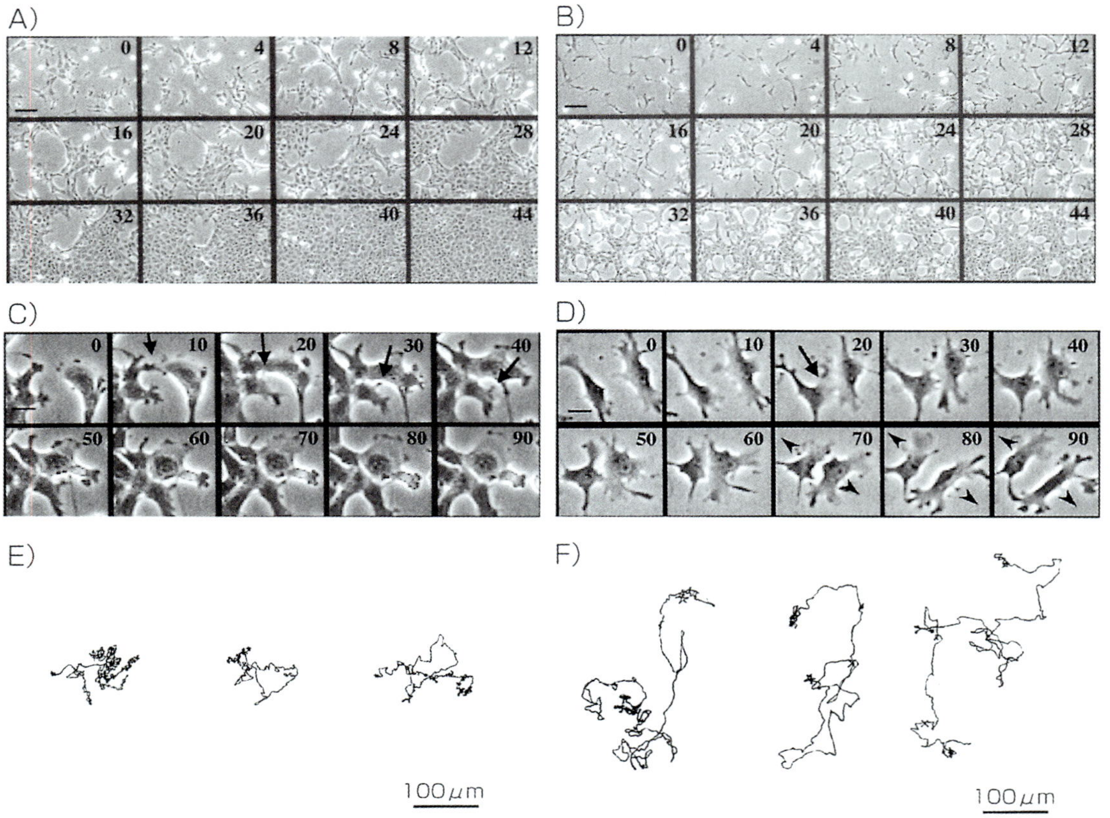

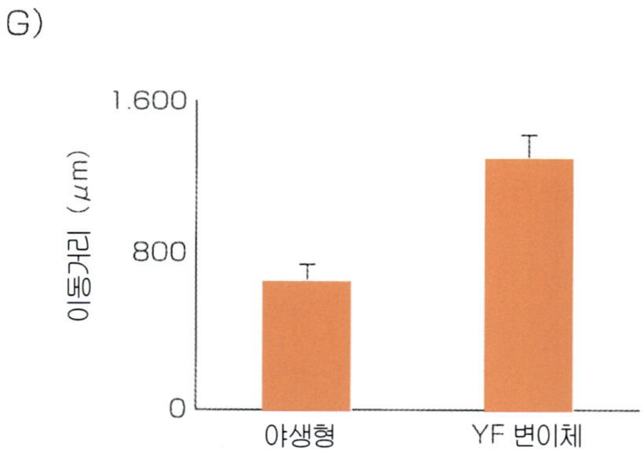

그림 3 Tyrosine 잔기가 변형된 pxillin발현으로 "접촉에 의한 세포운동 저해 (Contact inhibition of movement)"의 상실

A)B) NMuMG 세포의 48시간째의 증식 및 운동과정의 time laps video 기록. A는 야생형 pxillin 도입세포. B는 tyrosine 비 인산화형 변이 pxillin 도입세포. 오른쪽 위에 숫자는 기록시간(hr). Scale bar는 50 ㎛. C)D) A, B로부터 특징적인 세포의 움직임을 확대한 것. 오른쪽 위에 숫자는 기록시간 (분) Scale bar는 10 ㎛. E)F) 세포의 핵의 움직임 기록. 각각의 전형적인 3개의 세포를 기재했다. G) E, F의 기록을 각각 20번씩 수행하여 평균값의 이동거리를 그래프화한 것. 「야생형」은 야생형 pxillin 도입세포. 「YF 변이체」는 tyrosine 비 인산화형 pxillin 도입세포.

것을 이용하고 있다. 이 software를 도입하기 전에는 재생화면에 OHP 필름을 테이프로 붙여 사인펜 등으로 이동거리를 그린 후 정밀 자로 측정하였다. 어느 쪽이든 확대배율에서 실제 이동거리를 계산하여 시속을 계산한다.

운동 방향의 지속성은 이동거리에 부수적으로 이동 개시점과 종료점 사이의 직선거리를 측정하여

(Persistency index) = (직선거리) / (이동거리)

로 하여 이 index가 1에 가까우면 가까울수록 지속성이 높은 것으로 한다[7].

실험예

그림 3에 우리의 해석 예를 보여준다. 증식·운동에 의해 만들어진 상피세포층의 형성과정을 time laps video로 기록했다 (그림 3A~D). 세포운동의 모양을 측정하여 (그림 3E, F) 세포 접촉이 일어나기 시작한 시점부터 약 44시간의 이동거리를 계산했다 (그림 3G). 야생형의 NMuMG 세포는 운동에 따른 다른 세포와의 접촉 시 "접촉에 의한 세포 운동저해" 능을 발휘하여 상피세포에 특징적인 sheet 모양의 세포층을 형성하였으며 (그림 3A, C) 그로 인해 세포의 운동이 억제되어 간다 (그림 3E). 반면 인산화 자리인 tyrosine 잔기를 phenylalanine으로 치환한 비 인산화형 pxillin을 발현시킨 NMuMG 세포는 "접촉에 의한 세포운동저해" 능을 상실하여 (그림 3B, D) 세포운동이 억제되지 않았다 (그림 3F). 이 결과는 "접촉에 의한 세포운동 저해" 능의 억제와 pxillin의 tyrosine 인산화가 높은 관련성이 있다는 것을 보여준다.

끝으로

서두에서 논한 것처럼, 대상 세포에 따라 해석의 방법이 다양하다. 본 항에서 설명한 화상해석법이 최적이라고 할 수 없음을 주의하기 바란다. 그러나 이러한 측정 방법을 통해서 밖에 결과를 얻을 수 없는 경우가 오늘날 post genome 시대에도 존재한다. 따라서 이들 방법들의 중요성은 한층 더 높아지고 있다. 본 항에서 소개한 내용은 보다 많은 분야에서 활용이 가능할 것으로 사료된다.

참고문헌

1) Condeelis, J. & Segll, J.E.:Nature Rev. Cancer,3:921-930,2003
2) Klemke, R.L et al : J. cell Biol.,140 : 961-972
3) Yano, H. et al.; Proc. Natl. Acad. Sci. USA, 97 : 9076-9081,2000
4) 上野範博, 松本脩三 :「新生化學實驗講座12, 分子免疫學I 免疫細胞·サイトカイン」(日本生化學會 編), pp212-213, 東京化學同人, 1989
5) Patel, A.S. et al: Oncogene 16 : 3227-3232,1998
6) 野島 博 編 : 無敵のバイオテクニカルシリーズ「改訂 顯微鏡の使い方ノートはじめての觀察から高度な顯微鏡の使い方まで」, 羊土社, 2003
7) Gu, J. et al. : J. Cell Biol., 146:389-404,1999

5. FISH법에 의한 염색체 해석

久郷裕之 押村光雄

각종 염색체 해석법 중에서 최근 가장 기술적으로 진보되어 이용가치가 높은 FISH(Fluorescence in situ hybridization)법을 중심으로 해설하고자 한다. 염색체 분석의 기초적인 지식이나 기술 습득에 있어 본 항이 참고가 되기를 기대한다.

서론

염색체 연구는 지금부터 약 50년 전 인간 염색체가 2n=46인 것이 보고됨과 더불어 G염색법이나 Q, R, C 염색법 외에도 다양한 염색체 분염법이 개발되어[1)~4)], 염색체 및 그 구조적 이상을 상세히 동정할 수 있게 되었다. 특히 세포의 핵 형태분석, 암화에 따른 염색체 변화, 미소 핵 세포융합법에 의한 염색체 도입연구, 유전자 mapping 또는 인공 염색체의 개발 등 다양한 분야에서 광범위하게 발전되어 왔다[5)~7)]. 인간의 전체 염기서열의 해독을 목표로 추진된 인간 genome project은 2001년에 전체 genome의 90%에 달하는 염기서열 초판이 발표되어 이 project에 목적이 거의 달성되었다. 그러나 생체 내에서 일어나는 유전정보의 공간/시간 특이적인 발현 제어 기구를 이해하기 위해서는 이들의 1차원 레벨의 염기서열 정보와 더불어 3차원 레벨에 있어서 chromatin 고차구조의 동적 변동이 미치는 영향을 해석할 필요가 있다고 생각된다. 따라서 그 기반이 되는 염색체의 연구도 중요한 분야로서 앞으로 더 많은 발전이 기대된다.

수많은 염색체 분석법 중에서 fluorescence *in situ* hybridization(FISH)법은 개발된 1990년 전·후부터 급속하게 발전하여 오늘날에 있어서는 중심적인 방법으로 이용되고 있다. *In situ* hybridization법은 세포나 조직 내의 특정 핵산 (DNA 및 RNA)의 위치나 그 분포 등을 가시화하여 해석할 수 있는 기법이다. 종래에는 radio isotope(RI)로 표식한 probe을 사용했지만 결과가 얻어지기까지 1주일 이상이 걸리는 것, 그리고 방사선 피폭 또는 β선의 이동 signal을 검출함으로 실제의 위치하고 다르다는 문제점 등이 있다. 이 방법은 아주 작은 probe을 검출할 수 있는 능력에 있어서는 RI 표식에는 미치지 못하나 몇 종류의 형광 물질을 동시에 사용할 수 있는 등 종래의 문제점을 극복하였으며 또한 많은 장점을 갖고 있어 그 응용범위가 다양하다[8)~10)]. 본 항에서는 염색체 표본을 이용한 FISH 법을 설명하고 기본 원리와 응용 예를 소개한다.

원리

FISH법은 probe DNA를 효소반응에 의해 표식하여 slide glass 위에 염색체와 표식 probe DNA를 한 가닥으로 변성시켜 적당한 환경에 놓아두면 상보적인 서열에 특이적으로 hybridization하는 작용을 이용한 것이다. 그 후 표식 부위를 검출시키는 과정을 거쳐 형광 현미경에서 관찰함으로서 염색체의 특정 영역 또는

Hiroyuki Kugoh, Mitsuo Oshimura : Department of Biomedical Science, Institute of Regenerative Medicine and Biofunction, Graduate School of Medical Science, Tottori University（鳥取大学大学院医学系研究科機能再生医科学専攻）

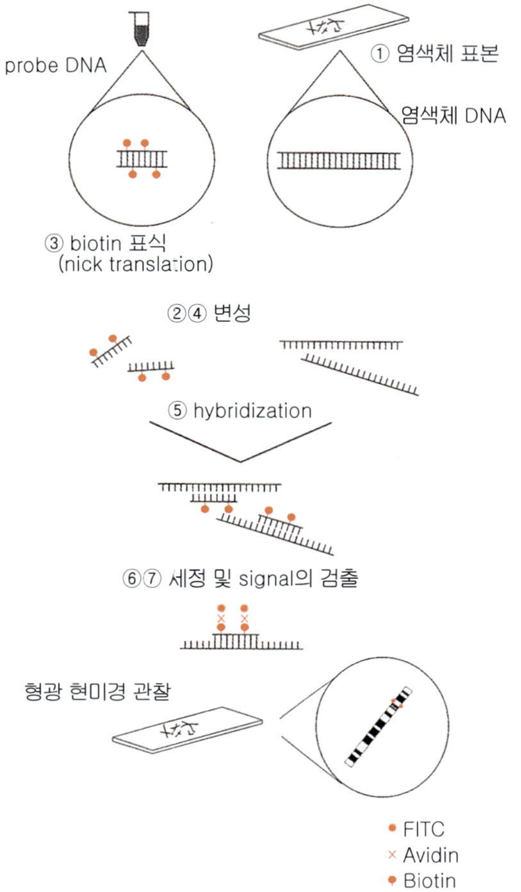

그림 1 FISH법의 개략도
각각 한 가닥으로 변성된 염색체 DNA와 probe DNA는 상호 상보적인 서열에 특이적으로 hybridization한다. 형광 물질에 의해 probe의 위치를 가시화한다.

간기 핵에서 형광 signal을 검출한다 (그림 1).

준비물

<시약>

- 배양액 (DMEM, RPMI 1640 등)
- PHA (Phytoheme agglutinin ; Murex Biotech사, HA15)
  멸균 증류수 5 ㎖로 녹여 −20℃에 보존한다.
- Colcemid 용액 (10 ㎕/㎖; GIBCO-BRL사)
- 0.075 M KCl
- 카루노아 고정액
  메탄올 : 초산 = 3 : 1(사용 시 조제)
- Nick translation kit (Roche사)
- 4 M CH_3COONH_4
- 변성 salmon sperm DNA (10 ㎎/㎖: Sigma사)
- 포름알데히드
- 20 × SSC (pH 7.0)

구연산 3나트륨 수화물 ($C_6H_5Na_3 \cdot 2H_2O$)	88.2 g
NaCl	175.3 g
H_2O	800 ㎖
Total	1,000 ㎖

  pH 7.0으로 조정한 후, 1,000 ㎖로 맞추고 autoclave로 멸균한다.
- BSA, hybridization (Roche사)
- BSA (sigma사)
- 황산 dextran (Sigma사)
- 염색액
  Avidin-FITC (Roche사 ; 3 ㎍/㎖)/1% BSA + 4×SSC 용액, 1% BSA + 4×SSC 용액을 미리 만들어 −20℃에 보존해 둠.
- 항탈색 염색액
  PBS(−) 5 ㎖에 diazabicyclooctane (DABCO ; sigma사) 0.625 g를 첨가하여 완전히 용해시킨다. 여기에 45 ㎖ glycerol을 첨가하여 잘 혼합하고 −20℃에 보존한다.
- Glycerol
- Progidium iodide (PI ; sigma사)

Protocol

1 분열 중기 세포 및 간기 핵 표본의 제작

i) 말초 임파구 및 세포주로부터의 표본 제작

① 세포를 φ 60 ㎜ dish에 파종하여 60% 밀도상태까지 배양한다[*1].

> *1 말초 임파구를 배양하는 경우는 배양액에 2% PHA를 넣고, 72시간 배양한다.

② Colcemid를 넣고 세포분열을 정지시킨다[*2].

> *2 Colcemid의 사용 농도 및 처리시간은 세포증식의 정도에 따라 다르다. 표준은 0.05 ㎍/㎖에서 약 1시간 처리한다.

③ Trypsin 처리로 세포를 회수하여 원심관에 옮긴다 (염색체 표본 제작 전날에 반드시 배지를 교환한다).

④ 세포 현탁액을 1,000 rpm, 5분간 원심분리한다.

⑤ 상등액을 aspirator로 제거하고, 5 ㎖의 0.075 M KCl 용액에 현탁하여 15분간 처리한다 (Paster 피펫 등을 이용하여 세포 덩어리를 풀어준다).

⑥ 동량의 카루노아 고정액 (메탄올 : 초산 = 3 : 1)을 조

5 형태관찰

심스럽게 첨가하고 pipetting으로 섞는다.

⑦ 1,500 rpm, 5분간 원심분리 후, 상등액을 버리고 새로운 고정액을 넣어 pipetting을 하고 다시 원심분리한다.

⑧ 이 조작을 3회 반복한다.

⑨ 상등액을 aspirator로 제거하고 세포의 양에 맞춰 적당량의 고정액을 넣는다. Paster pipet을 이용하여 50% 에탄올에 넣어둔 slide glass를 꺼내어 여분의 알코올을 제거한다. 세포액을 slide 중앙에 한 방울 떨어뜨려 가스버너로 화염 고정한다.

⑩ 실온에서 하룻밤 건조시켜 -80℃에 보존한다.

ii) 종양조직

① 적출한 종양조직을 항생물질 (페니실린/스트렙토마이신: 1,000 unit/㎖)을 함유한 PBS (-)로 3회 세정한다.

② 멸균한 가위를 이용하여 작게 자른다.

③ 작게 자른 후 0.8% collagenase (type II)를 넣고 비이커 내에서 조직단편을 incubation 한다 (37℃, 30분).

④ PBS (-)을 넣고 collagenase를 희석한다. 세포 현탁액을 15 ㎖ 원심관에 넣고 1,500 rpm, 5분간 원심분리한다.

⑤ 상등액을 버리고 10 ㎖의 PBS (-)을 첨가하여 세정하고 다시 원심분리한다. 이 조작을 3회 반복하여 세포를 잘 세정한다.

⑥ 상등액을 버리고 20% FBS를 함유한 배양액 (RPMI 1640)에 현탁하여 φ 60 ㎜ dish에 넣고 37℃, 5% CO_2 조건하에서 배양한다.

⑦ 상기의 말초 임파구 및 세포주에서의 방법과 동일하게 염색체 표본을 제작한다.

2 염색체 DNA의 변성

① 70℃에서 미리 보온한 70% 포름아미드/2×SSC 용액에 slide glass를 2분간 담근다.

② -20℃에서 냉각시킨 70% 에탄올에 표본을 넣고 5분간 급냉한다. 다시 100% 에탄올에 넣고 5분간 탈수 후 실온에서 풍건시킨다.

3 Probe 표식*3

① Probe DNA는 nick translation에 의해 biotin 표식한다.

dATP, dGTP, dCTP (각 2 ㎕)	6.0 ㎕
10 × NTB	2.0 ㎕
Probe DNA (0.5 ㎍/㎕)	1.0 ㎕
Biotin–16–dUTP (1 mM)	1.0 ㎕
DW	6.0 ㎕
Enzyme	4.0 ㎕
Total	20 ㎕

② 상기의 시약을 잘 혼합하여 15℃에서 90분간 반응시킨다.

③ 65℃에서 10분간 처리하여 반응을 정지시킨다.

④ 실온에서 5분간 방치하여 냉각시킨다*3.

☞ *3 Probe DNA가 길면 길수록 background가 높아지지만 FISH는 잘 된다. 따라서 YAC, BAC, cosmid 등을 probe로 한 경우 대부분 문제없이 signal을 검출할 수 있다. 그러나 1 kb 이하의 cDNA의 경우 signal 검출 효율이 아주 낮다.

4 Probe 정제 및 변성

① 표식한 probe는 형광 signal의 background를 낮추고 hybridization 효율을 증폭시키기 위해 에탄올 침전을 수행한다.

Biotin 표식 probe DNA	20.0 ㎕
4 M CH_3COONH_4	2.5 ㎕
100% 에탄올	56.0 ㎕
변성 salmon sperm	2.0 ㎕
Total	80.5 ㎕

② 상기의 시약을 잘 혼합하여 -80℃에서 15분 이상 방치시킨다.

③ 15,000rpm, 4℃, 5분간 원심분리시킨다.

④ 상등액을 완전히 제거하고 20 ㎕의 포름아미드를 첨가하여 완전히 용해시킨다*4.

☞ *4 에탄올 침전 후 pellet을 완전히 건조시키면 포름아미드에 잘 용해되지 않는다. 최소한 50회 이상 pipetting하여 완전히 포름아미드로 용해시킨다.

⑤ 포름아미드로 용해시킨 probe는 75℃에서 10분간 가열한다.

⑥ 얼음 위에서 10분간 급냉시킨다.

5 Hybridization

① 변성시킨 probe 용액을 하기의 동량의 hybridization 용액과 혼합하여 변성시킨 염색체 표본 위에 얹어 놓고 공기가 들어가지 않도록 파라필름으로 감싼다.

2 × SSC	25.0 μl
BSA (20 mg/ml)	12.5 μl
50% 황산 dextran	25.0 μl
Total	62.5 μl

② 온도를 유지할 수 있는 밀폐상자에 넣고 37℃에서 하룻밤 (약 15시간) hybridization 시킨다.

6 세정

Hybridization 종료 후, 표본을 50% 포름아미드/2 × SSC 용액(실온), 1 × SSC 용액(실온)에 각각 15분간씩 담궈 세정한다. 마지막으로 4 × SSC용액 (실온)안에서 5분간 세정한다.

7 Signal의 검출

① 4 × SSC로부터 표본을 꺼내어 70 ml의 염색약을 얹고 파라필름으로 싼다.

② 온도를 지속할 수 있는 밀폐상자에 넣고 37℃에서 1시간 반응시킨다.

③ 4 × SSC용액, 0.05% Triton X / 4 × SSC용액, 4 × SSC용액 순서로 각각 5분간씩 세정한다.

④ 항퇴색 방지제 (DABCO)에 용해한 PT (0.5 μg/ml) 염색액 20 μl을 첨가하고 그 위에 cover glass를 얹어 메뉴큐로 sealing하고 형광 현미경으로 관찰한다.

실험예

Telomerase 억제 유전자의 mapping

염색체 말단에 존재하는 telomere는 염색체 안정화 및 세포 분열의 수명을 결정하는 「분자 시계」로서의 역할을 담당하고 있을 가능성이 크게 시사되어 telomere의 신장에 관여하는 telomerase의 발현이 암세포의 발생 및 유지에 중요할 것으로 생각되었다. 또한 telomerase는 일부의 생식세포나 줄기세포를 제외한 정상세포에는 존재하지 않으므로 정상세포 안에 telomerase 활성을 억제하는 기구가 존재한다고 생각되었다. 우리는 telomerase 활성 억제 유전자를 동정할 목적으로 melanoma 세포주의 염색체 연구 (6장 3 참조)를 수행하여 인간 5번 염색체 상에 telomerase 억제 유전자가 존재한다는 것을 밝혔다[11].

1 인간 염색체 painting

Telomerase 억제 유전자의 염색체 영역을 동정하기 위해 다양한 단편의 인간 5번 염색체 (Sub-chromosomal transferable fragments : STFs)를 보유하는 마우스 A9 세포를 제작하여 각각의 STF의 상태를 파악하기 위해 인간 염색체 painting을 수행하였다 (그림 2A~C).

1) 염색체 표본의 제작

앞에서 논한 방법과 마찬가지로 대수증식기에 인간 STF를 보유하는 A9 세포를 trypsin 처리로 회수하여 낮은 삼투압의 KCl 용액 처리 후 카루노아 용액을 이용하여 고정시켰다. 소량의 세포를 slide 위에 올려놓고 염색체 표본을 제작하였다.

2) Probe DNA의 label~hybridization

인간 염색체 painting에 인간의 특이적 반복서열인 COT-1 DNA (Invitrogen사)를 probe로 사용하기 위해 DIG로 (dioxigenin) 표식했다. 표식 후, 에탄올 침전을 하고 10 μl의 100% 포름아미드로 용해시킨 동량의 hybridization 용액과 혼합하여 변성시킨 염색체 표본에 얹어 hybridization을 수행했다.

3) 세정~signal의 검출

Protocol에 따라 세정한 후 1.6 μg/ml의 항 dioxigenin 항체-rhodamine (Roche사)을 함유한 1% BSA/4 × SSC 용액 70 μl을 slide glass에 얹고, 습도를 유지할 수 있는 밀폐상자에 넣어 37℃에서 1시간 반응시킨다. 세정 후, 25 μl의 DAPI (4'6-diamidino-2-phenylindole, 200 μg/ml Sigma사)를 함유한 DABCO 용액을 slide에 얹어 cover glass를 얹고 메뉴큐로 sealing하여 형광 현미경으로 관찰한다.

2 Alu-PCR FISH[11]

Melanoma 세포주에 도입된 STF의 염색체 영역을 동정하기 위해 이들 STF를 보유한 마우스 A9 세포로부터 DNA를 추출하여 Alu 배열에 특이적인 primer (CL1,CL2)를 이용하여 DNA만을 PCR로 증폭시킨 후 FISH의 probe로 이용한다(그림 2D, E).

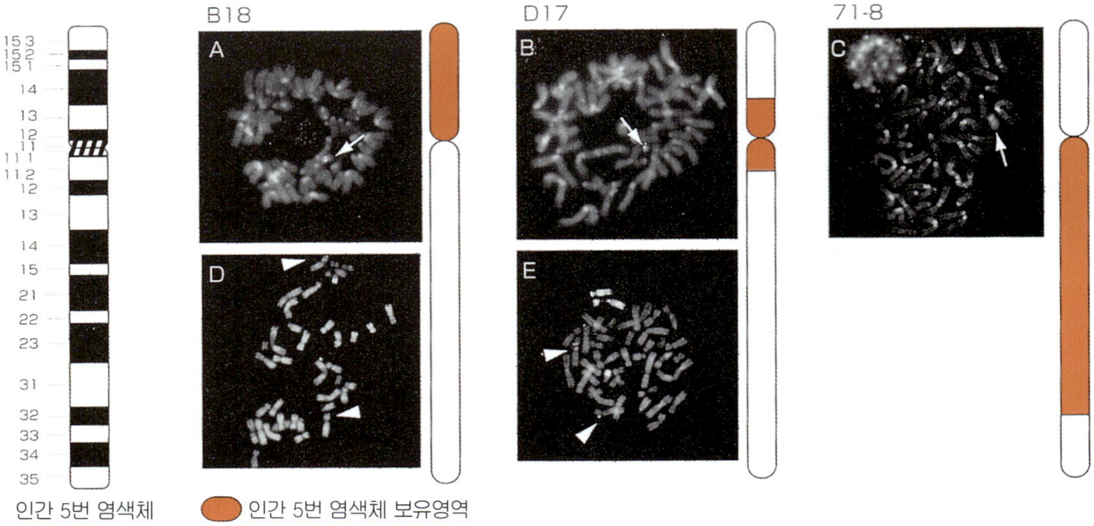

그림 2 FISH 해석(염색체 painting 및 HNPP/Fast Red)을 이용한 telomerase 활성억제 유전자 mapping(문헌 11의 그림 인용) (본 책의 서두 칼라사진 4 참조)

화살표 : *neo* 유전자 (FITC)로 표식된 STF (rhodamine)를 나타낸다. 화살표 : 5p(D) 및 5p13–g11 영역(E)의 형광 signal를 나타낸다. 형광 마우스 B16–F10 세포에 인간의 5번 염색체를 도입했을 때 telomerase 활성의 억제 효과를 나타냈다. 따라서 5번 염색체 상에 telomerase 활성 억제에 관여하는 유전자가 존재한다는 것이 시사되었다. Telomerase 활성을 다시 획득한 revertant clone을 이용한 공통 결실 영역의 해석으로부터 5pter–p15.3, 5p14.1–p11 및 5q11.2–q21의 3개 영역에 후보 유전자가 존재할 가능성이 시사되었다. 우리는 좀더 구체적으로 후보 유전자의 존재영역을 동정하기 위해 이 3영역을 각각 보유한 STF의 세포 clone을 분리하여 그 기능해석을 시험하였다. 후보영역의 STF을 보유한 세포 clone을 STS marker 및 FISH 해석을 이용하여 스크리닝한 후, 가장 작은 염색체 단편을 보유하는 3개의 세포 clone (A~C : B18, D17, 71–8)을 선별하여 Alu–PCR FISH 해석 (HNPP/Fast Red법)에 의해 조사하였다 (D, E). B18(D) 및 71–8은 각각 5번 염색체의 짧은 혹은 긴 모양을 갖는 STF였다. 한편 D17은 5p14.4–5q11.2 영역만을 갖는 STF가 보존되어 있었다 (E).
B16–F10 세포의 telomerase 활성은 B18 및 D17의 도입에 의해 억제되었다. 이러한 사실로부터 이 두개의 STF가 공통으로 보유하고 있는 5p11–5p14.4 영역에 telomerase활성의 발현억제에 관련된 유전자의 존재가 시사되었다.

1) Probe 제작

Primer:
CL1 5'–TCCCAAAGTGCTGGGATTACAG–3'
CL2 5'–CTGCACTCCAGCCTGGG–3'

PCR mixture:

Primer CL1	0.25 μM
CL2	0.25 μM
dNTP	200 μM
Template DNA	0.1 μg
(STF을 보유한 마우스 A9 세포 DNA)	
10 × PCR 용액	
Taq polymerase	2.0 units
Total	100 μl

PCR 조건 :

	96℃	3분
30 ×	96℃	1분
	37℃	30초
	72℃	6분
	72℃	5분
	4℃	∞

제시한 조건으로 PCR 반응을 수행하여 A9 세포 안에 존재하는 인간 STF의 서열을 증폭시킨다. 얻어진 산물을 에탄올 침전에 의해 회수한 후 멸균 증류수에 재현탁하여 DIG 표식 후 FISH probe로 이용한다.

2) 염색체 표본의 제작

통상의 protocol에 따라 말초혈로부터 염색체 표본을 제작했다.

3) HNPP/Fast Red법

(HNPP/Fasr Red에 의한 형광 signal 증폭의 상세한 방법은 Roche사로부터 시판되고 있는 HNPP형광 검출 kit 내에 첨부된 방법에 따르면 된다.)

이 방법은 형광기질인 HNPP가 alkali phosphatase에 의해 탈인산화 됨으로 Fast red TR과 coupling 반응을 일으켜 오렌지색의 형광을 나타냄과 동시에 그 장소에 침착하는 성질을 이용한 형광 signal 증폭법이다.

실험방법은 DIG 표식한 probe로 hybridization 후 alkali phosphatase로 표식한 DIG 항체 용액을 100 ㎕ 넣고 파라필름을 싸서 습도를 유지할 수 있는 밀폐 용기에 넣고 37℃에서 1시간 반응시킨다. 세정 후 HNPP/Fast Red 혼합용액을 100 ㎕ 넣고 파라필름을 싸서 실온에서 30분간 반응시킨다. Slide를 증류수로 10분간 세정하여 Q 밴드 염색을 하고 형광 현미경으로 관찰한다.

끝으로

이상과 같이 FISH법에 관한 표준 protocol 및 우리 연구실에서 실제로 수행하고 있는 방법을 예를 들어 설명했다. FISH법은 유전자 mapping이나 염색체 이상의 해석을 통해 유전성 질환 혹은 암 관련 원인 유전자의 분리나 암세포 진단에 이용되고 있으며, 기초에서 임상 분야까지 폭넓게 공헌해온 기술이다. 앞으로 이러한 핵산 가시화 기술이, 전사 조절 유전자에 존재하는 domain level의 유전자 발현제어 기구를 분석하는데 응용·발전될 것으로 기대된다.

참고문헌

1) Cappersson, T. et al.; Hereditas, 67 : 89-102, 1972
2) Patil, S. R. et al.; Science,2173 : 821-822,1971
3) Latt, S.A. et al.; Proc. Natt. Acad. Sci. USA, 70 : 3395-3399, 1973
4) Pardue, M. L. & Gall, J. G ; Science,168 : 1356-1358,1970
5) Kugoh, H. et al.; Genomics, 27 : 207-210, 1995
6) Kugoh, H. et al.; DNA Res., 6 : 165-172, 1999
7) Yawata, T. et al.; Oncogene, 22 : 281-290, 2003
8) Duthin, S. M. et al.; Hum. Mol. Genet., 8 : 195-204,1999
9) Bentz, M. et al.; Blood,83 : 1922-1928,1994
10) Kallioniemi. A et al.; Science, 258 : 818-821,1992
11) Kugoh, H. et al.; Genes, Chromosome & Cancer,36 : 37-47,2003
12) Kagiyama, N. et al.; Acta Histochem. Cytochem,26 : 441-445,1993

제6장 유전자 도입 · 세포 공학적 방법

1. Transfection

大場 基

다양한 transfection 방법과 그 특징을 설명하고 목적으로 하는 세포나 실험 목적에 따라 어떤 방법을 적용할지를 소개한다.

서론

배양 세포에의 유전자 도입 기술은 세포생물학·분자생물학의 연구에 필요 불가결한 실험기법이다. 목적으로 하는 유전자를 과발현시키거나 역으로 발현이나 (antisense,RNAi법 : 8장 1,2), 기능을 억제시킴으로 (dominant negative법 : 8장 3) 증식·분화·세포사·형태형성 등 다양한 유전자의 기능을 알 수 있다.

유전자 도입법에는 크게 나눠 물리학적 방법과 생물학적 방법이 있으며 전자를 transfection법이라 부르고 있다(생물학적 방법에 관해서는 6장의 다른 항을 참조). Transfection법에는 1) 인산칼슘법, 2) DEAE-dextran법, 3) Lipofection법, 4) Electrophoration법, 5) Micro injection법이 있다. 각각의 장점과 단점이 있으므로 세포 종류나 유전자 도입 후의 해석법에 따라 적절한 방법을 선택할 필요가 있다. 그 판단 기준은 ① 보다 높은 효율로 유전자 도입이 될 것, ② 세포독성 또는 다른 생물학적 작용을 갖지 않을 것, ③ 일시적 (transient transformation)인지 안정적 형질전환 (stable transformation)인지의 3가지 기준이다. 이들 사항에 대한 각각의 transfection법의 특징, 장점, 단점을 다음과 같이 비교한다 (표 1).

1 도입효율

높은 도입효율을 얻기 위해서는 조건 설정을 면밀히 검토할 필요가 있다.

- 인산칼슘법 : 설정 조건이 되는 parameter가 많아 실험자의 기술에 따라 성공 유무가 좌우되는 경우가 있으므로 안정성이 낮다. 또한 부유세포에는 부적절하다. 그러나 도입 유전자가 high copy로 tandem하게 염색체에 integration된다는 특징이 있다.
- DEAE-dextran법 : 인산 칼슘법에 비해 시약수도 적고 방법도 간단하며 안정성이 높다. 그러나 특정 세포종 (COS, L 세포 등)에서는 높은 도입효율을 나타내지만 일반적으로 다른 방법에 비해 도입효율이 낮다.
- Lipofection법 : 비교적 폭넓은 세포종에 적용 가능하며 조작도 간단하고 기술에 거의 의존하지 않는 장점이 있다. 또한 많은 kit가 다수 판매되고 있으며 성능도 향상되어 세포에 따라서는 80% 이상의 고효율이 얻어 질 수도 있다. 단 최적 조건의 범위가 좁고 미묘한 시약 양이나 DNA량에 따라 효율의 차이가 있을 수 있다.
- Electrophoration법 : 간단하며 폭 넓은 세포종에 대해 높은 도입효율을 나타낸다. 전압 등의 조건에

Motoi Ohba : Institure of Molecular Oncology, Showa University (昭和大学腫瘍分子生物学研究所)

표 1 각종 transfection 법의 비교

방법	세포종			형질전환	이점	결점
	부착세포	부유세포	초대배양세포	일시적/안정적		
인산칼슘법	++	−	−	+/+	특별한 기구가 필요 없음. 저렴	조건 설정의 parameter가 많고 안정성이 결손됨. 다량의 DNA가 필요
DEAE−dextran법	+	+	−	+/−	특별한 기구가 필요 없음, 간단	조건 설정의 parameter가 많다. 세포 독성이 강하다
Lipofection법	+++	+	−~++	+/+	특별한 기구 필요없음. 저렴, 간단. 다양한 핵산에 적용이 가능함	고가, 특별한 시약이 필요
Electropholation법	++	+++	−~+	+/+	간단하고 재현성이 높다. 다양한 세포종에 적용가능	특별한 기구가 필요
Micro injection법	++	−	+	+/+	고효율, 임의의 세포에 도입가능. 소량의 DNA로도 실험이 가능	숙련을 요함. 고가로 특별한 장치가 필요. 취급할 수 있는 세포수가 적다

따라 효율은 상당히 차이가 있으므로 최적 조건의 설정이 중요하다.

- Micro injection법 : 기술만 향상되면 injection 한 세포에 거의 100% 유전자를 도입할 수 있다. 그러나 트레이닝이 필요하며 세포에 따라서는 injection이 극단적으로 어려운 것도 있다. 또한 취급할 수 있는 세포수에 한계가 있다.

> ☞ * 일반적으로 초대배양 세포에 대해서는 어느 방법을 이용해도 별로 높은 효율을 얻을 수 없다. Viral vector를 이용하는 것이 좋을 것이다. 그러나 특별히 높은 효율을 필요로 하지 않으면 상기의 방법으로 충분한 경우가 많다. 포기하지 않고 도전하는 것이 좋다.

일시적인 발현의 도입효율은 β-galactosidase나 luciferase 유전자를 reporter 유전자로 이용하여 검토한다. 안정적인 형질전환의 경우는 neomycin 내성 유전자를 갖는 vector (pSV2-Neo 등)을 도입하고 2주후 형성된 colony 수에 의해 검토한다. siRNA의 경우는 Cy3이나 Cy5 등의 형광 색소로 표식된 RNA의 도입으로 검토한다.

2 세포독성

DEAE-dextran법은 독성이 강해 세포주에 따라서는 적용할 수 없는 경우도 있다. 인산칼슘이나 lipofection법에서는 DNA량이나 시약의 양에 따라 복합체의 크기가 달라 그 결과 세포독성을 나타내는 경우가 있다. 또한 칼슘이온에 따라 분화가 유도되는 세포(keratinocyte)에는 인산 칼슘법을 사용할 수 없다. Electrophoration법은 전압과 전기용량 (condenser 용량 : F)에 따라 세포의 생존율이 크게 변한다. 어느 쪽이든 간에 약간의 세포독성은 있으므로 도입 효율을 고려하면서 적절한 방법과 조건을 설정할 필요가 있다.

3 발현시간 (일시적, 안정적 형질전환)

DEAE-dextran법은 독성이 강해 안정적 형질전환에는 이용할 수 없다. 그 외의 다른 방법들은 양쪽의 형질전환에 모두 이용된다. 단 electrophoration법에서는 유전자가 1~수 copy 밖에 염색체에 재조합되지 않는다.

이용하는 세포종, 실험계, 실험 목적에 따라 적절한 방법을 선택하기 바란다.

여기서는 범용되고 있는 인산 칼슘법, lipofection법, electrophoration법의 실험방법을 논한다. Micro injection법은 6장의 4나 다른 문헌을 참조하길 바란다.

i) 인산 칼슘법

원리

DNA와 인산칼슘을 함께 침전시켜 endocytosis에 의해 세포 내에 집어 넣는 방법이다. 고전적인 방법이지만 저렴하고 일시적, 안정적 형질전환 모두에 이용할 수 있다는 장점이 있다.

준비물

<시약>

• 2 × HBS

		(최종농도)
HEPES	1 g	(50 mM)
NaCl	1.6 g	(0.28 M)
KCl	74 mg	(10m M)
Na_2HPO_4	21 mg	(1.5m M)
Dextrose	0.2 g	(12m M)

dH_2O로 용해하여 100 mℓ로 맞춤.
NaOH로 pH 7.05, 7.10, 7.15로 맞춤. 여과 멸균하여 소량씩 분주하고 −20℃에서 보존*.

• 2 M $CaCl_2$

$CaCl_2 \cdot H_2O$	29.4 g

dH_2O로 용해하여 100 mℓ로 맞춤.
여과 멸균하여 −20℃에서 보존.

• 15%(V/V) glycerol

Glycerol (Autoclave 멸균한 것)	50 mℓ
2 × HBS	15 mℓ
멸균 증류수	35 mℓ
Total	100 mℓ

☞ * HBS의 pH는 침전의 크기에 영향을 준다. 7.10을 중심으로 7.05와 7.15의 것을 만들어 가장 도입 효율이 좋은 pH의 것을 사용한다. 일반적으로 pH가 높으면 높을수록 침전이 잘된다.

Protocol

도입효율은 DNA-인산칼슘 침전의 크기에 의존한다. 침전물은 세포종에 따라 적절한 크기가 있으므로 예비실험을 수행하여 최적조건을 찾을 필요가 있다(*1~*4참조).

① 실험 전날에 100 ㎜ dish당 5 × 10^5의 세포를 파종한다*1.

☞ *1 개개의 세포의 증식속도에 따라 최적 세포수가 다르다.

② Transfection 몇 시간 전에 새로운 배지로 교환한다.

③ 이하의 요령으로 DNA-인산칼슘 침전물을 만든다. Plasmid DNA (10~30 ㎍)에 멸균수를 넣어 220 ㎕가 되게 한다*2.

☞ *2 침전물의 크기는 DNA량에 비례한다. 또한 DNA는 Qiagen column (Qiagen사) 등에 의해 정제하여 순도가 높은 것을 이용한다.

④ 2M $CaCl_2$를 60 ㎕ 첨가해 잘 혼합한다.

⑤ 이 용액을 2 × HBS 500 ㎕에 계속 각반하면서 아주 조금씩 첨가한다.

⑥ 실온에서 20~30분 방치하여 침전물을 생성시킨다*3.

☞ *3 20~30분 후에는 용액이 아주 조금 하얗게 현탁된다. 생성된 침전물을 현미경 (10배 대물렌즈)으로 관찰했을 때 침전이 brown movement로 약간 움직이고 있는 상태가 좋다. 확실히 형태를 알아 볼 수 있고 전혀 움직이지 않는 침전은 너무 큰 것이다. 반대로 전혀 보이지 않는 아주 작은 상태도 나쁘다.

⑦ DNA-인산칼슘 침전물을 조금씩 세포에 적하한다.

⑧ 부드럽게 혼합하여 37℃, 5% CO_2에서 4시간 방치한다.

⑨ 배지를 흡인하여 15% glycerol 용액을 5 ㎖ 첨가한 후, 1~3분 방치한다*4.

☞ *4 Glycerol에 의한 침투압 shock는 세포에 손상을 줄 수 있으므로 적정한 처리시간을 미리 결정해 놓는다. 12~24시간 후에 PBS로 세포를 washing하여 침전물을 제거한다.

⑩ Glycerol을 흡인 제거하고 PBS로 세포를 세정한다. 혈청을 함유한 신선한 배지를 첨가해 37℃, 5% CO_2에서 배양한다.

⑪ 일시적 발현의 경우에는 24~48 시간 배양 후, 세포를 회수하여 분석에 이용한다. 안정적 형질전환을 시키는 경우에는 48 시간 후에 세포를 trypsin으로 떼어 내어 1 : 5~20 으로 희석하여 새로운 dish 에 파종한다. 24 시간 후에 적당한 약제를 함

유한 선택 배지로 교환한다. 10~14일 후에는 안정적 형질전환된 세포만이 colony를 형성하면서 증식한다. 이때부터 선택배지를 3~4일마다 한번씩 교환한다.

ii) Lipofection법

원리

Lipofection법은 양이온의 지질과 DNA가 전기적 상호작용에 의해 복합체를 형성하여 막 융합에 의해 세포 내로 들어가는 방법이다. 장점은 모든 세포에 고효율로 도입이 가능하다는 점이다. 또한 plasmid DNA뿐만 아니라 oligonucleotide, 두 가닥의 RNA도 도입 가능하기 때문에 RNAi법에도 적용할 수 있다. 독성은 인산칼슘법보다 낮다. 단점은 최적 조건의 범위가 좁고 시약이 비싸다는 것이다. 현재 다양한 시약이 다수의 회사로부터 판매되고 있다. 이들은 양이온의 지질 단독, 혹은 양이온의 지질과 중성지질 또는 각종 polymer로 구성되어 있으며 실험 목적이나 핵산 또는 세포의 종류에 따라 적절한 시약을 선택할 수 있다. 표 2에 현재 범용되고 있는 시약을 용도별로 나타낸다. 여기서는 lipofectAMINE™ PLUS을 사용한 실험 예를 보여준다.

준비물

<시약 등>

- LipofectAMINE PLUS Reagent (Invitrogen사)
- FBST 또는 OPTI-MEM I 배지 (Invitrogen사)
- FBS+배지

Protocol

① Transfection 전날에 40~60% confluent가 되도록 세포를 파종한다[*1].

*1 적절한 세포농도는 세포종류나 용도에 따라 다르다. 일반적인 transfection 시에는 50~70% 정도가 되도록 파종하는 경우가 많다.

② Plasmid 2 ㎍을 FBS^-의 배지 250 ㎕로 희석한다[*2]. 혼합한 후 PLUS reagent 8 ㎕ 첨가하여 혼합하고 실온에서 15분간 반응시킨다 (60 ㎜ dish을 이용한 경우)[*3].

*2 제품설명서에는 FBS^- 또는 낮은 FBS 배지(OPTI-MEM I 등)의 사용을 추천하고 있다. FBS 성분이 DNA와 지질과의 복합체 형성을 막아 효율이 떨어지기 때문이다. 그러나 FBS^- 배지에서는 세포 독성이 일어나 거의 생존하지 않는 경우도 있으므로 복합체 형성만 FBS^- 배지에서 수행하고 세포에 첨가 후 FBS^+ 배지에서 배양을 하면 좋다. TransIT™ Transfection Reagent(Mirus사)에서는 이 방법을 추천하고 있다. 또한 복합체 형성과 transfection 조작 모두 FBS- 배지를 전혀 필요로 하지 않는 시약인 FuGENE6 (Roche사)도 판매되고 있다.

*3 도입효율과 세포독성은 DNA량, LipofectAMINE 시약, PLUS reagent 량의 비율에 의존한다. 이들의 양을 조절하여 적절한 조건을 결정한다.

③ 다른 tube에 FBS^- 배지 250 ㎕를 분주하여 LipofectAMINE 시약 12 ㎕을 첨가하여 혼합해 놓는다[*3].

④ 두 개의 용액을 혼합하여, 실온에서 15분간 반응시킨다.

⑤ 그 사이에 배지를 흡인 제거하고 세포를 FBS^- 배지 5 ㎖로 2회 세정하고 FBS^- 배지 2 ㎖를 첨가해 놓는다.

⑥ 반응이 종료되면 세포에 DNA-LipofectAMINE 용액을 골고루 적하한다.

⑦ 37℃, 5% CO_2에서 1.5~2시간 배양한다[*4].

*4 Transfection 시간은 첨부된 설명서에서 3시간으로 지정하고 있지만 실제로는 1~2시간에 충분한 경우가 많다. 단 FBS^+에서도 도입 가능한 제품을 이용할 때에는 보다 장시간 배양하는 쪽이 좋다는 보고도 있다.

⑧ 혈청 농도가 통상의 2배인 배지를 2.5 ㎖ 첨가한다. 혹은 배지를 흡인 제거 후 통상의 FBS^+ 배지로 바꿔도 좋다.

⑨ 1~2일간 배양 후 분석에 이용한다.

iii) Electrophoration법

원리

Electrophoration법은 DNA와 세포의 부유액에 고전압 pulse을 줌으로 일시적으로 세포막이 불안정화되어 생기는 미묘한 구멍을 통해 외부 액 안의 DNA를 세포 내로 끌어들이는 방법이다. 도입효율은 ① 전압, ② 전기 pulse 시간, ③ DNA와 세포 농도, ④ buffer 조성, ⑤ 온도에 좌우된다. 특히 pulse 조건에 의존함으로 전

표 2 주요 Lipofection시약

용도	제품명(회사명)
포유류 세포주 · 초대 배양세포	LipofectAMINE PLUS (Invitrogen사) LipofectAMINE 2000 (Invitrogen사) TransITTM Transfection Reagent (Mirus TaKaRa사) FuGENE6 (Roche사)
Oligonucleotide 및 siRNA의 도입	Oligofectamine(Invitrogen사) TransIT-TKD Transfection Reagent (Mirus TaKaRa사) RNAiFect Transfection Reagent (Qiagen사)
곤충세포	Cellfection Reagent (Invitrogen사) TransITTM Tnsecta (Mirus TaKaRa사)

이 외의 특정 세포주 또는 초대 배양세포에 조성을 최적화시킨 시약도 판매되고 있다.

압(V)과 전기용량 (condenser 용량 : F)의 설정에 주의를 요한다. 간편하고 도입 효율이 높아 많은 세포종에 적용할 수 있다는 장점이 있다. 일단 최적 조건이 결정되면 안정적으로 도입할 수 있는 장점이 있으나 고가의 장비 및 cuvette를 필요로 하는 결점이 있다.

준비물

<기기>

- Electrophorator : Gene Pulser II (Bio-Rad사)
- Cuvette(전극 간격 0.4 cm : Bio-Rad사 165-2088)

<시약>

- PBS

  filter 멸균하여 4℃에서 보관

- HBS

		(최종농도)
0.5 M HEPES-KOH (pH 7.2)	2 mℓ	(13 mM)
2 M NaCl	7.5 mℓ	(150 mM)
0.5 M $CaCl_2$	1 mℓ	(5 mM)

H_2O로 100 mℓ로 맞춰 filter 멸균하고 4℃ 보존.

- K-PBS

5 M NaCl	616 μℓ	(30.8 mM)
1 M KCl	12.1 mℓ	(121 mM)
1 M Na_2HPO_4	0.81 mℓ	(8.1 mM)
1 M KH_2PO_4	146 μℓ	(1.46 mM)
1 M $MgCl_2$	1 mℓ	(10 mM)

H_2O로 100 mℓ로 맞춰 filter 멸균하고 4℃ 보존.

- Plasmid DNA : Qiagen column으로 정제. 1 mg/mℓ이 되도록 멸균수 혹은 TE로 용해

Protocol

① 전날 세포를 계대하여 transfection 당일에 대수 증식기가 되게 한다.

② Plasmid DNA (1 mg/mℓ)를 20μℓ 준비한다[*1].

*1 DNA량은 10~30 μg 정도로 수행한다. 일반적으로 DNA량이 많으면 도입 효율이 높다. 그러나 역으로 세포의 생존율은 떨어지는 경향이 있다. 또한 stable transfection을 얻기 위한 경우에는 plasmid를 선상으로 하는 쪽이 도입효율이 높아진다고 알려져 있다.

③ 세포를 PBS로 3회 세정하고 1 × 10^7/780 μℓ가 되도록 PBS에 현탁한다[*2].

*2 현탁 buffer는 PBS 외에 HBS, K-PBS 등 (준비물의 항 참조)이 있다. 세포에 따라 최적 buffer가 다른 경우도 있으므로 다양하게 시험해 보는 것이 좋다.

④ DNA를 세포 현탁액에 첨가하여 잘 pipetting 한 후, 미리 냉각시켜 놓은 cuvette에 넣는다[*3].

*3 Cuvette의 온도 (반응온도)는 0~4℃와 실온의 어느 쪽이 좋은지 논란이 되고 있다. 0~4℃에서는 도입효율은 좋지만 생존율이 떨어진다는 말도 있다.

⑤ Cuvette를 GenePulser의 chamber에 설치하여 전압 800 V, capacitance (전기용량) 25 μF, 저항치 200 Ω 또는 250 V, 960 μF, 저항치 ∞로 전기 pulse를 건다[*4].

*4 전압(V)과 전기용량 (μF)은 아주 중요한 parameter이며 세포마다 최적조건을 결정해야 한다. 여기서 나타내는 예는 일부 예에 지나지 않으므로 조건을 조절하여 효율과 생존율을 검토하고 적절한 값을 찾는다. 또한 이들 값과 함께 실제로 건 pulse 시간 (m초)을 기록하여 실험마다 커다란 흔들림이 없는지를 check 한다.

⑥ Cuvette을 얼음위에 5분간 정치한 후 FBS^+ 배지를 넣고 CO_2 incubator에 옮겨 배양한다[*5].

☞ *5 Pulse 후의 세포막은 수 분간 구멍이 열린 상태의 불안정한 상태이므로 잠시 정치하여 회복을 기다린다.

memo

현재 electrophoration법을 응용한 Nucleofector system이 Amaxa Biosystem사로부터 판매되고 있다. 이 시스템은 세포마다 최적화된 buffer와 전기적 parameter가 메이커로부터 제공된 system이다. 상당히 높은 효율로 DNA를 핵에 도입시키며 DNA와 세포수도 종래의 방법보다 상당히 소량으로 도입이 가능하다. 특히 초대 배양세포에 대해 적용성이 높고 다양한 세포에 대한 시약과 protocol이 제공되어 있다. 전용의 기기와 시약이 필요하기 때문에 비용이 드는 단점이 있지만, siRNA에도 최적시약이 제공되어 있는 등 우수한 면을 갖는 system이다.

끝으로

최근 좋은 시약이나 system이 개발되어 보다 간편하고 고효율로 유전자 도입을 할 수 있게 되었다. 여러가지 sample를 동시에 실험할 수 있어 연구의 속도나 정밀도가 이전보다 높아진 것으로 생각된다. 각자 사용하는 세포, 실험목적, 분석방법에 맞춰 적절한 방법을 선택함으로서 커다란 성과를 얻을 수 있을 것이다.

참고문헌

1) Ausubewl, et al. : Current Protocol in Molecular Biology. Wiley, 1987
2) 黑木登志夫 編 : バイオマニュアルUPシリーズ「分子生物學硏究のための 新 培養細胞 實驗法 改訂第 2版」, pp241–247, 羊土社, 1999
3) Hyung, J. Chun et al. : Nature, 419 : 395–399, 2002

6 유전자 도입 · 세포공학적 방법

2. Viral vector

大場 基

각종 viral vector의 특징과 장점 및 결점을 비교하여 어떤 실험계에 적용할 것인지를 논한다. 또한 adenovirus의 제작 및 사용법을 설명하고 문제점과 알아야 할 점을 논하고자 한다.

서론

Viral vector는 transfection (6장 1참조)이 곤란한 세포에 대해 간단하고 고효율로 유전자 도입을 할 수 있는 생물학적 기술이다. 또한 *in vitro* 동물 실험이나 유전자 치료에의 응용도 가능하다. 주요 system으로는 adenoviral vector, retroviral vector, lentiviral vector, adeno associated virus 등이 있다. 개개의 viral vector의 특징을 1) 발현시간·발현량, 2) 세포조건·실험대상, 3) 제작·조작의 난이도의 관점에서 논한다.

1 발현시간·발현량

- Adenovirus : 증식능과 염색체에 재조합능이 없으므로 발현은 일시적이다. 안정적 형질전환세포(stable transformant)은 제작할 수 없다. 세포 1개당의 virus량을 용이하게 조절할 수 있으므로 발현량을 자유롭게 제어할 수 있다는 장점이 있다. Virus 감염 후의 발현유도도 빠르다 (6~12시간 후).
- Retroviral·Lentiviral vector : 일시적, 안정적 형질전환 어느 쪽도 이용 가능하다. 그러나 염색체에의 재조합이 필요하기 때문에 안정적 형질전환에 이용하는 경우가 많다. 세포당 도입 유전자 수는 1~수 copy이다. Adenovirus 정도의 높은 발현량은 기대할 수 없지만 안정하게 발현을 유지할 수 있는 장점이 있다.
- Adeno associated virus : 증식능을 갖지 않고 대부분은 핵 내에서 episome으로 존재한다. 일부가 낮은 확률로 염색체에 재조합된다. 그러나 adenovirus와 달리 episome의 상태로 안정하게 존재함으로 미분열 세포인 경우 1년 가까이 발현을 유지할 수 있다. 발현이 상승하는데 1~2주 걸리기 때문에 일시적 발현의 실험에는 불합리하다.

2 세포조건·실험대상

- Adenovirus : 신경계나 각종 초대 배양세포를 포함한 아주 광범위한 세포에 거의 100%의 효율로 유전자 도입을 할 수 있다. 증식 및 비 증식 세포에 도입이 가능하지만 세포 분열에 따라 세포대배 virus의 양이 희석됨으로 증식이 아주 빠른 세포나 일정의 발현량을 유지하고 싶은 경우에는 좋지 않다. 부유 세포에의 도입효율도 낮다.

  유전자 도입에 따른 증식 정지나 apoptosis가 예상되는 유전자의 해석에 유용하다. 또한 복수의 viral vector를 동시에 도입 가능한 점도 장점이다. 유전자 치료 등의 *in vivo* 실험에도 이용된다.
- Retrovirus : 분열 세포인 경우는 많은 세포에서 10~80% 정도의 효율로 감염이 가능하다. 분

Motoi Ohba : Institure of Molecular Oncology, Showa University (昭和大学腫瘍分子生物学研究所)

표 1 각종 viral vector의 특징

방법	세포종		형질전환	조작성	
	증식세포	비증식세포	일시적/안정적	구축	그외의 특징
Adenovirus	~~++	+++	+/−	약간 어려움	고역가, 재증폭이 가능, 발현량의 조절이 가능
Retrovirus	+++	−	+/++	쉬움	재증폭 가능, 발현 cloning 실험, gene trap 등의 응용이 가능
Lentivirus	+	+	+/++	약간 어려움	재증폭 불가, 고역가의 virus를 얻기 어려움
Adeno associated virus	−	++	+/+*1	어려움	Episome으로 장기간 유지. 유전자 발현이 늦음. 미분열 세포에서의 유전자 치료 실험에 적용

*1 : 염색체에 재조합능이 낮으므로 이론적으로는 일시적 도입이다. 그러나 실제로는 미분열 세포인 경우에는 상당히 장기간 유지되기 때문에 편의상 이렇게 표시했다.

화 등에 의해 분열능을 잃은 세포에는 적용할 수 없는 것이 단점이다. 하나의 세포에 1종류의 유전자 밖에 도입되지 않는다. 이 성질을 이용하여 retrovirus의 cDNA library를 이용한 기능보완용 발현 cloning 시험에 응용되고 있다[1].

- Lentivirus : Retrovirus와는 달리 분열 및 미분열 세포에 상관없이 염색체에 재조합이 일어나기 때문에 적용범위가 넓다. 신경세포 등에도 도입이 가능하다. 그러나 역가가 낮아 기대한 만큼의 도입 효율이 얻어지지 않는 경우가 있다(3 제작 및 조작의 난이도 항을 참조).
- Adeno associated virus : 증식성 세포에는 부적합하다. 미분열 세포에서 중·장기 실험에 이용한다. 따라서 일반적으로 유전자 치료 등의 *in vivo* 실험에 사용된다. 또한 capsid 단백질 형태에 의존하는 감염의 조직 및 세포 특이성이 있다.

3 제작·조작의 난이도

- Adenovirus : 제작 순서는 약간 번잡하고 시간도 걸린다(적어도 3~4주 정도). 그러나 제작효율이 높고 한번 제작해 놓으면 HEK293으로 몇 번이라도 증폭이 가능한 것이 장점이다.
- Retrovirus : 좋은 packaging 세포가 개발되어 있으므로[2] 기본적인 구축조작은 1~2 종류의 plasmid를 packaging 세포에 도입하면 된다. 비교적 간단하며 단시간에 virus가 얻어진다. 단, 안정성의 확보를 위해 virus 그 자체는 두 번 다시 증폭할 수 없는 system이다. 필요시에 plasmid를 transfection하여 virus를 얻는다. Virus는 동결 보존 가능.
- Lentivirus : virus 만들기 위해서는 vector-plasmid와 helper-plasmid (Gag/pol 발현 plasmid, VSV-G 발현 plasmid, Rev 발현 plasmid), 총 4종류의 plasmid를 CO-transfection시켜야 한다[3]. Transfection의 조건 설정이 중요하다. 역가가 높은 virus를 안정적으로 만드는 것이 과제이다. Virus는 동결 보존이 가능하지만 재증폭은 불가능하다.
- Adeno associated virus : 제작 순서는 간단하지만 고역가의 virus를 얻기 위해서는 노력이 필요하다.

각각 장점과 단점이 있으므로 사용하는 세포, 유전자의 특징, 실험목적에 맞춰 적절한 방법을 선택하기 바란다 (표 1).

여기서는 우리가 표피 keratinocyte 초대 배양세포에의 유전자 도입에 이용하고 있는 adenoviral vector에 대해 논하기로 하자. 다른 vector에 관한 상세한 내용은 다른 좋은 책들 있으니 참고바란다[4]. 또한 adenoviral vector에 관해서도 상당히 많은 책들이 출판되어 있다[5]. 본 항목에서 제작이나 정제법은 간단히 설명하고 실제 실험에서의 문제점과 주의해야 할 사항들을 memo(150 페이지)에서 설명하기로 하자.

또한 vector의 개발 및 진보에 따라 안정성은 상당히 향상되었으며 대부분이 P2 level에서 실험이 가능하지만 취급에 있어 세심한 주의가 필요하며 실험 후의

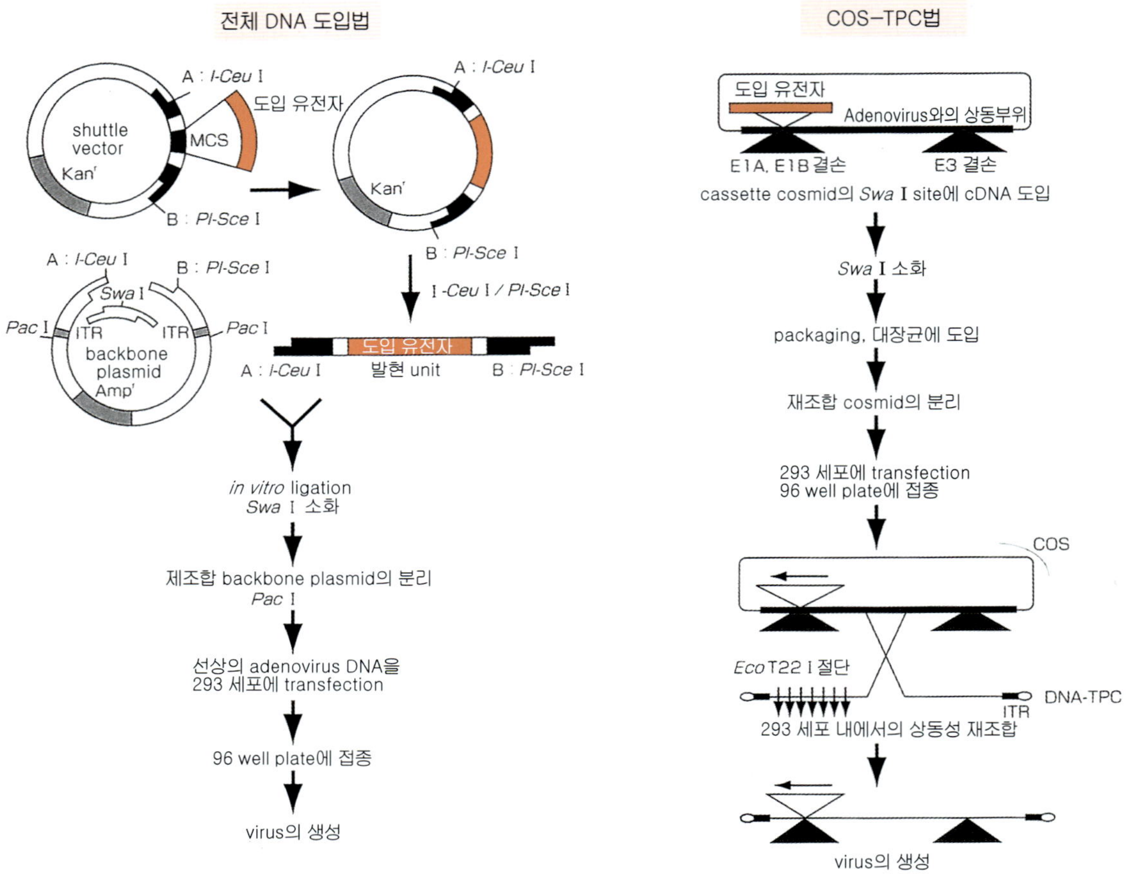

그림 1 Adenovirus의 제작
대표적인 방법인 전체 DNA 도입법과 COS-TPC 법의 개략도를 나타낸다.

멸균 처리는 확실하게 해야 한다.

Adenoviral vector에 의한 유전자 도입

원리

Adenovirus의 genome으로부터 E1A, E1B, E3 유전자를 결손시켜 E1A, E1B 결손부위에 발현 unit가 도입된 구조가 된다. Promoter로서 CMV promoter와 CAG promoter를 보유하고 있는 vector가 입수 가능하다. 또한 발현 유도계 vector로서 Tet on/off계와 Cre-lox P가 있다.

Viral vector의 구축에는 1) 전체 DNA 도입법, 2) COS-TPC법이 있다. 전자는 adenovirus 전체 DNA를 포함한 plasmid에 목적 유전자를 도입하고 virus DNA를 HEK 293 세포에 transfection 하여 virus를 생성시킨다. 후자는 adenovirus의 거의 전체 DNA를 갖고 있는 cosmid에 외래 유전자를 도입하고 이 cosmid와 말단 단백질을 갖는 어미 virus (COS-TPC)와의 상동성 재조합에 의해 virus를 생성시키는 방법이다 (그림 1). 각각 Clontech사나 TaKaRa에서 kit를 구입할 수 있다. 여기서는 전체 DNA 도입법을 기초로 한 protocol을 소개한다.

또한 제작한 virus는 293 세포에 감염시킴으로서 간단히 증폭할 수 있으며 농축 및 정제는 CsCl 농도구배법에 의해 최고 10^{10}~10^{11} pfu/㎖ 정도까지 올릴 수 있다.

준비물

<기구>

- Collagen 코팅 배양 dish (60 ㎜ϕ, 100 ㎜ϕ, 96 well plate)
- 밀폐식 초음파 파쇄 장치 (UCD-200 : Cosmo Bio, 동상전기)
- 50 ㎖ 플라스틱 튜브용 tip (FT-50 : Cosmo Bio, 동상전기)
- 초원심분리기 (Beckman사 : Avati HP-25, Hitachi사 : SCP70-H2)
- 원심분리기용 Rotor (Beckman사 : Avati HP-25, Hitachi사 : TS-45)

<시약 및 세포>

- 293 세포
- DMEM 배지 (10% FCS 첨가)
- 0.02% EDTA/PBS
- Adeno-X™ Expression System I (Clontech사)*1
- 제한 효소: *Pac* I
- Lipofection 시약 (Invirogen사 : Lipofectamine 등)
- Adenovirus Expression Vector kit (TaKaRa사)*2
- CsCl 용액 (2.2 M, 4.0 M, 포화 용액, 모두 10 mM HEPES 용액 (pH 7.4)에 용해)

> *1 Shuttle vector인 pShuttle, adenovirus DNA를 갖고 있는 backbone vector인 Adeno-X viral DNA, 제한효소 PI-*Sce*I, I-*Ceu*I가 들어 있다.
> *2 Cassette cosmid인 pAxCwt, 제한효소 처리가 끝난 어미 virus DNA-TPC, 제한효소 *Swa*I이 들어있다.

Protocol

1 Virus의 제작*1

① Shuttle vector의 multi-cloning site에 목적 유전자를 도입시킨다.

② 제한효소 A (PI-*Sce* I), 제한효소 B (I-*Ceu* I)로 절단하여 발현 unit 및 도입 유전자를 갖고 있는 DNA 단편 (PI-*Sec* I/I-*Ceu* I 단편)을 backbone plasmid에 ligation 한다.

③ *Swa* I으로 비 재조합체를 소화한다. XL10-Gold (Stratagene사) 등의 대장균에 transformation한다*2.

④ Ampicillin을 함유한 LB plate에서 배양하여 PI-*Sec* I/I-*Ceu* I 단편이 ligation된 backbone plasmid를 선택한다.

⑤ 목적 유전자가 정확히 도입되어 있는지를 얻어진 재조합 plasmid를 제한효소 처리나 PCR 또는 sequencing에 의해 확인한다*2. 문제가 없으면 virus 서열의 양 말단 외측을 *Pac* I으로 소화하여 선상 DNA로 만든다.

⑥ 선상 DNA를 293 세포 (60 ㎜ϕ dish)에 lipofection으로 도입한다*3. 또한 293 세포 (100 ㎜ϕdish에 거의 confluent가 되도록 : 1장)를 준비해 놓는다.

⑦ 다음날 세포를 0.02% EDTA/PBS로 떼어내어 10 ㎖씩 원액, 10배, 100배 희석액을 만든다. 희석한 세포 현탁액에는 100 ㎜ ϕ dish의 293 세포를 1/3씩 섞어 세포를 대략 동일하게 맞춘다. 96 well collagen 코팅 plate 3장에 각각의 세포 현탁액 100 ㎖를 분주한다*4.

⑧ 1~2주 이내에 virus가 생성된다. Virus의 생성은 세포가 둥근 모양으로 부유되어 사멸하는 것으로 확인할 수 있다. Well 안의 세포가 사멸할 때 세포를 배지와 함께 회수한다. -80℃ 보존*5

⑨ 2주 후 virus의 생성이 10~20개 정도의 plate로부터 얻어진 세포액을 10개 정도 선택한다. 동결 융해를 5~6회 반복하여 세포를 파쇄하여 virus를 얻는다 (1차 virus)*5.

⑩ 24 well plate에 배양한 293 세포에 1차 virus를 감염시켜 2차 virus액과 DNA 단편 도입 유무 확인을 위한 소량의 DNA를 얻는다. 문제가 없는 virus를 선별하여 본 실험용 3차 virus 액을 조제한다 (자세한 것은 문헌 5 참조).

> *1 Adeno-X™ Expression System의 manual은 http://WWW.bdbiosciences.com/clontech/techinfo/manuals/index.htm로부터 PDF file로 다운로드 가능. 전체 DNA 도입법을 기초로 한 제품에는 이외에 Stratagene사의 AdEasy adenoviral vector system이 있다 (http://WWW.stratagene.com/lit/manuals.aspx). COS-TPC법에 관해서는 TaKaRa사 (http://WWW.takarabio.gp/index.htm)로부터 정보를 입수할 수 있다.
>
> *2 DH5α 등의 일반적인 대장균으로도 가능하지만 40 kb가 넘는 거대한 plasmid에 대한 도입효율은 낮으므로 거대한 DNA 도입에 적합한 XL10-Gold 등의 competent cell을 사용하는 것이 좋다. 또한 backbone vector에 도입단계에서 예상 외의 재조합 plasmid가 생기는 경우는 재조합능이 억제된 균주를 사용하는 것이 좋다. 또한 얻어진 재조합 plasmid는 반드시 복수의 방법으로 구조를 확인한다. 약간이라도 의심이 되는 것은 사용하지 않는 것이 좋다.

☞ *3 가능한 신선한 293 세포를 이용한다(납작한 돌 모양으로 균일한 세포. 방추형 또는 돌기형 형태는 본래의 형태가 아니다). 293 세포는 간단히 배양 할 수 있지만 잘못 다루면 악성화 되기 쉽다. Confluent 상태로 방치하거나 배지 교환을 게을리 하지 않는 게 좋다. Transfection 효율이 떨어지는 것뿐만 아니라 virus 생산능도 저하된다. 이러한 사항은 완성된 virus를 재증폭할 때도 마찬가지이다.

*4 제작사 첨부의 protocol에서는 이 조작을 생략하고 60 ㎜φ dish의 상태로 기다린다. 그러나 간혹 일부분이 결실한 virus가 생성되는 경우가 있다. 양질의 virus를 얻기 위해서는 이 방법을 추천한다. Adenovirus는 재증폭이 가능하기 때문에 조금이라도 변이된 virus가 혼입되면 큰 문제가 된다.

*5 빠르면 3일 후에 virus 증폭을 확인 할 수 있다. 그러나 1 well 안의 복수의 virus가 존재할 가능성이 있다. 경험상 7~10일 사이에 사멸한 세포를 선택하는 것이 좋다. 너무 늦게 죽기 시작한 세포 유래의 virus에는 예상외에 재조합이 일어나 있는 경우가 많다. 따라서 너무 과하면 오히려 나쁜 경우를 초래한다.

2 Virus의 정제[*6]

① 100 ㎜ dish 15장으로부터 얻어진 virus 감염세포를 밀폐형 초음파 장치로 파쇄 처리하고 1,500 rpm, 10분간 원심 분리한다[*7].

memo

전체 DNA 도입법에서는 정상적인 virus가 얻어지지 않는 경우가 있다. 1) Shuttle vector로부터 backbone vector로의 insert DNA 이행 step에서 이상이 생김, 2) Transfection 효율이 나쁨, 3) 294 세포 내에서 이상한 제조합을 일으키는 등의 문제가 있다[주]. 이때는 COS-TPC법으로 수행하면 해결되는 경우가 있다. 일반적으로 제작효율은 COS-TPC법이 전체 DNA 도입법보다 조금 높다. 방법은 번거롭지만 시험해보는 것이 좋다.
최근 상기의 방법과 COS-TCP법을 병용한 kit가 사이토 이즈미 박사들(동경 대학 의과학 연구소 유전자 해석부분)에 의해 개발되어 TaKaRa사에서 Adenoviral Expression Vector Kit(Dual version)로 판매한다. Shuttle vector로부터 backbone vector에의 이행처리가 불필요함으로 이상한 DNA가 만들어지는 문제점이 줄어 들었다.

주) 취급하는 plasmid가 거대하면 대장균이나 동물세포의 안에서 예상외의 재조합이나 결손의 문제가 일어나기 쉽다. 보다 간단하고 *in vitro*에서의 조작이 많은 system을 선택하는 것이 좋다. 또한 도입 유전자에 따라서는 세포사나 세포독성이 유도되어 virus 생성이 불가능한 것도 있다(항상적 활성형:constitutively, 변이체등 : active mutant). 그 때는 발현 유도성의 vector를 이용한다.

② Virus 상등액을 CsCl 농도 구배법에 의해 정제한다(문헌 6참조).
1회째 : 4.0 M, 2.2 M CsCl, virus 액의 순서로 중층, Beckman JA-25.50 rotor로 24,000rpm, 2~4시간, 4℃에서 원심분리.
2회째 : 포화 CsCl + 회수한 virus 액, 4.0 M, 2.2 M CsCl의 순서로 중층하여 Hitachi사의 TS-45 rotor로 35,000 rpm, 4~12시간, 4℃에서 원심분리[*8].

③ Virus 액을 분취하여 PBS + 10% glycerol 액으로 2회 투석하여 CsCl를 제거한다. 소량씩 분주하여 -80℃ 보존.

☞ *6 순도가 높은 virus를 대량으로 필요로 하는 *in vivo* 실험 등을 위한 protocol이다. 배양 세포에 이용하는 경우는 100 ㎜φ dish 3장 정도면 충분하며 정제도 꼭 필요한 것은 아니다. 그러나 정제한 virus를 이용하는 쪽이 독성 등의 문제가 없이 좋은 결과를 얻을 수 있다.

*7 배지의 양을 적게 하여 세포를 파쇄하는 것이 좋다. Virus를 농축해도 좋지만 농축 정도는 2배 농축 정도로 하는 것이 좋다. 정제 시에 virus의 응집을 일으킬 위험성이 있다. 정제를 하지 않는 경우에는 세포 독성이 증가하거나 감염 도입효율이 떨어지는 경우가 있으므로 극단적인 농축은 하지 않는 것이 좋다.

*8 장시간 원심분리한 경우가 수율도 순도도 높다. 특히 2회째는 길게 하는 쪽이 좋다.

3 Titer 측정

Virus 역가를 1) Plaque 형성법, 2) Endo point법, 3) Immuno assay법에 의해 측정한다[*9].

☞ *9 역가 측정은 각각 일장일단이 있지만 adenovirus의 capsid 구성 단백질 : Hexon에 대한 특이적 항체를 이용한 immuno assay (Adeno-X rapid titer kit, Clontech사)가 간단하고 단시간에 결과를 얻을 수 있다. 293 세포의 사멸을 이용하는 방법은 도입 유전자의 성질에 따라서는 수치가 실제 역가보다 높게 나오는 경우가 있다.

4 배양세포에의 감염과 분석

① 배지를 흡입제거하고 배지로 희석한 virus 액(200~1000 ㎕/100 ㎜ dish)을 첨가하여 CO_2 incubator에서 1시간 배양하여 감염시킨다. MOI (Multiplicity of infection : 다중 감염도) = 1~20 정도로 감염시킨다[*10].

② 일반 배지를 첨가하여 적절히 배양한다. 발현이나

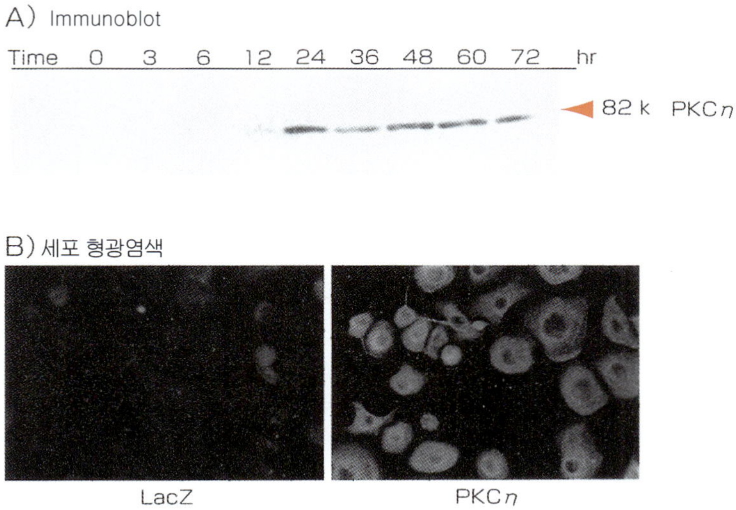

그림 2 Adenoviral vector를 이용한 유전자 도입
인간 표피 keratinocyte 초대 배양세포에 PKCη adenovirus를 감염시켜 그 발현을 immunoblotting과 세포 형광염색에 의해 확인했다. 그 대조구로서 lacZ adenovirus vector를 이용하고 있다.
A) PKCη 단백질의 발현은 감염 12시간 후에 확인되었으며 적어도 72시간까지 높은 레벨로 유지되었다. B) 100%의 세포에 PKCη 유전자가 도입되어 있는 것을 확인할 수 있다.

활성 등을 확인하고 문제가 없으면 분석에 이용한다[*10]. 세포분열과 함께 virus는 희석됨으로 발현량은 점점 감소하지만 원래 발현량이 높기 때문에 충분한 발현량이 유지된다.

*10 MOI를 너무 높게 하면 세포 독성이 생길 위험성이 있다는 것에 유의할 것, 특히 증식억제가 예상되는 유전자는 요주의. 반드시 control vector를 이용한 대조실험과 농도(MOI) 의존성의 실험을 한다. 어느 경계점의 MOI에서 극히 심한 변화 (특히 증식억제)가 보이는 경우는 의심의 여지가 있다.

실험예

인간 표피 keratinocyte 초대 배양세포에 PKCη adenovirus를 MOI=12로 감염시켜 PKCη 단백질의 발현을 확인했다. 감염 후 12시간째부터 PKCη의 발현이 확인되고 24시간에서 가장 높았으며 적어도 72시간 후까지는 높은 발현레벨이 유지되었다. 형광염색의결과, 100%의 세포에 PKCη 유전자가 도입되었으며 세포의 분화와 더불어 전체적으로 퍼져 있는 것을 알 수 있다 (그림 2).

끝으로

도입 효율이 아주 높은 viral vector는 아주 좋은 실험재료이며, 좋은 결과를 용이하게 얻을 수 있다. 특히 초대 배양세포나 동물개체에 적합하다. 원리나 특징을 잘 이해하고 안정성을 고려하면서 이용하기를 바란다.

참고문헌

1) Kitamura, T. et al : Proc. Natl. Acad. Sci. USA, 92 : 9146–9150, 1995
2) Pear, W. S. et al : Proc. Natl. Acad. Sci. USA, 90 : 8392–8396, 1993
3) Trano, ed: Curr. Top Microbiol. Immunolig., 261, 2001
4) 中嶋一範, 北村義浩 編：注目のバイオ實驗シリーズ「必ず上手くいく遺傳子導入法と發現解析プロトコール」, pp82–127, 羊土社, 2003
5) 斎藤　泉, 菅野純夫 編：ザ･プロトコールシリズ「遺傳子導入&發現解析實驗法」, pp27–44, 羊土社, 1997
6) 松村正實, 山本 雅 編：「改訂第4版 新 遺傳子工學ハンドブック」, pp166–173, 羊土社, 2003

제 6 장 유전자 도입 · 세포 공학적 방법

3. 동물 세포에의 염색체 도입

甲斐義輝　香月康宏　押村光雄

동물세포에의 유전자 도입법에는 다양한 방법이 있지만 본 항에서는 미소핵 세포 융합[1), 2)]을 이용한 염색체 도입법에 대해 설명한다. 이 방법을 이용함으로서 1개의 특정 염색체 또는 그 일부를 목적으로 하는 세포에 선택적으로 도입하거나 염색체의 개조등이 가능하다.

서론

미소핵 세포융합법은 원래 염색체 mapping을 빠르게 수행하기 위해 개발된 방법으로 특정의 인간 단일 염색체를 안정하게 보유하는 잡종세포의 제작에도 응용 가능하다. 제작된 인간 단일 염색체 library를 인간 염색체 공여세포로 이용함으로서 특정 염색체를 1개 또는 그 일부를 목적으로 하는 세포에 비교적 안정하게 또는 완전한 상태로 도입할 수 있다. 또한 염색체 그 자체를 vector로 이용함으로 수 Mb에 달하는 거대한 유전자나 유전자 cluster의 도입이 가능하며, 발현 vector 등의 외래 promoter를 이용할 필요 없이 생리적으로 아주 가까운 레벨로 해석이 가능하다. 이 기술을 이용하여 지금까지 열성 유전자병의 원인 유전자[3)], 또는 암 억제 유전자가 존재하는 염색체의 동정 및 그 기능해석[4)], genome in printing의 제어기구의 해석[5)], 인간형 모델 마우스의 제작[6)] 등 많은 연구들이 수행되어져 왔다. 본 항에서는 미소핵 세포융합법에 의한 염색체 도입법의 원리와 그 응용에 대해 설명한다.

원리

미소핵 세포융합법을 이용한 염색체 도입법의 개략을 그림 1에 나타낸다. 먼저 정상 인간 섬유아 세포에 neomycin 내성 유전자 (pSV2 neo) 우성 marker를 transfection하여 G418로 선택 배양함으로서 약제내성 세포주를 얻는다. 이때 일반적으로 우성 marker는 염색체 안에 무작위로 들어가게 된다. 그리고 이 약제내성 세포주와 마우스 A9 세포를 polyethylene glycol에 의해 융합시켜 ouabain과 G418로 선택배양하여 잡종세포를 얻는다. 이 세포에 colcemid를 처리하여 단일 염색체 (또는 소수의 염색체)를 갖는 미소핵 형성을 유도한다. 이 미소핵의 형성이 정상 인간세포에서는 일어나기 어려움으로 미소핵을 효율적으로 형성 할 수 있는 마우스 A9을 이용하여, 잡종 세포를 얻을 필요가 있다. Cytochalasin B 처리 및 원심분리에 의해 미소핵과 아주 작은 세포질 또는 세포막에서 형성되는 미소핵 세포를 분리·정제한다. 이들 미소핵 세포를 마우스 A9 세포와 다시 융합시켜 G418에서 선택배양함으로서 pSV2 neo로 표식된 인간 염색체를 갖는 마우스 A9 세포의 clone을 얻을 수 있다. 그 중에서 완전한 인간 정상 염색체를 1개만 보유하고 있는 세

Yoshiteru Kai[1)] /Yasuhiro Kazuki[2)] /Mitsuo Oshimura[1) 2)] : 1) Institute of Regenerative Medicine and Biofunction, Graduate School of Medical Science, Tottori University (鳥取大学大学院医学系研究科機能再生医科学専攻) / 2) School of Life Science, Graduate School of Medical Science, Tottori University (鳥取大学大学院医学系研究科生命科学系専攻)

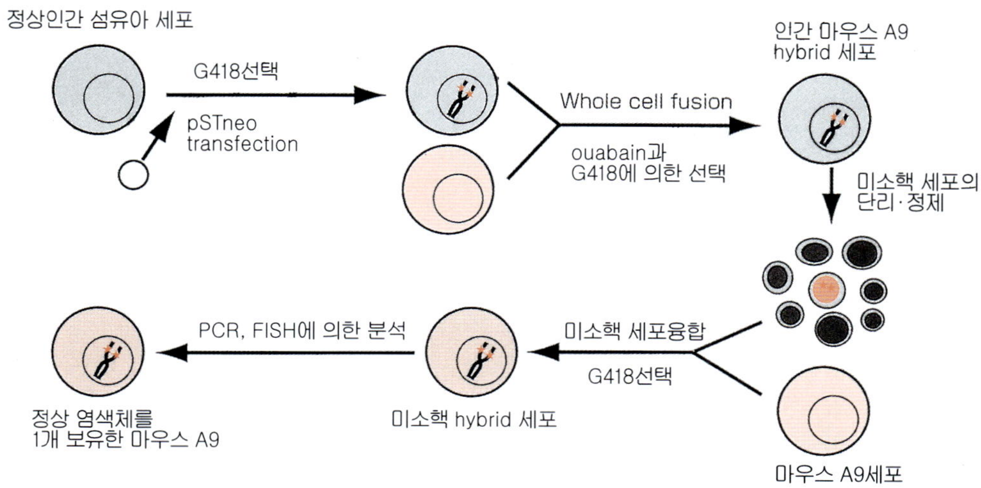

그림 1 인간 정상 염색체를 1개 보유한 마우스 A9세포 library 제작방법

포에 대해 염색체 해석 및 DNA 분석을 수행함으로서 인간 염색체를 동정한다[7) 8)]. 이러한 방법으로 다양한 인간 정상 염색체를 갖는 A9 세포의 library를 제작한 후 이들을 공여세포로 이용하여 미소핵 세포를 형성시키고 목적으로 하는 세포와 융합시킴으로, 특정의 염색체를 세포에 넣을 수 있다. 다음은 인간 염색체를 보유한 A9 세포로부터 다른 세포에의 염색체 전이법을 나타낸다.

준비물

<시약>

- Cytochalasin B : Sigma사 (cat No. C6762)
- Phytohemaglutinin (PHA)-P : Difco사 (Cat No. 3110-57-3)
- Polyethylene glycol (PEG)-1000 : Wako사 (Cat No. 165-09085)
  DMEM 6 mℓ에 PEG 5 g를 녹여 DMSO 1 mℓ을 첨가하고 filtration한다 (사용 시 제조).
- G418 : Invitrogen사 (Cat No. 11811-098)
- Colcemid : Sigma사 (Cat No. D-7385)

<기기, 기계>

- 고속원심기 : BECKMAN사
- Filter (8 ㎛, 5 ㎛, 3 ㎛) : Whatman nucleopore사 (Cat No. 110612,110613,110614)
- 배양용 flask (원심분리 가능한 것) : NUNC사 (Cat No. 152094)

Protocol

1 미소핵 세포의 분리

① 인간 정상 염색체를 보유한 마우스 A9 세포를 원심분리 가능한 배양용 flask (25 ㎠)에서 G418 (800 ㎍/㎖)을 함유한 배양액 (10% FCS, DMEM)으로 60~70% confluent가 될 때까지 배양한다.

② 배양액을 제거하고 colcemid (0.05 ㎍/㎖)를 함유한 배양액 (20% FBS, DMEM)으로 배지를 교환하여 2일간 배양한다.

③ 배양액을 제거하고 미리 데워 놓은 cytochalasin B (10 ㎍/㎖) 함유의 무혈청 배양액 (DMEM)을 25 ㎠ flask (원심분리 가능한 것)에 거의 가득 채운다.

④ 34℃의 조건하에서 8,000 rpm, 1시간 원심분리한다.

⑤ 원심분리 후 배양액을 제거하고 25 ㎠ flask (원심분리 가능)에 남아있는 미소핵 세포를 2 ㎖의 무혈청 배지 (DMEM)로 회수한다[*1].

*1 회수한 cytochalasin B는 filtration하여 재 사용 가능. 단 미소핵의 회수율이 나빠지면 다시 만들 필요가 있다.

⑥ 8 ㎛, 5 ㎛, 3 ㎛ 순으로 filtering[*2]하여 미소핵 세포를 정제한다.

6 유전자도입·세포공학적 방법

☞ *2 어미 세포의 혼입을 막기 위해 천천히 filtering 할 필요가 있다.

2 미소핵 세포와 목적으로 하는 세포와의 융합*3

☞ *3 Plate fusion이나 suspension fusion의 어느 방법으로든 융합시킬 수 있지만 마우스 ES 세포 염색체의 전이는 suspension fusion이 더 좋다.

i) Plate fusion (부착세포의 융합)

① 인간 정상 염색체를 도입하고자 하는 세포를 ϕ60 ㎜ dish에서 70~80% confluent의 상태까지 배양한다.

② 정제한 미소핵 세포를 1,500 rpm, 5분간 원심분리 후 PHA (phytohemapplutinin)-P (100 ㎍/㎖)를 함유한 무혈청 배지에 (2 ㎕)에 재현탁한다*4.

☞ *4 PHA-P에 의한 감수성이 세포에 따라 다름으로 잘 융합되지 않는 경우는 농도를 낮춘다. 또는 suspension fusion법으로 수행하는 등 방법을 모색할 필요가 있다.

③ 원심분리 동안에 융합한 세포를 무혈청 배지 (DMEM)로 2회 세정.

④ 무혈청 배양액 (DMEM)을 흡인 제거한 세포에 재현탁한 미소핵 세포를 넣고 15분간 37℃에서 incubation 한다.

⑤ 배양액을 천천히 흡인 제거하고 미리 조제해 놓은 PEG 용액 1 ㎖을 첨가하여 정확히 1분간 반응시킨다*5.

☞ *5 PEG에 의한 융합은 세포에의 손상이 큼으로 반응시간을 정확히 하고 아울러 융합 후에는 무혈청 배지(DMEM)로 될 수 있는 한 완전히 PEG를 제거한다.

⑥ PEG 용액을 흡인 제거하고 무혈청 배지 (DMEM)로 3회 세정하여 일반 배지로 1일간 배양한다.

⑦ ϕ100 ㎜ dish 3장에 접종하여 G418 등의 선택 약제를 함유한 배지로 선택배양한다.

⑧ 2~3일마다 한번씩 선택 약제를 함유한 배지로 배지 교환을 한다 (1~3주간).

⑨ 약제내성 clone으로부터 만들어진 colony를 cloning 하여 DNA 혹은 염색체 분석으로 염색체 도입 유무를 확인한다.

ii) Suspension fusion (부유세포의 융합)

① 인간 정상 염색체를 도입하고자 하는 세포를 ϕ60 ㎜ dish에 70~80% confluent의 상태까지 배양하여 trypsin 처리로 세포를 분산시켜 일반 배지로 회수한다.

② 회수한 세포 현탁액을 1,500 rpm에서 5분간 원심분리하여 상등액을 제거한다.

③ 원심분리 후 침전물을 무혈청 배지 (DMEM)로 1회 세정한다.

④ 세포 현탁액 및 정제된 미소핵 세포를 1,500 rpm에서 5분간 원심분리한다.

⑤ 각각의 상등액을 제거하고 염색체를 도입할 세포의 침전물을 무혈청 배지 (DMEM)로 현탁하여 그 현탁액을 미소핵 세포의 침전물에 첨가하여 다시 한번 1,500 rpm에서 5분간 원심분리한다.

⑥ 상등액을 제거한 후 미리 조제해 놓은 PEG 용액을 1 ㎖ 첨가하여 가볍게 pipetting으로 섞어 정확히 1분간 반응시킨다.

⑦ 무혈청 배지 (DMEM)를 10 ㎖ 첨가하여 pipetting으로 잘 혼합한다.

⑧ 1,500 rpm에서 5분간 원심분리 후 상등액을 제거하고 침전물을 일반 배지로 현탁하여 ϕ100 ㎜ dish 3장에 파종하고 1일간 배양한다.

⑨ G418 등의 선택약제를 함유한 배양액으로 배지를 교환하여 선택배양한다.

⑩ 2~3일마다 한번씩 선택 약제를 함유한 배양액으로 배지교환을 한다 (1~3주간).

⑪ Dish에 출현한 약제내성 clone으로부터 colony를 cloning하여 DNA (PCR) 혹은 염색체 분석 (FISH : 5장 5 참조)에 의해 염색체 도입 유무를 확인한다*6.

memo

닭 DT40 세포와 같은 부유 세포를 이용하는 경우에는 dish 또는 원심용 flask를 사전에 poly-L-lysine으로 코팅해 놓고 이 dish에 부착시킨다. 단 떨어지기 쉬움으로 주의를 요한다.

Colcemid의 처리 농도, 시간은 세포에 따라 미소핵의 형성률이 다르므로 그 세포에 맞는 조건을 찾을 필요가 없다.

직접 염색체를 목적의 세포에 전이할 수 없는 경우는 먼저 CHO세포나 A9 세포와 같이 미소핵 형성효율이 좋은 세포에 전이시킨 후, 목적의 세포에 염색체를 전이시킨다.

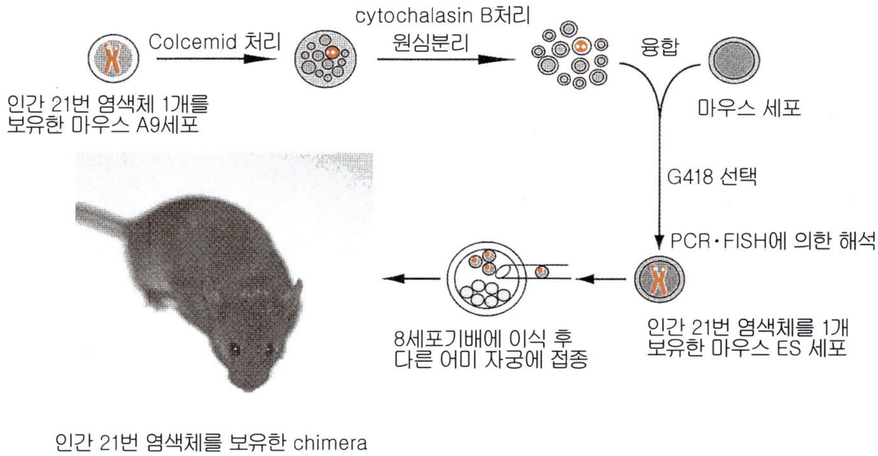

그림 2 인간 21번 염색체를 보유하는 chimera 마우스의 제작법

☞ *6 반드시 염색체가 완전한 상태로 도입되어 있다고는 할 수 없음으로 염색체 분석은 필수다.

실험예

인간 21번 염색체 도입 마우스 제작

여기서는 미소핵 세포융합법에 의한 염색체 도입 기술을 이용한 실험예로서 21번 염색체를 보유하는 다운 증후군 모델 마우스의 제작에 관해 설명한다.

다운 증후군은 인간 21번 염색체가 3개 (trisomy)가 됨으로서 발병하는 질병이다. 마우스의 염색체에는 인간 21번 염색체와 상동성이 높은 유전자 영역이 16번 염색체를 중심으로 10번과 17번에 산재하여 있어, 여기에 21번 염색체를 1개 도입함으로서, 인간 21번 염색체 trisomy의 상태를 만들어 내는 것이다. 인간 21번 염색체를 보유한 마우스를 제작하기 위해 미소핵 세포융합법을 이용하여 마우스 ES세포에 인간 21번 염색체를 전이하여 얻어진 미소핵 hybrid ES세포로부터 chimera 마우스를 제작했다 (그림 2). 이 마우스는 마음의 기형, 행동 이상이라고 하는 다운 증후군에 특이적으로 표현형을 나타내는 것이 확인되었다[9].

더욱이 인간 21번 염색체 상의 유전자(군)와 표현형 간의 관련성을 밝히기 위해 인간 21번 염색체를 부위 특이적으로 변화시켜 변화된 인간 염색체를 마우스에 도입하는 일도 수행하고 있다. 순서로는 먼저 미소핵 세포융합법을 이용하여 상동성 재조합 빈도가 높은 닭 DT40 세포에 인간 21번 염색체를 마우스 ES세포에 전이시켜 염색체 변환을 수행한다. 이 ES세포로부터 chimera 마우스를 제작한다. 이들 마우스를 이용함으로 다운 증후군의 원인 유전자(군), 또는 발생기작의 해명, 또는 치료에 도움이 될 것으로 기대된다. 이외에도 미소핵 세포융합법을 이용하여 Mb 단위의 cluster를 갖는 유전자를 도입한 마우스의 예로서 인간 2번, 14번, 22번 염색체를 각각 보유한 인간 항체생산 마우스가 만들어 졌다[10].

끝으로

이와 같이 미소핵 세포융합법은 임의의 염색체를 vector를 이용하여 목적의 세포에 전이시킬 수 있음으로 인간형 모델 마우스의 제작법이나 유전자 치료용 vector의 도입법으로서 앞으로 좋은 역할을 할 수 있으리라 기대된다. 그러나 현재는 미소핵 세포융합법의 융합효율은 1×10^{-5} 정도 밖에 되지 않아 이 융합효율을 어떻게 올릴 것인가가 앞으로의 과제이다.

참고문헌

1) Fournier, R. E. & Ruddle, F. H. : Proc. Natl. Acad. Sci. USA, 74 : 319–323, 1977
2) 押村光雄, 児井 稔 : 實驗醫學增刊, Vol.7, No.13 : pp111–114, 羊土社, 1898
3) Kurimasa, A. et al. : Human Genetics, 92 :

157-162, 1993
4) Nishimoto, A. et al. : Oncogene, 20 : 828-835, 2001
5) Horike, S. et al. : Hum. Mol. Genet., 14 : 2075-2083, 2000
6) Kuroiwa, Y. et al. : Nature Biotech., 18 : 1086-1090, 2000
7) Koi, M et al. : Jpn. J. Cancer Res., 80 : 413-418, 1989
8) 上島宗之, 他 : 組織培養, 22 : 41-46, 1996
9) Shinohara, T. et al. : Hum. Mol. Genet., 15 : 1163-1175, 2001
10) Tomizuka, K. et al. : Nature Genet., 16 : 133-143, 1977

제6장 유전자 도입 · 세포 공학적 방법

4. 단백질 도입법

阪口政清

본 항에서는 많은 세포에 그리고 보다 간단하게 단백질을 도입할 수 있는 방법을 기술하고자 한다. 이 방법에 의해 단백질의 국재화나 상호작용 등의 기능 해석이 보다 신속하게 될 수 있으리라 기대된다.

서론

세포에 단백질을 도입하는 방법에는 다양한 방법이 있다. 예전부터 사용되어 온 일반적인 방법은 micro injection (6장 1참조)이지만, 이 방법은 전용의 장치와 고도의 기술을 필요로 하며 더욱이 많은 세포에의 도입이 어렵기 때문에 세포의 많은 생화학적 분석에는 적합하지 않다. 이런 문제점에 대한 해결책으로서 ① 단백질 도입시약에 의한 단백질의 transfection[1], ② 단백질에 HIV-1 Tat 등의 염기성 peptide[2]나 polyethylenimine (PEI)과 같은 양이온 화합물의 첨가, ③ 목적 단백질과 transferrin과의 결합에 의한 transferrin receptor를 통한 세포 내 도입[4], ④ 목적 단백질과 glutathione-S-transferase와의 결합[5] 등의 방법이 개발되었다. 각각 장점과 단점을 갖고 있으므로 연구용도에 따라 주의하여 사용하면 된다. 이들 방법들은 세포의 배양계에 즉시 적용할 수 있는 간단한 방법이다. 필자의 지식에 의하면 도입효율면에서는 ②가 가장 좋고 거의 100% 세포에 도입 가능하며 도입되는 양도 다른 방법에 비해 아주 높다. 그러나 이 방법은 ③, ④에서와 마찬가지로 강한 양이온의 수식으로 목적 단백질의 고차구조에 영향을 주어 변화를 줄 위험이 있으며 또한 이러한 수식이 세포독성으로 작용할 수 있는 단점이 있다. 따라서 사용에는 충분한 주의가 필요하다. 세포내에서 목적 단백질의 수식 부분을 절단할 수 있는 방법이 있으면 이러한 문제점을 해결할 수 있을 것이다. ④는 최근 보고된 방법이다. 시판되고 있는 pGEX vector (Amersham Bioscience사)를 이용하여 대장균으로부터 이 vector 유래의 GST 결합 단백질을 정제하여 곧 바로 배양계에 적용할 수 있다는 장점이 있지만 세포에 도입되는 단백질의 양이 아주 적다는 단점이 있다. 이들 방법 중 간편성, 도입효율, 세포독성, 목적 단백질의 구조 유지 등의 면에서 필자가 추천하는 방법은 ①이다. 이 방법은 원리와 방법 면에서 lipofection에 의한 유전자 도입법 (6장 1참조)과 아주 유사하며 누구라도 손쉽게 할 수 있다. 아주 다양한 세포종에 적용 가능하고 우리들의 HaCaT (인간 불멸화 각화 세포주), HeLa, Saos-2 등의 암세포를 이용한 실험결과에서는 약 70%의 세포에 단백질이 기능을 유지한 상태로 도입되었다. 또한 항체와 같은 고분자의 단백질의 도입도 가능하기 때문에 세포 내에서의 목적 단백질의 추적이나 저해 실험을 단시간에 할 수 있다는 장점이 있다. 현재 Chariot (Active Motif사), Profect (Targeting system사), Pro-Tet (Pierce사), 그리고 Bio-PORTER (Gene Therapy system사)의 4종류의 단백질 도입 시약이 판매되고 있다.

Masakiyo Sakaguchi : Department of Cell Biology, Okayama University Graduate School of Medicine and Dentistry (岡山大学大学院医歯学総合研究科細胞生物学分野)

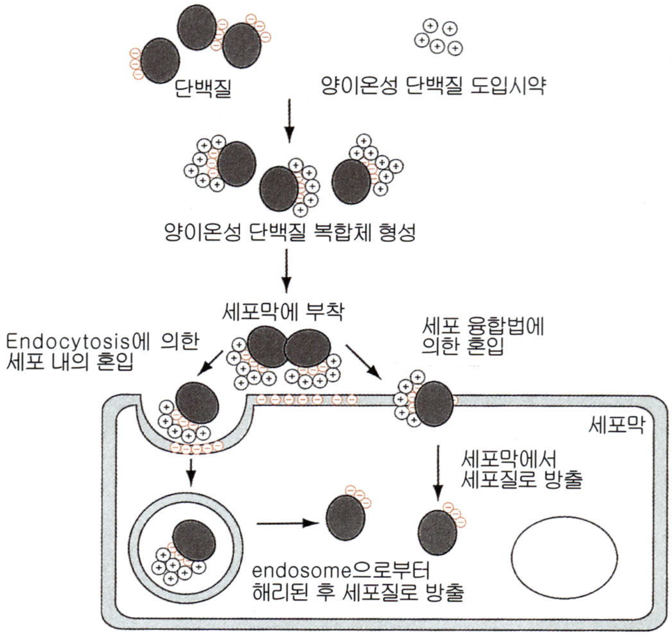

그림 1 단백질 도입시약에 의한 세포내에 단백질 도입 시스템

원리

단백질 도입시약과 목적 단백질을 혼합함으로서 단백질/시약 간의 공유결합체가 형성된다. 다시 말해 양이온 시약이 단백질의 음이온 하전 영역과 상호작용하여 복합체가 형성되는 것이다. 따라서 이 시약은 양이온 하전이 아주 높은 단백질과는 복합체를 형성하기 어렵다. 형성된 복합체는 시약의 양이온 하전의 영향으로 음이온의 세포막에 용이하게 결합하여 단백질을 세포 안으로 유입시킨다. 또는 endocytosis에 의해 세포 내로 들어가 endosome으로 운반된다. Endosome으로 운반된 단백질은 endosome으로부터 해리되고 해리된 단백질이 세포질 안으로 유입되는 원리이다 (그림 1).

준비물

<시약, 단백질, 배지>

- **단백질 도입시약** (Chariot Reagent, Active Motif사 등)
- **도입할 단백질** (다음 페이지 memo 참조)
- **무혈청** DMEM **배지**

<기기, 기계>

- CO_2 incubator
- Clean bench
- **세포 배양용** dish (3.5~10 ㎝)
- **세포 배양용** plate (24~6 well)
- **멸균용** filter (ultrafree-MC, 0.2 ㎛ filter unit, Millipore 사)

memo

도입할 단백질은 순도가 높은 것을 준비한다. 특히 대장균으로부터 얻어진 단백질은 endotoxin의 오염에 주의가 필요하다. 이 때 용매는 될 수 있으면 생리적 조건에 가까운 것을 선택한다. PBS가 좋지만 단백질의 성질에 따라 PBS에서 변성되어 침전이 생기는 경우는 (단백질의 안정성 문제), FBS에 Mg나 Ca을 첨가하거나 완충액을 HEPES로 사용할 필요성이 있다. Tris 완충액은 세포막 투과성으로 인한 세포독성이 있으므로 사용하지 않는다. 또한 EDTA도 마찬가지로 세포독성이 있으므로 사용하지 않는다. 단백질의 SH기의 보호를 위한 DTT 첨가는 최종농도 0.2 mM 정도면 충분하다. 단백질의 가용성의 문제로 계면 활성제를 첨가하는 경우는 도입시약이 양이온으로 하전되어 있으므로 비 이온성의 Triton-X-100이나 NP-40을 선택하는 것이 좋다. 단 이들을 첨가하는 경우, 배지 안에서 세포독성을 나타내지 않는 0.0001%를 최종농도로 사용할 필요가 있다.

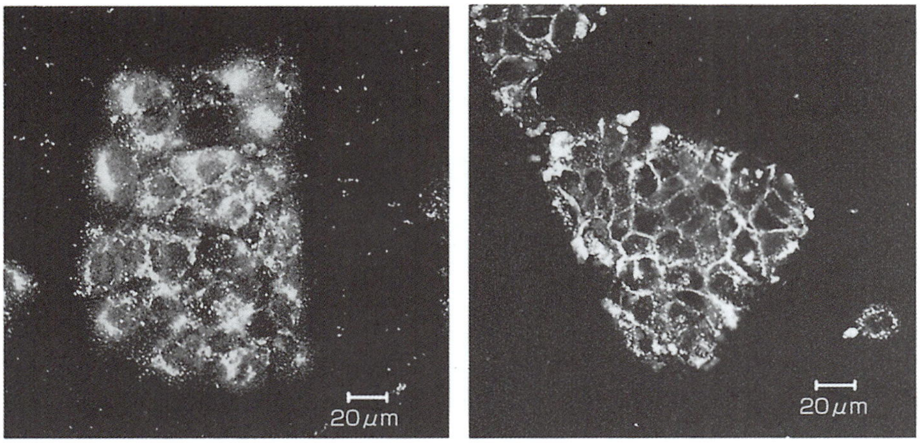

Control IgG　　　　　항S100C항체

그림 2　단백질 도입 시약에 의한 항체의 세포내의 도입
좌·우는 같은 세포 (HaCaT)이다. 왼쪽의 control IgG는 세포내에서 어느 단백질과도 결합하지 않고 endosome 내에 국재(점 모양)하거나 또는 세포질 중에 산재해 있는 것이 관찰 되었다. 항 S100C 항체를 도입한 것(오른쪽)은 세포내의 막 근처에 S100C 항체가 국재화 되어있다 (책 서두에 칼라사진 3 참조).

Protocol

1 단백질 용액의 제조

PBS로 1.0 ㎎/㎖이 되도록 제조하여 filter 멸균한다. 필요에 따라 1회에 사용할 양을 몇 개의 tube에 분주하여 -80℃ 보존한다 (동결·융해는 반복하지 않음).

☞ 단백질/시약의 복합체의 손실을 막기 위해 사용할 tube와 tip은 전부 실리콘 코팅된 것을 사용하는 것이 좋다.

2 단백질의 도입

① 이하의 비율로 1.5 ㎖ eppendorf tube 안에서 혼합한다.

단백질 용액	5 ㎕
Chariot Reagent	5 ㎕
무혈청 DMEM	90 ㎕
	(35 ㎜ dish의 경우)

② Pipetting을 하지 않고 taping에 의해 혼합한다.

☞ Vortex에 의한 혼합은 단백질 용액이 공기와 접촉할 기회가 많아져 단백질의 산화가 일어날 가능성이 있다. 또한 tube 벽에 단백질/시약 복합체가 부착하여 손실이 일어난다.

③ 실온에서 20~30분 방치하여 단백질/시약 복합체를 형성시킨다.

④ 900 ㎕의 무혈청 DMEM을 tube에 첨가하여 가볍게 각반한다.

⑤ 세포 (35 ㎜ dish)를 37℃에서 데운 무혈청 DMEM으로 3회 세정한다.

⑥ 단백질/시약 용액 (1.0 ㎖)으로 세포를 배양한다 (CO_2 incubator, 37℃).

⑦ 2~6시간 후, 혈청은 최종 농도 10%가 되도록 첨가한다.

☞ 형광표식한 단백질을 이용하여 도입에 필요한 최적 시간을 검토할 필요가 있다. 도립형 형광 현미경이 있으면 용이하게 관찰할 수 있다. Chariot Reagent의 세포독성은 아주 적어 배양액을 교환할 필요가 없다. 단, 사용하는 세포에 따라 감수성이 다름으로 주의할 필요는 있다.

memo

Protocol 2의 ①~⑦과정은 항생물질을 함유한 배지의 사용은 반드시 피해야 한다. Transfection 시에 막의 변화가 생겨 항생물질이 세포내로 유입되어 세포 독성이 생길 가능성이 있다.

실험예

HaCaT (불멸화 인간 각화 세포)에 FITC labelling 한 토끼 항 인간 S100C 항체 (1 μg/mℓ)를 Chariot를 이용하여 도입하고 항체의 세포내 localization을 관찰했다. 도입 2시간 후에 세포내의 특히 막 부근에 S100C 항체가 위치하고 있다 (그림 2 오른쪽). 이것은 내인성 S100C가 막 근처에 모여 있는 active 섬유에 결합했기 때문이다.

끝으로

단백질 도입시약에 의해 간단하게 보다 많은 세포에 단백질을 도입할 수 있게 되었다. 이것은 분자생물학적 분석에 아주 크게 공헌할 것으로 기대되는 방법이며 실제로 signal 전달 연구분야에서 다수 보고되어 있다.

이 방법의 장점은 단시간에 실험을 할 수 있다는 것이다. 이 방법은 6시간만 있으면 충분히 세포 내에서의 도입 단백질의 기능을 검토할 수 있으며 또한 많은 연구에도 응용이 가능하다. 예를 들면 항체를 도입하면 내인성의 목적 단백질의 검출이나 기능저해를 경시적으로 검토할 수 있다.

단, 이 기술에도 주의해야 할 점이 있다. 그것은 대장균 등에서 발현시킨 단백질을 사용하는 경우, 가용성이라 할지라도 정상의 단백질구조를 유지하고 있지 않을 가능성이나 또는 당쇄 부가 등 세포에 있어서 중요한 역할을 하는 단백질의 수식이 일어나지 않기 때문에 (곤충 세포에서의 발현계를 이용하면 개선된다) 어렵게 검출된 도입 단백질의 기능이나 이로부터 나타나는 세포현상이 정말로 의미가 있는 것인지 아닌지가 애매한 경우가 있다. 반드시 다른 실험계 (유전자 발현계 등: 7장 참조)와 함께 이 기술을 활용하기 바란다.

참고문헌

1) Sakaguch, M. st al. : J. Cell Biol., 163 : 825~835, 2003
2) Schwarze, S. R. et al. : Science, 285 : 1569-1572, 1999
3) Futam, J. et al. : Biochemistry, 40 : 7518-7524, 2001
4) Weaver, M. et al. : J. neurooncol., 65 : 3-13, 2003
5) Namiki, S. et al. : Biochem. Biophys. Res. Commun., 305 : 592-597, 2003

제 6 장 유전자 도입 · 세포 공학적 방법

5. 세포 융합법

則兼聰子 井上敏昭 押村光雄

세포융합의 방법에는 sendaivirus (이하 HVJ)법, polyethylene glycol (이하 PEG)법, 전기 pulse 법이 있다[1]. 각각의 원리와 장점에 관해 논한다. 최근에는 PEG 법이 일반적으로 이용되고 있으며 이 방법을 이용한 세포노화에 관한 우리의 실험예를 소개한다.

서론

세포융합은 인접한 세포가 융합하여 그 결과 2개 이상의 세포가 한 개의 세포가 되는 것으로 자연계에서 일어나는 예로서 수정란이나 근육세포, 좌골세포 등을 들 수 있다. 1957년에 오사카 대학의 岡田 善雄교수에 의해 발표된 sendai virus (HVJ: 적혈구의 용혈을 일으키는 virus)의 세포융합 작용 기전을 토대로 세포융합을 인공적으로 일으킬 수 있게 되었다. 현재는 이 원리를 기초로 한 간단한 kit가 石原産業으로부터 판매되고 있다. 그 외에도 polyethylene glycol을 함유한 배양액에서 배양하여 세포의 융합을 높이는 방법 (PEG법)이나 고전압 pulse을 이용한 방법 등이 개발되어 보다 간편하게 세포융합을 일으킬 수 있게 되었다. 이들 기술을 이용하여 동물세포의 기능해석 (상보성 실험 등)이나 염색체 mapping을 수행하고 있으며, 아울러 식물의 육종이나 monoclonal 항체를 생산하기 위한 hybridoma 작성의 필수 기술로 이용되고 있다.

원리

1 각각의 방법 (HVJ법, PEG법, 전기적 세포융합법)의 특징

HVJ법은 HVJ의 receptor를 갖는 세포에서만 융합이 가능하다. 대부분의 동물세포에는 HVJ receptor가 있으므로 문제가 되는 경우는 없지만 일부의 혈액계 세포에 있어서는 사용할 수 없는 경우도 있다.

HVJ는 몇 개의 종류가 있지만 통상 융합활성이 높은 Z 균주가 이용된다. PEG법은 HVJ receptor 유무에 상관없이 동·식물세포에 적용 가능하다. 또한 전기적 세포융합법은 비교적 어려운 포유동물의 부유세포 융합이나 동물의 체세포 clone 배아를 제작할 때 수행되는 체세포 핵 이식에 있어서 좋은 방법이다. HVJ에 의한 세포융합과 PEG 법에 의한 세포 융합은 각각 세포융합제를 이용하여 세포 표층의 인지질 이중막의 유동성을 높여 밀착된 세포막이 서로 융합되는 것을 이용한 것이다. HVJ에서는 융합 반응 시, virus 막 성분이 세포막에 들어간다는 결점이 있지만 융합 반응 시에 세포에 미치는 손상은 낮다. PEG는 광범위하게 응용 가능하지만 세포독성이 높고 변성되는 세포가 많아

Satoko Norikane[1] /Toshiaki Inoue[2] /Mitsuo Oshimura[1] : 1) Department of Biomedical Science, Institute of Regenerative Medicine and Biofunction, Graduate School of Medical Science, Tottori University (鳥取大学大学院医学系研究科機能再生医科学専攻) / 2) Department of Human Genome Science, Graduate School of Medical Science, Tottori University (鳥取大学大学院医学系研究科ゲノム医工学)

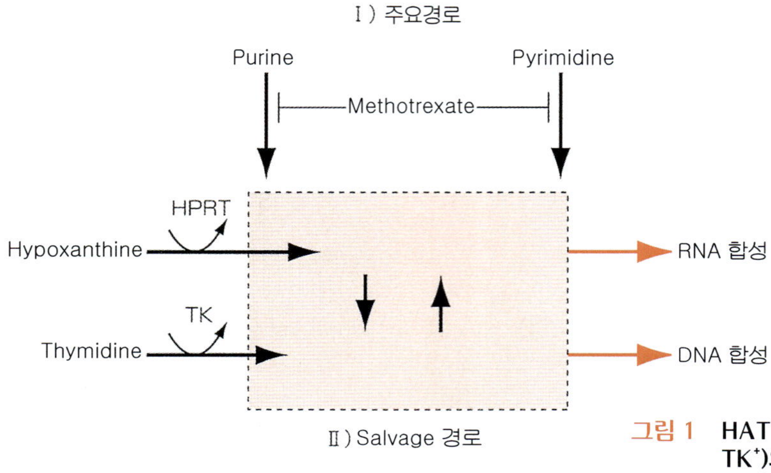

그림 1 HAT 배지에 의한 융합세포 (HPRT$^+$, TK$^+$)의 선별원리

조건 검토가 필요한 단점이 있다. 전기적 세포 융합법은 교류전압과 직류전압의 조합으로 세포를 융합시킨다. 세포 현탁액에 교류전압을 가하면 전장 내에 세포는 서로 일렬로 연결되어 세포사슬을 형성한다. 다시 여기에 직류전압을 가하면 접촉부분에 세포막 상해가 일어나게 되고, 이때 생기는 구멍에 의해 세포를 융합시키는 방법이다. 여기서 예를 든 3개의 세포융합법은 생물학의 기초 기술로서 많이 이용되고 있지만, 앞에서 언급한 것처럼 각각 고유의 이용가능 영역과 단점을 갖고 있다. 따라서 세포융합을 수행하는 경우에는 그 목적에 맞춰 방법을 선택하는 것이 중요하다.

2 세포에 cloning을 위한 marker

세포융합에 있어서 가장 중요한 것은 융합 후의 잡종 세포의 cloning이다. 융합 후에는 잡종세포만이 살아남고 어미세포는 배제되는 방법이 필요하다. 그렇기 위해서는 먼저 어미세포에 특이적인 장치를 걸어 놓아야 한다. 이를 위한 marker에는 영양요구성 marker, 온도 감수성 marker, 약제내성 marker를 들 수 있다. 특히 6-thioguanine, 5-bromodeoxy uridine, blastocydine, geneticin, hygromycin, ouabain 등의 약제 내성 marker는 새로운 도입이나 잡종세포의 선택이 용이하여 많이 이용된다. 여기서는 전부를 설명할 수 없으므로 대표적인 것에 대해서만 설명한다.

• 6-thioguanine 내성

Hypoxanthine guanine phosphoribosyl transferase (HPRT) 활성의 결손에서 획득된 열성 변이주. 6-thioguanine 존재 하에서 증식할 수 있는 clone을 선택함으로서 비교적 간단히 얻어진다. HPRT$^-$주는 salvage 효소를 결손시켜도 증식할 수 있지만 purine 생합성 경로 저해제와 함께 처리하면 생존할 수 없다. 구체적으로는 0.1 mM hypoxanthine, 0.4 μM methotrexate, 16 μM thymidine을 첨가한 HAT 배지에서 선별하면 HPRT$^-$주는 죽고 융합세포는 살아남는다 (그림 1).

• 5-bromodeoxy uridine 내성

Salvage 효소인 thymidine kinase (TK) 활성의 결손에 의해 획득된 열성변이주이다. 5-bromodeoxy uridine 존재 하에서 증식할 수 있는 clone을 선택함으로서 비교적 간단히 만들 수 있다. HAT 배지 안의 methotrexate을 첨가하여 thymidine 생합성 경로를 저해하면 TK$^-$주는 사멸한다. HPRT$^-$주와 함께 사용함으로서 잡종세포의 선택이 용이하게 된다 (그림 1).

• Blastocydine 내성/Geneticin 내성/Hygromycin 내성

이들 약제는 단백질 합성을 저해하여 세포를 사멸시킨다. 각각의 내성 유전자를 도입함으로써 약제 내성주를 얻는다. 조건설정이나 도입이 용이한 반면 숙주 염색체의 영향을 받아 불활성화 되기 쉬우며, 특히 발현 promoter의 선택이 중요하다. Geneticin의 약제내성은 선택약제 첨가 후 1주일 정도, blastocydine 내성은 3~4일 정도의 시간이 필요하다.

여기서는 세포융합법 중에서 가장 활용빈도가 높다고 생각되는 PEG법에 대해 우리가 사용하고 있는

protocol을 소개한다.

준비물

<시약>

- 50% PEG 1500[*1] (사용 시 제조)

  Autoclave가 가능한 50 mℓ 정도의 용기에 5 g의 PEG 1500을 넣고 autoclave 멸균한다. 55℃ 정도로 식혀 100 mℓ의 무혈청 DMEM을 첨가한다[*2].

> *1 PEG는 분자량이 낮은 것일수록 세포 독성이 강하다. 제조회사 제품의 lot에 따라 독성 및 융합 효율에 차이가 있으므로 이점을 미리 검토할 필요가 있다.
>
> *2 PEG 용액의 제조에는 일반 무혈청 DMEM을 이용하지만 incubator 밖에서의 조작시간이 비교적 길어짐으로 최종농도 30 mM의 HEPES (pH 7.4)를 배지에 첨가하여 세포의 손상을 줄이는 경우도 있다.

- PBS
- 어미주 성장배지
- 선택배지
- 무혈청 배양액
- Trypsin

<세포>

- 어미세포 두 종류 : 세포 융합한 세포만 성장이 가능하게 하기 위해 영양 요구성이나 선택약제 내성 등의 marker가 필요함.

Protocol

그림 2 참조

① 60 ㎜ 세포배양 dish에 두 종류의 어미 세포를 파종한다. 일반 배양액에서 37℃, 24시간 배양한다.

② 배양 dish의 배양액을 제거한다. 배양 dish를 30초간 한쪽으로 기울여 잔존 배양액을 완전히 제거한다[*1, *2].

> *1 PEG 용액을 첨가할 때는 배양액의 잔존을 최대한 피해야 한다. 배양액의 잔존은 융합세포 형성율의 저하를 유발한다. PEG 처리 전에 무혈청 배지로 세정하여 남아 있는 단백질을 철저하게 제거하는 protocol들도 알려져 있다.
>
> *2 부유세포의 경우나 세포의 부착성을 높이고 싶은 경우는 세포를 trypsin 처리 후에 분리하여 원심분리로 회수하여 PEG용액 처리를 수행하는 방법이 있다.

③ 3 mℓ의 PEG 용액을 넣는다. 정확히 1분 처리하고 PEG를 제거한다[*3].

> *3 PEG 용액 처리는 정확히 1분 할 것. 짧거나 길면 융합세포의 효율에 영향을 미친다.

④ PEG 제거 후, 재 빨리 무혈청 배지로 3회 세정한다.

⑤ 5 mℓ의 일반 배양액을 첨가하여 37℃, 24시간 배양한다 (회복배양).

⑥ Trypsin 처리로 세포를 분리하여 (3장 4참조) 세포를 분배한 후, 선택 배양액으로 교환한다. 선택 배양액은 2~3일마다 한번씩 교환한다.

⑦ PEG 처리 후, 1~2주 사이에 파종세포의 colony가 출현한다. Cloning chamber 등을 이용하여 24 well 배양 dish 등에서 분리한다[*4].

> *4 세포수가 적은 경우에는 cloning한 후 며칠간은 일반 배양액으로 배양하는 것이 좋다.

⑧ 각 clone의 세포수가 증가하면 염색체 분석을 통해 잡종세포의 clone인 것을 확인한다.

실험예

암 억제 활성이나 세포노화 유도활성을 갖고 있으며 아울러 불멸화 세포에서 결손되어 있는 유전자의 유무에 대해 세포융합법을 이용하여 검토했다[2)]. 정상 인간 섬유아 세포와 불멸화 시리안 햄스터 세포주의 융합세포는 대부분이 정상세포와 마찬가지로 유한 수명이며 계대 후에 세포노화의 양상을 보임으로 세포노화라고 하는 형질 (유한수명이라는 성질)은 불멸화 형질에 대해 우성이라는 것을 알 수 있었다. 또한 융합세포의 표현계와 염색체 구성과의 상관관계를 조사한 결과, 불멸화 형질을 나타내는 clone은 인간 1번 염색체가 이미 결손되어 있었으므로 세포의 수명을 제어하는 유전자가 인간 1번 염색체 상에 존재한다는 것을 시사한다. 아울러 약제내성을 부여한 clone의 유전자에서 만들어진 인간 1번 염색체 1개를 미소핵 융합법으로 불멸화 시리안 햄스터 세포주에 도입하였더니 세포노화를 유도하였다. 이 결과로부터 목적의 유전자가 인간 1번 염색체 상에 존재한다는 것이 명백히 밝혀졌다.

끝으로

세포융합은 실제로 생체 내에서도 일어나고 있다. 예

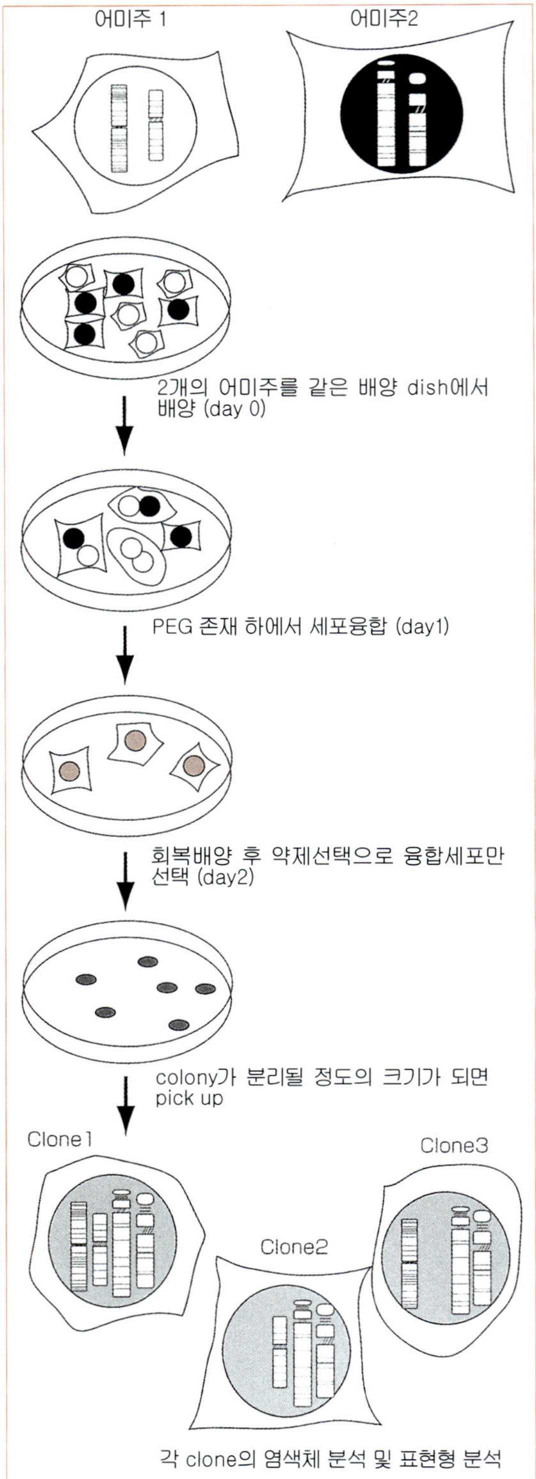

그림 2 세포융합법을 이용한 분석법의 전체 흐름

를 들면 간장세포는 4배체의 것이 상당히 많이 존재하는 것으로 알려져 있다. 혈액 줄기세포를 간장에 이식한 경우 혈액 줄기 세포가 간장세포에 분화한다고 해석되어 있었지만 실제는 혈액 줄기세포가 간장세포와의 융합을 통해 세포가 간장세포로 기능하여 간장조직을 구축하고 있다는 보고가 최근 발표되었다[3]. 이러한 사실로부터 세포의 동태나 기능이 세포융합에 의해 제어되는 경우가 예상 외로 많을 가능성이 대두되었다. 이미 밝혀져 있는 현상이 실제로는 세포융합에 의한 것일 가능성이 있다. 앞으로 본 항에서 논한 이런 실험방법으로 이들 현상들이 새롭게 밝혀질 것으로 생각된다.

참고문헌

1) 井出 利憲 編；「生物藥科學實驗講座6, 細胞の增殖と成長因子 Ⅰ 細胞周期解析」, pp85-143, 廣川書店, 2003
2) Sygawara, O. et al. : Science, 247 : 707-710, 1990
3) Vassilopoulos, G. et al. : Nature, 422 : 901-904, 2003

제 7 장 유전자 발현분석

1. 세포에서의 RNA 추출과 분석 −Northern 분석, RT-PCR

高石樹朗

RNA를 조사하는 의미와 한계, 그리고 각종 방법과 그 특징을 논한다. 여기서는 일반적으로 사용되고 있는 northern 분석과 RT-PCR에 대해 설명한다.

서론

세포 내의 어떤 분자의 거동을 RNA량의 변화로서 측정하는 것은 현재까지 가장 좋은 방법 중의 하나이다. Northern 분석법은 RNA발현을 검토하는 방법으로서 오래전부터 폭 넓게 사용되고 있는 일반적인 방법이다. 정량성을 요구하는 실험에 있어서는 비교적 간단하게 신뢰성이 있는 결과를 얻을 수 있다. 이 방법의 특징은 발현량과 함께 mRMA의 길이를 측정할 수 있다는 것이다. 또한 미성숙형의 mRNA나 splicing variant의 존재가 확인 가능하며 적정한 probe를 이용하면 그들의 상대량의 비교도 가능하다. RNA를 검출하는 또 하나의 방법은 RNase Protection Assay(RPA)를 들 수 있다. 이 방법은 먼저 검출 대상이 되는 mRNA에 상보적인 RNA probe를 *in vitro*에서 합성하여 이것을 시료에 첨가하여 대상 RNA와 이중가닥을 형성시킨다. 이중가닥이 된 RNA 분자는 RNase에 의한 분해를 피할 수 있어 최종적으로 band로서 확인할 수 있다. 반면 hybrid를 형성하지 않은 RNA는 RNase에 의해 분해된다. 특징적으로는 다음과 같은 것이 있다.

- 길이가 다른 복수의 probe를 시료에 첨가하여 한 번에 다수의 mRNA의 발현을 검출할 수 있다.
- Northern 분석과 비교하면 감도는 약간 높다.
- Northern 분석에서는 hybrid시킨 probe를 membrane으로부터 제거한 후 새로운 probe로 hybrid시키는 (re-probe)것이 가능하지만 RPA에서는 hybrid하지 않은 RNA를 분해해 버림으로 그 시료는 두 번 다시 쓸 수 없다.

3번째 방법으로는 RT-PCR을 들 수 있다. RT-PCR은 mRNA로부터 cDNA를 합성한 후 이것을 주형으로 PCR을 수행하는 것이다. mRNA를 검출하기 위한 방법으로서는 가장 감도가 좋은 방법으로 시료량이 한정되어 있을 때 아주 유용한 방법이다. 단 감도가 높기 때문에 시료 조제 시 염색체 DNA의 혼입이 있으면 문제가 된다. 여기서는 자주 사용되는 northern 분석과 RT-PCR에 대해 소개한다.

원리

먼저 세포내에 존재하는 RNA를 추출한다. 이때는 세포내의 RNA가 분해되지 않도록 강력한 단백질 변성제인 guanidine을 함유한 용액을 이용한다. Phenol/chloroform을 첨가하여 유기 용매층과 물층으로 분리한다. 적절한 염농도 및 pH 조건하에서는 RNA는 DNA보다 친수성이 높기 때문에 물층으로 흡수된다. 이 물층에 함유된 RNA를 2-propanol로 침전시켜 회수한다.

Mikiro Takaishi : Department of Cell Biology, Okayama University Graduate School of Medicine and Dentistry（岡山大学大学院医歯学総合研究科細胞生物学分野）

Northern 분석은 RNA를 포르말린이 함유된 agarose gel에 전기영동하고 이것을 나이론 membrane에 전사한다. 이 나이론 membrane에 ^{32}P로 표식한 probe를 하룻밤 hybridization시킨 후, 적절한 염 농도와 온도에서 반응하지 않은 probe를 제거한다. Signal은 X-선 필름에 노출시켜 얻든가, BAS 등의 image analyzer(후지필름사)를 이용하여 검출한다.

RT-PCR법에서는 조제한 RNA를 주형으로 하여 oligo (dT) primer 또는 random primer를 이용하여 역전사 효소에 의해 cDNA를 합성한다. 이것을 주형으로 하여 목적 유전자의 특이적인 primer를 이용하여 PCR을 수행한다.

i) Northern 분석

준비물

<RNA 추출>

- RNA 추출시약 : TRIZol (invitrogen사), TRI Reagent (Sigma사) 등
- Chloroform
- 2-Propanol
- 80% 에탄올
- DEPC 처리수

<영동 및 transfer>

- 10 × MOPS buffer

		(최종농도)
MOPS	20.9 g	(200 mM)
초산 $Na \cdot 3H_2O$	3.4 g	(50 mM)
EDTA·2Na	1.86 g	(10 mM)
증류수		
Total	500 mℓ	

NaOH로 pH 7.0으로 조정. Autoclave 멸균하여 어두운 곳에 보관.

Autoclave 하면 엷은 노란색이 되지만 사용에는 문제가 없다.

- 포르말린/MOPS/Agarose gel

Agaros	1.5 g
증류수	72 mℓ

전자렌지로 가열하여 agarose를 녹인다.

약간 식힌 후, 다음과 같은 것을 넣는다.

10 × MOPS buffer	10 mℓ
포르말린	18 mℓ

너무 뜨거운 상태에서 포르말린을 넣으면 가스가 나옴으로 주의한다. 포르말린의 냄새가 심함으로 후드 내에서 만드는 것이 좋다. 전기영동용 gel을 만든다.

- Sample buffer

10 × MOPS buffer	200 μℓ
포르말린	300 μℓ
포름아미드	1 mℓ

- Loading dye

Glycerol	15 mℓ
0.5M EDTA	20 μℓ
Bromo phenol blue	40 mg
Xylene cyanol	40 mg

Autoclave 멸균 후 분주하여 −20℃에서 보관.

- 20 × SSC (pH 7.0)

NaCl	175.3 g	(3 M)
$C_6H_5O_7Na_3 \cdot 2H_2O$	88.2 g	(0.3 M)
증류수		
Total	1 ℓ	

HCl로 pH를 7.0으로 조정 한 후 autoclave 멸균한다.

- 나이론 membrane, Hybond N (Amersham Bioscience사) 10.5 × 6.5 cm
- 여과지 (Wattman 3 MM) 10.5 × 6.5 cm, 3장

  Buffer 흡입용 여과지는 용기의 크기로 맞춰 잘라 놓는다.
- Paper 타올 10 × 6 cm

  겹쳐 놓았을 때 높이가 5 cm 정도 될 양
- 유리판 : 2장 (SDS-PAGE mini gel용)
- 직경 6.5 cm 유리 샤레
- 플라스틱 용기, 폴리에틸렌 용기 (너무 길이가 길지 않은 것)
- 100 mℓ 삼각 flask에 50 mℓ 정도의 물을 넣은 것
- 비닐 테이프
- 전기영동 장치 : Mupid
- UV close linker, trans eliminator
- Clear file

<Hybridization>

- 탈이온 포름아미드

  분자생물학용의 것을 구입하여 적당량으로 분주하여 −20℃ 보관.
- 20 × SSC (pH 7.4)

NaCl	175.3 g	(3 M)
$NaH_2PO_4 \cdot 2H_2O$	31.2 g	(0.2 M)
EDTA·2Na	7.4 g	(20 mM)
증류수		
Total	1 ℓ	

10 N NaOH로 pH를 조정 후 autoclave 멸균한다.

- 50 × Denhardt's 용액

BSA	1 g	(1%)
Ficol 400	1 g	(1%)
Polyvinylpyrrolidone (PVP)	1 g	(1%)
증류수		
Total	100 mℓ	

- 10 mg/mℓ salmon 정자 DNA
  Sonication 및 phenol 추출을 수행한 후, 10 mg/mℓ이 되도록 희석한다.
- Hybridization beffer

탈이온 포름아미드	5 mℓ
20 × SSPE	2.5 mℓ
50 × denharadt's	1.0 mℓ
10% SDS	0.5 mℓ
증류수	1.0 mℓ
Total	100 mℓ

- Megaprime DNA labelling system (Amersham Bioscience사)
- [α-^{32}P] dCTP (~110 TBg/mmol)
- Hybrid oven

<세정 및 검출>

- 세정 buffer1
  2 × SSC, 0.1% SDS, 500 mℓ
- 세정 buffer2
  0.2 × SSC, 0.1% SDS, 500 mℓ
- X-선 필름
- BAS (후지 필름사)

Protocol

1 RNA 추출*1

① Chomczynski들의 방법을 개량한 시판의 추출시약을 이용하면 편리하다. 첨부된 설명서에 따라 추출한다.

② 얻어진 침전을 DEPC 처리수로 용해한다.

③ 농도측정을 위해 일부를 흡광도계로 측정하고 RNA의 질을 확인하기 위해 포르말린 gel을 사용하여 전기영동을 수행한다. RNA 순도 확인을 위한 전기영동의 경우는 gel에 ethidium bromide를 5 ㎍/㎖이 되도록 첨가한다.

④ 추출한 RNA의 보존은 수일 이내에 사용하는 경우 -80℃ 보존한다. 장기간 보존 시에는 2-propanol로 침전시킨 후 침전물에 100% 에탄올을 첨가하여 -80℃에서 보존한다.

☞ *1 다음 페이지 메모 참조

2 Northern 분석

i) 전기영동

① RNA 시료 5㎕ (5~20 ㎍)와 sample buffer 15 ㎕을 혼합한다.

② 65℃에서 10분간 incubation한 후 얼음 위에서 급냉시킨다.

③ Loading dye 2 ㎕를 넣고 gel에 apply 한다.

④ 전기영동장치에 셋트하여 100 V로 영동. BPB가 하단부에 올 때 까지 영동한다.

⑤ 영동이 종료되면 증류수를 넣은 용기에 gel을 뒤집어서 넣는다.

⑥ 가볍게 진탕하면서 15분 × 2 washing한다.

⑦ 20 × SSC로 교환하여 30분 진탕*2

☞ *2 Gel의 포르말린 냄새가 없어진 것을 확인한다. 포르말린은 RNA의 membrane에의 전사를 억제한다. 단 완전히 없애기 위해서는 시간이 걸리므로 적당할 때 멈춘다.

ii) Transfer

① 적당한 크기의 용기 안에 유리 샤레를 거꾸로 하여 놓는다.

② 유리판을 놓는다.

③ 적당한 크기로 자른 여과지를 얹는다.

④ 20 × SSC를 위에서 붓는다.

⑤ Gel을 뒤집어서 (well이 있는 면이 밑으로 가게)여과지 위에 얹는다. 여과지 사이에 있는 공기를 제거한다.

⑥ 나이론 membrane을 gel 위에 얹는다. Gel과의 사이에 공기가 들어가지 않은 것을 확인한다.

⑦ 20 × SSC 로 적신 여과지 3장을 나이론 membrane 위에 얹는다.

⑧ 50 ㎖ conical tube을 이용하여 gel과 여과지 사이의 공기를 제거한다.

⑨ Paper towel을 올린다.

⑩ 유리판을 놓고 가볍게 누르면서 비닐 테이프로 실험대 혹은 용기에 고정한다*3.

☞ *3 아무리 잘 설치해도 시간이 지남에 따라 균형이 깨져 한쪽으로 기울 수 있으므로 비닐 테이프로 유리판을 고정한다.

⑪ 유리판 위에 무거운 (100 ㎖의 삼각 flask에 물을 채운 용기)것을 올려놓는다.

⑫ 용기에 20 × SSC를 채워 하룻밤 그 상태로 방치한다.

⑬ Transfer가 끝나면 나이론 membrane이 반 정도 건조된 상태에서 UV close linker 혹은 UV trans eliminator를 이용하여 RNA를 고정시킨다 (약 5분~10분 정도 조사)

iii) 나이론 membrane의 염색

① 고정시킨 나이론 membrane을 염색액에 담근다. 45초.

② 증류수가 들어 있는 폴리에틸렌 용기에 membrane을 옮겨 탈색.

③ RNA가 없는 부분이 하얗게 될 때까지 물을 교환한다. 약 5분.

④ RNA가 붙어 있는 면을 위로 하여 여과지 위에 얹는다.

⑤ Clear file에 넣고 copy 또는 스캐너로 화상을 찍는다.

⑥ 28S 혹은 18S ribosomal RNA의 위치를 연필로 그린다[*4].

☞ *4 포유류 세포에서는 28S가 약 4.7 kb, 18S가 약 1.9 kb에 상당한다.

iv) Hybridization

① 폴리에틸렌 용기에 hybridization buffer를 넣고 42℃에서 30분 데운다.

② 열변성 처리를 한 salmon sperm DNA 0.2 ㎖ (buffer 10 ㎖당)를 상기의 용기에 넣는다.

③ 나일론 membrane을 hybridization buffer안에 넣는다.

④ 42℃에서 2시간 이상[*5] (pre-hybridization) 반응시킨다.

☞ *5 Hybrid bag을 사용하는 방법도 있지만 용기를 사용하는 것이 오염이 적다. 염색액의 색소가 buffer에 옮겨져 파랗게 되지만 hybridization에는 전혀 문제가 없다.

⑤ Probe의 labelling

Megaprime DNA labelling system 사용[*6]

Probe (20~50ng)	x ㎕ [*7]
증류수	14~x ㎕
Primer	2.5 ㎕

☞ *6 반응 시약류는 설명서에 적혀있는 양에 반으로 사용.

*7 Probe DNA는 최대 1.5 kb 길이로 plasmid로부터 잘라내든가 아니면 PCR에 의해 조제한다. 어느 경우에도 agarose gel 전기영동으로 정제한다.

⑥ 5분간 boiling한 후 얼음 위에서 3분간 급냉시키고 가볍게 원심분리한다.

⑦ 시약 첨가

5 × buffer	5 ㎕
[α-^{32}P] dCTP	2.5 ㎕
Klenow 효소	1 ㎕

⑧ Incubation, 37℃, 10분.

⑨ 0.5 M EDTA를 2 ㎕ 첨가.

⑩ Boiling을 5분하고 얼음에서 3분간 급냉.

⑪ 가볍게 원심분리하여 용액을 용기 바닥에 모은다.

⑫ Hybridization을 수행할 용기 안의 buffer를 넣고 probe 용액을 첨가[*8].

☞ *8 Probe 용액이 직접 membrane에 닿으면 얼룩이 진다.

⑬ 42℃, 하룻밤 반응.

v) 세정

① 세정 조작에 들어가기 전에 세정 buffer 2를 미리 42℃로 데워 놓는다.

② Hybridization buffer를 방사성 물질 전용 폐액병에 버린다.

③ 세정 buffer 1에 의한 세정을 hybrid oven 안 (혹은 실온)에서 5분간 3회 수행한다.

④ 세정 buffer 2에 의한 세정을 hybrid oven 안에서 15분간 2회 수행한다.

⑤ 나이론 membrane의 buffer를 제거한 후 랩으로 싼다. RNA가 있는 면은 주름이 가지 않게 한다.
Hybrid bag의 사용도 가능하다.
다음 중 한 가지 방법으로 signal을 검출한다[*9].

a) BSA의 image plate에 노출 : 실온에서 1시간 방치, 스캐너로 signal을 검출하여 해석한다.

b) X선 필름에 노출 : -80℃에서 수 일에서 2주간 방치한 후 X선 필름을 현상한다.

memo

RNA 추출시 주의사항

RNA : 취급을 위한 주의사항을 지킴에도 불구하고 RNA 추출이 잘 안되는(RNA 분해) 원인의 대부분은 세포 내의 RNase를 충분히 실활 또는 제거하지 못했기 때문이라고 생각된다. RNA 시약에 함유되어 있는 단백질 변성제에 얼마나 신속하게 넣는가가 중요하다.

- RNA 추출시약은 충분한 양을 사용한다.
- 추출은 가능하면 살아있는 세포를 사용한다. 세포가 살아있는 때는 내재성의 RNase가 적당히 작용하도록 제어되고 있지만 세포가 죽으면 그 제어가 작용하지 않아 내재성 RNase에 의해 쉽게 RNA가 분해된다.
- 세포를 동결하는 경우는 cell scraper로 세포를 떼어 원심분리하여 침전물을 회수한 후 액체 질소에 넣어 급냉시킨다. -80℃에서 보존하고 될 수 있으면 빠른 시일 내에 추출한다.
- 동결시킨 세포 pellet에는 적당량의 RNA 추출시약을 첨가하여 homogenizer로 파쇄한다.

> ☞ *9 필자가 일반적으로 사용하는 방법을 소개한다. 먼저 세정 후 survey meter를 이용하여 나이론 membrane에 어느 정도 방사능이 있는지를 판단한다. 충분한 signal이 있으면 image plate에 1시간 노출한다. BAS 분석 화면에 명료한 image가 있으면 그 상태로 분석을 계속한다. Signal이 약하면 노출시간을 길게 한다. 세정이 불충분하면 다시 세정 buffer 2 또는 0.1×SSC, 0.1% SDS에 의한 세정을 65℃에서 수행한다. BAS 분석이 끝나면 −80℃에서 X선 필름에 노출시킨다. 대략 image plate에서의 1시간 노출이 X선 필름에 1일 노출한 것에 상당함으로 충분한 signal이 얻어지는 노출시간을 예측한다.

iii) RT-PCR

RT-PCR은 세포 내에서 발현된 mRNA 유래의 cDNA를 주형으로 하여 PCR에 의해 특정의 DNA 서열을 증폭하는 방법이다. 그러나 RNA 추출의 과정에서 염색체 DNA가 혼입되면 문제가 된다. 이 문제를 피하기 위한 몇 개의 주의점을 논한다.

1 RNA sample을 DNase I 처리

Northern 분석의 protocol 1에서 논한 RNA 추출법으로는 소량의 DNA의 혼입은 피할 수 없다.

RNase free DNase I의 처리에 의해 RNA 시료안의 DNA를 분해·제거한다.

2 Primer의 설계

1) Splicing 부위를 포함하는 primer를 설계한다. 염색체 DNA 혹은 splicing이 완료되지 않은 미성숙 RNA 유래의 cDNA에는 primer가 붙지 않는다.

2) 증폭하는 영역의 내부에 적어도 1개의 intron이 포함되도록 한다. 짧은 intron이면 PCR 산물의 길이가 변한다. 긴 intron이면 동일 조건에서 증폭되지 않는다. 최근 인간이나 마우스의 경우 genome DNA의 정보를 손쉽게 얻을 수 있다. 상세히 검토한 후 적절한 영역을 선택한다.

3) Negative control : 역전사에 이용한 것과 동량의 RNA를 튜브에 넣고 역전사 반응후의 cDNA에 동일양의 TE를 넣어 희석한 후, 이것을 주형으로 PCR을 수행한다. 이 sample에서는 동일조건으로 PCR 산물이 얻어지지 않는 것을 확인할 수 있다.

준비물

<RNA 시료로부터의 DNA의 제거>
- RNase-free DNase I (Roche사)
- RNase inhibitor (Roche사)
- 10 × DNase I buffer
  - 100 mM Tris-HCl pH 8.3
  - 500 mM KCl
  - 15 mM $MgCl_2$*
- RNA 추출시약
- 3 M 초산 Na (pH 5.2)
- 2-propanol
- 80% 에탄올
- DEPC 처리수

> ☞ * KCl과 $MgCl_2$의 용액은 먼저 1M의 것을 조제하여 DEPC 처리한다. Tris-HCl은 DEPC 처리가 안됨으로 완전한 RNase-free 용액을 조제하기 어렵지만 최대한 RNase가 들어가지 않도록 주의한다. 반응에는 RNase inhibitor를 다량 첨가함으로 대부분의 경우는 문제가 없다. 분해가 그래도 걱정될 때는 kit (DNA-free kit, Ambion사 등)의 사용을 추천한다.

<역전사 반응>
- Superscript Ⅲ (Invitrogen사)
- 5 × First-strand buffer
- 0.1M DTT
- dNTP mix (2.5 mM each)
- RNase Inhibitor
- Random primer (50 ng/μl)
- RNase H (Invitrogen사)

<PCR>
- PCR용 효소는 목적으로 하는 유전자의 길이에 따라 종류를 바꾼다.
- rTaq (TaKaRa사) : 일반 PCR용 (2 Kb이내)
- ExTaq (TaKaRa사) : 발현량이 적은 경우 (5 Kb 이내)
- LATaq (TaKaRa사) : 긴 것 (5 Kb 이상)
- KOD-plus (TOYOBO사) : Cloning 용 (수 Kb 이내)

Protocol

1 RNA의 추출 (northern 부분 참조)

2 RNA 시료안의 혼입 DNA의 제거

① 반응액을 다음과 같이 혼합한다.

RNA (50 ㎕)	
10 × DNase I biffer	5 ㎕
RNase inhibitor	10 ㎕
RNase-free DNase	l1 ㎕
DEPC 처리수	
Total	50 ㎕

② 37℃, 30분.

③ RNA 추출 시약을 500 ㎕ 넣고 vortex한다.

④ 원심분리, 15,000 rpm, 5분.

⑤ 수층을 1.5 ㎖의 튜브로 옮김.

⑥ 밑의 시약을 첨가하여 얼음 위에서 10분간 반응.

3 M 초산Na (pH 5.2)	25 ㎕
2-Propanol	250 ㎕

⑦ 원심분리 15,000 rpm, 10분.

⑧ 80% 에탄올, 200 ㎕ 첨가.

⑨ DEPC 처리수 20 ㎕에 pellet을 용해.

⑩ OD_{260} 측정하여 시료 농도를 산출. 전기영동으로 RNA의 분해 유무를 확인한다.

⑪ 바로 사용하지 않으면 -80℃ 보존.

3 역전사 반응

① 다음과 같이 혼합.

Total RNA (5 ㎕ 상당량)	X ㎕
Random primer (50 ng/㎕)	1 ㎕
dNTP mix (2.5 mM each)	8 ㎕
DEPC 처리수	
Total	13 ㎕

② 65℃, 5분간 incubation.

③ 얼음 위에서 1분간 정치 후 가볍게 원심분리.

④ 이하의 시약을 첨가하여 반응시킨다.

5 × First-strand Buffer	4 ㎕
0.1 M DTT	1 ㎕
RNase inhibitor	1 ㎕
Superscript Ⅲ(Invitrogen사)	1 ㎕
25℃에서 5분간, 50℃에서 60분간, 70℃에서 15분간.	

⑤ 가볍게 원심분리한다.

⑥ RNase H를 1 ㎕를 첨가하여 37℃에서 20분간 반응한다.

⑦ TE를 80 ㎕ 첨가한다. -20℃에서 보존.

4 PCR[*1]

① 각 시약을 얼음 위에서 혼합한다.

cDNA	1 ㎕
10 × buffer	2 ㎕
dNTP mix (2.5 mM each)	2 ㎕
Sense primer (10 ㎕)	0.5 ㎕
Antisense primer (10 ㎕)	0.5 ㎕
rTaq	0.2 ㎕
초순수 증류수	13.8 ㎕
Total	20.0 ㎕

② 반응조건은 다음과 같이 설정한다.

열 변성	94℃ 3분
열 변성	95℃ 15초
Annealing	55~68℃ 15초
신장반응	72℃ 목적 서열 1 Kb당 1분
신장반응	72℃ 5분
20~40 cycle[*2]	

③ Thermal cycler의 block이 94℃에 도달한 것을 확인한 후, 세트한다.

*1 여기서는 rTaq를 사용한 방법을 논한다.

*2 목적 서열의 길이와 이용하는 효소 등에 영향을 받지만 어느 정도의 발현이 있는 유전자라면 40 cycle의 반응에서 band를 확인할 수 있다.

memo

정확히 정량적인 PCR을 수행하고자 하는 경우는 Taqman (ABI사)이나 Light Cycler (Roche사) 등의 시스템을 사용하는 것이 좋다.

대략적인 발현의 비교는 다음과 같은 간단한 방법으로 조사할 수 있으며, 아울러 이 방법은 동량의 RNA를 역전사한 시료간의 비교도 할 수 있다. 방법은 다음과 같다.

① 1개의 실험시료에 대해 5개의 반응액을 조제한다. 5개를 한꺼번에 만들어 분주한다.
② 이들을 동시에 PCR을 개시하여 20 cycle에서 그 중 1개의 sample을 꺼내 얼음 위에 놓는다. 이후 40 cycle까지 5 cycle 마다 한 개의 sample을 꺼낸다.
③ 꺼낸 각 반응액으로부터 10 ㎕을 전기영동한다.
④ 반응이 잘된 cycle 수를 확인하고 이 조건으로 PCR을 수행한다.
⑤ Internal control로서 적당한 유전자 (GAPDH 등)를 동시에 증폭하여 각 시료의 주형 cDNA량을 확인한다.

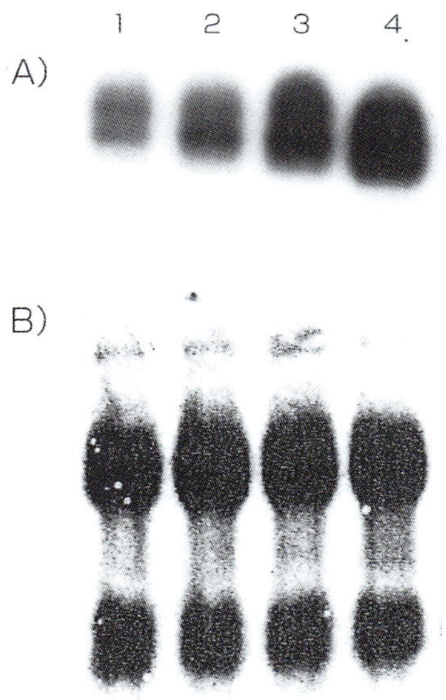

그림 1 고칼슘 배지 안의 첨가된 정상 인간 표피 각화세포의 desmoplakin의 발현변화
A) 배지 안의 칼슘농도는 0.06 mM이다 (lane 1). 칼슘농도를 1.5 mM로 한 후, 1일 후 (lane 2), 3일 후 (lane 3), 7일 후 (lane 4)
B) 나이론 membrane의 methylene blue 염색

실험예

정상 인간 표피 각화세포를 높은 칼슘배지에 놓아두었을 때의 desmoplakin의 발현변화를 northern 분석에 의해 검토했다.

배지 중의 칼슘농도가 높아짐에 따라 또는 배양시간의 경과에 따라 desmoplakin의 발현량이 증가했다 (그림 1).

끝으로

Northern 분석이든 RT-PCR이든 실험을 함에 있어 양질의 RNA를 추출하는 것이 무엇보다도 중요하다. 여기서는 설명하지 않았지만 RNA를 취급할 때의 주의사항을 엄수하여 연구를 하길 바란다.

참고문헌

1) Brown, T. : Current protocols in molecular biology (Ausubel, F. et al.), 4.9.1−4.9.16, John Wiley & Sons, 1997
2) Liang, P. & Pardee, A. B. : Current protocols in molecular biology (Ausubel, F. et al.), 15.8.3, John Wiley & Sons, 1997

제 7 장 유전자 발현분석

2. Western법에 의한 세포 내의 단백질 분석

高石樹郎

단백질의 발현을 조사하기 위한 가장 일반적인 방법인 western 분석에 관해 논한다. Western 결과를 좌우하는 항체의 특이성을 보증하는 방법과 그 한계에 대해 설명한다.

서론

Western 분석은 단백질의 발현분석에 이용되는 가장 일반적인 방법이다. 항체만 있으면 특수한 장치가 필요 없이 세포 내의 어떤 단백질이든지 확인 가능하다. 또한 mRNA의 분석에서는 알 수 없는 인산화, 당 부가 등의 단백질 수식의 변화를 조사하는 것도 가능하다. 일반적인 방법은 SDS-PAGE로 단백질 시료를 전개하여 그것을 전기적으로 membrane에 전사한다. 이 membrane 상에 있는 단백질에 항체를 반응시키면 항원-항체 복합체가 형성된 장소가 band로서 검출된다. 이 방법을 기초로 하여 여러 가지 실험이 가능하다. 예를 들면 SDS-PAGE 대신에 이차원 전기영동을 하여 단백질을 membrane에 옮기는 방법은 최근 proteom 분석에 필요한 기술로 정착해 가고 있다.

ELISA도 시료 안의 목적 단백질량을 검토하기 위해 자주 사용된다. ELISA는 간단히 정량적인 검토를 할 수 있는 반면 western 분석과 비교하면 특이성의 신뢰도가 낮다. 한번에 많은 시료를 처리할 필요가 있는 스크리닝과 같은 경우는 아주 매력적인 방법이다.

이외에도 특정 단백질의 동정에는 HPLC나 질량분석장치를 이용하여 분석할 수도 있다.

항체를 사용하는 연구에서 자주 문제가 되는 것이 항체의 특이성이다. 세계적으로 다양한 항체가 시판되고 있지만 실제로 항체를 구입하여 사용해 보면 기대의 결과가 얻어지지 않는 경우가 많다. 가능한 관련 논문을 다수 조사하여 거기서 사용하고 있는 항체를 입수할 필요가 있다. 또한 동일 단백질에 대해서도 다른 영역이 항원이 된 항체가 있으면 더욱 좋다. 시판의 것이 없으면 논문의 필자에게 문의하는 것도 좋은 방법이다 (5장 2 참조).

자체 제작의 항체에 대해서는 신중하게 그 특이성을 검토할 필요가 있다. 적어도, 항원으로 이용한 단백질 또는 지지체에 결합한 peptide에 강하게 반응하고 이들 항원에서 항체를 흡수하면 signal이 없어지는 것을 확인한다. 또는 면역 전의 혈청에서는 특이적인 반응이 없어야 한다. 복수의 항체가 있을 경우 그들로부터 동일하게 얻어진 결과가 맞을 가능성이 크다. Polyclonal 항체인 경우, 항체 제작시에 복수의 항원 및 복수의 동물을 사용하는 것이 실패를 미연에 방지할 수 있는 최고의 방법이라고 생각한다. 또한 이용하는 항체로 면역침강이 가능하면 침강된 단백질을 peptide sequencer나 질량분석장치 등을 이용하여 동정할 수 있다.

IgG 분획으로 정제한 polyclonal 항체 또는 monoclonal 항체에 있어서도 비특이적인 반응이 강해 깨끗한 결과가 얻어지지 않는 경우가 있다. 이런 경

Mikiro Takaishi : Department of Cell Biology, Okayama University Graduate School of Medicine and Dentistry（岡山大学大学院医歯学総合研究科細胞生物学分野）

우에는 항원을 결합시킨 column으로 항체를 정제한 후 이용하는 것이 좋은 결과를 얻을 수 있다. 이러한 처리를 해도 비특이적인 반응이 강하면 대상 발현단백질을 발현하고 있지 않는 세포의 추출액 또는 acetone powder를 조제하여 이것으로 미리 항체를 흡수시킴으로서 비특이적인 반응을 억제할 수 있다. 이 방법의 문제점은 대상 단백질을 전혀 발현하지 않는 세포를 입수하지 않으면 안된다는 것이다. 대상 단백질의 발현 유무에 대해서는 정확한 판단은 어렵지만 mRNA의 발현이 RT-PCR (7장 1참조)에서 검출되지 않는 것을 하나의 지표로 삼으면 되리라 생각한다.

단백질을 취급할 때 항체는 가장 강력한 방법중의 하나이지만 항상 특이성의 문제가 있다는 것을 염두해두고 연구할 필요가 있다.

원리

SDS-PAGE로 단백질을 전개한다. Gel 내의 단백질을 단백질 결합능이 높은 membrane에 전기적으로 전사한다(blotting). 항체의 비특이적인 결합을 막기 위해 skin milk나 BSA 등과 membrane을 반응시킨다. 1차항체를 membrane에 반응시켜 membrane 위에 항원-항체 복합체를 형성시킨다. 미반응의 항체를 제거한 후 효소표식한 2차항체와 1차항체를 결합시킨다. 반응에 의해 발생되는 발색 또는 발광을 검출한다. Western 분석의 검출방법에 대해서는 문헌1에 자세히 설명되어 있으므로 참고하길 바란다.

준비물

- **30% Acrylamide 용액**

Acrylamide	146.0 g
N,N'-Methylenebisacrylamide	4.0 g
증류수	
Total	500 mℓ

0.22 μm의 filter로 여과하여 4℃에서 차광보관.

- **1.5 M Tris-HCl (pH 8.8)**

Tris base	90.8 g
증류수	
Total	500 mℓ

pH를 8.8로 조정하여 4℃ 보관.

- **0.5 M Tris-HCl (pH 6.8)**

Tris base	30.3 g
증류수	
Total	500mℓ

pH를 6.8로 조정하여 4℃ 보관.

- **10 × 영동 buffer**

Tris base	30.3 g
Glycine	144.1 g
SDS	10.0 g
증류수	
Total	1 ℓ

사용 시 10배 희석한다.

- **Blotting buffer**

Tris base	6.5 g
Glycine	7.2 g
Methano	125 mℓ
Total	500 mℓ

- **Blocking buffer**

5% skin milk/TBST

- **2 × SDS smaple buffer**

0.5 M Tris-HCl (pH 6.8)	12.5 mℓ
SDS	2.0 g
Glycerol	10.0 mℓ
1% BPB	0.5 mℓ
증류수	
Total	50 mℓ

사용 시에 2-mercaptoethanol을 최종농도 100 μℓ/mℓ (1/10 량)이 되도록 첨가한다.

동량의 PBS 등과 혼합하여 1 × 로 만든다.

- **10% Ammonium persulfate (APS) 수용액**
- **TEMED**
- **PVDF membrane (Hybond-P, Amersham bioscience사 등)**
- **PVDF membrane 염색액**

CBB R250	0.2 g
메탄올	200 mℓ

- **PVDF membrane 탈색액**

초산	5 mℓ
메탄올	25 mℓ
증류수	
Total	50 mℓ

- **검출 kit**

ECL plus (Amersham bioscience사) 등

- **Size marker**

목적 단백질의 분자량에 맞는 것을 선택한다. Pre-stained 된 것이 사용하기 편리하다.

- **Mini gel 영동장치 (ATTO사)**
- **Semi dry type blotting 장치 (ATTO사)**
- **플라스틱 용기, 폴리에틸렌 용기**
- **진탕기**
- **여과지 (ADVANTECH사 No. 59)**
- **지퍼백 (유니펙 E-8, Seinich)**
- **X선 필름**

표 1 Running gel, Stacking gel의 조성

Running gel	8%	10%	12%	15%
증류수	3.8 ㎖	3.2 ㎖	2.7 ㎖	1.8 ㎖
30% Acrylamide	2.1 ㎖	2.7 ㎖	3.2 ㎖	4.1 ㎖
1.5 M Tris-HCl (pH 8.8)	2.0 ㎖	2.0 ㎖	2.0 ㎖	2.0 ㎖
10% SDS	80.0 ㎕	80.0 ㎕	80.0 ㎕	80.0 ㎕
10% APS	30.0 ㎕	30.0 ㎕	30.0 ㎕	30.0 ㎕
TEMED	5.0 ㎕	5.0 ㎕	5.0 ㎕	5.0 ㎕

Stacking gel	
증류수	1,465.0 ㎕
30% Acrylamide	396.0 ㎕
0.5 M Tris-HCl (pH 6.8)	625.0 ㎕
10% SDS	25.0 ㎕
10% APS	10.0 ㎕
TEMED	5.0 ㎕

Protocol

1 시료조제*1

*1 시료의 조제방법은 항체의 선택과 함께 western 분석의 중요한 point이다. 실험목적에 따라 적정한 buffer 및 세포 파쇄방법으로 시료를 조제하지 않으면 안된다. 관련논문을 검색하여 그 조건에 따르는 것이 좋다. 시료조제에 관한 상세한 내용은 문헌 2를 참고하기 바란다.

① 실험의 목적에 맞는 buffer로 세포를 용해한다. 재조합 단백질의 확인이나 아주 자세한 조사가 필요 없는 경우는 1 × SDS sample buffer로 용해한다.

② 35 ㎜ dish의 경우 PBS로 세정 후 200 ㎕의 1 × SDS sample buffer를 첨가한다.

③ Buffer를 전체적으로 퍼지게 한 후, 위상차 현미경하에서 밑바닥에 세포가 남아있지 않은 것을 확인하고 well 내에서 5회 정도 pipetting 후, 1.5 ㎖ 튜브에 옮긴다.

④ 3분간 시료를 boiling 한 후, 실온에 5분 정도 방치한다.

⑤ 15,000 rpm에서 5분간 원심분리한 상등액을 영동 sample로 한다.

2 Gel 제작

① 표 1을 참조하여 필요한 gel 농도의 mini gel을 만든다*2.

*2 실리콘 gasket의 상단으로부터 6 ㎝의 위치를 매직으로 유리판에 색칠하여 매번 6~9 ㎝의 gel이 만들어지도록 한다.

② 먼저 running gel을 조제한다. 필요량의 증류수, acrylamide, tris buffer를 혼합하고 용기를 aspirator에 연결하여 탈기한다.

③ 가볍게 흔들면서 SDS, APS, TEMED를 순차적으로 첨가한다.

④ Setting한 유리판 사이에 공기가 들어가지 않도록 gel 용액을 넣는다.

⑤ 포화 butanol을 중층하여 정치한다.

⑥ Running gel이 굳으면 butanol을 씻어낸다.

⑦ Stacking gel을 중층하고 고무 홈을 끼어 정치한다(실온에서 약 30분).

3 전기영동

① Gel판으로부터 고무홈을 제거하고 영동장치에 setting한다. Gel 한 장당 20 ㎃의 정전류로 80~90분간 영동한다.

4 Blotting

① 영동 종료 전에 blotting buffer, 여과지, PVDF membrane을 준비한다.

② 여과지와 PVDF membrane은 6 × 9 ㎝로 절단한다. 여과지는 10장, PVDF membrane은 gel 수에 맞춰 준비한다.
③ PVDF membrane의 윗부분에 날짜 등을 볼펜으로 쓰고 메탄올에 담근다.
④ 메탄올을 버리고 충분한 량의 blotting buffer를 넣는다. Shaker에 얹어 진탕한다.
⑤ 영동이 끝나면 gel의 방향이 알 수 있도록 왼쪽 윗부분을 절단한다.
⑥ 충분한 양의 blotting buffer를 넣은 용기에 gel을 넣고 5분간 shaker에서 진탕한다.
⑦ Semi-dry식 blotting 장치의 하부전극 (양극)을 blotting buffer로 적신다.
⑧ Buffer를 흡입한 여과지 4장을 겹쳐 하부전극 위에 얹는다.
⑨ 50 ㎖ conical 튜브를 이용하여 여과지의 표면에 공기를 제거한다.
⑩ PVDF membrane을 여과지 위에 놓고 conical 튜브로 공기를 제거한다.
⑪ PVDF membrane과의 사이에 공기가 들어가지 않게 하여 gel을 얹는다.
⑫ 남은 여과지를 gel 위에 겹친다.
⑬ Conical 튜브로 공기를 제거한다.
⑭ Blotting 장치의 상부전극 (음극)을 설치한다. 이때 너무 누르지 않는 것이 좋다.
⑮ 200 ㎃의 정전류로 60분간 blotting한다[*3].

☞ *3 Gel을 3장까지는 겹쳐서 blotting할 수 있다. 밑의 gel의 위에 1장의 여과지를 얹고 그 위에 PVDF membrane, gel 순으로 겹친다. Gel이 4장인 경우는 여과지, PVDF membrane의 크기를 12 × 9 ㎝로 하여 gel 2장 × 2단, 400 ㎃의 정전류로 blotting 한다. Nitrocellulose membrane을 사용하는 경우는 단백질이 membrane을 통과하는 경우가 있으므로 밑의 gel과 위의 nitrocellulose membrane의 사이에 셀로판 membrane을 끼워 넣는다.

5 PVDF membrane의 염색[*4]

☞ *4 CBB에 의한 membrane의 염색은 nitrocellulose에는 사용할 수 없다. 단백질의 잔존 유무를 blotting 종료 후의 gel을 CBB 염색하여 확인 할 수도 있다.

① Blotting 종료후 PVDF membrane을 메탄올이 들어있는 용기에 넣는다.
② Membrane을 염색액에 넣고, 5초간 흔들면서 염색시킨다.
③ 곧바로 탈색액에 옮겨 액을 교환하면서 10분간 진탕하여 탈색한다.
④ 명료한 band가 보이면 clear file에 끼워 copy한다.
⑤ 필요하면 lane 부분의 PVDF membrane을 절단한다.
⑥ PVDF membrane을 메탄올 내에서 10~30분간 진탕하여 완전히 탈색시킨다. 메탄올은 2~3회 교환한다.

6 항체반응

① 완전히 탈색시킨 PVDF membrane을 TBST가 들어있는 용기에 옮긴다.
② TBST가 membrane에 스며들면 TBST를 버리고 blocking buffer를 적당량 첨가한다. 실온에서 1시간 또는 4℃에서 하룻밤 반응시킨다.
③ 지퍼백에 blocking buffer를 넣는다[*5].

☞ *5 6×9 ㎝의 membrane은 5 ㎖의 blocking buffer를 사용한다. 지퍼백으로부터 어느 정도 공기를 빼낸 후 잠근다. 공기가 들어가지 않도록 sealing한다. 지퍼백의 잠금 정도로 충분함으로 반드시 sealing할 필요는 없다.

④ 적절한 농도가 되도록 1차 항체를 첨가한다.
⑤ Shaker에 얹어 실온에서 1시간 혹은 4℃에서 하룻밤 반응시킨다.
⑥ 지퍼백으로부터 PVDF membrane을 꺼내어 TBST가 들은 용기에 넣는다. 10분 × 2회 세정한다.
⑦ 2차항체를 1차항체와 마찬가지로 반응시킨다. 실온에서 1시간.
⑧ TBST로 10분 × 2회 세정한다.

7 Signal의 검출

① 랩을 실험대 위에 적당한 크기로 잘라 놓는다.
② 6 × 9 ㎝의 membrane 1장당 solution A 500 ㎕를 랩 위에 놓고 solution B를 125 ㎕ 취해 solution A와 혼합한다.
③ PVDF membrane을 TBST로부터 꺼내어 paper towel 사이에 놓고 여분의 TBST를 제거한다. 단, 건조되면 안된다.
④ 단백질이 blotting 되어 있는 면을 solution A와 B 혼합액 위에 얹고 스며들게 한다.
⑤ 랩을 위에 씌워 그 상태로 1분간 정치한다.
⑥ 랩 위를 paper towel로 문질러 solution A와 B

혼합액을 될 수 있는 한 제거한다. 남아 있으면 background의 원인이 된다.

⑦ 여분의 랩은 적당한 크기로 자르던가, membrane 밑으로 말아 넣는다.

⑧ 랩에 쌓여 있는 membrane을 테이프로 여과지에 붙인다.

⑨ 암실에 평편한 스티로폰판과 X선 필름을 준비한다.

⑩ 스티로폰판 위에 X선 필름을 놓는다.

⑪ 그 위에 membrane이 X선 필름에 잘 부착되도록 눌러 놓는다. 조금이라도 불충분하면 사진이 잘 안나온다.

⑫ 누르고 있는 손을 움직이지 않게 하면서 18G의 주사침으로 여과지 위로부터 X선 필름에 구멍을 낸다.

⑬ 처음에는 일단 1분간 노출 후 수동으로 현상한다[*6].

> *6 자동 현상 장치를 사용하면 매번 똑같은 조건에서 현상할 수 있지만 수동으로 현상하면 현상시간을 미묘하게 조절할 수 있으며 정착이 끝나기 전에 다음 노출시간을 예상할 수 있다.

⑭ 얻어진 결과를 이용하여 적당한 노출시간을 계산한다. Background가 거의 없으면 30분 정도 노출하는 것도 가능하다.

⑮ 여과 후 X선 필름이 건조되면 주사침 구멍을 맞춰 X선 필름이 여과지와 정확히 겹치게 한다. X선 필름의 size marker의 위치를 유성펜으로 표시한다.

실험예

A431 세포를 이용하여 배지 중의 Ca^{2+} 농도의 상승에 따른 세포 내 단백질량의 변화를 western 분석으로 검토했다. 낮은 Ca^{2+}농도 (0.06 mM)에서의 세포와 높은 Ca^{2+}농도 (1.5 mM)로 옮겨 1, 3, 7일 후의 세포를 분석했다. 세포는 적절한 buffer로 가용하여 그 가용성 분획 (S)과 불용성 분획 (P)을 분석시료로 했다. 배지중의 Ca^{2+} 농도의 상승에 따라 desmoplakin의 발현이 증가했다. 한편 keratin이나 actin의 발현에는 변화가 없었다 (그림 1).

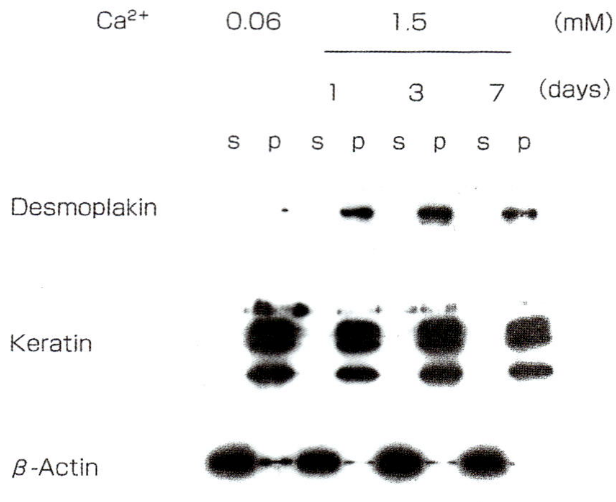

그림 1 A431 세포에 있어서 배지중의 Ca^{2+} 농도 상승에 따른 세포내 단백질의 변화

끝으로

Western blotting법은 단백질 분석의 가장 기초가 되는 방법이다. Proteome 분석이 발전함에 따라 앞으로도 그 중요성은 점점 높아질 것이다. 최근 몇몇 회사로부터 mini gel보다 더욱 작은 gel과 영동조, blotting 장치가 판매되고 있다. 이들을 사용하면 western 분석이 보다 단시간에 될 수 있다. 또한 기술이 발전함에 따라 누구라도 보다 빨리, 보다 간단히 단백질의 발현분석을 할 수 있으리라 기대된다.

참고문헌

1) 待鳥美佳, 他 ; 實驗醫學, 22 (1), pp65−69, 羊土社, 2004
2) 宮崎　香 :「改訂第3版 タンパク質實驗ノート上巻抽出·分解と組み換えタンパク質の發現」(宮崎　香, 岡田雅人 編), pp44−51, 羊土社, 2004
3) 大海　忍, 他 ; 細胞工學別冊「抗ペプチド抗體實驗プロトコール」, pp102−112, 秀潤社, 1994

제 7 장 유전자 발현분석

3. Tag 결합단백질

高石樹郎

세포생물학에 사용되는 Tag 결합단백질이 갖는 의미를 설명한 후, 각종 Tag에 대해서도 간단히 소개한다. 아울러 Tag 결합단백질의 정제에 대해서도 소개한다.

서론

연구자가 어떤 단백질을 분석하고자 할 때, 그 단백질에 10개 잔기 정도의 아미노산 서열이나 10~40 kD 정도의 성질이 잘 알려진 단백질을 결합시킨 재조합 단백질을 만들어 이용할 수 있다. 이러한 단백질들을 Tag 연결 단백질 또는 결합단백질이라 말한다. 여기서는 편의상 여분의 아미노산서열 또는 단백질을 「Tag」, 그들이 부가되어 있는 것을 「Tag 결합단백질」로 취급하기로 하자.

Tag 결합단백질은 주로 다음과 같은 목적으로 사용되고 있다.

1 재조합 단백질의 제조

일반적으로 대장균에서 Tag 결합단백질을 대량발현시켜 Tag에 대한 affinity column을 이용하면 정제가 가능하다. 정제된 단백질은 *in vitro*에서의 결합실험이나 항체 제작용 항원으로 또는 세포 내에 도입 등 다양한 연구에 사용된다. 단백질의 생화학적 성질이 잘 알려지지 않은 단계에서도 Tag를 부가하면 간단하게 정제할 수 있다. 대장균 이외의 생물에서도 발현 및 정제가 가능하다. 곤충세포와 baculovirus를 조합에 사용하면 어느 정도의 발현량과 불완전하기는 하지만 당쇄가 부가된 단백질을 만들 수 있다. 포유동물 세포에 발현 plasmid를 도입하면 간단히 native 단백질에 가까운 것을 얻을 수 있지만 그 발현량은 기대할 수 없다. 제조에 노력이 필요하지만 viral vector를 제작하면 동물세포에서도 어느 정도의 양을 확보할 수 있다.

2 Tag를 특이 항원으로 검출한다

Tag를 부가한 단백질을 동물세포에 발현시킴으로 본래 조사하고 싶은 단백질에 대한 특이적 항체가 없어도 세포 내 localization을 조사할 수 있으며 western 분석 (7장 2참조)으로 분자량을 검토할 수 있다. 아울러 면역침강에 의해 결합단백질의 검토도 가능하다. 이것은 단백질의 결합영역을 밝히는 실험에 유용하다.

3 살아있는 세포 내에서의 단백질의 동태를 관찰한다

Green Fluorescent Protein (GFP) 등의 형광 단백질을 이용하여 결합단백질을 발현시킴으로서 살아있는 세포 내의 단백질의 동태를 분석할 수 있다. 새로운 형광 단백질의 분리나 개량이 발전되어 오늘날에 있어서 다양한 특징을 갖는 형광 단백질을 만들 수 있게 되었다.

Tag 결합단백질은 이처럼 다양한 장점이 있지만

Mikiro Takaishi : Department of Cell Biology, Okayama University Graduate School of Medicine and Dentistry (岡山大学大学院医歯学総合研究科細胞生物学分野)

표 1 대표적인 Tag 및 결합단백질

Tag 또는 결합단백질	아미노산 잔기 또는 분자량	주 목적
His	HHHHHH	정제
HA	YPYDVPDYA	검출
FLAG	DYKDDDDK	검출
Myc	EQKLISEEDL	검출
GST	26 kD	정제
MBP	42 kD	정제
TRX	12 kD	정제
GFP	27 kD	검출

반면 몇 개의 유의해야 할 점이 있다. 세포 내에서의 lacalization 동태를 분석하는 실험에 있어서는 분석하고자 하는 단백질에 여분의 것이 붙어 있기 때문에 단백질 본래의 동태와는 다른 결과를 나타낼 가능성이 있다. Myc, FLAG, HA, His 등은 대상 단백질 분자에 비해 크기가 작기 때문에 커다란 영향을 주지 않을 것으로 생각되지만, 단백질에 따라서는 영향을 받을 가능성도 있다. Tag의 종류를 그대로 혹은 Tag를 도입하는 장소를 바꿔도 동일 결과가 나오는 것을 확인할 필요가 있다. 형광 단백질 중에는 다량체를 만들기 쉬운 것도 있다. 세포 내에 GFP 결합단백질이 고농도로 존재하면 결합단백질이 응집하여 본래의 기능을 상실할 가능성이 있다는 것을 염두해 두자.

대장균에서 결합단백질을 발현시킬 시에는 Tag으로 His와 GST가 자주 사용된다. His 결합단백질은 정제에 이용되는 지지체가 저렴하고 변성조건에서도 정제가 가능하다. GST 결합단백질은 가용성의 단백질로 발현될 가능성이 높다. 2개를 비교하면 GST 결합단백질이 순도가 높은 단백질을 얻을 수 있다. 표 1에 자주 사용되고 있는 Tag 및 결합단백질에 대해 간단히 요약했다.

원리

통상은 시판의 발현 vector에 목적의 배열을 도입함으로서 결합단백질을 발현시킨다. 당연히 도입한 유전자가 in frame이 되도록 한다. 도입 DNA 단편을 조제할 때는 plasmid에서 잘라 내거나 PCR로 증폭한다. PCR에 의해 조제할 때는 sense와 antisense prime에 각각 다른 제한효소 인식 서열을 부가하면 일정 방향으로 도입할 수 있다. 또한 짧은 아미노산 서열이라면 primer에 조합해 넣는 것도 가능하다. 今井 씨의 방법[1)]도 참고하길 바란다. 최종적으로 얻어진 clone에 대해서는 도입단편의 전체 및 cloning site 주변의 염기 서열을 sequencer에 의해 확인한다. 특히 PCR로 도입단편을 만든 경우는 반드시 수행한다. 발현 vector가 설계대로 구축되면 대장균 또는 배양세포에 도입하여 실험을 수행한다. 우리는 최근 Invitrogen사의 Gateway system을 활용하고 있다. 단백질을 다른 생물종에서 발현시키기 위해서 또는 Tag를 변환하기 위해 최상의 상태로 primer의 설계부터 제대로 된 clone의 분리까지 수행하는 것은 상당히 어려운 작업이다. 특히 다양한 변이체를 제작하여 대장균에 단백질을 발현시켜 정제하거나 그들의 변이체를 동물세포에 발현시켜 세포 내 localization을 관찰할 때, 또는 함께 침전되는 단백질을 검토할 때, 이 시스템은 유용하게 사용될수 있을 것이다.

준비물

<발현 vector의 구축>
- Tag 결합단백질을 발현시킬 vector
- PCR을 수행하기 위한 시약 및 기기류
- 제한효소, ligation kit, competent cell 등 유전자 재조합 실험을 수행하기 위한 시약 및 기기류
- DNA sequence kit 및 DNA 분석 soft

<동물세포에의 도입>
- 세포배양에 필요한 배지, FBS, 항생물질, 배양 dish, slide chamber 등
- Lipofection용 시약 : 6장 참조, Lipofectamine 2000 (Invtrogen사), FuGENE6 (Roche사) 등
- 위상차 현미경, 형광현미경, 공집점 레이저 현미경
- 면역염색, western 분석에 필요한 항체, 시약, 기기류 (5장 2, 7장 2 참조)

<대장균에의 도입 및 Tag 결합단백질의 정제>
- 단백질 발현용 대장균 세포주 [BL21, BL21(DE3) 등] : Vector (pET vector 시리즈 등)에 따라 특정의 세포주를 이용할 필요가 있다.
- 0.1 M IPTG

- 항생물질 첨가 LB 한천 plate, 항생물질 첨가 LB 액체 배지
- Incubator
- 원심분리기
- 초음파 파쇄기
- Tag 결합단백질 정제 kit (이하의 1~3참조)

1) GST Tag 결합단백질의 정제

- 정제용 Affinity column (GSTrap FF, Amersham Bioscience사)
- Sonication buffer

1 M Tris-HCl (pH8.0)	5 mℓ	(50 mM)
5 M NaCl	1 mℓ	(50 mM)
0.5 M EDTA	0.2 mℓ	(1 mM)
Triton X-100	500 μℓ	(1%)
증류수		
Total	100 mℓ	

사용 시 1 M의 DTT를 최종 농도 1 mM이 되도록 첨가한다.

- 용출 buffer

환원형 glutathione	15.4 mg	(10 mM)
Sonication buffer	5 mℓ	

사용 직전에 제조한다.

2) His Tag 결합단백질의 정제

- 정제용 Affinity column (His Trap chelating column, Amersham Bioscience사)
- 8 × 인산 buffer (pH 7.4)

$Na_2HPO_4 \cdot 2H_2O$	1.42 g	(79.8 mM)
$NaH_2PO_4 \cdot H_2O$	1.11 g	(80.5 mM)
NaCl	23.38 g	(0.4 M)
증류수	100 mℓ	

pH 7.4로 조절한다.
Filter 멸균한 후 보관.

- 2 M Imidazol (pH 7.4)

Imidazol	13.62 g
증류수	
Total	100 mℓ

Filter 멸균 후 보관.

- 0.1 M $NiSO_4$

$NiSO_4 \cdot 6H_2O$	2.63 g
증류수	
Total	100 mℓ

Filter 멸균 후 보관.

- Sonication buffer

8 × 인산 buffer (pH 7.4)	6.25 mℓ	
2 M Imidazol (pH 7.4)	0.25 mℓ	(10 mM)
Triton X-100	500 μℓ	(1%)
1 M DTT	50 μℓ	(1 mM)
증류수		
Total	50 mℓ	

- 세정 buffer

8 × 인산 buffer (pH 7.4)	6.25 mℓ	
2 M Imidazol (pH 7.4)	0.75 mℓ	(30 mM)
1 M DTT	50 μℓ	(1 mM)
증류수		
Total	50 mℓ	

3) 불용성 분획으로부터 정제

- 봉입제 세정액

10% Triton X-100	5 mℓ	(0.5 M)
0.5 M EDTA	200 μℓ	(1 mM)
증류수		
Total	100 mℓ	

- 8 M Urea 용액

Urea	48 g	(8 M)
1 M Tris-HCl (pH 8.0)	5 mℓ	(50 mM)
0.5 M EDTA	200 μℓ	(1 mM)
1M DTT	100 μℓ	(1 mM)
증류수		
Total	100 mℓ	

냉각한다.

- 4 M urea 용액

8 M urea 용액의 urea를 4 M로 희석한 것. 냉각한다.

- 2 M urea 용액

8 M urea 용액의 urea를 2 M로 희석한 것. 냉각한다.

Protocol

1 발현용 vector의 구축

원리에서 설명한 주의점들을 지켜 DNA 단편을 vector에 도입하여 발현용 plasmid를 구축한다[*1].

*1 각 제조사에 의해 다양한 종류의 vector가 판매되고 있으므로 상세히 검토하여 자신의 실험에 맞는 것을 선택한다.

2 동물세포에의 도입

Plasmid vector는 lipofection법 (6장 1참조)에 의해 세포에 도입한다. Lipofection 후 2~3일 후에 면역염색 또는 western 실험을 한다 (5장 2, 7장 2 참조).

3 대장균에 도입

i) 발현의 검토

① 발현 vector에 맞는 competent cell로 구축한 vector를 transformation에 의해 도입한다.

② Transformation에 의해 얻어진 clone 몇 개를 15

㎖ 튜브에 넣은 항생물질 함유 LB 1 ㎖에 접종하여 37℃에서 하룻밤 배양한다.

③ 다음 날 각각의 균액 100 ㎕에 새로운 항생물질 함유의 LB배지를 900 ㎕를 첨가하여 4℃에서 보관한다. 또는 plate에 streaking하여 배양한다.

④ 상기의 균액 100 ㎕에 항생물질 함유의 LB 배지 900 ㎕를 첨가하여 37℃에서 1시간 배양한다.

⑤ 1시간 배양한 균액 300 ㎕를 1.5 ㎖ 튜브에 넣고 얼음 위에 정치한다 (발현유도 전 시료).

⑥ 남은 균액에 7 ㎕의 0.M IPTG를 첨가하여 다시 3시간 배양한다.

⑦ 3시간 배양한 균액 300 ㎕를 1.5 ㎖ 튜브에 옮긴다 (발현유도 후 시료).

⑧ 발현 유도 전 및 유도 후 시료를 5,000 rpm에서 30초 원심분리하여 상등액을 제거한다.

⑨ 50 ㎕의 TBST로 침전을 현탁하고, 다시 50 ㎕의 2 × SDS sample buffer (7장 2 참조)를 첨가하여 잘 혼합한다.

⑩ 3분간 끓인 후 얼음 위에서 급냉한다. -20℃에서 보관.

⑪ 10 ㎕를 SDS-PAGE의 시료로 이용한다.

⑫ 영동 후 gel을 염색하면 발현량의 차이를 명확한 band로서 확인할 수 있다. 명확하지 않은 경우는 western blot을 수행하여 Tag용 항체로 검출한다.

ii) 가용성 확인

① Small scale에서 발현이 확인된 clone을 다시 한번 1 ㎖의 배지에서 하룻 밤 배양한다.

② 300 ㎕의 삼각 flask에 50 ㎖의 항생물질 함유 LB배지를 조제해 놓고 거기에 균액 500 ㎕를 첨가한다.

③ 37℃에서 배양한다. 1시간 후부터 OD_{600}을 측정한다.

④ OD_{600} = 0.5가 되면 0.1 M IPTG를 최종농도가 1 mM이 되도록 첨가한다.

⑤ 37℃에서 3시간 배양한다.

⑥ 배양액을 원심관에 옮겨 원심분리한다. 6,000 rpm, 4℃, 10분.

⑦ 상등액을 제거한다.

⑧ Sonication buffer 5 ㎖에 현탁한다.

⑨ 얼음 위에서 초음파 처리를 수행한다. 하얀 현탁액이 초음파 처리에 의해 약간 회색의 투명한 액으로 변한다.

⑩ 이 시료 25 ㎕를 1.5 ㎖ 튜브에 넣고 동량의 2 × SDS sample buffer를 첨가하여 혼합한다. 이 sample을 분획 전 시료로 이용한다.

⑪ 시료를 20,000 × g에서 30분, 4℃로 원심분리한다. 상등액을 가용성 분획으로 이용한다.

⑫ 침전에 5 ㎖의 봉입체 세정액을 넣고 잘 현탁한다.

⑬ 원심분리 5,000 rpm, 4℃, 30분.

⑭ 상등액을 버리고 5 ㎖의 봉입체 세정액을 넣고 현탁한다.

⑮ 원심 분리, 5,000 rpm, 4℃, 30분.

⑯ 다시 한번 이 조작을 반복한다.

⑰ 침전에 8 M urea 용액을 첨가하여 잘 현탁한 후 그 상태로 1시간 정치한다.

⑱ 원심 분리, 5,000 rpm, 4℃, 30분.

⑲ 상등액을 다른 튜브에 옮긴다. 이것을 불용성 분획으로 이용한다.

⑳ 가용성 분획 및 불용성 분획을 25 ㎕씩 1.5 ㎖ 튜브에 넣고 동량의 2 × SDS sample buffer를 첨가하여 혼합한다. 각각을 가용성 분획 시료 및 불용성 분획시료로 이용한다.

㉑ 분획 전 시료, 가용성 분획시료 및 불용성 분획시료를 동량 전기영동하여 목적 단백질이 가용성인지 불용성인지를 확인한다[*2].

☞ *2 배양 온도, IPTG를 첨가하는 시간 또는 농도 등을 검토함으로서 가용성을 높일 수 있다.

iii) Affinity 정제

iii-A) GST 결합단백질

① Affinity column으로는 GSTrap FF (㎖)을 사용한다.

② 주사기를 사용하여 column에 5 ㎖의 GST Tag용 sonication buffer를 통과시킨다.

③ 가용성 시료를 column에 통과시킨다. Column으로부터 나온 시료를 받아 다시 column에 통과시킨다. 합계 5회를 실시한다.

④ Column에 10 ㎖의 PBST를 통과시켜 column을 세정한다.

⑤ Column에 5 ㎖의 sonication buffer를 통과시킨다.

⑥ 10개의 1.5 ㎖의 tube를 준비한다.

⑦ 용출 buffer인 5㎖의 10 mM 환원형 glutathione 용액을 column에 통과시킨다.

⑧ 500 ㎕을 1.5 ㎖ 튜브에 분취한다.

⑨ 단백질 정량 (Bradford법) 색소용액 500 ㎕에 분취한

시료 10 ㎕를 넣고 단백질이 용출된 분획을 확인한다.

iii-B) His 결합단백질[*3]

*3 세정 buffer 및 용출 buffer의 imidazol 농도는 미리 10~500 mM의 범위에서의 예비실험으로 검토한다.

① Affinity column으로 His chelating column (1 ㎖)을 사용한다.
② 주사기를 사용하여 column에 5 ㎖의 증류수를 통과시킨다.
③ 1 ㎖의 0.1 M $NiSO_4$를 통과시킨다.
④ 5 ㎖의 증류수를 통과시킨다.
⑤ 5 ㎖의 His tag용 sonication buffer를 통과시킨다.
⑥ 가용성 시료를 column에 통과시킨다. Column으로부터 나온 시료를 받아 다시 column에 통과시킨다. 합계 5회 실시한다.
⑦ Column을 10 ㎖의 세정 buffer를 이용하여 세정한다.
⑧ 10개의 1.5 ㎖의 tube를 준비한다.
⑨ 5 ㎖의 용출 buffer를 column에 통과시킨다.
⑩ 500 ㎕씩 1.5 ㎖ 튜브에 분취한다.
⑪ 단백질 정량 색소용액 (Bradford법) 500 ㎕에 분취한 시료 10 ㎕를 넣고 단백질이 용출된 분획을 확인한다.

iv) 불용성 분획으로부터 정제

① 8 M urea 용액으로 용해한 시료를 적당한 크기의 투석 튜브에 옮긴다.
② 이것을 500 ㎖의 4 M urea 용액에서 1시간, 4℃로 투석한다.
③ 500 ㎖의 2 M urea 용액으로 1시간, 4℃에서 투석한다.
④ 500 ㎖의 sonication buffer로 1시간, 4℃에서 투석한다.
⑤ 500 ㎖의 sonication buffer로 하룻밤 4℃에서 투석한다.
⑥ 투석 튜브로부터 시료를 꺼내 20,000 × g로 30분간, 4℃에서 원심분리한다.
⑦ 상등액을 정제에 사용한다.

실험예

1 동물세포에서의 발현

5장 2의 그림 1 참조.

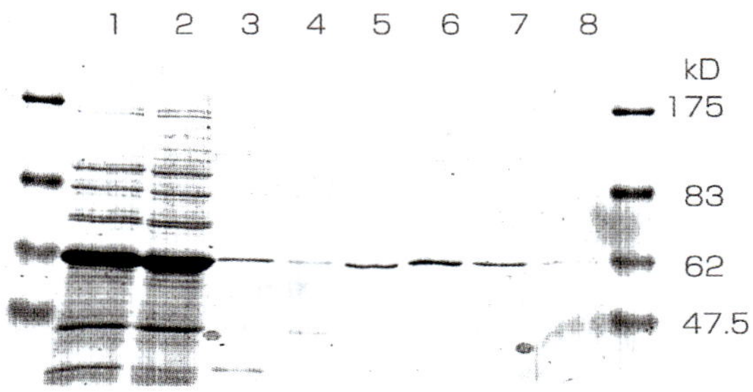

그림 1 His 결합단백질의 발현 · 정제
분획 전 시료 (lane 1), 가용성 분획 (lane 2), 불용성 시료 (lane 3), 빠져나온 분획 (lane 4), 세정 분획 (lane 5), 용출 분획 (lane 6~8)

2 His 결합단백질의 발현·정제

목적의 유전자 단편을 pET32 (Invitrogen사)에 도입하여 BL21 (DE3)내에서 단백질을 발현시킨다. Ni chelating column을 이용하여 정제한다 (그림 1).

이 결합단백질을 원심분리하여 분획하면 대부분이 가용성 분획으로 회수된다 (lane 1~2). 계속하여 이 시료를 Ni chelating column에 통과시켜 50 mM imidazol을 함유한 buffer로 세정한 후 (lane 5), 300 mM imidazol을 함유한 buffer로 용출한다 (lane 6~8).

끝으로

Tag 결합단백질의 응용범위는 아주 넓다. 발현된 단백질이 인공산물이라는 것을 충분히 이해하면서 여기서 소개하지 않은 실험방법에 대해서도 검토하기 바란다.

참고문헌

1) 今井善紀：「實驗醫學別冊　クローズアップ實驗法 總集編」pp55-58, 羊土社, 2002
2) 大野茂男, 西村善文 監修：細胞工學別冊「タンパク質實驗プロトコール ①機能解析編」, pp44-56, 秀潤社, 1977
3) 安光英太郎, 和久井世紀：「改訂第3版 タンパク質實驗ノート　上巻抽出·分解と組み換えタンパク質の發現」(宮崎　香, 岡田雅人 編), pp141-158, 羊土社, 2004
4) 宮脇敦史：ポストゲノム時代の實驗講座「GFPとバイオイメージング」(宮脇敦史 編), pp41, 羊土社, 2000

제 8 장 유전자 발현억제

1. Antisense법

阪口政清

Antisense oligonucleotide법은 유전자 발현억제에 사용되는 가장 간단한 방법의 하나이다. 본 항에서는 합성 antisense oligonucleotide을 이용한 유전자 발현억제법에 대해 기술한다.

서론

유전자의 세포 내에서의 기능을 알기 위해서는 그 유전자의 과발현과 억제에 의한 세포형질의 변동을 확인할 필요가 있다. 유전자 발현억제법으로 오래 전부터 사용되어 온 방법은 상동성 재조합을 이용한 knock-out 동물제작과 antisense법이다. Knock-out 동물제작은 일괄성 있는 결과를 얻을 수 있다는 장점이 있지만 충분한 기술을 습득하는데는 시간이 걸리며, 또한 제작에 많은 시간이 필요하다는 것, 그리고 만일 동물이 죽으면 그 분석이 곤란하다는 등의 단점이 있다. 한편 antisense법은 아주 간단히 세포에 적용하여 유전자의 발현억제를 볼 수 있는 방법이다. Antisense oligonucleotide (AS-ODN) 자체가 저분자이기 때문에 통상적인 lipofection법 (6장 1 참조)에 의해 고효율로 도입시킬 수 있으므로 경시적 관찰이나 용량 의존성의 효과도 검토할 수 있다는 장점이 있다. 단, 단점으로서는 세포 내에서 분해되기 쉬운 점, antisense에 유효한 유전자 부위의 결정이 경험적으로 어렵다는 점, 비특이적인 유전자 억제 현상이 일어난다는 점 등을 들 수 있다. 따라서 antisense의 사용은 이들 문제점을 충분히 이해하고 사용할 필요가 있다. 본 항에서는 비교적 안정한, 즉 nuclease 내성에 의해 세포 내에서 분해되지 않는 수식 antisense oligonucleotide를 이용한 유전자 발현 억제법에 대해 설명한다. Nuclease 내성의 oligonucleotide는 몇 개가 개발되어 있지만 대표적인 것으로는 인산기의 산소원자를 methyl기로 치환한 methylphosphate oligo (MP-ODN)나 이온을 치환한 phosphothioate oligo (PS-ODN)가 있다. 이들을 세포에 투입하면 세포 내로 들어가 mRNA의 상보적 영역에 결합하여 mRNA가 단백질로 번역되는 것을 억제한다. 따라서 그 유전자 산물의 생성량이 저하되는 것을 기대할 수 있다. 사용된 antisense에 비특이적인 mRNA에의 결합이나 세포독성이 없으면 특이성이 높은 유전자 발현 억제법으로 사용 가능하며 유전자 기능분석에 유용한 수단이 될 수 있다.

원리

완전히 증명된 것은 아니지만 여러 가지 작용기작이 제안되어 있다. 즉 ① 두 가닥의 DNA 안에 antisense DNA가 들어가 전사를 저해, ② 미성숙 1차 RNA 전사산물에 antisense DNA가 결합함으로 성숙 mRNA에의 processing을 저해, ③ RNase H (RNA-DNA hybrid 안에 포함되는 RNA 사슬을 특이적으로 절단하는 효소)에 의한 antisense DNA 결합 미성숙 1차 RNA 전사산물 또는 성숙 mRNA의 분해, ④ 성숙

Masakiyo Sakaguchi : Department of Cell Biology, Okayama University Graduate School of Medicine and Dentistry（岡山大学大学院医歯学総合研究科細胞生物学分野）

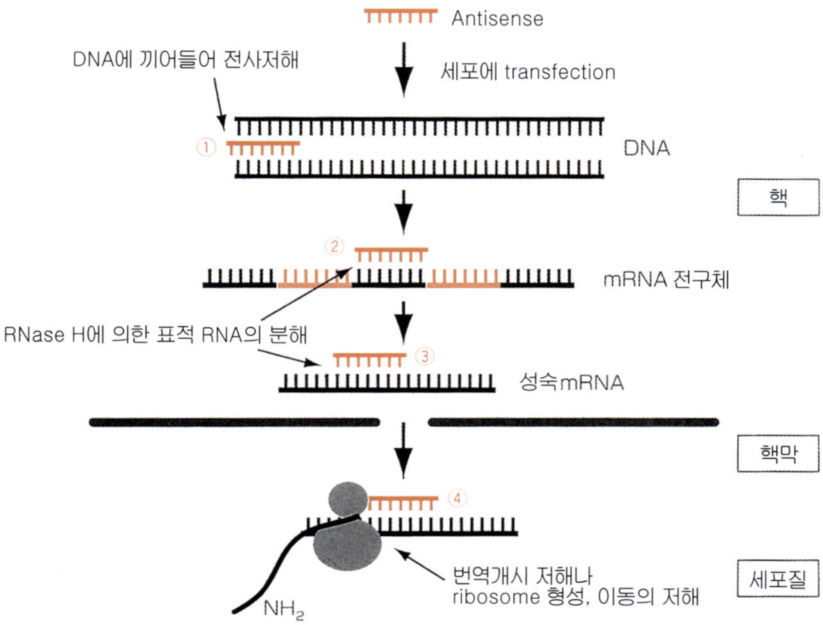

그림 1 Antisense의 유전자 발현저해 기구
그림 안의 번호는 본문(183~184 페이지)원리의 해설 안의 번호에 상당한다.

mRNA에 antisense DNA 결합에 의한 번역개시의 저해나 ribosome 형성-이동의 저해 (단백질에의 번역저해)등이 있다(그림 1). 현재 이들 중 antisense 작용이 가장 유력한 것은 ③이라고 생각되며[1], PS-ODN은 RNase H에 의한 분해유도가 가장 강력하다고 알려져 있다 (MP-ODN에는 이 활성이 없다고 되어 있다).

준비물

<표적서열의 결정>

이론적으로는 유전자의 RNA 전사영역의 어느 부분도 antisense DNA의 표적이 될 수 있지만, 강한 2차 구조를 형성하는 서열은 피하는 것이 좋다. 일반적으로 사용되는 서열은 유전자의 번역개시 부위 부근의 15~20 mer나 genome DNA의 염기서열이 이미 알려진 경우에는 제1 exon과 제2 intron의 경계 부위가 유효한 표적이 되는 경우가 많다. 또한 G나 C가 3개 혹은 4개 연속되는 서열에 대한 antisense oligonucleotide는 세포증식 억제효과를 갖는다는 보고가 있기 때문에 피하는 것이 좋다[2].

<Control antisense DNA>

Antisense oligonucleotide 효과의 특이성 (유전자의 특이적 표적, 세포독성 등) 때문에 반드시 control 실험이 필요하다. 일반적으로 적어도 3종류의 control 실험이 필요하다. 즉 sense oligonucleotide, miss oligonucleotide (20 mer에 대해 4 mer 변환), scramble oligonucleotide (4종의 염기 함유률이 같은)을 이용하여 동일 조건에서 실험을 해야 한다.

<시약·배지>

- 합성의 수식 antisense oligonucleotide [phosphothioate (PS-ODN)]는 주문하는 것이 좋다 (Sigma Genosys사, Toyobo사 등).
- Transfection 시약 (Lipofectamine™ 2000, Invitrogen사 등)
- 무혈청 DMEM 배지
- 10% FBS 첨가 DMEM 배지

<기구 및 기기>

- CO_2 incubator
- Clean bench
- 세포 배양용 dish (3.5~10 ㎝)
- 세포 배양용 plate (24~6 well)

memo

Transfection 시약을 사용하지 않고 직접 세포에 투여해도 antisense DNA는 세포 내로 들어가지만 그 효율은 transfection 시약을 사용한 경우보다 낮다. 따라서 효율면에서 transfection 시약의 사용을 추천한다. 단, 세포에 따라 transfection 시약의 독성이나 효율이 다름으로 가능하면 여러 종류의 시약을 시험해 보는 것이 좋을 수도 있다. 우리는 Lipofectamine™ 2000을 사용하고 있지만 이것은 무혈청 배지에서 사용할 수 있다는 점과 효율면이 우수하기 때문이다.

Protocol

1 세포의 plating

Transfection 하루 전에 세포를 35 ㎜ dish에 파종한다. 세포 밀도는 50~80% confluent가 되도록 한다.

2 Antisense oligonucleotide (PS-ODN)의 도입 (35 ㎜ dish의 경우)

장기간의 발현억제를 기대하는 경우는 PS-ODN을 매일 도입하여 계속 수행할 필요가 있다.

① 다음과 같은 비율로 1.5 ㎖ eppendorf tube 안에 혼합한다. 구입한 PS-ODN 분말은 autocleave된 nuclease free 멸균 증류수로 용해하여 20 μM stock 용액을 만들어 놓는다.

A액 : PS-ODN 용액(10 μℓ) + 무혈청 DMEM(170 μℓ)
B액 : Lipofectamine™2000 (4 μℓ) + 무혈청 DMEM (16 μℓ)
A액을 B액에 넣고 tapping에 의해 잘 혼합한다 (Vortex 금지)*

*Vortex에 의한 혼합은 단백질 용액이 공기와 접촉할 기회가 늘어 단백질의 산화가 일어날 가능성이 있다. 또한 튜브 벽에 단백질/시약복합체의 부착으로 손실이 일어난다.

☞ 형광 표식한 PS-ODN을 이용하여 도입의 성공 유무를 확인할 필요가 있다.

② 실온에서 20~30분 방치한다.

③ 800 μl의 무혈청 DMEM을 튜브에 첨가하여 가볍게 혼합한다.

☞ 800 μℓ의 10% 혈청 함유 DMEM을 튜브에 첨가하여 세포에 적용할 수도 있다 (Lipofectamine™ 2000의 특성으로부터).

④ 세포 (35 ㎜ dish)를 37℃로 데운 무혈청 DMEM으로 3회 세정한다.

⑤ Transfection mixture (1.0 μl)와 함께 세포를 배양한다 (CO_2 incubator, 37℃).

⑥ 5시간 후 혈청을 최종농도 10%가 되도록 첨가한다. 배양액의 교환은 안해도 된다.

memo

항생물질이 들은 배지의 사용은 피한다. Transfection 시에 막의 변화가 생겨 항생물질이 세포 내로 유입되어 일반적으로는 생기지 않는 세포독성이 나타날 가능성이 있다.

실험예

β3GnT7 유전자의 암세포에 있어서의 역할을 조사하기 위해 그림 2처럼 mRNA의 번역개시부분인 첫 번째 ATG 부분 전·후의 20 염기를 antisense oligo로 만들었다[8]. Control로는 sense oligonucleotide를 이용했다. 그리고 이 분자를 과발현하고 있는 마우스 암세포주 KLM 205-MUC1(MUC1 transfected lung cancer cell line)에 lipofection법 (lipofectamine™ 2000 : 6장 1참조)으로 도입하여 그 결과를 *in vitro*에서 Invasion assay를 통해 검사했다[3]. 그림 3에서 보여 주는 것처럼 antisense 처리 세포에서 암세포의 침윤능이 현저하게 억제되어 33GnT7 유전자가 암세포의 전이능에 중요한 역할을 한다는 것이 밝혀졌다.

끝으로

특이적이고 효율이 좋은 antisense oligonucleotide의 설계는 경험에 따르기 때문에 확립된 것은 아니다. 아무튼 설계하여 실제로 세포에 적용하여 검토해 볼 필요가 있다. 현재 PS-ODN 이외에 ENA (2-O', 4'-C-Ethylene-bridged Nucleic Acids)-ODN도 판매되고 있다. 이것은 핵산의 당 부위인 furanose 환의 2'와 4' 사이를 ethylene-bridge로 고

```
CGCCGCCTCAGGATGTTGGCGATCTTCAAGGTCTCTGAGATTCTGGCTCTTCCCTTCGCGTTCCCGTGGGGCGT
GCCTCTGAGGTGGCCAGGGCTGAACGGAGTTGCTGTCCCCACAGTGAGCCGGGGCACAAAGGGTTAACCTACCTG
GGCCGCCGCCCCTGCGGCCCCTCCTCCAGCCGCAGGGAAAAAAAGAAAGTCTCAGCGGGGGTGCGGCTCGGCCTC
GTCCCGCTGTCCCCAGCCGCGGCGCTCAGAGCTGTGATCCGTGCGCCCCGCTCAGCTGCCCTGGACCGGGCCGCC

ATGTCTCTGTGGAAGAAAACCCTCTACAAGAGTGTATGCCTGGCTCTGGCCCTCCTTGTGGCTGTCACCGTTTTC
 M  S  L  W  K  K  T  L  Y  K  S  V  C  L  A  L  A  L  L  V  A  V  T  V  F
CAGCGCAGTGTGACCCCTGGTCAATTCCTTCAGGATCCTTTTACCGCCCACGCCGGGGCCAGCCAAAACTGGAAAT
 Q  R  S  V  T  P  G  Q  F  L  Q  D  P  L  P  P  T  P  G  P  A  K  T  G  N  50
CTGGTCAACCCCAACAGCTTCTGGAAGAGTTCAAAGGATGTAGCGGCTCCCACTCCCACAGTTCCTCGGGGACCC
 L  V  N  P  N  S  F  W  K  S  S  K  D  V  A  A  P  T  P  T  V  P  R  G  P
CAGGTCTGGGATGTGATCACCACTAACTGCTCTATCAACATCAACCTGACCCATCAGCCCTGGTTCCAGAGTCTG
 Q  V  W  D  V  I  T  T  N  C  S  I  N  I  N  L  T  H  Q  P  W  F  Q  S  L  100
```

그림 2　β3GnT7 antisense oligo의 표적서열

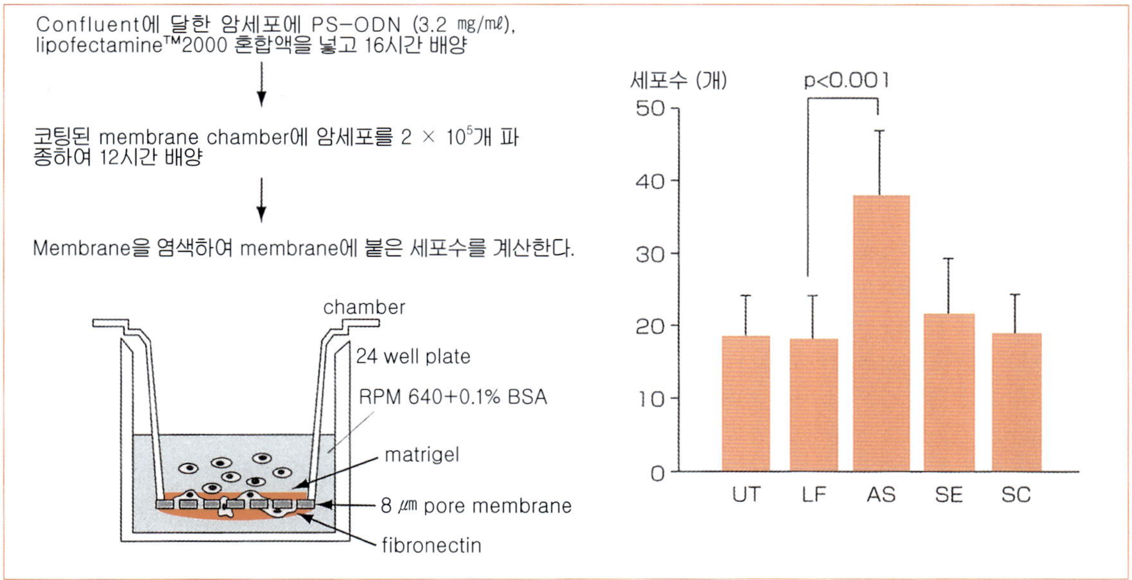

그림 3　β3GnT7 antisense oligo의 암세포 침윤능 억제효과

UT : 무처리, LF : Lipofectamine™2000 단독, AS : Antisense oligonucleotide, SE : Sense oligonucleotide, SC : Sclamble oligonucleotide

정한 nucleoside를 사용하여 합성한 oligo DNA로서 nuclease 내성능이나 DNA/RNA에 대한 친수성이 급격히 증가된 것이다. 즉 PS-ODN보다 기능이 향상된 것이다. Antisense의 대용기술로서 siRNA (8장 2참조)가 있지만 본 항에서 논한 것처럼 antisense 기술도 급격히 진보하고 있으며 보다 사용이 간편하게 되었다.

참고문헌

1) Wanger, R. W. et al. : Nature, 372 : 333-335, 1994
2) Burgess, T. L. st al. : Proc. Natl. Acad. Sci. USA, 92 : 4051-4055, 1995
3) Kataka, K. et al. : Biochem. Res. Commun., 294 : 843-848, 2002

제 8 장 유전자 발현억제

2. RNAi

阪口政淸

siRNA (Small interference RNA)에 의한 유전자 발현 제어법은 짧은 두 가닥의 RNA를 이용한 아주 획기적이고 특이적인 고효율의 유전자 발현억제 방법이다. 앞으로의 연구에서 가장 사용 빈도가 높아질 것으로 기대되는 실험방법의 하나이다.

서론

siRNA는 아주 작은 두가닥의 RNA (dsRNA, 21~23bp)로 이 작은 dsRNA를 이용한 유전자 발현억제 기술을 RNAi (RNA interference : RNA 간섭)라고 부른다. 현재, 이 siRNA를 이용한 유전자 knock-down법이 개발되어 많이 사용되고 있다. 그도 그럴법한 것이, 이 실험계는 아주 간단하며 유전자 발현 억제효율, 지속성, 특이성 면에서 아주 뛰어나기 때문이다. Antisense 항 (8장 1)에서도 논했지만, 유전자 knock-out 동물을 제작하는 것은 성공하면 일정한 실험계를 획득할 수 있지만 이 방법은 상당한 노력과 자금을 요구하기 때문에 실험방법이 확립되지 않은 실험실에는 추천할 수 없다. 따라서 antisense의 유용성을 논했다. 그러나 antisense와 비교해도 이 기술의 유용성은 아주 크다. 다시 말해 antisense에서는 효과의 지속성이 그다지 기대되지 않는다는 점 (분해되기 쉽다)이나 유전자 발현억제에 유효한 유전자 부위의 선택이 경험에 의존한다는 불리한 점이 있는데 비해 siRNA는 지속성이 아주 우수하며 발현억제 유효부위의 선택이 manual화 되어 있어 용이하다는 장점이 있다. 실제로는 manual로 선택한 영역이 모두 유효하지는 않지만 유효부위를 screening할 수 있는 siRNA 합성 kit를 사용하여 신속히 그 부위를 결정할 수도 있다. 현재는 각 회사가 이 기술에 착목하여 수 종류에 달하는 유전자에 대해 유효한 합성 siRNA를 판매하고 있으며 비교적 저렴하게 구입할 수 있게 되었다. 목적 유전자에 대한 것이 이미 시판되고 있으면 구입하여 사용하는 것도 좋은 방법이다. 본 항에서는 외주에 의한 합성 siRNA나 *in vitro* transcription 반응에 의해 합성된 siRNA의 세포에의 적용법에 대해 설명한다.

원리

자세한 기작은 불명확하지만 현재 가장 유력시 되고 있는 기작에 대해 논한다[1]. 세포 내에 들어간 siRNA와 nuclease 복합체가 결합하여 RNA-induced silencing complex(RISC)를 형성한다. 이 RISC가 siRNA와 상보적인 서열을 갖는 mRNA와 결합하여 절단함으로서 표적 유전자의 발현이 억제되는 것이다 (그림 1). 특이적이고 효과적인 유전자 발현억제를 수행하기 위해서는 이 siRNA의 서열을 어떻게 설계할 것인가가 key point가 된다.

준비물

<siRNA 설계법>

특이적이고 효율적인 유전자 발현억제를 하기 위해서는

Masakiyo Sakaguchi : Department of Cell Biology, Okayama University Graduate School of Medicine and Dentistry (岡山大学大学院医歯学総合研究科細胞生物学分野)

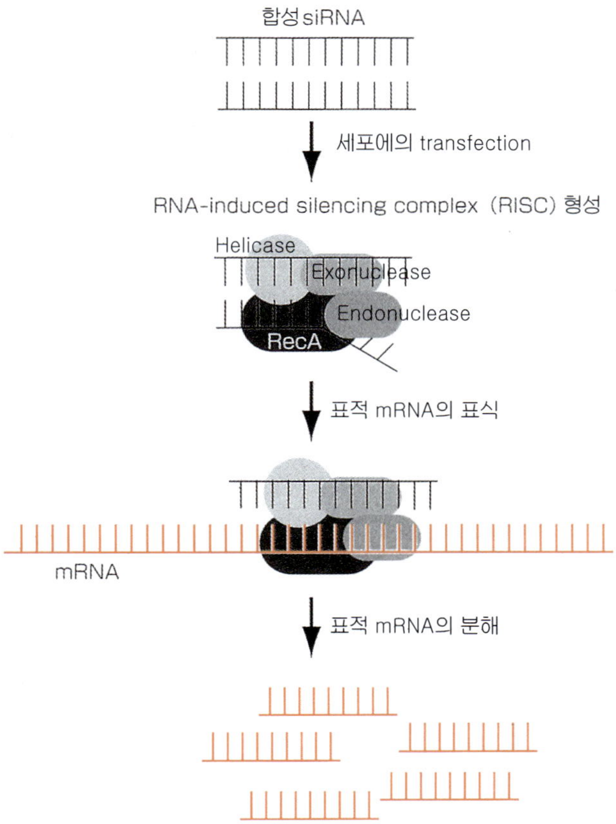

그림 1 **siRNA 의한 RNAi의 기작**

siRNA 서열을 어떻게 설계할 것인가가 중요하다. 설계법에 관해서는 Ambion사 및 Qiagen사 등에 의해 menual이 만들어져 있으므로 참고 바란다. 다음은 siRNA에 있어서 중요한 사항들이다 (그림 2).

Step1 : siRNA 표적 서열은 목적 유전자의 cDNA 서열을 이용하여 제작한다. 비 번역 영역은 대상이 되지 않으므로 주의한다.

Step2 : start codon으로부터 75 염기 이상 하류의 최초의 AA를 찾는다(전사인자 결합부위를 피하기 위한 목적).

Step3 : AA 다음에 계속되는 19 nucleotide를 선택한다.

Step4 : AA-19 nucleotide의 GC 함량이 50% 전·후인 것을 확인한다. 만일 30% 이하나 70% 이상이면 다른 하류의 AA를 선택하여 step3으로 되돌아간다.

Step5 : 선택한 21염기를 NCBI database의 BLAST search (http://WWW.ncbi.nlm.nih.gov/BLAST)를 통해 이 서열이 목적 유전자에 대해 특이적인지 어떤지를 확인한다. 다른 유전자에 100% 상동성이 있는 경우는 다시 하류의 AA를 선택하여 step3으로 돌아간다.

여기서 G 또는 C가 3개 이상 연속된 서열은 특수한 입체 구조를 형성하기 때문에 피하는 게 좋다.

- 합성 siRNA (Ambion사. Qiagen사 등)

<시약·배지>

- Transfection 시약(Lipofectamin™2000, Invitrogen사)
- 무혈청 DMEM 배지, 10% FBS 첨가 DMEM 배지
- 5 × annealing buffer (500 mM potassium acetate, 10 mM magnesium acetate, 150 mM HEPES-NaOH/pH 7.4)

<기구, 기기>

- CO_2 incubator
- Clean bench
- 세포 배양용 dish (3.5~10 ㎝) 및 세포 배양용 plate (24~6 well)

표적 mRNA ⊢——19 bp——⊣

AUG------AACGUCAACACCAAGUGCAUCACCAU-------

↓

siRNA

5'-CGUCAACACCAAGUGCAUCdTdT-3'

3'-dTdTGCAGUUGUGGUUCACGUAG-5'

그림 2 siRNA 서열의 예

> ***memo***
>
> 직접 siRNA를 만든 경우, Ambion사의 silencer siRNA construction kit가 사용하기 쉬움으로 추천한다. 이 kit로 최고 15개의 siRNA을 직접 합성할 수 있다 (표적부위의 primer는 별도로 필요함). 제작된 siRNA도 15~25 μM/100~200 μl로 충분한 량이 얻어진다는 것이 매력적이다. 아주 특이성이 높고 효율이 높은 siRNA를 제작하고 싶은 경우에도 이 kit를 사용하여 siRNA의 스크리닝을 수행하면 좋다. 또한 세포에 siRNA를 도입할 때는 우리 연구실에서는 Lipofectamin™ 2000을 사용하고 있다. 그 이유는 혈청 첨가배지에서도 사용할 수 있다는 점과 세포에의 도입효율이 아주 우수하기 때문이다. 단, 세포에 따라서는 이 시약에 대해 독성이 강하게 나타나는 경우도 있으므로 주의가 필요하다.

Protocol

In vitro 전사에 의한 자체 제작 siRNA의 정제 및 적용법은 kit의 추천방법에 따르면 문제없이 진행할 수 있다. 여기서는 외주에 의한 합성 siRNA의 조제와 세포에의 적용에 대해 논한다.

1 세포의 plating

Transfection하기 전날에 세포를 35 mm dish에 파종한다. 세포밀도는 20~50% confluent가 되게 한다.

2 siRNA의 조제와 세포에의 도입 (35 mm dish의 경우)

① Sense 및 antisense RNA template를 각각 nuclease free의 멸균증류수로 용해하여 500 μM로 희석한다. 투명한 부유물이 없어질 때까지 완전히 용해한다 (실험 사용 전날에 동결하여 당일 날 융해시키면 녹이기 쉽다).

② 각각의 sense 및 antisense RNA template 30 μl와 5 × annealing buffer 15 μl를 넣고 혼합 (Total 175 μl)한다.

③ 90℃에서 1분간 가열하고 37℃에서 60분간 incubation 한다 (annealing).

> ☞ 용액은 20 μM로 희석하여 1회 사용할 양을 각 튜브에 분주하여 −80℃에서 보관한다.

④ 다음과 같은 비율로 1.5 ml eppendorf tube 내에서 혼합한다. 또한 annealing이 끝난 siRNA 용액은 autocleave로 멸균한 nuclease free 증류수로 희석하여 20 μM의 stock 용액을 만들어 놓는다.

> A액 : siRNA (10 μl) + 무혈청 DMEM (170 μl)
> B액 : Lipofectamine™2000 (4 μl) + 무혈청 DMEM (16 μl).
> A액을 B액에 넣고 tapping에 의해 잘 혼합한다 (vortex 금지)*.
> *Vortex에 의한 혼합은 단백질 용액이 공기와 접촉할 기회가 늘어 단백질의 산화가 일어날 가능성이 있다. 또한 튜브 벽에 단백질/시약복합체의 부착으로 손실이 일어난다.

> ☞ 형광 표식한 siRNA를 이용하여 도입이 성공했는지 어떤지를 검토할 필요가 있다.

⑤ 실온에서 20~30분간 방치한다.

⑥ 800 μl의 무혈청 DMEM을 튜브에 첨가하고 가볍게 혼합한다. 800 μl의 10% FBS 첨가 DMEM을 사용해도 된다 (Lipofectamine™2000의 경우). 상기의 모든 step에서 항생물질이 들은 배지의 사용은 반드시 피해야 한다. Transfection시에 일어나는 막의 변화로 항생물질이 세포 내로 유입되어 평상시에는 일어나지 않는 세포독성이 나타날 가능성이 있다.

⑦ 세포 (35 mm dish)를 37℃로 데운 무혈청 DMEM으로 3회 세정한다.

⑧ Transfection mixture (1.0 μl)와 함께 세포를 배양한다 (CO_2 incubator, 37℃).

⑨ 6시간 후 혈청을 최종농도 10%가 되도록 첨가한다. 배양액은 교환하지 않아도 된다.

> ☞ Transfection 후 24~27시간에 목적 유전자의 발현정도를 세포 면역염색, western blot, RT-PCR 등으로 확인한다. 일반적으로 발현억제는 24~72시간 후에 가장 크며 1주일 정도 계속된다.

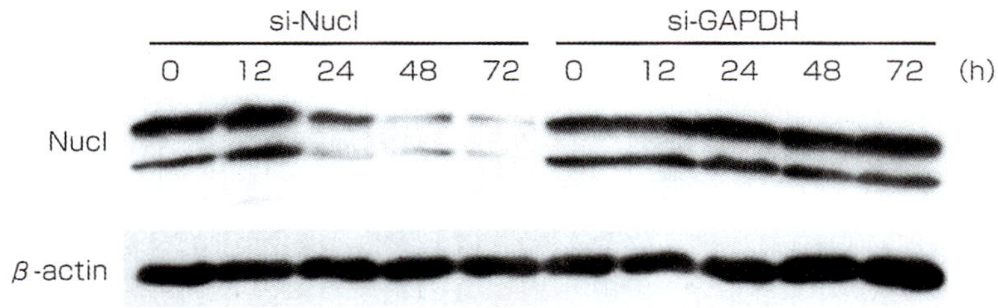

그림 3 합성 siRNA에 의한 Nucleolin의 발현저해
문헌 2에서 일부 인용

실험예

HaCaT (불멸화 인간 각화 세포)에 Nucleolin 유전자를 표적으로 한 siRNA를 도입하여 유전자 발현저해를 수행했다. Western blot의 결과, control인 GAPDH에 대한 siRNA에서는 Nucleolin 단백질 발현의 변화가 없었지만, Nucleolin siRNA (si-Nucl)에 의해서는 현저한 단백질의 감소가 검출되었다[2)](그림 3).

끝으로

특이적인 유전자 발현저해를 일으키는 siRNA 서열을 선택하는 방법은 아직 완전히 확립되지 않았지만 연구에 사용된 5종류의 siRNA 모두가 80% 이상의 특이적인 유전자 억제율을 나타내었다. 이러한 사실로부터 siRNA 기술의 우수함을 알 수 있다. 단, 이 실험계에 사용된 5종류의 siRNA 중 역시 두개는 복수의 후보 서열을 통해 겨우 효과를 얻을 수 있었다. 따라서 먼저 복수의 후보 siRNA를 제작해서 시험할 것을 추천한다.

참고문헌

1) Hammond, S. M. et al. : Nat. Rev. Genet., 2 : 110–119, 2001
2) Sakaguchi, M. et al. : J. Cell Biol., 163 : 825–835, 2003
3) 多比良和誠, 他 編 :注目のバイオ實驗シリーズ「RNAi實驗プロトコール」羊土社, 2003

8 유전자 발현억제

제 8 장 유전자 발현억제

3. Dominant negative법

大場 基

유전자 산물을 기능적으로 저해할 수 있어 유전자기능의 분석이나 유전자 치료에 응용되고 있는 dominant negative법의 원리 및 대표적인 설계법을 설명한다. 또한 참고가 되는 구체적인 실험 예를 소개한다.

서론

Dominant negative법은 야생형 유전자에 대해 기능적으로 우성으로 작용하는 변이형 유전자를 강제 발현시켜 야생형 유전자의 작용을 저해하는 실험법이다. Dominant negative법의 이용 예로서는 ① 목적으로 하는 유전자의 signal 전달 경로의 위치나 기능을 밝히거나 ② 질환의 원인이 특정 유전자의 발현 상승이나 활성화에 의존하는 경우, 그 유전자의 기능을 저해하여 치료에 이용하는 것 등을 들 수 있다.

이미 dominant negative 변이체를 이용하여 다양한 유전자의 기능분석이 수행되고 있다. 최근 유전자 산물의 기능 domain이나 수식부위가 아미노산 서열로부터 용이하게 추정할 수 있게 되었으며 이들 정보가 인터넷을 통해 다양한 database로부터 아주 쉽게 입수될 수 있다. 그 결과, 미지의 유전자라 할지라도 다른 유전자와의 상동성으로 기능부위를 추정하여 dominant negative 변이체를 제작·발현시킴으로서 용이하게 기능을 분석할 수 있게 되었다. 많은 정보들이 밝혀지고 축적되는 오늘날에 있어서 dominant negative법의 응용범위는 점점 넓어져 생물학이나 의학에서의 공헌도가 점진적으로 높아지고 있다.

1 Dominant negative법의 장점

① 유전자 산물의 기능을 저해하여 그 기능을 밝힐 수 있다. 예를 들면 복수의 기능 domain을 갖는 p53 같은 유전자의 기능분석에 특히 유용하다.

② RNAi법이나 antisense법에서는 발현억제할 수 없는 유전자에 대해서도 응용이 가능하다는 점과 발현에 의해 용이하게 기능을 저해할 수 있으므로 변이 유전자의 설계가 간단할 뿐더러 RNAi법처럼 복수의 vector을 제작하여 발현 억제효과의 유무를 검토해야 하는 번거로움이 없다.

③ 배양세포나 동물 개체 등 다양한 실험계에 적용 가능하다. 특히 장점으로서는 시간과 노력의 절약을 들 수 있다. 이 방법은 transgenic 동물의 수법을 이용하기 때문에 knock-out 마우스보다도 비교적 단시간에 간단히 제작할 수 있다.

2 Dominant negative법의 단점

① 목적 유전자와 상동성이 높은 다른 유전자의 작용도 억제해 버린다. 즉 특이성에 문제가 생길 가능성이 있다. 따라서 너무 과발현을 시키지 않는 것이 좋다. 또한 얻어진 결과가 발현량 의존적인 결과인지 어떤지를 반드시 검증할 필요가 있다.

Motoi Ohba : Institure of Molecular Oncology, Showa University (昭和大学腫瘍分子生物学研究所)

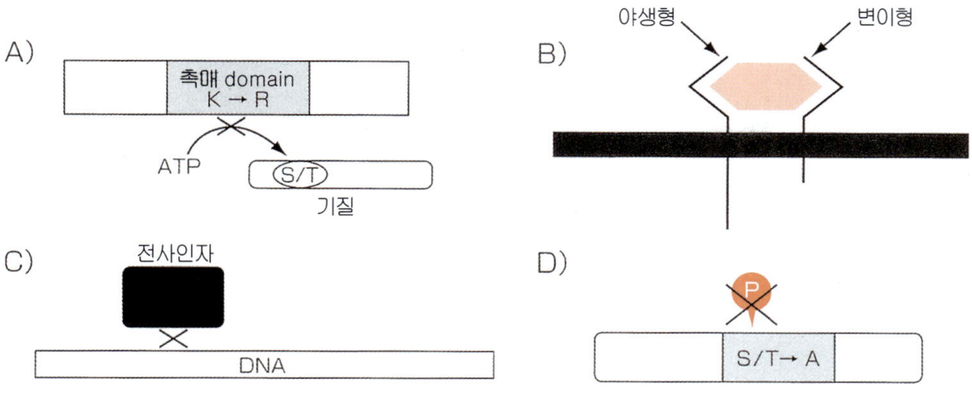

그림 1 Dominant negative에 의한 기능 저해기구
A) Kinase : 촉매 부위의 ATP 결합능을 결손(아미노산 서열의 일부가 lysine-> arginine으로 변이되었다) 시켜 기질의 인산화를 저해한다.
B) Cytokine receptor : 세포질 영역을 결손시켜 비활성형의 복합체를 형성시킨다.
C) 전사인자 : DNA와의 결합능을 결손시켜 전사활성을 저해한다.
D) Kinase 및 adaptor 단백질 : 활성화에 관여하는 인산화 부위의 아미노산을 치환하여 signal을 차단한다.

② 일정량 정도를 과발현시키지 않으면 dominant negative 효과가 나타나지 않는 경우가 있다.

장·단점을 잘 이해하고 실험을 진행하기 바란다.

원리

Dominant negative 효과가 어떤 경우에 얻어지는지 작용기구의 관점에서 분류하면 그림 1과 같이 4개로 나눌 수 있다.

A) 효소활성의 결손
B) 변이형간의 또는 변이형과 야생형 단백질과의 비활성형 복합체의 형성
C) 야생형과의 경합 저해
D) 활성화에 관련된 인산화 등의 수식 저해

실제로는 이들의 원리가 복수 조합된 변이체인 경우가 많다. 표 1에 대표적인 분자의 dominant negative 변이체와 변이 도입방법을 기구별로 나타낸다.

유전자를 토대로한 다른 분자기구의 복수의 dominant negative 변이체를 제작할 수 있다. JAK-STAT계의 예를 그림 2에 나타낸다.

목적 유전자의 어떤 작용을 밝히고 싶은지 충분히 고려하여 변이체를 제작하는 것이 중요하다. Dominant negative의 작용을 발휘하는 변이는 생물의 변이종이나 인간의 질환으로부터 발견되는 경우가 많다. 이 같은 자연발생적인 변이는 dominant negative 변이체를 제작할 때 참고가 된다. 또한 현재까지 많은 종류의 dominant negative 변이체가 보고되어 있다. 미지의 유전자에 대해서도 문헌을 검색함으로서 어느 영역에 변이를 도입해야 할지를 용이하게 결정할 수 있다.

준비물

<기구>

- PCR thermor cycler (PERKIN ELMER사, Gene Amp PCR System 9700 등)

<시약>

- 변이체 제작용 PCR Primer (sense, antisense)
- STRARAGENE사, QuickChange Site-directed Mutagenesis Kit
- 제한효소 : *Dpn* I
- 높은 정확성 (miss match가 적은) 내열성 DNA polymerase (Pfu Turbo DNA polymerase)
- 2.5 mM dNTP mix
- 발현 vector (plasmid, adenovirus, lentivirus)
- DNA 도입시약 (Invitrogen사, Lipofectamine-PLUS 등)
- Nude mouse (Balb/c-nu, nu : 4~5주령)

표 1 대표적인 Dominant negative 변이체와 그 제작법

A) 효소활성 결손 type	
Kinase : PKC, Src	촉매 부위의 ATP 결합능을 상실시켜 인사화능을 결손시킨다. Kinase의 ATP 결합영역에는 lysine이 존재한다. 이 lysine을 arginine 또는 alanine으로 치환한다.
G 단백질 : ras,rho/rac/cdc 42	GTP 결합능을 저하시켜 불활성형 (GDP 결합형)으로 만든다. G 단백질의 활성조절 영역인 N 말단의 STP 결합 부위에는 GXXXXGKS/T 서열이 존재한다. Lysine: K 옆에 S/T를 asparagine으로 치환한다 (Ras의 경우 : GAGGVGKS[17]→N).
B) 비활성형 복합체 type	
Cytokine : IL−6 receptor	수용체의 세포질 영역을 결손시켜 하류의 signal 전달 분자와의 결합을 저해시킨다. 변이체 간의 homo 복합체 및 야생형과 변이형과의 hetero 복합체의 형성에 의해 signal이 차단된다.
C) 길항・경합저해 type	
전사인자 : p53, NF κ B	DNA 결합영역의 아미노산 치환이나 결실에 의해 DNA 결합능을 상실시킨다. 전사인자는 복합체로서 기능하는 경우가 많다. 따라서, 야생형 단백질을 경합저해하게 된다 (상기의 B 분자기구와의 복합 type). 또는 DNA 결합영역을 남기고 전사활성 domain을 결손시켜도 마찬가지 결과가 얻어진다.
부착인자 : Cadherin	세포 외 또는 세포 내 영역을 결손시킨다. 다른 인자와의 결합영역을 결손시키는 경우도 있다.
D) 수식 저해 type	
Kinase: MAPK, AKT/ 전시인자 : STAT	활성화에 필요한 인산화 부위의 아미노산을 치환하여 불활성화 시킨다. 일반적으로 serine, threonine은 alanine으로 , tyrosine은 phenylalanine으로 치환한다.
증식인자 수용체 : EGFR	Tyrosine 인산화 부위의 아미노산을 치환하여 SH2 서열을 갖는 하부인자의 결합을 저해한다.

Protocol

1 변이체의 제작

Dominant negative형을 만들 표적분자와 변이 부위의 결정

↓

DNA의 변이 도입법은 다양한 방법이 보고되어 있다. 자세한 사항은 여러 가지 문헌을 참고하길 바란다[1), 2)]. 여기서는 대표적인 방법을 간단히 소개하기로 하자.

i) 1~수 아미노산의 치환·결실·도입의 경우

① 주형 plasmid[*1]와 변이를 도입한 상보적인 sense 및 antisense oligonucleotide primer를 준비한다.

↓

10 × PCR buffer	3 μl
2.5 mM dNTP	1 μl
Sense primer (75 ng)	1 μl
Antisense primer (75 ng)	1 μl
Template plasmid DNA (20 ng)	1 μl
ddH$_2$0	22.4 μl
Total	29.4 μl

↓

Pfu Turbo DNA polymerase (2.5 U/ml) 0.6 μl[*3]

↓

PCR 95℃ 30초

↓

95℃ 30초
55℃ 1분
68℃ 2분/plasmid 길이 (kb)
] 12~18회[*4]

↓

Dpn I (10 U/μl) 1 μl

↓ 37℃ 1시간

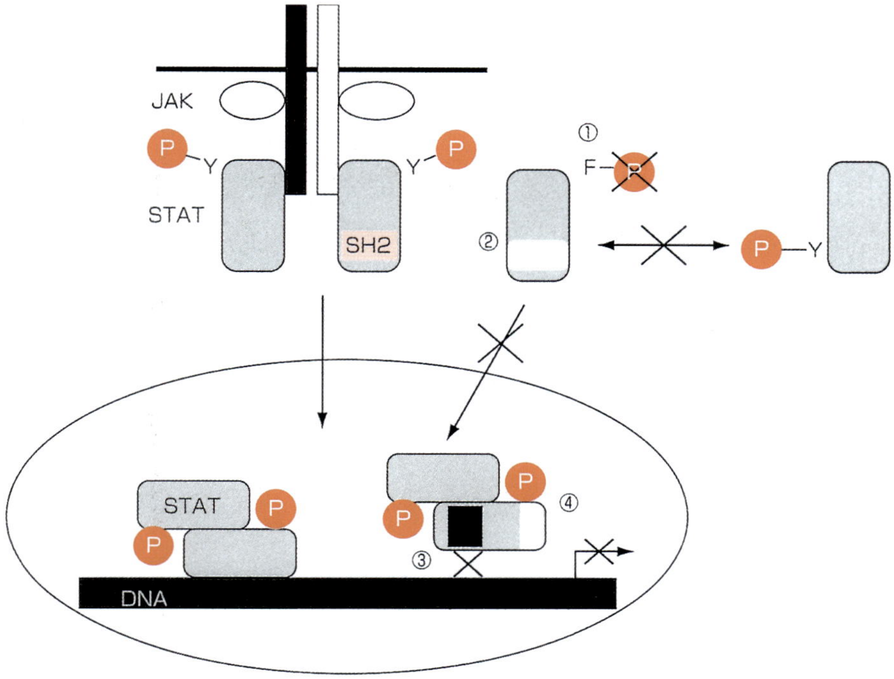

그림 2 다양한 dominant negative 변이체에 의한 signal 전달 경로의 저해 : JAK-STAT계
① Tyrosine (STAT1 : Y701)을 phenylalanine으로 치환하여 STAT의 이량체 형성과 핵 이행을 저해. ② 인산화 tyrosine과의 결합 domain : SH2를 결손시켜 이량체 형성을 저해한다. ③ DNA 결합 영역의 결손 및 아미노산의 변이에 의해 DNA 결합능을 저해시킨다. ④ C 말단의 전사 활성화 영역을 결손시켜 표적 유전자의 전사를 저해한다.

STAT 이외에도 STAT를 인산화하는 JAK tyrosine kinase의 활성을 결손시키거나 receptor의 JAK 결합영역 및 STAT 결합영역을 결손시켜 이 경로를 저해할 수 있다. 어느 분자의 어떤 기능을 밝히고자 하는지를 고려하여 변이체를 제작할 필요가 있다.

② 대장균에 transformation (37℃, O/N)

③ 재조합 plasmid의 정제 및 염기서열 확인 등

*1 이 방법은 특별한 서열을 갖는 vector에 subcloning이 불필요하며 야생형의 유전자가 도입되어있는 발현 plasmid-vector에 직접 변이를 도입할 수 있다는 장점이 있다. 단, 발현 plasmid의 길이가 10kb 이하 이어야 하고 *dam* methylation 시킨 plasmid를 사용해야 한다. 일반적으로 유전자 재조합실험에 이용되는 대부분의 대장균은 *dam* 유전자를 갖고 있다 (예외 : JM110). 간단한 원리를 그림 3에 나타낸다.

*2 Primer의 길이는 25~45 bp 정도로 한다. 변이부위는 primer의 중앙에 놓고 그 양쪽의 10~15 bp은 야생형과 동일한 서열로 한다. 특히 치환할 염기가 많은 경우에는 주형 DNA와 동일한 서열을 길게 할 필요가 있다.

*3 정확한 PCR이 일어날 수 있도록 교정 기능이 있는(3'→5' exonuclease 활성) 내열성 DNA polymerase를 이용한다. 교정 기능이 있으므로 신장 반응시간을 다른 Taq polymerase보다 길게 한다. 또한 primer를 분해하는 경우가 있으므로 반응액을 실온에 방치하면 안되며, 시약을 첨가하는 순서를 결정하는 등의 주의가 필요하다.

*4 Cycle 수는 적당히 조절・변경한다. 일반적으로 단일 염기의 치환이면 12 cycle 정도면 충분하지만 복수의 아미노산 치환 및 도입과 같은 많은 염기의 변이가 필요한 경우에는 18 cycle 정도가 필요하다.

ii) 광범위한 영역을 결손시키는 경우

① 주형 DNA와 적당한 제한효소를 5′ 말단에 부가한 sense 및 antisense oligonucleotide를 준비한다[*5].

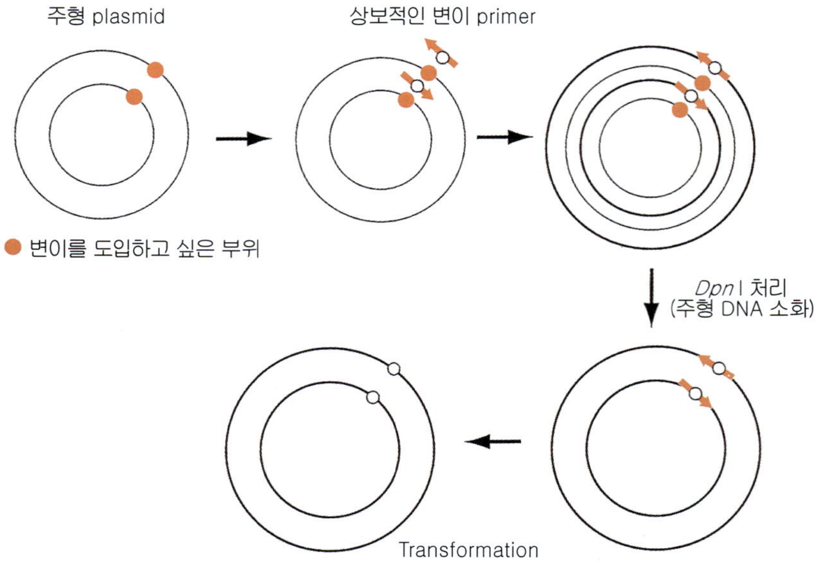

그림 3 Quik Change™ Site-directed Mutagenesis Kit에 의한 변이 도입법의 원리
동일 부위에 변이를 도입한 상보적인 한 쌍의 primer를 설계하고 목적의 유전자를 갖는 plasmid를 주형으로 하여 PCR을 한다. 그 결과 nick을 갖는 변이 DNA가 합성된다. 주형 plasmid는 *dam* methylase에 의해 methyl화 (5´-Gm6ATC-3´) 되어 있기 때문에 *Dpn* I 에 의해 소화된다. 잔존의 변이 DNA를 대장균에 transformation함으로서 완전한 두 가닥의 변이 plasmid가 만들어진다.

*5 발현 vector에 용이하게 도입할 수 있도록 증폭 영역 내에 존재하지 않는 제한효소 부위를 인위적으로 5' 말단에 부가한다. 또한 야생형의 N 말단 쪽을 결손시키는 경우, 최초의 methionine에 해당하는 ATG와 그 앞에 Kozak rule(CCA/GCC)의 서열을 반드시 넣을 것. 또한 C 말단 쪽을 결손시키는 경우에는 종결 codon TGA를 부가한다.

② PCR에 의해 필요한 영역을 증폭한다.
③ Phenol 처리 및 에탄올 침전으로 효소를 실활시키고 buffer를 교환한다.
④ 제한효소에 의한 PCR 산물 말단 부위의 소화, phenol 처리, 에탄올 침전을 순차적으로 수행한다.
⑤ 적당한 발현 vector에 ligation한다.

필요에 따라 viral vector (adenovirus, lentivirus)를 구축한다[3].

2 Dominant negative 변이체의 유전자 도입과 기능해석

i) 배양세포

① 6장 1, 2에서 설명한 방법에 따라 세포에 유전자를 도입한다.
세포나 유전자의 성질 및 유전자 도입 후의 해석 방법에 따라 적절한 방법을 선택한다. 특히 일시적인 효과를 검토할 때는 dominant negative 효과를 유효하게 얻기 위해 유전자 도입효율을 될 수 있으면 높게 하는 것이 중요하다.
② Western blotting, 면역세포 염색 (4장 2 참조) 등에 의해 도입 변이체의 발현을 확인한다. 또한 효소활성의 억제 및 결손을 확인한다.
③ Dominant negative 변이체의 작용을 다양한 방법으로 검토한다.

ii) 담암 누드 마우스-피하 종양의 경우

누드 마우스를 이용한 종양에 대한 유전자 치료의 실

험 예를 설명한다.

① 누드 마우스 (암컷, 5주령)의 등쪽 부분 피하에 배양 암세포 ($1 \sim 2 \times 10^6$개)를 이식한다.
② 고 역가의 adenoviral vector ($2.5 \sim 5 \times 10^9$ pfu/㎖ 이상)를 준비한다.
③ 10~14일 후 종양의 크기가 5 ㎜ × 5 ㎜ 정도가 되면 5×10^8 pfu의 adenoviral vector를 하루에 3회씩 종양 내에 주사한다[*6].
④ 종양의 크기를 3~4주에 걸쳐 측정한다. 종양 크기 $V = a \times b^2 / 2$ (a : 긴 직경, b : 짧은 직경)로 계산한다.

*6 이용하는 종양 세포나 도입할 유전자에 따라 virus 량과 주입시기, 그 빈도 등의 최적 조건을 예비 실험에 의해 검토한다.

iii) Transgenic 마우스

① 목적에 맞춰 발현 promoter를 적절히 선택하여 plasmid를 구축한다.
조직 및 시기 특이적인 발현을 나타내는 promoter를 선택함으로서 특정 조직이나 발생단계에서의 dominant negative 작용을 검토할 수 있다[*7].

*7 Knock-out 마우스에 비해 조직 특이적인 유전자의 기능억제가 용이하다. 피부, 혈구계, 신경계, 정소 등에서의 조직 특이적인 발현을 나타내는 promoter가 보고되어 있다. 그 예로서 표피 기저층의 특이적인 keratine 14, 임파구 특이적인 CD2 등이 있다. 단, dominant negative 효과를 얻기 위해서는 비교적 높은 발현 효율을 나타내는 promoter를 사용할 필요가 있다.

② 통상의 방법으로 변이체 DNA를 마우스 수정란에 micro injection하여 transgenic 마우스를 제작한다. Southern blotting 및 PCR에 의해 유전자가 도입된 것을 확인한다.
③ Western 및 면역염색에 의해 도입 유전자의 발현을 확인하고 H&E 염색, 면역 조직염색, 전자 현미경 등에 의해 표현형의 변화를 검토한다.

실험예

실험 예로서 마우스 PKCη의 kinase 활성을 결손시킨 dominant negative type을 예로 든다[3]. ATP 결합 domain의 lysine (K^{384})을 alanine으로 치환한다. 주형 DNA로서 야생형 마우스의 PKCη의 전체 cDNA를 포함한 plasmid-vector를 사용한다.

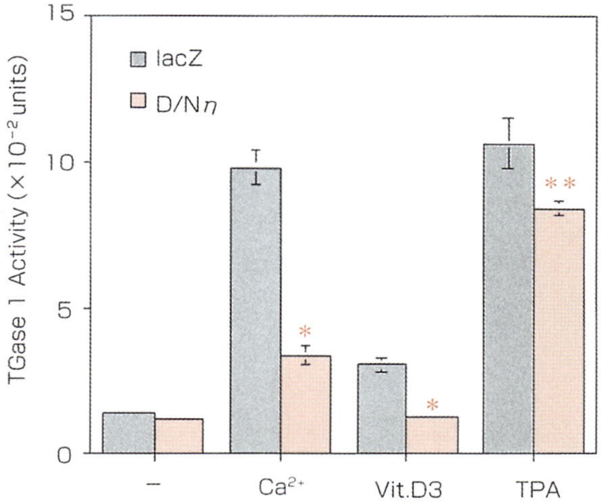

그림 4 **Dominant negative PKCη에 의한 표피 keratinocyte의 분화 억제**
표피 keratinocyte의 분화에 대해 변이형 PKCη adenovirus (D/N PKCη)의 작용을 검토했다. 분화 유도제에 의한 분화 marker : Trans-glutaminase 1 (TGase 1)의 활성 상승은 DN PKCη의 과발현에 의해 유의성 있게 억제되어 있다 (* : $P < 0.05$, ** : $P < 0.1$)

변이 도입을 위한 PCR primer는 sense : 5'-actgtacgccgtgGCggtgctgaagaagg-3', antisense:5'-ccttcttcagcaccGCcacggcgtacagt-3'을 이용하여 앞에서 설명한 protocol 1-i)의 방법에 의해 cycle 수를 14회로 하여 증폭 시킨다.

이 변이형 PKCη DNA 단편을 이용하여 adenoviral vector를 제작하고 (6장 2 참조) 표피 keratinocyte의 분화에 대한 변이형 PKCη adenovirus (D/N PKCη)의 작용을 검토했다 (그림 4). 다양한 분화 유도제에 의한 분화 marker (trans-glutaminase 1)의 활성 상승은 D/N PKCη에 의해 유의성 있게 억제 되어 있다.

끝으로

Dominant negative법은 다양한 분자에 적용할 수 있는 기능 억제법이며 signal 전달 연구에 있어서 꼭 필요한 방법이다. 최근 우수한 변이 도입법이 개발되어 유전자 변이체를 간단하고 신속하게 제작할 수 있음으로 이 방법의 이용이 점점 용이하게 되었다. 배양세포에서부터 개체 레벨의 실험까지 응용범위가 넓고 유전자 치료 등의 임상 응용에도 사용될 가능성이 있다. 장점 및 단점을 숙지한 상태에서 많은 연구에 응용하길 바란다.

참고문헌

1) Ausubel, F. M et al. : Current Protocols in Molecular Biology, 8.0.1–8.5.9, Wiley, 1988
2) 中嶋一範, 北村義浩 編 : 注目のバイオ實驗シリーズ「必ず上手くいく遺傳子導入法と發現解析プロトコール」, 羊土社, 2003
3) Ohba, M. et al. : Mol. Cell. Biol., 18 : 5199–5207, 1988

제 9 장 세포분획 · 효소활성 분석법

1. 세포분획법

野瀬 清

특정의 단백질이 세포 내 어디에 분포하는가를 결정하는 것은 항체를 이용한 면역염색법이 유효한 방법이지만 세포분획에 의한 세포막, 미토콘드리아, 핵 등을 분리하여 생화학적으로 동정하는 것도 중요하다. 또한 다양한 세포 내 소기관의 특성을 검토하기 위해서도 세포분획이 중요하다. 분획은 세포 내 소기관 별로 특징적인 분리법이 개발되어 있지만 여기서는 비교적 간단한 방법을 소개한다.

서론

세포분획에 의해 세포 내 소기관의 조성이 밝혀졌을 뿐만 아니라 기능이나 세포 내에서의 물질의 움직임을 시험관 내에서 해석할 수 있게 되었다. 동물조직의 분획에 비해 배양세포는 세포 이외의 혼합물이 거의 없어 순도가 높은 분획을 쉽게 얻을 수 있는 장점이 있다. 분획한 후에는 각 분획의 순도나 완전성을 현미경, marker, 효소 등으로 확인할 필요가 있다. 또한 세포 파쇄 후 단백질의 분해 및 변성을 막기 위해 모든 조작은 얼음 위에서 수행하고 냉각한 시약, 기구 및 4℃로 미리 냉각된 원심분리기를 사용한다.

원리

저 삼투압액, 동결·융해, 계면활성제, 물리적 힘(Homogenizer 등)으로 세포를 파쇄하여 각 세포내 소기관의 크기를 지표로 각기 다른 원심조건에서 분획한다 (표 1). 세포막은 파쇄정도에 따라 크기가 크게 다르기 때문에 일정한 조건하에서 세포를 파쇄할 필요가 있다. 경우에 따라 용액의 밀도를 sucrose나 ficoll 등으로 변화시켜 소기관의 밀도차이로 분획을 수행한다[1]. 분리된 각각의 분획이 파손되어 있지는 않은지 또는 다른 소기관의 혼입이 어느 정도인지 등을 신중히 검토할 필요가 있다. 이를 위해서는 위상차현미경, 전자현미경에 의한 관찰과 소기관 특이적인 효소, 핵산, 지질의 측정 등을 수행한다.

준비물

<공통 기기, 기구, 시약>

- 저속 냉각원심기 (Tomy : LX-120, TS-38LB Swing Rotor)
- 고속 냉각 원심기 (Tomy : MX-100, TMP-21 Angle Rotor)
- 초원심분리기 (Hitach : CS100GX, S100AT6 Angle Rotor)
- Down형 homogenizer (5 mℓ, Clearance가 작은 것)
- 저속 원심용 원심관
- 고속 원심용 원심관
- 초원심용 원심관
- PBS (인산완충 생리식염수)

<시약>

- Buffer A

		(최종농도)
Sucrose	8.55 g	(0.25 M)
2 M Tris-HCl (pH 8.0)	2.5 mℓ	(50 mM)
4 M NaCl	1.25 mℓ	(50 mM)
0.25 M EDTA (pH 7.4)	0.8 mℓ	(2 mM)
0.1 M DTT	1 mℓ	(1 mM)
H_2O	92 mℓ	
Total	100 mℓ	

냉동보존. 사용 시 protease inhibitor cocktail (베링거 매너하임)을 적당량 첨가한다.

Kiyoshi Nose : Department of Microbiology, Showa University School of Pharmaceutical Sciences (昭和大学薬学部微生物薬品化学教室)

표 1 세포 내 소기관의 크기

세포 내 소기관	크기 (㎛)	원심력 (x g)	원심분리 시간 (분)
핵	4~12	500 ~ 1,000	5 ~ 10
미토콘드리아	0.4 ~ 2.5	1,000 ~ 10,000	10 ~ 15
세포막 (완전한 상태) 세포막 (파편화된 상태)	3 ~ 20 0.05 ~ 2	1,000 ~ 3,000 50,000 ~ 100,000	10 ~ 15 30 ~ 60
소포체	0.05 ~ 0.3	50,000 ~ 100,000	30 ~ 60

• 1.2 M Sucrose

Buffer A의 sucrose농도를 1.2 M로 한다.

• Buffer B

		(최종농도)
2 M Tris-HCl (pH 7.3)	25 ㎖	(50 mM)
0.25 M EDTA (pH 7.5)	2 ㎖	(5 mM)
0.1 M DTT	1 ㎖	(1 mM)
H_2O	95 ㎖	
Total	100 ㎖	

냉장보관. 사용 시에 protease 저해제인 1 M PMSF를 최종농도 0.5 mM이 되도록 첨가.

• 880 mM Sucrose함유 buffer B

Sucrose	30.1 g	(880 mM)
2 M Tris-HCl (pH 7.5)	2.5 ㎖	(50 mM)
0.25 M EDTA (pH 7.5)	2 ㎖	(5 mM)
0.1 M DTT	1 ㎖	(1 mM)
H_2O	88 ㎖	
Total	100 ㎖	

냉장보관. 사용 시에 protease 저해제인 1 M PMSF를 최종농도 0.5 mM이 되도록 첨가.

• Buffer C

2 M Tris-HCl (pH 7.5)	0.5 ㎖	(10 mM)
4 M NaCl	0.25 ㎖	(10 mM)
0.5 M $MgCl_2$	0.3 ㎖	(1.5 mM)
H_2O	99 ㎖	
Total	100 ㎖	

냉장보관

• 2 × MS Buffer

Manitol	9.56 g	(525 mM)
Sucrose	5.99 g	(175 mM)
2 M Tris-HCl (pH 7.5)	0.625 ㎖	(12.5 mM)
0.25 M EDTA (pH 7.5)	1 ㎖	(2.5 mM)
H_2O	89 ㎖	
Total	100 ㎖	

냉동보관

• 1 × MS Buffer

Mannitol	3.82 g	(210 mM)
Sucrose	2.39 g	(70 mM)
2 M Tris-HCl (pH 7.5)	0.25 ㎖	(5 mM)
0.25 M EDTA (pH 7.5)	0.4 ㎖	(1 mM)
H_2O	96 ㎖	
Total	100 ㎖	

냉동보관

• Buffer D

0.5 M HEPES-KOH (pH 8.0)	2 ㎖	(10 mM)
2 M KCl	0.5 ㎖	(10 mM)
0.5 M $MgCl_2$	0.3 ㎖	(1.5 mM)
0.1 M DTT	1 ㎖	(1 mM)
H_2O	96 ㎖	(1 mM)
Total	100 ㎖	

냉장보관. 사용 시에는 1 M PMSF을 최종농도 0.5 mM이 되도록 첨가한다.

• Buffer E

Sucrose	8.55 g	(0.25 mM)
2 M Tris-HCl (pH 7.9)	0.5 ㎖	(10 mM)
0.5 M $MgCl_2$	1 ㎖	(5 mM)
1 M DTT	1 ㎖	(1 mM)
10% Triton X-100	1 ㎖	(0.1%)
H_2O	95 ㎖	
Total	100 ㎖	

냉동보관. 사용 시에는 1 M PMSF을 최종농도 0.5 mM이 되도록 첨가한다.

• Buffer F

Sucrose	41.0 g	(1.2 mM)
2 M Tris-HCl	0.5 ㎖	(10 mM)
0.5 M $MgCl_2$	1 ㎖	(5 mM)
1 M DTT	1 ㎖	(1 mM)
H_2O	95 ㎖	
Total	100 ㎖	

냉동보관

• Buffer G

Glycerol	40 ㎖	(40%)
2 M Tris-HCl	0.5 ㎖	(10 mM)
0.5 M $MgCl_2$	1 ㎖	(5 mM)
1 M DTT	1 ㎖	(1 mM)
H_2O	95 ㎖	
Total	100 ㎖	

냉동보관

<핵 분획에 사용하는 기구>

• 원심기 (Beckman : Avanti HP-25, JA 25-15 Angle Rotor)

Protocol

1 세포막[2)]

① 부유세포의 경우는 TS-38LB swing rotor로 원심분리한 후 세포를 냉각시킨 PBS로 1회 세정하고 700 × g, 5분간 원심분리하여 세포를 침전시킨다. 단층 배양세포는 냉각시킨 PBS로 1회 세정한 후 rubber policeman으로 세포를 떼어내어 냉각시킨 PBS에 현탁한다 (100 ㎜ dish 5장 정도).

② 세포를 냉각시킨 buffer A 2 ㎖에 현탁하여 (5 × 10^8 개 /㎖) down형 homogenizer에 옮겨 얼음 위에서 20 stroke로 상하로 왕복시켜 homogenization한다. 일부를 trypan blue로 염색하여 현미경으로 관찰한다. 푸른색으로 물들지 않는 미파쇄 세포가 많은 경우는 homogenization을 다시 한다.

> ☞ * 세포가 잘 파쇄되지 않는 경우에는 동결·융해(드라이아이스·에탄올로 세포현탁액을 얼린 후, 15℃ 정도의 물 안에 튜브를 넣고 녹인다)를 2회 정도 수행한다.

③ 원심관에 옮겨 TS-38LB swing rotor로 800 × g, 10분간 (4℃) 원심분리하여 미파쇄 세포와 핵을 침전시킨다

④ 상등액을 고속 원심용 원심관에 옮겨 TMP-21 rotor로 18,000 × g, 30분간 (4℃) 원심분리하여 침전을 얻는다.

⑤ 침전을 buffer A에 현탁하여 초원심관에 1.2 M sucrose 2 ㎖을 미리 넣어 둔 층위에 주위 깊게 중층한다. 초원심분리기로 100,000 × g, 1시간 (4℃) 원심분리하여 1.2 M sucrose층 표면에 가라 앉는 분획이 주로 세포막의 분획이다 (그림 1).

> ☞ *1 동결·융해나 homogenizer로 세포를 파쇄한 경우, 세포막은 비교적 큰 단편으로 남는다.
>
> *2 세포질 막의 marker효소로는 5´ nucleotase가 일반적으로 사용된다.

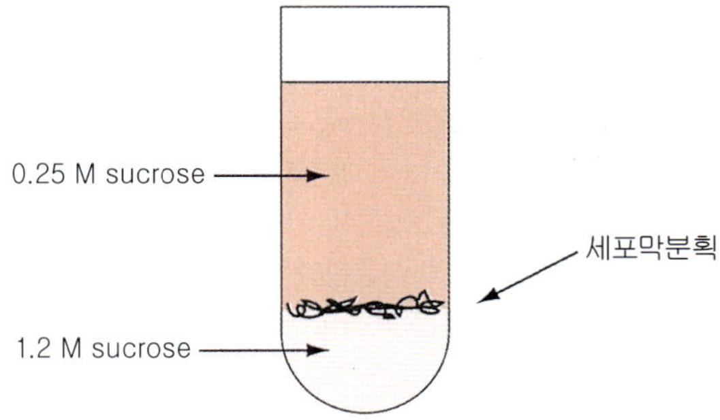

그림 1 원심분리 후의 모양

2 Microsome[3)]

① Protocol *1*과 동일한 방법으로 세포를 모아 침전시킨다.

② 10^8개의 세포를 냉각시킨 buffer B 2 ㎖에 현탁하여 homogenization한다. 세포의 파쇄 정도는 *1*과 동일한 방법으로 확인한다. 경우에 따라 homogenization 하기 전에 세포의 동결·융해를 수행해도 좋다

③ 즉시 2 ㎖의 880 mM sucrose액을 첨가하여 천천히 혼합한 후 800 × g, 10분간 (4℃) 원심분리하여 미파쇄 세포와 핵을 침전시킨다.

④ 상등액을 고속 원심기용 원심관에 옮겨 S100AT6 angle rotor, 12,000 × g에서 15분간 원심분리하여 미토콘드리아를 침전시킨다.

⑤ 이 상등액을 초원심관에 옮겨 1,200,000 × g로 1시간 (4℃) 원심분리한다. 침전이 microsome의 농축분획이다. 0.25 M sucrose을 함유한 buffer B에 현탁한다.

> ☞ *1 Microsome은 응집되기 쉽다. 또한 효소활성이 실활되기 쉬우므로 현탁하는 buffer를 가능한 소량으로 하여 단백질 농도가 5 mg/㎖ 이상이 되도록 한다.

3 미토콘드리아

① Protocol *1*과 동일한 방법으로 세포를 회수하여 10^8 개의 세포를 냉각시킨 5 ㎖의 buffer C로 현탁한다. Down homogenizer에 옮겨 얼음 위에 10분간 방치하여 세포를 팽윤시킨다.

② 20~30 stroke로 세포를 파쇄한다. 곧 바로 2 × MS buffer를 2 ㎖ 첨가하여 잘 혼합한다. 동결·융해는 수행하지 않는다.

③ 1,300 × g로 5분간 원심분리하여 핵과 세포막을 침전시킨다.

④ 상등액을 TMP-21 angle rotor용 원심관에 옮겨 고

속냉각원심기에서 17,000 × g로 15분간 원심분리한다. 상등액을 버리고 원심관 벽에 붙은 여분의 액을 킴 와이프스로 조심스럽게 제거한다

⑤ 침전을 1 × MS buffer에 현탁하여 다시 17,000 × g로 15분간 원심분리한다. 이 침전물을 crude 미토콘드리아 분획으로 사용한다

⑥ 순도가 높은 미토콘드리아를 얻기 위해서는 Nycodenz용액의 불연속 밀도구배 위에 얹어 원심분리한다. 상세한 것은 문헌 4를 참조하기 바란다.

☞ *1 미토콘드리아의 marker 효소로는 succinate dehydrogenase을 사용한다.

*2 Buffer에 protease inhibitor를 첨가할 필요는 없다.

4 핵

① Protocol 1과 동일한 방법으로 세포를 모아 10^8개의 세포를 냉각시킨 buffer D 0.5 ㎖에 현탁한다. Down homogenizer에 옮겨 얼음 위에 10분간 방치해서 세포를 팽윤시킨다.

② 20~30 stroke로 세포를 파쇄한다.

③ 1,300 × g 5분간 원심분리하여 상등액을 버리고 침전을 buffer E 5㎖로 현탁한다.

④ 미리 원심관에 4 ㎖의 buffer F를 넣어 두고 그 위에 핵 현탁액을 층이 흐트러지지 않게 중층한다.

⑤ 10,000 × g로 30분간 (4℃) 원심분리한다. 세포막은 buffer G 층위에 떠 있기 때문에 주의 깊게 상층을 제거한다 (그림 1).

⑥ 1.2 M sucrose 층 아래에 침전된 핵을 buffer G로 현탁한다.

☞ *1 Crude 핵 분획을 얻기 위해서는 ③의 현탁액을 1,300 × g로 5분간 원심분리하여 침전을 얻는다.

*2 핵의 순도는 위상차 현미경으로 체크한다.

memo

1) 세포를 파쇄할 때 계면활성제를 이용하면 세포골격, 미토콘드리아, 핵 이외의 소기관(세포막, Microsome, lysosome)이 파괴된다. 그러나 막성분을 제거하기 위해서는 계면활성제가 유효하다. 따라서 목적에 따라 이용하는 buffer의 조성이 다르다.

2) 계면 활성제로 Triton X-100 이외에 NP-40이 이용되고 있다.

3) Homogenizer의 clearance는 세포의 크기에 따라 적절한 것을 선택하지만 일반적으로 배양세포는 조직 내의 세포에 비해서 작기 때문에 작은 clearance를 선택하는 것이 좋다

끝으로

세포분획법은 목적이나 대상에 따라 다양하며 실험 목적에 따라 충분히 검토할 필요가 있다. 단백질의 localization을 조사하기 위해서는 소기관으로부터의 목적 단백질의 유출이나 다른 획분으로부터의 혼입, 소기관의 순도, 단백질 분해 등에 주의해야 한다. 면역염색에 의한 관찰 (5장 2참조) 등과 병용하여 결론을 내려야 한다. 또한 효소활성이나 소기관의 기능을 조사하기 위해서는 소기관의 순도뿐만 아니라 단백질의 변성을 최소한으로 줄일 수 있도록 주의가 필요하다. 2가 금속이온은 대체로 핵 구조 유지에 필요하지만 nuclease을 활성화시키기 때문에 DNA의 분해를 막기 위해서는 spermidine을 이용한다.

참고문헌

1) Spector, D. L. st al., eds. : Cell : A laboratory manual. Vol. 1, Cold spring Harbor Lab. Press, 1997

2) Wel, Y. et al. : J. Biol. Chem., 277 : 46586-46593, 2002

3) Lucero, H. et al. : J. Biol. Chem., 278 : 22136-22143, 2003

4) Cruz, S. D. et al. : J. Biol. Chem., 278 : 41566-41571, 2003

5) 日本生化學會 編 :「新生化學實驗講座18, 細胞培養技術」, 東京化學同人, 1990

제 9 장 세포분획 · 효소활성 분석법

2. Protein Kinase 활성 측정법

山本利義 松崎秀紀 吉川 潮

배양세포를 재료로 하여 효소활성을 측정할 때에 일반적으로 유의해야 할 점과 효소활성 측정의 순서에 관해 PKC (Protein Kinase C)와 PKB (Protein Kinase B)의 활성 측정을 예로 들어 설명한다.

9 세포분획· 효소활성 분석법

서론

세포는 세포 외부로부터의 정보를 수용체에 의해 감지하여 세포 내 정보전달계에 의해 정보를 내부에 전달하고 증식·분화 등의 응답반응을 보인다. 이 응답반응은 동일한 세포외의 정보라 할지라도 세포의 종류에 따라 다르다. 이것은 세포 내 정보전달 경로가 세포의 종류에 따라서 다르다는 것을 의미한다. 따라서 정보전달 경로 상의 각각의 요소를 해석하는 것이 정보전달계의 전체를 이해하는데 있어 상당히 중요하다. 정보전달 경로를 구성하는 요소는 주로 단백질인 효소가 맡고 있으며, 그 중 하나가 인산화된 protein kinase이다. Protein kinase는 각각 활성화 기구, 기질 인식기구, 세포 내 localization이라는 특징을 가지고 있다. 이들의 성질에 따라 protein kinase은 상류로부터의 정보를 받아 하류인자에 인산화를 통해 정보를 정확하게 전달할 수 있다. 따라서 protein kinase의 움직임을 정확히 측정하는 방법이 세포 내 정보전달의 해석에서 요구되고 있다.

세포 내 정보전달계에 있어 특정 protein kinase가 관여하고 있는지 어떤지를 추정하는 방법에는 단백질을 세포로부터 정제하여 *in vitro*에서 직접 kinase 활성을 측정하는 방법과 활성형·비활성형 변이 단백질을 발현시키거나 또는 활성화 저해제를 이용해서 응답이나 기질 단백질의 인산화량의 변화를 측정해 간접적으로 활성화 상태를 측정하는 방법이 있다. 어떤 방법도 장점·단점이 있으므로 목적에 따라 각각의 방법을 조합하여 사용할 필요가 있다.

이 항목에서는 직접 kinase 활성을 측정하는 방법으로서 일반적으로 자주 이용되는 일시적인 발현계를 이용한 PKC, PKB의 *in vitro* 활성측정에 대해 설명한다. 이 방법은 목적 단백질을 표식 Tag을 부가한 형태로 발현시켜 표식 Tag을 인식하는 항체로 면역침강을 수행하여 정제한다. 세포에 존재하지 않는 인식 배열의 표식 Tag을 사용하여 유사 단백질의 혼입을 최소한으로 억제할 수 있으며, 발현량이 적은 내재성 단백질도 쉽게 정제할 수 있다는 것이 장점이다. 그러나 과발현에 의해 본래의 정보 전달계 이외의 경로의 반응이 증폭될 가능성이 있다는 점, 그리고 생화학적 방법에 의한 정제 및 정제 표품을 이용한 활성측정에서는 세포 내에 존재하는 활성 조절인자 (second messenger·회합 단백질)가 제거된 상태에서 활성측정을 실행하기 때문에 *in vitro*에서 얻어진 효소활성은 실제 세포 내 활성과 일치하지 않을 가능성이 있다는 점을 고려해야 한다.

Toshiyoshi Yamamoto, Hidenori Matsuzaki, Ushio Kikkawa : Biosignal Research Center, Kobe University（神戸大学バイオシグナル研究センター）

i) PKC의 활성 측정

원리

PKC은 아미노 말단에 활성 조절영역, 카르복실 말단에 촉매 영역을 갖는 serine-threonine kinase가 있으며 10 종류의 분자종이 알려 있다[1]. 이들의 sub-type은 활성 조절영역의 구조에 따라 cPKC (Ca^{2+}, diacylglycerol 의존성), nPKC (Ca^{2+}비 의존성, diacylglycerol 의존성), aPKC (Ca^{2+}, diacylglycerol 비 의존성)의 3 종류로 크게 나누어지며 각각 활성화 인자에 의해 활성의 제어를 받고 있다. 또한 H_2O_2를 시작으로 하는 스트레스에 의해 세포 내에서 PKC가 활성형으로 변환되는 기구가 존재한다는 것이 최근 명확히 밝혀졌다[2]. 여기서는 FLAG Tag 부가 PKCα, PKCδ을 COS-7 세포에 일시적으로 발현시켜 면역침강을 수행하여 얻어진 정제 표품에 대해 활성측정을 수행한다.

측정은 [γ-^{32}P] ATP, Histon H1을 기질로 *in vitro* 인산화 반응을 수행하여 P81 paper에 적신 후 방사능 활성을 측정하여 정량한다. P81 paper를 구성하는 phospho cellulase에는 양이온을 흡착하는 성질이 있다. 이 방법에서는 산성 수용액 중 염기성 단백질인 His H1은 P81 paper에 흡착하지만 ATP, 무기인산은 흡착하지 않는 원리를 이용하여 histon H1의 방사능 활성을 미반응의 ATP의 방사능 활성으로 분리하고 있다. P81 paper와 기질간의 정전기적인 결합을 이용하기 때문에 histon H1에 국한되지 않고 염기성 단백질이나 염기성 아미노산을 함유한 peptide를 기질로 이용하면 PKC 이외의 protein kinase의 assay에도 응용이 가능하다.

준비물

- 항 FLAG 항체 (M2, Sigma사)
- Protein A Sepharose 4FF (Amersham Bioscience사)
- P81 paper (Whatman사)
- 75 mM H_3PO_4
- Lysis buffer

		(최종농도)
1 M Tris-HCl (pH 7.5)	1 mℓ	(20 mM)
200 mM EDTA	500 μℓ	(2 mM)
200 mM EGTA	500 μℓ	(2 mM)
5 M NaCl	1.5 mℓ	(150 mM)
10% Triton X-100	5 mℓ	(1%)
500 mM β-glycerol-phosphate-Na (pH 7.5)	5 mℓ	(50 mM)
14.2 M β-mercaptoethanol	35 μℓ	(10 mM)
1 M Na_3VO_4	50 μℓ	(1 mM)
0.2 M phenylemthane sulfonxyl fluoride	250 μℓ	(1 mM)
2.1 mg/mℓ aprotinin	50 μℓ	(21 μg/mℓ)

H_2O로 total 50 mℓ이 되게 한다.

- PS/DG 현탁액

20 mM Tris-HCl (pH 7.5)	250 μℓ	(20 mM)
1 mg/mℓ phosphatidyl serine (PS, 소)	40 μℓ	(160 μg/mℓ)
1 mg/mℓ diolein (DG)	4 μℓ	(16 μg/mℓ))
Total	250 μℓ	

PS·DG chlorofome 용액을 질소가스로 건조시킨 후 buffer를 첨가하여 초음파 처리 후 현탁액으로 이용한다.

- 저해제 용액

20 mM GF 10923X (Wako, in DMSO) (4 μℓ)
2 mM Gö6976 (Calbiochem사, in DMSO) (4 μℓ)
각각, 20 mM Tris-HCl (pH 7.5)로 작용농도의 4배 농도에 대해 1 sample당 5 μℓ를 조제한다. cPKC 활성측정에 있어서 저해제와 PS/DG 현탁액을 첨가할 시에는 이 용액에 2 mM이 되도록 $CaCl_2$를 첨가한다.

- $CaCl_2$ 용액

1 M Tris HCl (pH 7.5)	20 μℓ	(20 mM)
1 M $CaCl_2$	2 μℓ	(2 mM)

H_2O로 total 1mℓ가 되게 한다.

- ATP/기질 용액

1 M Tris-HCl (pH 7.5)	20 mM
1 M $MgCl_2$	20 mM
1 mM ATP	40 mM
5 mg/mℓ histone H1 (송아지 흉선)	400 μg/mℓ
[γ-^{32}P] ATP	37 kBq/tube

1 반응당 10 μℓ로 적정량을 조제한다.

- 반응 정지용액

20 mM EDTA
75 mM H_3PO_4
Orange G (적량)
1반응당 20 μℓ로 적정량을 조제한다. Orange G와 용액의 색깔을 판단하기 위한 색소로서 넣지 않아도 상관없다.

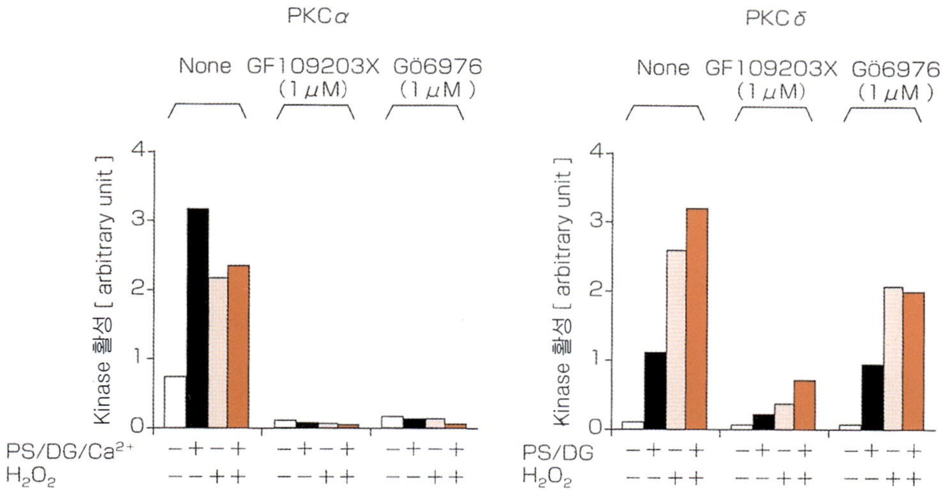

그림 1 H_2O_2 처리에 의한 PKC의 활성화 및 활성화제와 저해제의 영향

Protocol

① COS-7 세포는 10 ㎝ 플라스틱 dish에서 배양하여 미리 FLAG Tag이 부가된 PKC 발현 plasmid을 유전자 도입해 둔다. 배지를 DMEM (0.1 BSA)으로 교환하여 18~24시간동안 혈청을 제거한 기아 상태로 배양 후 자극을 가한다.

② COS-7 세포를 냉각 PBS로 세정한 후, lysis buffer 1 ㎖로 lysis시켜 1.5 ㎖의 튜브에 옮긴다. 10분 정도 얼음 위에서 냉각하면서 때때로 흔들어서 잘 lysis시킨다.

③ 13,000 rpm, 30분간 원심분리하여 불용획분을 침강시키고 상등액을 새로운 튜브에 옮긴다.

④ 1 sample 당 5 ㎍의 항 FLAG 항체를 첨가하고 여기에 20 ㎕의 protein A Sepharose을 첨가해 2시간 정도 4℃에서 각반한다.

⑤ 5,000 rpm에서 5분간 원심분리하여 resin을 침강시키고 상등액을 제거한다. 새로운 lysis buffer 1 ㎖을 첨가하여 잘 섞는다. 이 세정 조작을 3회 실시한다.

⑥ 동일한 방법으로 20 mM의 Tris-HCl (pH 7.5) 1 ㎖로 세정하여 계면활성제를 제거한다.

⑦ 20 mM Tris-HCl (pH 7.5) 1 ㎖에 재현탁하여 1/5량씩 2개의 tube에 분배해 원심분리로 상등액을 제거한다. 남은 3/5양도 같은 방법으로 원심분리하여 상등액을 제거한 후 효소량의 확인에 이용한다[*1].

> *1 Resin을 균등하게 분배하기 위해 끝부분을 자른 tip을 이용해 분주할 때마다 수회에 걸쳐 pipetting을 하는 것이 좋다.

⑧ 1/5량으로 분배한 tube 1개에 20 mM Tris-HCl (pH 7.5) 10 ㎕을 첨가한다. 다른 1개에는 PS/DG 현탁액 5 ㎕을 첨가하고 거기에 nPKC 활성측정 시에는 20 mM Tris-HCl (pH 7.5)을, cPKC 활성측정 시에는 2 mM $CaCl_2$ 용액 5 ㎕을 첨가한다[*2].

> *2 저해제를 첨가할 때에는 20 mM Tris-HCl (pH 7.5) 대신에 저해제가 들어 있는 $CaCl_2$액, 또는 저해제액을 5 ㎕씩 첨가한다. cPKC 활성측정 시에 $CaCl_2$ 용액과 PS/DG 용액을 별도로 첨가하는 것은 혼합시의 일어나는 칼슘의 침전을 방지하기 위한 것이다.

⑨ ATP 기질 용액을 10 ㎕ 첨가해 30℃에서 5분간 shaking하면서 반응시킨다.

⑩ 정지 용액 20 ㎕를 첨가해 반응을 정지시킨다.

⑪ 상등액 35 ㎕를 1.5 ㎝의 사각형으로 자른 P81 paper에 흡수시킨다.

⑫ 75 mM H_3PO_4로 10분간 세정 × 3회 반복한다.

⑬ P81 paper를 물이 첨가된 scintillation vial에 넣고 액체 scintillation counter로 방사능 활성을 측정한다.

실험예

FLAG Tag을 부가한 PKCα나 PKCδ을 발현시킨 COS-7 세포로부터 면역침강법에 의해 PKC를 회수하여 10 mM의 H_2O_2로 10분간 처리한 후, PKC의 활성형의 변화 및 활성화제 [PS/DG(/Ca^{2+})]와 저해제 GF109203X, Gö69763))의 효과를 검토했다 (그림 1).

PKCα와 PKCδ는 세포의 H_2O_2 처리에 의해 활성형으로 변환되고 또한 미처리 세포로부터 분리된 효소는 활성화제의 첨가에 의해 활성이 상승되었다. PKC 전체에 대한 저해제인 GF109203X는 PKCα와 PKCδ의 활성을 동시에 저해하지만, cPKC 특이적 저해제인 Gö 69763에서는 PKCα에 대해서만 강한 저해효과가 있었다.

ii) PKB의 활성측정

원리

PKB는 세포 증식인자 자극에 의해 활성화된 단백질 인산화 효소이다[4) 5)]. PKB의 활성화 기전으로서는 PKB가 PI 3-kinase (phosphatdylinositol 3-kinase)에 의해 생산된 PI (3, 4, 5) P_3과 PH domain에 결합하고 계속해서 상류 인산화 효소인 PDK1에 의해 인산화 되는 것으로 알려져 있다. 즉 PKB에서는 PKC와는 달리 발현 세포로부터 불활성형 (탈인산화형)/활성형 (인산화형) 효소로서 분리될 수 있다. 또한 Wortmannin이나 LY294002 등의 PI 3-kinase 저해제[6) 7)]을 이용하여 정보전달 경로의 up-stream을 차단하면 세포 증식인자의 자극에 의한 PKB의 활성화는 억제된다. PKB 효소활성의 측정에는 PKC와 동일한 방법으로 [γ-^{32}P] ATP를 이용하여 기질 단백질/합성 peptide (histon H2B나 crosstide, aktide 등의 합성 peptide)의 인산화 기질의 방사활성을 autoradiography 또는 액체 scintillation countor를 이용해 시각화 또는 정량화한다. 본 항에서는 histon H2B를 기질로 이용하여 bio imaging analyzer로 인산화 histon의 방사능 활성을 시각화한 결과를 나타낸다.

준비물

<세포>

- COS-7 세포

<준비할 시약>

- 항 FLAG 항체 (PKC의 항을 참조)
- Protein A Sepharose (Amersham Biosciences사)
- DMEM (Nacali사), 10% fetal calf serum, penicillin/streptomycin.
- DMEM, 0.1% BSA, 5mM HEPES-NaOH (pH 7.3)
- PBS
- Lysis buffer (PKC ①항을 참조)
- 효소 반응액

	(최종농도)
1 M Tris-HCl (pH 7.5)	20 mM
1 M $MgCl_2$	5 mM
1 mM ATP	20 μM
5 ㎎/㎖ core histone (송아지 흉선)	200 ㎍/㎖
[γ-^{32}P] ATP	37 kBq/tube

1 반응 당 25 ㎕로 적정량을 조제한다.

- 저해제(사용 직전에 PBS에 희석한다)
  - 2 mM Wortmannin (in DMSO)
    배지에 첨가한 단계에서 200 nM
  - 10 mM LY294002 (in DMSO)
    배지에 첨가한 단계에서 2 μM

<기기>

- Bio imaging anaylzer BAS2500 (후지필름)
- SDS polyacrylamide 전기영동 장치

Protocol

1 저해제 처리와 세포 증식인자의 자극

① FLAG Tag을 부가한 PKB를 발현시킨 배양세포 (COS-7세포)를 60 ㎜ 플라스틱 dish에 파종한다.

② 배지를 DMEM (0.1% BSA)로 교환하여 18~24시간 혈청 기아상태로 배양하고[*1], 혈청 또는 세포 증식인자 자극을 가한다. Wortmanin이나 LY294002 등의 저해제 처리를 수행할 경우는 세포자극의 15~20분 전에 이들 저해제를 첨가한다[*2].

> *1 혈청 기아의 조건은 세포에 따라 다르기 때문에 조건 검토가 필요하다.
> 배지의 온도가 내려가지 않도록 incubator로부터 세포를 꺼내 각종처리를 신속히 수행한다.
>
> *2 Wortmannin은 고농도에서 myosin light chain kinase나 PI 4-kinase을 억제한다는 보고가 있으므로 사용시에는 농도의 주의가 필요하다. 따라서 LY294002나 그 밖의 PI 3-kinase 저해제의 효과를 검토하는 것이 바람직하다.

2 세포 추출액의 조제

① 세포를 냉각시킨 PBS를 이용하여 세정한다. Dish에

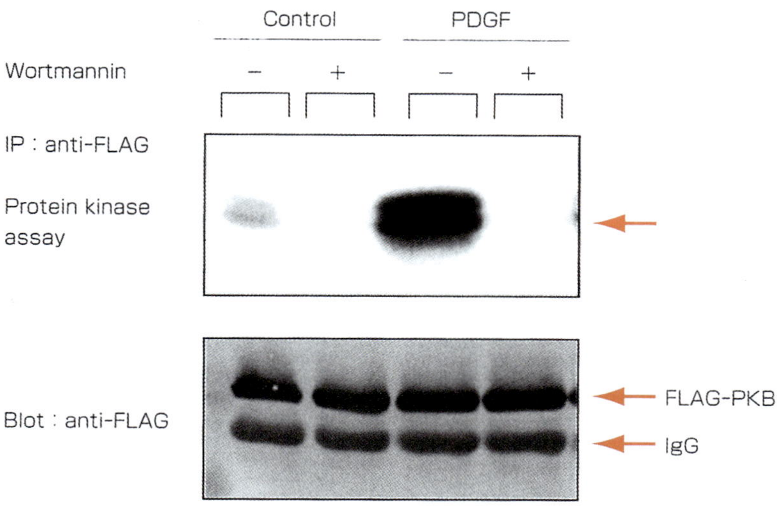

그림 2 PDGF 자극에 의한 PKB 활성화
판넬 상단 : Bio-imaging analyzer을 이용한 인산화 histon의 검출
판넬 하단 : 항FLAG 항체를 이용한 Immunoblotting.
Histon, FLAG-PKB, IgG의 위치를 화살표로 나타내고 있다.

직접 lysis buffer 1 ㎖를 첨가하여 pipetting으로 세포를 용해시킨다.

② 세포 추출액을 1.5 ㎖ tube에 옮겨 15,000 rpm에서 30분간 원심분리하여 불용획분을 제거한다.

3 면역침강

① 100 ㎕의 세포 추출액에 항 FLAG 항체 2 ㎍을 첨가하고 4℃에서 1시간 이상 각반한다.

② 10 ㎕ (resin volume)의 Protein A Sepharose을 첨가하고 다시 1시간 이상 각반한다.

③ 5,000 rpm에서 5분간 원심분리를 수행하여 resin을 회수하고 lysis buffer 200 ㎕을 이용하여 resin을 세정한다. 세정 조작을 4회 반복한 후, resin을 적당량의 20 mM Tris-HCl (pH 7.5)로 현탁하여 2등분 한다. 한쪽을 효소 활성 측정에 다른 한쪽을 면역침강물 안의 효소량 확인에 이용한다.

4 인산화 반응

① 면역침강물의 buffer를 제거한 후, resin에 효소 반응액 25 ㎕을 첨가하여 30℃에서 30분간 shaking하면서 반응시킨다.

② 3 × SDS sample buffer를 첨가해 반응을 정지시킨다.

5 전기영동 및 검출

① Histon을 SDS-PAGE (15% gel)에 의해 전개한다[*3].

*3 SDS-PAGE에서 미반응의 ATP는 SDS sample buffer의 색소(BPB)와 대략 같은 속도로 이동한다. 미반응의 ATP가 gel에 남아 있으면 background가 높아지기 때문에 CBB 염색 전에 gel의 색소 부분을 잘라 내든지 또는 BPB가 전부 빠져 나갈 때까지 영동한다.

② 영동 후 CBB 염색/탈색하여 histon의 위치를 확인한다.

③ Gel을 건조한 후 bio-imaging analyzer를 이용하여 인산화된 histon의 방사능 활성을 측정한다.

6 효소량의 확인

다른 면역침강물을 이용한 immunoblotting으로 면역침강물 안의 효소량을 검정한다.

실험예

FLAG Tag 부가의 PKB를 발현시킨 COS-7 세포를 이용하여 PDGF (혈소판 유래 증식 인자) 자극에 의한 PKB 활성화와 Wortmannin 전처리의 효과를 검토했다(그림 2).

PKB는 PDGF 자극에 의해 활성화된다. 이에 비해 Wortmannin 전처리를 수행한 세포에서는 PKB의활성화는 유도되지 않았다. 따라서 PKB는 PDGF 자극에 의해 PI 3-kinase를 거쳐 활성화 되는 것으로 보여진다.

끝으로

여기서 설명한 PKB와 PKC의 활성측정법은 많은 protein kinase의 활성측정에 응용이 가능하다. 응용할 때에는 개개의 protein kinase에 따라 반응조건이나 적절한 기질을 선택하여 활성을 측정할 필요가 있다. 또한 이 방법에서 처럼 효소를 분리하여 활성을 측정한 경우에는 세포 내의 활성변화를 반영하고 있지 않다는 점을 항상 유의해야 한다.

여기서는 PKB의 활성화 경로 상에 PI 3-kinase가 관여하는 것을 PI 3-kinase 저해제를 사용하여 보여주었다. Protocol의 주의점에서도 기재되어 있지만 약물 사용시에는 충분한 주의가 필요하다. 사용에 있어서는 약제를 사용하고 있는 문헌[8), 9)]을 참조하는 것 외에 첨부문서나 판매회사의 카탈로그에 사용상의 주의점이 기재되어 있는 경우가 많음으로 참고바란다.

참고문헌

1) Ohno. S. et al. : J Biochem., 132 : 509-511, 2002
2) Konishi, H. et al. : Proc. Natl. Acad. Sci. USA, 94 : 11233-11237, 1997
3) Martiny-Baron, G. M. et al. : J. Biol. Chem., 268 : 9194-9197, 1993
4) Hill, M. M. et al. : Methods Enzymol., 345 : 448-463, 2002
5) Brazil, D. P. et al. : Trends Biochem. Sci., 26 : 657-664, 2001
6) Okada, T. et al. : J Biol. Chem., 269 : 3563-3567, 1994
7) Vlahos, C. J. et al. : J Biol. Chem., 269 : 5241-5248

제10장 초대배양

1. 섬유아세포

可治和彦

섬유아세포(fibroblast)는, 각종장기의 실질세포의 틈새를 메우는 방추형의 중배엽유래 세포이다. 인간섬유아세포는 전형적인 세포노화를 나타내지만, 마우스 섬유아세포는 계대배양을 계속하는 동안 모두 형질전환하여 죽지 않는 세포로 된다.

10 초대배양

서론

섬유아세포는 성체 내에서는 장기의 실질세포가 없어졌을 때, 그 틈을 메운다. 이 성질은 *in vitro*에서도 유지하고, 증식능력이 매우 강하여, 각종 장기세포의 초대배양을 행하면. 용이하게 섬유아세포를 얻을 수 있다. 섬유아세포는 자신의 증식과 함께, 콜라겐 등의 세포외 매트릭스 물질을 만들어 냄으로 조직손상의 복원에 관여한다. 또한 동물개체의 발생과정에서는 조직이나 기관의 형성에 중요한 역할을 한다. 섬유아세포의 배양은 예전부터 (조직배양법이 확립된 당초부터) 행해지고 있지만, 이 세포의 숨겨진 능력은 아직 충분하게는 밝혀져있지 않다. 섬유아세포로서 배양된 세포집단 중에는, 성체줄기세포의 아집단을 포함하고 있을 가능성도 있고, 현재의 세포 생물학 수준에서 다시 논의될 가치가 있는 세포이다.

여기서는 인간태아 폐 및 성인피부의 섬유아세포와 마우스 태아 섬유아세포의 초대 배양법을 소개한다. 같은 포유류유래의 섬유아세포이면서, 계대배양을 계속하면 양자 간에서는 큰 차이를 볼 수 있다. 이것들의 비교검토와, 그 이용법에 대해서도 논한다.

원리

각종장기를 트립신 처리방법이나 out growth법으로 일반적인 MEM 용액에 10%FBS를 첨가한 배양액으로 초대배양하면, 각 조직을 구성하는 세포에 혼재하여 방추형의 세포가 출현한다.

이러한 방추형의 증식성이 강한 세포를 섬유아세포라고 부른다. 따라서 유래를 달리하는 세포종이 형태가 섬유아세포와 유사하여 비슷한 집단으로서 공존해 있는 경우도 있다.

i) 인간 성인피부 진피의 섬유아세포의 초대배양 -유주법 (out growth법)

성인의 피부와 같이 비교적 단단한 조직을 가진 경우는 유주법이 적합하다.

준비물

- 간이 외과용 메스
- 유리배양 dish
- 배양액 (MEN+10% FBS) (3장 1 참조)
- 항생물질 (페니실린스트랩토마이신)
- PBS⁻
- 70% 에탄올

Kazuhiko Kaji : Cell and Molecular Biology of Aging, Graduate School of Nutritional and Environmental Sciences, University of Shizuoka (静岡県立大学大学院生活健康科学研究科老化制御研究室)

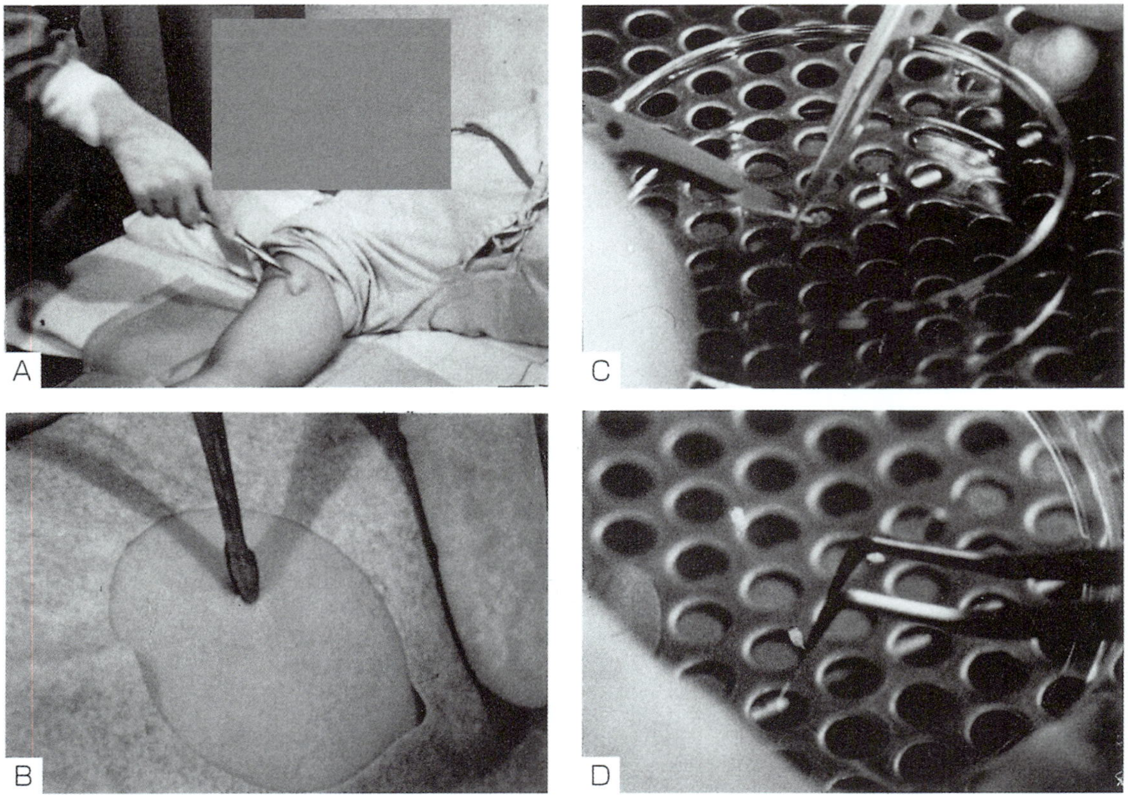

그림 1 인간 성인피부 진피의 섬유아세포의 초대배양
A) 상완내측부를 멸균한다.
B) 메스로 진피를 잘라낸다.
C) 조직을 간이 외과용 메스을 사용하여 작게 자른다.
D) 피부편을 배양접시에 접착 시킨다.

Protocol

그림 1을 참조.

① 국부 마취하여, 피부를 2 × 5 ㎜, 두께 2~3 ㎜ 정도 잘라낸다. 상완내측과 같이 통상 일광에 직접 드러나지 않는 부위가 좋다 (그림 1 A, B).

② 피부조직편의 외부를 70% 알콜로 잘 닦아내고, 피부 표면의 세부에 숨어있는 박테리아를 제거한다. 계속해서 항생물질*를 포함한 PBS⁻로 피부조직을 충분히 씻는다.

> * 항생물질: 페니실린 (100 ㎍/㎖ media), 스트렙토마이신 (100 ㎍/㎖ media),
> 이 2종을 동시에 더한다.

③ 간이 외과용 메스 2개를 사용하여, 칼 끝 부분을 교차하여 (그림 1 C) 피부조직을 글라 스 샬레위에서 약 1 ㎟로 작게 자른다. 조직을 예리하게 재빨리 잘게 자르는 것이 중요하고, 조직을 잡아 찢어서 세포를 손상해서는 안된다.

④ 일반적인 배양접시 (6 ㎝) 에 1 ㎠ 당 1~2개의 작게 자른 피부편을 조금 누르듯이 하여둔다 (그림 1 D).

⑤ 배양접시의 밑을 위로하여, 비스듬히 기울여, 크린 벤치내에서 15~20분 둔다. 조직편은 자신에게서 배어나온 조직액이 건조함에 따라 이것이 풀의 역할을 하여, 배양접시의 밑면에 단단하게 접착한다. 배어나온 조직액이 완전히 건조할 때까지 기다린다. 너무 건조하면 세포는 유주되지 않는다.

⑥ 조직편이 접착한 배양접시를 안정된 곳에 두고, 배양액 (MEN+10% FBS)를 4 ㎖넣어 조편이 부상하지 않는 것을 확인하고, 배양용의 인큐베이터에 넣는다. 부유한 조직편에서는 절대 세포를 얻을 수 없기 때문에, 이것들은 회수하고, 혈청으로 덮어 4~5의 조작을 행한다.

⑦ 수일 경과후 조직편에서 케라치노사이트가 유주 (out growth)하기 시작한다 (그림 2 A). 계속해서, 이 세포의 시트를 넘어서 섬유아세포가 나타나기 시작한다 (그림 2 B). 1주간 정도 지나면 이 섬유아세포가 급속히 증식하고, 케라티노사이트를 압도한다. 한편 케라티노사이트는 이 배양액 안에서는 칼슘 농도가 높기 때문에 신속하게 분화하고 증식을 멈춘다. 배양으로부터 2주간 계대배양을 한다 (iv에서 후술). 수회의 계대로 섬유아세포만으로 된 세포집단을 얻는다.

ii) 인간태아 폐 섬유아세포의 초대배양-트립신 처리법

부드러운 태아의 조직에서 섬유아세포를 초대배양하는 경우는, 조직을 트립신 등의 단백질 분해효소로 세포를 하나떼어 그것을 배양하는 방법이 일반적이다. 폐에서 비교적 용이하게 섬유아세포를 얻을 수 있기 때문에, 폐조직을 사용하는 경우가 많으나 (표 1), 간, 심장, 위, 피부에서도 같은 방법으로 섬유아세포를 배양 할 수 있다. 마우스 태아 (후술)나 닭배자의 섬유아세포도, 이 트립신소화법으로 초대배양을 행한다.

준비물

- 해부용구
- 간이외과용메스
- 유리샬레
- 삼각 플라스크 (30 mℓ)
- 스타라바
- 스타라, 배양액 (MEM+10% FBS)
- 항생물질
- 트립신 (0.25% in PBS^-)
- PBS^-

Protocol

① 태아 폐조직(1 cm× 1 cm)를 2개의 간이외과용 메스를 가위처럼 교차시켜, 유리샬레 위에서 잘라, 가능

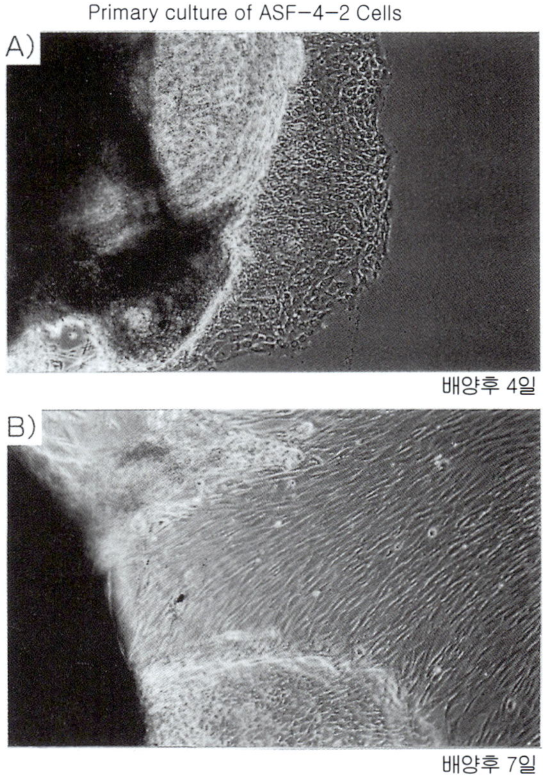

그림 2 인간 성인피부 섬유아세포의 초대배양
A) 배양 4 일째. 좌측의 조직편에서 우측으로 케라티노사이트가 유주하기 시작한다.
B) 배양 7 일째. 방추형의 섬유아세포와 아래쪽으로 분화한 케라티노사이트를 볼 수 있다.

한한 작은 조직으로 한다.

② 삼각 플라스크 (30 ㎖)에서 조직을 회수하여, PBS-(15 ㎖)를 가해, 휘저어 섞고 조직이 가라 앉는 것을 기다려 위의 맑은 것은 버린다. 이것을 3회 반복한다.

③ 트립신 (0.25 PBS^-)용액 10 ㎖를 가해, 크린벤치내에서 실온으로 20분 스타라를 사용해서 조직채 거품이 일지않는 정도로 온화하게 회전한다. 이때 스타라바를 삼각 플라스크 바닥의 중앙이 아닌 측면 가가이서 돌려 조직이 트립신에서 임의로 운동하도록 한다.

④ 혈청을 포함하는 배양액 (MEM+10% FBS)을 10 ㎖ 가해, 트립신 분해작용을 중지 (중요*), 피펫 (유리관)에서 조직분산액을 넣고 빼어, 조직에서 세포를 분

표 1 cell bank에서 입수 가능한 인간 태아 폐유래 섬유아세포

세포	성	나이	인종	세포수명 (PDL)	불사화세포주의 유무	문헌
WI-38	F	3개월	C*1	55±10	유 (WI-38 VA 13)	1
IMR-90	F	16주	C	58~71	유	3
MRC-5	M	14주	C	63	무	2
TIG-1	F	5개월	M*2	67±5	무	4
TIG-3	M	10주	M	84	유 (TS변이주)	5
TIG-7	M	11주	M	73±7	무	6

*1 코카소이드 (백인종)
*2 몽골로이드 (황색종)

산시킨다. 몇분 조용히 둔 후, 유리한 세포를 포함하여 위 맑은 것을 회수한다. 플라스크에 세포괴가 꽤 남아 있으면, 이것을 PBS-에서 3회 씻고, 거기에 신선한 트립신용액을 가해서, ③의 조작을 반복한다.

* Trypsin 작용이 있는 상태에서 피펫팅을 하면 세포가 현저하게 상한다.

⑤ 얻은 세포분산액을 원심분리하여, 세포를 펠렛으로서 회수 (원심 ; 1,000 rpm, 5분).

⑥ 배양액을 가해, 세포 펠렛을 분산시켜, 배양접시에 뿌려넣는다. 6 ㎝ 배양접시에 5~10 × 10^6 세포수가 적량이다. 배양용 인큐베이터 (37℃)에 넣어, 수일에서 1주간에 confluent가 된다. 여기서 계대배양를 행한다. 그림 3은 초대배양 24시간째의 TIG-3세포이다.

iii) 마우스 태아 섬유아세포의 초대배양-트립신 소화법

마우스 태아의 섬유아세포는 다른 세포의 증식이나 분화를 조절하는 feedor layer의 세포로서 오늘날에도 넓게 사용되고 있다. 실험재료도 쉽게 얻을수 있고, 초대배양도 어렵지 않다. 다만 수회의 계대배양 후 현저하게 증식이 줄고, 그 후 자연형질전환을하여 증식능이 강한 죽지 않는 세포가 된다. 정상적인 섬유아세포로서 사용할 때에는 초대배양과 그것에 따른 수대의 계대배양에 한한다. 또한 마우스3T3세포는 섬유아세포로 표기되어 있지만, 여러면에서 특수한 세포로 마우스 초대섬유아세포 대신으로는 이용할 수 없다.

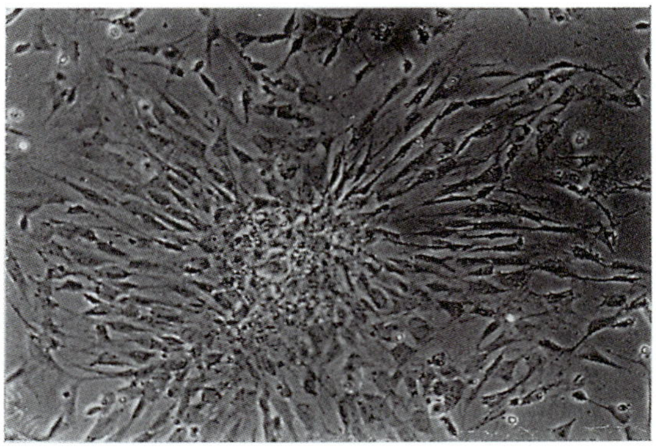

그림 3 TIG-3세포의 초대배양
배양 24시간째

준비물

ii)의 인간태아 폐 섬유아세포의 경우와 같다. 배양액도 (MEM+10% FBS) 로 좋다.
- 임신한 마우스 (10~17일째)

Protocol

① 마우스를 해부하여, 무균에서 태아를 빼낸다. 보통 수개에서 10개 정도의 태아를 얻을 수 있지만, 이것들은 따로따로 초대배양을 행하고, 각각 독립 세포계로 한다. 앞에서 논한 마우스 섬유아세포의 세포형태는, 그 변화의 시기가 세포계 또는 개체마다 다르기 때문에, 복수의 초대배양을 유지하여, 실험목적에 맞는 세포계를 선택하면 좋다.
마우스 태아를 유리 샬레 위에서 단두, 사지, 꼬리를 제외, 내장을 긁어낸다. 이렇게 해서 얻은 태아의 whole embryo를 섬유아세포를 얻는 출발 재료로

TIG-3 Cells

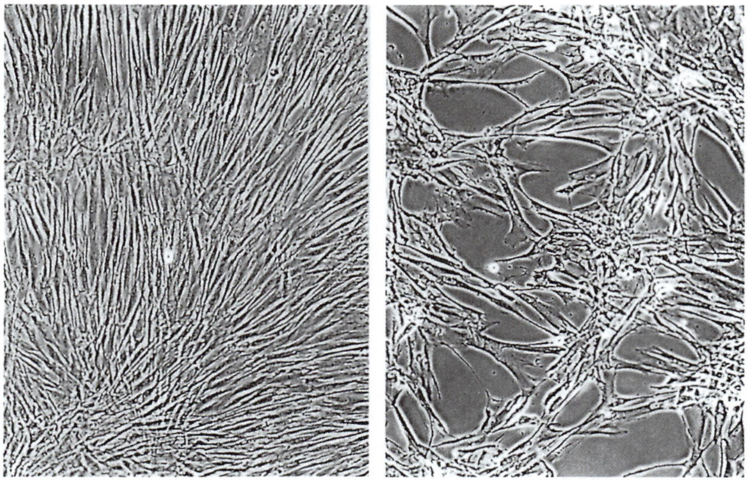

28.3 PDL　　80.5 PDL

그림 4　인간태아 폐 섬유아세포, TIG-3세포
왼쪽 그림은 28.3PDL의 젊은세포, 오른쪽 그림은 대체로 분열능을 잃은 세포 노화한 세포다.

한다.

② 이하는 전술의 인간 태아폐의 경우와 완전히 같다. 그리고 마우스 성체의 피부섬유아세포도, 인간의 경우와 같은 방법으로 유주법으로 얻을 수 있다.

iv) 섬유아세포의 계대배양

인간 섬유아세포는 초기 정상세포인 경우, 유한의 세포집단배가능력 (population doubling level : P이, 3장 5 참조) 밖에 가지고 있지 않다 (세포노화[1)~6)]). 섬유아세포만이 아니라, 정상세포의 실험에서는 계대수 (passage no.)와 PDL을 항상 기록하는 것이 긴요하다. 이와같이 정상세포의 계대배양과 배양유지, 또한 동결보존과 재 융해배양은 세포주 세포와는 다른 특성을 지니고 있다. 초대배양은 1 passage, 1 PDL로 한다. 이 배양이 콘푸루엔트가된 곳에서 계대배양를 행한다.

준비물

- Trypsin 용액 (0.25% PBS⁻)
- PBS (-)
- 배양액 (MEN+10% FBS)
- 배양접시

Protocol

① 기존의 배양액을 아스피레션으로 제거한다.

② PBS⁻로 1회 단층배양을 워싱하고, 트립신인히비타를 포함한 혈청성분을 씻어낸다.

③ 0.25% 트립신액을 가하고, 단층배양의 전면을 덮은데서 바로 이 트립신액을 아스피레션으로 제거한다. 트립신은, 얇은 필름상태에서 세포를 덮는다.

④ 배양용 인큐베이터 (37℃)에서 5~10분 조용히 둔다. 세포가 접시의 저면에서 유리한 것을확인 한 후 배양액을 가하여 세포분산액을 얻는다.

⑤ 1개의 배양접시의 세포를 4개의 배양접시에 석는다 (분할비 : split ratio=1 : 4). 여기에서 psssage no.는 2, △ PDL = 2이다. 즉 1주후에 세포는 콘푸루엔트에 도달하고, 거의 본래의 세포수에 이르지만, 이사이 2회의 세포집단배가를 행한다. 계대하고 나서 4일째에 배양액 을 교환하고, 일주일째에 다음 계대배양을 한다.

⑥ 이상의 스케쥴로 인간섬유아세포의 초대배양 (PhaseI)에서 계대배양을 계속하면, 30~40 PDL까지는 세포집단은 거의 같은세포증식을 나타낸다 (PhaseII). 그후 계대마다 세포밀도를 감하여, 50~80 PDL 로 배가능력을 잃는다 (PhaseIII). PhaseII의 세

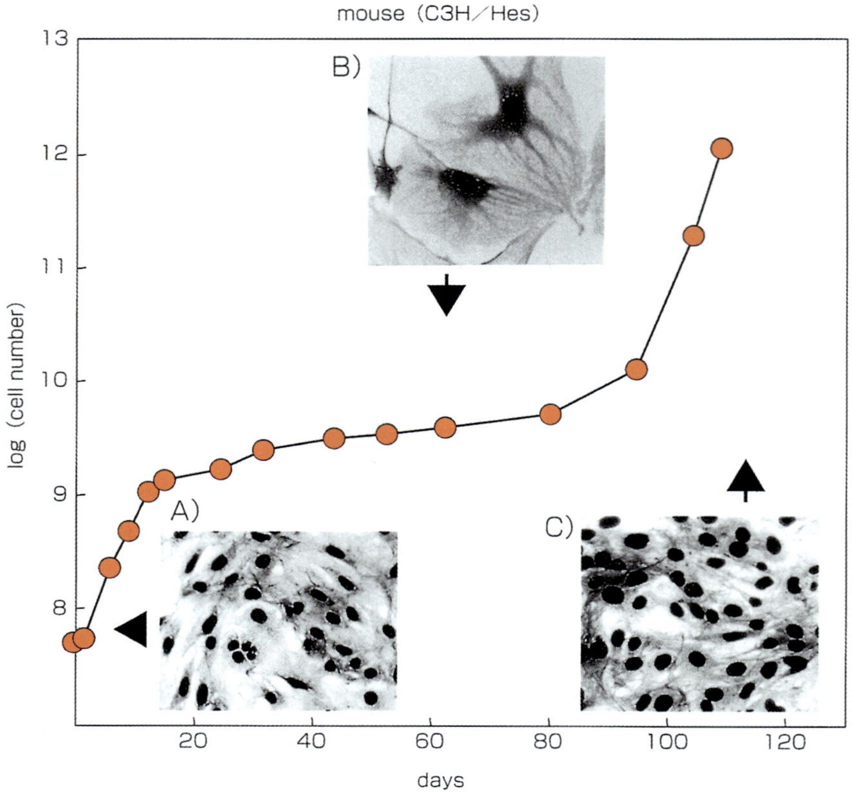

그림 5 마우스 태아의 섬유아세포의 세포가령
A) phaseII (PDL : 2) 의 섬유아세포
B) phaseIII 의 세포노화한 세포
C) 자연형질전환한 세포

포는 그 사이 같은 성질을 가지므로, 이것을 다양한 실험에 이용할 수 있다. 그림 4는, 태아 폐 섬유아세포의 PhaseII와 PhaseIII의 세포이다. 한편 마우스의 섬유아세포는 초대배양에서 수회의 계대배양 후 세포노화 (10~30 PDL)하고, 세포집단은 배가능력을 잃은 세포는 대형이 된다. 이 상태가 수 주간 계속된 후, 돌연 증식하게 되어 세포는 소형이 된다 (그림 5). 이 세포는 자연형질전환한 세포로, 죽지 않는 세포가 되어, 그후 계대배양을 거듭하면 종양형성능을 획득한다. 사실은 많은 동물종의 섬유아세포의 세포의 노령화 현상은 마우스 섬유아세포가 나타내는 패턴과 같은 것이다. 세포노화하여, 최종적으로 자연형질전환하지 않고 사멸하는 세포는 인간, 소, 닭 등 소수종에 한한다 (그림 6). Rat 섬유아세포는 명확한 PhaseIII을 나타내지 않고, 자연형질전환하는 것이 많고, PhaseII의 세포로서 사용하는 경우 주의가 필요하다.

v) 세포동결과 재융해

Protocol

① 세포동결 : 10 cm의 배양접시의 콘푸루엔트의 세포 (5~10 × 10^6 cell)을 1㎖의 동결튜브에 동결한다 (동결용액 : 배양액 ; 6, FBS ; 3, DMSO ; 1)

② 액체질소탱크에 보관한다 (-80℃는 불가).

③ 재융해 : 6cm의 배양접시에 융해한 세포를 섞는다. 동결융해조작의 과정에서 죽은 세포 및 세포의 접착면적이 줄음으로 인해 접착되지 않는 세포는 배양집단에서 제외된다. 이와 같이, 6 ㎝의 배양접시의 세포집단은 분열하지 않고 (PDL = 0) 콘푸루엔

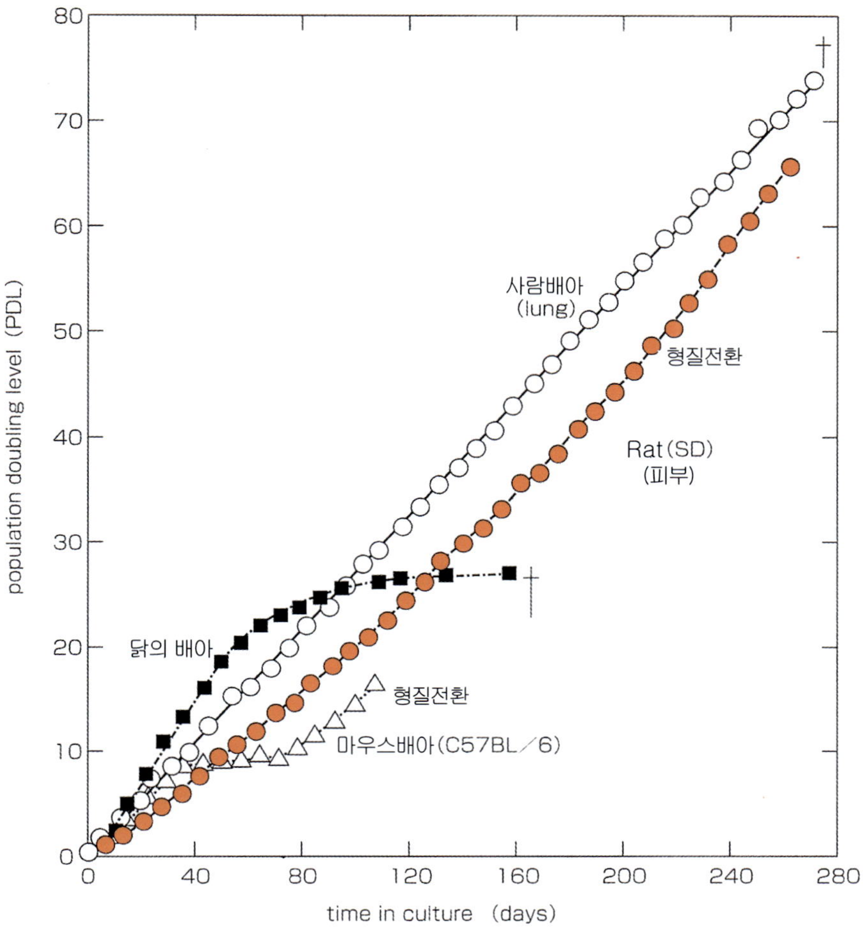

그림 6 4종의 동물 섬유아세포의 세포가령패턴 (본문 참조)
+는 세포노화를 나타낸다

트 상태로 되어 있다.

④ 수일 후, 계대배양을 행한다. 또한 분할비와 PDL의 관계는 다음식으로 계산한다.

$$\triangle PDL = \frac{\log 분할비\left(\frac{계대후\ 배양접시의\ 총면적}{계대전\ 배양접시의\ 총면적}\right)}{\log 2}$$

☞ 세포의 동결보존에 대해서는 3장 6을 참고바람.

참고문헌

1) Hayflic, L. & Moorhed, P. S. : Exp. Cell Res., 25 : 585-621, 1961

2) Jacobs, J. P. & Jones, C. et al. : Nature, 227 : 168-170, 1970

3) Nicholes, W. W. & Murphy, D. D. et al. : Science, 196 : 60-63, 1976

4) Ohashi, M. & Aizawa, S. et al. : Exp. Gerontol., 15 : 121-133, 1980

5) Matsuo, M. & Kaji, K. et al. : J. Gerontol., 37 : 33-37, 1982

6) Yamamoto, K. & Kaji, K. et al. : Exp. Gerontol, 26 : 525-540, 1991

제 10 장 초대배양

2. Keratinocyte (각화세포)

柏木麻里子

사람과 마우스의 피부로부터 Keratinocyte (각화세포)를 분리, 배양하는 방법에 대하여 소개한다.

서론

Keratinocyte (각화세포)는 몸의 표피 (피부) 또는 외부에 접촉하는 체내의 관공 (구공, 식도)의 표면을 덮는 상피세포를 가리킨다. 또한 Keratinocyte 로 구성된 상피세포층은 일반적으로 편평상피라고 불리운다.

Keratinocyte는 다층을 형성하고 견고한 조직을 구축하여 외부자극으로부터 우리 몸을 보호해 주는 역할을 한다. 피부에는 기저막에 접하는 기저층만이 세포증식능력을 가져 분열을 반복하여 분화해가며 세포를 제공한다. 세포분열은 유극층에서 정지한다. 그 상층의 과립층에는 케라트히리안 과립이 생성되고 핵은 응집하여 탈핵해 간다. 최상층의 각화층은 탈핵하여 고도의 편평화한세포가 중층한다. 또한 각화세포의 세포막은 cornified envelope (CE)라는 화학적으로 안정된 막구조로 되어 있다. 이와같이 편평상피의 분화는 분화의 진행을 층구조로 볼수가 있다는 특징을 지닌다(그림 1). 또한 분화의진행과 동반하여 단백질의 발현이 변화하기 때문에 이 마커단백질의 발현을 지표로 Keratinocyte의 분화단계를 확인하는 것이 가능하다 (그림 1).

우리가 보통 듣는 "배양" keratinocyte는 기저층에서 유래된 세포로 *in vitro*에서 왕성한 증식능력을 가진다. 이 세포는 보통 증식상태를 유지하는 조건하에서 배양되나 배양내에서도 증식정지, 분화의 과정을 추적할 수 있다. 현재는 칼슘, 레티노이드, 비타민 D, TGFβ, 홀볼에스테르, 콜레스테롤유산 등의 인자가 keratinocyte 의 분화를 유도한다고 보고되고 있다.

Keratinocyte의 분리, 배양은 1975년에 Green이, Swiss3T3세포를 feeder layer로서 이용하는 방법을 확립하였다 (그들은 6년 후 배양피부를 광범위하게 피부질환 등이 임상응용을 성공시켰다). 또한 1983년 Ham 연구팀이 세포분화를 억제하는 저 칼슘, 무혈정 배지액을 이용하는 방법을 확립시키고, 현재는 이 방법이 널리 이용되어지고 있다.

i) 사람피부 Keratinocyte - 무혈청배양법

원리

초대배양의 배지는 무혈정, 저칼슘농도가 특징인 keratinocyte growth medium (KGM)을 이용하여 증식이 왕성한 섬유아세포의 증식을 억제하고 keratinocyte 를 선별적으로 증식시키는 방법이다.

Mariko Kashiwagi : Cutaneous Biology Research Center, MGH/Harvard University (皮膚科学研究所/マサチューセッツ総合病院/ハーバード大学)

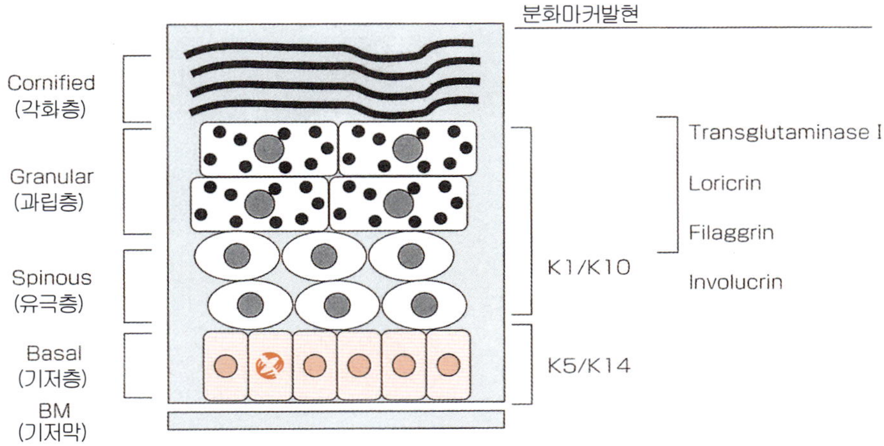

그림 1 피부구조 및 kerainocyte 분화 마커의 발현분포
BM : Basement membrane (기저막), Basal (기저층) Spinouse (유극층), Granular (과립층), Cornified (각화층)

준비물

<기구, 기계, 해부도구>

- 핀세트 (보통의 크기와 미세한 것 각각 2개)
- Mess (Surgical Blode No. 10 정도)
- 가위
- 직경이 큰 피펫트

> ☞ 해부기구는 멸균하여 사용하고 세균감염기 주의요망.

<시약·배지>

- KGM (keratinocyte growth medium)
- PBS (–)
- 0.25% trypsin
- 0.025% trypsin
- KGM

MCDB153	10.76 g	
HEPES	6.7 g	
$NaHCO_3$	1.2 g	
Insulin	5 mg	(0.5 mℓ)
Hydrocortisone	0.5 mg	(100 μℓ)
Transferrin	10 mg	(1 mℓ)
phosphorylethanolamine	14.1 mg	(100 μℓ)
EGF	10 μg	(1 mℓ)
Penicillin	100 mg	
Kanamycin	60 mg	

1ℓ의 증류수에 녹인다. NaOH로 pH를 7.4로 맞춘 후 필터멸균한다. 사용직후에 소의 뇌하수체엑기스 (BPE : 극동제약)을 40~70 mg 첨가한다. BPE를 첨가한 후에 2주간 이내로 사용한다.

- 첨가한 증식인자의 stock solution

Insulin (Sigma사, I-8822)
10 mg/mℓ in MilliQ수 + (작산) 4℃보존
Hydrocortisone
(Sigma사, H-4001) 5 mg/mℓ in EtOH −20℃보존
Transferrin
(Sigma사, T-2158) 10 mg/mℓ in PBS 4℃보존
phosphorylethanolamine
(Sigma사, P-0503) 10 mg/mℓ in MilliQ수 4℃보존
EGF
(Sigma사, E-4127) 10 μg/mℓ in PBS −20℃보존
각각 0.5 or 1 mℓ씩 분주한다.

> ☞ * 1/100 양의 초산을 첨가하는 것을 잊지 않도록! (예를 들어 100 mg의 Insulin을 용해하는 경우 MilliQ수 + (초산) (CH_3COOH) 100 μℓ

- PBS (–) : Ca^{2+}, Mg^{2+}를 포함하지 않는 PBS

NaCl	8.0 g
$NaHPO_4$	1.15 g
KCL	0.2 g
KH_2PO_4	0.2 g

1ℓ의 증류수에 녹여 autoclave로 멸균한다.

- 0.024% trypsin (0.025% trypsin/0.02% EDTA용액)

Trypsin (DIFCO사)	0.25 g
EDTA	0.2 g

1ℓ의 PBS (–)에 용해하고 필터멸균한다. 100 mℓ씩 분주하고 −20℃ 보존, 한 번 용해한 것은 4℃보존.

- 2 mg/mℓ trypsin inhibitor

trypsin inhibitor (Sigma사, T-6522) 200 mg
100 mℓ의 PBS (–)에서 용해하여 필터멸균한다. 적량씩 분주하고 −20℃보존, 한번 용해한 것은 4℃보존.

• 0.02% EDTA/PBS
EDTA
1ℓ의 PBS (–)에서 용해한 후 autoclave 멸균한다. 4℃ 보존.

Protocol

1 초대배양

i) 피부의 효소처리

① 피부에 부착되어 있는 지방조직이나 혈액을 가위, 핀세트로 물리적으로 제거한 후, PBS (-)로 3번 이상 세척을 실시한다.

> ☞ 피부는 10% FCS첨가 DMEM, KGM 또는 생리식염수를 묻인 가제로 포장하여 저온에 보관, 운반한다. 일시적으로 피부조직이나 분리세포의 활성이 저하되나 이 상태로 24시간까지는 살아있는 세포의 분리 및 배양이 가능하다.

② 소량의 PBS (-)를 넣은 멸균샤레 위에 진피층을 위로 하여 메스로 얇게 절단한다.
③ PBS (-)로 3회 이상 세척실시
④ 메스를 이용해 피부를 0.5 × 0.5 - 1 × 1 ㎝ 크기의 피부절편을 만든다.
⑤ 0.025% Trypsin 용액에서 4℃에서 24시간 처리한다.

> ☞ Trypsin 처리에 이용된 trypsin의 농도와 처리시간은 피부조직의 크기에 따라 조성해야 한다. 표피와 진피의 분리는 확실하게 이루어져야 하며, 이 단계에서 실패하면 다음날 접착된 세포는 목적의 keratinocyte를 얻지 못할 수도 있다.

ii) 세포의 분리 및 배양

① 100 ㎜ 샤레에 배지 (KGM 10 ㎖ + Trypsin inhibitor 1 ㎖)를 준비한다.
② Trypsin을 처리한 피부조직을 넣는다.
③ 핀세트로 피부의 표피와 진피를 분리한다. 트립신처리가 충분하면 표피는 시트상태로 진피로부터 분리된다.
④ 포피를 배지에서 가볍게 흔들어 세포를 배양액에 떨어뜨린 후 제거한다. 다음으로 진피표면 (표피와 접촉한 면)을 핀세트로 문질러 주고 같은 방법으로 세포를 배양액에 떨어뜨린 후 제거한다.

> ☞ 왕성한 분열능력을 지닌 keratinocyte는 분리한 표피보다 진피상층에 많이 존재하고 있음을 유의하기 바란다.

⑤ 세포를 10 ㎖의 배지가 들어있는 튜브에 옮긴다.
⑥ 원심분리 : 200~250 g, 4℃에서 5분간
⑦ 새로운 배지로 세포를 다시 부유시켜 세포수를 계산한 후 샤레에 접종한다. 5 × 10^4 개/㎠가 평균임.

60 ㎜ 샤레	100 × 10^4 개/5 ㎖
100 ㎜ 샤레	300 × 10^4 개/10 ㎖

> ☞ 초대배양시 배지에 0.5%~1% Ca^{2+} free FCS를 첨가하면 초대배양의 효율이 향상된다. 이때 불필요한 세포의 분화유도를 방지하기 위해 24간 후에 FCS를 제거해야 함.

⑧ 2일에 1회 배지를 교환한다. 배지교환시에 세포표면이 마르지 않도록 충분히 주의 요망.

2 계대배양

① 0.025% Trypsin, 0.02% EDTA/PBS를 37℃의 incubator에서 가온한다.

> ☞ Trypsin은 단기간에 일정한 효과를 얻기 위해서는 신선한 것을 사용하며, 사용전에 0.02% EDTA/PBS와 함께 충분히 가온한다.

② 배지를 흡입 제거하고, 0.02% EDTA/PBS로 2회 세척한다.
③ 0.025% Trypsin을 첨가한다 (0.5 ㎖/60 ㎜, 1 ㎖/100 ㎜ 샤레)
④ 37℃ 5% CO_2, 5분간 incubator

> ☞ 5분간 incubate한 시점에서 세포가 분리되는지를 확인하여 충분치 않으면 샤레의 밑을 두드려 세포를 부유시킨다. 분리가 어려운 경우에는 추가적으로 2분간 incubate한다. 7분간 이상의 incubate는 keratinocyte의 증식능력을 손상시킬 가능성이 높기 때문에 이 시점에서 분리되지 않는 세포를 폐기한다. 이러한 세포는 분화 경향이 강한 세포가 대부분이며, 계대배양시 trypsin에 대한 내성 여부를 주의 깊게 관찰한다.

⑤ 2 ㎎/㎖ Trypsin inhibitor를 첨가한다 (0.25 ㎖/60 ㎜, 0.5 ㎖/100 ㎜ 샤레), 배지에서 세포를 회수하여 세포수를 측정한다.

> ☞ Trypsin inhibitor의 첨가량은 제품의 trypsin 저해 능력에 따라 결정한다.

⑥ 원심분리 : 200~250 × g, 4℃에서 5분간.
⑦ 상층을 제거 후 새로운 배지를 세포를 부유한 후, 세

포를 배양한다.

60 mm dish 100 × 10^4 개/5 ml

100 mm dish 300 × 10^4 개/10 ml

memo

초대배양

초대배양 (primary culture)은 세포가 dish의 60~80% (sub-confluent) 정도에서 실시하며, 일반적으로 초대배양으로부터 7~10일째에 시행하나 세포증식이 늦은 경우에도 14일이내에서 계대배양을 실시하는 것이 좋다. 또한 keratinocyte의 증식능력은 체취한 개최의 연령에 따라 다르며, 무혈청배양법에서 유아표피는 4~6계대, 20대 성인피부는 3~5계대, 40대 성인피부는 2~4계대가 적당하다. Keratinocyte는 confluent 상태가 되면 접촉 정지상태 (contact inhibition)이 일어나, 분화 signal이 유도되기 때문에 세포의 증식능력이 매우 낮아지게 된다.

ii) 사람피부Keratinocyte – 3T3 feeder layer 법

원리

미리 dish의 표면을 Swiss3T3세포로 덮고 방사선조사 혹은 약제처리로 3T3세포의 분열증식능을 잃게 한 후 이 세포위에 keratinocyte를 분주하는 방법. 3T3세포에서 분비하는 인자가 keratinocyte의 접착 혹은 증식을 돕는 역할을 한다. 이 방법을 이용하면 3T3세포의 sheet 위에서 keratinocyte만을 증식시키기위해 3T3세포는 feeder layer (support세포층)이라 부르게 되었다.

준비물

<3T3 feeder layer용 세포>

• Swiss Albino Mouse 유래 3T3세포

☞ ATCC, 세포은행에서 입수가능

<시약·배지>

• 10% FBS 첨가 DMEM 1ℓ 이하의 것을 첨가한다.

Insulin	5 mg
Hydrocortisone	0.4 mg
Transferrin	5 mg
EGF	10 μg
Triiodothyronine	2×10^{-9} M
Cholera toxin	5 mg
Adenine	1.8×10^{-4} M
Penicillin	100 mg
karamycin	60 mg

☞ DMEM과 Ham's F12 를 3 : 1 로 혼합한 기포배지를 사용하기도 한다. 또 기초배지의 10% FBS 첨가한 DMEM 만도 증식이 가능하다. 각각의 인자를 첨가하는 것으로 세포증식을 촉진시킨다.

• 0.025% EDTA/PBS

무혈청배지법의 항을 참조.

• 0.05% Trypsin

Trypsin (DIFCO사)	0.5 g
EDTA	0.1 g

1ℓ의 PBS에 용해시킨 후 필터멸균한다.

• 200 μg/mℓ mitomycin C

mitomycin C (Sigma사 M-0503) 2 mg

PBS 10 mℓ의 PBS에서 용해하고 필터멸균한다. 0.5 mℓ 혹은 1 mℓ로 분주하여 -20℃보존.

Protocol

1 초대배양

1 일째

i) 피부의 효소처리

무혈청배지법의 항을 참조.

ii) 3T3feeder layer 준비

3T3세포를 confluent 상태의 1/3의 농도 혹은 2 × 10^4 개/cm²의 조합으로 계대배양한다.

☞ Swiss 3T3 세포는 10%FCS 첨가 DMEN을 이용해 3일에 한번 6 mm 샤레에 3 × 10^5개의 비율로 계대배양한다. 또한 이 세포는 장기간 배양하면 변형 또는 노화현상이 관찰되므로 8~12주째에서 신선한 세포로 바꾸는 것을 권장한다.

2일째

i) 3T3 feeder layer 의 처리

① 4 μg/ml mitomycin C를 첨가한 배지에 3T3세포를 2시간 처리한다.

② 배지 (mitomycin C를 포함하지 않는)에서 3회 washing한 후 새 배지를 첨가한다.

ii) Keratinocyte의 분리, 배양

① dish 에 배지를 준비한다.

② trypsin 처리 (무혈청배지법의 항 참조)한 피부세편을 옮긴다.

☞ Trypsin은 단시간에 일정의 효율을 얻기 위해 신선한 것을 사용하고 사용 전에 충분히 warming 시켜둔다.

③ 피부의 표피와 진피를 분리한다.

④ 표피를 배지에 가볍게 진탕하여 세포를 배지에 떨어뜨린 후 제거한다. 그 후 진피표면 (표피와 접촉한 면)을 pipetting 하고 같은 방법으로 세포를 배지에 떨어뜨린 후 제거한다.

⑤ 세포를 10 ㎖ 배지의 tube에 옮긴다.

⑥ 원심 : 200~250 × g, 4℃에서 5분간.

⑦ 새 배지에 세포를 다시 현탁하고 cell counting 후, feeder layer 위에 세포를 분주한다.

60 ㎜ dish 1~10 × 10^4 개/DMEM 5㎖

100 ㎜ dish 3~30 × 10^4개/DMEM 10㎖

⑧ 3일에 한번씩 media change 해준다.

2 계대배양

① 전날, 3T3 feeder layer 를 준비한다.

② 3T3 feeder layer 를 mytomycin C 처리한다.

③ 0.05% Trycine, PBS (-) 를 37℃ 항온조에서 warming 한다.

④ 배지를 aspiration 하고 PBS (-) 로 2번 washing 한다.

⑤ 0.05% Trypsin 첨가 (0.5 ㎖/60 ㎜, 1 ㎖/100 ㎜ dish)

⑥ 37℃, 5% CO_2, 10분간 Incubation

☞ 10분 이상의 Incubation하면 Keratinocyte의 증식능력이 떨어질 가능성이 높다. 이때 떨어지지 않는 세포는 계대에서 사용하지 않는다.

⑦ 배지에서 세포를 모은다.

⑧ 원심 : 200~250 × 에서 5분.

⑨ 새 배지에서 세포를 다시 현탁하고 cell counting 후 3T3 feeder layer 위에 세포를 분주한다.

60 ㎜ dish 1~10 × 10^4 개/ 5 ㎖

100 ㎜ dish 3~30 × 10^4 개/ 10 ㎖

memo

Keratinocyte가 증식했을 때 media change 나 subculture 를 할 때 0.02% EDTA 를 첨가하여 2분간 놓은 후 pipetting 한 후 3T3세포나 섬유아세포를 dish에서 제거할 수가 있다.

iii) 마우스표피 Keratinocyte

준비물

<기구, 기계, 해부도구>

- 사람 Keratinocyte의 항 참조
- 70 ㎛ cellstrainer (BD Falcon사, REF 352350)
- 50 ㎖ tube

☞ 해부용구는 멸균하여 사용하고 세균이 들어오지 않도록 충분히 주의한다.

<시약>

- mKGM (mouse keratinocye growth medium)
- PBS (-)
- type I collagen (Roch사 등)

MCDB153	10.76 g
HEPES	6.7 g
$NaHCO_3$	1.2 g
Insulin※	5 mg
Hydrocortisone	0.5 mg
phosphorylethanolamine	14.1 mg
EGF※	10 mg
Penicillin	100 mg
karamycin	60 mg
EHS extract (matrigel)	2~4 ㎖

1ℓ의 MilliQ수에 녹인다. NaOH로 pH를 7.4로 맞추고 필터멸균한다. 사용직후에 소의 뇌하수체액기스 (BPE : 극동제약) 을 40~70 mg 첨가한다. BPE를 첨가한 후에 2주간 이내로 사용한다.

- mKGM (-) : 위의 배지조성중 ※을 포함하지 않는 배지
- 0.05% Collagenase

Collagenase A (Bellinger, 103578)을 mKGM (-) 에 0.05%되도록 용해하고 필터멸균한다. 사용직후에 조제할 것.

Protocol

1 초대배양

1일째

① 신생마우스 (생후 1~3일까지)를 준비

② 에탄올흡입마취 또는 아이스에 30~60분간 활성을 억제한다.

③ 후두부, 사지, 꼬리근 부위의 등을 따라 등 부위의 피부를 제거한다.

④ PBS (-)에서 3회 이상 washing 한다.

⑤ 0.05% Collagenase를 4℃, 24시간 처리한다.

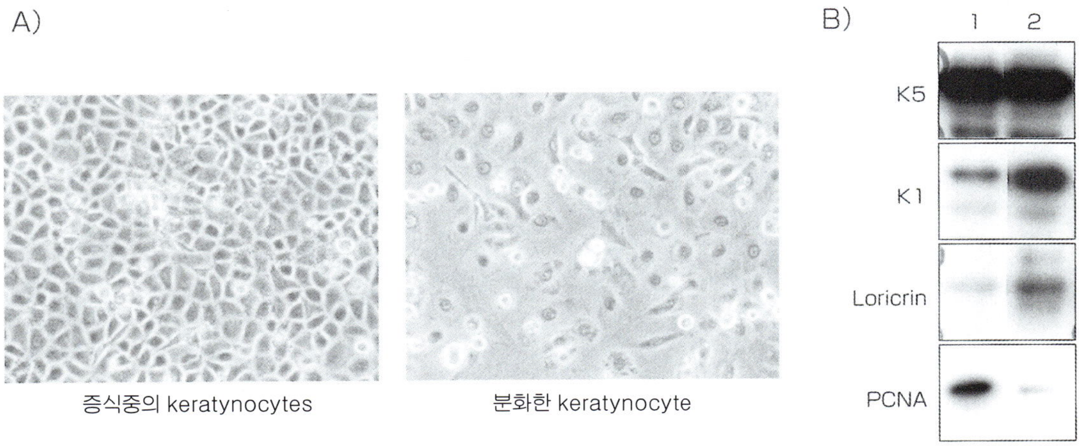

증식중의 keratynocytes　　　분화한 keratynocyte

그림 2 마우스 피부 keratynocyte 형태와 분화마커 발현

A) 증식중의 keratynocyte와 분화한 keratynocyte의 위상 현미경 관찰상. 증식중의 keratynocyte는 세포가 작고 세포경계면이 명확한 colony를 형성한다. 분화가 진행되는 세포는 세포질이나 핵이 크며 세포경계면이 불명확하다.
B) 분화 마커의 발현을 western blotting으로 확인 (1 : 증식중의 keratynocyte. 2 : 분화한 keratynocyte). 분화한 세포에서 증식 마커인 PCNA (proliferating cell nuclear antigen)의 발현이 현저하게 저하되어 분화마커인 keratin 1 (k1)이나 Loricin의 발현 증가가 관찰된다. 또한 배양세포에서 생체내와는 달리 keratin 5의 발현은 분화단계가 진행된 세포에서만 관찰된다.

10 초대배양

2일째

① dish 를 type I collagen으로 코팅한다.
② Collagenase 처리한 피부조직을 배지 (mKGM)로 옮긴다.
③ 핀셋으로 피부의 표피와 진피를 분리한다. 표피는 배지에서 가볍게 진탕하고 세포를 배지에 떨어뜨린 후 제거한다.

> 왕성한 분열능력을 가진 Keratinocyte는 분리한 표피보다 진피상층에 존재하는 경우가 많아 이곳의 세포를 살짝 배지에 떨어뜨리면 된다.

④ gauge 가 큰 pipette 로 진피가 분리되도록 pipetting 을 해준다.
⑤ 5분간 방치
⑥ 유주하는 조직을 핀셋으로 제거한다.
⑦ 0.7 ㎛의 mesh (Cellstrainer)를 통과시켜 조직을 제거한다.
⑧ 원심 : 200~250 × g, 4℃에서 5분간.
⑨ 상층액을 aspiration 하고 새 배지로 현탁한다.
60 ㎜ dish 1개당 신생마우스 2마리의 조합으로 분주한다.
⑩ 2일에 한번씩 media change 한다.

2 계대배양 (Subculture)

① 미리 배지 dish 를 type I collagen으로 코팅해 둔다.
dispase I, PBS (-)를 37℃의 항온에서 warming한다.

> dish의 코팅은 type I의 collagen을 0.3 mg/㎖ mKGM에서 제작한다.

② 배지를 aspiration 하여 PBS (-)에서 2번 washing 해준다.
③ dispase I 첨가 (400~500 ㎕/600 ㎜, 800 ㎕~1 ㎖ /100 ㎜ dish)
④ 37℃, 5% CO_2, 20분간
⑤ 배지에서 세포를 모은다.
⑥ 원심 : 200~250 × g에서 5분간.
⑦ 새 배지에서 세포를 1 : 3~5의 조합으로 희석하여 분주한다.

memo

1) 초대배양 (primary culture)에서 배지에 0.5~1% Ca^{2+} free FCS를 첨가하면 초대배양의 효과가 올라간다. 이 때 불필요한 세포의 분화를 피하기 위해 24시간 후에는 FCS를 제거한다.

2) 계대배양은 세포가 dish의 60~80% 되었을 때 한다. 마우스의 초대배양 세포는 계대배양이 어렵고 계대 후 형태변화, 세포증식능력 저하가 일어나는 일이 있기 때문에 균일한 세포상태를 유지한 초대배양 세포를 그대로 실험에 사용할 것을 추천한다.

실험예

Keratinocyte는 증식과 분화라는 상용되지 않는 성질을 가지는 세포이기 때문에 실험 전에 현미경으로 세포를 잘 관찰하고 실험에 알맞은 세포의 상태인지 판단하는 것이 중요한다. 또한 분화의 지표로서 형태변화 이외의 분화마커의 발현을 확인하는 것이 중요하다.

이하의 배양 Keratinocyte 분화에 동반반되는 형태변화 또는 분화마커의 발현을 확인한 예를 소개한다 (그림 2).

Keratinocyte과 같이 증식이 활발한 세포는 세포경계면이 확실하며 colony를 형성한다. 그러나 분화가 진행된 세포는 세포질이나 핵이 커지며 세포경계가 불명확하게 된다. 이와 같은 세포에서는 증식 마커인 PCNA의 발현이 현저하게 저하되어 분화마커인 Keratin 1 (K1)이나 Loricrin의 발현이 상승하는 것이 확인된다.

끝으로

화상이나 피부병의 치료는 이전에 근친으로부터 피부이식이나 약을 바르거나 환부주위의 피부를 떼어내어 메꾸는 등의 치료가 이루어져 왔다. 그러나 그 부위가 넓어지면 치료를 할 수가 없게 된다. 필요에 따라 피부를 배양하고자 하는 발상이 일어났으며, 최근에는 배양기술이 비약적으로 발달되며 자기 자신의 세포로 새로운 피부를 재생시킬 수 있게 되었다. 기초연구가 임상적용된 한 예이다. 그러나 상피세포의 생물학은 아직 불명확한 점이 많아 앞으로 점점 Keratinocyte를 이용한 연구가 필요한게 된 경우가 늘어가고 있다. 이제 실험을 시작하려고 하는 여러분들에게 조금이나마 도움이 되기를 바라며 이 장을 마치겠다.

참고문헌

1) Rheinwald, J. G. : Cell, 6 : 331-344, 1975

2) Rheinwald, J. G. : Method in Cell Biology, 21A : 229-254, 1980

3) Wille, J. J. : Journal of Cellular Physiology, 121 : 31-44, 1984

4) Leigh, I. M. et al. : Keratinocyte Methods : 1994

3. 간장세포

官崎正博

Rat나 인간 간장세포의 초대배양법에 관해 간세포의 분리, 특성, 분화에 대해서 기술한다.

서론

간장은 다양한 생리작용(혈청단백질합성. 혈당조절, 요소형성, 담즙형성, 해독 등)을 하고 있는 대사활성이 높은 장기이고 생체의 항상성 유지에 중요한 역할을 한다. 이러한 역할은 간장의 약 65%의 세포 수에 달하는 간세포에서 이루어지고 있다. 따라서 간세포의 초대배양계는 간장의 각 기능성과 그 조절기전에 관한 연구에 유용한 정보를 제공한다. 또한 장기재생과 발암기전에 관한 연구에도 응용 가능하다. 다음은 Rat 및 인간 간장세포의 분리와 초대 배양법에 관해서 논한다.

원리

Rat나 사람 간장을 외과수술재료로 해서 collagenase로 관류하거나 교반처리하여 분리한 간장세포를 초대배양해서 다양한 연구에 이용한다.

준비물

<재료·기구·기기>

- 동물 : Rat (생후 1주~ 3개월)
- 사람조직 : 외과수술로 절개한 간장세포절편, 사망태아의 간장 등 (동의서를 받은 후 입수)
- 해부기구 : 가위, 핀셋, 매스, 봉합계
- 관류용 기구 : 동물고정대, 제 1 칼슘 (silicon tube (외경 5 ㎜, 재경 3 ㎜) 외경 3 또는 2㎜의 polyethylen tube (외경 2 ㎜의 polyethyen tube))
- 18G 또는 24G 고정핀.
- silicon tube (외경 5 ㎜, 내경 3 ㎜)
- 페리스터 펌프 (ATTO 사 SJ-1211 등)
- 항온수조
- 간장세포분리용 용구 : glass dish, Dissecting board, (~ 핀셋) 세포유주용 여과기 (150 mesh, (~분리화 등))

<시약>

- 간장세포의 분리용 용액 : 표 1에 표지
- 혈청첨가배지 : William's medium E (WE, Sigma 사등)에 우태아혈청 (FBS, 5~10%), Insulin (1 μM), (dekisamesazon) (1μM) 등을 첨가하여 사용.
- 무혈청배지 : Hepatocyte Growth Medium (HGM) (표 2)
- Collagen (I형) : 시판 (Vitrogen 100, 제라틴), EH는 Rat 꼬리근육 Collagen 섬유를 0.1% 산성으로 가용화하여 자가조제한다.

Masahiro Miyazaki : Department of Cell Biology, Okayama University Graduate School of Medicine and Dentistry (岡山大学大学院医歯学総合研究科細胞生物学分野)

표 1 간장세포 분리에 사용되는 용액

시약	Hanks액	EGTA액	collagerase액	dispase액
NaCl	8.0	8.0	8.0	8.0
KCl	0.4	0.4	0.4	0.4
$Na_2HPO_4 \cdot 12H_2O$	0.121	0.121	0.121	0.121
KH_2PO_4	0.06	0.06	0.05	0.06
$MgSO_4 \cdot 7H_2O$	0.2	–	0.2	0.2
$CaCl_2 \cdot 2H_2O$	0.265	–	0.735 (5 mM)	0.294 (2 mM)
$NaHCO_3$	0.35	0.35	0.35	0.35
Glucose	1.0	1.0	1.0	1.0
Phenol red	0.006	0.006	0.006	0.006
HEPES	–	2.383 (10 mM)	2.383 (10 mM)	2.383 (10 mM)
EGTA	–	0.190 (0.5 mM)	–	–
Collegenase (type I)	–	–	0.5	–
Dispase (type II)	–	–	–	3.333 (1000 U/㎖)
pH	7.6	7.5	7.5	7.5

상기의 시약조성은 용액 1 triple의 조제에 필요한 gram 수이다. 여과멸균 (0.2 ㎛)한 Hanks 또는 EGTA액에 4℃ collagarase 또는 dispase액에 –20℃로 보관한다.
EGTA : ethylene glycol bis (β–aminoethyl ether) –N, N, N', N' tetraacetic acid
HEPES : N'– (2–hydroxyethyl) piperazine–N' (2–ethanesulionic acid)

표 2 Hepatocyte Growth Medium (HGM)[1)~3)]

Dulbecco's modified essential medium (DMEM)	9.5 g (glutanin, $HaHCO_2$불포함, 일수제약)
Glucose	1.25 g
Galactose	0.730 g
Omithine	0.100 g
Proline	0.030 g
Nicotinamide	0.610 g (5 mM)
Bovine serum albumin	2.0 g
Insulin–Transferrin–Selenium (ITS)[*2]	Insulin 0.01 g, Sodium selenite 0.0067 g, Transferrin 0.0055 g, Sodium pyruvate 0.11 g
Dexamethasone sodium phosphate[*3]	0.0000516 g (0.1 μM)
$ZnCl_2$	0.000544 g
$ZnSO_4 \cdot 7H_2O$	0.00075 g
$CuSO_4 \cdot 5H_2O$	0.0002 g
$MnCl_2 \cdot 4H_2O$	0.0000327 g
HEPES[*4]	2.383 g (10 mM)
$NaHCO_3$	2.0 g

상기의 시약조성은 배지 1 triple분의 제조에 필요한 gram 수이다. 배지의 pH는 1 N NaOH로 7.2로 조정한다.여과멸균 (0.2 ㎛)하여 4℃에서 보관한다. 필요에 따라 HGF (40 ng/㎖) 또는 EGF (20 ng/㎖)를 첨가한다.
*1 최종농도 2.25 g/ℓ
*2 1 ㎖중에 Doxanethasone sodium phosphate 2 ng를 포함한 제품이 시판되고 있다 (만유제약).
*3 상기조성의 × 100 용액이 시판되고 있다 (Gibco BRL사)
*4 N'– (2–hydroxyethyl) piperazine–N' (2–ethanesulionic acid)

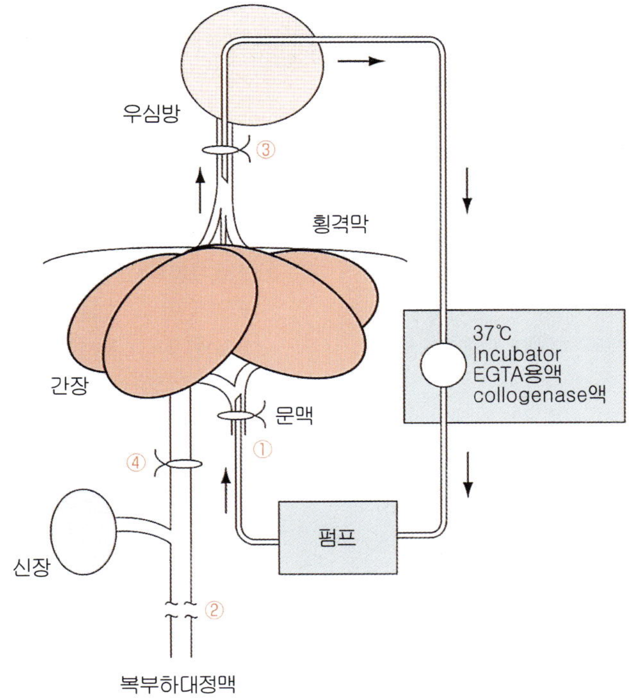

그림 1　랙트 간장 관류계 제작 순서
번호순으로 수술을 진행함. 화살표는 관류액의 흐름 순서를 말한다.

• Collagen 코팅된 dish : dish, march well, 혹은 flask에 0.3% Collagen 이 0.1 ㎖/㎠ 되도록 첨가한다. CO_2 Incubator 내에 overnight한 후 여분의 Collagen 용액을 aspiration하여 건조시킨다.

Protocol

1 성숙Rat 간장세포의 분리 (관류법)

① 성숙 Rat (2~3개월) 의 복강에 (Nenbutal) (15 ㎎/rat)로 마취하고 70% ethanol을 전신에 뿌려준다.

② Rat을 해부대에 고정하고 가위로 피부, 복근의 차례로 절개해 준다.

③ 장을 좌우측 벌리고 문맥을 노출시켜 봉합계로 루프를 만든다.

④ 문맥을 가위로 살짝 절개하여 EGTA액 (37℃)를 유속 10 ㎖/분으로 흘리면서 제 1 카데터 를 삽입한 후 봉합계로 봉합 고정한다.

· 문맥에 카데터의 삽입은 가능한 빠르게 진행한다. 간장을 출혈시키지 않도록 하는 것이 가장 중요하다.

· 성숙한 Rat 의 경우에도 어린 Rat과 같은 방법으로 위의 카뉴레 대신에 18G 고정침을 문맥 또는 흉부하 대정맥에 삽입하여 내침을 뽑아 silicon tube (외경 5 ㎜, 내경 3 ㎜) 으로 접속하여 간장을 관류할 수가 있다.

⑤ 복부하 대정맥을 봉합계의 루프로 하위로 절단하고 혈액 또는 EGTA 액을 방출시킨다.

⑥ 흉부를 절개하고 흉부하대정맥을 봉합계로 루프를 만든다.

⑦ 우심방에 가위로 살짝 절개하고 제 2 카뉴레를 우심방에서 하대정맥에 삽입하여 봉합계로 봉합 고정한다.

⑧ 복부하대정맥을 봉합하고 EGTA 액의 방출을 막아 순환관류계를 만든다. 문맥에서 주입한 EGTA액은

간장 내를 순환하는 제 2 카뉴레로 부터 유출된다.

⑨ 약 10분 후 pump를 막고 tube 를 collagenase 액 (37℃) 에 접속하여 관류를 재개한다. 최초의 약 1분, 관류액을 방출한 후 관류액을 회수하여 순환시킨다.

⑩ 10~15 분후 pump를 멈추고 간장 (녹을 정도의 상태가 될 때까지)을 가위로 절개하여 glass dish로 옮긴다.

⑪ 절개한 간장을 한 매스로 세밀히 절개하여 이것에 차가운 Hanks 액을 약 30 ㎖첨가한 후 구멍이 큰 pipette으로 조심히 pipetting 해주며 간장세포를 분리시킨다.

☞ pipetting은 gauge가 큰 pipette으로 조심히 하며 간장세포의 손실을 줄이는 것이 중요하다.

⑫ 간장세포유주액을 ice에 보존하여 분산되지 않도록 남은 간장세포에 동량의 Hanks을 첨가하여 다시 pipetting 하여 간장세포를 분리시킨다. 이것을 3~4회 반복하면 대부분의 간장세포가 분리된다.

⑬ 간장세포유주액을 150 mesh로 여과하고 이것을 저속원심 (50 × g, 3분간)한다. 상층액은 간장세포 파편과 비실질세포를 포함한다.

☞ 간장비실질세포는 간장세포부유액의 저속원심상층을 150×g로 5분간 원심하면 얻어진다. 혹은 간장세포와 혼합배양하면 실질 비실질세포간의 상호작용을 연구할 수 있다.

⑭ 심 (층)을 냉 Hanks 약으로 재분산하고 저속원심한다. 이것을 3~4회 반복하여 간장세포를 정제한다.

⑮ 최저심층을 배지에 분산하여 배양한다.

2 어린 Rat 간장세포의 분리 (관류법)

① 어린 Rat (생후1~2주) 에 넨부탈 (1.5 mg/rat)의 복강내에 투여하여 마취하고 개복한다.

② 문맥에 봉합계의 루프를 만들고 24G 고정침을 삽입한다.

③ 내침을 제거하고 봉합계로 봉합고정한다.

④ EGTA액 (37℃)을 유속 5.5㎖/분으로 흘리면서 유액 tube를 24G 고정침외통과 접촉시킨다.

⑤ 흉부를 절개하고 흉부하대정맥을 절개하고 관류액을 유출시킨다. EGTA 액에 1분간 계속 collagenase로 7.5 분간 관류하면, 간장은 녹게 된다.

⑥ 성숙한 Rat의 요령은 간장을 절개하고 glass dish에 옮긴 후, 간장세포를 분산 정제하며 배양한다.

3 사람 간장세포의 분리

i) 관류법

① 외과수술로 절개한 간장세포조직의 경우는 문맥경, 사망한 태아에서 뽑은 간장의 경우는 문맥본관 혹은 제대정맥에 24G 혹은 18G 고정침을 삽입하여 내침을 뽑아내고 봉합계로 봉합 고정한다.

② EGTA 액 (37℃)을 천천히 흘리면서 수액 silicon tube를 24G 고정침 외통과 접촉하여 유속을 10 ㎖/분으로 조정하여 15~20 분간 관류한다.

③ Collagenase sol. (37℃)에서 20~30분간 관류한다.

④ 간장조직을 glass dish에 옮긴 후 성숙 Rat과 같은 방법으로 간장세포를 분산, 정제하여 배양한다.

ii) 진탕법

① 외과수술로 절개한 간장조직절편을 매스로 세밀히 자른 후 EGTA sol. (4℃)에 분산하여, 약 30분간 진탕 혹은 교반한다.

② 천천히 원심 (50 × g, 2분간)에서 간장 조직편을 모아 collagenase sol. (37℃)에 재분산시켜 20분간 진탕 혹은 교반한다.

③ 다시 천천히 조직편을 모아 dispase 용액에 분산하고 dir 60분간 진탕 혹은 교반한다.

④ 효소 소화한 조직편을 천천히 pipetting하고 간장세포를 분리한다. 성숙한 Rat의 방법으로 간장세포를 정제하여 배양한다.

4 분리간장세포의 초대배양

① 위의 혈청첨가배지 또는 무혈청 배지에 간장세포를 분산하고 세포밀도가 5~10 × 10^4 cells/0.2 ㎖/㎠가 되도록 collagen 코팅된 dish에서 분주하고 CO_2 Incubator에 배양한다.
분주 직후의 간장세포는 구형이며 약 1시간에 대부분의 세포가 dish 표면에 접착하고 천천히 뻗는다.

② 분주 후 1~3 시간째에 신선한 배지에 옮겨 부착하지 않는 세포는 제거한다.

③ 배양 1일째에 간장세포는 섬형태의 단층을 형성한다 (그림 2). 이후, 매일 혹은 2일마다 media change 해준다.

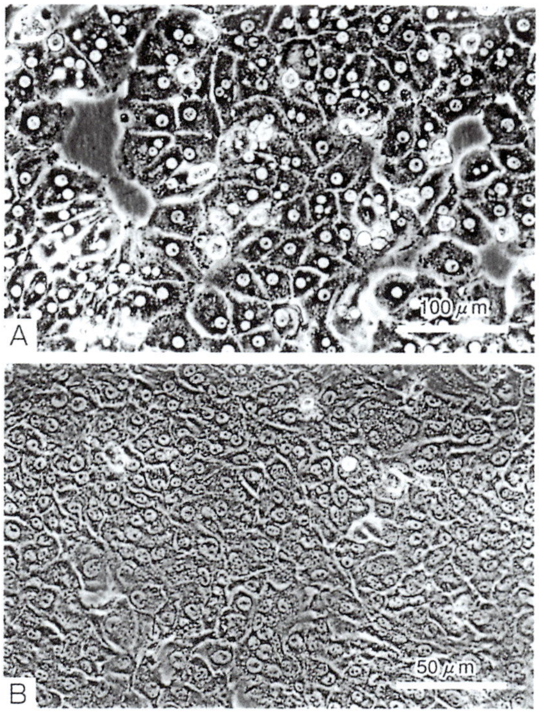

그림 2 초대배양간장세포의 위상 현미경 상
A) Collagenase 관류법에 의해서 분리된 성숙 Rat 간장세포의 초대배양 1일째. 간장세로는 다각형태로 그 세포질은 포체가 풍부해 검은 반점으로 되어 있고 1-2개의 원형핵이 관찰된다. 간장세포는 서서히 형태 변화를 일어키나 약 1주간 생존한다. bar : 100 ㎛
B) 사망 인간 태아 (21주령)에서 절단한 간장을 태반 정맥에서 collagenase 관류해 분리한 간장세포의 초대배양 4일째. 간장세포의 핵은 확실한 원형으로서 세포질은 랙트와 비슷한 형태를 지니고있다. 간장세포는 1-2주간 매우 높은 형태변화 없이 유지가능하다. bar : 100 ㎛

끝으로

사람 또는 Rat의 초대배양 간장세포는 단기간이지만 *in vivo*와 동일한 기능을 지닌다. 그러나 현재까지 이러한 초대간장세포를 계대배양하고 있지는 못하다. 가까운 미래에 계대배양이 가능하면 사람의 간장조직 제공자의 부족이나 동물보호에 관한 문제점이 해결되어 독성시험에의 응용, 바이러스 감염증 연구, 인공간장의 개발, 재약개발에의 응용, 간세포이식을 통한 간장조직 재생치료에의 응용 등 획기적인 발전이 기대된다.

memo

- 배양후의 간장세포의 상태는 배양시의 생존율에 따라 다르기 때문에 초대배양시는 트리판블루로 85~95% 이상의 생존율을 지닌 간장세포만을 사용하는 것이 좋다.
- 초대배양 간장세포는 Albumin, Transferin 등 (태아간장세포의 경우 α-Petoprotein을 포함)의 혈청 단백질의 합성과 분비, glugogen의 합성과 분해, 포도당의 생산, 해당, 요소합성, 간질합성, 담즙합성, 약물대사 등, 거의 모든 종류의 간장 기능을 발휘하며 그 레벨은 *in vivo*와 동일하다. 이러한 기능은 Rat의 경우 2~3일, 사람의 경우는 수일동안 지속되며, 이 기간중에 다양한 실험이 가능하다. 또한 배양 가장세포의 규명은 위의 기능 모두 이용가능하며, RT-PCR 또는 Nothern 방법으로 albumin, glucose-6-phosphatase, trypophane-2,3-dioxygenase, tyrosine aminotransferase 등의 유전자 발현검사, 알부민 항체 (Dako), cytokeratin-18항체 (PROGEN사)에 의한 면역세포염색법 또는 albumin ELISA 정량법 (Bethyl Laboratories사, 미국) 등이 많이 이용되고 있다.
- 성숙한 간장세포의 증식은 매우 어려우나 최근에는 완전합성배지인 간장세포증식배지 (hepatocyte growth medium : HGM)에 간장세포증식인자 (HGF)와 상피증식인자 (EGF)를 첨가해 성숙간장세포를 배양하면 간장세포는 매우 높은 증식능력을 나타내며, 암 태아성 단백질인 α-petoprotein을 발현하게 된다. 그러나 이것은 matrix 성분 단백질 또는 고농도의 phenobarbital을 넣으면 재분화한 성숙 간장세포의 형질로 바뀐다. 이 배양계는 간장세포의 증식, 탈분화, 재분화의 좋은 모델이며, 간장세포의 재생기전을 연구하는 유용한 수단이다.

참고문헌

1) 宮崎正博, 難波正義：バイオマニュアルUPシリーズ「分子生物学研究のための新 培養細胞実験法 改訂第2版」(黒木登志夫, 他 編), pp103-108, 羊土社, 1999
2) 宮崎正博, 難波正義：癌と化学療法, 19 : 1411-1419, 1992
3) 深谷憲一, 他：組織培養工学, 23 : 292-297, 1997
4) Block, G. D. et al. : J. Cell Biol., 132 : 1133-1149, 1996
5) Miyazaki, M. et al. : Biochem. Biophys. Res. Commun., 298 : 24-30, 2002
6) 宮崎正博：「細胞とバイオサイエンス」(日本組織培養学会 編), pp177-183, 朝倉書店, 1991
7) Miyazaki, M. et al. : Exp. Cell Res., 241 : 445-457, 1998
8) 日本組織培養学会 編：「組織培養の技術 第三版 基礎編」, p122, 朝倉書店, 1996

제 10 장 초대배양

4. 혈액세포

坂本明美 德救剛史

혈액세포는 다종류의 세포로 구성되어있으며 본 장에서는 면역담당세포인 임파구, 마크로파지, 수상세포에 관하여 세포를 동정하기위한 세포표면마커 및 분리기술방법, 세포배양방법에 대해 설명한다.

서론

면역담당세포는 상호간의 기능이 매우복잡하게 제어 및 연결되어있어 면역기억세포의 분화유지 기전에 영향을 미치고 있다. 또한 제어기능 파괴로 인한 가지면역질환이나 알레르기질환등이 발병하는 것으로 알려져 제어기전 해석이 임상의학 분야에서는 중요한 연구테마이다. 현시점에서 생체내의 면역세포간의 상호작용을 배양계에서 완전히 재현한다는 것은 불가능하지만 이러한 상호작용의 목적으로 세포 정제방법과 기능해석을 위한 세포배양법에 관한 필수적인 방법에 관해서 논한다.

원리

혈액세포는 말초혈, 골수과 더불어 간장, 림프절, 비장, 폐, 종양 등의 조직으로부터도 채취가능하다. 이것은 단세포 부유액을 얻어, 혈액세포를 채취한 후 면역담당세포를 분리하기위해서는 각각 특이적인 세포표면마커에 대한 항체를 이용한다. 분리는 MACS나 FACS를 이용하는 것이 일반적이다. 분리방법의 원리는 목적세포에 대한 항체를 세포부유액에 첨가하여 항체가 세포와 결합한 후 분리기계를 이용해 항체 양성 또는 음성의 세포만을 채취하는 방법이다 (표 1).

준비물

<시약>

- PBS : autoclave 멸균, 4℃ 보존
- Ficoll
- ACK buffer

처리조건 : 1 × 10^8 세포/10 mℓ의 조합으로 실온 2분 처리하여 용혈시킨다.

NH_4CL	8.29 g
$KHCO_3$	1.00 g
EDTA (disodium)	0.0372 g
Total	1 ℓ

pH 7.4 autoclave 멸균, 실온보존

- 100% Percoll

Percoll	46.25 mℓ
10 × PBS	3.6 mℓ
Sodium bicarbonate 7.5% (w/v)	0.6 mℓ

4℃보존 사용시 실온에서.

- MACS buffer

PBS	500 mℓ
우태아혈청	15 mℓ
0.5M EDTA	2 mℓ

4℃ 보존

☞ PBS, 0.5M EDTA는 autoclave 멸균한 것만 사용함.

Akemi Sakamoto, Takeshi Tokuhisa : Department of Developmental Genetics, Graduate School of Medicine, Chiba University（千葉大学大学院医学研究院分化制御学）

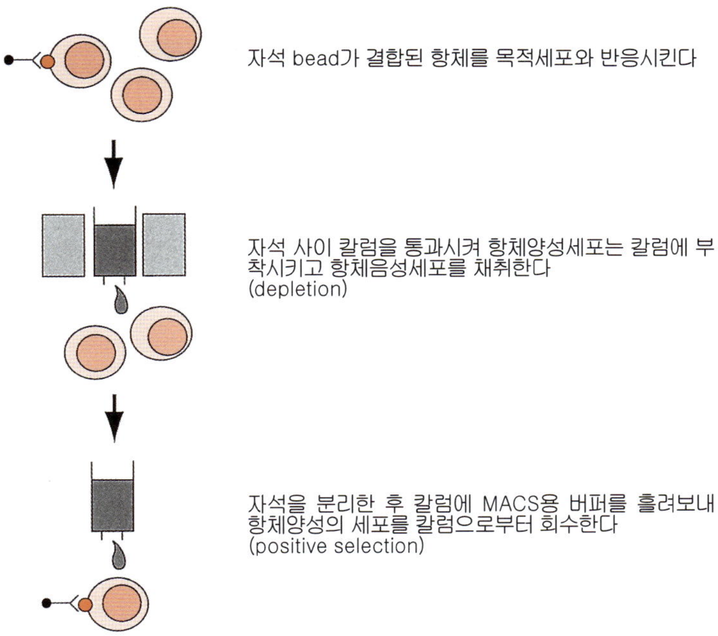

그림 1　자석의 원리를 이용한 세포분리법 (MACS)

- **Complete Medium** (최종농도)

RPMI-1640 with L-glutamine	90 mℓ	
FCS	10 mℓ	(memo 참조)
50 mM 2-mercarptoethanol (2-ME / PBS)	100 $\mu\ell$	(50 μM)
2 M HEPES/ PBS	500 $\mu\ell$	(10~25 mM)
penicillin	10 mg	(100 μg/mℓ)
streptomycin	10 mg	(100 μg/mℓ)

4℃ 보존,

- PI Buffer (Krishan's buffer)

Propidium Iodide	5 mg	(0.05 mg/mℓ)
Na Citrate	100 mg	(0.1%)
Ribonuclease A	2 mg	(0.02 mg/mℓ)
NP-40	0.3 mℓ	(0.3%)
Total	100 mℓ, pH 8.3	

4℃ 보존, 빛 차단.

- 항체 (표 1 참조)
- Magnetic bead

<세포>

- 세포를 채취할 검체

<기구, 기계>

- 자기세포분리장치 (MACS Militeryi Biotec I Mag, BD Pharmingen사)
- Flow cytometer (FACS Vanatage SE, BD사) (4장 3 참조)
- CO_2 Incubator

> ***memo***
>
> FBS 가열처리는 (보체의 비동화) 는 보체성분인 C1q, B인자를 불활성화 시켜 보체활성화경로의 반응을 저지하기 위함이며 혈구계세포의 배양에는 필수이다. 동결혈청을 해동하여 56℃의 항온조에서 30분간 가열한다. 이 때, 장시간고열에 두면 유효성분이 가열 분해되기 때문에 주의한다. 혈청은 멸균 병에 분주 후 -20℃에서 보관한다. 혈청은 이미 멸균하였지만 필요하면 0.45㎛ 이상으로 filtering을 한다.

Protocol

1 혈액세포의 분리방법

i) 혈액세포의 분리방법

소량 (3 ㎖이하) 의 헤파린 첨가한 말초혈로부터 그대로 세포를 분리해 내는 자기세포분리 시스템이 이미 개발되었다. (Whole Blood CD3 Micro Beads 등 : Milteryi Biotec) 다량의 혈액에서 말초단핵구를 분리하

표 1　혈구계세포 마커와 분리용 항체

	세포	Marker	Positive Selection	Depletion
사람	T 세포	CD3	CD3	CD14, CD16, CD19, CD56, CD36, CD123, CD235/a
	CD4+T 세포	CD4	CD4	CD8, CD14, CD16, CD19, CD56, CD36, CD123, TCR γ/δ, CD235a
	CD8+T 세포	CD8	CD8	CD4, CD14, CD16, CD19, CD56, CD36, CD123, TCR γ/δ, CD235a
	NK 세포	CD56	CD56	CD3, CD4, CD14, CD15, CD19, CD36, CD123, CD235a
	B 세포	CD19/CD20[*1]	CD19/CD20	CD2, CD14, CD16, CD36, CD43, CD235a
	단구/수상세포/M ϕ	CD11b/CD14	CD11b/CD14	CD3, CD7, CD16, CD19, CD56, CD123, CD235a
	호중구/호산구	CD15	CD15	
	호산구	CD16	CD16	
	호염기구	CD123+BDCA-2⁻		CD3, CD7, CD14, CD15, CD16, CD36, CD45RA, HLA-DR
마우스	T 세포	CD90 (Thy1)	CD90	CD45R, CD49b, CD11b, Ter-119
	CD4+T 세포	CD4	CD4	CD8a, CD45R, CD49b, CD11b, Ter-119
	CD8+T 세포	CD8	CD8	CD4, CD45R, CD49b, CD11b, Ter-119
	NK 세포	CD49b (DX5)	CD49b	CD19, CD4, CD8a, CD5, Ly-6G, Ter-119
	B 세포	CD45Rb/CD19[*2]	CD45Rb/CD19	CD43[*1]
	수상세포	CD11c	CD11c	
	M ϕ	CD11b	CD11b	

*1 : 같이 preB 세포로부터 분화과정에서 발현된다. 형질세포에는 발현되지 않음.
*2 : 같이 proB 세포에서 분화과정에서 발현된다. 형질세포에는 발현되지 않음.
*3 : CD43은 거의 모든 백혈구와 활성화 B, 형질세포, B-1 세포에서 양성이기 때문에 naiveB 세포가 회수된다.

는 경우에는 먼저 단핵구를 분리하는 것이 일반적이다.

> *1 상층의 혈청은 aspiration 하나 Ficoll층도 함께 채취할 경우, 다음 step의 세포가 다시 가라안지 않기 때문에 되도록 Ficoll은 혼합되지 않도록 주의한다.

① Heparin 첨가 말초혈을 PBS에서 2배로 해석하고 pipette으로 조심히 Ficoll 위에서 중층 후 (Ficoll : 희석혈액=1 : 2~1 : 1), 원심하고 (실온 2,200 rpm 20분) 원심분리 후 하층에서 적혈구와 과립구, Ficoll, 단핵구, 혈청의 순서로 중층되므로 단핵구의 층 안의 중간층을 pasteur로 천천히 채취한다.

② 채취한 유주단핵구는 PBS를 추가하여 원심 (4℃, 1,200 rpm 5분) 분리한다. 적혈구가 혼합되었을 경우에는 ACK buffer를 추가하여 교반한 후 실온에서 2분간 용혈한다. 재차 PBS로 washing한다. 얻어진 pellet 이 말초혈단핵구이다. 이 안에 T, B, NK, NKT 세포, 단구 등이 포함되어 있다.

ii) 마우스 말초혈로부터 단핵구의 분리

헤파린PBS 안에서 채혈하거나 Ficoll에서도 분리가 능하다. 백혈구성분으로 채취할 경우에는 헤파린 첨가액을 PBS로 washing한 후 lysis시켜 사용해도 좋다.

iii) 마우스 비장, 흉선, 림파절의 백혈구의 분리

각각의 장기를 PBS에 petri dish에 채취하여 PBS를 첨가하면서 2~3 ㎖용의 주사기의 내통으로 조심히

표 2　T 세포증식 자극방법

항체/약제	최종온도	자극의 종류 및 공자극물질
PMA	1~10 ng/㎖	(공) Ionomycin ; PKC activator
Ionomycin	200~500 ng/㎖	(공) PMA ; calcium ionophore
Con A	1~10 ㎍/㎖	indirect TCR cross-linking
PHA	1~5 ㎍/㎖	indirect TCR cross-linking
Anti-CD3	0.1~10 ㎍/㎖	plate-bound ; direct TCR cross-linking
Anti-TCR-$\alpha\beta$	0.1~100 ㎍/㎖	plate-bound ; direct TCR cross-linking
Anti-TCR-$\gamma\delta$	0.1~100 ㎍/㎖	plate-bound ; direct TCR cross-linking
Peptide	1~10 ㎍/㎖	APCI세포에 pulse; direct TCR cross-linking
Peptide/tetramer	1~10 ㎍/㎖	plate-bound ; direct TCR cross-linking

갈아서 mesh로 filiteration한다. 채취한 세포는 PBS로 washing한다. 비장은 다량의 적혈구가 혼합되어 있어 lysis하고 또는 채취 시에 출혈상태에서도 lysis해도 좋다.

iv) 마우스 간장의 백혈구의 채취

간장을 mesh로 갈아 single cell를 PBS로 washing 한다. pellet을 RPMI midea 30 ㎖로 suspension시켜 15㎖의 100% Percoll을 첨가한 후 vortexing한다. 그 후 원심분리 (실온 2,000 rpm, 15분)하여 pellete을 얻는다. 이 pellet 안에는 백혈구와 적혈구가 포함되어 있으므로 lysis하여 백혈구를 채취한다.

v) 마우스 폐, 취장, 신장, 피부등의 백혈구 채취

collagenase 1 ㎎/㎖ PBS에 2~3 ㎜의 cut한 장기를 넣어 37℃에서 1~ 수시간동안 반응시킨다. 반응 후의 조직을 mesh로 갈아 single cell을 얻는다. 간장의 경우와 같은 방법으로 Percoll을 이용하여 백혈구 분획을 얻는다.

2 백혈구에서 표적세포의 분리, 채취

얻어진 백혈구에서 표적세포를 분리하는 경우, 특이적인 항체를 이용하여 채취한다. 현재에는 여러 가지 자기세포분리 시스템 (Magnetic Cell Sorting : MACS)가 개발되었고 kit도 판매되고 있다. 기본적으로 이하의 2종류의 채취방법이 있다. 여기서 CD4 양성T 세포를 분리하는 경우를 예로 든다.

i) positive selection

백혈구를 MACS buffer에 suspension하여 biotin 첨가 항CD4항체와 reaction시킨다 (4℃, 30분). 세포와 결합하지 않고 남은 항체를 PBS로 washing하고 다시 MACS buffer에서 suspension시켜 1/10 양의 avidin 첨가한 MACS beads를 첨가하고 교반 후, 4℃에서 15분간 둔다. beads를 세포표면의 항체에 부착시킨다. 세포를 자석 존재하에서 MACS column을 통과시켜 beads에 부착한 CD4양성세포를 column 안에 붙인다. 또한 column의 용량의 3배 이상의 MACS buffer를 흘려서 column에 부착하지 않은 CD4 양성세포를 column에서 제거한다. 다음에 column을 자기에서 떼어 MACS buffer를 흘려 column에 부착한 CD34 양성세포를 채취한다.

☞ *2 미리 column에서 사용하는 MACS buffer 를 흘려 놓는다. 또한 MACS buffer 는 4℃에서 차갑게 사용한다.

ii) Depletion

제거하고자 하는 세포는 biotin 첨가 항체를 가하여 반응시킨다. (4℃, 30분) 제거한 항체를 washing 하고 avidin 첨가 MACS beads를 세포표면의 항체에 부착시킨다. 자기 하에서 MACS column을 통과시켜 항체양성세포를 column에 부착시켜 항체에 붙지 않은 CD4 양성세포를 MACS buffer로 column에서 채취한다.

양 방법으로 분리한 세포는 media로 washing하고 배양한다. 또한 분획을 하고 싶은 경우에는 형광색소를 붙인 항체를 부착시켜 flow cytometry로 분리한다. 각종세포의 마커와 positive selection 또는 depletion 할 때 사용되는 항체를 표로 나타내었다 (표 1).

☞ *3 세포는 기능적으로 세포증식능력, cytokine 생산능력, 세포장애활성의 평가, 항원제시세포와의 공배양 등에 사용된다. 그러나 표면 분자에 직접 표지에 의한 목적세포를 자극을 주지 않는 경우에는 후자가 좋다. depletion용으로는 항체를 혼합한 kit 가 판매되고 있다 (MACS, IMAG). FITC 부가 항체에는 항 FITC 항체 beads, PE 부가 항체에는 항 PE 항체 beads를 사용할 수 있다. 미리 column에 MACS buffer를 통과시켜 둔다. 또한 MACS buffer는 4℃에서 차갑게 사용한다.

3 분리세포의 배양과 활성화

i) T림파구의 배양과 활성화 (표 2)

채취한 T 세포는 Complete Medium에 suspension하고, 5×10^5~2×10^6 cells/㎖의 최종농도가 되도록 culture plate에서 배양한다. 목적에 따라 복수의 자극을 사용하는 방법도 있다.

① 항CD3ε항체에 의한 활성화

항CD3ε항체는 일반적으로 고체화하여 사용한다. 항CD3ε항체를 10 ㎍/㎖ in PBS에서 희석한다. 바닥이 액체로 덮일 만큼의 항체를 각 well에 넣고 37℃에서 30~120분 혹은 4℃에서 overnight하고 항체를 well에 부착시킨다. 사용 직전에 항체가 포함된 액체를 well에서 제거하고, PBS로 well을 washing한 후 T 세포 부유액을 각 well에 분주한다. 필요에 따라 항CD28항체 (1~2 ㎍/㎖)을 첨가하여 병용한다. 자극된 T세포는 일반적으로는 48시간 후에 항체자극을 제거하기 위하여 다른 well에 옮긴다. 3일마다 IL-2를 25~50 U/㎖씩 첨가하며 배양한다. 항 TCR 항체나 peptide가 첨가된 MHC-Class I -tetramer로 자극하는 경우도 고체화한다.

② PMA/ Ionomycin, Con A, PHA에 의한 자극

이 약물은 배양 상층액에 첨가하여 사용한다 (표 2).

③ Peptide에 의한 자극

T 세포를 항원제시세포와 공배양하며 peptide를 첨가한다. 항원제시세포로서 사람의 경우는 1,000~2,000 rad 방사선조사한 동일인의 말초혈단핵구를, 마우스의 경우는 2,000~3,000 rad 방사선조사한 비장백혈구를 5×10^4~2×10^5 cells/ ㎖을 이용한다. 활성화 T세포의 기능은 세포증식능력이나 cytokine의 생산능력 등으로 해석된다.

ii) B 림프구의 배양과 활성화

B세포의 배양은 세포수 등 모든 T 세포와 동일하다. 그 기능 평가로서의 활성화, 증식, 분화, 항체생산능력은 여러 자극과 그 조합으로 비교 검토된다. 자극으로 사용된 것으로써 anti-IgM (0.1~100 ㎍/㎖), LPS (E.coli : 1~100 ㎍/㎖), IL-4 (10~100 ㎍/㎖), anti-CD40 (10~100 ㎍/㎖) 등이 있다. 이 자극물을 5×10^5~2×10^6/㎖의 B세포에 혼합하여 배양한다.

iii) Macropharge의 배양과 활성화

분리한 macropharge는 1×10^6/㎖의 농도로 10% FBS-DMEM medium에서 배양한다. Macropharge의 활성화는 배양계에 IFN-γ 0.1~10 U/㎖ 혹은 LPS 0.1~10 ng/㎖ 첨가자극을 유도한다. 세포의 기능은 포식능력, 항원제시능력, 세포장애활성 등으로 해석된다.

iv) 수상세포의 배양과 활성화

분리한 수상세포는 1,000 U/㎖의 GM-CSF를 포함한 complete medium에서 배양할 수 있다. 또 마우스 골수세포를 GM-CSF 1,000 U/㎖에 약 7일간 배양하여 수상세포로 유도할 수 있다. 얻어진 미분화 수상세포의 활성화는 LPS 1~10 ㎍/㎖ 등의 첨가나, necrotic cell의 포식을 유도할 수 있다. 수상세포의 기능은 항원제시능력 또는 IL-12, IFN-γ 생산능력 등으로 판단한다.

실험예

마우스 림프구의 활성화를 비교한 실험을 예로 들어 구체적인 방법을 제시한다.

① 마우스 비장의 CD8 양성림파구의 채취

마우스 비장 하나에서 얻은 부유세포를 ACK buffer 3 ㎖에서 lysis한 후 PBS로 washing 한다. 1 ㎖의 MACS buffer를 부유시키고 biotin 항 CD8항체 (1 ㎍/㎖)를 부착시킨다 (4℃, 30분). PBS에서 2번 washing하고 최종적으로 세포를 270 ㎕ 의 MACS buffer에 부유시켜 30 ㎕의 avidin beads를 첨가하여 잘 교반한 후 둔다 (4℃, 15분). 그 후 세포부유액을 1 ㎖의 MACS buffer에 넣고 모두 자기하의 column에 주입시킨다. CD8 양성T 세포만을 column에 부착시켜 음성세포를 6 ㎖의 MACS buffer로 washing 한다. 그 후 column을 자기에서 빼 6 ㎖의 MACS buffer를 column에 흘려 CD8 양성세포를 유출시켜 채취한다.

② 마우스 비장유래CD8T 세포의 Negative와 Memory 표현형CD8T세포의 분리

①의 방법으로 채취한 CD8T세포를 APC-항CD44항체, FITC-항Ly-6항체, avidin-PE로 염색하고 (4℃, 30분), Flow cytometry meter로 Negative CD8T ($CD44^-$, $Ly6C^-$) 세포와 Memory 표현형CD8T($CD44^-$, $Ly6C^-$)세포를 분리한다 (그림 2A).

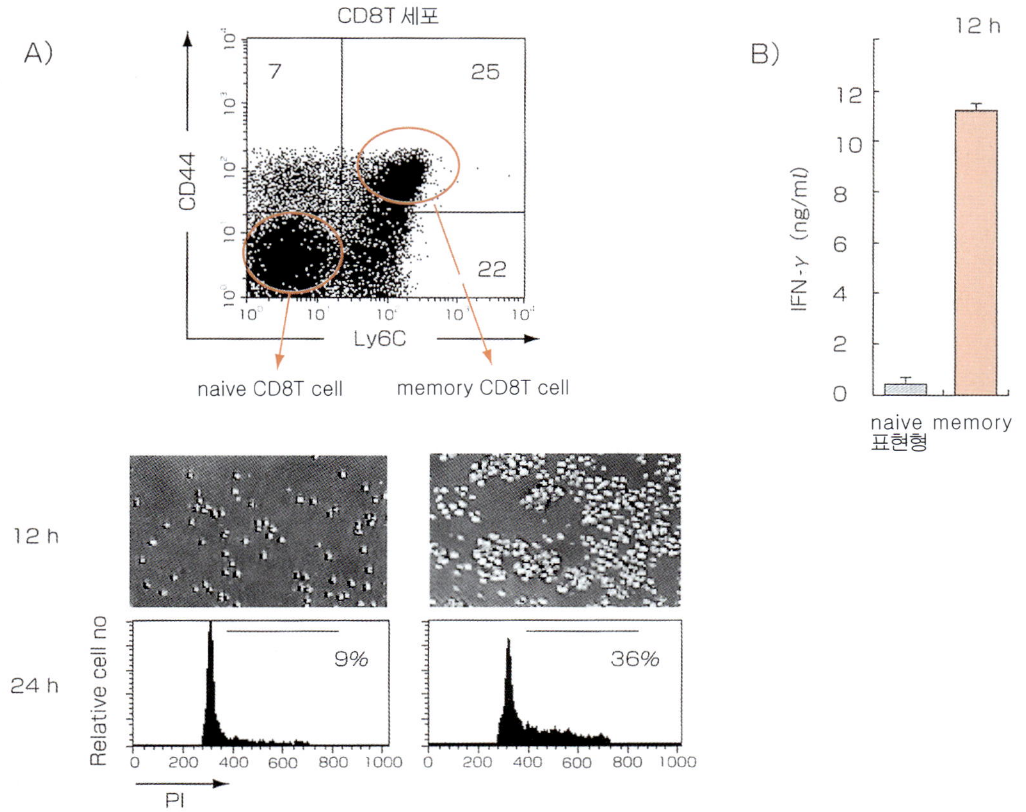

그림 2 마우스 CD8T세포 기능분석
분리된 naive 또는 memory CD8T 세포를 고착화 항CD3 항체(10 μg/mℓ), 항CD28항체 (1 μg/mℓ)로 활성화하고 세포증식능력 (A)과 IFN−r 생산능력 (B)를 분석하였다. 자극의 종류: 항CD3 항체 (10 μg/mℓ), 항CD28 항체 (1 μg/mℓ)

③ 마우스 비장유래CD8T세포의 증식능력, IFN-γ 생산 능력의 해석

②의 방법으로 채취한 CD8T 세포를 complete medium에 부유시켜 먼저 overnight해 놓은 10 μg/mℓ항CD3항체를 고체화한 96well 배양 plate에 5×10^4/well 의 세포농도로 넣어 1 μg/mℓ의 항CD28항체를 첨가한다. 이 culture dish를 37℃, 5% CO_2의 배양기에 둔다. 12시간 후에 세포를 관찰하여 (그림 2A) 배양상층의 일부를 채취하여 ELISA 법으로 IFN−γ의 농도를 측정한다 (그림 2B). 또한 배양개시 24시간 후에 배양세포를 회수하여 DNA 염색용의 PI buffer에 부유시켜 Flow cytometry에서 세포증식능력을 cell cycle Assay로 확인한다 (그림 2A). naive CD8T 세포(9%)와 비교하여 memory 표현형CD8T 세포는 증식능력도 강하여 (36%) IFN−γ생산능력도 항진하고 있다.

끝으로

본장에서는 임프구를 중심으로 분리와 세포배양법에 관해서 논하였다. 배양에서의 세포와 액성 인자에는 한계가 있기 때문에 얻어진 결과가 생체 내에서 재현되지 않을 가능성도 있다는 것을 염두에 두고 생리적인 의의를 판단해야한다. 현재 마우스를 이용한 실험계에서 개발된 시스템이 이용되기 때문에 순도가 높은 세포를 재차 마우스에 이식하여 세포의 기능을 생체 내에서 재평가하는 방법도 이용되고 있다. 배양에 의한 실험 결과와 분리된 세포의 생체이식을 통한 동물개체 내에서의 생리적 기능평가는 특정인자의 병리적인 기능 연구과 규명에 응용가능하다.

참고문헌

1) Joseph, C. et al. : Science, 300 : 339-342, 2003

2) Sakaguchi, S. et al. : Cell, 101 : 455-458, 2000

3) Sumida, T. et al. : J. Exp. Med., 182 : 1163-1168, 1995

4) Sakamoto, A. et al. : immunology, 83 : 540-544, 1994

5) Inaba, K. et al. : J. Exp. Med., 176 : 1693-1702, 1992

6) Ichii, H. et al. : Nat. Immunol., 3 : 558-563, 2002

7) 高津聖志, 他 編：注目のバイオ実験シリーズ「タンパク質実験のための抗体実験マニュアル」, 羊土社, 2004

제 10 장 초대배양

5. 신경세포

藤田惠理子　挑井 陸

뇌조직의 각 신경영역에서의 신경세포기능연구를 위해 피질, 해마, 선조체 등의 신경핵 영역을 분리해, 신경세포를 polyethlenimine을 코팅한 세포배양 dish에 배양하여 각각의 세포기능을 연구하는 것이 필요하다.

서론

뇌조직 연구는 그 연구에 따라 최적의 실험시스템에서 행해져야 하나, 반드시 초대배양 신경세포가 실험계로서 우수하다고는 할 수 없다. 특히 신경과학 영역에서 뇌를 손상하지 않고 연구될 수 있어야 하나 신경회로를 중심으로 한 뇌의 고차원적인 기능에 관한 연구는 fMRI(fucntional magnetic resonance imaging: 뇌자기공명영상장치)를 이용한 뇌조직 분석 및 뇌절편을 이용한 실험이 주목을 받고 있다. 또한 신경세포가 지니고 있는 신생돌기생성, 정보전달, 세포사멸의 분자기전에 관한 연구는 Rat의 PC123,NG108 세포나 신경분화능력을 지닌 마우스 P19EC세포, 사람 SY5Y 세포 등의 세포주가 넓게 이용되고 있다. 한편 시냅스형성의 세포생물학, 분자생물학적인 연구에는 초대배양의 신경세포를 이용한 실험이 중요한 의의를 지니고 있다. 뇌 형성 과정의 program 세포사멸, 뇌의 각 신경영역을 구성하는 신경세포의 약물반응이나 신경전달물질에 대한 반응성의 차이를 규명하는 것은 세포주를 이용한 실험으로는 불가능하며 신경 핵이 명확한 마우스나 Rat 태아 15일 이후의 뇌조직으로부터 피질, 해마, 선조체등의 각 부위에서 추출된 신경세포의 초대배양을 실험계로서 사용해 분석해야한다. 그러나 신경세포의 세포생물학적인 연구를 수행할 시에는 태아 13일경의 뇌 전체로부터 신경세포를 분리해 연구재료로 이용하는 것이 바람직하다.

원리

미리 culture dish를 코팅하고 임신한 동물의 태아, 뇌를 채취하여 high glucose 농도의 배지에 신경세포를 배양한다.

준비물

<임신한 동물 (Rat, Mice)>

본 연구실에서는 주로 외부에서 주문하고 있다. 또한 일부 입수하기 어려운 종에 대해서는 전용시설에서 사육하여 male과 female을 교배시켜 사용하고 있다. 업자에게 주문할 경우는 업자마다의 교배일을 확인하는 것이 필요하다 (요일에 따라 입수 가능한 태자령이 제한되어 있는 경우가 많기 때문이다). 배아 12일 이하는 동물의 외향이나 접촉으로 임신을 확인할 수 있으나 이전에는 교배그래프만으로 확인하였기 때문에 임신하지 않은 경우도 있어 주의가 필요하다.

<시약과 기구>

1) 배아뇌의 채취

- Di-ethyl ethanol
- 70 ethanol

Eriko Fujita, Takashi Momoi : Division of Development and Differentiation, National Institute of Neuroscience, NCNP（国立精神・神経センター神経研究所疾病研究第五部）

- Phosphate-buffered saline (PBS)
- 마취용용기 (di-ethyl-ethanol로 Rat, Mice 를 마취한다)
- 해부대
- 가위, 핀셋2조 (임신한 동물의 자궁, 자궁의 태아를 꺼낼 때 이용)
- 가위 (소형) 1본, 끝이 날카로운 핀셋 (INOX, No.5) 2본 (자궁의 태아를 꺼낼 때 이용) 앞이 굽은 핀셋 (INOX, No.7) 1본 (태아 뇌를 꺼낼 때 이용)
- 매스 1 본 (뇌의 특정부위를 채취할 때 이용)
- culture dish (직경 10cm)

☞ 해부대, 가위, 핀셋, 은 미리 건조 멸균해 둘 것.

2) 신경세포배양

- 멸균 증류수
- 배지
  High glucose (HG)-Dulbeco minimum essential medium (D-MEM)(GIBCO사)
  배양시에는 최종농도로 10%가 되도록 FBS를 첨가하여 사용한다.
- PEI (polyethylenimine)용액
  30% polyethylenimine (나카라이 테스크, 153-15)를 0.15 M 붕산완충액으로 희석하고 최종농도 0.05% polyethylenimine 용액을 작성하여 0.22 ㎛ 필터로 여과 멸균한다.
- Trypsin 용액
  Trypsin (Difco 사, 1 : 250)을 PBS로 녹인다 (2.5%). 필터멸균 후 1 ㎖ 씩 분주하여 -20℃에 보존한다. 사용시에는 HG-D-MEM에 1/10을 첨가해 이용한다 (최종농도0.25%).
- DNasa I 용액
  DNasa I (Sigma 사, D-0751)을 멸균한 후 1㎖ 씩 분주하여 -20℃에 보존한다.
  사용 시에는 HG-DMEM에 1/100 양을 첨가하여 이용한다 (최종농도 0.01%).
- Cytosin-D-Alabinofulaside (Ara-C, Sigma사, C1768) 멸균증류수로 녹이고 필터멸균한 후 -20℃에 보존한다.
- 멸균세균 plastic tube
- 50 ㎖ 멸균 plastic tube
- 10 ㎖ 멸균 눈금 plastic 원심관
- 10 ㎖ 멸균 pipette (glass제는 세포가 부착하기 쉽기 때문에 plastic disposal pipette으로 해도 좋다.
- autoclave
- cell strainer (세포괴를 제거하기 위한 mesh, Falcon 사, 2350)

<장치, 기구>

- 실체현미경
- Clean bench
- 세포배양용 CO_2 Incubator

Protocol

1 culture dish의 코팅

PEI (polyethylenimine)용액을 사용하는 culture dish의 바닥이 차일정도로 채우고 3시간 이전에 준비해 둔다 (가능하면 overnight 하는 편이 좋다). 멸균증류수로 3회 washing 한 후 HG-D-MEM을 주입한다.

☞ PEI (polyethylenimine)은 독성이 강하기 때문에 washing 이 불 충분한 경우에는 세포가 죽을 수 있다.

2 태아의 채취 방법

① 마취용 용기에 di-ethylether를 염색시킨 스팀타월 등으로 싸서 임신한 동물을 넣어 뚜껑을 닫는다. 마취한 동물을 꺼내어 해부대에 올려둔다. 해부 중에 깨어나지 않도록 di-ethylether를 함유한 kimwipes 나 탈지섬 등을 50㎖ plastic tube 에 넣어 이 tube를 임신한 동물의 입을 감싼다.

② 임신한 동물의 복부에 70% ethanol로 소독한 후 핀셋으로 복부의 피부를 집어올려 가위로 내피가 잘라지지 않도록 복부부터 흉부까지 피부를 자른다.

☞ 되도록이면 Clean bench 내에서 하는 편이 좋다.

③ 다른 가위, 핀셋으로 내피를 크게 잘라 장이 다치지 않도록 자궁을 잘라낸다. 태아의 개체와 개체 사이를 핀셋으로 모아 결합조직을 가위로 자르면서 꺼낸다. 채취한 자궁은 미리 PBS를 넣은 100cm의 culture dish에 넣는다.

④ 가위(소형), 끝이 날카로운 핀셋으로 머리가 다치지 않도록 주의하며 태아를 꺼낸다. 태반의 시작부위에서 가위를 넣어 양수가 나오면 가위를 댄 곳에서 자궁의 표피를 자르면 태아가 나온다. 꺼낸 태아는 HG-D-MEM에 넣은 culture dish에 넣는다.

3 뇌를 채취하는 방법

① 멸균 가아제 위에 태아를 복부가 아래로 닿도록 놓는다.

② 오른손에 끝이 굽어진 핀셋을 집고 왼손은 끝이 뾰

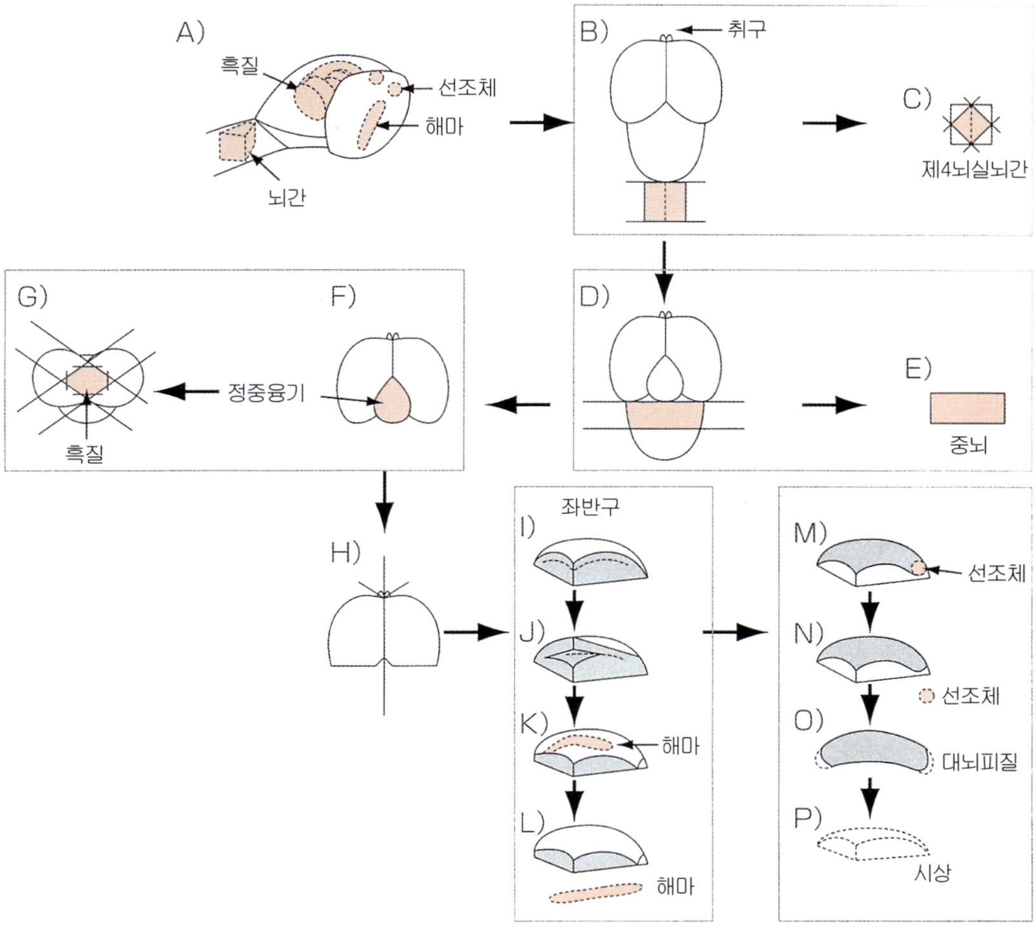

그림 1 뇌 조직의 부분 채위법
A. 각 부분을 표식함. B, C : 제사뇌질뇌간. D, E : 중뇌, F, G : 흑질, I–L : 해마, M–P : 선조체, 대뇌피질 또는 시상

족한 핀셋으로 집는다. 턱이 나오도록 엎드려 눕히고 끝이 날카로운 핀셋으로 머리를 고정시키고 머리 부분정수리의 선이 교차한 부분에 끝이 굽은 핀셋을 가볍게 대고 그대로 핀셋을 선을 따라 움직이며 피부와 골을 자른다. 또한 태아 19일 이후에는 뼈가 단단해지기 때문에 핀셋으로 벗긴 후 가위로 뼈를 잘라내면 된다.

③ 두개골을 벗기고 신중히 주변의 뼈 조직을 벗긴다 (특히 악구가 손상되지 않도록 주의한다). 끝이 굽은 핀셋을 넣어 밑에부터 뇌를 꺼내도록 뇌를 척수에서 꺼낸다 (그림 1D). 꺼낸 뇌는 HG-D-MEM 이 들어간 culture dish 에 넣는다.

4 뇌의 특정부위를 추출하는 방법

① 실체현미경으로 끝이 뾰족한 핀셋 2개로 뇌막을 벗긴다.

② 그림 1과 같이 각 부위로 나눈다. 잘라낸 각 부위는 그림 1 A에 나타나 있다. 그림 1 B, C에 따라 제 4뇌실의 부분을 매스로 잘라낸다.

③ 중뇌는 머리 정수리를 아래로 두고 전후를 그림 1 B, D, E에 나타나듯이 매스로 흑질을 잘라낸다.

④ 머리 정수리를 위에로 하고 매스로 각 반구를 잘라

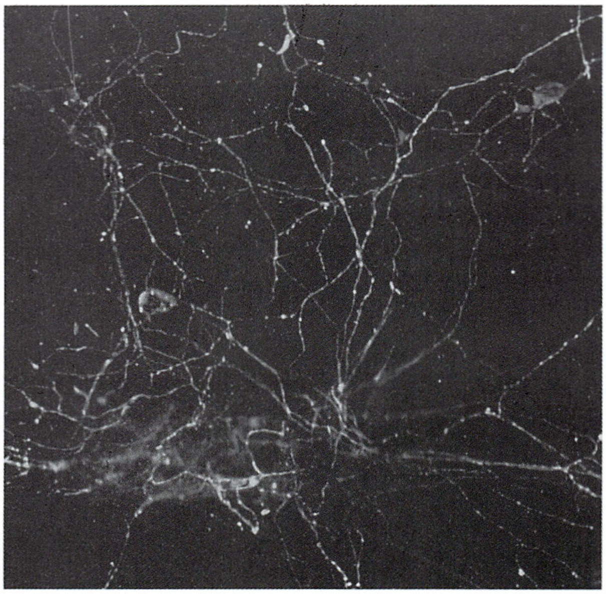

그림 2 **신경세포에 있어 RA175/TSLC1/SynCAM-FLAG 확인**
RA175/TSLC1/SynCAM-FLAG의 검출은 FLAG 항체와 FITC표식 마우스 gkdIgG 항체를 이용하였다. RA175/TSLC1/SynCAM는 axon에 패치형태로 강한 발현을 보인다.

낸다 (그림 1 H). 각 반구에 따라 그림 1 I에 나타난 위치에 자위자국을 내고 끝이 뽀족한 핀셋으로 피질을 도려내어 그림 1 J, 둥글고 긴 구조체로 보이는 매마를 끝이 뽀족한 핀셋으로 잘라낸다.

⑤ 선조체는 매마의 끝부분에 있는 둥글고 작은 구조체부분이다 (그림 1 M, N). 끝이 뾰족한 핀셋으로 잘라낸다.

⑥ 복부중앙부에 시상부위를 잘라낸다 (그림 10, P).

☞ 여러 종의 부위를 하나의 뇌에서 추출하는 경우, 조합에 따라 추출하는 방법이 다르다.

5 신경세포배양

① 피질이나 중뇌와 같이 큰 영역의 경우 HG-D-MEM를 넣은 culture dish에 옮겨 매스로 세밀히 자르는 편이 좋으나 선조체, 해마 등은 필요하지 않다.

② HG-D-MEM을 넣은 멸균한 눈금 plastic 원심관에 옮긴다.

③ 1~2분간 둔다 (세밀한 잡물을 제거한다).

④ 상층을 aspiration 하고 0.25% tripsin, 0.01% DNasa I 를 포함하는 HG-D-MEM을 4 ㎖ 첨가한다.

⑤ 37℃, 10분간 자주 교반하며 Incubation 한다.

⑥ 우태아혈청을 최종농도 10%로 맞추고 섞은 후 1,500 × g에서 2분간 원심분리한다.

⑦ 상층액을 aspiration 하고 우태아혈청 10을 포함한 HG-D-MEM을 10㎖첨가한다.

⑧ 10 ㎖ 멸균 pipette으로 10회 정도 pipetting 한 후 pipette aide로 세포괴가 보이지 않을때까지 pipetting을 하며 single cell로 만든다.

⑨ 다음에 50 ㎖ 멸균 plastic tube에 넣은 후 cell strainer를 통과하여 single cell로 되지 않는 세포괴를 제거한다.

⑩ cell counting 한다.

⑪ 미리 polyethylenimine 코팅한 culture dish에 세포를 분주한다.

☞ *1 50 ㎖ 멸균 plastic tube에 cell strainer를 통과시킬 때 mesh 전체를 배지를 덮어버리면 공기가 통하지 않기 때문에 액체가 흐르지 않는 것에 주의한다.

*2 세포를 culture dish에 분주하는 세포 수는 목적에 따라 다르다. 본 연구실에서는 생화학실험의 경우는 2.5×10^5 cells/㎠, 현미경관찰의 경우에는 1.0×10^5 cells/㎠을 표준으로 한다.

*3 Astrocyte 세포의 혼합은 피할 수 없기 때문에 Astroglia세포 등의 증식능력을 가진 세포가 실험에 영향을 끼치는 경우 DNA 합성저해제인 AraC를 1~10 μM을 넣는다. 단 AraC는 독성이 있으므로 (4 μM에도 많은 신경세포가 죽는다) 세포사 등의 실험에서는 가능한 사용하지 않도록, glia 세포의 역할이 증가하지 전에 단기간에 실험을 끝마치는 편이 좋다.

실험예

기능 synapse의 형성과 관여하는 접착단백질 RA175/TSLC1/SynCAM의 신경세포에 존재

RA175/TSLC1/SynCAM는 Immunoglobulin family에 속하며 접착단백질이다. 신경세포를 배양 3일 후에 발현용 vector에 결합한 RA175/TSLC1/SynCAM−FLAG를 lipofectamin으로 transfection을 한다. 또는 2일간 배양한 후 4% paraformaldehyde 용액으로 고정한 후 FLAG 항체세포형광염색을 한다 (그림 2). RA175/TSLC1/SynCAM은 actin에 patch 형태로 국소적인 발현이 확인되었다.

끝으로

지금까지 초대배양계에서의 신경세포는 각종 증식인자나 신경성장인자의 영향을 조사하기 위한 실험이나 단독으로 신경세포에 미치는 영향 분석을 위한 실험에 이용되어 왔다. 최근에는 현미경의 발달과 더불어 해상도가 향상되고 미세한 물질의 변화도 관찰가능하기 때문에 앞으로는 초대배양된 신경세포를 이용해 시냅스 형성 기전이나 다양한 시그날 전달기전에 관한 다양한 기능분석이 가능하리라 생각되어진다.

참고문헌

1) 南木浩二, 若園佳彦, 池中一裕：無敵のバイオテクニカルシリーズ「脳・神経研究の進めかた」(真鍋俊也, 森 寿, 片山正寛 編), pp53-62, 羊土社, 1998

2) Takei, N. et al. : Brain Res., 652 : 65-70, 1994

3) Arimathu, Y. et al. : Brain Res Dev. Brain Res., 26 : 151-159, 1986

4) Kouroku, Y. et al. : Biochem. Biophys. Res. Commun., 247 : 780-784, 1998

5) Urase, Y. et al. : Brain Res Dev. Brain Res. : 77-87, 1998

6) Fujita, E. et al. : Brain Res Dev. Brain Res., 122 : 135-147, 2000

제 10 장 초대배양

6. 혈관세포–초대배양 내피세포

澁谷正史

혈관내피세포 연구에서는 본래의 성질을 유지한 불멸화 세포주가 현재 존재하지 않기 때문에 초대배양세포 이용이 필요하다. 본 항목에서는 혈관내피세포 배양방법, 특히 Rat 간장의 초대배양 유동내피세포의 채취법과 배양법을 중심으로 논한다. 이 세포는 혈관내피세포 증식 인자 VEGF에 대한 의존성이 매우 높고 시그날전달 연구에 매우 유용하다.

서론

척추동물은 심장. 폐쇄혈관계로 구성되어 있고 전신의 조직에 고효율로 영양과 산소를 공급하는 특성을 지니고 있다. 최근 혈관신생은 정상적인 순환기계와 각 조직의 발생 형태형성에 기본적인 역할을 수행할 뿐 아니라 종양과 당뇨병, 염증 등의 질환 발달에 깊이 관여하고 있다는 사실이 밝혀졌다. 더욱이 많은 연구를 통하여 혈관내피세포의 증식, 분화를 제어하는 인자로서 VEGF, angiopoietin이 밝혀졌으며 이것을 바탕으로 복잡한 혈관계의 제어기전에 관한 연구가 세계적으로 발전되어지고 있다. 항 인간 VEGF 중화항원은 2003년에 대장암질환 환자의 제3임상시험에 현저한 수명연장 효능이 관찰되었다고 보고되어 새로운 항암제로서 임상적용이 기대되고 있다. 그러므로 혈관내피세포를 이용한 혈관재생의 제어기전연구는 더욱더 발전 가능하리라 기대된다.

혈관내피세포연구는 크게 개체레벨(*in vivo*) 혈관재생과 생체제어실험과 배양레벨 (*in vitro*) 혈관내피세포를 이용한 실험이 있다. 각각의 목적은 상이하지만 혈관내피를 직접표적으로 한 생화학적, 분자생물학적 연구 진행을 위해서는 배양실험이 필수불가결하다. 단 혈관내피세포의 배양 실험상의 최대 문제점은 적절한 불멸화한 혈관 내피세포주가 거의 존재하기 않고 있다. 예를들어, 혈관계 제어를 위한 가장 중요한 사이토카인인 VEGF에 대해서는 현재 혈관내피세포유래 세포주의 대부분이 증식 능력이 없어 현재 이용되고 있는 혈관내피세포주는 기본적인 증식능력이 상실된 세포임을 시사하고 있다. 이 점에서 초대배양혈관내피세포를 이용한 연구가 매우 중요한 의미를 지니고 있다.

원리

일반적으로 혈관내피세포 연구용으로서 인간 태반정맥유래 혈관내피세포(HUVEC)과 소 대동물혈관내피세포(BAEC) 등이 이용되고 있으나 고가이며 세포수가 적고 세포특성도 일정하지 않기 때문에 본 연구에서 HUVEC과 함께 Rat 간장에서 분리한 혈관내피세포를 채취하여 초대배양용 내피세포로서 실험에 이용하고 있다. 이 원리는 문맥으로 collagenase 주입을 실시하고 세포간의 접착인자나 간질 분해, 또는 저원심에 의해 내피세포를 분리한다.

이러한 방법의 장점은 계통이 일정한 Rat로부터 필요한 시기에 필요한 양의 내피세포 확보가 가능하며 내인성 VEGF 수용체(그림 1), 특히 VEGFR–2(KDR/Flk–1)의 발현이 높고 VEGF에 즉각적인 세포반응을 일으켜 증식작용을 나타내고 있다. VEGF이외의 증식

Masabumi Shibuya : Institute of Medical Science, University of Tokyo, Division of Genetics (東京大学医科学研究所癌細胞増殖部門腫瘍抑制研究分野)

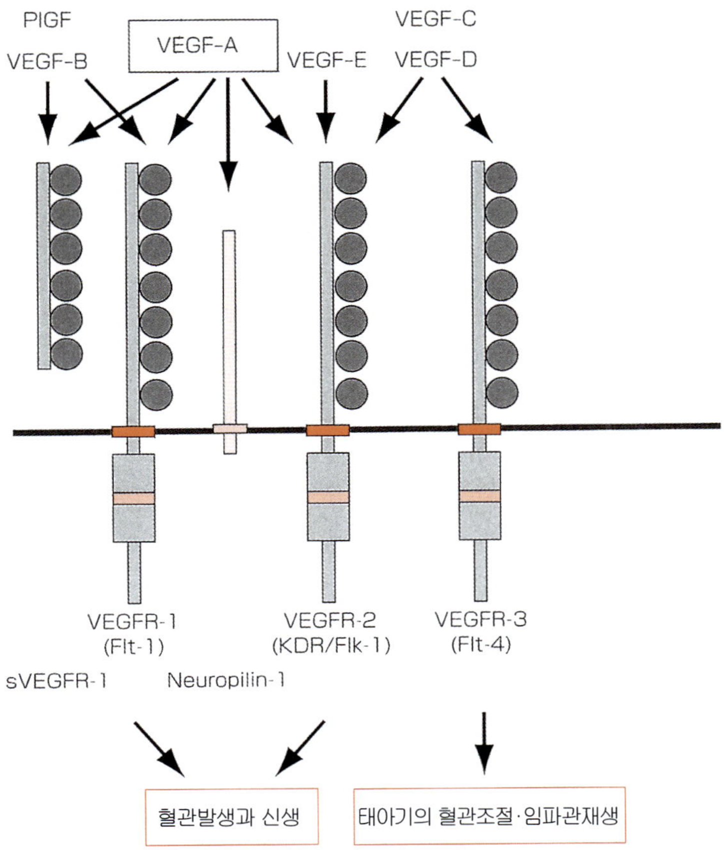

그림 1 VEGF와 그 수용체 시스템

인자는 bFGF와 기타 작용에는 전혀 반응하지 않아 VEGF 시그날전달연구에는 매우 적합한 세포라 할수 있다. 또한 본 연구에서 이용되고 있는 간류동벽내피세포의 제작법은 Nakamura 등의 간세포조제방법을 개량해서 사용한 방법이다.

준비물

<기구 및 기타>

- 해부용 가위
- 핀셋 (대,소, 각 2-3개씩)
- culture dish(Collagen 코팅한것)
- 원심분리용 tube(50 mℓ, 10 mℓ)
- 0.45 ㎛ filter
- Sylicon tube (내부를 70% ethanol로 멸균처리)
- 페리스터 펌프
- 봉합용 실과 바늘
- Rat 용 수술대
- 항온조 (38℃)
- 70% ethanol 선
- 500 mℓ용, 100 mℓ용 시약병 (건열 멸균제)
- 전관류액과 collagenase 용액
- 마취제 Nenbutal
- VEGF-A

<Rat>

- Rat : 체중 200~250 g

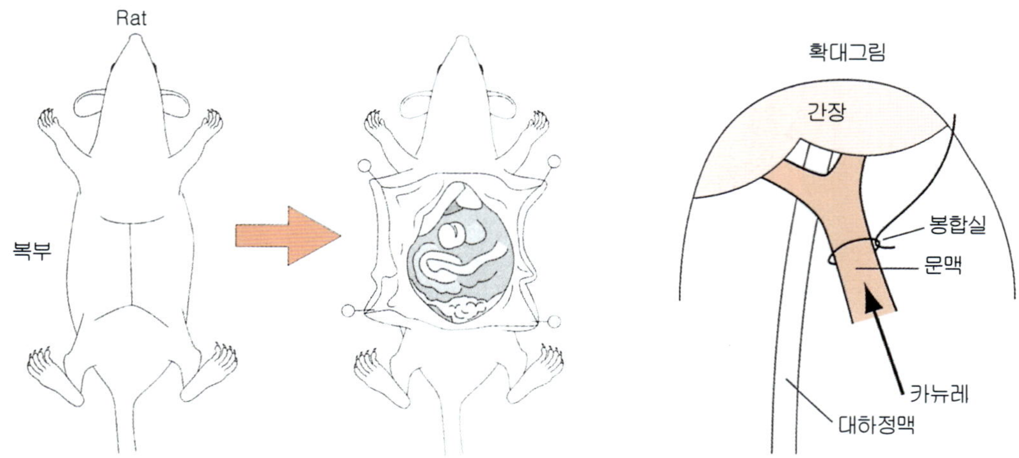

그림 2 **Collagese법에 의한 랙트 간장관류 및 배양유동 벽내피세포의 분리**

Protocol

1 전관류액과 collagenase 용액의 제조 (각 1ℓ씩 만드는 경우)

Nacl	16 g
KCl	0.8 g
$NAH_2PO_4 \cdot 2H_2O$	0.156 g
$NAH_2PO_4 \cdot 12H_2O$	0.301 g
HEPES	47.6 g
페놀레이드	0.012 g
$NaHCO_3$	0.70 g
탈이온수	약 2ℓ
Total	2ℓ로 맞춤

이 용액에는 2N NaOH를 수 ㎖첨가하여 pH를 7.4에 혼합한다. 이것을 기본용액이라 부른다. 1 ℓ씩 비커에 나누어 담아 각각 전관류액과 collagenase 액을 조제한다.

i) 전관류액

기본용액 1 ℓ에 EDTA 0.19 g과 glucose 0.9 g을 첨가하여 완전히 lysis 시킨 후 500 ㎖용 시약병 2개에 분주한다. autoclave 멸균 후 4℃에 보관한다.

ii) Collagenase sol.

기본용액 1 ℓ에 $CaCl_2 \cdot 2H_2O$ 0.73 g, 조제 Collagenase (화광순약·세포분산용) 0.5 g, trypsin inhibitor (Sigma사, T9128) 0.05 g을 첨가하여 교반기로 잘 혼합한다. 실온에서 30분 이상 혼합하여 Collagenase를 충분히 lysis 시킨다. 0.45 ㎛의 필터로 여과하여 이것을 잘 멸균하는 것으로 불순물을 제거한다. 500 ㎖시약병 2개에 분주하고 4℃에 보관한다.

2 실험법

그림 2 참조

① 200~250 g의 Rat의 복강내에 nenbutal 0.3 ㎖을 주사하고 바로 cage에 옮겨 뚜껑을 닫는다.

② 마취 후 수술대에 사지를 고정시키고 복강을 절개한다. 정중앙에서 상하, 좌우로 절개하고 복근을 좌우로 핀으로 고정한다. 절개할 때에는 대량출혈이 나지 않도록 주의한다. 장을 알콜솜으로 무균적으로 오른쪽에 치워두고 문맥을 충분히 노출시킨다. 문맥 밑에서 봉합실로 루프를 만들어 놓는다.

③ 카뉴레를 문맥에 넣고 내침을 중간까지 넣어 혈액의 역류를 확인한다. 봉합실로 고정한다.

④ 카뉴레의 내침을 뽑고 바로 38℃의 따뜻한 전관류액을 흘린다 (마취의 전에는 100 ㎖의 전관류액을 38℃항온조에 넣어 pump 에 연결시켜 둔다).

⑤ 전관류액을 수초~10초간 흘려 (유속은 약 5 ㎖/분) 간장이 옅은 갈색으로 변하면 관류가 바로 흐르고 있는 것이기에 바로 복부대정맥을 가위로 절개하여 탈피한다.

⑥ 다음에 가위로 조심스럽게 복강을 열어 간장에서 심장까지 하대정맥을 절개한다. 관류가 순조로우면 흉강이 투명한 전관류액이 충분히 흐르고 있기에 좋은 지표가 된다.

⑦ 약 10분 후 pump를 멈추고 38℃에 보관되어진

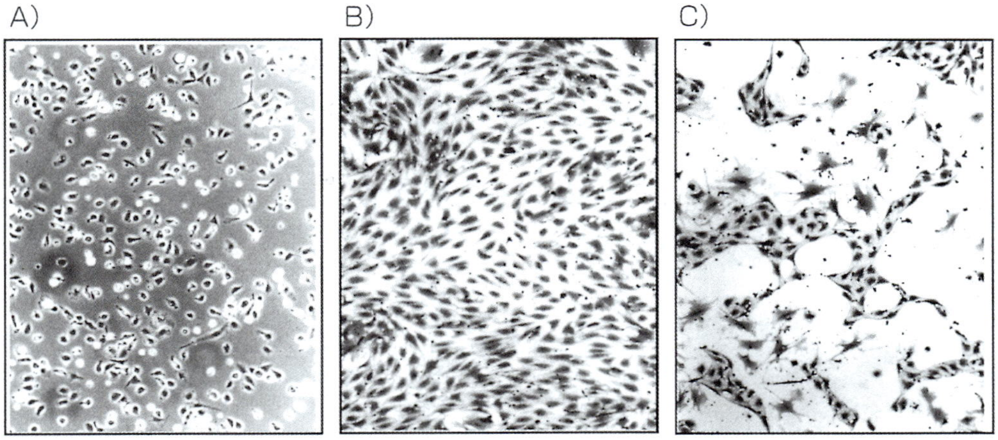

그림 3 랙트 간장유래 유동 벽내피세포의 VEGF 첨가에의한 증식
A) 배양첫째날의 세포. B) VEGF-A 5 μg/mℓ 첨가에 의한 내피세포의 빠른 증식. C) 유리형 VEGFR-1 (soluble VEGFR-1) 첨가에 의한 내피세포증식 억제

Collagenase sol에 tube를 옮긴다.

⑧ 70~80 mℓ의 collagenase sol을 관류시킨 후 pump를 멈추고 남은 collagenase와 전관류액을 20 mℓ씩 dish 에 옮긴다.

⑨ 간장을 핀셋으로 잡고 주변의 조직을 꺼내어 dish에 옮긴다. 미세한 핀셋으로 간장세포의 세포를 dish의 배지에 분산시킨다.

⑩ 크기가 큰 조직을 제거하고 pipette (10~20 mℓ)로 pipetting 하여 세포를 잘 분리한다.

⑪ 4℃에서 300 rpm×1분을 2번, 500 rpm×2 분을 1번 원심하고 침전한 세포를 제거한다. 침전한 세포는 대부분 간장세포이다.

⑫ 상층을 4℃, 1,000rpm, 3분간 원심분리하여 침전시킨 세포를 0℃의 DMEM +5% FBS에 suspension 시킨다. 세포괴를 제거한 후, 재차 1,000 rpm, 3분간 원심분리하여 소형의 세포를 회수한다. 그 80~90%는 내피세포이다.

⑬ 내피세포용배지 (우리의 경우 clabo의 HuMedia-EG2)에 세포를 suspension시켜 직경 6 cm plate 8~10개 또는 10 cm plate 2개에 분주한다. 수 시간에서~10시간 후 찌꺼기를 제거하기 위해 배지를 세포에서 가볍게 제거한 후 배지를 교환한다. 그 후 VEGF 등의 내피세포증식인자를 첨가하여 그 효과를 관찰한다.

memo

관류가 잘 흐르는지는 평소에 주의하여 카뉴레가 문맥에서 떨어지지 않도록 주의한다. 내피세포에 적혈구가 많이 섞여 있을 경우 삼투압shock를 이용하여 제거한다.

세포군에는 kupffer세포나 상피세포가 10% 정도 섞여있으나 내피세포와는 형태도 다르다. 또한 VEGF에는 완전히 반응이 나타나지 않는다. 따라서 이세포의 형태의 차이는 현미경으로 충분히 관찰해 두는 편이 좋다.

실험예

A) Rat 간장의 초대배양 유동벽내피세포

보통 5~10 ng/mℓ VEGF-A에 의해 4~5일간 배양하여 내피세포는 3~4배 증식하나 VEGF무첨가한 곳에서는 세포가 1~2 일에서 죽는다. 또한 VEGF와 함께 soluble VEGFR-1 (sFlt-1)을 첨가하여 VEGF를 중화하면 VEGF농도의 저하로 내피세포의 증식은 강하게 억제된다 (그림 3).

B) 사람 제대혈 내피세포

이 세포는 구매가 가능하지만 개체차이나 lot에 따라 차이가 있다. 따라서 목적 (예를 들면 VEGF에 대한 증식반응)에 맞는 세포의 경우에는 단기간의 배양한 후 분주하여 −80℃ 혹은 액체질소용액에 보관하여 필요에 따라 배양시에 사용한다. 최근에는 사람 제대정맥내피세포와 사람 섬유아세포와의 공배양계도 판매되고 있어 내피세포의 tube형성을 정량적으로 측정가능하다.

끝으로

혈관내피세포의 발생은 혈관 뿐아니라 조혈계의 성립도 매우 중요하다는 것이 밝혀졌다. 또한 정맥계에서 림파관이 발생하는 것도 최근 밝혀졌다. 암도 혈관의존성의 증식과 전이 또는 림파구를 관계한 림파구절 전이 등은 새로운 제암법을 확립하기 위해 매우 중요한 연구과제이다. 이것은 혈관 또는 내피세포의 연구가 앞으로도 매우 발전할 것을 시사하고 있다. 본 항에서 소개한 *in vitro* 배양계의 연구가 질병학적 혈관신생의 연구에 유용하게 이용될 것으로 기대한다.

참고문헌

1) Ferrara, N. et al. : Endocrine Rev., 18 : 4-25, 1997
2) Shibuya, M. et al. : Curr. Topics Microbiol. Immunol., 237 : 59-83, 1999
3) Shibuya, M. : Biol. Chem., 383 : 1573-1579, 2002
4) Shibuya, M. : Cancer Science, 94 : 751-756, 2003
5) Takahashi, T. et al. : EMBO J., 20 : 2768-2778, 2001
6) Yamane, A. et al. : Oncogene, 9 : 2683-2690, 1994
7) Tanaka, K. et al. : J. Biochem., 84 : 937-946, 1978
8) Mandriota, S. J. et al. : EMBO J., 20 : 672-682, 2001

제 11 장 줄기세포 배양 -재생의료에의 가능성-

1. Human 배아줄기세포

國貞隆弘

국내에서 인간 배아줄기세포 도입을 위해서는 문부성의 허가가 필요하며 실험계획 여부는 최종적으로 문부과학성의 생명윤리, 안전회의의 심사를 거쳐야 한다. 그후 수립기관에서 세포 분양 및 구매를 한다. 윤리적인 배려와 구체적인 실현성이 있는 계획을 작성하는 일이 필수적이다.

서론

ES세포 (Embryonic stem cell, 배아줄기세포)는 배반포(마우스는 수정후 3-4일)의 내피세포괴라고 불리는 배아로서 분화하는 세포를 추출하여 실험관내에 배양하여 세포주로서 확립한 세포이다 (11장 2항 참조). 미분화성을 유지한 채 배양가능하며 계대배양 후에 배반포에 주입하면 키메라 배아가 형성되며, 키메라 배아는 교배를 통하여 완전히 ES세포의 유전형질만을 지닌 clone 개체를 얻을 수 있다는 사실, 유전자조작법에 의한 배아유전자 변형이 가능하며 시험관내 세포에서도 다양한 세포 또는 조직으로 분화 가능하며 다른 기관세포와는 다른 특별한 능력을 지니고 있다. 이러한 특성을 이용해 마우스에서는 면역질환 마우스세포로부터 핵을 추출해 수정란과 핵교환을 실시하여 그 수정란에서 ES세포를 수립하며 (odermade-ES세포) 상동염색체교환기술을 이용해 원인유전자를 정상유전자와 치환하여 (유전자치료를 받은 odermade-ES세포), 수립된 ES세포로부터 혈액세포의 분화를 유도하여 질환마우스에 이식함으로써 면역질환을 완전 치유하는 방법이라는 매우 이상적인 재생 및 유전자치료기술이 확립되어지고 있다.

ES세포는 다양한 표유류에서 수립가능하며 어류에서도 동일한 성질을 지닌 세포가 수립되고 있으며, 특히 마우스 ES세포에서 유도된 세포를 이용해 다양한 질환모델을 타겟으로 치료실험이 이루어지고 있다. 재생의료에 필요한 세포공급원으로서 계대배양이 용이하며 대량의 세포공급이 가능한 ES세포가 가장 적합하며 또한 발생과 분화과정을 시험관내에서 재현할 수 있는 실험으로 발생생물학분야에서는 수많은 발견을 가져왔다고 할 수 있다. 재생의학에의 응용이라는 관점에서의 위험성은 ES세포가 미분화성을 지닌 채 생체이식을 하면 기형종(teratoma)을 형성한다는 사실이다. 기형종의 형성은 실용화를 생각하는 관점에서는 장해가 될 수 있으나 완전히 분화를 유도한다든지 분화된 세포만을 선별함으로서 문제를 해결할 수 있다.

사람의 ES세포가 만들어진 것은 1998년으로 연구의 역사는 짧지만 최근 다양한 세포가 유도됨으로서 사람ES세포를 여러 조직세포로 분화시킴으로서 재생의학의 실용화에 한발 다가서고 있다. 현 시점에서 재생의료의 동물모델로서 ES세포유래의 세포를 이용한 논문을 마우스ES세포를 이용해 투고하면 사람 ES세포을 이용하지 않아 그 인정도가 낮아지거나 투고가 거부되는 경우도 있다.

일본에서는 2003년도에 처음으로 사람 ES세포를 사용한 실험계획이 허가되어 같은해에 경도대학 재생의

Takahiro Kunisada : Department of Tissue and Organ Development, Regeneration and Advanced Medical Science, Gifu University Graduate School of Medicine (岐阜大学大学院医学研究科再生分子統御学講座組織・器官形成部門)

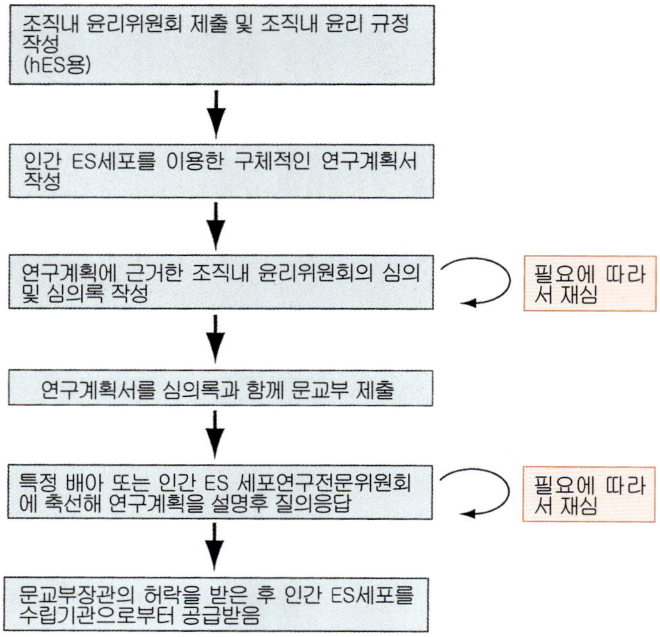

그림 1 **인간 ES세포의 사용허가 과정**

과학연구소에서 일본국내에서 제공된 수정란을 이용해 수립된 인간 ES세포를 연구용으로 공급하는 시스템이 수립되었으나 2004년 7월에 인간 ES세포를 이용한 연구계획에서 문부과학성의 윤리위원회의 최종승인을 획득한 신청 건수은 10건에 불과하다. 재생의료 관련 연구를 진행하고 있는 연구실의 숫자에 비해서 터무니없이 낮은 숫자로 장기이식의 발전에 지장을 초래하고 있으며 이는 일본 고유의 문화적 사회적인 배경에 기인한다고 할 수 있다. ES세포 사용을 포함한 재생의료 자체에 대한 논의는 본장에서 논할바는 아니지만 미래의 혁신적인 의료 방법으로 정착되기위해서는 연구자 본인이 이와 같은 현황을 인식하고 자기 연구가 얼마나 기여할 수 있을지 생각해야만 한다. 현재 일반 의료기관에서 일반적으로 행해지고 있는 배아조작을 이용한 불임치료가 큰 문제없이 시행되듯이 생명을 조작하는듯한 인상을 주는 인간 ES세포 이용 재생의학은 어떠한 실험단계이든 매우 높은 저항의식이 있다. 또한 실험에 있어 법령을 엄수하고 한개의 실수가 의학의 장래를 바꿀 수 있다는 자각이 필요하다.

본장에서 지금까지의 경험을 토대로 인간 ES세포를 이용한 연구에 착수하는 순서에 대해서 기술하였다. 현재 이용되고 있는 서비스나 실질적인 배양법을 간단하게 설명한다. 인간 ES세포 배양법은 마우스 배양방법에 비해서 다양하며 마우스에 비해서 복잡하다. 일본에서 현재 인간 ES세포를 이용해 발표된 논문은 없고 저자와 같이 미분화된 인간 ES세포를 유지하기위한 다양한 분화조건을 시도하고 있는 것이 현실이어서 자신을 갖고 인간 ES세포의 분화실험에 대해 논할 자격은 아직 되지 못한다. 본 장에서 앞으로 인간 ES세포를 이용한 실험의 착수에 필요한 정보로서 참고가 되기 바란다.

1 인간 ES세포 도입에 있어서의 법적인 절차

인간 ES세포 도입에 있어 결정적인 차이점은 국가의 사용허가를 필요로 한다. 기관내의 윤리위원회 심사를 거친후 과학기술·학술심의회의 생명윤리안전부회에 설치된 특정배아 또는 인간 ES세포 연구전문위원회로부터 심사를 받아야 한다. 심사 합격후 사용허가증이 발부되며 규정에 위배되면 벌칙을 받는다. 사람 ES세포는 생명 (배아)은 아니지만 통상적인 인간배양세포와는 다른다. 직접적으로 배아와 동일하다는 인식으로 이해와 자각을 할 수 있도록 신중한 심사가 이루

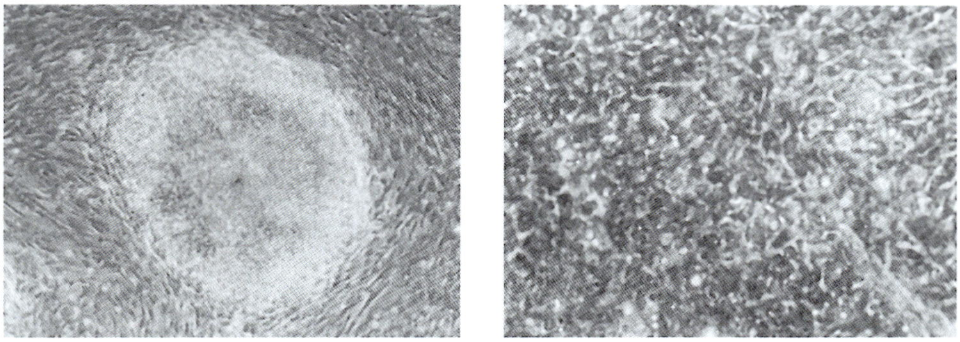

그림 2 **배양후 5일째의 인간 ES세포**
좌측은 feeder 세포위의 ES세포 colony. 우측은 확대 그림

어지고 있다. 일련의 절차를 표 1에서 정리하였고 일반적인 과기부 연구비신청과는 달리 개인이 행하는 것은 무리이고 기관내의 협력체계가 필요하다. 문부과학성의 생명윤리·안전부회의 사이트 (http://www.mext.go.jp/a_menu/shinkou/seimei/main.htm)에서 인간 ES세포의 법령과 정책에 관한 정보가 실려있고 신청전에 필히 참조해야한다.

2 인간 ES세포의 도입

현재 이용되고있는 인간 ES세포는 미국 위스콘신대학의 WiCell(http://www.wicell.org/), 오스트리아 Monashi 대학의 ESI사로부터 판매되고있고, 경도대학 재생의과학연구소 부속 줄기세포의학 연구센터에서 만들어진 것이 있다. 우리가 구매한 ESI 회사의 인간 ES세포는 현재 완전히 시판되고 있으며 시약회사에 세포를 주면하면 구매 가능하다 (http://www.escellinternaational.com/index.html). 분양이 아니며 구매후 특허권 등에 관련해 엄격한 제약은 없다. 경도대학 재생의과학연구소 세포는 유송비 등 실비만으로 제공되고 있고 상세한 것은 http://www.shigen.nig.ac.jp/escell/human/about.jsp를 참고바란다.

3 프로토콜의 개요와 실험예

본 연구실에서 ESI회사로부터 구매한 인간 ES세포 hES1-6로 6종이 있다. 실험법은 매우 길고 배지만으로도 10종류 이상 준비가 필요하다. 상세한 것은 ESI 회사에 요청하면 송부해 줄 것이며 본 장에서는 개략적인 배양방법에 관해서 논한다.

기본적으로 인간 ES세포는 마우스 배아섬유아세포상에서 배양한다. 배지에 FCS 대신에 Knockout serum replacement(KSR,GIBCO사)를 첨가하고 LIF는 필요치 않다. 마우스 ES세포와 다른점은 배아섬유아세포에 강한 의존성이 있다. 계대수가 높은 섬유아세포에서 분화경향이 강한 ES세포가 만들어지기 쉽고 MMC처리로 세포증식억제 유도 후 가능한 분열회수가 적은 것 (10회 미만)을 사용한다. 또한 마우스의 계통에 따른 차이점도 있기 때문에 129SV또는 Balb/c가 일반적으로 이용되고 있다. 계대배양에는 ES세포의 코로니를 현미경관찰하면서 상피형태의 섬유아세포와 경계가 확실치 않은 것은 분화 경향이 강한 세포로 제거한다. 형태가 좋거나 50%w 정도 형태가 좋은 것을 선별해서 글라스피펫으로 약 100개의 세포로 세포괴를 만든다. 가벼운 collagenase 처리 후 새로운 섬유아배지상에 배양한다. 보존시는 세포를 직접세포보존액에 옮기며 생존율 향상을 위해서는 인공수정용 plastic관에 소량의 보존액과 함께 급속히 동결시킨다. 섬유아세포 상의 세포는 하루 후에 접촉을 시작하며 마우스 ES에 비해 천천히 증식한다. 5-7일 후 코로니로부터 9개 정도의 세포괴를 만들 수 있을 정도로 증식하여 계대 가능한 시기이다. 표 2에서와 같이 미분화 ES세포는 위상차로 핵이 크고 밀집되어 있어 한개한개의 경계가 불확실하고 몇층으로 중층되어 전체가 갈색이나 상피와 같은 형태의 세포는 분화된 것으로 간주한다. 분화실험의 대부분은 EB를 거치며 조건은 마우스와 유사하다.

끝으로

현시점에서 인간 ES세포를 이용하기 위해서는 수

송비가 낮고 특허 등의 권리제약이 없으며 국내기관이면 배양프로토콜의 재연성을 생각하면 경도대학 재생의과학 연구소 소속 줄기세포 의과학 연구센터의 KhE 시리즈를 사용하는 것이 합리적이다. 많은 ES세포로부터 좋은 세포의 선별과 확신이 필요할시는 WiCell 사와 ESI사의 세포를 구입한다. 또한 새로운 인간 ES 세포를 수립할 계획은 경도대학에서는 없지만 제도상은 가능하기 때문에 문부과학성 생명윤리. 안전부회의 사이트나 경도대학 재생의과학 연구소 사이트 (http://shigen.nig.ac.jp/escell/human/top.jsp)를 참고바란다. 국가 정책으로 진행되고 있는 경도대학 재생의과학 연구소의 사람 ES세포 이외의 것을 새롭게 만들려면 충분한 학술적 심사와 근거 및 정당성을 가지고 인간 ES세포 연구전문 위원회의 설득이 필요할 것이다. 인간ES 세포연구전문위원회에 의한 심사는 윤리적인 배려와 실험의 의의 및 실현가능성과 연구계획의 독창성이 요구되어 인간 ES세포 연구를 회피하는 경향을 초래하였으나 인간ES 세포의 특수성을 생각하면 현재의 조치는 필요하다고 생각한다.

참고문헌

1) Wassarman, P. M. et al. : Methods in Enzymology, Vol. 365 : 2003

2) 中辻憲夫 編：ポストゲノム時代の実験講座「幹細胞・クローン研究プロトコール　再生医学をめざした幹細胞の分離・培養・分化制御から再プログラム化の研究まで」, 羊土社, 2001

3) 末盛博文：「再生医療」, 3 : pp43-48, 日本再生医療学会, 2004

4) 塚田敬義：「脊椎脊髄ジャーナル」, 16, pp137-143, 三輪書店, 2003

文献 1）にはヒトES細胞の樹立・維持・分化の方法が詳述されている. 文献 2）中にはES細胞に関するコンパクトな解説と実験がある. 文献 3）はヒトES細胞の特性について述べられた総説である. 文献 4）は再生医療と生命倫理に関する法制度について簡潔にまとめてある.

2. Mouse 배아줄기세포

德永智之 古澤 軌

본항에서는 주로 자신이 마우스 ES세포를 수립하는 경우를 대비해 분리와 배양에 관해서 설명한다. 또한 일반적으로 사용가능한 ES세포주에 대해서도 소개한다.

서론

최근에는 공적 세포뱅크에 보관되어있는 표준화된 ES세포주를 구입할 수 있으며 또한 다양한 ES세포주가 판매되고 있다 (표 1). 단순히 knock out 마우스 제작실험이나 *in vitro*에서 분화유도실험에서는 이러한 세포를 이용하는 것이 효과적이다. 이 경우 가능한 실험방법에 준해서 배양하는 것이 ES세포의 품질을 유지하는데 필수적이다. 한편 knock out 마우스가 배아단계에서 치사할 경우 또는 보유중의 형질전환마우스 유래의 ES세포가 필요하다면 스스로 ES세포주를 수립할 필요가 있다. ES세포 수립은 그다지 힘든 기술은 아니지만 일반적인 마우스 수정란 배양 기술을 지니고 있어야 한다. 버너로 가열해 파스틸피펫을 가공해 필요한 내경의 캐필러리를 만드는 기술이 ES세포수립에 불가결하다. 만약 연구실에 마우스 배아조작 시스템이 없으면 매뉴얼을 참조해 진행하는 것 보다는 현재 진행중인 연구실에서 배우는 것이 현명한 방법이다.

원리

왜 ES세포 수립이 가능한지 가장 단순하게 설명하면 일정한 크기의 세포집단이 형성되면 증식이 중지되는 세포집단을 예로 삼을 수 있다. 이 경우 세포집단 사이즈가 한계에 도달하기 전에 세포를 분산시키면 세포는 무한으로 증식하게 된다. 포유동물의 초기배아는 2세포기에 할구를 분리해 배양하면 본래의 프로그램대로 적은 배반포를 형성한다. 또한 배반포를 내부세포괴 (ICM)가 두 집단으로 분획하면 세포수가 반수의 배반포가 2개가 만들어진다. 이것을 배아에 이식하면 산자가 얻어지며 정상적인 사이즈를 나타나게 된다. 즉 반쪽의 배아는 어디까지나 나머지의 세포를 만들 수 있는 능력을 지니고 있다는 것을 의미한다. 이러한 초기배아가 지니고 있는 매우 높은 재생능력이 ES세포가 만들어지는 이유이기도 하다. 최근에는 ES세포의 증식과 미분화유지에 관여하고 있는 복잡한 분자기전이 밝혀지고 있으며 실제로 ES세포를 수립하는 방법이 20년 전과 거의 변함이 없다. 이 방법은 본 장에서 논하는 EG (Embryonic Germ)세포수립에도 적용 가능하다.

준비물

<시약·배지>

- Dalbeco PBS (-) (일본, Code05913)
- Tripsin·EDTA sol.

Tomoyuki Tokunaga, Tadashi Furusawa : Development and Differentiation Laboratory, Developmental Biology Department, Insect and Animal Sciences Division, National Institute of Agrobiological Sciences (独立行政法人農業生物資源研究所 昆虫・動物生命科学研究部門 発生分化研究グループ 分化機構研究チーム)

표 1 마우스 ES세포주 구입처

·공급원	세포주명	유래 마우스계통	카탈로그 No.	연락처
세포Bank	ES-E14TG2e	129/Ola	CRL-1821	ATCC/스미쇼 파마인터내셔날
	ES-D13[D3]		CRL-11632	ATCC/스미쇼 파마인터내셔날
	ES-D3 GL		SCRC-1003	ATCC/스미쇼 파마인터내셔날
	H1		RCB1778	이화학연구소 바이오리소스 센터
	R1	(129/Sv×129/Sv-CP)F1		http://www.mshri.on.ca/nagy/default.htm
시판		129SV	R-CMTI-1-15	대일본제약
		129SV	R-CMTI-1A	대일본제약
		C57BL/6	R-CMTI-2A	대일본제약
		DBA	R-CMTI-3A	대일본제약
		129SvEvTacfBr	TX-MES-01	코스모 바이오
		C57Bl/6NTacfBr	TX-MES-02	코스모 바이오
		Balb/c	TX-MES-03	코스모 바이오
		EVB/N	TX-MES-04	코스모 바이오

ATCC : American Type Culture Collection (스미쇼 파마 인터내셔날 (http://www.summitphama.co.jp/japanese/index_j.html)이 일본총판으로서 분양하고 있다.)

PBS (-)에 2.5% trypsin sol. (Gibco사 cat. No.150590-046)을 0.1%로 희석하고 EDTA를 0.53mM이 되도록 첨가한다.

- **ES세포배지**

Dalbeco 변형 Eagle's medium*
(GIBCO사 Cat.No.11995-065) 100 mℓ
MEM비필수아미노산용액
(GIBCO사 Cat.No.11140-050) 1 mℓ
2-mercaptoethanol sol. 1 mℓ
LIF (Chemicon사, ESGRO,
ESG1106 2×10^5 IU
Knockout Serum Replacement)
(GIBCO사 Cat.No.10828-028) 17.5 mℓ

2-mercaptoethanol sol.은 10 mℓ의 PBS (-)에 7 mℓ의 2-mercaptoethanol sol.을 첨가하여 필터멸균하고 4℃에 보존한다. 1주일 내에 사용한다.

☞ ES세포배지와 필터세포배지의 기본이 되는 Dalbeco 변형 Eagle's medium는 양쪽 다 High glucose 이나 전자는 피르빈산 나트륨이 미리 첨가되어 있다. 최근에는 필요한 배지, 완충액 등이 ED 세포 용응로서 시판되고 있다.

- Feeder cell medium

Dalbeco 변형 Eagle's medium
(Sigma 사, D5796) 500 mℓ
우태아혈청 (적정량) 50 mℓ
penicillin streptomycin sol.
(GIBCO사 Cat.No.10828-028) 5 mℓ

- Gelatin sol.

gelatin (Sigma사, G1890)을 0.1%가 되도록 2차 증류수를 넣어 autoclave에서 용해, 멸균하고 4℃에서 보관한다.

- mitomycin C

1 mg/mℓ에 증류수에 용해하고 적절히 분주하여 -70℃에 보존한다.

- **M2배지 (Sigma사, M7167)**
- **산성 타이로드액 (Sigma사, T1788)**
- **세포해동보존액 (화광, 630-01601)**

<세포>

- ICR 임신 14일령 마우스

<기기 및 재료>

- 안과용 가위, 핀셋
- 4 well plate (Nunc사, 176740)
- 3.5, 6, 10cm plastic culture dish (Falcon사 , 3003, 3002, 3001)
- Delasaki plate (Nunc사, 163118)

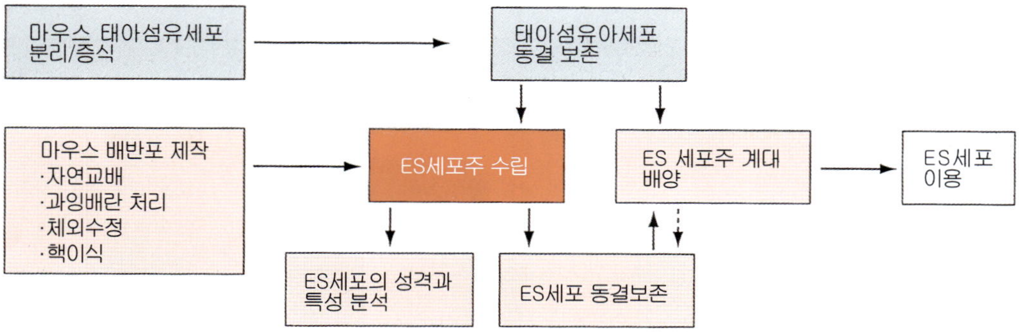

그림 1 **마우스 ES세포제작 개요도**

- 15 mℓ, 50 mℓ Conical tube (Falcon사, 2196, 2070)
- cell strainer
- serum tube
- pasteur tube (주우 백, MS-4603W)
- pasteur pipette
- 삼각플라스크
- 냉각원심기
- Clean bench
- 5 mℓ, 10 mℓ glass mass pipette (멸균후)
- autoclave

Protocol

1 마우스 태아섬유아세포의 분리

① 14일째 마우스 (2마리)를 경추탈구로 죽이고 70% 알콜을 뿌린다. 멸균한 paper towel위에서 개복 후 자궁을 꺼낸다.

② 자궁과 태막을 잘라 태아를 노출시킨 후 제대혈을 잘라 태아만 (20개 정도)을 꺼내어 culture dish로 옮긴다. 이 상태에서 태아를 가위로 세밀히 자른다.

③ PBS (-)를 20 ㎖첨가하여 culture dish를 흔들어 조직을 washing한다. culture dish를 비스듬히 하여 상층액을 제거한다. 이것을 2~3회 반복한다.

④ 최후의 PBS (-)를 제거한 후 Trypsin·EDTA를 10㎖ 첨가하여 멸균 flask로 옮긴다. 또한 Trypsin·EDTA을 10 ㎖추가하여 37℃ 진탕 배양기에 10~20분간 소화한다.

⑤ Flask를 비스듬히 잡고 상층 15 ㎖를, 50 ㎖의 conical tube로 담아 ice에 둔다. flask에 새 Trypsin·EDTA를 20 ㎖첨가하여 또 10분간 소화시킨다.

⑥ 다시 상층액을 회수하여 전의 상층액고 혼합하여 원심분리하여 세포를 넣은 후 40 ㎖의 10 FCS를 첨가한 DMEM 배지에 부유시킨다.

⑦ 세포부유액을 cell strainer를 통과시켜 응집한 섬유상의 괴를 제거한다. 세포부유액을 1 ㎖씩 미리 준비한 배지를 9 ㎖씩 분주하한 40개의 culture dish에서 배양을 시작한다.

⑧ 다음날 media change를 하고 혈구나 죽은 세포 등의 비접착세포를 제거하고 가득찰 때까지 배양을 계속한다.

⑨ 보통 2~3일 후면 가득차기 때문에 Trypsin-EDTA로 세포를 거둬내고 40 ㎖의 세포동결보존액에 재부유시켜 serum tube에 1 ㎖씩 분주하여 동결한다.

> *1 일반적으로는 cell line화된 STO세포를 feeder로 준비하는 경우도 있으나 우리들은 마우스태아섬유아세포를 정기적으로 만든 것을 사용하고 있다. 교배가 힘들 경우, 고가이나 임신한 마우스를 구입할 수도 있다. 또 최근에는 약제 내성을 가진 마우스 태아섬유아세포의 동결세포가 시판되고 있으므로 그것을 이용하는 방법도 있다.

2 Feeder 세포의 제작

① 동결보존세포 1개를 water bath에 넣어 용해한다. 미리 준비한 9 ㎖ 배지의 conical tube로 옮겨 원심분리하여 세포를 washing한다. 세포를 50 ㎖의 배지에 재 부유시켜 culture dish 5개에 분주하여 배양한다.

② 세포가 가득 차게 되면 배지를 버리고 10 ㎍/㎖ mitomycin C를 포함한 배지를 5 ㎖을 첨가하여 3시

표 2 Feeder 세포 구입처

공급원	명칭	적요	카탈로그 No.	연락처
세포Bank	STO		CRL-1503	ATCC/스미쇼 파마 인터네셔날
	STO		RCB0536	이화확 연구소 바이오 리소스센터
시판	PMEF-N	Neomycin 내성/MMC처리	R-PMEF-N	대일본제약
	PMEF-NL	Neomycin 내성/MMC미처리	R-PMEF-NL	대일본제약
	PMEF-H	Neomycin 내성/MMC처리	R-PMEF-H	대일본제약
	PMEF-HL	Neomycin 내성/MMC미처리	R-PMEF-HL	대일본제약
	Neo^+/Neo^+mef세포	Meomycin 내성	TX-MEF-01	코스모 바이오
	$Hprt^-$MeEF세포	$Hprt^-$	TX-MEF-02	코스모 바이오
	Swiss Webster MEF세포	야생형	TX-MEF-03	코스모 바이오

간동안 배양한다

③ 이것과 함께 culture dish 를 gelatin코팅한다. 즉 바닥이 안전히 차게 되도록 0.1 gelatin sol.을 필요한 culture dish에 분주한다. 그대로 실온에서 2시간 방치한 후 gelatin sol.을 버린다.

④ Mitomycin C를 제거한 culture dish는 PBS (-)로 3회 washing한 후 trypsin 처리하여 세포를 뗀다. 원심분리하여 세포를 모으고 새로운 배지에 재부유하여 cell counting한다. 최종적으로 3 × 10^5 개/㎖로 조절한다.

⑤ 세포밀도를 조절한 세포부유액을 4well plate에 1 ㎖, 3.5 ㎖ culture dish에는 2㎖ 혹은 6cm culture dish에는 5 ㎖씩 분주한다.

⑥ 제작한 feeder cell은 배양기 내에 보존하며 1주 이내에 사용한다.

3 ES세포의 수립

① 보통 임신 3.5일째의 배반포를 채취한다. 원리적으로는 배는 1개씩 ES 세포배지를 분주한 4 well dish의 feeder cells 위에 옮겨 배양을 시작한다[*1].

*2 과잉 배란 처리하여 얻은 배반포는 품질이 가지각색이므로 수립초기의 ICM의 증식이 보이지 않는 배도 있다. ES 세포배지에는 배반포를 배양하면 투명대가 탈피하지 않는 경우도 있기 때문에 미리 산성 티이로드로 첨가하여 투명대를 제거해 두는 편이 좋다. 또 마우스의 경우, 특히 ICM을 면역수술법등에 의해 분리할 필요는 없다.

*3 배양개시의 배아 수를 늘리지 말고 약 40 개 이상이면 된다. 너무 많을 경우 각 조작에 시간이 많이 걸리기 때문에 세포의 상태에 신경을 Tm지 못하거나 전부 실패해 버리는 경우도 많다. 보통 3.5cm culture dish에 3주간, 동결까지 합쳐서도 4주 이상이면 종료해야 한다.

② 배양 후 1~2 일째에 배는 feeder cell 위에 붙는다. 그 이후 배양 4~5일째에는 ICM 이 증식하여 세포괴가 된다.

③ 세포괴를 넣을 well의 배양액을 버리고 PBS (-)를 0.5㎖ 첨가해 둔다. 미리 테라스키 plate에 trypsin ·EDTA를 12㎕씩 준비해 두고 이것을 pasteur pipette으로 세포괴를 1 개씩 옮긴다. 이 과정은 실체현미경을 이용한다.

④ 실온에서 2~3 분간 둔 후 각 well에 10%FCS 를 첨가한 ES세포배지를 소량 첨가하여 trypsin의 활성을 저지시킨다. pasteur pipette으로 조심히 세포괴를 미리 준비해 둔 ES 세포배지의 4 well plate의 새 feeder cell 층 위에 옮기고 pipetting 하여 세포를 분산시킨다.

⑤ 계대후 2일째에는 ES cell colony가 나타나며 급속히 증식한다. 3~4 일째까지는 2번째의 계대가 가능하다.

⑥ 2회째의 계대는 ES cell colony 만을 집어 첫 번째와 같은 방법으로 분산하여 새 4 well plate의 새로운 feeder cell 층 위에 분주한다. 계대 후 2일째에는 형태가 균일한 colony가 다수 나타난다 (그림 2 참조)[*4].

☞ *4 ES cell 수립이 잘 되지 않을 경우는 계대 2회째에 ES cell colony의 세포의 증식이 나타나지 않는 경우가 대부분이다. ES cell은 스트레스에 매우 민감한 세포이기 때문에 보통 계대에서도 어느 정도의 세포가 죽는 것은 피할 수 없다. colony를 회수하는 경우에는 적절한 시기와 과잉의 효소처리나 비적절한 pasteur pipette으로 과격하게 흡입하지 않는 것이 중요하다.

⑦ 3일째의 계대는 이하와 같이 한다. 즉 계대하는 well 의 배지를 버리고 PBS (-)로 1회 washing한다. trypsin·EDTA를 0.5 ㎕ 첨가하여 약 1분 후 제거하고 ES cell 배지 0.5 ㎕을 첨가해 다시 한번 1분간 둔 후 blue chip으로 pipetting 한다. ES cell 배지 2 ㎕을 첨가한 3.5 cm culture dish의 새로운 feeder cell 층 위에 분주한다.

⑧ 4번째 계대에는 반쯤 찬 3.5 cm cultur dish의 세포를 6cm culture dish 2개에 나누어 분주한다. 보통 2~3일째에 반쯤 차게 되는데 보통 Cryo tube 4개에 동결보존한다. 이것을 Original stock한다. 마우스 순종이나 형질전환마우스에 따라 다르지만 이 방법에 의해 통상 10~50%의 효율에서 ES 세포를 수립할 수 있다.

☞ ※5 보통 ES cell의 계대배양에는 효소처리와 pipetting을 충분히 하여 세포를 균일하게 분산시킨다. 이것에 의해 계대 후 새 colony의 크기가 균일하게 되어 계대의 리듬을 일정하게 보존할 수 있다.

실험예

유전자변이 마우스의 경우 목적에 따라서는 ES세포 수립이 곤란한 경우도 있지만 일반적인 교배를 통해서 후대로 유전형질이 전달되는 계통이라면 거의 문제가 없다. 한편 leptin결손(ob/ob)과 같이 불임의 특성을 지닌 형질전환 마우스의 경우 체외수정을 통하여 배반포 제작을 하면 ES세포수립이 가능한 경우도 있다. 즉 성숙 homo 개체에 과배란 처리를 유도하여 난관팽대부로부터 난자를 추출해 THY배지에서 2시간 전에 배양한 Homo 유래의 정자와 체외에서 6시간 배양을 실시한다. 체외배양을 통해서 확보한 수정란을 배양해 얻어진 leptin 결손배반포는 ICM 세포숫자가 C57BL/6 마우스 체외수정란 유래의 배반포와 비교하면 반이상 적어서 leptin 결손 배반포 유래의 초기세포괴는 매우 약한 특성을 나타내지만 본 장에서 설명한 방법에 따르면 각자 20% 이상의 정상과 동일한 비율로 ES세포주를 수립할수있다. 또한 지금까지 마우스 신경세포를 도너로서 사용한 체세포핵이식으로 만들어진 2세포기 배아를 동결, 수송, 융해 후, 배양하여 얻어진 배반포로부터 14%의 효율로 ES세포주를 수립하였다. 이와 같이 직접 동물로부터 배아를 얻을 수 없으며 체외수정이나 체세포 핵 이식 등의 모든 수단을 동원해 배반포를 만들어 두면 ES세포 수립이 가능하게 된다.

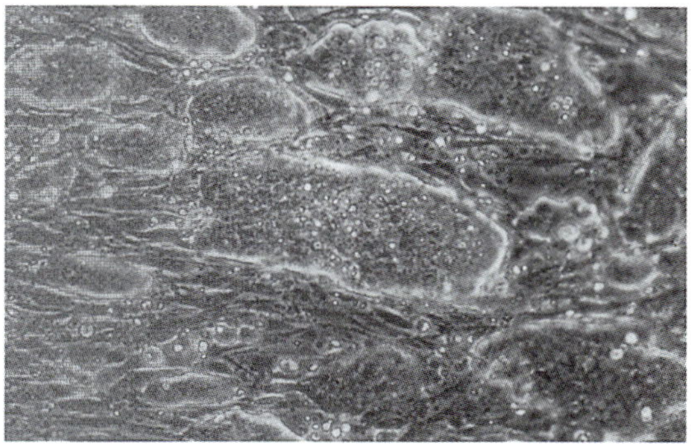

그림 2 전형적인 마우스 ES세포 colony 형태

끝으로

ES세포주 확립 기술이 가능하게 되면 단순한 knock out 마우스 제작 뿐 만 아니라 최근 현저한 발전을 보이고 있는 *in vitro* 분화유도실험에도 이용가능하다. 마우스 ES세포주의 수립은 조금의 경험과 노하우를 알게되면 그다지 어려운 기술이 아니기 때문에 시도해 볼 가치가 있다. 한편 최근에는 ES세포가 EC (Embryonic carcinoma)세포와 비교해 불균일한 세포집단으로서 발현유전자나 발생·분화능력이 다른 세포의 융합체라는 사실이 밝혀지고 있다. ES세포를 실험에 사용할 경우 이 점을 충분히 고려해야 한다.

참고문헌

1) Nagy, A. et al. eds. : Manipulating the Mouse Embryo, A Laboratory Manual, Third Edition, Cold spring Harbor Laboratory Press, 2003

2) 徳永智之：ザ・プロトコールシリーズ「ジーンターゲティングの最新技術」(八木 健 編), pp208-214, 羊土社, 2000

3) Horii, T. et al. : Theriogenology, 59 : 1257-1264, 2003

4) Furusawa, T. et al. : Biol. Reprod., 70 : 1452-1457, 2004

5) 徳永智之：産婦人科の世界, 52巻11号：47-53, 医学の世界社, 2000

3. 인간 골수 간엽줄기세포

手塚建一

인간 줄기세포를 이용한 연구는 장래 재생의료적인 관점에서 대단히 중요한 의미를 지니고 있다. 본 장에서 인간 골수에 존재하고 있는 2종류의 줄기세포 중 뼈와 지방세포로 분화 유도 가능한 간엽줄기세포에 대해서 배양 방법과 분화실험을 설명하였다.

서론

마우스에서는 다양한 분화능력을 지닌 간엽계세포주가 수립되고 있다. 대표적으로 C2C12 (근육), C3H10T1/2 (골, 지방), ATDC5 (연골), MC3Tc-E1 (골) 등을 들 수 있다. 이러한 세포는 죽지 않고 질적으로 안정되어 있기 때문에 실험에 이용하기 쉬우나 마우스세포라는 점에서 재생의료에의 응용은 기대하기 어렵다. 그래서 영원히 유지할 수 없지만 *in vitro*에서 증식능력을 유지하고 분화능력을 지닌 세포로서 간엽계줄기세포가 주목을 받고 있다. 인간의 골수에는 주로 2종류의 줄기세포가 존재하고 있다. 혈액세포를 만드는 조혈줄기세포와 골과 연골, 지방세포로 분화 가능한 간엽계줄기세포이다. 본 항에서 인간 간엽계줄기세포의 배양에 관해서 논하겠다. Pittenger 등은 연골, 뼈, 지방세포로 분화하는 다분화능력을 지닌 세포를 다른 연령의 인간 골수로부터 분리 배양하였다. 인간 골수유래의 간엽줄기세포는 기본적으로 배양기술과 장치에 의해서 증식과 유지가 가능하기 때문에 예를 들어 뼈나 연골재생 뿐만 아니라 중추신경이나 심장 등 중요한 기관재생에 응용하는 연구가 활발히 진행되고 있다. 특히 자기의 세포를 대량배양하여 이용할 수 있는 장점과 더불어 면역거부반응을 생각하면 재생의료적인 측면에서는 대단히 유용한 세포로서 기대되어지고 있다.

원리

최근 인간 초대 배양세포는 업자로부터 구입하는 것이 일반적이다. 이러한 세포의 대부분은 바이러스감염 검사가 되어있고 안정성이 높다고 할 수 있으나 어디까지 인간 조직유래이며 장갑이나 마스크착용이 필수적이다. 인간간엽줄기세포는 Cambrex사나 Poietics human mesenchymal stem cell (PT02501)로서 시판되고 있고 국내 업자를 통해 구입 가능하다. 이 세포는 한 사람의 제공자로부터 얻어진 골수세포를 배양해 분화능력을 확인한 후 동결 보존되어 있는 상태로 송부된다. 한사람에게서 채취 가능한 세포수는 한정되어 있기 때문에 세포주에 따른 실험결과의 변화를 생각하면 장기적인 연구수행을 계획할 시는 많은 양의 구매가 필수적이다. 일본에서는 이화학연구소의 bioresource center로부터 제공받을 수 있다. 또한 외과수술로 얻어진 골수를 배양해 골수 Stromal cell 와 동일한 방법으로 증식 배양 가능하기 때문에 그 방법에 관해서도 소개한다.

골수유래 간엽줄기세포나 골수 stromal cell의 품질은 세포분화능력에 따라서 평가한다. 실험예로서 간엽줄기세포를 골수아세포와 지방세포로 분화시키는 방법에 관하여 논하며 adenovirus감염 효율도 높기 때문에 adenovirus vector를 이용한 유전자 도입실험에

Kenichi Tezuka : Department of Tissue and Organ Development, Regeneration and Advanced Medical Science, Gifu University Graduate School of Medicine（岐阜大学大学院医学研究科再生分子統御学講座組織・器官形成部門）

대해서도 소개한다.

준비물

- 간엽계줄기세포배양배지 (MSCGM)

Poietics MSCGM BulletKit (Cambrex사, PT-3001)을 사용. 기초배지 450 mℓ과 Mesenchymal Cell Growth Supplement 25 mℓ가 2개, 200 mM L-Glutamine 10 mℓ, Penicillin (25 units), Streptomycin (25 μg)이 셋트로 되어 있다.

- Phosphate buffered saline (PBS)
- Trypsin sol.

		(최종농도)
2.5% trypsin in PBS	10 mℓ	(0.25%)
2% EDTA	1 mℓ	(0.02%)
PBS	89 mℓ	
Total	100 mℓ	

- 골아세포분화배지

Poietin hMSC Differentiation Media Bullet kits-Osteogenic (Cambrex사, PT-3002)를 이용하는 것이 용이하다. MEMO를 참조하여 스스로 만들어보아도 좋다.

- 지방세포분화유도배지

Poietin hMSC Differentiation Media Bullet kits-Adipogenic (Cambrex사, PT-3004)

Adipogenic Induction Medium (배양배지)와 Maintenance Medium (유지배지)가 셋트로 되어있어 사용하기 용이하다.

- ALP 염색 kit (무등화학, Cat.No.1568-2)

oil red O 보존액

oil red O (Wako, 154-02072)

Isopropyl alcohol

충분히 혼합하고 포화보존액으로 실온에서 보관.

- oil red O 염색액

oil red O 염색액	6 mℓ
증류수	4 mℓ
Total	10 mℓ

혼합 후 여과하고 1시간 이내에 사용한다.

- 4% paraformaldehyde

paraformaldehyde	2 g
PBS	50 mℓ
10 N NaOH	20 μℓ
Total	50 μℓ

60℃에서 완전히 녹인 후 ice에 차갑게 둔다.

<세포>

- 사람 간엽계모세포 : Cambrex사, Poietics PT-2501

<도구>

- pipette : Falcon7536
- 10 cm culture dish : Falcon3003
- 50 mℓ conical tube : Falcon2070
- 12 well plate : Falcon3043

memo

골아세포분화배지의 조성

MSCGM 이하의 시약을 다음 농도가 되도록 첨가한다.

0.1 μM Dexamethasone산 (Wako사, 590-03371)

10 mg/mℓ 아스코르빈산 (Wako사, 012-04802)

0.1% β글리세롤인산 (Wako사, G-6251)

Protocol

1 배지의 조제

동결상태로 수령된 Mesenchymal Cell Growth Supplement 25 ml가 2개, 200mM L-Glutamine 10 ml, Penicillin (25 units), Streptomycin (25 μg)을 실온에서 lysis한 후 기초배지에 첨가하고 잘 교반한다. 배지는 첨가물을 첨가한 후 4℃에서 보관하면 2주간 안정되게 사용할 수 있다.

2 세포의 조제

① dry iced와 함께 들어온 세포는 가능한 빨리 액체질소로 옮겨 보관한다. 혹시 운송 중에 dry ice가 없어진 경우 4℃에 보관하면 2주간 안정되게 사용할 수 있다.

② MSCGM을 실온에서 따뜻하게 둔다. 50 ml conical tube에 MSCGM (실온) 9 ml을 넣은 것을 미리 준비해 둔다.

③ 동결보된 세포가 들어있는 vial을 37℃의 waterbath 안에서 재빨리 해동한다.

④ vial의 주위를 70% ethanol를 뿌린 kimwipes로 닦아 소독해 준다. 내용물을 pasteur pipette로 2~3회 천천히 교반한 후 주의 깊게 aspiration 한다. ②에서 준비한 9 ml의 MSCGM에 첨가한다.

⑤ 500 × g에서 5분간 원심분리하여 세포를 모은다.

⑥ pellete을 흡입하지 않도록 주위하며 상층액을 제거하고 새 MSCGM (실온) 10 ml을 천천히 넣는다.

⑦ pipette으로 천천히 세포를 suspension한다[*1].

11 줄기세포 배양

*1 세포가 크기 때문에 pore가 작은 pipette으로 강하게 교반하면 damage를 입힐 위험이 있다. 우리는 pore가 큰 pipette으로 silicon제의 니플을 붙여 배지를 천천히 교반하는 방법으로 이 문제에 대처하고 있다.

⑧ MSCGM (실온) 10㎖을 첨가하여 pipette 으로 천천히 교반한 후 10 ㎝ culture dish 2개에 세포를 분주한다[*2].

*2 세포를 분주하는 밀도는 5,000~6,000 세포/㎠가 좋다. 세포수가 적으면 증식이 매우 늦어진다.

⑨ CO_2 Incubator (37℃, 5%CO_2)에서 배양한다.

⑩ 세포를 분주한 다음날 media change해 준다[*3].

*3 세포의 보관상태에 따라 세포사를 판단할 수 있다. 따라서 세포를 분주한 다음날 media change 시에 이러한 세포를 제거한다.

3 세포의 계대

① 세포배양을 시작해서 3일마다 media change한다. 3~6일 후에 세포가 90% 가득 차게 되면 계대를 한다.

② 배지를 제거하고 2 ㎖의 trypsin 용액 (실온)을 첨가하여 전체가 닿도록 해주고 바로 trypsin을 제거한다.

③ 새 trypsin 을 4 ㎖첨가하고 실온에서 8~10 분간 둔다[*4].

*4 세포의 lot나 밀도에 따라 세포가 떨어지는 시간에는 차이가 있다. 따라서 5분 후에서 수분 간격으로 현미경으로 세포가 떨어진 상태를 관찰한다. 세포가 떨어지려하는 정도가 적당하나 15분 이상 trypsin 처리하는 것은 피한다.

④ MSCGM (실온) 6 ㎖을 첨가하여 pipette으로 세포를 흘러내리며 회수하고 50 ㎖ conical tube로 옮긴다.

⑤ 새 MSCGM 10 ㎖을 dish에 첨가하고 남은 세포를 모아 전의 tube에 넣는다.

⑥ 500 × g에서 5분간 원심분리하여 세포를 모은다.

⑦ 상층액을 제거하고 새 MSCGM 10 ㎖을 조심스럽게 첨가한다.

⑧ pipette으로 조심스럽게 세포를 single cell로 만든다[*5].

*5 세포가 크기 때문에 pore가 작은 pipette으로 강하게 교반하면 damage를 입힐 위험이 있다. 우리는 pore가 큰 pipette으로 silicon제의 니플을 붙여 배지를 천천히 교반하는 방법으로 이 문제에 대처하고 있다.

⑨ cell counting을 하고 MSCGM을 첨가하여 5,000~6,000세포/㎠이 되도록 새 culture dish에 세포를 분주한다[*6].

*6 우리의 경험으로는 1개 dish에 90% 가득찬 세포를 2~3개의 dish 에 계대하는 것이 보통이다.

⑩ 필요에 따라 media change나 subculture를 반복한다[*7].

*7 계대를 반복하는 것에 의해 세포의 다분화능력은 서서히 줄어든다. 또 증식속도도 떨어지게 된다. 우리연구팀은 계대회수를 기록하고 primary culture에서 10대 정도까지를 기준으로 시험해 오고 있다.

4 골수 stromal cell 의 배양

우리는 토끼 파골세포를 단리한 경험으로 골의 소편이 많은 stromal cell이 부착되고 있는 것을 알게되었기에 이하와 같이 골수액을 직접 배양하는 방법을 이용하였다.

① 채취한 골수 10 ㎖에 대해 40 ㎖의 MSCGM을 첨가하고 10 ㎝ dish 5개에 분주한다[*8].

*8 stromal cell은 작은 골편등에 부착하고 있기 때문에 배양액을 잘 교반하여 침전물도 모두 culture dish에 넣도록 한다.

② CO_2 Incubator (37℃, 5% CO_2)에서 배양한다.

③ 3시간 후 과잉적혈구를 제거하기 위해 조심히 media change한다[*9].

*9 부착세포는 매우 적은데 적혈구가 대량 존재하기 때문에 현미경상에서의 확인이 힘들다. dish를 천천히 기울여 가능한 조심히 media change한다. 적혈구는 완전히 제거되지 않아도 괜찮으므로 표면을 washing하는 것은 피하도록 한다.

④ 다음날 다시 주의깊게 media change한다.

⑤ 그 이후 3일마다 media change를 한다. 2~5일 후에는 현미경으로 방추형의 stromal cell이 된다 (그림 1)[*10].

*10 colony에 따라 형태나 증식속도가 다르기에 이것을 회수한 세포집단은 균일하지 않다. 그러나 계대를 계속하게 되면 크기나 형태가 균일해진다.

⑥ 세포의 colony가 충분히 커지게 되어 dish의 반 이

상이 세포로 덮이게 된 후에 사람 간엽계줄기세포와 같은 방법으로 trypsin 처리하여 세포를 회수한다. 그 이후 사람 간엽계줄기세포와 같은 방법으로 5,000~6,000 세포/㎠의 밀도를 유지하며 계대한다.

5 골아세포로 분화

① hMSC를 12 well plate에서 가득찰 때 까지 배양한다.
② 세포가 가득차게 된다면 배지를 골아세포 유도배지를 교환한다.
③ 3일마다 media change를 반복하며 1~3 주간 후에 ALP 염색으로 분화를 평가한다.

6 Alkali Phosphatase (ALP) 염색

무등화학의 Kit를 사용한다.

① 고정준비액 1 ㎖에 methyl alcohol 9 ㎖를 첨가한 고정액을 준비하여 ice에서 차갑게 둔다.
② 배양액을 제거하고 PBS로 1번 washing 한다.
③ 차가운 고정액을 1 well마다 약 1 ㎖첨가하여 10초 후에 aspiration 한다.
④ 기질원액 10 ㎖을 Fast Blue RR Salt의 vial에 첨가하여 잘 섞어 용해한다 (기질액).
⑤ 기질액을 1 well 당 액 1 ㎖ 첨가하여 parafilm으로 밀패한 후 37℃으로 30분~1시간 방치한다.
ALP 양성세포는 청자색으로 염색한다.
⑥ 증류수로 3회 washing한 후 최후에 1 ㎖의 증류수를 첨가하여 검토한다.

7 지방세포의 분화

① 12 well plate에 hMSC가 가득하게 될 때 MSCGM에서 배양한다.
② 배지를 지방분화배지를 교환하고 3일간 배양을 계속한다.
③ 배지를 지방유지배지를 교환하고 3일간 배양을 계속한다.
④ ②, ③의 media change를 합계 3 cycle 반복한 후 지방유지배지에서 7일간 배양한다. 이후, 2~3일 마다 media change (유지배지)한다.

8 Oil red O 염색

① 세포를 PBS로 1회 washing한다.

*11 세포중의 유적은 무너지기 쉽기 때문에 모든 과정을 주의깊게 한다.

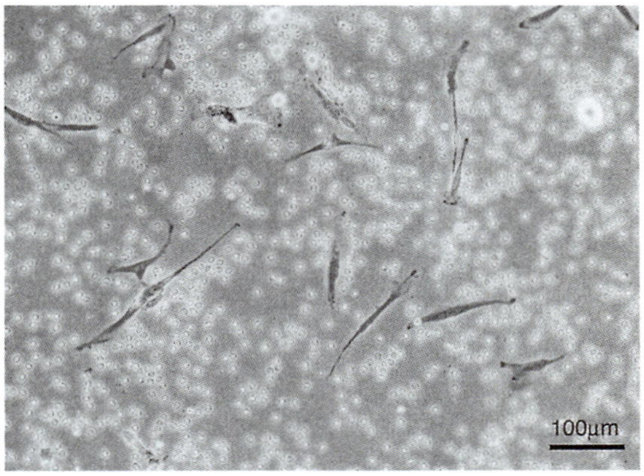

그림 1 **골수배양 4일째**
방추형태의 stromal 세포가 야노에 부착한 모양. 작은 도넛과 같은 세포는 적혈구. 커다란 구형의 세포는 지방덩어리.

② 4% paraform aldehyde 고정액으로 실온에서 15분 고정한다.
③ PBS로 1회 washing한다.
④ Oil red O 염색을 1 well 당 0.5 ㎖첨가한다.
⑤ 실온에서 30분간 염색한다.
⑥ 증류수로 2회 washing 후 증류수를 넣고 탈색한다.

실험예

골수유래 간엽줄기세포를 골아세포로 분화시키는 예를 나타냈다. 골아세포 분화배지 중에 배양하며 ALP의 양성세포가 다수 나타나게 된다 (표 2B). 더욱이 Notch의 세포내 domain을 adenoviral vector를 이용해 발현하면 분화유도 가능하다. 이 방법은 세포응집을 강하게 유도해 세포전체가 dish에서 떨어져 세포괴가 되고 배양유지가 곤란할 경우도 있다 (표 2A). 또한 골아세포 배양액에서 장기간 배양 (2~4주간)하면 현미경 하에서 석회화물의 침착이 관찰된다. 이 경우 콘사 염색으로 석회화를 평가한다.

인간 간엽줄기세포나 골수 스트로마세포는 지방세포로 분화하는 프로토콜에 따라서 배양하면 지방세포로 분화 가능하다. 분리된 골수스트로마세포를 지방세포로 분화하여 위상차현미경으로 지방질의 형성을 확인한 결과이다 (표 3). 세포를 고정한 후 oil red O 염색으로 지방질이 붉게 염색한다.

11 줄기세포 배양

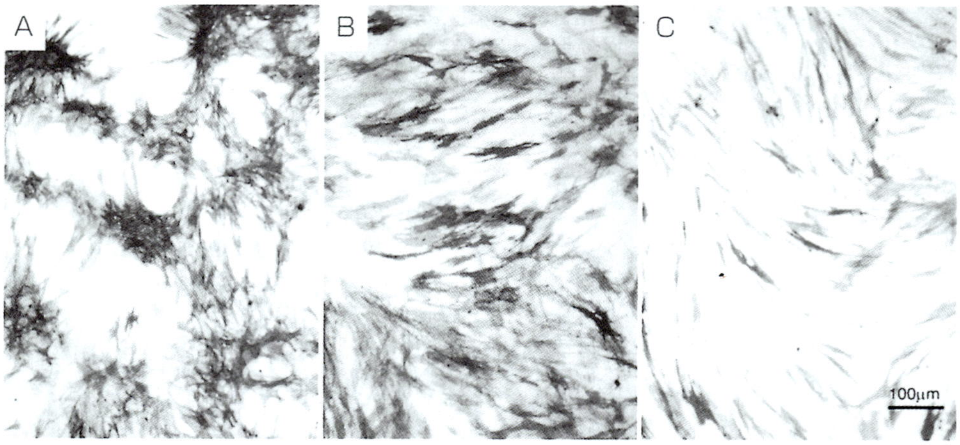

그림 2 간엽줄기세포의 골아세포분화
A) 간엽줄기세포에 Notch 세포내 domain을 adenovirus vector를 이용해 발현한후 6일후의 형태. ALP양성세포의 응집이 관찰된다. B) 세포를 골아세포분화용 배지에 6일간 배양. Control(C)와 비교해 ALP양성세포가 증가하고 세포형태도 방추형태에서 조금 퍼진형태로 변화고 있다.

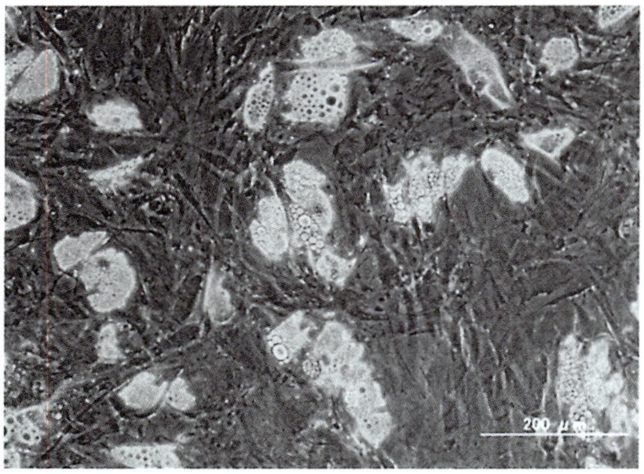

그림 3 인간 골수 stromal 세포를 지방세포로 분화시킨 형태
세포내 많은수의 지방을 지닌 지방세포가 출현한다.

끝으로

골수유래 간엽줄기세포는 아직 결정적인 마커동정이 이루어지지 않았기 때문에 골수로부터 얻어진 스트로마세포가 골아세포, 지방세포, 연골세포로 효율적으로 분화할 수 있는 능력을 지니고 있어 존재자체에 대해 의문시되고 있다. 조혈줄기세포가 단 한 개의 세포로부터 모든 종류의 혈액세포로 분화유도 가능하다는 사실에 비교하면 특성에 관해서 의문점이 많다. 그러나 재생의료에의 적용가능성이 높은 세포로서 많은 연구가 진행되고 있다. 최근에는 이세포르 이용한 유전자 targeting에 관한 보고도 있어 유전자치료에의 응용도 기대된다. 무엇보다도 성인으로부터 다량의 세포를 얻을 수 있으며 앞으로의 재생의료연구에 있어서 중요한 역할을 할 것으로 기대된다.

참고문헌

1) Short, B. et al. : Arch. Med. Res., 34 : 565-571, 2003
2) Pittenger, M. F. et al. : Science, 284 : 143-147, 1999
3) Helfrich, M, et al. : Cell Biology : A Laboratory Handbook (Celis, J. E. ed.), vol.1, pp128-141, Academic Press, 1994
4) Tezuka, K. et al. : J. Bone Miner. Res., 17 : 231-239, 2002
5) Chamberlain, J. R. et al. : Science, 303 : 1198-1201, 2004

4. SP 세포

松崎有夫

Hoechst33342는 DNA 결합색소로서 단일 색소이면서 450/600 (nm)라는 두개의 파장의 형광을 지니고 있다. 이러한 특성의 염색패턴 중에서 특히 양 파장을 어둡게 발현하고 있는 세포집단 (SP세포)은 높은 줄기세포 활성을 지니고 있어 골수이외에도 골격근과 뇌, 간장, 췌장, 위장, 심장 등 지금까지 조사된 모든 조직에 존재하며 조직 줄기세포로서의 기능을 지니고 있다.

서론

Monoclonal 항체나 FACS에 의한 조혈줄기세포의 분리방법과 단일 세포배양계의 수립, 새로운 사이토카인 receptor 계의 발견 등으로 조혈줄기세포에 관한 연구는 비약적인 발전을 이루었다. 이 연구결과 개발된 다양한 기술과 방법은 최근의 골수 이외의 장기에 존재하는 줄기세포 연구에 응용되어지고 있다. 그러나 세포 표면 마커에 대한 monoclonal 항체를 이용한 분리방법의 결점은 동물 종에 따라서 다른 결과가 얻어진다는 점이다.

첫째로 현재 주로 이용되고 있는 세포표면마커가 반드시 줄기세포의 기능분자라고는 할 수 없다는 점이다. 즉 조혈줄기세포의 능력을 조절하는 중요한 생리기능을 지닌 분자가 발견되어 그 분자에 대한 항체가 만들어지지 않는 이상 진정한 의미의 줄기세포의 분리는 불가능하다. 이러한 관점에서 Hoechst33342라는 DNA 결합 색소를 이용한 방법은 항체를 이용하지 않는 새로운 줄기세포 분리방법으로 주목받고 있다.

원리

Hoechst33342는 bisbenzimid class에 속하는 형광색소로서 세포투과성이 매우 높아서 살아있는 세포에 세포의 고정 없이 세포내로 흡수된다. 또한 단일 색소로서 UV로 발광하면 450 nm와 600 nm의 형광을 나타내며 일반적인 cell cycle assay에서 보여지는 G0/G1 또는 S/G2기의 세포와 G0/G1 보다도 어두운 부분에 매우 특이적인 패턴을 지닌 Hoechst 음성의 세포집단이 관찰된다. 이 세포군은 Linear한 세포집단으로 가로로 돌출한 형태로 존재한다고 하여 Side Population (SP 세포)로 명명되어졌다 (그림 1) [1) 2)].

이 SP 세포분획은 verapamil등의 multi drug resistance(MDR:다 약제내성) gene 분자 저해제를 첨가한후 완전히 소실되는 사실로부터 세포에 존재하는 MDR 분자에 의해서 세포내로 색소를 배출함으로서 G0/G1보다도 어두운 부분에 존재한다고 여겨지고 있다. 특히 마우스 골수세포는 SP라는 표현형을 나타내는 분자가 Bcrp-1/ABCG2라는 사실이 밝혀졌다.

준비물

<마우스>

- C57B/6 (B6), 8~10 주령, male, female 상관없이 male 을 이용할 경우가 더 양성세포가 많다.

Yumi Matsuzaki : Department of Physiology, Keio University, School of Medicine (慶應義塾大学医学部生理学教室)

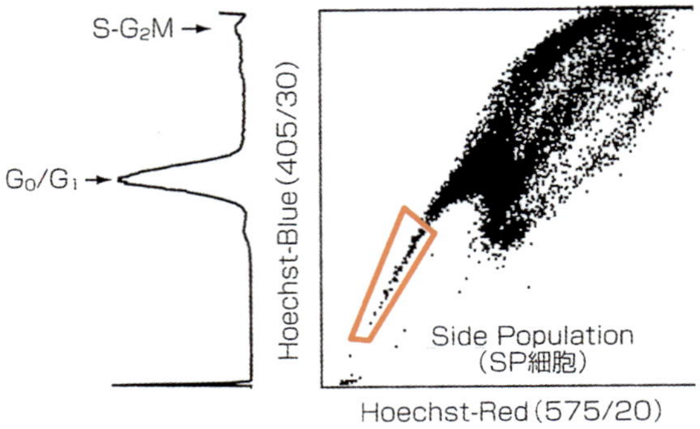

그림 1 마우스골수세포를 이용한 Hoechst 33342 염색 상
세로로 405 nM Blue, 가로로 575 nM Red를 plot한 2차원 분석을 하면 좌측하단에 수염과 같은 형태의 Side Population(SP 세포)가 관찰된다.

> ☞ *1 SP 세포는 지금까지 조사한 바로는 어느 계통의 마우스에도 비슷한 빈도로 존재하고 있어 계통의 차이는 크지 않으나, 항체염색에 있어서는 Sca-1 항체는 B6, DBA/2 또는 129에서 발현하고 있으나 Balb/c 혹은 ICR 에서는 발현이 매우 약하다.

<시약>

- PBS (Sigma 사 D-5652)
- HBSS+(Hanks Balanced Salt sol. : GIBCO사. 24020-117)
  2%fetal calf serum (FCS) 10 mM HEPES buffer (Cibco 사, 15630-080),
  1%Penicillin/Streptomycin (Gibco사, 15140-122)를 첨가, 보통 4℃에서 보관
- Ficoll-Paque PLUS (Amersham Bioscience 사, #17-0840-02)
- Hoechest33342 (Sigma사, B-2261)

> ☞ *2 Hoechest33342는 lot 차이가 있기 때문에 안정된 염색상을 얻기 위해서는 수 많은 lot를 검정하고 최적의 것을 선별할 필요가 있다. 또한 그 후의 실험에서는 가능한 같은 lot을 사용하는 것이 바람직하다.

- Varapamil (Sigma사, B2261) 100×stock sol. (50 mM in PBS)
- Propidium Iodide (Sigma사, P4170)
  해동보존액 (10 mg/mℓ in DDW)
  100 × stock sol. (200 μg/mℓ in PBS, aluminum foil로 싸서 4℃보관). sample의 최적농도 2 μg/mℓ에서 사용.
- 항체
  본 실험에서 사용하고 있는 monoclonal 항체는 모두 BD Biosciences (PharMingen 사) 또는 Bioscience 사에서 구매 가능 (표 1을 참조)
- Streptavidin-APC-Cy7 (Pharmingen사)

<실험기구>

- 해부용구 : 날카로운 가위, 핀셋
- 60 μm nylon mesh filter (Miulipore사, NY6000 10)
- 15 mℓ, 50 mℓ Falcon conical tube
- 70 μm cell strainer : Falcon 2350
- 막자사발과 막자 : 직경 5 cm 정도의 소형

<기계>

- MoFlo (DAKO Cytomation사) Argon, UV and Helium-Neon laser 장비준비 (표 2).

Protocol

1 세포조제와 염색

① 실험대에 멸균한 50 ml Falcon tube, 막대사발과 막대, 70% ethanol, 50 ml차가운 PBS 준비
② 도너 마우스를 경추탈구하여 죽인다.
③ 70% ethanol을 뿌린 후 하지의 피부를 벗긴다.
④ 대퇴골 혹은 경곡을 추출하여 주위 접착한 근육을 제거한 후 차가운 PBS 에 넣는다. conical tube의 뚜껑을 막아 혼합하여 세포괴나 근육등이 섞인 조직을 제거한다.
⑤ 이 대퇴골, 경골을 막자사발에 넣어 막대로 뼈를 부순다. 이때 막자를 반죽하지 말고 누르듯이 한다.
⑥ HBSS + 5 ml에 세포액을 suspension하여 50 ml Falcon tube에 set된 Falcon 2350 cell strainer 위에서 세포액을 주입시켜 세포괴를 제거한다.
⑦ ⑤, ⑥의 과정을 2번 반복하여 HBSS+를 50 ml까지 첨가한다.
⑧ 4℃, 280 × g에서 8~10 분간 원심분리한다.
⑨ pellet을 풀어 세포농도가 1 × 10^6 cells/ml이 되도록 HBSS+를 첨가한다[*1].

> ☞ *1 8~10 주령의 C57BL/6에서 한 마리당 5×10^7개의 골수단핵세포가 추출되기 때문에 마우스 한 마리당 약 50 mℓ의 반응액 양을 기준으로 한다. 두 마리 이상의 골수를 채취한 경우 250 mℓ flask 등으로 반응액을 한개로 모으는 것이 좋다.

⑩ 1 mg/ml Hoechest 33342 용액을 최종농도 5 μg/ml이 되도록 첨가한다 (Stock sol은 200 배 용액이므로 세포부유액은 200분의 1을 첨가한다).

표 1 FACS에 의한 SP 세포분리를 위한 monoclonal 항체 리스트

항체 (사용온도)	클론명	레벨명	최종온도
Anti=mouse Mac−1 (0.5 mg/mℓ)	M1/70	biotinylated	* 5 μg/mℓ
Anti=mouse Gr−1 (0.5 mg/mℓ)	RB6−8C5	biotinylated	* 5 μg/mℓ
Anti=mouse B220 (0.5 mg/mℓ)	RA3−6B2	biotinylated	* 5 μg/mℓ
Anti=mouse CD3 (0.5 mg/mℓ)	2C11	biotinylated	* 5 μg/mℓ
Anti=mouse Ter−119 (0.5 mg/mℓ)	TER−119	biotinylated	* 5 μg/mℓ
Anti=mouse Sca−1(0.2 mg/mℓ)	E13−161.7	PE	5 μg/mℓ
Anti=mouse c−Kit (0.2 mg/mℓ)	2BB	APC	5 μg/mℓ
Anti=mouse CD34 (0.5 mg/mℓ)	RAM34	FiTC	50 μg/mℓ

* lineage marker (Lin) 혼합액은 위의 biotinylated항체 3종류를 같은 양으로 해야 한다. 모두 PharMingen사 (미국) 또는 eBioscience사 (미국)에서 구입

표 2 FACS의 leser 구성과 각 parameter로 사용되는 bandpass filter

형광색소	PMT	여기파장 (nm)	형광파장 (nm)	필터파장 (nm)
FITC	FL1	488	525	530/40
PE	FL2	488	575	580/30
PI	FL3	488	694	630/30
PE−Cy5	FL4	488	694	670/30
Hoechst Red	FL5	350	600	575/20
Hoechst Blue	FL6	350	450	405/30
APC	FL7	660	670	670/20
APC−Cy7	FL8	660	780	740ELP

FITC : fluorescein isothiocyanate, PE : phycoerythrin, PI : propidium iodide, APC : allophycocyanin
PMT : photomultiplier tube (검출기)

⑪ Hoechest 33342를 첨가한 세포부유액을 1 ㎖ Eppendorf tube에 분주하고 10 ㎕ Verapamil (100 × 용액, 최종농도 50 μM을 첨가한다).

⑫ 37℃ water bath에서 60분간 Incubatoion 한다.

⑬ 세포부유액을 50 ㎖ Falcon conical tube로 옮기고 4℃, 280 × g에서 8~10 분간 원심분리한다.

⑭ Varapami 첨가 sample은 미량원심기에서 4℃, 800 × g에서 34분간 원심한 후 상층액을 제거하고 pellet을 suspension하여 HBSS+에 부유하고 해석할 때 까지 ice에 둔다.

⑮ 5 ㎖의 Filcoll을 15 ㎖ Falcon conical tube에 넣어둔다.

⑯ 원심 후 상층을 aspiration한 후, 5 ㎖ 차가운 HBSS+를 첨가하고 pellet을 풀어 재차 부유한다.

⑰ 5 ㎖ Ficoll을 넣은 tube를 기울여 액체 면이 흔들리지 않오록 세포액을 천천히 중탕한다.

⑱ 4℃, 630 × g에서 15분간 원심분리한다.

*2 Ficoll에 의한 비중분리는 반드시 4℃에서 할 것. Hoechst33342는 viability dye가 있어 SP 세포의 색소배출은 4℃ 이하의 조건에 둔다. Hoechst 염색 후 세포액을 실온까지 올리면 정확한 Hoechst 염색패턴을 얻을 수 없기 때문에 ⑮ 이하의 순서는 모두 차가운 곳에서 실험해야한다.

⑲ 경계면의 세포를 회수하고 10 ㎖ HBSS+에서 washing한다.

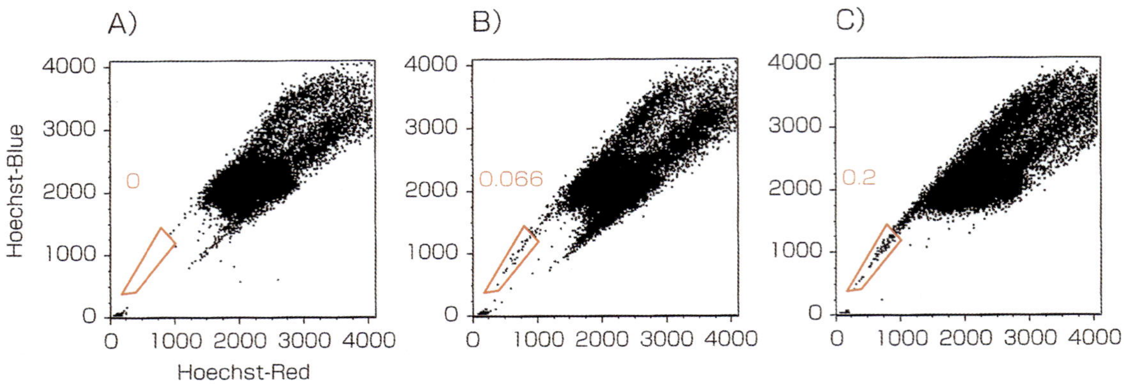

그림 2 A-C 마우스 골수를 이용한 Hoechst 33342 염색 결과
모든 동일한 샘플이나 A)Verapamil에 의한 SP 세포가 소멸됨. B) Verapamil 비 첨가, 모든 골수세포 control. C) Verapamil 비첨가, Ficoll에 의해 임파구분획 세포만을 분리한 샘플. Ficoll 처리에 의해서 약 10배의 SP세포의 농축이 관찰됨.

> *3 계속 항체염색을 할 경우 cell counting 5 × 10^7 cells/㎖이 되도록 HBSS+을 첨가하여 이것을 dye sol.으로 한다.

⑯ 최종농도 2 ㎍/㎖이 되도록 propidium iodide (PI)를 첨가하여 60㎜ 이하의 Nylon mesh filter로 세포괴 등을 제거하고 FACS 해석할 때 까지 ice에 둔다.

2 Flow cytometry

i) Setup

- 해석과 sorting은 MoFlo (DACO Ctyomation사), Epics ultra (Beckman Coulter사) 혹은 VantageSE (Becton Dickinson사) 등 UV laser가 준비된 기계를 이용한다. 각 parameter로 band pass filter의 구체적인 예는 표 2를 참조할 것.
- Hoechst 33342는 350 nm UV laser에서 activation되어 405/BP30 또는 570/BP20라는 두가지의 파장의 parameter 또는 band pass filter를 이용하여 검출한다. 2파장간은 510 (혹은 550)nm long pass dichronic mirror (모두 , Omega Optical사)에서 분리한다.
- 광축조정한다. SP 세포해석에 있어서 UV laser의 광축조정은 가장 중요한 부분이다. 우리는 Coulter사의 Flowcheck beads를 이용하고 Hoechst Blue signal의 % C.V.가 3.5 % 이하 (가능한 2~3%가 바람직하다)되도록 매우 신중히 광축을 조정한다.

ii) Analysis

- 죽은 세포를 제거하기 위해 PI (propidium iodide)염색은 필수이다. 우리는 보통 PI에 의해 형광을 488 nm Argon laser로 활성화된 FL3 혹은 FL4 channel (630BP30)에서 검출한다. 종축 PI 횡축 FSC (Forwoed scatter)의 2차원 Flow file을 표현하여 PI 음성집단의 영역을 설정하고 이것을 살아있는 세포 gate로서 이상의 조작은 대부분의 이 gate를 적용한 상태로 사용한다.
- SP 세포를 검출하는 경우 종축에는 Hoechst Blue (405 nm), 횡축은 Hoechst Red (570 nm) signal을 plot 한다. 양쪽 signal과도 Linear scale로 표시한다. Main Population 존재하는 세포집단) 이 획면의 중앙이 되도록 PMT의 감도를 조정한다 (그림 1). 이때 Main Population에서 획면의 좌측하단을 향해 뻗어나가는 적은 세포들이 SP세포이다. SP 세포는 매우 빈도가 낮은 집단이기 때문에 명확한 관찰을 위해 데이터를 적어도 5×10^4~1×10^5 정도는 준비한다. Ficoll로 비중분리를 하지 않고 전골수세포로 액 0.05, 비중분리를 하는 것으로 약 0.5까지 농축할 수 있다 (그림 2 및 C).

실험예

마우스 골수 중에 존재하고 있는 조혈세포는 이 SP 세포집단에 포함되고 있다고 보고되고 있으나 본 연구실에서 Hoechst 염색에 항 CD34와 항 Sca-1 항체를

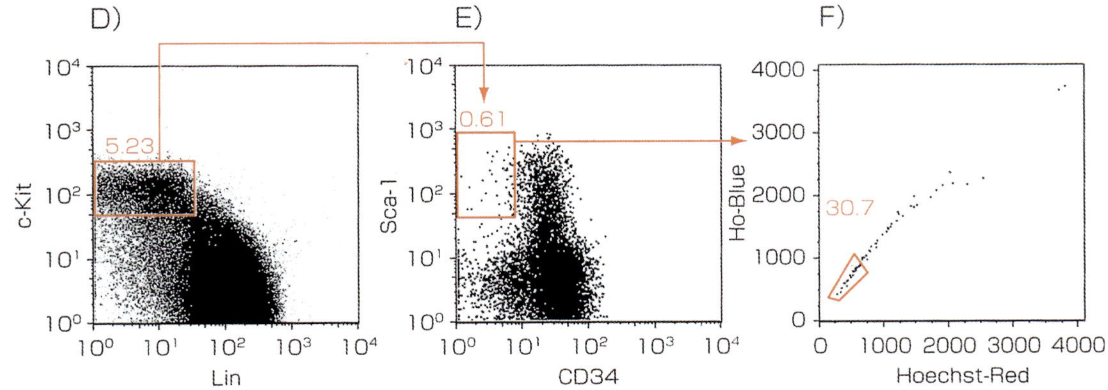

그림 D-F 마우스 골수의 가장 미분화된 조혈줄기세포의 분리 방법
그림 2C에서 이용된 샘플을 항c-kit, 항 Lin (lineage mixture), 항 Sca-1, 항CD34항체로 염색해, D) c-Kit 향성과 Lin 음성집단에 gate를 설정. E) 동일한 gateso의 세포집단을 Sca-1, V.X. CD34로 2차원 전개를 하여 Sca-1 양성에 CD34 음성 집단에 gate를 설정 F) 이 집단속의 세포에 Hoechst-Blue v.s. Red를 plot하면 SP 세포의 제일 앞부분의 세포가 농축되어진다는 것을 관찰되어 이세포는 전 골수세포의 0.001-0.005%에 해당된다.

조합하여 상세한 분석을 시행한 결과 SP 세포군은 반드시 단일한 세포집단으로 구성되어있지 않으며, 각각 sub-population에 대해서 *in vivo*에서 장기간 골수 재생구축능력을 조사한 결과 가장 미숙한 조혈줄기세포는 Osawa 그룹에서 발표한 Lin-, Sca-1+CD34-, c-Kit+와 함께 Hoechst가 가장 어두운 부분(Tip-SP)에 농축되어 있다는 사실이 밝혀졌다 (표 2 D~F). Lin^-, $Sca-1^+$, $CD34^-$, c-Kit+ Tip-SP의 표현형을 지닌 세포를 single cell로 치사량 방사선조사 마우스에 이식하면 약 90% 이상의 확률로 생착되며 장기간 모든 혈구세포를 재생하였다. 단순히 생각하면 이 방법을 이용하면 약 90% 이상의 순도가 높은 조혈줄기세포의 분리가 가능하다.

memo

조직 (근육, 뇌, 간장, 췌장, 신장 등)에서 Hoechst 염색을 실시하면 Protease를 이용해 세포 간 접착을 없애고 세포부유액을 만들어야한다. Hoechst에 의한 염색은 골수와 동일한 절차로 행하며 조직에 따라서 적절한 Hoechst 농도가 다르기 때문에 처음에는 titration을 실시하여 Verapamil 첨가군과 비 첨가군의 분석결과로부터 첨가군에서 SP 세포가 소실되며 특히 SP 세포군이 명확히 검출될 수 있는 조건을 찾아야 한다.

끝으로

다른 조직(뇌, 간장, 췌장, 위장)등에 존재하는 SP 세포의 존재에 대한 보고가 있지만 기능에 대해서는 불명확한 점이 많다. 만약 조직상의 SP세포가 각각의 조직 구축 기능을 지니고 있다면 MDR과 같은 분자에 의해서 세포내로부터의 색소 배출 능력은 모든 조직의 줄기세포에 공통적인 특성으로 여겨질 수 있다. 이것은 조직줄기세포의 분리에 이용될 수 있는 일반적인 방법이며 약제배출에 관여하는 모든 줄기세포에 공통하는 기능분자의 규명을 포함한 앞으로의 줄기세포 연구에 새로운 목표가 될 수있을 것이다.

또한 특정 조직세포로의 분화와 함께 줄기세포가 진정으로 가역성을 지니고 있다면 현재의 많은 문제점을 해결할 수 있는 새로운 치료방법으로서 이용될 수 있을 것으로 생각되어진다. 예를 들어 골수이식이라는 치료에 의해 혈액 뿐 만아니라 난치성 장기의 재생도 가능하다. 더욱이 유전자치료 기술을 겸비하면 선천적 또는 후천적으로 결손된 유전자를 줄기세포에 도입한 후 목적으로 하는 장기로 분화하여 근본적인 치료제로 이용가능하다. 이와 같은 치료기술은 근육수축과 같은 전신 질환에 대해서 특히 효과적이며 장기, 조직줄기세포의 규명기술개발과 특성을 밝히는 연구는 대단히 중요한 의의를 지닌 연구 분야라 생각되며 앞으로의 조혈 줄기세포와 같은 연구 발전이 기대되는 바이다.

참고문헌

1) Goodell, M. A. et al. : Nat. Med., 3 : 1337-1345, 1997
2) Goodell, M. A. et al. : J. Exp. Med., 183 : 1797-1806, 1996
3) Zhou, S. et al. : Nat. Med., 7 : 1028-1034, 2001
4) Osawa, M. et al. : Science, 273 : 242-245, 1996
5) Matsuzaki, Y. et al. : Immunity, 20 : 87-93, 2004
6) Gussoni, E. et al. : Nature, 401 : 390-394, 1999
7) Seale, P. et al. : Cell, 102 : 777-786, 2000
8) Asakura, A. et al. : J. Cell Biol., 159 : 123-134, 2002
9) Lechner, A. et al. : Biochem. Biophys. Res. Commun., 293 : 670-674, 2002

제 11 장 줄기세포 배양 – 재생의료에의 가능성 –

5. 신경줄기세포

森 英樹　小林 哲　三宅 淳　金村米博

자기 복제능과 다 분화능을 가진 신경줄기세포를 분리 또는 배양하는 방법으로 FGF, FGF-2를 이용한 무 혈청배양법 (neurosphere법)과 분리된 신경세포의 분화 유도법에 대하여 소개하였다.

서론

사람을 포함한 포유류의 중추신경계는 신경세포와 glia세포등 두 종류의 세포로 구성된다. 형태도 생물학적기능도 크게 다른 이 두 종류의 세포는 발생학적인 공통 선조인 신경줄기세포에서 발생 분화된다는 사실이 밝혀졌다(그림 1). 신경줄기세포는 ① 분열 및 증식하여 계대를 반복하는 능력을 지닌 (자기 복제능) 동시에 ② neuron, astrocyte, oligodendocyte이라는 중추신경계를 구성하는 세 종류의 세포로 분화하는 능력 (다 분화능)을 지닌 미분화한 신경계의 세포로 정의되고 있다 (그림 1).

최근의 신경세포연구는 신경세포의 선택적 분열배양법의 개발이 급속도로 진척되고 있으며 태아기뿐만 아니라 성체 뇌의 신경줄기세포의 규명과 그 분리배양이 가능하게 되어 중추신경계의 재상과 기능회복을 가능하게 하는 이식용 device 로서 매우 각광을 받고 있다.

원리

신경줄기세포의 선택적 분리 배양법으로서 neurosphere법을 소개한다. 이 방법은 Reynolds와 Weiss에 의해 발표된 후 많은 연구자들이 이용하여 발전되었다. 일반적으로 사용되어지고 있는 방법이 태아기 마우스 선조체나 성체 뇌의 해마로부터 채취한다. 세포를 상피세포증식인자 (epidermial growth factir : EGF) 등을 첨가해 부양배양을 하면 일 부분의 세포에서 형성된 neuroshphere라고 불리는 세포 괴를 계대하는 방법이다 (그림 1).

neurosphere는 배지에서 EGF 등을 빼고 FBS를 첨가하여 배양하면 neuron, astrocyte, oligodendocyte 등 중추신경계를 구성하는 세포로 분화한다. 분화된 세포를 신경세포, 글리아 세포 표면 마커인 각종 항체를 이용해 면역세포염색 분석을 실시하면 신경줄기세포가 지닌 다 분화능력을 평가할 수 있다.

Hideki Mori, Satoshi Kobayashi, Jun Miyake, Yonehiro Kanemura : National Institute of Advanced Industrial Science and Technology, Research Institute for Cell Engineering（独立行政法人産業技術総合研究所セルエンジニアリング研究部門）

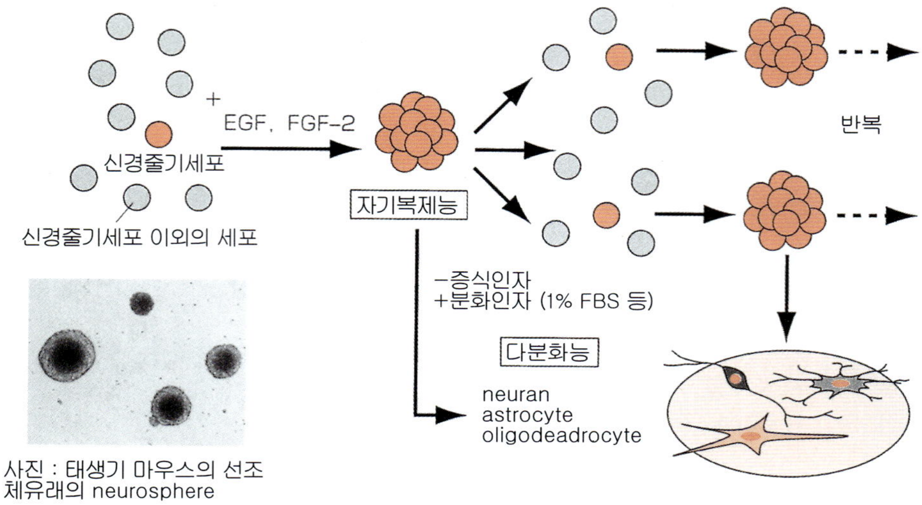

그림 1 neurosphere법의 개요도

i) 신경줄기세포의 분리배양법

준비물

〈기기·기계류〉

- 실체현미경
- 조명
- 해부용 가위 (1개)
- 핀세트 (2개)
- Micropincette (INOX5) (2개)
- Microscissor (NAPOX사, MB51-7) (1개)
- 6 ㎜, 100 ㎜ dish
- 15 mℓ, 50 mℓ tube
- Plastic pipette (SAMCO사, CAt.262-15)
- 10 mℓ Pipette
- 40 ㎛ cellstraner (FALCON사)
- CO_2 incubator
- 배양용 96 well plate (NUNC사. Cat.167008)
- 96 well white plate
- 발광용 platereader

〈마우스〉

- 임신 마우스 (태아 14일령)

〈시약. 배지〉

- 0.05% Trypsin용액 (Invitrogen사, Cat.253000)
- Trypsininhibitor용액 (TI용액) (Roche사)
  2.8 mg/mℓ에서 DMEM F12배지에서 용해. -20℃에서 보존한다.
- 항생제 포함 PBS (-)
- ATP assay 용액 (Cell Titer-GloTM,Promega사)
- 배양용 배지

		(최종농도)
DMEM/F12 medium(1 : 1) (Invitrogen사. Cat.11330)	49 mℓ	
항생제 Antibiotic-Antimycotic (100×)(Invitrogen사)	500 μℓ	
N-2 supplement(Invtrogen 사)	500 μℓ	
20 μg/mℓ EGF (PetroTech 사)	50 μℓ	(20 ng/mℓ)
20 μg/mℓ fibroblast growth factor 2 (FGF-2) (PeproTech사)	50 μℓ	(20 ng/mℓ)
Total	50 mℓ	

N-2 supplement는 500 μℓ씩 분주하고 -20℃에서 보존.

EGF용액은 EGF [PeproTech사(100-15)]를 0.1% BSA 함유 PBS (-)에 20 μg/mℓ에 녹여서 50 μℓ씩 분주하여 -20℃에 보존. 배양용 배지는 기본적으로 4℃에 보존하고 EGF, FGF-2의 역가가 낮아지기 때문에 일주일분만 사용후 버린다.

- 세척용 배지

DMEM/F12 medium (1 : 1) (Invitrogen 사, Cat. NO.11330)	49.5 mℓ
항생제 Antibiotic-Antimycotic (100×)(Invtrogen사)	500 μℓ
total	50 mℓ

• Weiss 등에 의해 만들어진 배지조성으로 배양을 실시한다.

Weiss 배지	(최종농도)
Glucose	0.6 %
HEPES	5 mM
$NaHCO_3$	3 mM
L−glutamine	2 mM
Insulin	25 μg/mℓ
Trasferrin	100 μg/mℓ
Progesterone	20 nM
$SeCl_4$ (Selenium Chloride)	60 μM
20 μg/mℓ EGF	20 ng/mℓ

Insulin (Sigma, 15500)은 50 mg을 0.1 M의 HCl 2 mℓ로 녹인다.

Progesterone (Sigma, P6149)는 1 mg을 에타놀 1.59 mℓ로 녹인다.

$SeCl_4$ (Sigma, 59133)은 1 mg을 배양용 물 1.93 mℓ로 녹인다.

−20℃에 보관한다.

Protocol

1 태아기 마우스에서의 세포분리

① 임신 14일째의 마우스에서 태아기 마우스가 들은 자궁을 꺼낸다.

☞ 개체의 차이는 있으나 ICR 마우스에서 1마리당 12마리 정도씩의 마우스가 들어있다.

② PBS (-)로 자궁을 가볍게 세척하고 자궁에서 태아기 마우스를 꺼낸다 (여기부터는 클린벤치에서 조작).

③ 태아기 마우스를 절단하여 신선한 PBS (-)가 들은 60 mm dish에 옮겨 마이크로핀셋으로 두정부에서 뇌를 꺼낸다.

☞ 뇌 주변에 있는 혈청의 박막도 벗겨두면 혈구계의 세포의 침입을 조금 막을 수 있다.

④ 실체현미경에 뇌를 올려놓고 마이크로핀셋과 마이크로가위를 사영하여 선조체를 절개한다.

☞ 선조체 추출이 어려울 때에는 전뇌 전체를 사용해도 된다.

⑤ 절개한 선조체는 배지가 들어있는 60 mm dish에 옮겨 마이크로 가위로 가능한 작게 잘라 6마리 정도를 배지에 각각 15 mℓ tube에 담아 180 × g, 5 분간

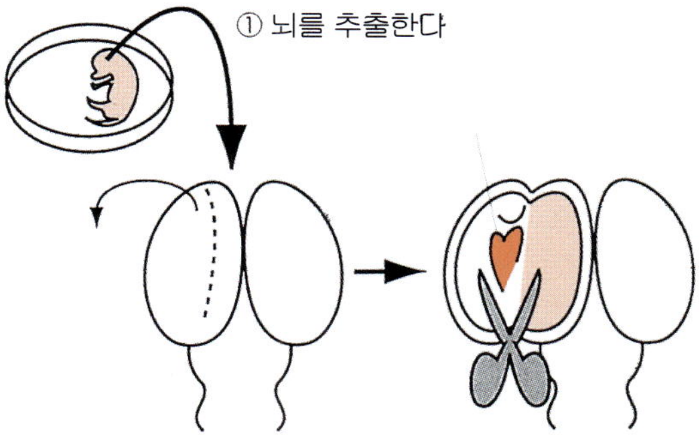

그림 2 선조체를 절개하는 순서

원심 분리한다.

⑥ 배지를 제거한 후 트립신 용액을 1 mℓ 넣어 20~30분간 37℃에서 인큐베이션 한다.

☞ 트립신 용액을 넣은 후 가볍게 pipetting을 하면 조직과 섞인다.

⑦ 트립신처리를 한 시료에 0.5 mℓ의 TI 용액을 첨가하여 pipetting하여 single cell로 만든다.

☞ Pasteur pipette도 좋지만 plastic pipette을 이용하면 cell loss도 적고 single cell로 되기도 쉽다. 또한 트립신 처리를 하지 않아도 pipetting만해도 되나 cell death가 있다.

⑧ 10 mℓ의 washing용 배지를 넣고, 그 세포현탁액을 (cell strainer) 위에 첨가하여 washing한다.

⑨ 세포가 들은 50 mℓ tube를 180 × g, 5분간 원심하여 상층액을 제거한 세포에 20 mℓ의 베지를 넣고 suspension한다.

⑩ 세포 밀도는 2×10^5 cells/mℓ이 되도록 배지에 넣어 dish (NUCK사, 178891)에 37℃ 5% CO_2에서 1주일간 배양한다.

2 neurosphere의 계대배양

3장 5 참조

① plask 위에 neurosphere이 담긴 배지현탁액을 15 mℓ tube에 옮긴다.

② 180 × g, 5분간 원심분리한다.

③ 상층액을 제거하고 트립신 1mℓ을 처리하여 37℃에서

배양한다.

④ 인큐베이션 후 TI 용액을 첨가하고 plastic pipetting을 실시하여 single cell로 만든다.

⑤ 8.5 ㎖의 washing용 배지를 첨가하여 일부를 현미경으로 세포수와 세포의 해리상태를 확인한다.

⑥ 180 × g, 5분간 원심분리한다.

⑦ 상층액을 제거하고 배지 (15 ㎖/75T plask)를 넣고 0.5~1 × 10^5 cells/㎖의 세포밀도로 배지를 교환해 준다.

☞ 계대배양은 neurosphere 크기를 관찰하면서 2주에 한 번 정도면 되지만, 배지 교환은 3일에 한 번씩 필요하다.

사람의 신경줄기세포를 배양하는 경우 마우스와 거의 같지만 배지교환의 빈도는 5~7 일이 좋다. 배지에는 여러 예가 있으나 우리는 HEPES, 항생제가 들은 DMEM/F12 (1:1)에 B-27 (Invitrogen사) hLIF (10 ng/㎖) , hEGF (20 ng/㎖), hFGF-2 (20 ng/㎖), Heparin (5 ㎍/㎖의 배지를 이용한다.

3 신경줄기세포의 증식측정

① 세포를 트립신 처리를 하여 single cell의 상태로 만든다.

② 배양용 배지에 세포를 현탁하여 1 × 10^5 cells/㎖을 100 ㎕/well의 96 well에 seeding한다.

③ dish에 배지 (100 ㎕)만 넣는다.

④ 각 well에 비교하고 싶은 약제나 증식인자를 첨가한다.

⑤ 37℃ 5% CO_2 조건에서 2일간 배양한다.

⑥ 배양 후 각 well의 상태를 관찰하고 ATP assay 용약을 각 well에 100 ㎕ 첨가하고 실온에서 30분간 배양한다.

⑦ 30분 후 white plat에 세포가 용해된 ATP assay 용액으로 옮기고 발광용 plate reader로 각 well의 상대 발광강도를 측정한다.

☞ 세포의 seeding이 걱정되는 경우. 같은 plate를 하나 더 준비하여 배양 시작점에 ATP assay의 값을 파악하면 각각 증가율을 구할 수 있다. 또한 정량값을 구하는 경우엔 ATP standard와 함께 측정하는 것이 좋다.

ii) 신경줄기세포의 분화유도법

준비물

<기기·기계류>

- Coverglass (Matsunami사,
- 12 ㎜, 15 ㎜
- 500 ml 비커
- 공접점 레이져 현미경

<시료, 시약류, 배지>

- Xylene (특급시약)
- Acetone (특급시약)
- Ethanol (특급시약)
- Triton-X 100 (특급시약)
- PBS (-)

  Dulbeco PBS를 MilliQ로 용해시켜 멸균처리를 실시한다.
- 4% Paraform aldehyde

  Paraform aldehyde 분말 4 g을 PBS (-)로 가온시켜 낮은 농도의 NaOH를 넣어면서 용해시킨다. 그후 pH 7.0으로 조절해 100 ㎖로 조정한다. 4℃에 보관함.
- Coating 용액

  poly-L-ornithine (P4957) 0.01% Sol. 50 ㎖ 또는 분말 (P3655, 모두 Sigma제품) 100 mg을 멸균 MilliQ로 용해하여, × 100 stock을 만들고 0.22 ㎛ filter로 멸균한다. 사용 시에는 멸균 MilliQ로 100배 희석해서 사용한다.
- Goat Serum

  Vectorstain kit의 혈청만 구입 (Vector Laboratories사)
- 봉입용 Palmer Flour Aquaous (IMMUNON사)
- 분화유도용 배지

  I)의 배양용 배지에서 EGF, FGF-2를 제거하고 1% FBS와 B-27 Supplement(Invitrogen사, 17504-044)를 첨가한다.

<항체>

- Mouse anti-beta Ⅲ-Tubulin:TuJ1 (BAbCO사)
- Rabbit anti-GFAP (Sigma사)
- Goat anti-mouse IgG Alexa Fluor 488 (Molecular Probe사)
- Goat anti-rabbit IgG Alexa Fluor 568 (Molecular Probe사)

Protocol

1 Coverglass의 coating

① Coverglass 수백 장을 비커에 넣고 water bath에서 warming하면서 washing한다. coverglass에 세정액이 잠길 정도 첨가한다.

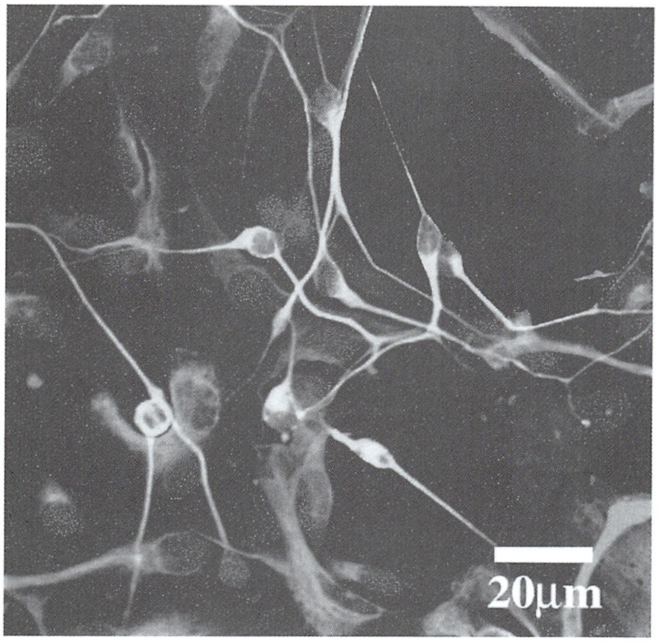

그림 3 neurosphere로부터 분화한 neuran (녹색1과 glia세포 (적색)
청색 : 핵 (표지사진 참조)

② 알루미늄 호일로 뚜껑을 싸고 아래와 같이 세정을 한다.
- ·Xylene 30 분 이상 washing.
- ·Xylene을 제거하고 다시 Xylene 30 분 이상 washing.
- ·Xylene을 제거하고 직접 acetone 30분 이상 washing
- ·아세톤을 제거하고 100 % 에탄올을 첨가하여 30 분 이상 washing.
- ·100 % 에탄올을 제거하고 70% 에탄올로 30분에서 overnight washing한다.

여기서 실험을 중단해도 좋다. washing 후의 coverglass는 70 % 에탄올에 보관한다.

③ 장갑을 끼고 핀셋으로 70% 에탄올로 washing한 후 paper towel 위에 cover glass를 올려 놓고 통풍시킨다.

④ 건조 후 coverglass 50 ㎖ tube에 넣어 autoclave한다.

⑤ 멸균 후 건조기내에서 건조시킨다. 충분히 건조 시키지 않으면 glass와 glass가 부딪혀 깨지게 되기에 주의한다.

⑥ 안전한 캐비넷에서 멸균 10 ㎝ dish에 20 ㎖ 정도 코팅액을 첨가하고 cover glass를 100매 정도 적신다. dish 전체를 흔들어 cover glass 내에 공기가 들어가지 않은 것을 확인 한 후 알루미늄 호일로 싸서 하룻밤 코팅한다.

⑦ 다음날 코팅액을 제거하고 멸균 MilliQ를 첨가하여 진탕기에서 10분간 강하게 washing한다.

⑧ 코팅한 coverglass를 50 ㎖ tube에 담아, 멸균수를 넣고 shaker에서 10분간 강하게 흔들어 세척한다.

⑨ 10분간 세척을 2번 한 후 새로운 D.W를 넣고 4℃에서 튜브로 보존한다.

⑩ 사용 전에 한 장의 12 ㎜ 커버글라스를 24 well에, 3장의 15 ㎜ 커버글라스를 6 well에 넣고 안전 캐비넷에서 건조시킨다. 필요에 따라서 10분간 UV 멸균처리를 한다.

2 신경줄기세포 (Neurosphere)로부터의 분화 유도방법

신경줄기세포(neurosphere)의 직경 100-300 ㎛ 가량

의 colony 10개 정도를 분화 배양액이 함유된 커버글라스가 들어있는 6 well에 파이펫멘으로 plating한다. 14일간 배양을 실시해 7일마다 한번 씩 배양액 교환을 한다.

3 세포면역염색

신경줄기세포에서 분화 유도된 세포를 분화 특이적인 항체를 이용해 형광염색을 실시하여 분화세포를 검출한다.

1일째

① 배양 샘플을 4% PFA에서 20분간 실온고정을 실시한다.
② PBS (-)에서 10분간 세척한다 (3회) (이 단계에서 4℃ 보존 가능).
③ 0.3% Triton-X/PBS에 5분간 반응시킨다.
④ PBS (-)에서 10분간 세척한다 (2회).
⑤ 10% Goat Serum+0.01% Triton-S/PBS에서 1시간 blocking을 실시한다.
⑥ 일차 항체 반응 시 10% Goat Serum+0.01% Triton-S/PBS에서 mouse anti-beta III-Tubulin (1 : 500), rabbit anti-GFAP (1 : 80)을 첨가해 4℃에서 O/N한다.

2일째

① PBS (-)로 10분간 세척한다 (3회).
② 이차항체 반응. 10% Goat Serum+0.01% Triton-X/PBS에, goat anti-mouse IgG Alexa Fluor 488 (1 : 500-1,000), goat anti-rabbit IgG Alexa Fluor 568 (1 : 500-1,000), TO-PRO-3 (핵염색) 1 μM을 첨가해 실온에서 1시간 반응시킨다.
③ PBS (-) 10분간 세척 (3회)을 실시하고 Palmer Flour Aquaous를 이용해 slide glass에 mounting한다.

실험예

신경줄기세포를 poly-L-ornitine 코팅 커버글라스 위에 plating하고 1%의 FBS-B27 DMEM/F12에서 14일간 배양한다. 앞의 protocol에 따라서 고정하고 염색을 실시한다. 공접점레이져 현미경으로 영상 보관한다 (녹색 : Tuj1, 적색 : GFAP, 청색 : TO-PRO-3) (그림 3). ATP assay에서 FGF-2의 신경줄기세포에 대한 증식효과를 측정하였다 (그림 4). FGF-2 농도 의존적으로 증식효과가 고찰되었다.

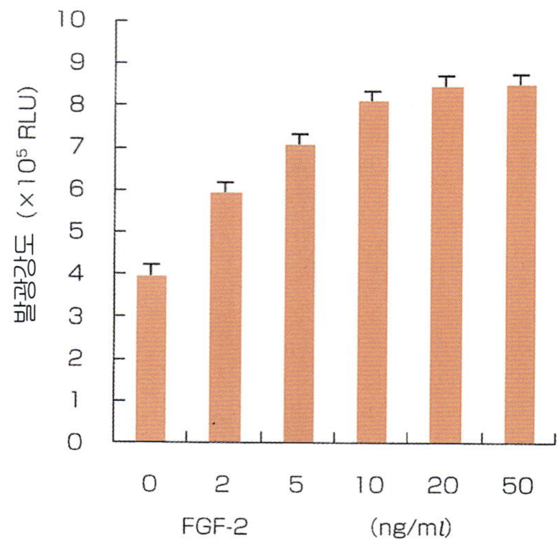

그림 4 FGF-2의 신경줄기세포에 대한 증식효과

끝으로

신경줄기세포를 포함한 각종 줄기세포에 대한 연구는 아직 연구역사가 짧고 신경줄기세포의 특성에 관한 정보가 충분히 축적되어 있지는 않다. 앞으로 본장에서 언급한 배양 기술을 응용해 다양한 지식과 기술의 개발이 있을 것으로 기대된다. 또한 신경줄기세포의 응용으로 신경질환 치료를 위한 재생의료에의 응용을 위하여 인간 신경줄기세포에 대한 기초적 연구와 이를 이용한 응용연구도 중요하리라 생각되어진다.

참고문헌

1) Reynolds, B. A. et al. : J. Neurosci., 12 : 4565-4574, 1992
2) Kanemura, Y. et al. : J. Neurosci. Res., 69 : 869-879, 2002
3) 松本義人：ポストゲノム時代の実験講座「幹細胞・クローン研究プロトコール　再生医学をめざした幹細胞の分離・培養・分化制御から再プログラム化の研究まで」(中辻憲夫/編), pp65-71, 羊土社, 2001

제 12 장 생체조직에의 접근 및 분화 제어

1. Feeder세포에 의한 ES세포의 유지 및 분화 유도

森 英樹　小林 哲　三宅 淳　金村米博

미분화 ES세포를 ST2나 PA6 등의 feeder세포 (stromal 세포)와 배양함으로서 색소세포나 안구등의 조직과 유사한 구조체의 세포로 분화 유도가 가능하다.

서론

Feeder 세포와 배양함으로서 ES세포, keratinocyte, 혈액세포 등 대부분 시험관에서 유지곤란한 세포의 배양이 가능하다. 특히 혈액세포는 장기간의 배양을 위해서는 DNA 합성억제 등의 조작(MMC 처리나 방사선 조사 등)이 불필요하고 장기간에 걸처 안정된 접촉정지상태로 세포가 유지가능한 feeder세포의 개발이 시행되었고 일반적으로 stromal 세포라 명명되고 있다. stromal 세포형성의 미세환경은 collagen 등의 기질을 코팅한 dish에 특정인자나 생체유출물을 첨가한 배지보다 생체에 가깝고, 분화가 어려운 ES세포로부터 특정세포 또는 조직 구조로 고효율로 분화 유도 가능하게 되었다.

원리

생물 발생과정의 제어는 접합자간의 유전정보프로그램외에도 난자의 세포막 등의 구조물이 지닌 정보도 필요하다. 실질적으로 Es세포는 배반포에 이식하여 최초로 전능성 분화능력을 발휘하며 ES세포 자체로서 또는 집합된 배아체를 배양함으로서 개체 또는 완전한 조직 유도는 현재상태로서는 불가능하다. 난자의 세포막 등의 환경을 적당한 배양세포(feeder 세포)로 치환할 수있으면 시험관내에서 ES세포를 보다 효과적으로 발생과정을 유도할 수 있을 것이다. Feeder 세포라는 명칭은 ES세포에서 미분화성을 유지하기위한 환경인자(LIF)를 제공하는 세포로서 이용되어 왔기 때문에 이러한 지식과 혼동을 피하기 위해서 본장에서는 일부러 stromal 세포라고 명명하였다. 미분화 ES세포를 직접 생체내에서 투여하면 생착된 조직에서 조직을 구성하는 세포로 분화되어진다는 몇 개의 보고는 이 원리의 유효성을 증명해 주고 있다.

준비물

세포

- 마우스 골수유래 ST2 stromal 세포주 (Riken cell bank cell no. : RCB0224)
- 마우스 두태관 유래 MC3T3-62/PA6 (이후 PA6 라 함) stromal 세포주* (Riken cell bank cell no. : RCB1127)

> * 이화학연구소 cell bank (http://www.brc.riken.jp/lab/cell/)로부터 무제한으로 구입가능.

- 마우스 ES세포주 : 본연구실에는 주로 D3, CCE 등을 사용하나 주의깊게 유지되어 chimera 배아형성 가능한 것이면 어느 것도 무방함. 시판의 것도 가능.

12 생체조직에의 접근 및 분화 제어

Takahiro Kunisada, Hitomi Aoki, Tsutomu Motohashi : Department of Tissue and Organ Development, Regeneration and Advanced Medical Science, Gife University Graduate School of Medicine（岐阜大学大学院医学研究科再生分子統御学講座組織・器官形成部門）

시약 및 배지

· ST2 유지용 배지

RPMI-1640
(GIBCO-BRL사 Cat. No. 31800-022) 1포 (1,000 mℓ용)
$NaHCO_3$ 2.0 g
2-ME
(1×10^{-2} M) 5 mℓ (1×10^{-2} M)
Streptomycin 100 mg/mℓ 또는
Penicillin 100.000 U/mℓ혼합액 1 mℓ
FCS 5%

2회 증류수로 세척한 플라스크에 2회 증류수 또는 milipore수 1,000 mℓ로 RPMI-1640과 $NaHCO_3$를 용해해 CO_2 가스를 불어넣고 pH를 중성으로 한다. 그후, 나머지 시약을 첨가하여 0.22 ㎛ filter로 여과한다. 이 용액을 475 mℓ를 autoclave 멸균한 500 mℓ병에 옮기고 FCS25 mℓ를 첨가해 ST2M으로 사용한다.

· PA6유지용 배지(PA6M)

alpha-MEM
(GIBCO-BRL사 Cat.No.11900-024) 1포 (1,000 mℓ용)
$NaHCO_3$ 2.2 g
Streptomycin 100 mg/mℓ 또는
Penicillin 100.000 U/mℓ 혼합액 1 mℓ
FCS 10%

2회 증류수로 세척한 플라스크에 2회 증류수 또는 milipore물 1,000 mℓ로 alpha-MEM과 $NaHCO_3$를 용해해 CO_2 가스를 불어넣고 pH를 중성으로 한다. 그후, 나머지 시약을 첨가하여 0.22 ㎛ filter로 여과한다. 이 용액 475 mℓ를 autoclave 멸균한 500 mℓ병에 옮기고 FCS 50 mℓ를 첨가해 PA6M으로 사용한다.

· 분화유도용 배지 (DiM)

Pa6M와 같은 조성의 배지를 필요양 분주하고 사용직전에 다음의 인자를 사용액에 필요한 만큼 첨가한다.

Dexamethasone (Des : Sigma Chemical사, Cat, No, D4902) : 원액 10^{-2} M을 에타놀로 조제해 분주하고 −70℃에 보관함, 원액을 ethanol로 10배 희석하여 10^{-3} M의 사용액을 조제하고 4℃에 보관한다. 사용액은 3개월간 사용한다.

Human recombinant bFGF (R &D, System사, Cat, No. 233-FB) : 0.1%BSA, 1 mM DTT를 첨가한 PBS(−)로 200 nM의 원액을 만들어 분주하고 −70℃에 보관하고 사용시는 4C에 보관해 1개월 이내로 사용한다.

Choleral toxin (CT : Sigma Chemical사, Cat. No. C8052) : 2회 증류수로 50nM 원액을 만들어 분주하고 −70℃에 보관하며 사용시는 4C에 보관하고 1개월이내 사용한다.

Endoselin3 (ET3 : Peptide Institute 사, Cat. N. 4199-s) : 100 mg/mℓ 원액을 0.1% 초산으로 만들어 −70℃에 보관하고 사용시에는 4℃에서 보관 1개월 이내로 사용한다.

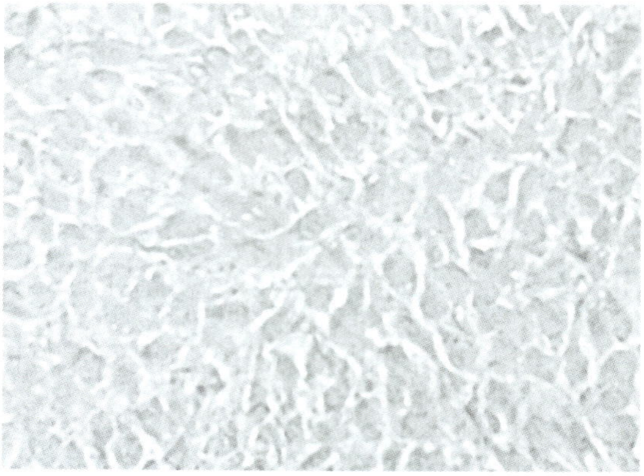

그림 1 Confluent 상태의 ST2 세포

· PBS(-1), 0.2% 또는 0.05% Trypsin

0.05% trypsin/0.5mM EDTA : 2.5% trypsin, 500mM EDTA 용액을 PBS(−)로 희석하여 만든다. 적당량으로 분주하고 −20C로 보관한다.

· 10% DMSO, 90% FCS

기구

- CO_2 incubator
- 원심기
- 세포배양용 dish (6 well, 6 ㎝, 10 ㎝원형 또는 T25, T75 flask)

Protocol

1 Stromal 세포 유지

① ST2 유지에는 ST2M을, PA6유지는 PA6M를 사용한다. 10 ㎝ dish 또는 T75 플라스크에 confluent (세포밀도가 최고인 상태)에 달한 세포를 PBS (-)로 3회 세척하고, 0,05% trypsin/0,5 mM EDTA를 1 ㎖로 37℃, 3-5분 정도 처리하고 각각의 배지 (혈청첨가)를 10 ㎖ 정도 첨가하여 단일 세포가 될 때까지 피펫팅을 실시한다.

② 세포를 15㎖의 플라스크용 tube에 옮겨 4℃, 1,000 rpm, 4분 원심분리한다. 10 ㎖의 배지에 동일한 방법으로 세척하고 4 ㎖의 배지에 세포를 분주한다.

③ 1 : 4의 비율로 10 ㎝ dish 또는 T75 플라스크에 계대배양한다. 통상적으로 9 ㎖의 배지를 첨가한 dish에 1 ㎖의 세포를 분주한다.

④ 접종한 세포는 3-4일 배양에 confluent 상태로 되

며 필요에 따라서 동일한 계대배양을 실시한다. confluent로 계대가능한 상태의 ST2를 표 1에 나타내고 있다. PA6도 동일한 형태를 지닌다.

⑤ 세포의 보존은 ②에서 준비된 세포의 침전을 냉각된 10% DMSO 90% FCS 2 ㎖로 분산해 1 ㎖씩 냉동보관용 vial에 넣어서 스티로폴용기에 넣고 -80℃ 프리져에서 1일간 보관후 액체질소탱크에 보관한다.

2 Stromal 세포를 이용한 ES세포의 분화 유도

① ES세포 분화유도 개시전 날에 confluent 상태의 ST2 또는 PA6세포를 6 well plate에 준비한다. 예를 들어 1의 ②에서 준비된 세포 4 ㎖를 1 ㎖씩 11 ㎖의 배지를 첨가한후 2 ㎖씩 6 well plate의 각 well에 넣고 4일 후에 conflunet 상태의 stromal 세포를 형성한다.

② ES세포를 PBS (-)로 3회 세척한 후 0.25% trypsin/0.5 mM EDTA로 37℃, 5분간 처리한* PA6M을 첨가하고 단일 세포가 될 때까지 피펫팅을 실시하여 15 ㎖ tube로 옮긴다. ES세포의 취급, 유지, 계대, 보관 등은 본서 11장을 참고바람.

☞ * 이 처리는 ES세포주에 따라 다를 수 있음.

③ 4℃, 1,000 rpm, 5분간 원심분리후, 적당량의 PA6M에 분산해 혈구계산기로 세포수를 세고, PA6M에 10^6 cells/㎖ 정도의 농도로 조절하고 on ice에 둔다.

④ confluent 상태의 6 well plate 배지를 제거하고 2 ㎖의 DiM (분화시킬 세포를 첨가하여 ES세포를 500~2,000개/well 정도)을 넣는다*. DiM은 3-4일 빈도 (주 2회)로 전량을 교체한다.

☞ * ES세포의 적정수는 사용되는 혈청이나 세포종류, lot에 따라 차이가 있으므로 실험마다 조절한다.

memo

1) Stromal 세포주는 계대배양 초기에 stock을 많이 작성해두고 약 20계대까지의 세포만을 사용한다.

2) 계대배양시는 confluent한 상태로 방치한것이나 형태가 길쭉하거나 포개진 상태로 증식하는 것은 분화유지능력이 저하된 것으로 사용하지않는 것이 좋다.

3) 계대시 분리가 어렵고 단일세포로 분리되지않을 시는 0.25% trypsin/0.5mM EDTA을 사용한다.

4) ST2 세포 유지에는 혈청(FCS)를 10%로 늘려 사용하며 RPMI-1640 대신 alpha-MEM을 사용가능하나 stock의 제작에는 ST2M을 이용한다.

실험예

1 ST2 stromal 세포를 이용한 ES세포의 색소세포 분화 유도

① DiM에 20 pM bFGF, 10^{-7} M Dezamethasone, 10 pM Cholera Toxin, 100ng/ml endoserin 3를 첨가하고 색소세포분화용 DiM (DiM-M)을 만든다.

② DiM-M로 3~4일마다 배지교환을 실시하고 21일간 37℃, 5% CO_2로 배양하면 그림 2와 같은 색소세포가 만들어진다. 이 색소세포는 모발에 존재하는 모발 keratynocyte에 색소과립을 공급하는 색세포와 동일한 것이 확인되었다.

2 PA6 stromal 세포를 이용한 ES세포의 안구구조 유도

① DiM에 20 pM bFGF, 10 pM Cholera Toxin을 첨가하고 DiM-Ea로 0~3일간 배양한다.

② 3일마다 DiM에 20 pM bFGF, 10^{-7} M Dezamethasone을 첨가한 DiM-Eb 로 배지교환하고 이 배지로 3~11일간, 3~4일마다 배지교환을 실시하고 배양을 지속시킨다. 그림 3에는 11일간 37℃, 5% CO_2에서 배양한 후에 유도된 안구구조이다. Dish 상의 세포괴를 안구구조라 단정하기 어렵지만 RT-PCR이나 면역염색으로 lens나 망막을 구성하는 세포특이적인 마커가 확인되었고, 안구의 발생에 필요한 전사조절인자 Pax6 결손 ES세포 ($Pax6^-/^-$ES세포)에서는 이와 같은 구조체가 형성되지 않아 안구를 구성하는 세포가 안구의 발생과정을 거처 출현해 배치되고 있다는 의미로서 안구구조라 여겨진다.

끝으로

ES 세포의 시험관내 분화는 배아체(EB)를 형성한 후에 각기 분화를 유도하고자 하는 세포의 분화조건에 옮기는 protocol이 일반적이지만 본 항에서 소개한 이외에도 ES세포와 stromal 세포와의 배양으로 혈구세포나 신경세포의 분화가 가능하다 또한 미 발표된 데이터로서 소화관구조를 지닌 세포로 분화 유도가 가능하였다. ES세포의 분화에 이용된 stromal 세포주는 본장에서 이용된 ST2, PA6, 또는 OP9에 한정되었지만 새로운 stromal 세포주를 도입함으로써 다양한 조

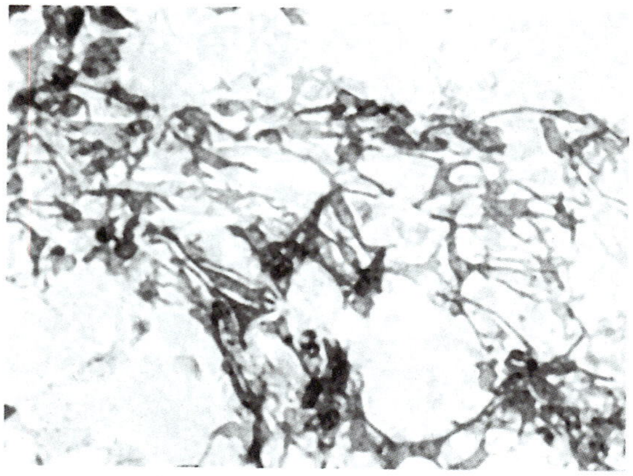

그림 2　**ES세포에서 분화 유도된 색소세포**

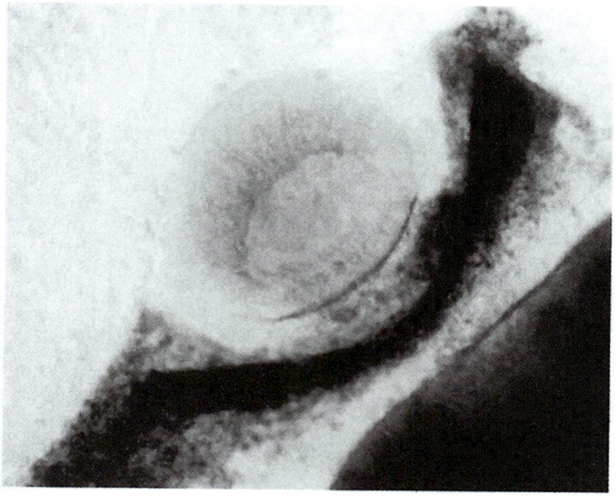

그림 3　**ES세포로부터 분화유도된 안구구조**
중심부분에 검게, 주변은 푸르게 염색된 안막색소상피로 덮어있고, 엷은 착색의 세포는 망막, lens 세포로 구성된 안구구조체임.

직 세포로 분화가 가능하리라 생각되어진다.

memo

5) ES세포로부터 다양한 세포의 분화가 가능하며 stromal 세포와 첨가인자에 의한 특정 세포나 조직을 선별하는 것이 본 실험의 배양시스템이다. 소개된 실험 예에서 혈액세포나 심근세포도 분화된다. 이러한 세포는 새로운 분화인자를 분비함으로서 특정세포 분화제어를 어렵게 하고있다. 따라서 처음에 투여하는 미분화 ES세포의 수는 중요하며, 적당한 숫자는 이용된 세포나 혈청의 lot마다 다를 가능성이 있다. 예로서 동시에 같은 시약으로 행해진 실험에서 1,000개까지 나타난 세포가 1,500개에는 전혀 관찰되지 않는 일도 있었다.

6) stromal 세포주는 형질이 특히 중요하며 계대가 지속된것이나 confluent시의 세포가 그림1과 같은 상태이상의 형태 변화를 지닌세포로서의 밀도를 지니게 되었을 때는 새로운 세포를 이용하는 것이 좋다.

참고문헌

1) Turksen, K. et al. : Methods in Molecular biology, vol.185, 2002

2) Wassarman P. M. et al. : Methods in Enzymology, vol. 365, 2003

3) 山根利之, 林 眞一, 國貞隆弘：実験医学, 18 : 456-460, 羊土社, 2000

4) 山根利之, 林 眞一, 國貞隆弘：細胞工学, 20 : 984-988, 秀潤社, 2001

5) Hirano, M. et al. : Dev. Dyn., 228 : 664-671, 2003

文献1, 2はさまざまな局面で参考になるES細胞の樹立, 維持, 分化の方法論が網羅されている.

제12장 생체조직에의 접근 및 분화 제어

2. 성체 다능성 줄기세포로부터 근육으로의 분화

六車ゆかり

인간 골수로부터 분화된 미분화 성체 다능성줄기세포 (Multipotent Adult Progenitor Cell:MAPC)를 혈청과 증식인자 존재 하에서 배양하면 다핵의 근육 관세포를 형성하는 방법에 대해서 논한다.

서론

세포배양 실험에서 현재 배양되고 있는 세포가 어떠한 성질과 능력을 지니고 있는가를 분석하는 방법으로서 다양한 증식인자를 첨가한 배지에서 세포의 형질변화를 분석하는 방법이 있다. 지금까지 성체 조직, 예를 들어 조혈계. 피부. 신경. 간장 등에 존재하는 줄기세포(조직줄기세포)의 기능은 이러한 조직 대사 및 손상 시에 새로운 세포공급이라는 각 조직 고유의 성질이 존재한다고 믿고 있었다.

그러나 최근 이러한 조직줄기세포가 자기 자신이 존재하는 부위의 조직 이외의 세포로 분화할 수 있으며 이것을 가역성 (Palsticity)이라 한다. 예를 들어 골수이식 후 donor유래의 세포가 심장·간장·근육·뇌 등과 같은 장기에 존재하고 장기 특이적인 항원을 발현하고 있다는 보고가 있어 골수 유래의 줄기세포의 다양성이 존재한다는 사실이 밝혀지고 있다. 한편 이와 같이 골수유래의 줄기세포의 다분화능력을 분석하는 방법으로서 *in vivo*에서 donor세포의 각 조직에의 분화능이 매우 낮다는 사실과 혈액을 통해서 각 조직으로 이동되는 극소수의 donor세포가 recipient 조직세포와 융합된 결과라는 해석도 있다. 그렇지만 *in vitro*에서의 골수유래 줄기세포가 다분화능력을 지니고 있고 recipient 세포와 융합하지는 않기 때문에 *in vivo*에서의 결과를 증명하기 위해서는 *in vitro*에서의 분화능력을 확인하는 것이 중요하다. 그리고 이러한 실험에서 적어도 생체내의 환경과 가까운 조건으로 실행하여야 할 필요성이 있다. 생체 내에서 세포는 별개로 존재하지는 않고 대부분 다른 성질의 세포와 공존하며 상호 작용을 미치면서 기능하고 있다. 따라서 분화목적의 세포와 공존하는 세포와 같이 배양하는 방법도 생각할 수 있으나 이 또한 세포융합의 가능성을 배제할 수 없다. 또한 목적 세포의 분화를 조절하는 유전자, 즉 master 유전자를 도입하는 방법은 유전자치료개발 분야에서 중요한 의의를 지니고 있으나 본래의 세포능력을 분석하는 목적으로는 타당하지 않다. 세포분화를 결정하는 유전자발현을 제어하는 기전으로서는 DNA의 methylation이 있으며 대부분의 DNA demethylation제제인 5-athathidin을 첨가하면 골격근육과 심근육으로의 분화유도는 잘 알려져 있으나 DNA methylrlation를 강제적으로 random하게 일으키면 세포의 특이성이 결여될 수 있는 가능성도 있다. 물론 C3H10T1/2라는 마우스 섬유아세포에 5-athathidin을 첨가하면 근육 관세포로 분화시킬 수 있으며 골근육계 분화유도 유전자인 MyoD가 발견되어 골근육계 분화 연구에 지대한 공헌이 되었다. 본 연

Yukari Muguruma : Division of Hematopoiesis, Research Center for Regerative Medicine, Tokai University School of Medicine (東海大学再生医学センター造血再生部門)

구실에서 인간 골수유래 MAPC (Multipotent Adult Progenito Cell)를 혈청과 증식인자 존재하에서 배양해 다핵의 골근계 관세포로 분화되는 것을 확인하였으며 상세한 방법에 관해서 논하겠다.

원리

외부 손상에 의해서 골격 근육의 재생 시에 근아세포가 증식과 분화해 상호 응집되어 세포융합을 일으켜 다핵의 근육관세포로 만들어진다. 생체 내에서 근육재생과 유지에는 외상으로 근육 섬유가 파괴된후 macrophage가 침투하여 macrophage 세포에 의한 증식인자의 발현이 중요한 역할을 한다. 골격근의 증식분화에 관여하는 증식인자로서 섬유아세포증식인자 (fibroblast growth factor : FGF), 백혈병저해인자 (leukemia inhibitory factor : LIF), 혈소판유래 증식인자 (Paltelet derived growth factor : PDGF), 간장세포증식인자 (hepatocyte growth factor : HGF), 인슈린증식인자1 (insulin-like growht factor-1 : IGF-1), 인터류이킨 (Interleukin-6:IL-6) 등이 알려져 있으나 근육세포의 분화단계에서의 정확한 작용기전에 대해서 불명하다. 또한 발생단계에서 근육형성 억제능력을 지니고 있는 골형성 단백질4(bone morphogenic protein-4 : BMP4)이 있다. 그러나 설치류 골견근의 간질에 존재하는 줄기세포를 조혈세포로 분화하는 배양조건으로 배양하여 고효율의 다핵의 골견계 세포로 분화했다는 보고가 있다. 이러한 결과는 전혀 골근계의 세포분화와 상관없는 조혈인자 (SCF, G-CSF, IL-3, GM-CSF 등)가 골근육계 세포분화에 관여하고 있을 가능성이 높다. 따라서 상피세포증식인자 (EGF)와 PDGF 존재하에서 배양한 인간 골수유래 MAPC를 상기 조혈증식인자를 첨가해 배양하였다.

준비물

<기구>

- Culture dish

  96 well로부터 150 ㎠의 Flask 까지. chamber slide 등.
- MACS 자기세포분리시스템 (Miltenyl Biotec사)

<시약, 배지>

- PDGF *
- EGF *
- IGF-1 *
- BMP4 *
- 혈관내피세포증식인자 (vascular endothelial growth factor : VEGF) *
- 염기성 FGF (basic FGF : bFGF) *

> ☞ 대부분 R&D System사

- tissue culture dish (코팅용) human fibronectin (5 ng/㎖) (BD Bioscience사)
- Lymphoprep (Nycomed사)
- CD45, Glycophorin A micro beads (Miltenyl Biotec 사)
- 미분화MAPC 유지배지 (MAPC배지)

	최종농도
DMEM (Gibco BRL사)	60%
MCDB-201 (Sigma사)	40%
ITS LIquid media supplement	× 1
Linoleic acid-BSA	× 1
Dexamethasone	1×10^{-8}
Ascorbic Acid 2-phosphate	1×10^{-4}
PDGF	10 ng/㎖
EGF	10 ng/㎖
FCS *	2%

> ☞ *FCS의 lot number 검정은 MAPC의 유도에 불가결한가?
> 처음에 MAPC의 존재를 보고한 미네소타대학은 FCS의 lot는 중요하지 않다고 생각했었다.
> 왜냐하면, 실험실에 있었던 FCS를 lot 검정없이 사용하여 MAPC의 배양에 성공했기 때문이다. 그 후, lot이 변경된 것에 의해 여러 장애가 일어났다고 한다. 현재는 screening을 하고 Hyclone 사 제품의 ES세포배양용액 screening이 끝난 것에서는 적당한 lot 가 발견된 것 같다.
> 우리는 운이 좋게 주변에 있던 lot가 성공했으나 사실은 FCS의 lot이 배양의 좋고 나쁨을 좌우하기 때문에 적당한 lot의 확보는 매우 중요하다. MAPC 배양이 시간과 노력이 많이 드는 것 뿐 아니라 복수의 lot에서 평행하게 하는 것 또한 중요한 작업이다.

- 분화기초배지

  위의 MAPC 배지로부터 PDGF와 EGF를 제거하고 FCS를 5%로 한 것
- MAPC분리용 buffer

  0.05 mM EDTA/0.5BSA/PBS (pH 7.2)

<세포>

- 사람골수유래미분화MAPC

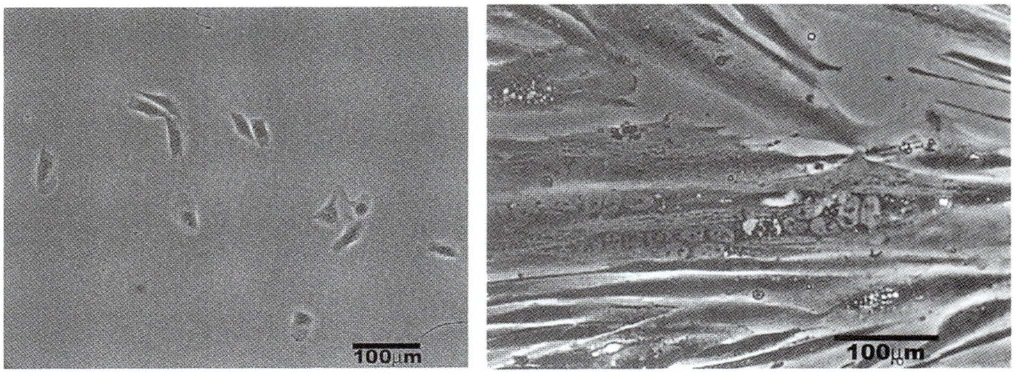

그림 1 미분화 MAPC (좌)와 분화 배양 14일째의 다핵근육관세포 (우)

Protocol

1 세포 준비

① 동결사람골수단핵세포 (5~10 × 10^7 cells 정도)를 빠르게 해동하고 washing한 후에 10~20 ㎖의 MAPC 배지에 현탁하고 동량의 Lymphoprep에 중층하고 1,500 rpm에서 25분간 원심분리하여 debris를 제거한다.

② fibronectin에 코팅한 (2, ①을 참조)culture dish에 세포를 1 × 10^5 cells/㎠ 이하) 2~3주간에 걸쳐 10^7 cells 정도까지 증식시킨다.

③ 세포를 수집하여 10^7 cells/80 ㎕의 농도로 MACS 분리 buffer에 현탁하여 CD45와 GlycophorinA beads를 10 ㎕씩 첨가하여 4℃에서 2분간 incubator를 한다. 분리 buffer로 세포를 washing한 후 분리 column를 이용하여 CD45와 GlycophorinA 양성세포를 제거한다. 상세한 분리방법은 MACS시스템의 protocol을 참조.

☞ MACS 분리는 필요한가?

이 시점에서 2~3주간 조혈인자가 없는 조건에서 배양하고 있기 때문에 조혈계의 세포가 남아있는지 의문시 되나 column을 통과함으로써 입자가 크고 부착성이 강한 세포의 제거가 가능하다.

④ 획득한 세포(분리전의 20~70% 정도)를 fibronectin에 코팅된 96 well에 10개/well에 파종하고 적당히 계대하여 0.5~3 × 10^3 cells/㎠을 유지할 수 있도록 배양을 계속한다.

☞ 이 실험에서 MAPC를 잘 유도하는 것이 분화에 크게 영향을 미치므로 주의하기 바람. 분리회수는 25~30회 정도가 근육으로 분화되는 데 가장 효과가 좋다.

MAPC의 유도에서 가장 중요한 것이 적정세포밀도를 유지해 나가는 것이다. 96 well부터 48, 24, 12 well의 순서로 배양 면적을 넓히며 세포를 증식시켜나간다. 번거로운 단계이나 MAPC에 있어서 매우 중요한 부분이다. 시작의 96 well의 수에 따라 다르지만 통상 10 well 정도가 세포를 획득하는데 좋다고 생각된다. 하지만 때에 따라 중간에 모든 well의 세포가 증식되지 않는 경우도 있기 때문에 포기하지 않고 계속 이어가는 것이 중요한다. MAPC는 재현되지 않는 다는 설도 많으나, 고가의 기계나 고도의 기술이 요구되지 않기 때문에 세포밀도를 유지하는 것만 된다면 MAPC 유도는 충분히 가능하다.

2 분화배양

① dish를 코팅한다 (37℃에서 30분, 실온에서 3시간 정도면 충분하다).

② MAPC배지로 현탁한 세포를 1 × 10^4 cells/㎠로 seeding 하고 37℃에서 overnight Incubator 한다.

③ 분화기초배지에 이하 조합의 증식인자를 첨가하고 주 2회 media change하며 14일간 배양한다. 10일간 정도 근육혈관세포형성이 확인될 것이다 (그림 1).

1) PDGF (10 ng/㎖)

2) PDGF, IGF-1, VEGF, bFGF (대부분 10 ng/㎖)

12 생체조직의 접근 및 분화제어

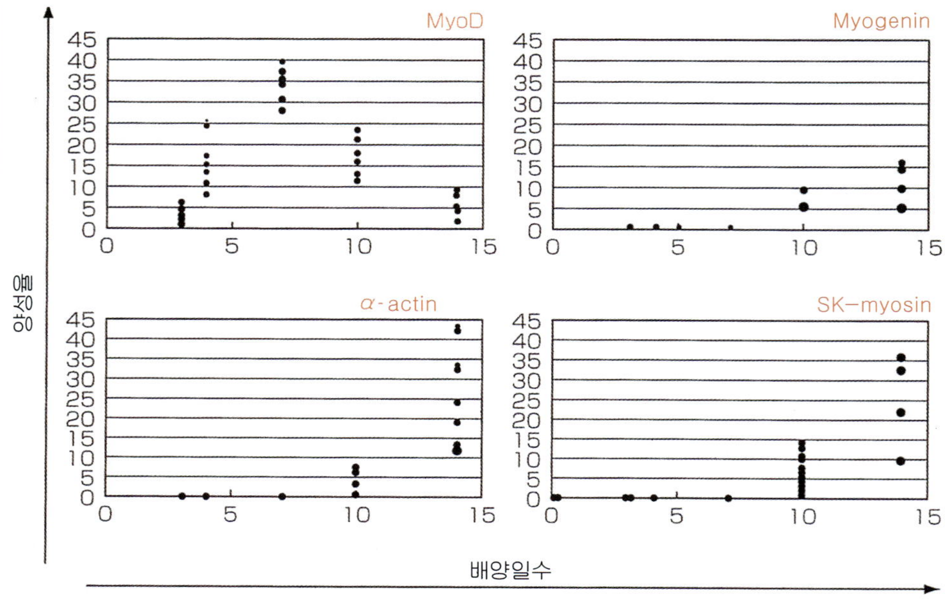

그림 2 근육마커 발현변화

3) 2) +EGF (10 ng/ml)

4) 2) +BMP4 (10 ng/ml)

> 2)의 조합이 가장 고효율의 근육혈관세포가 형성된다.(실험예의 결과 참조). 3)은 2)와 비교했을 때 세포증식은 좋지 않으나, MyoD양성세포의 빈도가 저하되었다. 섬유아세포가 증식되었다고 생각되어진다. 4)에서는 MyoD 양성세포가 배양 14일째까지 유지되는 경향이 있었으나, 근육혈관세포형성은 저하되어,
> α−actin이나 SK−myosin의 양성률이 저하되었다. 여유가 있다면 다른 조합도 시도해 보는 것을 추천한다.

실험예

25~30분열 횟수의 인간 골수유래 MAPC를 상기 2)의 조건으로 배양한다. 챔브슬라이드에 접종된 세포를 분화조건으로 옮긴후 3, 7, 10, 14일째에 고정해 MyoD, Myogenin, a−actin, SK−myosin의 항체로 면역 염색해 양성세포를 카운트해 양성비율을 표로 정리한 것이 그림 2이다. 처음에 MyoD 양성 단핵세포가 나타나 계속 증식하여 myogenin 양성세포로 변화고 α−actin, SK−myosin 양성의 다핵근육관세포가 형성되어 발생단계의 근육분화와 매우 흡사한 형태를 나타낸다. 여기에 GFP 유전자를 동반한 미분화 MAPC 와 근육분화조건에서 3일간 배양한 MAPC (MyoD가 양성 일 때)를 근육괴사를 유도한 면역부전마우스 하지근육에 이식한다. 이식 후 9주의 병리절편을 관찰하면 미분화 MAPC 이식군에서 근육손상부위에 GFP 양성 세포가 존재하나 이 세포는 근육마커를 발현하고 있지 않다. 그러나 분화 MAPC 이식군에서 GFP 양성 세포가 cluster로 존재하고 이것을 α−actin, SK−myosin 양성이었다. 더욱이 27주후에 GFP 양성의 성숙 근섬유가 존재하였다 (그림 3). 이것은 이식 전에 분화방향이 정해진 세포를 *in vivo*에 이식하는 것이 좋은 효과를 얻을 수 있다는 결론을 얻었다.

끝으로

최근의 오랫 동안의 장기이식에 문제시되어 왔던 제공자의 부족을 해결할 수 있는 대안으로서 세포이식에 의한 재생의료개발 분야에 큰 주목을 받고 있다. 그 해결 방안으로서 자기증식능력과 분화능력을 지닌 줄기세포인 ES세포, 조직줄기세포, 성체 다능성 줄기세포의 이용이다. 특히 성체 골수유래 줄기세포는 비교적 간단히 채취가능하고 *in vitro*에서 왕성한 증식과 미분

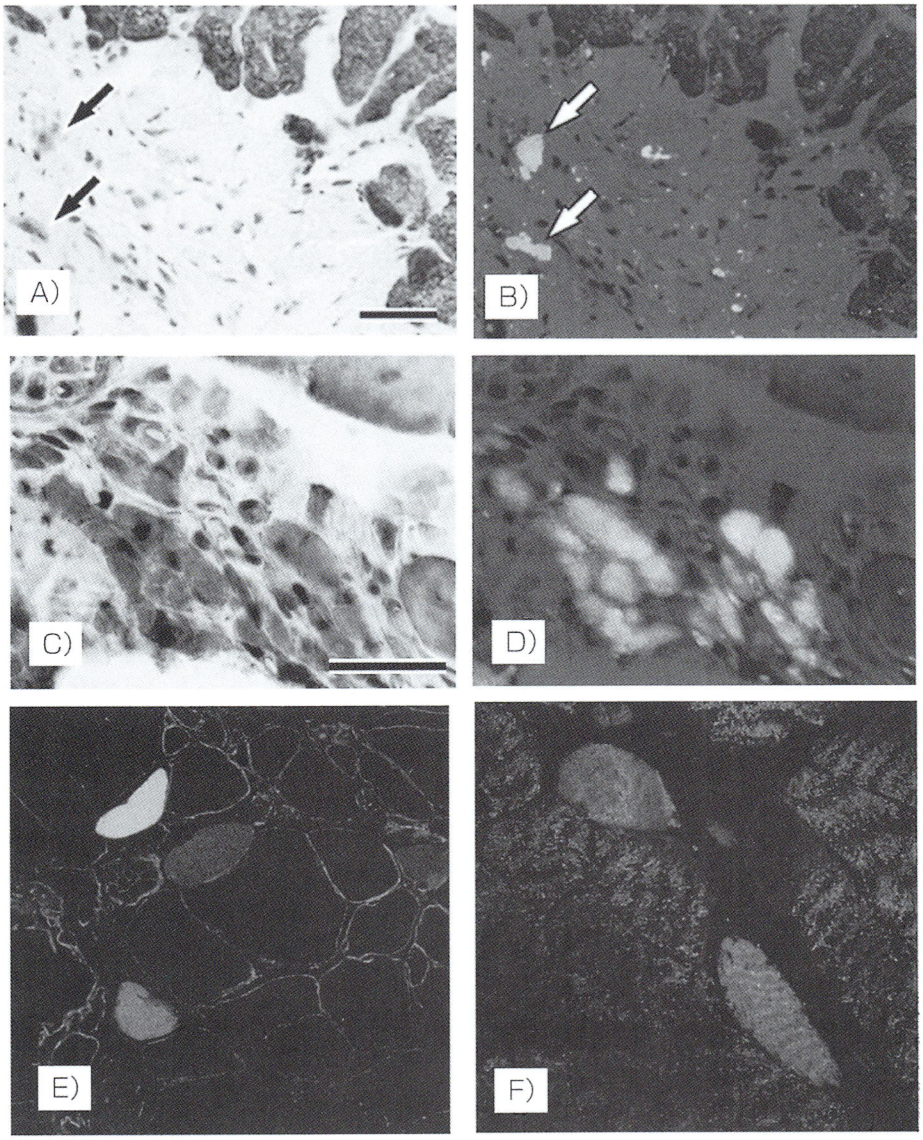

그림 3 MAPC를 이식한 마우스 근육

9주(A–D)와 27주(E.F). 미분화 MAPC 이식 마우스에서 GFP 양성 세포(B,화살표)는 SK–myocin을 발현하지 않음(A.흑화살표). 분화 MAPC 이식 마우스에서는 근육재생부위에 GFP양성세포가 cluster 형태로 존재해(D), SK–myocin도 발현하고있다(C). laminin 면역염색(E). SK–myocin 면역염색. GFP와 myocin이 병행해 관찰됨(F)

화 상태에서 이식해도 기형종을 형성하지 않으며 자기 세포를 이용하기 때문에 더욱더 주목을 받고 있다. 골수유래 줄기세포의 가역성에 대해서 논의된지 수년이 되었지만 최근 부정적인 보고가 나오고 있는 것은 가역성에 관한 논문의 대부분이 *in vivo*에서의 실험과 결과라는 점이다. 줄기세포를 이용한 세포치료제 개발에 있어 *in vivo, in vitro* 양면에서 세포의 분화능력을 해석하는 일이 필요하다. 또한 2003년에는 인간 게놈의 전장 해석이 종료되어 한 개의 염기다형에 의해 개개인의 병을 진단하거나 약제감수성의 차이점을 알 수 있기 때문에 맞춤의료의 발전에 기대가 집중되고 있다. 환자 유래의 세포는 세포이식과 약제스크리닝 등 *in vitro*에서 활용가능하며 세포배양 기술이 앞으로의 의료발전에 매우 크게 공헌하리라 기대된다.

참고문헌

1) Goodell, M. A. : Curr. Opin. Cell Biol., 13 : 662-665, 2001

2) Camargo, F. et al. : Nat. Med., 9 : 1520-1527, 2003

3) 実験医学増刊「エピジェネティックスと遺伝子発現機構」：（押村光男/伊藤 敬 編），羊土社，2003

4) Pownall, M. E. et al. : Annu. Rev. Cell Biol., 18 : 747-783, 2002

5) Seal, P. & Rudinicki, M. A. : Dev. Biol., 218 : 115-124, 2000

6) Tamaki, T. et al. : J. Cell. Biol., 157 : 571-577, 2002

7) Muguruma, Y. et al. : Exp. Hematol., 31 : 1323-1330, 2003

제 12 장 생체조직에의 접근 및 분화 제어

3. 세포외 기질의 역할

寺谷 工 落谷孝廣

배양된세포가 생체와 동일한 기능과 증식능력을 유지한 채 분화유도의 조건을 결정하는 것은 세포공학뿐 만아니라 분자생물학과 발생학, 그리고 최근 주목을 받고 있는 재생의학분야에서는 매우 중요한 과제이다. 본 항에서는 세포외기질의 중요성, 특히 세포분화조절에 주목하여 기술한다.

서론

각 조직에 존재하는 줄기세포 (stem cell)는 주변세포와 상호작용, 사이토카인으로 부터의 신호를 전달받아 운명을 결정(분화, 자기복제 등)하기 위한 특별한 환경 (nichi)이 존재한다고 여겨지고 있다. 이 환경을 구성하고 있는 분자기반에 대한 존재여부가 확인되고 그 후보로서 세포외 기질 (extracellular matrix)이 알려지고 있다. 전에는 세포외 기질은 생리활성을 지니고 있지 않은 단순한 세포사이의 공간을 채우고 있는 물질로서 생각되어져 왔지만 현재에서는 정상적인 세포의 기능유지와 자기증식, 그리고 분화에 대단히 중요한 역할을 하고 있다는 사실이 밝혀졌다. 예로 마우스 생체에서 적출해서 효소처리로 분리된 간장세포는 플라스틱 상에 배양하면 형태 변화와 간 기능저하가 관찰되어 약 1주일에 파괴된다. 그러나 collogen 위에서 배양하면 일개월간 기능을 지닌 간세포로 생존 가능하다. 더욱이 모든 세포나 조직으로 분화할 수 있는 능력을 지닌 ES세포 (embryonic stem cell : 배아줄기세포)의 경우 세포외 기질이 존재하지 않은채 배양하면 배체 (embyonic body)를 형성해 자발적으로 분화하기 때문에 미분화능력 유지하는 것은 매우 어렵다. 이와 같이 세포외 기질은 세포본래의 성질과 기능을 유지한 채 운명을 결정짓는 매우 중요한 인자라 할 수 있다.

1 세포외 기질이란

대표적인 세포외 기질을 소개하면 collagen은 3개의 polypeptide chain이 3중 나선 (triplehelix 구조)을 형성한 부위가 있는 분자의 총칭으로서 현재 19가지 종류가 있고 분자 상호간의 결합으로 섬유를 형성하는 분자와 그 외의 집단으로 크게 2가지로 구분가능하다. 기능으로서는 뼈에 많이 함유되어 있어 역학적으로 강도가 높은 구조로 형성되어 있다거나 세포간의 접착을 통해서 분화 및 증식 등의 세포기능을 조절하는 인자로서 알려져 왔다. lamnin은 상피세포, 내피세포, 근육세포, 슈완세포 등 다양한 세포에서 만들어져 발생단계에서 세포외 기질 중에서 가장 빨리 나타나 발생과 분화에 큰 작용을 미치고 있다. 또한 세포접촉작용 이외에도 세포운동이나 증식촉진 작용 등 다양한 기능을 지니고 있다. Fibronectin은 배양 섬유아세포의 세포막위에 다량으로 존재해 기능은 세포접착과 세포표면에 존재하고 있는 integrin을 통해서 세포증식과 분화 그리고 세포파괴를 제어하는 시그날을 전달하고 있다는 사실이 밝혀졌다. Hydronectin은 주로 간장에서 합성되어 혈청 중에 분비된다. 혈청이외에는 혈소판에 피부의 estrotin 섬유가 존재해 소량이지만 뇌·심장·

Takumi Teratani, Takahiro Ochiya : National Cancer Center Reserach Institute Section for Studies on Metastasis (国立がんセンター研究所がん転移研究室)

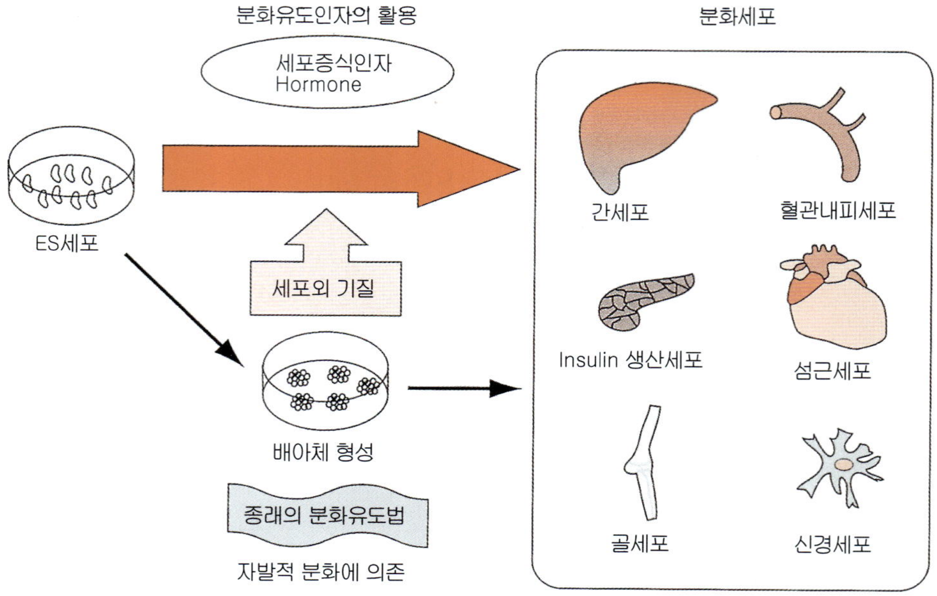

그림 1　ES세포를 이용한 분화유도
in vitro에서 분화유도한 경우의 모식도. EB를 이용한 종래의 분화유도법에 비해 단층배양으로 줄기세포로부터 분화 과정을 재현하려는 새로운 분화유도방법에서는 세포외 기질의 선택이 매우 커다란 작용을 한다.

골격근·폐·자궁·정소·흉선에서 발현되고 있다. 이상의 4가지 종류는 세포의 기저막을 구성한 중요한 성분이다. 마지막으로 gelatin은 인공적으로 만들어진 물질로 원재료는 앞에서 소개한 collagen을 가열처리함으로서 triplehelix 구조를 파괴시켜 단쇄 구조를 한 물질이다.

2 재생의학과 세포외 기질

최근 재생의학 분야가 학술적 또는 사회적으로 주목을 받고 있다. 그 이유는 첫째로 우리의 체내에 존재하고 있는 다양한 줄기세포로부터 특정 계열세포로 분화유도 가능하며 중증 질환 치료에 응용 가능하며 두 번째로 줄기세포로부터 특정의 세포로 분화 유도하는 과정을 real time으로 분자레벨에서 해석가능하다는 사실이다. 그러나 문제는 어디까지 생체 내 환경과 가깝게 배양해 분화 유도할 수 있을 것이라는 점으로, 이 해결책으로서 세포외기질의 세포에 미치는 영향에 대한 연구가 필요하며 목적세포의 기능과 성질의 손상 없이 배양에 필요한 세포외 기질을 선택하는 것이 대단히 중요한 포인트이다. 더욱이 줄기세포로부터 체내 각 조직이나 장기를 *in vitro*에서 재구축하기위해 삼차원 배양에 필요한 세포외 기질로 구성된 다공질체등의 물질을 어떻게 이용하는지가 중요하다. 여기서 ES세포로부터 EB를 거쳐 다양한 세포로 분화유도과정에 있어서 세포외 기질에 대해 한 가지 예를 표 1에 소개하였다.

원리

dish내에서 ES세포의 분화유도를 하는 종전의 방법의 대부분은 코팅되지 않는 dish를 이용해 부유된 배양법을 시행해 EB세포를 형성시킨다 (그림 1). 그러나 EB는 앞에서 설명한대로 구형의 세포집단을 형성하기 때문에 세포집단 내부는 물론 개개의 세포형태 변화를 분석하기 곤란하고 random 하게 다양한 계열의 세포로 분화하기 때문에 세포분화를 제어하고 있는 인자의 동정이나 신호전달 등의 분자레벨 연구에는 적합하지 않다. 그래서 ES세포를 직접 dish 바닥에 접착해 분화를 유도함으로서 분화유도에 따르는 세포의 형태분석과 기능 분석이 가능하게 되며 또한 dish 바닥에 각 세포외 기질을 코팅함으로서 현재까지의 세포외 기질과 세포분화와의 상관관계에 대해서 또한 성숙세포로 분화된 세포의 생존 효과 및 기능유지에 대한 연구가 가능하다.

표 1 EB세포로부터 각종세포의 제작을 위한 분화유도 인자와 함께 사용되는 세포외기질의 예

세포외 기질	간세포	신경세포	심근세포	골세포	혈관내피세포
Gelatin		○	○		○
Collgen	○	○		○	○
Laminin	○		○		
Fibronectin		○			○
Bitronectin					○

준비물

<시약>

- 세포외 기질 (gelatin, collagen, laminin, fibronectin, bitronectin) (구 technoglass, 타카라사 등)
- PBS (calcium, magnesium 불포함)
- DMEM배지 (구 technoglass, GIBCO사 등)
- 100 배 Nukleosid 용액

Adenosin	80 mg
Guanosin	85 mg
Cytidin	73 mg
Uridin	73 mg
Thymidin	24 mg
H_2O	100 mℓ
Total	100 mℓ

−20℃보존, 사용 전에 반드시 37℃의 항온조 (constant−temperature bath)에 용해한다.

- ES세포용 배지 (LIF비포함)

DMEM (고 glucose)	400 mℓ
우태아혈청 (GIBCO사 등)	100 mℓ
비필수아미노산용액 (GIBCO사 등)	5 mℓ
100배 Nukleosid 용액	5 mℓ
2−melaptoethanol in PBS	5 mℓ
항생물질 (GIBCO사 등)	5 mℓ
Total	520 mℓ

4℃보존, 사용 후에는 반드시 실온에 놓을 것

- ES세포용 배지 (LIF포함)

ES세포용 배지 (LIF 비포함)	100 mℓ
LIF (leukemia inhibitory factor) (CHEMICON사)	10 μℓ
Total	100.01 mℓ

4℃보존, 사용 전에 반드시 실온에 돌려놓을 것.

- 0.25% trypsin, 1mEDTA (GIBCO사 등)
- 세포증식인자 (VERITS사, GIBCO사 등)

<세포>

- 마우스 ES세포 (pALB-EGFP/ES세포)

☞ 본연구실에서 제작된 ES세포를 사용하고 있으나 시판의 ES세포를 사용해도 무방함. 본실험실에서 간세포로의 분화관찰을 위해서 Albumin Promoter 유전자에 EGFP 유전자 삽입 vector를 제작해 ES세포의 염색체에 도입한 세포주를 사용하고 있다.

<기구·기계>

- 60 mm plastic dish (비코팅용) (구 Technoglass, Nunc사 등)
- 50 mℓ 원심 tube (FALCON사)
- 도립형광현미경 (Nikon사 등)

Protocol

1 Dish의 코팅[*1]

☞ *1 이미 코팅된 dish가 각 메이커(구 technoglass)에서 판매되고 있기에 사용해도 좋다. 하지만 세포종에 따라서는 세포외기질의 농도가 분화나 기능유지에 중요해지는 경우가 있기에 주의가 필요하다.

① 해동 보존된 각 세포외기질원액을 해동하고, 얼음으로 옮긴다[*2].

☞ *2 해동 후에는 pipette을 이용하여 용해 중에 포함된 세포외 기질의 농도를 균일화하고 바로 ice로 옮긴다. 단, fibronectin은 성질상 교반하는 것에 의해 응집괴를 형성하기 쉽기 때문에 교반할 때에는 조심스럽게 혼합하고 ice가 아닌 상온에서 둔다. 또한 dish로 옮길 때에도 조심히 하는 것이 중요한다.

② 50 mℓ 원심 tube 등을 이용하여 실온으로 돌린 DMEM 배지를 코팅 처리한 dish 한 개당 3 mℓ씩 옮긴다[*3].

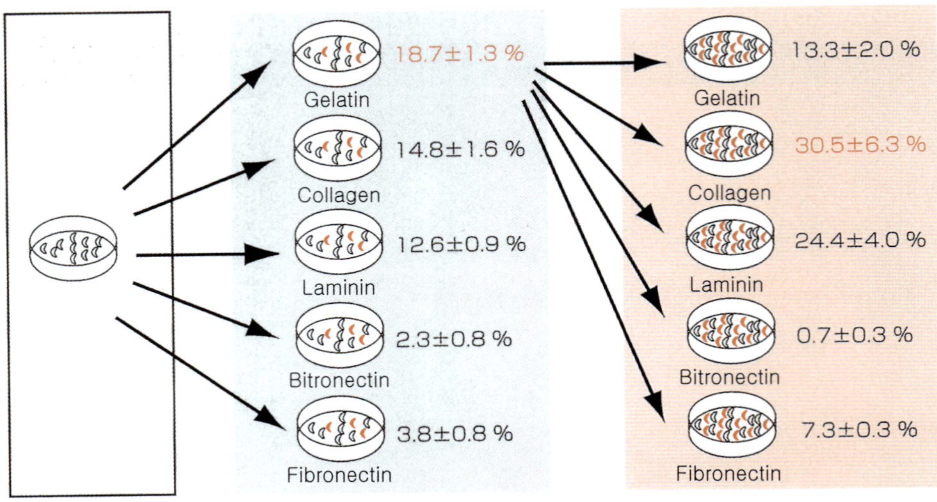

그림 2 세포외 기질의 간장세포 분화유도에 미치는 영향
수치는 각각 5종류의 세포외 기질을 이용한 분화유도효율 (albumin 생산세포의 비율)

*3 반드시 실제의 실험에 사용하는 배양액 (첨가물 불 포함)을 사용할 필요는 없고 PBS 도 특별히 문제는 없으나 가능하면 사용 배지액에 맞추는 편이 좋은 결과를 얻는다.

③ 각 세포외 기질을 먼저 준비한 50 ㎖ 원심 tube에 옮겨 목적 농도까지 희석시킨다[*4].

*4 세포외 기질의 최적농도조건을 검토하는 경우 논문이나 구매 시 첨부된 datasheet 등의 조건을 중심으로 전후의 농도를 재보는 것도 좋다. 우리들은 본 방법을 이용하여 각 세포외기질의 농도를 gelatin 50 μg/mℓ, collagen 50 μg/mℓ, laminin 10 μg/mℓ, bitronectin 6 μg/mℓ, fibronectin 1 μg/mℓ 의 조건에서 좋은 결과를 얻고 있다.

④ 조심스럽게 혼합하고 한 개의 60 ㎖ dish에 3 ㎖의 조합으로 바닥을 채울 수 있을 만큼 첨가한다.
⑤ 37℃에서 2시간 혹은 4℃에서 overnight한다.
⑥ 그 후 각 그 용액을 제거한다.
⑦ autoclave 등에서 멸균을 제거한 차가운 PBS에서 2회 washing한다.
⑧ 바로 사용하지 않을 경우에는 dish의 표면이 건조하지 않도록 DMEM 배지의 표면을 채우고 4℃에서 보존한다.

2 미분화한 ES세포의 준비

① gelatin을 코팅한 60 ㎜ dish 한 개당 5.0×10^6 개의 미분화한 ES세포용 배지 (LIF비포함)에서 배양한다.
② 3일 후 미분화한 ES세포 (약 1.0×10^8)을 0.25% trypsin, 1 mM EDTA in PBS의 ES 세포용 배지 (LIF 비포함)에 현탁하고 원심분리한다.
③ 회수한 미분화한 ES세포를 1.0×10^4 개/㎖ 되도록 ES세포용 배지 (LIF비포함)에서 세포를 희석한다.

3 분화유도

① 각 세포외 기질에서 코팅 처리한 60 ㎜ dish에 5 ㎖의 ES세포 현탁용액 (1.0×10^4~10^5 개/㎖) seeding한다.
② 세포 증식인자 등의 분화유도인자를 배양용액에 첨가한다.
③ 다음날부터 매일 세포의 접합상태를 현미경으로 관찰하고 2~3일 간격으로 같은 분화유도인자를 포함하는 배양액 (LIF비포함)에 교환한다.

가능한 trypsin은 빠르게 처리한다. 또한 혈청배지를 이용하여 확실히 trypsin의 활성을 저지시킨다. 최근에는 Emues techno system이나 GIBCO사에서 PBS 등으로 희석하는 것만으로 trypsin 의 활성을 소실시키는 시약이 발매되고 있으므로 이것을 추천한다.

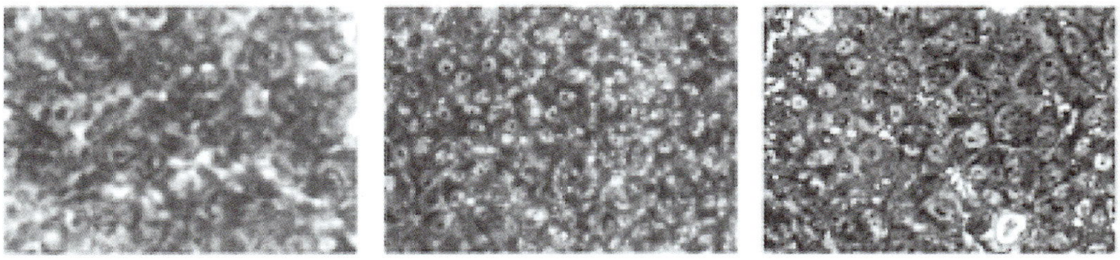

그림 3 **ES세포유래 간장세포의 형태**
상단: 위상현미경상
하단: 형광현미경상

④ **형광현미경 관찰에 의해 세포의 분화효과를 측정한다.**

> 분화유도 효과가 낮을 경우에는 각 분화 유도기간을 1~2일 간격으로 연장시키면 개선된다. 분화 효율 등의 평가는 면역염색이나 RT-PCR법 등을 사용해도 좋다.

실험예

본 연구실에서는 위의 방법을 이용해 1개의 미분화 마우스 ES세포로부터 약 20개 이상의 다양한 간 기능을 획득한 성숙 간장세포로 분화하는데 성공하였다. 특히 주목할 것은 동질의 세포증식인자를 첨가함에도 불구하고 간세포로의 분화 유도 효과는 세포외 기질의 종류에 따라서 크게 변화 하였으며 ES세포로부터 간장세포로 분화하는데 있어서 gelatin(letinoin 산처리)-gelatin (세포증식인자처리 1단계)-collagen (세포증식 인자처리 2단계)와 같이 분화 유도 인자처리 step에서 각각의 기질을 변화함으로서 가장 높은 효율의 분화를 유도하였다 (그림 2). 이 실험데이터는 세포의 분화과정에서 세포외 기질의 변화가 매우 중요하다는 사실을 시사하고 있다. 한편 본장에서 분화 유도된 세포를 간장세포용 배양액 (무혈청)에서 배양하면 약 1주일이내에 약 80% 이상의 ES세포유래의 간장세포가 농축되었고 그 후 1주일 이상을 거쳐 형태와 기능을 지닌 상태에서 배양이 가능하였으며 형태학적으로 처음의 마우스 간장세포와 동일하였다 (그림 3).

끝으로

이전의 세포분화 연구는 세포증식인자 연구가 중심이 되었으나 최근에는 세포외 기질의 중용성에 대해서도 주목을 받고 있다. 이번에 소개된 분화유도 실험결과로부터 세포외 기질이 분화제어 또는 세포기능 유지에 깊이 관여하고 있다는 사실이 관찰되었다. 그러나 표 1에 나타난 것과 같이 다양한 종류의 세포외기질이 한 개의 세포를 둘러싸고 있어 보다 생체 내 환경과 동일한 분화 유도 조건을 만들기 위해서 함량과 조합으로 세포외 기질의 조건이 결정되면 보다 더 발생기전과 생리적 기능과 밀접한 연구결과를 얻을 수 있으리라 기대된다.

참고문헌

1) Bershadsky, A. D. et al. : Annu. Rev. Cell. Dev. Biol., 19 : 677-695, 2003
2) Roy, S. et al. : Mol. Cell. Biol., 18 : 3947-3955, 1998
3) Haas, R. et al. : J. Cell. Physiol., 120 : 117-125, 1984
4) Timpl, R. et al. : J. Biol. Chem., 254 : 9933-9937, 1979
5) Ruoslahti, E. et al. : Meth. Enzymol., 82 : 803, 1982
6) Hayman, et al. : Proc. Natl. Acad. Sci. USA, 80 : 4003-4007, 1983
7) Seiffert, D. et al. : J. Biol. Chem., 269 : 19836-19842, 1994
8) Timpl, R. et al. : Meth. Enzymol., 145 : 363-391, 1987
9) Pasco, S. et al. : J. Soc. Biol., 197 : 31-39, 2003

제 12 장 생체조직에의 접근 및 분화 제어

4. 세포배양에 사용되는 지지체

-간엽계세포와 골조직 재생을 중심으로-

町田浩子 池田稅子 大串 始

세포만으로는 장기나 기관의 재생은 매우 어려워 일반적으로 기반이 되는 지지체가 필요하다. 본 항에서 hydrochisiapatide 다공체를 배양지지체로 사용하는 재생배양골수의 제작방법에 관해서 설명한다.

서론

인간의 귀를 가진 mouse-1999년경 일본에서도 충격적인 영상이 방송되어 Tissue engineering (재생의학)이 세간에 두루 알려진 사실이라고 생각한다. 어떤 귀는 형성된 polyglycol산에 연골세포를 분주하여 만들어진 것이다. 세포만으로 목적장기 또는 기관을 만드는 것은 어렵다. 많은 정상세포는 족장에 접착하지 않으면 증식되지 않기 때문이다. 생체내 세포의 족장은 세포외 매트릭스이나 조직을 재생하려 하는 경우에는 지지체를 준비할 필요성이 있다. 지지체에 요구되는 특성으로는 주로 세포가 접착되는 것, 생육 또는 증식에 충분한 산소와 영양보급이 가능한 구조일 것, 생체 (혹은 세포)에 해가 되지 않는 것이 요구된다. 또한 지지체에는 생체흡수성의 것과 비 흡수성의 것이 있다. 생체흡수성의 것으로는 세포외 매트릭스의 주성분인 collagen, 생체흡수성봉합계로서 장기간 사용되어온 poly유산이나 polyglyco산, 무기재료인 인산삼칼슘 등이 있다. 한편, 비흡수성의 것으로는 Hydroxyapatite, Alumina Ceramic 등이 있다.

본 연구실에서는 골수세포를 세라믹지지체에 분주하고 배양하여 골아세포로 분화시킨 복합체 (재생배양골)를 2001년부터 관절염이나 골종양의 환자에의 임상이식을 시행하고 있으나 이식하는 부위에 강도가 필요하기 때문에 비흡수성의 지지체를 주로 사용하고 있다. 골과 직접 결합하는 성질을 가진 생체활성세라믹 Hydroxyapatite, 비생체활성세라믹인 Alumina Ceramic과 함께 골아세포를 접종한 것으로 신생골 형성능을 가지게 되어 기존의 골과 조기에 결합시킬 수가 있다.

세라믹에는 치밀체, 다공체가 있고 체중이 그다지 들지 않는 부분에는 다공체가 사용된다. 세포배양지지체로서 이용될 때에는 내부까지 세포가 들어가기 쉬워 배지가 침투되기 쉽다는 관점에서 충분한 크기의 직경을 기공구조를 가진 다공체가 적당하다고 생각한다. 본 항에는 골보충재 중에서도 가장 유용하다고 여겨지는 Hydroxyapatite 다공체를 지지체로서 이용한 재생배양 제작과정을 Rat 골수세포의 채취부터 기술하고자 한다.

원리

Rat 골수세포를 배지와 혼합하고 Flask에서 배양하면, 선유아세포형태의 세포가 바닥에서 증식한다. 그 세포군 중에는 중간엽줄기세포라고 불리는 다분화능력을 가진 세포가 존재하고 있다. 따라서 그 세포는 특정의 supplement 를 첨가하는 것에 의해, *in vitro*에서 골아세포로 분화시킬 수 있다. 골아세포는 배양 1주일

Hiroko Machida, Etsuko Ikeda, Hajime Ohgushi : Research Institute for Cell Engineering, National Institute of Advanced Industrial Science and Technology（独立行政法人産業技術総合研究所セルエンジニアリング研究部門）

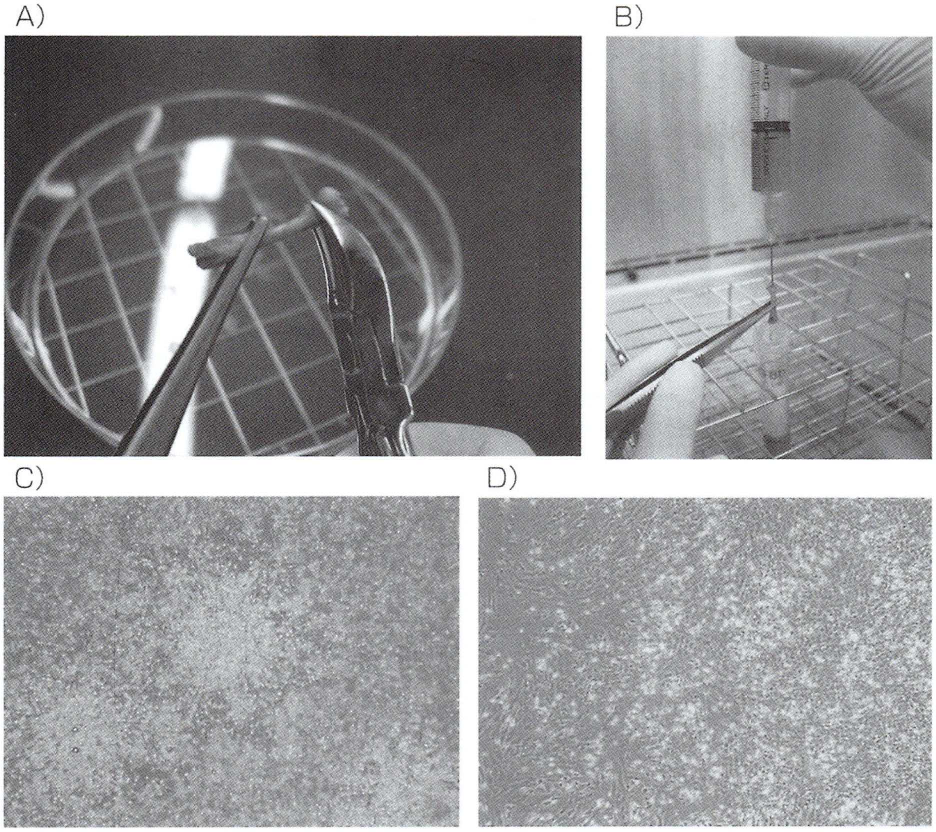

그림 1　Rat의 골수세포 채취
A) 대퇴골 양단의 절개
B) 주사기를 천천히 상하로 배지를 골수안으로 관류함
C) 배양 2일째 세포형태.(혈구계세포가 다수 부유함)
D) Cofluent의 세포 형태(섬유아세포가 관찰됨)

정도로 골기질을 생산하기 시작한다. Flask 내 뿐 아니라 Hydroxyapatite의 다공체에 Rat 골수세포를 분주하고 배양하여도 골아세포로 분화시킬 수 있다. 게다가 그것을 Rat에 이식하면 조기의 신생골 형성 관찰이 가능하다.

i) Rat 골수세포의 채취와 초대배양

준비물

<Rat>
- Fischer344, male, 7주령

<주요기구>
- hair clippers
- 해부용구
- 핀셋
- 가위
- 13 mℓ tube (asist, 62.515S)
- 15 mℓ tube
- 50 mℓ tube
- 21G의 주사기
- 10 mℓ syringe
- disposable mesh
- kimwipes
- 10cm dish
- T-75 pla나 (Falcon사, 353136)

<시약·배지>
- 마취제
- 소독용 Ethanol

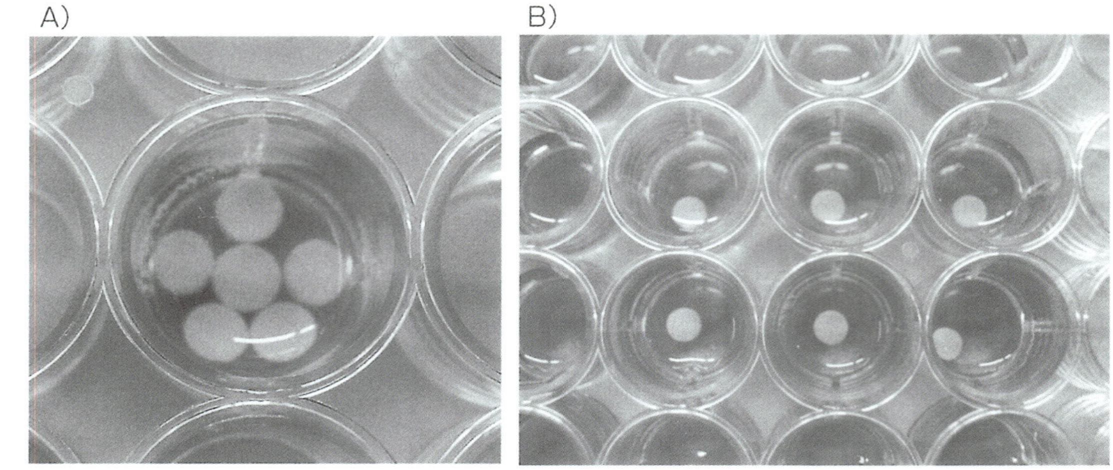

그림 2 **지지체에의 세포접종**
A) 세포현탁액에의 지지체의 침적
B) 접촉시킨 간엽줄기세포를 골아세포로 분화유도함.

• 증식용배지:
MEM배지 (나카라이테스크, 21442-25)에 15%우태아 혈청과 항생항진균용액 (Sigma사 A7292)를 첨가한 것

Protocol

① 13 ml tube에 증식용 배지를 7~8 ml넣음 (채취한 직후 대퇴골을 넣기 위해)
② Rat을 마취제로 안락사시킴.
③ 뒷다리부분의 털을 제거함.
④ Rat를 물로 세척하여 에탄올로 소독함.
⑤ 양 대퇴골를 추출하여 ①에서 준비한 튜브에 넣음.
⑥ (이하는 무균조작) 50 ml 튜브에 30 ml의 증식용 배지 첨가.
⑦ 10 ml syringe에 21G의 주사기를 넣고 ⑥의 배지에 10 ml을 채취하여 15 ml tube에 세워둔다.
⑧ 대퇴골을 aspiration 피펫으로 제거하고 10cm dish에 대퇴골 한 개를 넣고 칼로서 주변 조직을 제거함.
⑨ 핀셋으로 대퇴골을 제거하고, 양뼈의 중간부위를 가위로 단리한다 (그림 1A).
⑩ 절단면으로부터 ⑦에서 준비한 주사기를 삽입하고 배지에 골수를 13ml tube에 유주하여 회수한다 (그림 1B).
⑪ 이와 같은 방법으로 다른 하나의 대퇴골을 채취한다.
⑫ 13 ml tube 내에서 10 ml pipette으로 suspension한다.
⑬ 대퇴골 2개분의 세포유주액을 ⑥에서 준비한 50 ml tube에 모아 가볍게 suspension 한다.
⑭ 약 15 ml씩 T-75 flask 에 분주한다.
⑮ CO_2 Incubator에 배양한다 (그림 1C).
⑯ 2~3일 경에 배지를 교환하고, 약 1주일이 되면 가득 찬다 (그림 1D).

memo

Rat 골수세포를 직접 채취하는 것은 상기와 같은 노력과 시간이 걸린다. 또한 기술자가 채취하여도 상태불량의 세포가 채취될 경우가 있다. 현재, 세포는 시판되고 있으므로 그것을 이용해도 좋다.

대일본제약 : (http : labopro.dainippon-pharm.co.jp/index.html)
catalog number : KE-400 Rat 골수유래세포 (중간엽줄기세포)

ii) 재생배양골의 제작 : 지지체로의 골수세포분주와 골아세포로의 분화

준비물

<기구·기계 >

- ϕ5×2㎜ Hydroxyapatite 다공체 (PENTAX사, 2200330)

> ☞ Ceramic 다공체는 의료용구로서 각 회사에서 판매 중. 그 제품에는 형태, 조성, 가열온도, 기공률, 기공구조 등 여러 가지 특성이 이 때 실험용으로서는 PENTAX 사, 우리가 사용한 것은 아니지만 BECTON DICKSON 등이 있다.
>
> CELLYARD™ HA scaffold
> 본실험에서 사용되어지고 있는 담체.
> Hydroxyapatite를 원형(ϕ5×2 ㎜, ϕ13×2 ㎜)조성, 가열한 담체, 기공률 50%, 기공률 0%의 치밀체 (pellet)도 있다.
> PENTAXhttp://www.pentax.co.jp/japan/index.php (판매원구technoglass http://www.atgc.co.jp/div/rika/)
>
> BD 3D인산칼슘, Scaffold
> 인산칼슘으로 조성. 사이즈는 ϕ5×3 ㎜으로 기공성은 60±10 ppi (pore/inch). NIPPON BECTON DICKSON http://www.bdj.co.jp/

- 24 well plate (Falcon사, 353047)

<시약·배지>

- 증식용배지 (앞 i 참조)
- PBS (−)
- 0.05% tripsin/0.53 mM ECTA 용액 (나카라이테스크, 35553-74)
- 분화유도배지 (최종농도)
  증식용보지에 이하를 첨가한 것
  데키타메사존 (Sigma사 D-1756) (10 nM)
  L-아스코르빈산인산
  에스테르마그네슘 염n수화물
  (WAKO사, 013-12062) (82 ㎍/㎕)
  β-글리세롤포스페이트
  (CALBIOCHEM사, 35675) (10 mM)

> ☞ 분화유도배지는 증식용 배지에 이하와 같이 조제한 supplement를 배지의 1/100양 첨가하여 만든다.
>
> **Dexamethason** : 먼저 에탄올에 2.5mM 용액을 조제한다. 그것을 PBS(−)에서 0.1mM에 희석한 후 필터멸균하고 다시 PBS(−)에서 1(마이크로몰)로 희석한다.
>
> **L-아스코르빈산인산에스테르마그네슘염n수화물** : PBS(−)에서 8.2mg/㎖ 용액을 조제하고 필터 멸균한다.
>
> **β-글리세롤포프페이트** : D.W에서 1M 용액을 조제하고 필터 멸균한다.

- CONTROL (분화비유도)배지
  분화유도배지에서 데트사이타존을 제거한 것.

Protocol

① (i의 프로토콜의) 가득 찬 Rat 골수세포를 trypsin 처리후 분리한다.

② 1×10^6 cells/㎖이 되도록 증식용 배지에서 세포현탁액을 조제한다.

③ 24 well plate 1 well에 다공체 Hydroxyapatite를 나열한다 (1 well에 6개가 들어감 : 그림 2A).

④ ②의 세포현탁액을 1 ㎖씩 분주한다.

> ☞ 지지체에 분주한 세포가 분화하여 골기질을 침전시킨 모습은 투명체 세라믹 등에 분주하지 않는 한 검증할 수 없다. 따라서 우리는 지지체에 분주함과 동시에 12 well plate (Falcon사, 353043)에도 분주하여 배양하고 세포의 분화능력을 확인한다. 분주밀도는 4×10^4 cells/well (1×10^4 cells/㎠)에서 분주한 다음날에 분화유도배지에, 또는 control 배지에 옮긴다. 약 2주가 지나면 그림 3과 같은 결과를 얻을 수 있다.

⑤ CO_2 Incubator에서 overnight한다.

⑥ 세포를 접착시킨 아파타이트를 새로운 24 well plate에 1 well 에 한 개씩 옮겨 분화유도배지 혹은 control 배지에서 배양한다 (그림 2B).
복수의 샘플을 모두 well에 넣지 않는 것은 media change시 서로 접촉하는 것을 피하기 위함이다.

⑦ 2~3일에 한 번씩 배지교환을 한다.

실험예

지지체를 2주간 배양한 후에 Alkali Phosphatase (ALP)염색을 한다. 분화유도배지에서 배양한 계 (Dex (+))와 control 배지에서 배양한 계 (Dex (+))에서는 명확히 염색의 차이가 관찰되었다 (그림 4A).

또한, 배양한 지지체를 손상시키고 ALP 활성을 측정한다. ALP 활성치도 Dex (+)가 높아졌다 (그림 3C, 그림 4B). 골아세포의 특징 중 한개는 높은 ALP활성을 표시하는 것이다. 이것으로부터 다공체 Hydroxyapatite위에서 세포는 골아세포로 분화했다고 한다. 또한 2주간 배양한 담체를 Rat 피하에 이식하고 1개월 경과한 것을 채취한 후 그 조직절편을 헤마토키시린·에오진 염색하여 관찰하면, 신생골형성이 보인

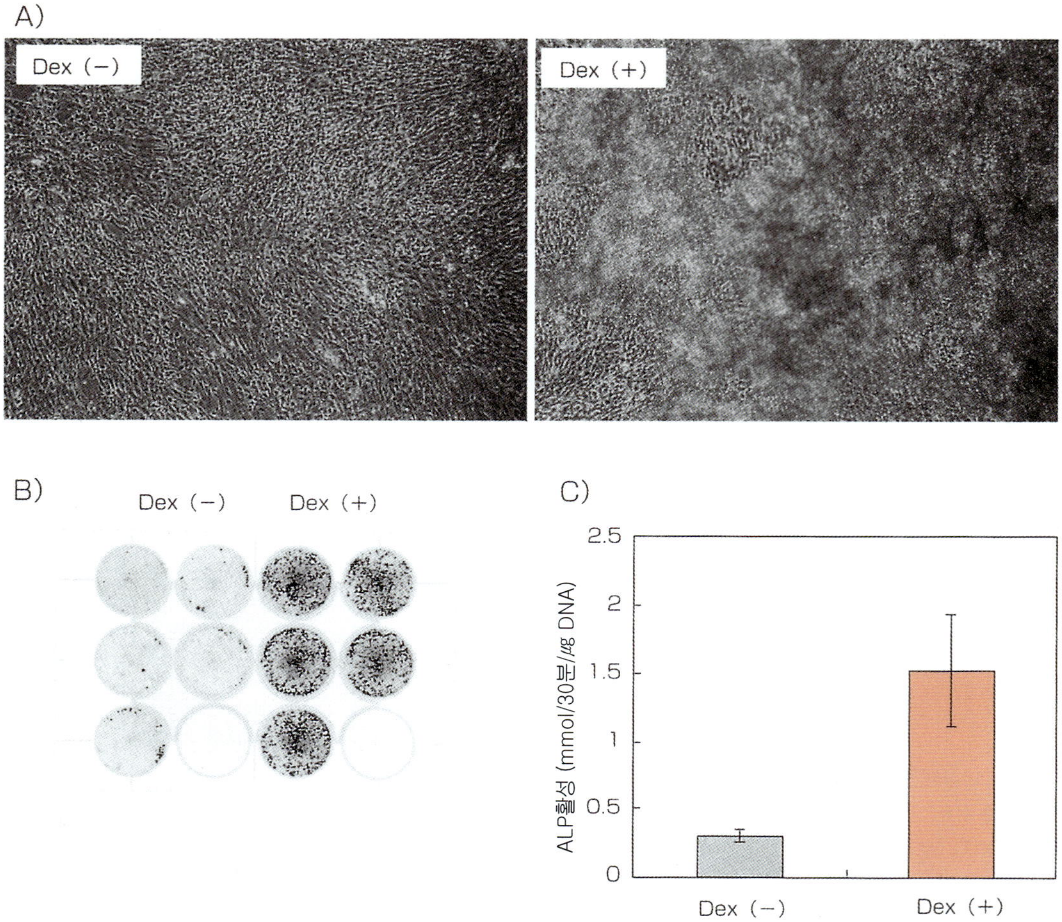

그림 3 세포분화능력 평가(배양16일째) (권두 칼라사진 15 참조)
A) control 배지[Dex (−)]와 분화유도배지[Dex (+)]에서의 세포 관찰
B) 골수기질 침착 형태 (calsein을 첨가해 배양한 plate를 imageanalyser로 측정) Dex (+)에 calcium의 침착이 관찰됨.
C) 골아세포분화 지표인 ALPase 활성 비교 분석

다 (그림 4C).

끝으로

이상의 경과에서 재생 배양뼈를 제작할 수 있다. 그러나 주의할 점이 있다. 같은 크기, 같은 소재의 지지체를 사용하여 비교할 경우 분주 조건을 일정하게 하는 것으로 접착세포수를 대강 준비할 수가 있으나 다른 소재와 크기의 시료일 경우 접착세포수가 크게 변할 수 있기 때문에 ALP 활성치 등을 볼 때에는 보정할 필요가 있다. 세포수와 효소활성을 동일 샘플로 검토하면 이상적이나 아직 방법을 모색하고 있는 중이다. 또한 지지체로의 세포분주방법은 지지체의 종류에 따라 검토해야 한다. 기공류를 기공의 차이 등에 의해 세포현탁액을 넣으면 부유해 버린 것이 있기 때문이다. 그 경우 음압에 의해 미리 배지만을 포함시켜 침투하도록 하던지 세포현탁액을 기공 내에 침투시키는 방법을 이용된다.

지지체의 발달은 재생의료의 발전에 연결된다. 뼈만이 아닌 아테로크라겐을 동결 진공 건조하여 스폰지상의 sheet를 제작하여 히알론산스폰지와 적층한 표

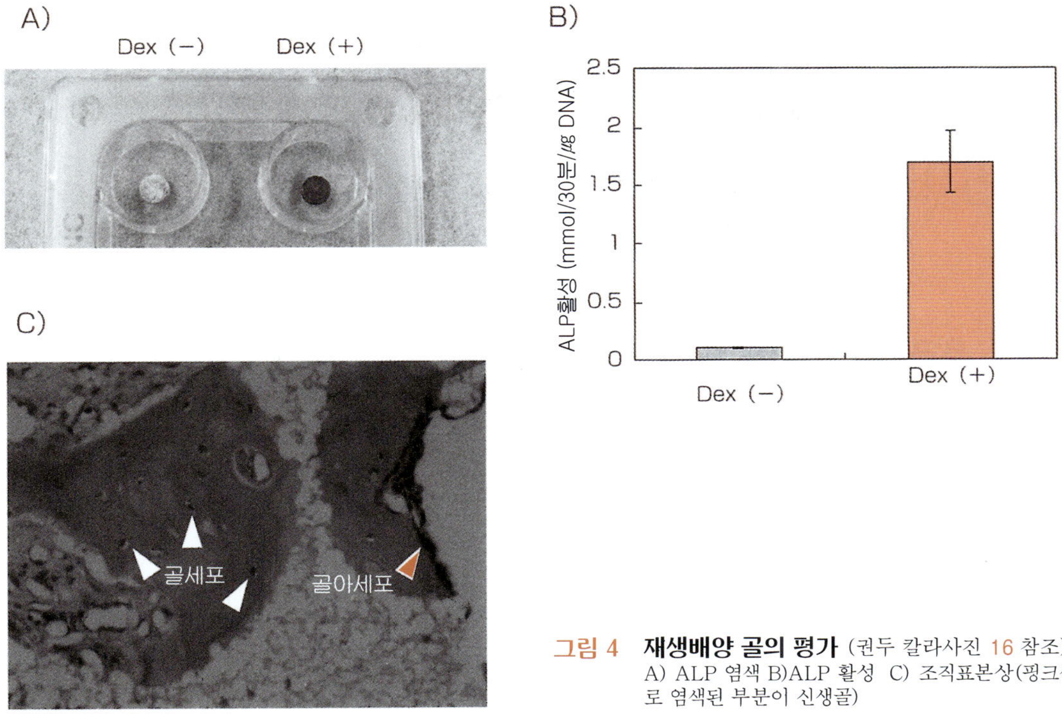

그림 4 재생배양 골의 평가 (권두 칼라사진 16 참조)
A) ALP 염색 B)ALP 활성 C) 조직표본상(핑크색으로 염색된 부분이 신생골)

면에 섬유아세포를 분주하여 배양한 배양진피, 온도응답성 고분자폴리 (N−아이소프로필아크릴아미드) 위에 각피 상피줄기세포를 분열 증식시켜 배양각막상피시트 등도 이미 임상 응용되고 있다. 앞으로 보다 많은 조직·기관이 재생 가능한 지지체의 개발이 요구된다.

참고문헌

1) Ohgushi, H. et al. : Novartis Found Symp., 249 : 118-127, 2003
2) Kotobuki, N. et al. : Artificial Organs, 28 : 33-39, 2004
3) Caplan, A. I. : J. Orthop. Res., 9 : 641-650, 1991
4) Ohgushi, H. et al. : J. Biomed. Mat. Res., 32 : 333-340, 1996
5) Ohgushi, H. & Caplan, A. I. : J. Biomed. Mat. Res., 48 : 913-927, 1999
6) Yoshikawa, T. et al. : Biomed. Mater. Eng., 8 : 311-320, 1998
7) Uchimura, E. et al. : Calcif. Tissue Int., 73 : 575-583, 2003
8) 黒瀬能光：形成外科，43 ：571-580，2000
9) 西野幸二：バイオマテリアル，21 ：206-207, 2003

제 12 장 생체조직에의 접근 및 분화 제어

5. 배양 내 조직형성-삼차원배양법-

許 南浩

조직은 삼차원적 조직구조 안에만이 충분한 기능을 발휘한다. 본서에서는 배양 내에 조직을 형성시키기 위한 요소와 그 의미를 해설하고 실제의 방법을 몇 가지 소개한다.

서론

세포배양은 생체내에서 분석이 불가능한 현상을 분석가능하게 하였다.

가장 일반적인 세포배양법은 단층배양 (1장 2 참조)이다. 이러한 세포배양기술의 진전은 생명과학의 기본을 담당할 정도로 크게 공헌을 하였다. 그러나 한편으로는 세포는 생체 내에서 특유의 삼차원적 조직구조 안에 있다. 세포를 생체 내에서 채취하여 단층배양으로 옮기면 다소 그 기능이 상실된다. 그래도 어떠한 기능이 어느 정도 상실되었는가를 정확히 알기는 힘들다. 본질적인 문제점, 한계가 내재하고 있다. 일반적으로 말하면 세포는 단층 배양계에서 살아가기 위해서 필요한 기능을 보유하고 있어 불필요한 기능은 소실되기 쉽다. 예를 들면 기본적인 대사나 DNA 복제, 전사, 번역의 machinery 등은 세포가 어떠한 상태에서도 필요하기 때문에 잘 보존이 되지만 세포 간 상호작용에 의한 조절기구나 고도의 분화기능은 상실되기 쉽다.

따라서 스스로 해석대상의 기능이 어느 정도 보유되는지를 신중히 검토할 필요성이 있다. 극단적으로 말하면 어느 현상이 단층배양 세포계에서 일어나지 않았을 경우 그것이 실제로 생체 내의 세포에서도 일어나지 않는 것인지 단층배양계이기 때문에 일어나는 것인지 엄밀히 구분 지을 수가 없기 때문이다.

단층배양계에서 보이지 않는 기능도 생체 내 환경에 두면 회복되기도 한다. 세포는 잠재적 능력을 가지고 있으나 충분한 조건이 충족되지 않기 때문이다. 예를 들면 표피각화세포는 단층배양계에서는 충분한 각화를 일으킬 수 없으나 같은 세포를 표피에 이식하면 각화를 완수할 수 있다.

이와 같은 단층배양의 문제점을 부분적으로 극복하고 동시에 동물실험과 비교하여 간단 명료하고 조작의 용이하게 하는 방법이 배양 내 조직형성법 또는 삼차원배양법이다.

i) 배양 내 조직형성의 요점

1 세포의 자율성과 세포간 상호작용

대부분의 세포는 생체 내에서 삼차원적인 조직을 형성하고 있다. 조직이 형성되기 위해서는 세포와 세포–세포와 세포외 기질이 선택적으로 접착 할 필요가 있다. 역으로 세포는 본래 다른 세포나 세포외 기질을 생산하는 능력을 가지고 있다.

따라서 배양 내에서도 세포를 조심스럽게 접촉하는 조건(즉 세포의 자율성을 보증하는 조건)을 조성한다면 자연히 어느정도의 조직이 형성된다. 배양 내의 조직형성

Namho Huh : Department of Cell Biology, Okayama University Graduate School of Medicine and Dentistry（岡山大学大学院医歯学総合研究科細胞生物学分野）

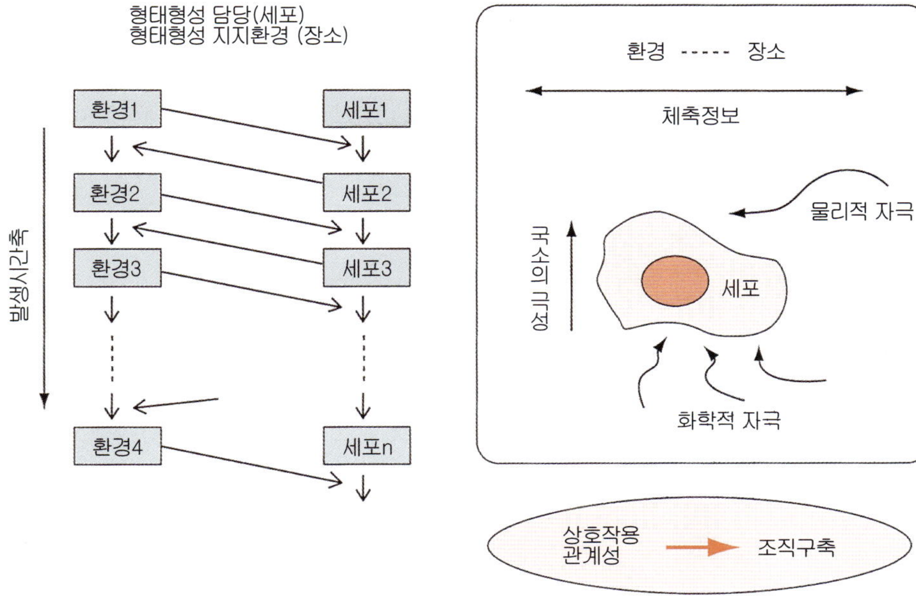

그림 1 **세포와 장소의 상호관계**

은 그 조건에 따라 달라진다. 액체배지 내에서 물리적인 힘에 의해 세포를 접촉시켜 두는데 즉, 스페로이드배지이다. 젤 내에 세포를 분주하면 세포는 적당히 지지체 내에서 세포간의 농도나 상호작용이 가능한 상태가 된다. 적정의 세포친화성을 지닌 다공성지지체 내에서 세포를 분주하면 세포가 증식하며 그 일부가 소공 내에서 삼차원적인 구조를 만든다. 이와 같은 배양법은 단일의 세포를 이용하는 것이고 생체 내 조직을 본떠 복수의 세포를 혼합하는 배양도 된다. 예를 들면, 간 실질세포는 단독으로 배양하는 것 보다 비 실질세포와 혼합 배양하는 편이 고도의 기능을 발휘할 수 있다.

조직형성의 기반으로서의 세포 간 상호작용을 세포의 자율성에 전면적으로 의거하는 것이 아니라 조금 더 인공적인 개입이 가능한 것이다. 예를 들어 피부는 주로 표피각화세포와 진피섬유아세포로 이루어지나 이 양자를 혼합하여 적당히 접촉하는 것만으로는 표피 진피의 층구성을 가진 조직은 형성되지 않는다. 다음에 기술하는 바와 같이 먼저 콜라겐 내에 섬유아세포를 분주하여 진피에 상층하는 것을 작성하여 그 위에 표피각화세포를 분주하는 방법이 이용된다. 감온성폴리머를 이용하여 배양심근세포의 시트를 작성하고 그것을 겹쳐 심장조직을 만드는 등의 시도도 있고 실제로 동물이식이 되고 있다.

2 장소

여러 인공적인 방법을 모색하여 예를 들어 피부의 삼차원 재구성 배양을 하여도 그 조직구조는 완전한 생체를 재현하는 것은 힘들다. 매우 흥미로는 점은 단순한 표피각화세포와 진피섬유아세포의 혼합물에서도 생체피부의 결손부에 분주하면 생체에 매우 흡사한 피부조직이 재생된다 (12장 6참조). 생체 내에는 배양 내와 다른 환경이 보다 고도의 정보가 존재하고 있다. 인지, 인공은 자연이라는 신의 지혜와 멀리 떨어져 있지 않다. 세포에 따라 조직재생 구축에 있어서도 세포의 분화유도에도 세포와 장소이라는 두 가지의 요소가 관여하고 있다. 발생의 과정을 생각해 보면 분명해지듯이 장소이라는 것도 세포에 의해 만들어진다 (그림 1). 세포는 장소를 만들고 그 장소에 의해 영향을 받아 스스로 변화하여 그 변화한 세포가 또 장을 새롭게 한다. 그 과정을 반복하는 것이 발생 때의 형태를 형성한다. 생체에는 이와 같은 다이나미즘은 적지만 세포의 turnover를 반복하면서 조직구조를 유지하는 기전이나 상처치유 등에는 동일한 작용의 과정이 행하여진다고 생각된다.

20세기 후반의 분자생물학의 진전에 의해 우리들의 세포에 의한 지식이 많이 깊어지게 되었다. 그러나 장의 정보에 대해 우리의 지식은 부족하다. 세포는 장으로부터 여러 물리적 화학적 자극을 받는다. 또한 극성, 생체 축의정보를 포함한 마크로의 정보도 수용한다. 배양내의 종의 장기를 만들거나 보통 체내에서 일러나지 않도록 조직재생을 유도하기 위해서 우리는 이와 같은 장소의 정보를 더욱 더 구체적으로 알 필요가 있다. 이로 인하여 우리들은 처음으로 세포의 자율성에만 의존하지 않고 노력에 비해 결과가 좋지 않은 방법에 의존하는 현실을 뛰어넘어 배양 내 조직형성의 새로운 단계로 발전해 갈 수 있다고 생각되기 때문이다.

ii) Rat 간장세포의 편리한 스페로이드배양 [3)]

스페로이드배양은 1장 2에 논한 바와 같이 여러 가지 방법이 있고 선회배양하는 방법과 전용의 마르치 well plate을 사용하는 것이 일반적이다 그러나 본서에서 소개한 편리한 방법에도 목적에 따라서는 많은 도움이 된다.

준비물

- Rat 간장세포 (10장 3에 따르면 간장에서 조제한다)
- 배지 : William's E medium
  10% FBS
  dexamethasone 10^{-7}M
  EGF 20 ng/㎖
  ITS (Gibco BRL사 : Insulin 0.01 g/ℓ, sodium selenite 0.0067 g/ℓ, transferrin 0.0055 g/ℓ, sodium pyruvate 0.11 g/ℓ)
- plastic dish
- pHEMA : poly (2-hydroxyethyl methacrylate) (Sigma사)

Protocol

① 2.5% pHEMA의 조제, pHEMA 0.5 g을 95% 에탄올 20 ㎖에 넣고, 37℃에서 overnight (warming)하여 용해. 필터로 여과멸균한다.

② 코팅된 dish. pHEMA 용액을 적당량 dish에 넣어 전체를 융합시켜 여분액을 제거. 수시간~ overnight 통풍건조.

> ☞ 이 방법의 요점은 pHEMA의 코팅에 의해 세포가 접착하는 것을 완전히 방지할 수 있다. 보통세포배양용의 dish를 그대로 사용할 수 있으나 세포에 따라 벽에 부착하는 완전히 방지해 줄 수는 없다. 세포의 종류, 실제의 목적에 따라 방법, dish 등을 적절히 선택한다.

③ 세포의 분주. 3 × 10^6 cells/10 ㎝ dish로 분주하고 일반배양을 한다.

iii) 혈관내피세포의 콜라겐내의 배양

콜라겐을 이용한 배양법에 대해서는 하라다 Gelatin이 상세한 프로토콜을 제공하고 있으므로 참조하기 바란다.

준비물

- 혈관내피세포 (재대혈, 대정맥, 모세혈관 등으로 부터 필요에 따라 초대배양을 한다. 세포은행에서 시판되기도 한다) .
- 배지 (상기의 세포에 대한 배지, 전용배지도 시판된다). 단, 젤 내의 배양에는 5배 또는 10배종도의 배지를 조제할 필요가 있다.

> ☞ 일부의 배지에서는 성분이 용해되기 어렵기 때문에 10배종도의 배지를 만드는 것이 힘들다.

- 콜라겐용액 (Harada gelatin, Cellmatrix I-A (cillagen type I, 0.3%)가 편리)
- Buffer : 0.05N 수산화나트륨용액 4.77 g을 녹여 노과 멸균.

Protocol

① 혈관내페세포를 세포부착성 없는 dish (앞의 ii의 스페로이드배지의 항목 참조)에서 약 12시간 배양하여 세포괴를 형성시킨다.

② 콜라겐혼합배지의 조제 : 콜라겐용액 8 용액과 10 배농도배지 1용액을 기포가 생기지 않도록 천천히 혼합한다 (배지가 5배 농도가 될 때는 7 : 2가 된다). 균일해지면 Buffer 1용을 첨가하여 조심히 섞는다. pH 7.4로 조절한다. 이 콜라겐용액은 상온에서 젤화된다. 용액은 얼리고 대부분의 조작은 냉각시킨다.

> ☞ 콜라겐혼합배지의 pH는 중요하여 조심히 조절할 것, 필요에 EK라 HCl, NaOH 용액으로 조절한다.

③ 콜라겐혼합배지를 배양 dish에 분주하여 하층의 젤을 만든다. 35 ㎜ dish 의 경우 약 1 ㎖. 균일하게 펴지면 상온에서 30분간 방치하여 젤화시킨다.

④ 이 세포괴를 소량의 배지에 유주하고 콜라겐 혼합배지를 넣어 균일하게 섞는다. 이 때, 기포가 생기지 않도록 주의한다. 35 ㎜ dish당 2 ㎖씩 분주하고 37℃에서 빠르게 젤화 시킨다.⑤ 상층의 젤화가 확인이 되면 ×1 농도의 배지를 2 ㎖중층하여 배양한다.

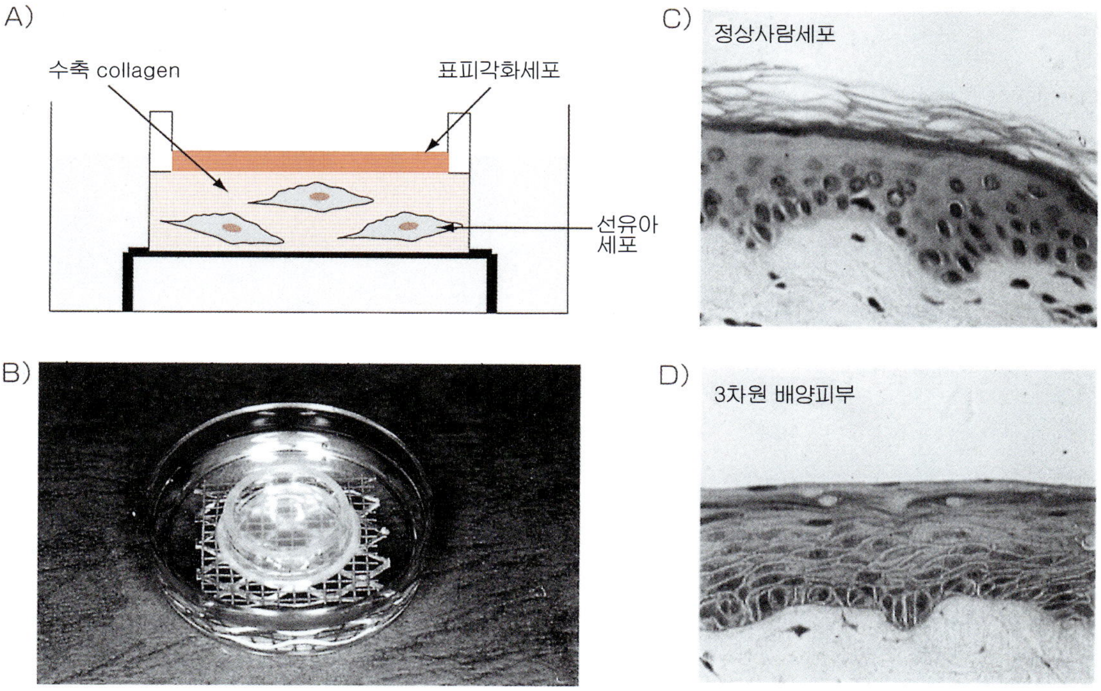

그림 2 인간 피부의 삼차원 재구성 배양 (Air-liquid interface법)
A) 삼차원배양의 모식도
B)실제로 삼차원배양을 시행함.
C) 정상 인간피부조직으 HE 염색상
D) 삼차원 재구성 배양된 인간 피부의 HE염색상

⑥ 필요에 따라 배지를 교환한다.
⑦ 콜라겐젤은 10% 포르말린에 overnight 하여 고정시키고 조직표본을 만들 수 있다. 계대배양을 할 경우 콜라게나제를 분해하여 원심분리하여 세포를 회수한다.

iv) 사람피부의 삼차원 재구성 배양

준비물

- 사람표피케라티노사이트 (직접 초대배양 또는 시판품을 구매)

> *1 이 삼차원베양의 성패는 주로 사람표피케라티노사이트의 증식성이 유지되고 있는지의 여부에 달려 있다고 해도 좋다. 분화경향이 있는 세포나 배양 수명에 가까운 세포는 사용하지 않는다.

- 사람진피섬유아세포 (위와 같음)
- 케라티노사이트용 배지 (KGM : 무혈청, 저 칼슘배지, 시판용사용 또는 직접조제).
- 섬유아세포용 배지 (Dulbecco's MEM + 10% FBS)
- 삼차원배양용배지 (위의 두 배지를 1 : 1로 혼합하고 칼슘을 1.8 mM 으로 조제한다)

> *2 삼차원배양용배지는 표면 케라티노사이트와 섬유아세포의 양쪽이 어느 정도 배양이 가능하도록 타협산물이다.

- 3% 타입 I 콜라겐용액 (고연)
- 트립신용액 (0.25%와 0.025%. 각각 EDTA 0.02를 넣고 PBS에 용해. 0.25%는 섬유아세포, 0.025용액은 표피케라티노사이트의 계대에 사용한다)
- 투석한 우태아혈청 (PBS에 대해 투석, Ca 0.1 mM 이하)
- 배양용 plastic dish
- 2 ㎝ 각 스테인레스제 그릿드
- 글래스링 (직경 약 1 ㎝)
- 핀셋, 피펫 등

Protocol

1 수축 콜라겐의 제작

① 3개분으로 섬유아세포 3 × 10^6 개를 아이스에 놓은 섬유아세포용배지 20 ㎖로 부유시킨다.

② 3% 콜라겐용 10 ㎖을 첨가하여 전체를 잘 혼합한다.

③ 10 ㎖씩 60 ㎜ dish에 분주하여 37℃, 1~2시간 인큐베이터에서 젤을 고정시킨다.

④ 헤라에 젤을 측벽, 바닥에서 벗겨내어 유주시킨 후에 다음날과 삼일 째 되는 날에 media change를 해준다.

⑤ 1주 후에 경 1~1.5 ㎝ 수축콜라겐이 가능하다.

2 삼차원재생성배양

① 삼차원배지를 준비하고 수축콜라겐을 KGM 배지에 옮겨 교환한다. 구체적으로는 삼차원배양용배지, 그 후 KGM배지에 넣어 3시간 인큐베이션한다.

② 사람 표피케라티노사이트를 0.025% tripsin으로 떼어내어 유주액을 조제한다.

③ 35 ㎜ dish에서 스테인레스그릿을 놓고 그 위에 수축콜라겐을 놓는다.

④ 글래스링에 2 × 10^5의 사람표피케라티노사이트를 KGM에 유주시켜 분주한다.

⑤ 그대로 하루, KGM에서 배양한 후 삼차원배양배지로 옮겨 또 하루 동안 배양한다.

⑥ 글래스링을 제거하고 배지를 젤 위에서 조금 낮은 레벨로 조심스레 조제하여 사람 표피 케라티노사이트표면을 공기에 건조시킨다.

☞ 사람 표피케라티노사이트를 공기에 건조시키지 않으면 중층화하여도 각화가 완전히 일어나지 않는다. 배지가 들어가지 않도록 주의한다. 역으로 배지가 부족하면 세포증식이 억제되어 EH한 중층화, 각화가 충분히 일어나지 않는다.

⑦ 하루걸러 배지를 바꿔주며 배양을 계속한다.

⑧ 1~2 주간 삼차원적인 피부구조가 생기도록 그대로 고정액을 넣고 절편을 만들어 관찰한다 (그림 2D).

참고문헌

1) Takeichi, M. : Annu. Rev. Biochem., 59 : 237-252, 1990

2) Shimizu, T. et al. : J. Biomed. Mater. Res., 60 : 110-117, 2002

3) Koide, N. et al. : Exp. Cell Res., 186 : 227-235, 1990

4) Bell, E. et al. : Proc. Natl. Acad. Sci. USA, 76 : 1274-1278, 1979

5) Tsunenaga, M. et al. : Jpn. J. Cancer Res., 85 : 238-244, 1994

제12장 생체조직에의 접근 및 분화 제어

6. 동물생체 내 세포이식

許 南浩

동물에의 세포이식은 주로 조양성 검증, 세포기능해석, 재생의학적 치료모델로서 이용되었다. 본장에서는 세포이식에 관여하는 요소를 해석한후 몇가지의 실험방법에 대해서 소개한다.

왜 세포를 동물에 이식하는가?

다세포생물에서 세포는 조직의 입체구조구축, 세포간 접착, 세포기질 상호작용, 액성인자 등에 의한 상호조절에 의해서 이루어져 있다. 따라서 특정 배양세포의 특성을 충분히 알기 위해서는 이러한 조직안에 있을 필요가 있어 배양세포를 동물에 이식하는 실험은 옛날부터 행해져 왔다. 목적으로 보면 다음과 같은 분류가 가능하다.

1. 동물체내에서의 종양성, 조직형태를 검정한다.
2. 동물체내에서 이식세포의 기능을 검정한다.
3. 재생의학적 치료모델로서 이식세포의 유효성을 검정한다.

시대적으로 보면 위와같은 흐름으로 연구가 진행되었다. 포유류세포 배양이 일반적으로 이루어지는 기술로서 최초로 폭넓게 이용되어져 왔는 것은 암에 대한 연구이다. 다양한 방법을 이용해 배양상태에서 세포를 암화시키는 시도가 행해 졌으나 최종적으로 세포의 암화가 진행되었는지를 판별하는 기준은 동물에 이식하여 종양형성 가능성으로 판단하였다. 또한 다양한 사람 암세포가 배양화되었다. 현재 많은 세포뱅크에 집결된 세포주 중에서 사람암 유래 세포가 차지하는 비율을 보면 보다더 확실하다. 사람 암 유래세포가 세포주화되면 그 종양성과 조직형태를 확인하기 위해 반드시 세포의 동물이식이 행해졌다.

배양기술은 진보하면서 많은 정상세포의 배양이 가능하게되었고 그 상세한 기능을 조사할수있게되었다. 세포기능은 다양하지만 고도의 기능, 즉 다세포생물의 신체 구성이라는 관점에서의 기능은 부분적으로 삼차원배양을 이용해 배양내에서 관찰가능하나 근본적으로 동물에 이식해야만 한다. 세포의 잠재적인 기능을 충분히 발휘할수있게 하기 위해서는 조직 구축을 포함한 생체환경이 필요하다. 기능을 검증하는 것은 세포를 검정하는것과 동일한 것이다. 세포생물학의 발전과 함께 부분적으로 손상된 장기기능을 세포를 기반으로한 보안과 대체로 치료하려는 움직임이 활발하다. 즉 재생의학과 의료이다. 인간에의 응용 전 단계로서 치료를 위한 유효성 평가를 동물에서의 확인 연구가 현재 매우 활발하게 이루어지고 있다.

세포이식을 대상으로하는 실험동물은 다양하지만 본장에서 마우스, Rat를 주로 대상으로 하였다. 또한 실험동물에 세포이식을 시행할 때에는 고통을 주지않도록 마취상태에서 시행해야 한다. 그 외에도 실험동물 취급의 규칙을 준수해야 한다.

Namho Huh : Department of Cell Biology, Okayama University Graduate School of Medicine and Dentistry（岡山大学大学院医歯学総合研究科細胞生物学分野）

동물에의 세포이식 요건

1 자가이식 (autotransplantation), 동계이식 (isotransplantation), 동종이식 (allotransplantation), 이종이식 (xenotransplantation)

이식하는 세포와 숙주 동물(recipient,host)의 관계에 따라 자가, 동계, 동종, 이종이식으로 구분된다. 자가이식은 세포가 유래된 동일한 개체에의 이식, 동종이식은 세포가 유래된 동물과 동일한 계의 동물에의 이식, 동계이식은 세포가 유래된 동물과 동일한 동물종에의 이식, 이종이식은 유래 세포와 다른 동물종에의 이식을 말한다.

2 정소성(orthotopic), 이소성(heterotopic)

이식하는 세포가 생체 조직내에서 본래의 장소에 이식하는 것을 정소성 이식이라하며 그렇지 못하는 경우에는 이소성이식이라 한다. 예를 들어 간장세포를 간장내에 이식하면 정소성이지만 비장내에 이식하거나 피하에 이식하면 이소성이 된다.

일반적으로 말하면 동물이식은 세포가 유래한 원래의 조직 생체내 이식이 바람직하다. 그러나 정소성 이식은 경우에 따라서 기술적으로 곤란한 경우가 있고 이식 세포에 마커로 표시하여야 이식 후의 세포동정이 가능하다. 이소성 이식부위로서는 조작이 용이하며 이식후 즉각적인 혈관형성과 면역학적 거부반응이 낮게 일어나는 부위를 선택해야한다. 가장 좋은 장소로 피하이식이다. 조작이 용이하고 표면에서 종양 관찰이 가능하기 때문이다. 신장피하이식도 이용되고있다.

3 지지체

세포이식에 있어 세포만을 이식하는 경우도 있지만 지지체와 함께 세포를 이식하는 경우도 있다. 지지체로서 matrigel과 같은 세포외 기질과 시드형태 또는 다공질의 고형 지지체가 이용되어지고 있다. 더욱이 세포를 배양상태에서 어떠한 조직에 끼워넣어서 이식하는 경우도 있다.

4 면역학적 거부반응

자가이식과 순계동물간의 이식시는 면역학적 거부반응은 문제가 되지않지만 동종이식에서 주요조직적합항원(HLA) 차이에 의한 면역반응이 일어나 거절된다. 이종이식의 경우 거절반응은 더욱 심하다. 면역학적 거절반응 기전은 이식하는 장소에 따라서 영향을 받는다. 뇌, 전안구, 신장피막내가 비교적 면역반응이 낮다. 면역학적 거절반응을 피하기위해서 면역부전 동물이 이용된다. 누드마우스는 옛날부터 많이 시용된 마우스나 B세포가 있기 때문에 최근에는 말초혈액에서 기능성 T,B 세포를 거의 존재하지 않는 SCID (severe combined immunodeficiency) 마우스가 주로 이용되고 있다. 더욱이 최근 NK세포도 없는 NOD/SCID/gamma (c) (null)마우스도 개발되었다.

5 세포 표식

동물체내 이식 세포 규명을 위해서는 세포 표식이 필요하다. 이소성 이식의 경우 본래장소가 아닌 세포가 존재하기 때문에 비교적 문제가 적지만 정소성 이식의 경우나 이소성이식에서 정확히 이식세포를 동정하는 경우, 또는 이식부위에서 떨어진 장소에서 이식한 세포의 동정에는 이식세포의 표식이 필요하다.

세포자체가 마커로서 이용될 수 있는 예로서는 동물종이 다른 경우 종특이적인 항원이니 암컷세포를 숫컷동물에 이식하는 경우 Y 염색체 등이 있다. Green fluorescence protein (GFP)나 lacZ 유전자 transgenic(Rat) 유래 세포라면 구분은 용이하다. 배양세포의 증식이 좋은 크론화 된 상태라면 GFP나 lacQ 유전자를 도입한 stable transformant (안정형질발현주)를 이용한다. 크론화가 부적합한 경우는 adenovirus vector 나 retrovirus vector로 유전자 도입을 실시한다 (6장 참조). 전자는 효율이 높은 세포가 증식하면 희석되어 발현이 저하된다. 보다 간편한 방법으로는 이식 전에 세포를 형광색소로 라벨링하는 것이다. 세포막에 친화성을 가지는 형광색소를 이용하는 것으로 각종 색소가 시판되고 있으나 이 경우도 당연히 색소가 희석되기 때문에 장기간의 경과 관찰은 어렵다.

형광물질로 마킹된 세포를 조직 내에서 추적하는 경우에는 비특이적인 back ground에 주의할 필요가 있다. 세포이식에 의한 조직반응에 따라 비특이적 형광을 발하는 세포가 나타나는 것으로 신중한 검토를 하지않으면 안 된다. 비 특이적 형광은 파장을 바꿔도 형광을 발하는 경우가 많기 때문에 하나의 지표가 된다.

6 실험 소동물의 마취

실험동물의 마취방법은 흡입 또는 주사 (정맥주사, 근육주사, 복강 내 주사)가 있으나 Rat이나 mouse를

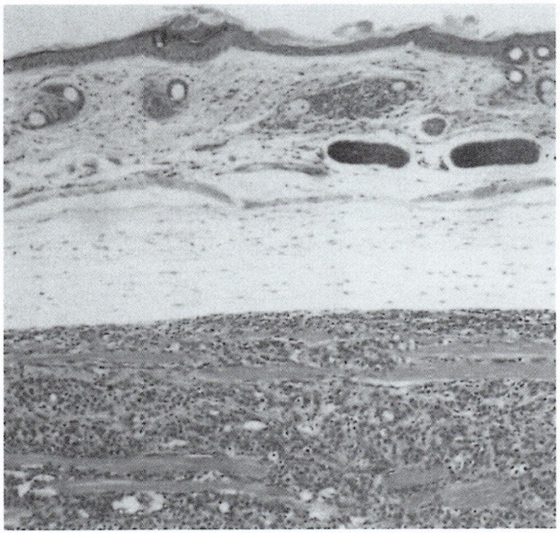

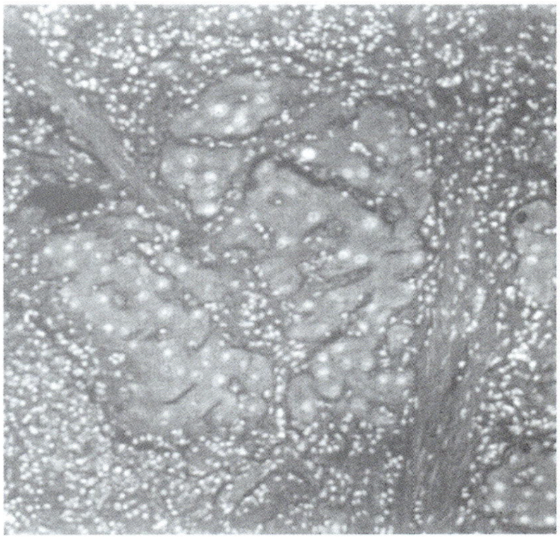

그림 1 이식 세포의 조직상
(좌) 이식 세포가 근육층에 이식되어 크다란 종양을 형성함 (우). 랙트 간장내에 이식한 간장세포. 중앙부위에 크다란 세포가 간장세포이다.

이용하여 세포이식이라는 비교적 단시간에 끝나는 시술의 경우는 Ether의 흡입마취가 편리하다.

i) 세포이식의 피하이식

준비물

- Mice 또는 Rat
- 세포부유액 (목적에 따라 세포수를 조절, 특별한 이유가 없는 한 10^7개 정도)
- 마취약 (Ether의 흡입마취가 간편함)
- 1 ㎖주사기 (22~24 Gage, 너무 크면 샐 위험이 있고 너무 작을 경우 세포괴가 막히거나 손상당할 수 있다)

Protocol

① 동물을 마취시킨다.
② 세포를 주사기로 흡입한다.
③ 주사기를 비스듬하게 피부에 주입한다. 세포 부유액을 주입한 후 피하관통부를 압박하면서 천천히 주사기를 뺀다. 또한 1분 정도 압박을 계속하여 액이 흐르는 것을 방지한다.

＊액이 흐르는 것을 방지하는 확실히 하기 위해서 일단 주사기로 피부를 관통하여 피하에서 다시 한번 피부하층을 관통하여 그 앞의 피하에 도달하게 한다. 그 때 주사기가 피부표면에서 빠지면 안 된다.

memo

1) 종양을 이식하여 종양의 크기를 모니터링할 경우 장경, 단경을 측정하여 이하와 같은 근이식을 이용하면 된다.

(종양체적) = 1/2×(장경)×(단경)^2

2) 복수의 이식 붕뤼에 일정한 수의 세포를 이식할 경우 주사기에 세포부유액을 일단 흡입시켜 일정양씩 주사하는 것은 피한다. 세포가 침전하여 이식세포수가 분균형해 지기 때문이다. 균일한 부유액에서 일정한 수의 세포를 흡입하면 한 곳에 그 전체량을 이식하는 것이 좋다.

ii) 간장세포 또는 간 유사종 세포의 비장내 이식 (그림 1 오른쪽)

준비물

- Rat
- 세포 : 1×10^7 개 (목적에 따라 조정)
- 마취약 (Ether 의 흡입마취가 좋다)
- 주사기 (23G, 큰 세포괴의 경우 21~22G를 이용한다)
- 수술기구 : 가위, 핀셋, 봉합실 (3-0), 타이머

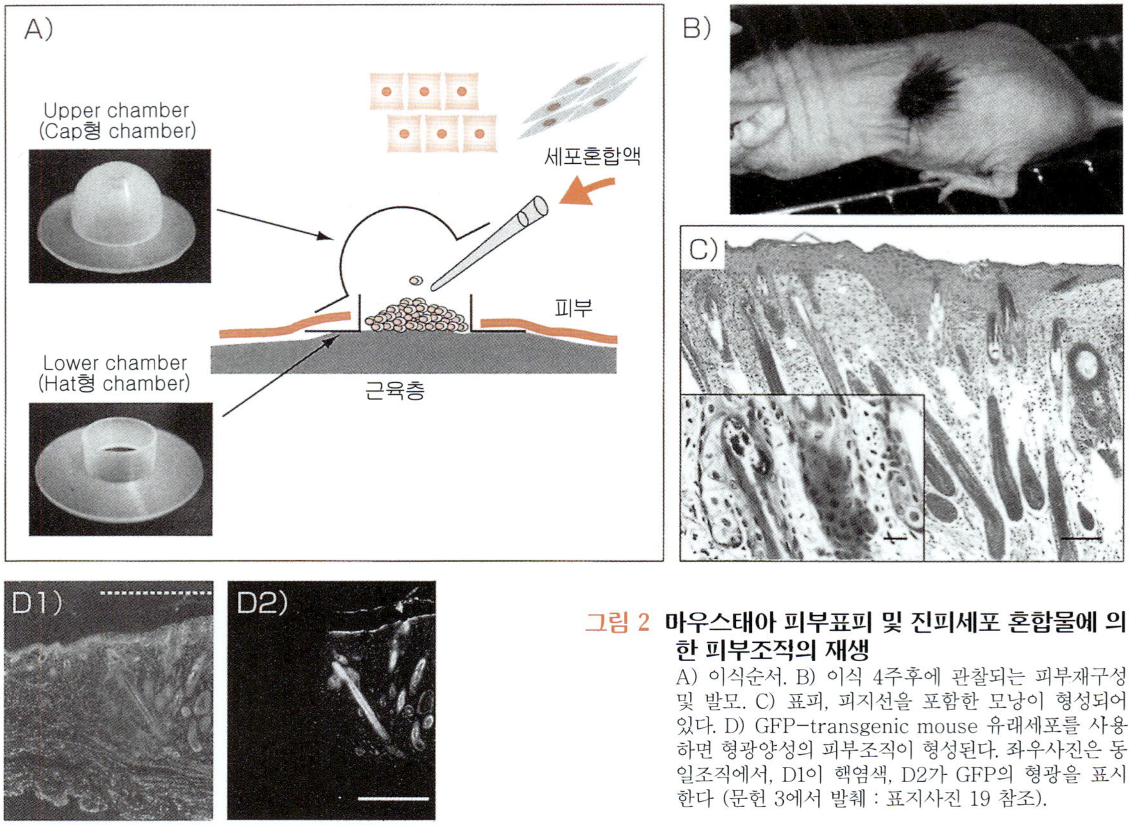

그림 2 마우스태아 피부표피 및 진피세포 혼합물에 의한 피부조직의 재생
A) 이식순서. B) 이식 4주후에 관찰되는 피부재구성 및 발모. C) 표피, 피지선을 포함한 모낭이 형성되어 있다. D) GFP-transgenic mouse 유래세포를 사용하면 형광양성의 피부조직이 형성된다. 좌우사진은 동일조직에서, D1이 핵염색, D2가 GFP의 형광을 표시한다 (문헌 3에서 발췌 : 표지사진 19 참조).

Protocol

① Rat을 마취시킨다.

② 좌 근하부를 약 2 ㎜ 절개하여 비장을 뽑는다.

> ☞ 동시에 부위를 절개할 경우 정중양을 절개하여 충분한 시야를 잡는다.

③ 말초혈관첨자를 이용하여 비문부의 혈관을 잡는다.

④ 비장조직 하단에 2개의 봉합실을 관통하고 루프상태로 둔다.

⑤ 세포를 주사기로 흡입한다.

⑥ 하단부에 한개의 봉합실로 봉합하며 주사기를 하단에서 상단으로 꼽는다. 이 때 피막이 손상되면 세포를 잃기 때문에 주의가 필요하다.

⑦ 주사기로 천천히 세포를 주사한다.

⑧ 주사기를 빼기 전에 상단부의 루프를 결찰한다. 단, 결찰부에 의해 파괴될 위험이 있기 때문에 가능한 상단에 닿지 않도록 한다.

⑨ 비강 출입구의 혈관을 5분 정도 막은 후 놓는다.

⑩ 비장을 복강 내로 다시 옮겨 복벽을 봉합한다.

iii) 피부구조세포의 피부결손부로 이식

약간 특수한 경우이나 세포부유액을 정소성 (正所性)에 이식하여 조직을 재편성하는 좋은 예로서 피부구조세포의 피부결손부로 이식하는 법을 소개한다.

준비물

- SCID mouse
- silicon chamber (그림 2A 참조, Hat & Cap 형) (Renner사, 독일)
- mouse 태아 (태생 15~17일) 유래 표피세포 또는 진피세포

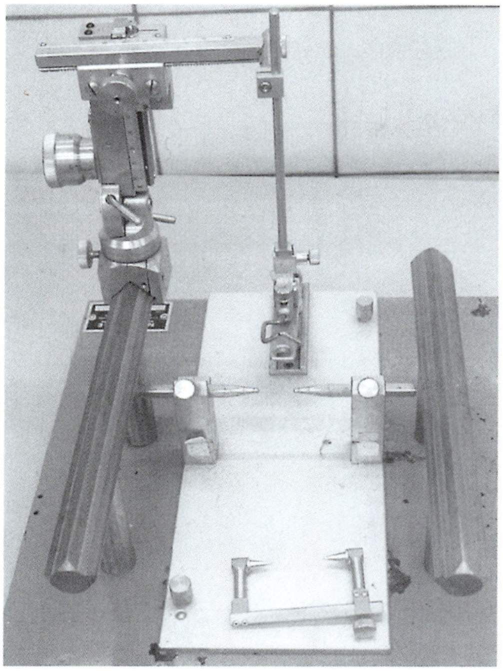 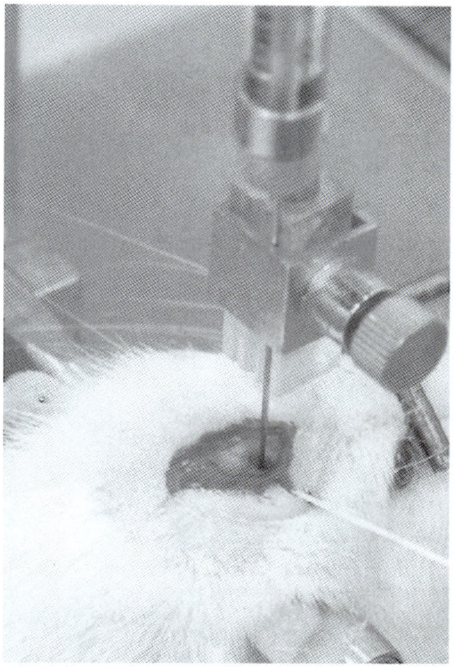

그림 3 Rat 뇌의 내부에의 세포이식
(좌) 정위뇌수술장치, (우) 세포이식중

• 마취약

보존액 :

넨부탈 (50 mg/mℓ)	1.3 mℓ
Ether	0.8 mℓ
증류수	7.9 mℓ

4℃보존

• 수술기구 (가위, 핀셋, 봉합기구)

Protocol

① SCID mouse를 마취한다. 보존액 0.01 mℓ/g 체중 (0.25~0.3 mℓ/mouse)

이 조건에서는 마취는 30분~1시간 지속시킨다.

② 구간부피부전층을 직경 약 1 cm의 원형으로 절개한다.

③ Hat형 silicon chamber의 끝을 피하에 삽입하여 두 곳을 근육에 봉합하여 고정시킨다.

④ 세포를 소량의 배지에 부유하여 (예를 들면 10^7 cells/100 μl), Hat형 chamber 중앙부에 분주한다.

⑤ Cap형 chamber를 씌우고 테이프로 고정시킨다.

⑥ 마취가 깰 때까지 잠시 그대로 자세를 고정시킨다.

⑦ 1주 후 chamber를 모두 꺼낸다 (그림 2B).

⑧ 3~4 주 후 조직을 고정하여 염색한다.

memo

이 방법은 Fusenig 박사 (German Cancer Center) 의 Original 이다.

이 방법의 승패는 접종한 세포가 chamber에서 새어 나오지 않도록 하는 것이다. 이 때문에 절개부위를 Hat 형 silicon chamber 를 삽입할 수 있는 최소한의 크기로 하고 근육층에 밀착하도록 설치하는 것, 세포부유약을 가능한 농축한 것으로 하고 분주후 잠시 동안 그대로 체위를 보존하는 것 등이 중요하다.

iv) 뇌경색치료모델로서의 Rat 뇌 내의 세포이식

준비물

- 성체 Rat (중뇌동맥 색에 의한 뇌경색모델)
- 정위뇌 (定位腦) 수술 장치
- 전기드릴
- 마취약 (넨부탈 5 mg/mℓ, 생리식염수로 희석)
- 23G~26G Hamilton 주사기
- 마취용주사기 (27G니들, 2.5 mℓ 주사기)
- 수술기구 (가위, 핀셋, 3-0봉합실, 선봉 등)

Protocol

① Rat을 마취한다 (넨부탈 30~50 mg/kg 체중, 복강 내 주사).
② Rat 을 정위뇌수술장치로 고정한다 (그림 3 좌).
③ 두부를 제모하고 소독한다.
④ 두부를 절개하고 선봉으로 지혈하고 bregma (관장봉합과 실장봉합의 교점), lambda (실장봉합과 람다봉합의 교점)을 확인한다. 양자가 수평으로 되도록 tooth bar를 조정한다.
⑤ 주사기를 준비하고 위치를 결정하여 전기드릴로 두개골에 구멍을 낸다.
⑥ 세포부유액 10~20 μl을 Hamilton 주사기에 넣는다.
⑦ 주사기를 준비하고 bregma로 외측방향으로 2~3 ㎜, 깊이 4.5 ㎜에 니들을 삽입하고 2 ㎜ 정도 뽑으면서 매우 천천히 (예를 들면 1 μl/분 정도) 세포를 주입한다 (그림 3 좌). 주입 후 약 5분간 방치 하고 천천히 주사기를 뽑는다.
⑧ 두피를 봉합한다.

memo

다른 질환모델도 위와 같은 방법으로 시행한다. 파킨슨씨병 모델에 세포를 선조체에 이식한 경우 세포부유액을 5 μl을 매우 조심스럽게 주입한다.

참고문헌

1) Fusenig, et al. : J. Invest. Dermatol., 81 : 168s-175s, 1983
2) Ito, et al. : Blood, 100 : 3175-3182, 2002
3) Kataoka, K. et al. : Am. J. Pathol., 163 : 1227-1231, 2003

제12장 생체조직에의 접근 및 분화 제어

7. ES세포에서 중배엽계 세포로의 분화방법

江良擇實 西川伸一

마우스 배아줄기세포 (Embryonic stem cell : ES cell)는 시험관에서 무제한 자기복제를 유지할 수 있는 세포이며, 모체로 복원시킴에 따라 *in vivo*에서 대부분의 조직세포로 분화하는 다능성의 줄기세포이다. 또한 최근 시험관내에서 조작함으로서 다양한 성숙줄기세포로 분화하는 것이 밝혀졌다. 따라서 ES 세포를 재생의료의 세포의 재료로서 이용하는 연구가 급속히 전개되고 있다. 최근 사람의 체세포의 핵을 난자에 이식하여 ES세포를 수립하는 연구가 성공하여 이 세포의 조작기술은 매우 빠르게 진행되고 있다.

그러나 사람의 ES세포의 조작과 그 사용에 관해서는 우리는 기술적인 문제와 더불어 윤리적인 문제를 잊을 수 없다. 본 항에서는 마우스 ES세포를 이용하여 분화를 유도하는 방법에 대하여 기술하겠다.

서론

포유류에는 역사적으로 중배엽계세포는 그 위치와 분화형식으로 부터 연축중배엽 (Paraxial mesoderm), 측판중배엽 (Lateral mesoderm), 중간중배엽 (intermediate mesoderm)의 3가지로 크게 분리될 수 있다.

원양배 초기에는 proximal측 (배외와 배내의 경계영역)의 포배를 형성하는 상피세포 영역에서 분리된 전구세포가 원조를 통하여 배의 내부에 들어가 예정외배엽과 예정내배엽의 중간을 이동하여 예정중배엽을 형성한다. 이 시기에 가장 복측의 중배엽세포군을 측판중배엽 (lacteral mesoderm)이라 부르나 이것은 주로 혈관 혈액세포로 분화한다. 근육, 뼈 연골로 분화하는 중배엽계세포는 원조의 근방의 양측에 존재하여 연축중배엽 (Paraxial mesoderm)이라 부르고 있다. 이것 2개의 중배엽의 위치적중간에 중간중배엽 (intermediate mesoderm)이라 불리는 신장세포 혹은 생식세포로 분화하는 중배엽계세포가 존재한다. 또한 가장 이른 시기에 출현하는 중배엽의 전구세포는 원조의 전방부에 특별한 세포집단을 형성한다. 이 세포집단은 체간축를 유도하는 능력을 가지기 때문에 체간부 organizer라고도 부른다. 마우스는 이 organizer 영역이 중배엽으로 분화하는 것 또는 내배엽세포도 이 세포로부터 분화하는 것을 시사하고 있다. 따라서 이 세포집단은 그 분화의 style에 따라 중, 내배엽세포 (mesododerm cell)이라고 할 수 있다. in vivo에서는 이 세포를 동정하여 그 분화 경로를 해석하는 것은 너무 복잡하고 힘들다. 또한 이와같은 세포군을 분자생물학적인 해석을 하기 위해서 충분한 세포수를 확보할 필요성이 있다. 아쉽게도 마우스배를 이용하는 실험에는 필요한 세포수를 확보하기 어렵다. 따라서 우리는 이 중배엽계세포를 ES 세포에서 분화유도한 후에 가시화하고 분화경로, 분화능, 유전자발현을 해석하고 있

Takumi Era, Shinichi Nishikawa : RIKEN, Center for Developmental Biology, Stem cell biology group（独立行政法人理化学研究所 発生・再生科学総合研究センター 幹細胞研究グループ）

다. 시험관내 ES세포분화 시스템은 포유류에서의 발생 메카니즘을 연구하기에 뛰어난 모델시스템 중 하나이다. 개체레벨의 연구의 대부분이 세포를 한개의 집단으로서 위치에 근거하여 해석하는 것에 비해 이 시스템은 한개 한개의 세포를 각각의 세포레벨에서 해석할 수 있다. 또 임의의 시간에 분화중간단계의 세포를 동정하여 분화능력을 Real time mornitoring 하거나 생화학적인 해석 또는 유전자 library의 제작에 가능한 충분한 cell sorting을 이용하여 순화할 수 있다. ES세포의 단계에서 간단히 유전자를 외부에서 조작하는 것에 의해 유전자를 강제적으로 발현시키거나 또는 역으로 결손시키는 일은 간단히 할 수 있다.

그러나 현재까지 ES세포를 특정의 중배엽세포로 강제적으로 분화시켜 중배엽세포 100%로 분화하는 방법은 개발되지 않아 여러 계열의 세포가 혼재된 형태의 분화가 생기기 때문에 목적세포를 얻는 혹은 식별하기 위해서 특이적인 마커가 필요하게 된다.

먼저 우리는 ES세포에서 목적세포를 얻기 위해서 어떠한 전략을 행하고 있는지 그 이점과 단점을 기술하면서 성체의 조직세포와 유사한 세포를 ES세포로부터 분화시키는 방법에 대해 기술하고 싶다.

원리·전략

ES세포의 시험관내 분화법은 목적세포를 얻기 위해 또는 그 세포로 분화경로나 분화의 분자생물학적인 과정을 연구하는 데 있어서 매우 뛰어난 시스템이다. 그러나 분화유도와 더불어 실재 여러 가지 세포로 분화되어 배양중에 출현하기 때문에 세포의 종류가 매우 복잡해져 해석이 힘들어지는 결점을 안고 있다. 이것이 지금까지의 이 시스템이 보급되지 않은 하나의 큰 원인이였다. 이와 같은 문제점이 있음에도 이 시스템은 발생분화를 해석하는데 매력적인 시스템이며 다른 *in vitro*의 시스템과 비교하여도 뛰어난 시스템 중 하나이다. 그러나 이 다양한 세포집단이 혼합된 배양에서 어떻게 목적세포를 순화 정제하면 좋을까? 우리는 크게 세포의 식별과 가시화 등 두가지 방법으로 이용하고 있다.

1 세포표면마커를 이용하여 세포를 식별하는 방법

세포표면에 존재하는 막 단백질등에 대한 항체를 이용하여 세포를 염색하는 방법이다. 이용하는 항체에 형광색소 등을 미리 결합시켜 두면 Flow cytometry로 해석할 수 있다. 이 방법으로는 비특이적인 back ground 억제하기 위해서도 monoclonal 항체를 이용하는 것이 바람직하다.

2 유전자공학의 방법을 이용하여 목적세포를 표식하는 방법

A)유전자 KNOCKIN방법

ES세포는 다른 세포와 비교하여 유전자 재조합의 효율이 높다. 이것은 유전자의 knockout법에 ES세포를 이용하는 것이 한가지의 근거이다. 같은 방법(knockout법)을 이용하여 reportor gene을 직접목적의 마커유전자좌로 도입시킨다. 도입된 유전자의 발현은 유도된 유전자좌의 유전자의 발현형식을 가진다. 이 reporter gene으로는 Green Fluorescence Protein (GFP) 유전자 등의 형광단백질이나 세포표면에 발현하는 마커단백질을 이용하면 Flow cytometry로 세포의 식별이 가능하게 된다.

B) Transgenic법

조직 혹은 세포 특이적으로 발현하는 promotor의 하류에 reporter gene을 연결시켜 조직 또는 세포 특이적으로 발현시킨다. 이 reporter gene으로서 GFP gene 등의 형광단백질이나 세포표면에서 발현하는 마커단백질을 이용하면 Flow cytometer로 세포의 식별이 가능해 진다. 문제는 ES세포를 수립할 때 정상에 가깝게 발현하는 clone을 선별하는 것이 필요하다.

준비물

<ES세포의 유지>

이용하는 ES세포에 따라 다소 배지가 다르다. 우리들은 중배엽세포의 분화에 주로 CCE세포주를 이용하고 있다. 따라서 CCE세포주를 이용한 방법을 기술한다.

KNOCKOUT−Dulbecco's minimum essential medium (D−MEM) Invitrogen사 10829−018
GELATIN Sigma사 G2500
2−Mercaptoethanol (2−ME) Sigma사 M7522
Dulbecco's Phosphate Buffered Saline $MgCl_2$ (−), $CaCl_2$ (−) Invitrogen사 14190−250
L−Glutamine 22mM Invitrogen사 25030−081
Non Essential Amino Acid (NEAA) Invitrogen사 11140−050
Penicillin−streptomycin (P/S) Invitrogen사 15140−122
Fetal Bovine serum (FBS) : ES 세포용 lot check 한 것[*1]

LIF Chemicon사 ESG1107

0.25% (W/V) tripsin-EDTA Invitrogen사 25200-072

6cm dish FALCON사 35 3802

- **ES세포 유지용 배지**

85% KNOCKOUT D-MEM

15% FBS

10^{-4} M 2-ME[*2]

2 mM L-Glutamine

0.1 mM NEAA

1,000 U/㎖ LIF

1% Pnicillin-streptomycin

- **0.1% Gelatin solution**

500 ㎖의 배양용 glade의 증류수에 0.5 g의 Gelatin을 첨가하여 Autoclave한다.

<분화유도배지>

예에서 서술한 바와 같이 중배엽세포로의 분화유도에 필요한 시약, 배지에 대해 기술한다.

Mimum essential medium α medium Invitrogen사 12571-063

2-Mercaptoethanol (2-ME) Sigma사 M7522

Dulbecco's Phosphate Buffered Saline $MgCl_2$ (-), $CaCl_2$ (-) Invitrogen사 14190-250

L-Glutamine 22mM Invitrogen사 25030-081

Penicillin-streptomycin (P/S) Invitrogen사 15140-122

Fetal Bovine serum (FBS) : 분화유도에 적합한 것을 선택[*3]

BIOCOAT Collagen Ⅳ-coated 10 cm dish Becton-Dickinson사 35 4453

Cell dissociation buffer Invitrogen사 13150-016

- **ES 세포 분화용 배지**

90% α-MEM

10% FBS

5×10^{-5} M 2-ME

2 mM L-Glutamine[*4]

- **세포염색용 시약**

마우스혈청 : 마우스에서 혈액을 채취하여 12,000×g 10분 4℃원심으로 혈청을 분리.

- **10×Hank's Balanced Salt Solution**

(10×HANK'S Buffer) Invirogen사 14185-052

Bovine Serum Albumin (BSA) Sigma사 A-2153

Deionized water 900 ㎖에 대해 100 ㎖의 10× HANK'S Buffer와 10 g의 BSA (최종농도 1%)를 첨가하여 잘 교반한다. BSA가 녹으면 0.2 ㎛의 필터로 무균화한다.

- **항체**

항 마우스 E-cadherin 항체 (ECCD2)는 하이브리도마에서 정제되었으나 현재는 Transduction Laboratories 사에서 구매가 가능한다. 또한 PDGFR α, FLK에 대한 항체도 BD Pharmingen사에서 구매가 가능하다.

항 PDGFR α 항체 BD Pharmingen사 558774

항 FLK1 항채 BD Pharmingen사 555308

> *1 ES 세포용 lot check를 하고 있는 혈청 : 최근에 여러 회사에서 lot check된 혈청을 판매하고 있다. knockout mouse용 이라면 어느 것이라도 상관없다.
>
> *2 2-ME는 새로운 것일수록 좋다. 우리 연구팀은 먼저 ×1,000 배의 stock을 만들어 사용하고 있다. 그 때 일주일 내에 사용하는 것이 가장 좋다. 이것은 분화유도용도 마찬가지이다.
>
> *3 분화용에 lot check를 하고 있는 혈청 : 우리는 FLK1의 양성률을 기준으로 lot check를 하고 있다. 유도 4일째에 액 30%의 양성률을 얻을 수 있는 것을 선택한다.
>
> *4 분화용 배지는 제작 후 에도 잠시 사용할 수 있다. 1주일 이내에 사용하는 것이 가장 좋다. 2주 후의 배지는 사용하지 않는 것이 바람직하다.

Protocol

1 ES세포의 해동 방법

① 6cm dish에 0.1 % Gelatin solution을 3 ㎖첨가하여 실온에서 10분간 Gelatin 코팅을 한다. 종료 후 세포를 분주하기 직전에 Gelatin 액을 모두 흡입한다.

② 37℃에 ES 세포유지용 배지를 warming 한다.

③ 동결되어 있던 ES세포 튜브를 37℃에서 용해한다.

④ ice가 작아지도록 해동하면 원심관에 ①의 배지를 10 ㎖ 넣고, 세포용액을 첨가한다.

⑤ 100×g 5분 실온에서 세포를 원심하고 상층액을 걷어내고 ES세포유지용 배지 3 ㎖을 첨가하여 Gelatin 코팅한 dish에 분주한다.

⑥ 다음날, 전량 배지를 교환한다. 1~2 일이 지나면 가득차게 된다.

2 ES세포의 유지

① 6cm dish에 0.1% Gelatin을 3 ㎖ 첨가하여 실온에서 10분간 두면 Gelatin 코팅한다. 종료 후 세포를 분주하기 직전에 Gelatin액을 흡입한다.

② 가득찬 ES세포배양 dish를 37℃에 warming한 PBS 3 ㎖에서 2회 washing한다. PBS를 흡입한

후 Trypsin 용액을 0.1 ㎖ 첨가하여 5분간 37℃ incubation 한다.

③ 37℃에 warming한 ES세포유지배지를 2 ㎖ 첨가하여 잘 pipetting하여 세포를 single cells로 만든다.

④ 350×g 5 분 실온에서 원심분리하여 5 ㎖의 ES 세포 유지용배지에서 녹여 cell counting 한다.

⑤ 6㎝ dish에 2×10^5개의 ES세포를 분주한다. 다음날 한 번 배지를 교환한다. Passage의 회수를 기록하여 20회 이상이 되면 새로윈 ES 세포를 해동한다.

3 ES세포의 보존

① 유지와 같은 방법으로 세포를 떼어 냉동시킨 세포부유액 (10% DMSO 90% 혈청)에 0.5 ㎖당 $4\sim5\times10^6$이 되도록 용해한다.

② 동결용 튜브 한 개당 0.5 ㎖을 넣어 동결시켜 보존한다. 이 때 스티로폴 상자에 넣어 -70℃의 냉동고에 넣어 다음날 액체질소탱크로 옮긴다.

4 ES세포의 분화 (memo 참조)

① 유지와 같은 방법으로 세포를 분리한다. 단 중화, 재용해, 분화유도에는 분화용배지를 이용한다. BIO-COAT Collagen Ⅳ-coated 10cm dish에 1×10^5의 CCE ES 세포를 15 ㎖의 배지에 분주한다.

② 2일째에 반만 한 번 배지를 교환한다. 4일째에 Cell dissocoation buffer (Invitrogen사)로 세포를 떼어 실험에 이용한다.

5 항체에 의한 염색과 세포의 순화

① Platelet derived growth factor receptor-alpha (PDGFR α)의 항체를 Biotin, Fatal liver kinase 1 (FLK1)의 항체를 Phecoerythin, E-cadherin의 항체를 Alexa 488 (Molecular probe사)에서 표지된 항체를 이하의 염색에 이용한다.

② 다음과 같은 각각의 항체를 첨가하여 on ice에서 20분간 incubation한다.

20분 후 한 번 1% BSA HANK's Buffer 0.5 ㎖에서 washing한다. Steptoavisin-Allopycocyanine (APC)를 포함하는 100 ㎕에 1% BSA HANK'S Buffer에 재용해하여 on ice에 20분간 incubation한다. 마지막으로 2회 1% BSA HANK'S Buffer에 washing하고 1% BSA HANK'S Buffer에 용해한 후 cell sorting에 이용한다.

*Facs vantage의 경우 1×10^6 ㎖
Facs Aria의 경우 1×10^7 ㎖

③ cell sorting의 사용방법은 부록의 가이드북을 참조한다.

memo

중배엽계세포로 분화시 주의점

1) Cell concentration (세포농도)

세포수는 중요하다. 10 cm dish에는 1×10^5 정도가 가장 많은 중배엽계세포로 분화를 유도할 수 있다.

2) 2-ME는 1×10^{-4} M에서 2,000 배의 농도로 제작 (14.1 ㎖의 PBS9(-)에 0.1 ㎖의 2-ME원액), 10일이내의 것을 사용한다. 오래될 경우 효율이 저하된다.

3)혈청

혈청 lot이 중요하다. 그러나 증식인자의 효과를 모고싶을 경우 무혈청에서 하는 것이 중요하다. 무혈청배지에 대해서는 문헌 2 참조

실험예

중배엽계줄기세포의 분리

발생 7.0~7.5일의 마우스 태반에는 Platelet derived growth factor receptor alpha (PDGFR α)이 주로 연축중배엽 (Paraxial mesoderm), 또는 Fetal liver kinases 1 (FLK1)이 측판중배엽 (Lateral mesoderm)과 중간중배엽 (intermediate mesoderm)에 특이적으로 발현되고 있는 것이 판명되었다. 이와같은 마커를 다른 분야에 적용하여 중배엽세포의 분리를 분화된 ES세포에서도 가능한지를 검토하였다. 이 마커는 Collagen 4에서 분화를 유도한 경우 유도후 3일째부터 출현하여 4일째에 최대가 된다. 따라서 4일째 분화된 ES세포에서의 FLK1, PDGFRα의 발현을 각각의 분자를 인식하는 monoclonal 항체를 이용하여 Flow cytometry로 해석하였다. 약 30%의 세포가 PDGFRα 양성이며 PDGFRα 양성세포의 일부는 FLK1을 발현하고 있으나 PDGFRα 음성의 FLK1 양성세포도 존재하고 있었다 (그림 1).

다음에 이 세포분획을 cell sortor로 분리하고 RNA를 추출하여 포기분화와 관련한 여러 분자의 발현을 RT-PCR법으로 해석하였다. 그 결과 실험에 이용된 분자발현은 각각의 분획에 대해 여러 발현양식을 나타내

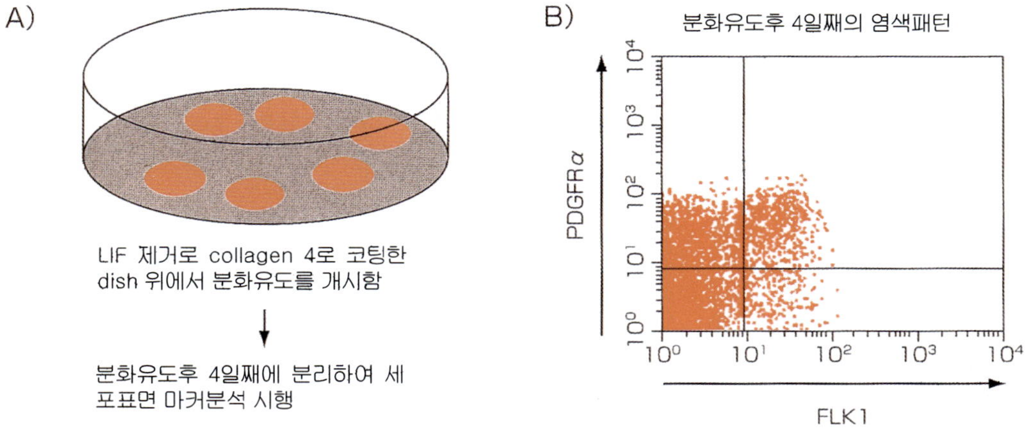

그림 1 시험관내에서 분화된 ES세포에서의 PDGFRα, FLK-1의 발현
A) ES세포의 시험관분화유도 방법 : Collagen IV로 코팅한 배양 plate에 LIF없이 분화용 배지와 함께 ES세포를 첨가해 37℃, 5% CO_2 배양기에서 배양한다. 분화유도 4일째에 PDGFRα, FLK-1의 발현을 관찰한다.
B) 분화유도 4일째의 ES세포에서의 PDGFRα, FLK-1,E-cadherin의 발현 : 약 30%의 세포가 PDGFRα 양성이며, 그중 약 반이 FLK-1을 발현하고있다.

고 있는 것이 판명되었다. 특히 연축중배엽에서 발현하고 있는 bHLH family의 전자인자인 Mesogenin 은 PDGFRα 양성, E-caddor양성, FLK1음성분획만으로 특이적으로 발현하고 측판중배엽과 배외중배엽이 특이적으로 발현하는 forkhead family의 전사인자인 HFH-8, Zinc finger family의 전사인자인 GATA2는 양자 모두 FLK1 양성분획의 특이적인 발현을 하였다. 따라서 PDGFRα 양성, FLK1음성의 분획이 연축중배엽 (Paraxial mesoderm)의 세포를 PDGFRα 음성, FLK1 양성분획이 측판중배엽 (Lateral mesoderm)의 세포를 포함하고 있는 것을 시사하였다.

끝으로

지금까지 여러 가지 말초세포가 ES세포에서 분화유도된 보고가 있었다. 그러나 이러한 연구의 대부분인 아쉽게도 ① 재생성이 낮고 유도조건이 정해지지 않았다. ② 유도효과가 낮고 세포의 기능도 낮아 임상응용에 부적절하다는 문제점을 안고 있다. 이러한 문제점이 생겨난 한 가지의 큰 이유는 ES세포에서의 분화경로가 확실하지 않고 얻고 싶은 세포만을 지표로 분리, 정제하여 왔기 때문이라고 생각된다. 따라서 *in vivo*의 발생의 순서에 따라 분화되었다고 생각된다. 분화경로의 중간에 존재하는 세포를 단계적으로 시각화하고 목적세포의 분화경로를 밝히려고 한다. 또한 최종세포를 분화하는 것이 좋은 해결책이라고 생각된다. 이 전략으로 중간단계의 세포를 고효율적으로 분화 증식시키는 외부 signal에 대해서도 동시에 해석하는 것으로 최종 목적세포를 보다 효과적으로 얻어낼 수 있다. 또한 이용하는 분화 증식 시그널의 표적세포를 결정할 수 있는 것으로 매우 안정된 유도조건을 구축할 수 있다. 또한, 실제의 발생분화에 비슷한 형태로로 분화를 유도할 수 있기 때문에 출현하고 있는 목적세포도 충분히 임상응용이 가능한 기능을 가지고 있다고 기대할 수 있다. 세포를 가시화 하고 그 분화조건을 해명하는 것은 동시에 재생의료의 기반적 연구와도 연결된다고 생각되어져 연구를 계속 해 나아가고 있다.

참고문헌

1) Kinder, S. J. et al. : Development, 128 : 3623-3634, 2001
2) Wiles, M. & Johansson, B. M. : Experimental Cell Research, 247 : 241-248, 1999
3) Kataoka, H. et al. : Dev. Growth Differ., 39 : 729-740, 1997
4) Nishikawa, S. I. et al. : Development, 125 : 1747-1757, 1998

本文中には触れなかったが, 以下の文献はES細胞の試験管内分化の方法を集めた優れた本である.

5) Embryonic Stem Cells, Methods and Protocols (Turksen, K. ed.) : HUMANA PRESS, New Jersey, 2001

색인